Jakob Nielsen

Multimedia, Hypertext und Internet

Multimedia Engineering
hrsg. von Wolfgang Effelsberg und Ralf Steinmetz

Die multimediale Revolution ist in vollem Gange. Neuere Arbeitsplatzrechner und viele PCs, die am Markt erscheinen, haben heute schon Audio-Komponenten eingebaut, und in zunehmendem Maße findet man auch Hardware- und Softwareunterstützung für die Darstellung von Bewegtbildsequenzen. Die multimediale Art der Interaktion mit dem Computer ist viel effizienter und benutzerfreundlicher als die Interaktion über die Ein- und Ausgabe von Texten und hat deshalb ein hohes Zukunftspotential. Zugleich eröffnen die Techniken der computergestützten Kooperation neue Möglichkeiten zur Teamarbeit in vernetzten Unternehmen.

Ziel der Reihe ist es, den Leser über Grundlagen und Anwendungen der Multimedia-Technik und der Telekooperation zu informieren. Die Reihe umfaßt Lehrbücher, einführende und umfassende Standardwerke sowie speziellere Monographien zu den Themen Multimedia, Hypermedia und computergestützte Kooperation. Es geht dabei beispielsweise um Fragen aus den Bereichen Betriebssysteme, Rechnernetze, Kompressionsverfahren und grafische Oberflächen. In der Art der Darstellung wendet sie sich an Informatiker und Ingenieure, an Wissenschaftler, Studenten und Praktiker, die sich über dieses faszinierende und interdisziplinäre Thema informieren wollen.

Bisher erschienen:

Synchronisation in kooperativen Systemen
von Erwin Mayer

Multimediale Kiosksysteme
von Wieland Holfelder

Bildkompression mit Fraktalen
von Michael F. Barnsley und Lyman P. Hurd

Multimedia, Hypertext und Internet
von Jakob Nielsen

Jakob Nielsen

Multimedia, Hypertext und Internet

Grundlagen und Praxis
des elektronischen Publizierens

Übersetzt und bearbeitet von
Karin Lagrange und Marc Linster

Dieses Buch ist die deutsche Übersetzung von:
Jakob Nielsen
Multimedia and Hypertext – The Internet and Beyond
© 1995 by Academic Press, Inc.
All rights reserved

Der Verlag Vieweg ist ein Unternehmen der Bertelsmann Fachinformation GmbH.

Gedruckt auf säurefreiem Papier

ISBN-13: 978-3-322-86835-0   e-ISBN-13: 978-3-322-86834-3
DOI: 10.1007/978-3-322-86834-3

Vorwort

Wieso als Buch?

Das Vorwort zu meinem Buch *Hypertext and Hypermedia* (AP Professional, 1990) stellte die Frage, wieso man ein Buch über Hypertext auf Papier veröffentlichen würde. Wieso bestehe ich noch immer darauf, Bücher zu schreiben? Nun, die Antwort die ich 1990 gab, gilt noch immer, wenn auch wahrscheinlich nicht mehr sehr lange: noch sind derart viele Nachteile mit der elektronischen Veröffentlichung verbunden[1], so daß ich mich entschloß, noch einige Jahre auf Papier zu veröffentlichen. Allerdings entwickelt sich das Internet im Moment derart schnell, daß ich zukünftige Bücher wohl auf dem Internet veröffentlichen werde.

Eine Veröffentlichung im Hypertextformat wäre von großem Vorteil. Sie würde es dem Leser erlauben, auf individueller Basis direkte Verbindungen mit anderen Materialien und Hintergrundinformationen aufzubauen. Leider macht gängiges Urheberrecht dies unmöglich, da die Rechte zu den relevanten Literaturstellen in zu vielen verschiedenen Händen sind. Niemand könnte alle dazu erforderlichen Erlaubnisse einholen.

Ich habe mich daher auf die traditionellen „toten" Verbindungen in Form von Literaturreferenzen beschränkt. Der Anhang enthält eine extensive annotierte Bibliographie zum Thema Hypertext. Sie erlaubt es Ihnen, die Wichtigkeit einer Referenz einzuschätzen, bevor sie sich die Literatur besorgen. Bibliografische Verweise in diesem Buch stehen in rechteckigen Klammern und benutzen den Nachnamen des Autors und das Jahr der Veröffentlichung.

Kapitel 2 gibt eine sehr detaillierte Beschreibung eines Hypertextsystems, um den Mangel an einem richtigen, laufenden Hypertextsystem wettzumachen. Die weiteren Kapitel beschreiben andere Hypertextsysteme, und das Buch enthält viele Illustrationen und Beispiele, um Ihnen einen guten Eindruck der verschiedenen Implementierungsmöglichkeiten für Hypertextsysteme zu geben.

Seit der Veröffentlichung von *Hypertext and Hypermedia* hat es drei wesentliche Entwicklungen im Hypertextbereich gegeben. Die erste wichtige Entwicklung ist das explosionsartige Wachstum des Internets von 300.000 Rechnern mit drei Millionen Benutzern im Jahre 1990 auf ungefähr vier Millionen Rechner mit 30 Millionen

---

[1] Die Geschwindigkeit, mit der man Veröffentlichungen am Bildschirm liest, ist geringer, es gibt Probleme mit der plattformübergreifenden Darstellung von Illustrationen, der mangelnden Tragbarkeit von Rechnern, usw.

Benutzern im Jahre 1995. Das Internet und seine Auswirkungen auf Hypertext werden in Kapitel 7 diskutiert. Die zweite wichtige Entwicklung ist der Einzug der Computer in Privathaushalte.[2] Millionen Haushalte kaufen multimediafähige Computer[3] mit CD-ROM-Laufwerken. Konsortien aus der Computer-, Telekommunikations- und Unterhaltungsindustrie bereiten die Einführung von Video nach Bedarf (engl.: video on demand) vor.[4] Diese Entwicklungen haben diejenigen Kapitel beeinflußt, die neu verfaßt wurden, um die Rolle der Rechner in Privathaushalten zu betonen. Die dritte wichtige Entwicklung ist der Informationsüberfluß als Resultat der ersten beiden Entwicklungen. Im Jahr 1990 haben wir uns über jeden neuen Hypertext gefreut; im Jahr 1995 müssen wir uns einen Weg durch Berge von elektronischer Information bahnen, und CD-ROM-Scheiben werden uns im Massenversand unaufgefordert zugeschickt. Kapitel 8 diskutiert das Problem des Informationsüberflußes.

Der Einzug der Rechner in Privathaushalte und die Trends im Multimediabereich haben zu einer derartigen Menge von neuen Produkten geführt, daß es unmöglich ist, eine komplette Übersicht der Hypertextprodukte zu geben. Stattdessen wurden viele Produktbeschreibungen in die Hauptkapitel integriert. Die Tatsache, daß dieses Buch nicht produktspezifisch ist, ist eines seiner Hauptvorteile. Das Buch zielt darauf hin, dem Leser einen tiefen Einblick und ein gutes Verständnis für die verschiedenen Hypermediaentwurfstechniken zu geben.

Eine Vielfalt von Hypertext und Multimedia

Dieses Buch bezieht sich auf eine ganze Reihe von Systemen und Anwendungen aus dem Bereich Hypertext und Multimedia. Es gibt derartig viele verschiedene Ansätze, daß es falsch wäre, das Buch nur auf einem Beispiel aufzubauen. Es gibt viele Bücher, die sich nur auf ein einzelnes Hypertextsystem beziehen, ob das nun

---

[2] Die Rolle von Rechnern in Privathaushalten wurde oft überschätzt. Heimcomputer wurden nur in kleinen Stückzahlen verkauft und verstaubten meist im Schrank. Zum Beispiel dauerte es zehn Jahre, um die erste Million Kopien von Microsofts *Flight Simulator* zu verkaufen. Es dauerte aber nur ein Jahr (1994), um die zweite Million zu verkaufen (laut, Patty Stonesifer, Vizepräsidentin bei Microsoft, zitiert im *Wall Street Journal*, am 15. November 1994).

[3] Wenn man den typischen Heimcomputer, wie er heute in den USA verkauft wird, mit dem typischen Bürocomputer vergleicht, so sieht man daß der Heimcomputer dem Bürocomputer überlegen ist, da Unternehmen meistens Rechenkosten reduzieren wollen, Konsumenten aber möglichst hohe Multimedialeistung verlangen.

[4] 1994 wurden 17,5 Millionen CD-ROMs verkauft. Das sind 170% mehr als im Jahr 1993. 1994 stieg die Zahl der Abonnenten der großen Online-Dienste (CompuServe, America Online und Prodigy) um 76% von 2,9 Millionen auf 5,1 Millionen.

HyperCard von Apple, Director von Macromedia, Mosaic von NCSA oder ein anderes populäres Werkzeug ist. Diese Bücher sind zu empfehlen für Leser, die eines dieser Werkzeuge besitzen, aber sogar wenn Sie sich auf ein Werkzeug konzentrieren, ist es wichtig, ein gutes Verständnis für die Entwicklungsmöglichkeiten und Optionen zu haben, die der Markt im Moment anbietet.

Es wäre auch falsch, wenn man die Nützlichkeit von Hypertext auf der Basis nur eines einzigen Systems bestimmen wollte. Viele Leute kennen ein einziges System von einer Rezension her oder weil Kollegen und Freunde dieses System besitzen. Derartige Information aus erster Hand sollte natürlich Teil einer Entscheidung für oder gegen Hypertextnutzung sein, aber es sollte nicht die einzige Informationsquelle sein.

Welches Hypertextsystem sollten sie benutzen? Die einfache Antwort lautet: „Das hängt davon ab!". Ganz egal, was Ihnen Verkäufer erzählen mögen, es gibt kein universell bestes Hypertextsystem [Nielsen 1989e]. Sie sollten die Menge an darzustellender Information in Betracht ziehen, und sie sollten entscheiden, ob sie ein textorientiertes oder ein grafisches System wünschen. Des weiteren sollten sie wissen, ob es sich um ein System für einzelne Benutzer oder um ein Mehrbenutzersystem handelt. Schlußendlich müssen sie auch die Endbenutzerschnittstelle in Betracht ziehen. Bestimmte Systeme eignen sich besonders für Fachleute, die viele Systemoptionen verlangen und Zeit haben, sie zu erlernen, wohingegen andere Systeme für den Laien geeigneter sind. Ich kann Ihnen kein einzelnes System empfehlen, da ich viele verschiedenartige Anwendungen entwickelt habe.

Es ist wichtig zu verstehen, daß Hypertext ein sehr weites Feld an Möglichkeiten bietet. Ein Hypertextsystem kann völlig ungeeignet sein für eine bestimmte Anwendung und ein anderes Hypertextsystem kann aber für dieselbe Anwendung sehr wohl passend sein. Daher versucht dieses Buch, Ihnen ein Verständnis für die Vielfalt von Hypertext zu vermitteln, so daß Sie besser entscheiden können, welchen Bedürfnissen Hypertext genügt und welche Anforderungen erfüllt sein müssen, damit Hypertext diese Bedürfnisse *zufriedenstellend* erfüllt.

Danksagung

Ich möchte mich bei all denen bedanken, die zur Erstellung dieses Buches beigetragen haben. Für Fehler oder Unterlassungen bin nur ich allein verantwortlich.

Keith Andrews, Technische Universität Graz, Österreich
Michael Begeman, Corporate Memory Systems
Peter Brown, University of Kent in Canterbury, Großbritannien

Alan Buckingham, Dorling Kindersley Multimedia, Großbritannien
Jesus Bustamante, European Commission Host Organisation, Luxemburg
Ellen C. Campbell, Silicon Graphics, Inc.
Kim Commerato, Lotus Development Corporation
Jeff Conklin, Corporate Memory Systems
Kate Ehrlich, Lotus Development Corporation
Jim Glenn, SunSoft
Nadine Grange, EARN European Academic & Research Network, Frankreich
Wendy Hall, University of Southampton, Großbritannien
Martin Hardee, SunSoft
Lynda Hardman, CWI, Niederlande
Kyoji Hirata, NEC Corporation, Japan
Keith Instone, Bowling Green State University
Yasuhiro Ishitobi, Fuji Xerox, Japan
Donna L. Jarrett, Corporate Memory Systems
Freddy Jensen, Adobe Systems
Jek Kian Jin, National Computer Board, Singapur
Daniel Jitnah, Monash University, Australien
Kazuhisa Kawai, Technische Universität Toyohashi, Japan
Ara Kotchian, University of Maryland
George P. Landow, Brown University
Gunnar Liestøl, University of Oslo, Norwegen
Catherine Marshall, Texas A&M University
Yoshihiro Masuda, Fuji Xerox, Japan
Michael L. Mauldin, Carnegie Mellon University
Naomi Miyake, Chukyo Universität, Japan
Elli Mylonas, Brown University
Jafar Nabkel, U S WEST Technologies
Emanuel G. Noik, University of Toronto
Randy Pausch, University of Virginia
Ron Perkins, Interchange Network Company
José M. Prieto, Universidad Complutense de Madrid, Spanien
Klaus Reichenberger, GMD Institut für integrierte Publikations- und
Informationssysteme, Deutschland
Thomas C. Rearick, Lotus Development Corporation
W. Scott Reilly, Carnegie Mellon University
Paul Resnick, MIT
Daniel M. Russell, Apple Computer
Darrell Sano, Netscape Communications Corporation

J. Ray Scott, Digital Equipment Corporation
Eviatar Shafrir, Hewlett-Packard Company, User Interaction Design
Ben Shneiderman, University of Maryland
Norbert A. Streitz, GMD Institut für integrierte Publikations- und
Informationssysteme, Deutschland
Joel Tesler, Silicon Graphics
Cathy Thomas, National Physical Laboratory, Großbritannien
Paula George Tompkins, The SoftAd Group
Martien van Steenbergen, Sun Microsystems, Niederlande
Adrian Vanzyl, Monash University Medical Informatics, Australien
Tine Wanning, Dänisches Nationalmuseum
Michael J. Witbrock, Carnegie Mellon University
Keith Yarwood, SunSoft

Jakob Nielsen

1   Die Definition von Hypertext, Hypermedia und Multimedia

Hypertext definiert man am einfachsten durch einen Vergleich mit gewöhnlichem Text, wie man ihn z.B. in diesem Buch findet. Gewöhnlicher Text, ob gedruckt oder auf Diskette, ist *sequentiell*, d.h. nur eine einzige lineare Sequenz definiert, in welcher Reihenfolge der Text gelesen wird. Zuerst wird die erste Seite gelesen, dann die zweite und dann die dritte. Man muß kein Mathematiker sein, um die Formel zu erstellen, die bestimmt, welche Seite als nächste gelesen wird.

Hypertext ist *nicht sequentiell*, d.h. es gibt nicht nur eine Reihenfolge, in welcher der Text gelesen wird (s. Bild 1.1). Angenommen, man liest zuerst den mit **A** markierten Text. Die Hypertextstruktur bietet dem Leser nicht nur eine einzige, sondern drei Alternativen an, um mit dem Lesen fortzufahren: den mit **B**, **D** oder **E** markierten Text. Wählt der Leser die Alternative **B**, so kann er mit dem mit **C** oder **E** markierten Text fortfahren und von **E** wiederum auf **D** übergehen. Da es aber auch möglich ist, sofort von dem mit **A** auf den mit **D** markierten Text zuzugreifen, zeigt dieses Beispiel, daß es in der Hypertextstruktur mehrere verschiedene Pfade zwischen zwei Elementen geben kann.

Hypertext bietet den Lesern mehrere Alternativen an, und jeder *einzelne* Leser bestimmt *beim* Lesen die Alternative, die er bevorzugt. Anstelle eines einzigen vordefinierten Informationsflusses stellt der Autor des Textes den Lesern eine Reihe von verschiedenen Explorationsmöglichkeiten zur Verfügung.

Das gleiche Prinzip gilt für Fußnoten in normalem Text. Leser müssen beim Erreichen des Fußnotenverweises[1] bestimmen, ob sie mit dem Lesen des eigentlichen Textes fortfahren wollen oder ob sie dem Fußnotenverweis folgen. Deshalb wird Hypertext auch manchmal als *verallgemeinerte Fußnote* bezeichnet. Die Enzyklopädie mit ihren vielen hypertextähnlichen Querverweisen ist ein anderes Beispiel einer Druckform mit mehrfachen Zugriffstrukturen.

Bild 1.1 zeigt, daß Hypertext aus Textteilen (oder anderen Informationen) besteht, die miteinander verkettet sind. Diese Teile werden in Bild 1.1 als Computerbildschirme dargestellt; es können aber auch dynamische Fenster, Dateien oder kleinere Informationselemente sein. Jedes einzelne dieser Informationselemente bezeichnet man als *Knoten*. Jeder dieser Knoten wiederum, ganz gleich welcher Größe, kann auf

---

[1]Dieses Mal haben Sie sich dazu entschieden, die Fußnote zu lesen. Sie hätten sie aber auch einfach auslassen können.

andere Informationselemente hinweisen. Diese Hinweismarken bezeichnet man als *Verbindungen*. Normalerweise ist die Anzahl dieser Verbindungen am Anfang nicht bekannt; sie ergibt sich aus dem Inhalt eines jeden Knotens. Einige Knoten beziehen sich auf viele andere Knoten und haben deshalb viele Verbindungen. Andere wiederum dienen den Verbindungen nur als Bestimmungsort, haben aber selbst keine von ihnen ausgehenden Verbindungen. Manchmal werden diese Knoten ohne weitere Verbindungen auch als *Blätter* bezeichnet.

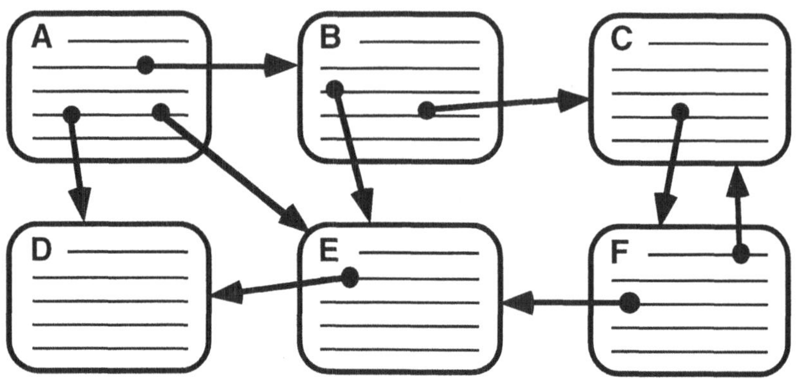

Bild 1.1 *Vereinfachte Darstellung einer Hypertextstruktur mit sechs Knoten und neun Verbindungen.*

Bild 1.1 zeigt, daß die ganze Hypertextstruktur ein einziges großes Netzwerk aus Knoten und Verbindungen ist. Wenn Leser sich durch dieses Netz bewegen, bezeichnet man dies oft als *Blättern* (engl.: browsing) oder *Navigieren*. Man sagt dazu nicht nur *Lesen*, um so zu unterstreichen, daß der Benutzer die Reihenfolge der Knoten selbst bestimmen muß.

Eine Hypertextverbindung verbindet zwei Knoten und zeigt normalerweise von einem Knoten (dem *Ausgangsknoten*) zu einem anderen Knoten (dem *Zielknoten*). Hypertextverbindungen werden häufiger mit spezifischen Teilen der Knoten und nicht mit dem ganzen Knoten in Zusammenhang gebracht. Das Beispiel in Bild 1.1. zeigt, daß die Verbindungen an bestimmten Orten des Ausgangsknotens verankert sind, während der ganze Zielknoten das Ziel der Verbindung darstellt. Eine Verbindung, die an einem bestimmten Wort im Ausgangsknoten verankert ist und dann vom Benutzer durch Anklicken des Wortes aktiviert wird, stellt eine typische Anwendung dieser Eigenschaft dar.

Wenn Benutzer die Verbindungen im Hypertextnetzwerk verfolgen, müssen sie des öfteren und je nach Bedarf zu einem vorher besuchten Knoten zurückkehren. Die meisten Hypertextsysteme unterstützen dies, indem sie eine *Zurücksetz-Operation* zur Verfügung stellen. Nehmen wir einmal an, wir befinden uns zur Zeit im Knoten **D** aus Bild 1.1. Wenn wir diesen Knoten über **A**→**B**→**E**→**D** erreicht hätten, dann würde uns der erste ZurücksetzBefehl zum Knoten **E** führen. Ein zweiter Befehl würde uns auf unserem Weg weiter zurück zu Knoten **B** bringen. Wären wir jedoch direkt vom Knoten **A** zum Knoten **D** gesprungen, würde uns ein Zurücksetz-Befehl am Knoten **D** zu unserem Ausgangsknoten **A** zurückführen. Dieses Beispiel zeigt, daß sowohl das Zurücksetzen als auch die Reihenfolge, in der die verschiedenen Knoten angesteuert werden, völlig abhängig vom individuellen Benutzer sind.

1.1 Genauere Definitionen von Hypertext

Da der Bekanntheitsgrad von Hypertext in den letzten Jahren sehr zugenommen hat, ist es wichtig, Hypertext möglichst genau zu definieren. Viele Produkte werden als Hypertextprodukte angeboten, obwohl sie es, im Hinblick auf die obige allgemeine Definition, nicht sind. Es gibt aber ebensoviele Produkte, auf die die Beschreibung zutrifft, denen aber wichtige Eigenschaften einer genaueren Definition von Hypertext fehlen.

Frank Halasz, Xerox, z.B. ist der Meinung, daß in einem richtigen Hypertextsystem die Benutzerschnittstelle eine explizite Darstellung der Netzwerkstruktur beinhalten sollte. Wie in Bild 1.1 dargestellt, besteht jede Art von Hypertext aus einem Netzwerk von Knoten und Verbindungen. In den meisten heutigen Systemen aber ist dieses Netzwerk nur im Innern des Computers vorhanden. Der Benutzer sieht immer nur den aktuellen Knoten sowie die von diesem Knoten ausgehenden Verbindungen. Die Struktur des ganzen Netzwerkes bleibt seiner Vorstellungskraft überlassen.

Halasz möchte dem Benutzer mit der Darstellung der Netzwerkstruktur eine dynamische Übersicht ermöglichen. Nur wenige Hypertextsysteme bieten solche Diagramme an.[2] Das Übersichtsdiagramm muß dynamisch sein; es ist normalerweise unmöglich, den gesamten Hypertext auf einem Computerbildschirm grafisch darzustellen, da der Text aus Tausenden von Knoten bestehen kann. Statt dessen ist nur die nähere Umgebung der gegenwärtig benutzten Stelle im Hypertext detailliert dargestellt. Im Diagramm wird die gegenwärtig benutzte Stelle oft grafisch hervorgehoben. Kapitel 9 behandelt die verschiedenen Möglichkeiten, um einen solchen Überblick zur Verfügung zu stellen.

---

[2]Das System NoteCards von Halasz stellt eine der wenigen Ausnahmen dar. Näheres dazu in Kapitel 3.

Fast alle heutigen Hypertextsysteme beschränken sich auf unidirektionale Verbindungen (s. Bild 1.1). D.h., das Hypertextsystem kann dem Benutzer alle Verbindungen zeigen, die von dem aktuellen Knoten ausgehen, nicht jedoch diejenigen, die im aktuellen Knoten ankommen. Mit anderen Worten, das System enthält Information über mögliche nächste Schritte. Es enthält aber keine Information darüber, auf welche andere Art und Weise man das gleiche Ziel hätte erreichen können.

K. Eric Drexler befürwortet den Gebrauch von bidirektionalen Verbindungen in Hypertext, d.h. das System soll eine Liste mit allen eingehenden Verbindungen aufzeigen. Vom informationstechnischen Standpunkt betrachtet, ist die Implementierung einer solchen Eigenschaft eine triviale Aufgabe. Keines der aktuellen Hypertextsysteme bietet jedoch diese Eigenschaft an.[3]

Intermedia ist ein Beispiel für die Unterstützung bidirektionaler Verbindungen. Eine Hypertextstruktur für chinesische Dichtungen [Kahn 1989b] enthält für jedes Gedicht Verbindungen zu Referenzen für Gedichtsammlungen, in denen das Gedicht neu aufgelegt oder übersetzt wurde. Diese Gliederung garantiert automatisch, daß jede Gedichtsammlung im Hypertext einen vollständigen Satz von Verbindungen zu den enthaltenen Gedichten hat und daß die Information über jeden Übersetzer Hinweise zu allen relevanten Gedichten enthält.

Drexler hat auch den Bedarf an Verbindungen zwischen verschiedenen lokalen Computernetzen (LAN – local area network) und internationalen Netzen dargelegt. Dieser Schritt wird notwendig, falls Hypertext das traditionelle Verlegergeschäft ersetzen sollte. Niemand kann die ganze Weltliteratur auf seinem eigenen PC speichern, ganz gleich wie groß die Speicherkapazität ist. Der Zugriff auf entfernte Datenbanken wird für viele zukünftige Hypertextanwendungen eine Notwendigkeit sein. Zur Zeit sind aber fast alle Hypertextsysteme auf den Zugriff von Daten auf dem eigenen PC beschränkt. Die wichtigsten Ausnahmen sind das *World Wide Web*, welches das Internet als Transportmedium benutzt, sowie Dokumentationssysteme, wie z.B. das *Answerbook* von Sun, das firmeninterne Netzwerke benutzt.

Andere Computertechniken können wohl einige Aspekte von Hypertext aufzeigen. Wirklicher Hypertext sollte aber seinen Benutzern das *Gefühl* geben, daß sie sich frei und gemäß ihren persönlichen Bedürfnissen durch die Information bewegen können. Es ist schwer, dieses Gefühl genau zu definieren; auf jeden Fall bedeutet es aber, daß die Benutzung des Computers unaufwendig sein muß. Die Antwortzeiten müssen

---

[3]Das hieße, daß bei jeder neuen Verbindung zwei Listen anstatt nur einer einzigen aktualisiert würden.

kurz sein: der Text soll gleich nach Anfrage des Benutzers auf dem Bildschirm erscheinen. Unaufwendig bedeutet aber auch, daß der Benutzer keine besonderen Kenntnisse zur Handhabung von Hypertext haben muß. Der Benutzer soll seine Zeit nicht damit verbringen, zu überlegen, was der Computer jetzt tun wird oder wie dem Computer beizubringen ist, was er jetzt tun soll.

Zur Beantwortung der Frage, ob ich ein bestimmtes System als Hypertextsystem einstufen würde, wären für mich nicht so sehr die spezifischen Eigenschaften, Befehle oder Datenstrukturen des Systems wichtig, sondern eher die Art und Weise, wie das System benutzt wird (engl.: *look and feel*).

1.2 Hypermedia: multimedialer Hypertext

Aus der traditionellen Definition des Wortes *Hypertext* geht hervor, daß es sich um ein System handelt, das sich mit gewöhnlichem Text beschäftigt. Da aber viele Systeme auch die Benutzung von Grafiken und anderen Medien anbieten, ziehen einige den Gebrauch des Wortes *Hypermedia* vor, um so die multimedialen Aspekte ihrer Systeme zu unterstreichen. Ich persönlich ziehe den Gebrauch des traditionellen Wortes Hypertext für alle Systeme vor, da es ja auch kein eigenes Wort für diejenigen Systeme gibt, die sich nur auf Text beschränken. Deshalb benutze ich die beiden Wörter Hypertext und Hypermedia gleichbedeutend, jedoch mit einer Präferenz für das Wort Hypertext.

Im folgenden Abschnitt wird dargelegt, daß ein multimediales Programm nicht auch automatisch ein Hypermediasystem ist. Innerhalb eines Hypermediasystems ist es jedoch durchaus möglich, extravagante multimediale Fähigkeiten zu benutzen. Zum Beispiel entwirft die schwedische Designfirma *AVICOM* für das naturhistorische Museum in Stockholm ein Hypermediasystem *Naturens Hus* (das Haus der Natur). Dieses System vereinigt die mehr oder weniger traditionellen Hypermediaaspekte, z.B. Landkarten der Umgebung, mit Bildern der in dieser Gegend lebenden Vögel und Aufnahmen der Vogelstimmen. Doch das Hypermediasystem kontrolliert auch einen Dia-Projektor, der ein Bild genau dahin projeziert, wo der Benutzer steht. Diese Technik vertieft das Zugehörigkeitsgefühl des Benutzers zu der Umgebung. Zum Beispiel wird der Boden blau, wenn das System eine geologische Zeitspanne beschreibt, in der die ganze Stockholmer Umgebung unter Wasser stand.

In jedem Falle stellt Hypertext eine natürliche Unterstützungstechnik für multimediale Oberflächen dar, da Hypertext auf der Verkettung von Knoten beruht, die verschiedene Medien enthalten können. Text, Grafiken, Video und Ton sind typische Medien, die man in Hypermediaknoten findet.

Bild 1.2   *Eine Bildschirmseite aus dem Hypermedia-Abenteuerspiel „Spaceship Warlock“. Dieses Spiel verbindet einzelne Grafiken mit einer kleinen Anzahl von Zeichentrickfilmsequenzen und Tonaufnahmen: im Hintergrund läuft eine zur Stimmung passende Musik, und die Personen sprechen. Das Spiel wurde so beliebt, daß 1995 eine Fortsetzung davon auf den Markt kam (© 1991, Reactor, mit Erlaubnis abgedruckt).*

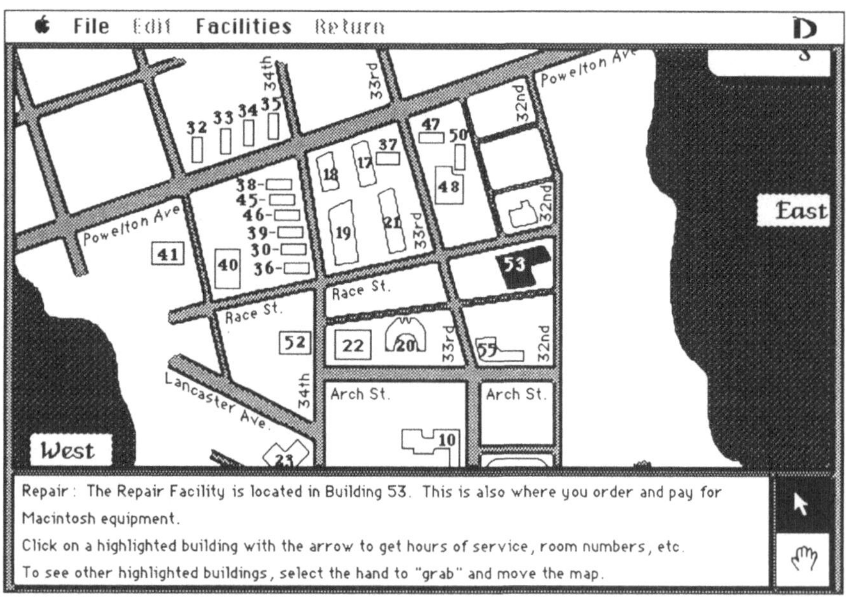

Bild 1.3   *Die Karte der Gesamtanlage der Universität auf der Drexel-Diskette (© 1989, Thomas Hewett, mit Erlaubnis abgedruckt).*

Unter Grafiken versteht man entweder eingescannte Bilder oder objektorientierte Grafiken, die von einem Computergrafikalgorithmus erstellt wurden. Wie aus Bild

1.2 hervorgeht, können Grafiken die Hauptinformationsquelle in einem System darstellen. Sie können in einem System als einfache Abbildung benutzt werden, wobei sich die Verbindungen nur auf den Text beschränken. Sie können aber auch eine aktivere Rolle in den Hypertextaspekten des Hypermediasystems annehmen, indem sie als Ausgangspunkte für Hypertextverbindungen dienen.

Bild 1.4   Eine Bildschirmseite aus dem Abenteuerspiel „Myst" [Carroll 1994]. Dargestellt wird die Kombination zwischen einer Videoaufnahme eines lebendigen Darstellers und einer statischen computergenerierten Hintergrundgrafik. Bildschirmseite aus dem Computerspiel Myst auf CD-ROM (Spiel und Bildschirmseite geschützt durch © 1993, Cyan, alle Rechte vorbehalten, mit Erlaubnis abgedruckt).

Die Drexel-Diskette (engl.: Drexel disk) der Universität Drexel in Pennsylvania [Hewett 1987] ist ein Beispiel für die Benutzung von Grafiken in Hypertextart. Drexel ist eine Universität, die seit vielen Jahren von ihren Studenten verlangt, daß sie einen Macintosh-Computer besitzen. Dadurch hat die Fakultät die Gewißheit, daß das von ihr erstellte elektronische Kursmaterial von allen Studenten benutzt werden kann. Es erlaubt der Universität aber auch, auf der sogenannten Drexel-Diskette Einführungsmaterial im Hypertextformat für die Studenten im ersten Jahr zur Verfügung zu stellen. Die Diskette enthält viele Informationen über die Universität. Diese Informationen sind auf Hypertextart untereinander verkettet. Eine der Knoteninformationen ist die in Bild 1.3 dargestellte Karte der Gesamtanlage der Universität.

Sobald im Hypertext ein Universitätsgebäude erwähnt wird, ermöglicht die Drexel-Diskette dem Studenten einen Hypertextsprung zur Karte der Universität, um sich den Standort des Gebäudes anzusehen. Die Karte der Universität enthält auch Verbindungen von den einzelnen Gebäuden zu Beschreibungen der Abteilungen und Einrichtungen, die sich dort befinden.

Animierte Grafiken und Videobilder sind häufige Datenformen in Hypermediaknoten. Bild 1.4 zeigt an einem Beispiel aus dem sehr beliebten Abenteuerspiel Myst, wie der Gebrauch von Video den Realitätssinn verstärkt. Bild 1.5 zeigt, wie durch Zeichentrick eine Bewegung erläutert wird, von der man sich sonst schwer ein Bild machen könnte.

Wenn Hypertextverbindungen auf Videosequenzen verweisen, stellt sich die Frage, wie die Verbindungen benannt werden sollen. Die traditionelle Lösung benutzt gewöhnlichen Text als Hypertextausgangspunkt, um die Vorführung einer Videosequenz auszulösen. Dies ist jedoch keine sehr hyper*media*-artige Lösung.

Ein alternativer Vorschlag wurde am MIT Media Lab von Hans Peter Brøndmo und Glorianna Davenport [Brøndmo and Davenport 1990] für das „Elastic Charles"-Projekt entwickelt.[4] Brondmo und Davenport stellen die Verbindung zu einem Videoclip durch eine verkleinerte Version oder einen Teil des Clips dar. Demzufolge sind die Ausgangspunkte für Verbindungen kleine, sich bewegende Bilder, die man „micons" (bewegte Bilder; engl: *moving icons*) nennt. Benutzer erkennen einen Filmteil oft durch das einfache Betrachten der Bewegungen.

Die Einführung von Ton im Hypertext führt ein weiteres Verkettungsproblem ein [Catlin und Smith 1988]. Es ist ziemlich einfach, einen Ton als Ziel einer Hypertextverbindung einzubauen. Der Ton wird gespielt, sobald die Verbindung aktiviert wird. In vielen Anwendungen möchte man jedoch auch Ausgangspunkte im Ton selbst verankern.[5]

Tonbasierte Hypermediasysteme, wie in Bild 1.6, werden benutzt, um Musiktheorie zu unterrichten. Sie verbinden verschiedene CD-Musikstücke mit Texten, die die

---

[4] *Elastic Charles* ist ein Hypermedia-„Magazin" über den Charles River (in Boston/Cambridge); es verbindet verschiedene Videos, die von MIT-Studenten über den Fluß gedreht wurden.

[5] Wenn das Anwendungsgebiet eine Darstellung mit nichtverankerten Verbindungen erlaubt, kann auf ein tonbasiertes Hypertextsystem ohne jegliche visuelle Unterstützung zugegriffen werden. Zum Beispiel könnte das Navigieren des Benutzers auf den Verbindungsarten eines jeden Knotens basieren anstatt auf deren Ankerpunkten. Dies erlaubt dem Benutzer, eine Verbindung zu aktivieren, indem er die gewünschte Art der Verbindung anfragt [Arons 1991].

Einzelheiten der Stücke analysieren. Solange der Benutzer mit dem Abspielen der Musik zufrieden ist, kann das System gleichzeitig Kommentare sowie Musiktexte dazu aufzeigen.

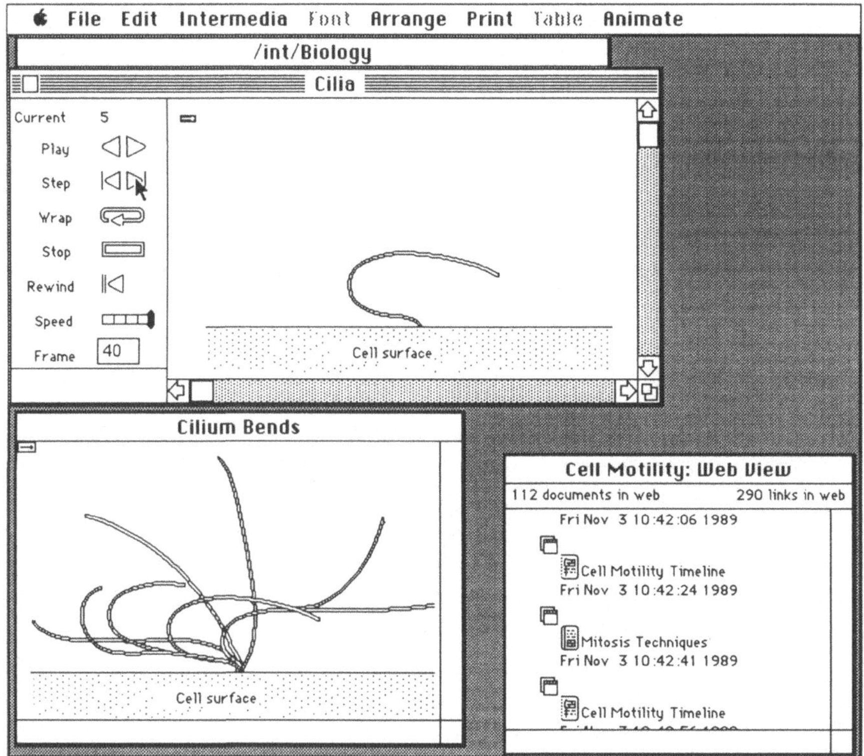

Bild 1.5   *Das Dokument Cilia (oben links) wurde unter Verwendung von Intermedias zweidimensionalem Trickfilmeditor InterPlay erstellt. Wenn eine Verbindung zu diesem Dokument aktiviert wird, wird der Trickfilm ausgelöst, um die Bewegungen von Cilia zu illustrieren (© 1989, Brown University, mit Erlaubnis abgedruckt).*

Der Schnittstellenentwurf wird problematischer, wenn der Benutzer sich zwischen verschiedenen Musikstücken hin und her bewegen will. Es wäre für den Benutzer sehr schwer, ein spezifisches Musikstück unmittelbar zu annotieren. Bedauerlicherweise ist es unmöglich, den Ton einfach anzuklicken, so wie man beispielsweise ein Wort oder eine Grafik anklicken kann. Stattdessen muß man dem Benutzer eine *visuelle Ersatzdarstellung* des Tones zur Verfügung stellen, auf die er klicken kann. Auf dem Gebiet der Musik wäre ein Bild von einer Musiknote ein offensichtlich guter Ersatz, aber für andere Töne muß eine weniger intuitive Darstellung benutzt werden.

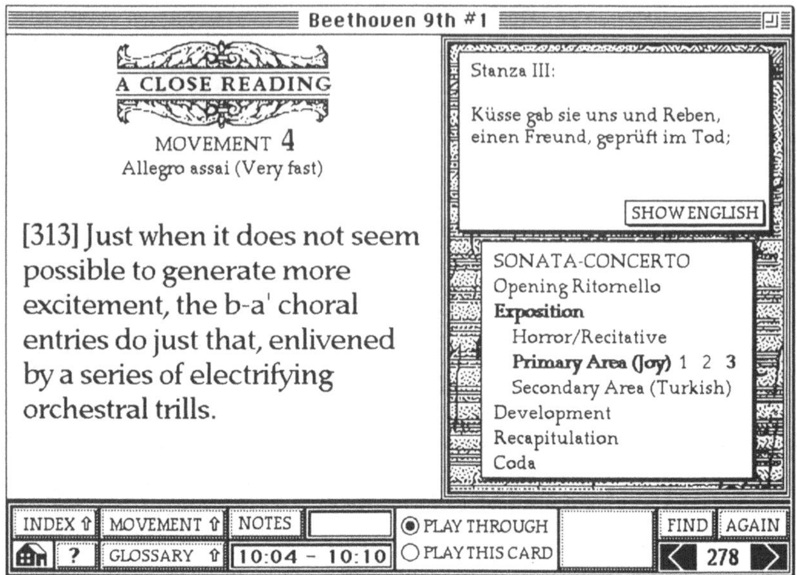

Bild 1.6 *Bildschirmseite der Hypermediaversion der 9ten Sinfonie von Beethoven mit Kommentaren von Robert Winter (Verleger The Voyager Company, © 1989, The Voyager Company, mit Erlaubnis abgedruckt).*

Vom Standpunkt des Benutzers aus gesehen, unterscheidet sich Hypertext grundlegend von Datenbanken. Eine normale Datenbank, wie z.B. die Angestelltendatenbank einer Firma, hat eine regelmäßige Struktur, die durch eine abstrakte Datendefinitionssprache festgelegt ist. Alle Daten folgen dieser Struktur. So kann ein Angestelltenverzeichnis mit über zehntausend Eintragungen entstehen, mit identischen Feldern für Name, Adresse, Gehalt, Telefonanschluß usw.

1.3 Hypertext und herkömmliche Computeranwendungen

Beim Lesen der Hypertextdefinition am Anfang dieses Kapitels haben sich Leser mit Informatikhintergrund bestimmt gedacht: „Das sind doch bloß Datenbanken". Es stimmt, daß Hypertext viel Ähnlichkeit mit Datenbanken aufweist. Tatsächlich braucht man als Basis eines Hypertextsystems eine Art Datenbank. In ihr werden die in den Knoten befindlichen Texte oder andere Medien gespeichert.

Eine Hypertextinformationsbasis hat keine zentral festgelegte Definition und keine regelmäßige Struktur. Ein Hypertext über die Angestellten einer Firma kann, genau wie eine traditionelle Datenbank, zehntausend Knoten haben. Aber jetzt beinhalten einige der Knoten sehr viel Informationen und sind sehr groß, andere wiederum sind verhältnismäßig spärlich. Nehmen wir an, einige Angestellte arbeiten zusammen mit Mitarbeitern aus einer anderen Abteilung an einem Projekt. Die Arbeitsbeschreibungen dieser Angestellten enthalten zusätzliche Verbindungen, die auf die Knoten der anderen Mitarbeiter hinweisen. Allgemein gesehen definiert man die Struktur eines Hypertextnetzwerkes als eine Zusammenfassung der lokalen Entscheidungen, die beim Aufbau der bestimmten Knoten und Verbindungen getroffen wurden. Jede dieser Verbindungen wurde hergestellt, weil sie im Hinblick auf den semantischen Inhalt der beiden verbundenen Knoten sinnvoll ist; die Verbindung wurde nicht aufgrund einer zentral festgelegten, regelmäßigen Struktur definiert. Somit besitzt Hypertext eine große Anpassungsfähigkeit. Normalerweise ist dies von Vorteil, es kann aber auch ein Nachteil sein.

Textentwurfsprogramme, wie z.B. More, sind traditionelle Computeranwendungen, die Hypertext ähnlich sind. Textentwurfsprogramme werden normalerweise benutzt, um die Umrisse von Berichten und Darstellungen in einer hierarchischen Art und Weise zu gestalten. Sie ähneln Hypertextprogrammen, da sie Textabschnitte in einem benutzerdefinierten Format zusammenbinden. Typischerweise ist dieses Format auf eine strenge Hierarchie beschränkt. In einem Textentwurfsprogramm kann man sich vorstellen, daß eine Kapitelüberschrift Hinweismarken auf die Überschriften von untergeordneten Abschnitten hat. Diese Abschnittsüberschriften wiederum enthalten Hinweismarken auf Überschriften von untergeordneten Unterabschnitten. Eine Kapitelüberschrift kann jedoch keine Hinweismarke auf einen Unterabschnitt eines *anderen* Kapitels enthalten, auch wenn dieser Unterabschnitt sehr wichtig für das Thema ist. Aufgrund dieser Beschränkung sind Entwurfsprogramme keine Hypertextprogramme.

Aus ähnlichen Gründen ist auch ein Mehrfenstersystem nicht notwendigerweise ein Hypertextprogramm. In der Tat sind einige Hypertextsysteme wie HyperCard und KMS gar keine bildschirmbasierten Systeme. Ein traditioneller Mehrfenstereditor bietet den Benutzern zwar Möglichkeiten, sich zwischen verschiedenen Informationsteilen zu bewegen und sie auf dem Bildschirm zu vergleichen. Allerdings müssen die *Benutzer* das dazu notwendige zusätzliche Fenster *selbst* aufrufen. Zum Basiskonzept von Hypertext aber gehört, daß der Computer die Informationen für den Benutzer findet.

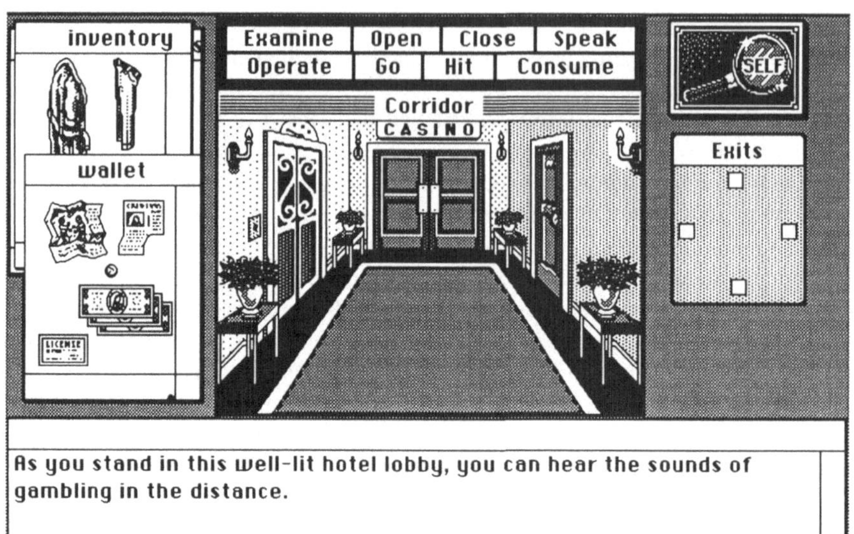

Bild 1.7 *Eine Szene aus dem grafischen Abenteuerspiel „Déjà Vu II: Lost in Las Vegas". Vom Benutzerstandpunkt aus gesehen, sieht es Hypertext sehr ähnlich. Interessant ist, wie der Benutzer sich in einer benutzerorientierten Sicht des Korridors durch Anklicken an andere Orte und zum deutlich aufgezeigten Verbindungs–menü „Exits" hin bewegen kann (© 1988, ICOM Simulations Inc., mit Erlaubnis abgedruckt).*

Abenteuerspiele (siehe Beispiele in Bild 1.2, 1.4 und 1.7) sind navigationsbasierte Computersysteme. Gemäß einigen Definitionen können sie als Hypertextsysteme angesehen werden, und es wurden tatsächlich einige Abenteuerspiele in Hypertextumgebungen implementiert. Ich werde Abenteuerspiele jedoch nicht als Hypertextsysteme einstufen, da sie im Grunde darauf basieren, dem Benutzer das Ansteuern von bestimmten Zielen zu erschweren. Meistens verstecken sie auch die Anhaltspunkte für die Verbindungen zu anderen Orten im Informationsraum. Dies steht in völligem Gegensatz zu der Bedingung, daß eine Hypertextbenutzeroberfläche einfach und unaufwendig sein muß.

Auch wenn viele Hypertextsysteme eigentlich auch Hypermediasysteme sind und viele Multimediaeffekte beinhalten, so ist ein Multimediasystem nicht auch automatisch ein Hypertextsystem. Die Verbindung von Text und Grafik reicht dazu nicht aus. Viele Multimediasysteme beruhen fast ausschließlich auf der Vorführung von verschiedenen Filmclips. Der Benutzer bleibt passiv und kann sich nicht selbständig im Informationsraum bewegen. Man spricht nur dann von einem Hypertextssystem, wenn Benutzer interaktiv die Kontrolle über dynamische Verbindungen zwischen

Informationsteilen übernehmen können. Der Unterschied zwischen Multimedia und Hypermedia ist genauso groß wie der Unterschied zwischen der Betrachtung eines Reisefilms und der Reise selbst.

Interaktive Videospiele sind Multimediasysteme und werden oft mit Hypermedia verwechselt. Es ist sicherlich möglich, mit interaktiven Videospieleffekten auf einer Hypermediaoberfläche gute Resultate zu erzielen. Viele sogenannte interaktive Videosysteme aber sind nicht ausreichend interaktiv, um als Hypermedien eingestuft zu werden. Nathan Myrhvold, Vize-Präsident für den Bereich *Advanced Technology* bei Microsoft, sagt, Video nach Bedarf (engl.: video on demand) sei die „Terminalemulation der 90er". Er verweist dabei auf die Tatsache, daß für die ersten PCs Terminalemulatoren sehr wichtige Anwendungen waren und man PCs nicht für die fortgeschrittenen Benutzerschnittstellen, die mit der Client-Server-Technologie möglich wurden, benutzte.[6] Gleichermaßen erlaubt Video nach Bedarf (engl.: video on demand) den Benutzern, sich die Filme ihrer Wahl anzusehen (dies gibt dem Benutzer mehr Möglichkeiten als ein normales Kabel-TV-Abonnement). Andererseits aber beschränkt es seine Auswahl auf den gleichen linearen Informationsfluß, der auch alle traditionellen TV- und Filmproduktionen charakterisiert.

Es geht hier hauptsächlich um die Frage, inwiefern es dem Benutzer erlaubt ist, die Aktivitäten des Systems zu bestimmen. In vielen interaktiven Videosystemen wird der Benutzer zu der Rolle des passiven Fernsehteilnehmers verdammt, und ihm wird nur die Wahl zwischen verschiedenen Videoclips erlaubt. Betrachten wir z.B. das System, das in der THINK-Austellung in der *IBM-Gallery of Science and Art* in New York installiert war. Das System unterrichtete den Benutzer über verschiedene Aspekte der US-Verfassung, indem es ein langes, alphabetisches Menü dieser verschiedenen Aspekte aufzeigte. Der Benutzer war auf die Auswahl eines Aspektes dieser Liste beschränkt, woraufhin das System das entsprechende Videoclip zeigte. Einer dieser Aspekte hieß „Piraterie". Dazu wurde ein Videoclip gezeigt, in dem zuerst traditionelle Piraten aus dem achtzehnten Jahrhundert und dann moderne Flugzeugentführer gezeigt wurden. In dem Video wurde erklärt, wie der Wortlaut der Verfassung, der zuerst dazu gebraucht wurde um traditionelle Piraterie in internationalen Gewässern zu bekämpfen, in den letzten Jahren benutzt wurde, um die strafrechtliche Verfolgung moderner Terroristen zu untermauern.

---

[6] Dieses Zitat von Nathan Myrhvold stammt aus einem Interview mit John Battelle, dem verantwortlichen Herausgeber des Magazins *WIRED*. Es ist interessant, daß dieser Artikel nicht im Magazin selbst veröffentlicht wurde, sondern nur auf dem Internet verfügbar war. Diesen Microsoft-Artikel findet man im WWW unter der Adresse *http://www.wired.com/Hotwired/microsoft/microsoft.html* .

Dieses System wird nicht als Hypertext angesehen, da der Benutzer nach dem Start des Videoclips keine Möglichkeit hat, in den Verlauf einzugreifen. Mit anderen Worten, die Interaktionseinheiten sind zu groß, um dem Benutzer das Gefühl der Kontrolle zu vermitteln und um ihm die Erforschung des Informationsraumes zu ermöglichen. Ein wahres Hypertextsystem hätte Verbindungen aufgezeigt zwischen dem Video, dem erhärtenden Material über das Piratenproblem, der nicht beachteten Verfassung, den Piraten, die gefangen und verurteilt wurden, bis hin zum Anstieg des modernen Terrorismus sowie den legal möglichen Vorgehensweisen gegen gefangen genommene Terroristen.

Möglicherweise stellt diese nicht-hypermediale, interaktive Video-Oberfläche die richtige Lösung für ein System dar, das in einer öffentlichen Ausstellung in Manhattan Aspekte der US-Verfassung vermitteln soll. Wahrscheinlich hatten die meisten Galleriebesucher nur ein begrenztes Interesse an diesem Thema und waren nur daran interessiert zu sehen, daß ein IBM-Bildschirm schöne, farbige Videos vorführen kann. Es hätte einer komplizierteren Oberfläche bedurft, um den Benutzern mehr Steuerungsmöglichkeiten zu geben, anstatt ihnen nur die Wahl einer Option aus einer langen, alphabetischen Liste zu ermöglichen. So war vielleicht dieses einfache, interaktive Videosystem wirklich eine bessere Idee als der Einsatz eines wahren Hypermediasystems. Obwohl Hypertext eine großartige Sache ist, ist es doch kein Allheilmittel.

1.4 Die Begeisterung für Hypertext

Ohne Zweifel ist Hypertext in letzter Zeit zu einer Modeerscheinung geworden. In einigen Artikeln wird in dieser Hinsicht wirklich übertrieben, aber ich bin persönlich der Meinung, daß es gute Gründe gibt anzunehmen, daß Hypertext etwas besonderes ist.

Die Möglichkeit, drei bisher getrennte Technologien und Wirtschaftszweige – Zeitungswesen, Informationstechnik und Nachrichtenwesen – miteinander zu verbinden, ist eine wichtige Eigenschaft von Hypertext. Es gab schon einige andere Versuche, diese drei Wirtschaftszweige miteinander zu verbinden, z.B. durch das „Publizieren" von Videokassetten oder das Benutzen von Computern in den Redaktionsabteilungen. Aber im allgemeinen gingen diese drei Wirtschaftszweige noch immer getrennte Wege, bis es vor kurzem zu einem regelrechten „Vereinigungsfimmel" kam, der zur Fusionierung einiger Firmen aus diesen drei Industrien führte.

Hypertext bietet die Möglichkeit, auf die gleiche Art und Weise wie derzeit Bücher und Zeitungen veröffentlicht werden, dem Publikum Informationsstrukturen zugänglich zu machen. Wie schon in der traditionellen Film- und Zeichentrickfilmindustrie würden diese Informationsstrukturen in erster Linie auf bewegten Bildern basieren. Um dem Benutzer die Interaktion mit den Informationsstrukturen zu erlauben, geschieht der Zugang zu den Bildern durch Computer.

Als Beispiel stellen wir das unter der Leitung von Walter Bender am MIT Media Lab entwickelte System NewsPeek vor. NewsPeek sieht sich für den Benutzer die nächtlichen Nachrichten an und zeichnet die Stellen auf, von denen es weiß, daß sie von Interesse für den Benutzer sind. Dieser kann dann ganz nach Belieben durch die von NewsPeek erstellen Nachrichtsstrukturen blättern.

Systeme wie NewsPeek können die Machtstrukturen im Journalismus auf den Kopf stellen. Bis jetzt stand das Publikum am untersten Fuß der Pyramide aus Journalisten und Redakteuren, die entscheiden, womit der einzelne Leser und Fernsehteilnehmer seine Zeit verbringen soll. Computerbasierte Nachrichtensysteme aber geben dem einzelnen die Macht zu entscheiden, was er sehen oder hören will. Wenn der einzelne sich jeden Abend eine Stunde lang Nachrichten im Fernsehen ansieht, dann heißt das, daß er in seinem ganzen Leben mehr als zwanzigtausend Stunden mit Fernsehnachrichten verbringt. Eine Computertechnologie, die die Hälfte dieser Zeit einspart, kann mit einem medizinischen Durchbruch verglichen werden, der die allgemeine Lebenserwartung um zwei Jahre erhöht.

Systeme wie NewsPeek können Nachrichten aus vielen Quellen zusammenstellen, z.B. aus dem Nachrichten- und Kabelfernsehen und aus anderen Nachrichtendiensten. Sie können diese Nachrichten dann in eine Hypertextstruktur integrieren, die Verbindungen zwischen spezifischen Nachrichten aus der *New York Times*, Tabellen der Dow-Jones-Dienststelle und Filmclips aus dem Fernsehen enthält. Wenn der Nachrichtendienst ein Thema erwähnt, das nicht in den Fernsehnachrichten behandelt wurde, kann der Computer möglicherweise selbständig Verbindungen zu einem Beispielvorrat aufstellen, z.B. zu Weltkarten, die auf einer CD-ROM gespeichert sind.

All diese Nachrichten sind in einer vom Computer erstellten Form dargestellt, die den Interessen und Wünschen seines Benutzers genau entspricht. Der Computer könnte z.B. wissen, daß eine Dienstreise nach Brüssel bevorsteht, weil er sich selbst um die Flugreservierungen gekümmert hat. Er würde dann einer Nachricht aus Belgien gegenüber Nachrichten aus anderen Ländern größeres Gewicht geben und in der individuellen Zeitschrift für den einzelnen Benutzer einen Artikel, sagen wir z.B. über einen Schneesturm in Brüssel, auf die erste Seite bringen.

Beispiele wie diese zeigen, weshalb immer mehr Computerwissenschaftler vom dem Potential von Hypertext so begeistert sind. Sogar anpruchslosere

Hypertextanwendungen zeigen, daß Hypertext im wesentlichen ein Computerphänomen ist. Das hat auch Gilbert Cockton von der Glasgow University beobachtet. Hypertext kann nur auf einem Computer stattfinden, wohingegen die meisten anderen aktuellen Computeranwendungen genausogut ohne Computer möglich sind. Der Entwurf eines anderen Textverarbeitungssystems oder Buchhaltungsprogrammes ist nur deshalb reizvoll, weil man im wesentlichen nur kleine Änderungen an den Prozessen vornimmt, die in der Vergangenheit fast genausogut ohne Computer liefen. Hypertextanwendungen aber sind nur sinnvoll, wenn ein Computer zur Verfügung steht. Im Augenblick gibt es keine Zeitschrift, die nur für eine Person erstellt wird, außer vielleicht für Präsidenten. Sobald sich Hypertext aber mehr und mehr durchgesetzt hat, ist sie für *jeden* möglich.

Der Grund, weshalb sich immer mehr Leute *jetzt* für Hypertext interessieren, obwohl das Konzept schon seit 1945 besteht, liegt darin, daß Hypertext jetzt mit Hilfe von kommerziell verfügbarer Technologie realisiert werden kann. Viele Hypertextsysteme laufen auf kleinen Windows-Rechnern mit nicht mehr als 8 MB RAM, wie sie millionenweise verkauft werden. Andere Hypertextsysteme erfordern Internet-Zugriff mit hoher Durchsatzrate und/oder Arbeitsplatzrechner (die im Geschäftsbereich immer mehr benutzt werden). Aber auch auf einfachen Heimrechnern kann man schon beachtliche Hypermediasysteme laufen lassen.

Die Computerrevolution hat zu einer wahren Informationsexplosion geführt, in der die Manager in Detaildaten zu ertrinken drohen und Wissenschaftler unter der Last von Bergen technischer Berichte begraben werden. Der Computer könnte diese Probleme lösen, indem er z.B. mit Hilfe der künstlichen Intelligenz (KI) die Komplexität der modernen Gesellschaft meistert und genau die Informationselemente findet, die sein menschlicher Benutzer braucht. Die traurige Wahrheit aber ist, daß die KI keine der Eigenschaften besitzt, die dies ermöglichen. Hypertext ist ein derart erstaunliches Phänomen, weil er sich beim Angehen dieser Probleme auf die *natürliche* Intelligenz stützt.

Ein Hypertextsystem arbeitet mit dem Benutzer, der die nötige Intelligenz hat, die semantischen Inhalte der verschiedenen Knoten zu verstehen, zusammen, um festzustellen, welche der ausgehenden Verbindungen es verfolgen soll. Gerri Peper und seine Kollegen von IBM haben versucht, ein System zu erstellen, das die Wartung von Computernetzwerken unterstützt. Dieses System wurde in zwei Versionen erstellt, als Expertensystem und als Hypertextsystem [Peper et al. 1989]. Ihre Experimente werden in Kapitel 10 eingehend behandelt. Im Ergebnis erwiesen sich die beiden Systeme, kurz gesagt, als gleich gut. Das Hypertextsystem gewann aber vom Gesamteindruck her, weil die Benutzer einfach herausfinden konnten, wie die Informationen auf den neuesten Stand zu bringen waren. Im Expertensystem war die Information in einer maschinenlesbaren Wissensbasis verschlüsselt, und es bedurfte der Hilfe von speziellen Wissensingenieuren, diese Information auf den neuesten Stand zu bringen.

Ein Hypertextsystem wird kontrolliert durch den Benutzer, der es durch Hinzufügen von Verbindungen und Anmerkungen anpassen kann. Die meisten anderen Computersysteme sind monolithisch und können nur von Spezialisten geändert werden.

Zu guter letzt noch ein weiterer, sehr wichtiger Grund, um von Hypertext begeistert zu sein. In manchen Anwendungsgebieten kann der Einsatz von Hypertext zu beträchtlichen Einsparungen führen. So ist z.B. die Dokumentation für ein F-18-Kampfflugzeug 300.000 Seiten stark [Ventura 1988], und der Ausdruck auf Papier benötigt einen Lagerraum von 1,9 Kubikmetern. Diese Statistik sollte mit den 0,001 Kubikmetern verglichen werden, die die gleiche Information benötigt, wenn sie auf einer Hypertext-CD-ROM gespeichert wird.

Hypertext braucht nicht nur weniger Speicherraum; auch die Kosten, um das System auf dem neuesten Stand zu halten, sind geringer. Die 300.000 Seiten der F-18-Dokumentation bilden keine statische Informationsmenge, sondern sie ändern sich fortwährend. Stellen Sie sich die Versandkosten vor, wenn eine neue Version von einem Kurierdienst zu den weltweit verteilten Air-Force-Stützpunkten versandt wird! Und man stelle sich den Aufwand vor, der damit verbunden ist, jede einzelne geänderte Seite an der richtigen Stelle einzuheften! Stattdessen erstellt man einfach eine neue CD-ROM und bittet alle Benutzer, die alte Version zu vernichten.

Diese immensen Ersparnisse haben viele Computerhersteller dazu bewegt, technische Dokumentationen als Hypertext zu erstellen. Seit 1989 liefert Digital Equipment Corporation das System BookReader, das die komplette Dokumentation für VAX/VMS auf einer CD-ROM zur Verfügung stellt. Hewlett Packard hat ein Projekt LaserROM, in dem daran gearbeitet wird, die 8.000 *verschiedenen* Dokumente, die jährlich an Kunden verschickt werden, auf einigen CD-ROMs zusammenzufassen [Rafeld 1988]. Kunden der Firma Sun benutzen hauptsächlich das System Answerbook, um auf Online-Dokumentation zuzugreifen. Bei Microsoft gibt es Materialien, die nur noch in Hypertextformat, jedoch nicht mehr als gedruckte Handbücher zur Verfügung gestellt werden.

Dieses Kapitel baut auf elf Bildschirmabzügen eines Hypertextsystems auf, das ich auf der Basis von HyperCard entwickelt habe.[1]

Bild 2.1 zeigt den Bildschirm beim Systemstart. Der Bildschirm enthält Knöpfe, die Benutzerführungsfunktionen und allgemeine Hilfsfunktionen aufrufen, sowie einen Knopf, der den Navigationspfad löscht. Dieser Bildschirm dient als Ausgangspunkt für die Hypertextstruktur. Der Benutzer kann immer zum Ausgangsbildschirm zurückkehren, indem er auf das „Startbildschirm"-Ikon klickt.

Das auffallendste grafische Element in diesem Bild ist die Abbildung eines Buches. Auf diese Art wird die Natur der Daten in dieser Informationsbasis vermittelt. Sobald der Benutzer auf den Namen des Autors klickt, erscheint ein neuer Bildschirm, der ein digitales Foto des Autors zeigt. Während der Entwicklung des Systems war diese Funktion sehr hilfreich, da Benutzer, die das System von verschiedenen Netzwerkdiensten geladen hatten, den Autor auf Tagungen erkannten und ihm Kommentare zu dem System geben konnten.

In der oberen rechten Ecke des Bildschirms zeigt ein Zeitstempel, wieviel Zeit vergangen ist, seitdem der Benutzer diesen Knoten zum letzten Mal besucht hat. Da es sich hier um die Titelseite des Buches handelt, weiß man auch, wann man das ganze System zum letzten Mal benutzt hat.

Nehmen wir beispielsweise an, wir haben auf den Titel des Buches oder auf den Buchdeckel geklickt. Dadurch erscheint das Bild 2.2, da das Abbild des Buches der Ausgangsknoten für die Öffnung des Buches ist. Benutzerstudien zeigen, daß viele Benutzer einen Buchdeckel und seinen Titel nicht intuitiv als Ausgangsknoten betrachten. Benutzer verstehen sehr schnell, daß sie auf Ikone und eingerahmte Wörter (z.B. „Quit" in diesem Bildschirmentwurf) klicken können. Sie müssen allerdings oft erst dazu ermuntert werden, auch auf allgemeine Abbildungen zu klicken, auf denen kein besonderes, leicht zu erkennendes Ziel abgebildet ist. In diesem Fall ist das Problem noch dadurch erschwert, daß man ein Buch normalerweise durch *Anheben* des Deckels öffnet, wohingegen man beim Klicken *auf* den Buchdeckel *drückt*. Aus diesem Grund erwähnt die Hilfefunktion ausdrücklich, daß man das Buch durch klicken öffnet.

---

[1] Dieses Kapitel ist eine überarbeitete Version meines Artikels "The art of navigating through hypertext", aus *Communications of the ACM* **33**, 3 (März 1990), S. 296-310 (© 1990, Association for Computing Machinery, mit Erlaubnis abgedruckt).

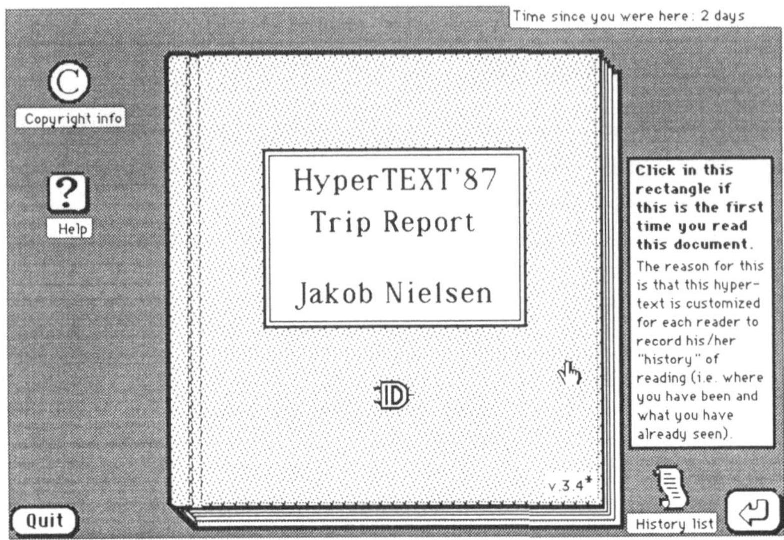

Bild 2.1 *Die „Startbildschirm"-Titelseite des Hypertextsystems.*

Bild 2.2 zeigt das Übersichtsdiagramm für den Inhalt der Hypertextstruktur. Es ist ein zweidimensionales Inhaltsverzeichnis. Da es definitionsgemäß keine lineare Struktur im Hypertext gibt, wurde eine zweidimensionale Struktur ausgewählt. Es gibt kein „erstes" Kapitel. Die Organisation der Elemente vermittelt ihre Relation zueinander, d.h.: „Systeme" und „Anwendungen" sind miteinander verwandt, wohingegen „Definition von 'Hypertext'" eine Unterordnung ist von „Forschungsaspekte". „Definition von 'Hypertext'" ist unmittelbar auf der Übersichtskarte angesiedelt, da dies ein sehr wichtiger Knoten im Hypertextnetzwerk ist. Benutzer können von überall her im System sofort auf den Definitionsknoten zugreifen, da alle Textbildschirme (Bild 2.4 usw.) das Überblicksdiagramm, zusammen mit all seinen Hypertextausgangsknoten, enthalten.

Die Linien zwischen den Elementen des Hypertextes drücken Beziehungen aus. Sie zeigen, daß „Hypertext'87 Workshop" das zentrale Thema ist, wohingegen „CSCW'86 Trip Report" separat steht. Es gibt zwar Verbindungen zwischen Knoten im Bericht über das Hypertext'87-Treffen und Knoten im CSCW'86-Bericht, aber diese wurden als weniger wichtig eingeschätzt und sind daher nicht in das Übersichtsdiagramm aufgenommen worden.

Knoten, die der Benutzer schon einmal besucht hat, werden im Übersichtsdiagramm abgehakt (in diesem Fall „Research Issues").

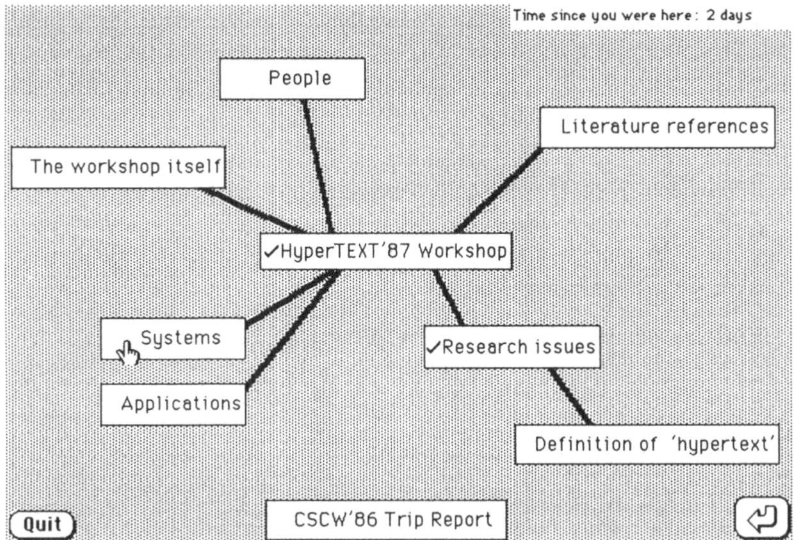

Bild 2.2 *Das globale Übersichtsdiagramm.*

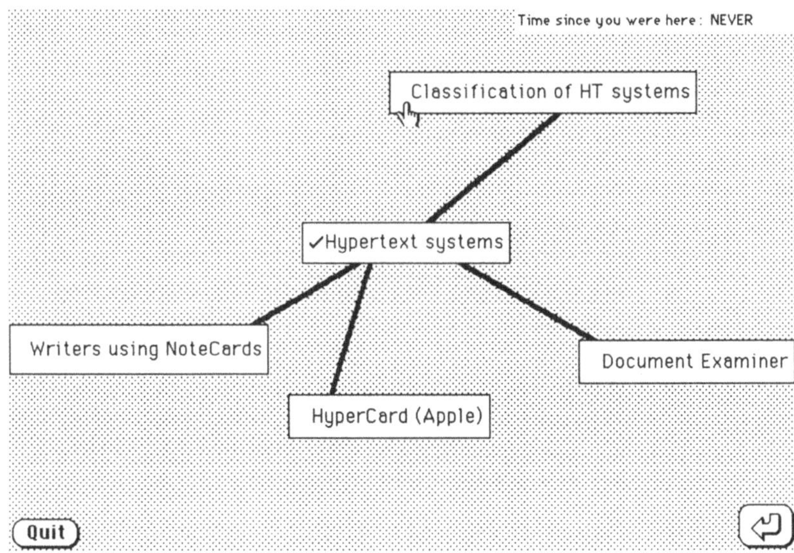

Bild 2.3 *Das detaillierte Übersichtsdiagramm.*

Das detailliertere Diagramm in Bild 2.3 gibt einen Überblick über die Knoten, die mit dem Thema „Hypertext systems" in Verbindung stehen. Das Thema wurde im Übersichtsdiagramm in Bild 2.2 ausgewählt. Wir klicken auf „Classification of Hypertext systems" (Klassifikation von Hypertextsystemen), um zu Bild 2.4 zu gelangen.

Man beachte, daß der Zeitstempel in der oberen rechten Ecke anzeigt, daß wir noch „Nie" („NEVER") hier waren. Der Zeitstempel ist eine allgemein verfügbare Funktion, die es Benutzern auf eine einfache Art ermöglicht zu erkennen, ob sie die Information schon einmal gesehen haben.

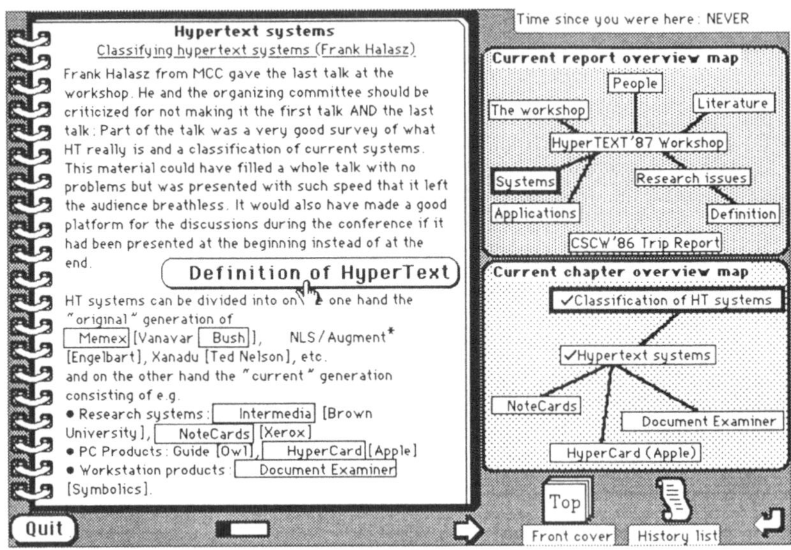

Bild 2.4 *Diese Bildschirmseite zeigt eine Informationsseite mit zwei Ebenen von Übersichtsdiagrammen. Der Hypertextanker „Definition of Hypertext" wurde im Layout speziell hervorgehoben und wird daher von Benutzern oft zuerst angeklickt.*

Die lokalen Übersichtsdiagramme haben eine hellere Hintergrundfarbe als das globale Diagramm in Bild 2.2. Fast keinem Benutzer fällt dieser Unterschied auf, da sie die beiden Farben nicht gleichzeitig sehen. Bild 2.4 zeigt, daß in den auffälligeren Übersichtsdiagrammen im Haupttext durchgehend die gleichen Farben benutzt werden.

Die Seite in Bild 2.4 illustriert das Standarddesign, welches für den Kern des Hypertextsystems verwendet wurde. Dieser Knoten enthält mehr Text, als man auf dieser Bildschirmseite sehen kann. Deshalb folgt das System einer Buchmetapher, indem es den Lesern durch Klicken auf den rechten Pfeil in der unteren rechten Ecke der Buchseite erlaubt weiterzublättern. Bildschirme, die sich nicht auf die erste Seite beziehen, haben einen nach links deutenden Pfeil in der linken unteren Ecke, der es dem Leser ermöglicht zurückzublättern.

Der Bildschirmentwurf enthält verkleinerte Kopien der Übersichtsdiagramme. Jeder Textbildschirm zeigt das gleiche globale Übersichtsdiagramm, das dann zu einem lokalen Übersichtsdiagramm führt. Die Übersichtsdiagramme sind aktiv, da sie gleichzeitig die momentane Position des Benutzers im Hypertextsystem hervorheben und als Hypertextanker dienen. Durch Anklicken des globalen Übersichtsdiagramms kommt man zum lokalen Übersichtsdiagramm (z.B. zu Bild 2.3, wenn man auf „Systems" klickt). Durch Anklicken im lokalen Diagramm springt man direkt zu dem entsprechenden Knoten.

Bei diesem Bildschirm wäre es angemessen, zuerst die Definition des Wortes Hypertext zu lesen. Also klicken wir auf diesen Knopf. Dies führt uns zu Bild 2.5. Ein allgemeines Problem von Hypertext ist, daß er die Autorität des Autors in der Bestimmung der Lesefolge der Kapitel zerstört. In diesem Beispiel haben wir zumindest angedeutet, welches die empfohlene Lesefolge ist, indem wir den entsprechenden Ausgangspunkt besonders hervorgehoben haben.

So mancher denkt jetzt vielleicht, die Tatsache, daß man den Leser führt, deute darauf hin, das Konzept des nichtsequentiellen Textes sei fehlerhaft. Wenn man bestimmte Knöpfe sehr groß und grafisch attraktiv machen muß, um Leser dazu zu verführen, diese Knöpfe zuerst auszuwählen – warum dann überhaupt die Mühe, Lesern eine Auswahl zu geben? Die Antwort darauf ist einfach: Es gibt verschiedene Kategorien von Lesern! Manche Leser sind vielleicht Experten auf dem Gebiet dieser Informationsbasis und wissen daher, wie sie zu navigieren haben, um spezifische und interessante Informationen zu finden. Obgleich der Autor verschiedene Ausgangspunkte besonders hervorgehoben hat, können sie sich völlig frei bewegen. Andere Leser hingegen sind vielleicht Neulinge auf diesem Gebiet und benötigen mehr Benutzerführung. Anstatt ihn dazu zu zwingen auf vorbestimmten Wegen zu lesen, ermöglicht unser Hypertextsystem dem einzelnen Leser, die Lesefolge seinen individuellen Bedürfnissen und Lernweisen anzupassen. Da aber Neulinge die Struktur des Informationsraumes noch nicht kennen und vielleicht terminologische Probleme haben, denke ich, ist es vernünftig, daß ihnen der Autor Hinweise gibt.

Die grafische Aufbereitung in Bild 2.5 soll den Meilensteincharakter dieser Definition betonen und den Knoten mitsamt seinem Inhalt hervorheben. Die Definition kann von allen anderen Textbildschirmen des Systems aus durch ihren Ankerpunkt im globalen Übersichtsdiagramm erreicht werden.

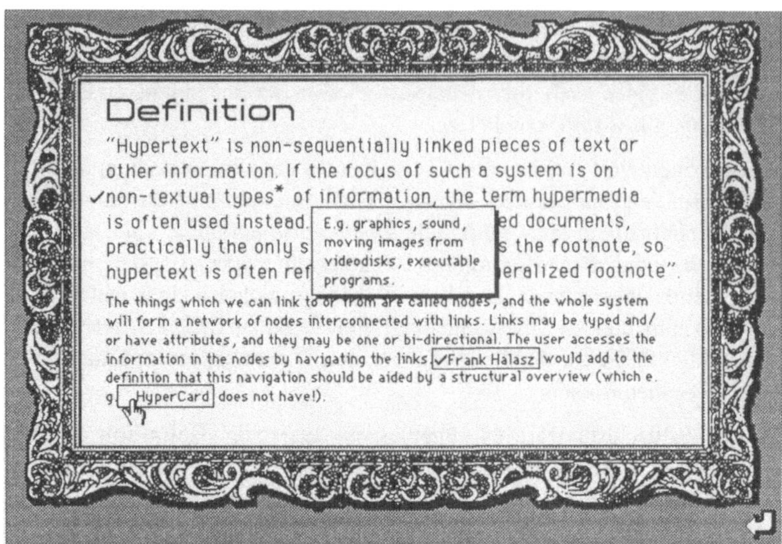

Bild 2.5 *Die auffällige grafische Aufbereitung dieses Knotens zeigt an, daß sein Inhalt sich vom Rest der Informationsbasis unterscheidet.*

Bevor der hier gezeigte Bildschirmabzug angefertigt wurde, haben wir auf den Ausgangspunkt „non-textual types" geklickt, wodurch uns Beispiele dieses Informationstyps in einem kleinen Informationsfenster gezeigt wurden. Das Fenster verschwindet, sobald wir darauf klicken oder wenn wir das Fenster verlassen. Hypertextausgangspunkte für derartige Informationsfenster werden auf dem Bildschirm durch Sternchen (*) angezeigt, um die Verwandtschaft mit Fußnoten aus traditionellen Büchern zu betonen. Sternchen unterscheiden sich von den eingerahmten Textteilen, welche für Hypertextverbindungen benutzt werden, die den Benutzer zu neuen Bildschirmen bringen. Diese Unterscheidung ermöglicht es den Benutzern, die Folgen ihrer Handlungen vorherzusagen. Die ersten beiden Versionen dieses Systems benutzten Einrahmungen als Hinweise für beide Arten von Verbindungen. Es war sehr frustrierend für die Benutzer, nicht im voraus zu wissen, ob durch Klicken ein kleines Informationsfenster gezeigt würde oder ob sie sich danach in einem völlig anderen Kontext wiederfänden. Sobald wir den Ausgangspunkt zum Informationsfenster angeklickt haben, setzt das System automatisch ein Häckchen davor, und erinnert uns so daran, daß wir dieser Verbindung schon einmal gefolgt sind. Das System hat auch den Ausgangspunkt „Frank Halasz" abgehakt, da wir den Knoten am anderen Ende dieser Verbindung schon gesehen haben (es handelt sich um den Bildschirm in Bild 2.4). Daher klicken wir jetzt auf „HyperCard", um zu Bild 2.6 zu gelangen.

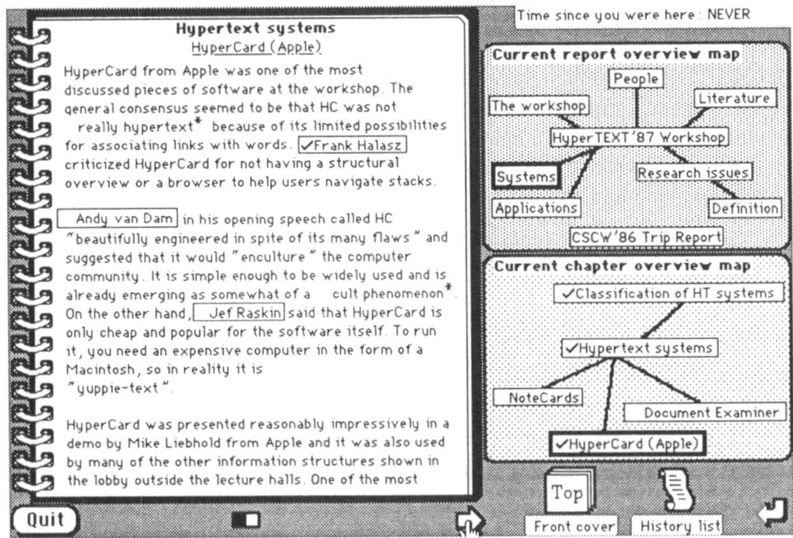

Bild 2.6 *Ein kleiner, normaler Hypertextknoten.*

Sowie wir bei diesem Knoten ankommen, setzt das System Häkchen an die Hypertextausgangsknoten für „Frank Halasz" und „Classification of HT systems" (Klassifikation von Hypertextsystemen), da wir die Zielknoten dieser Verbindungen schon gesehen haben.

Dieser Bildschirm ist ein Teil des Knotens, der das HyperCard-System von Apple beschreibt. Das sieht man an der Hervorhebung der entsprechenden Knoten im lokalen Übersichtsdiagramm und an den doppelten Überschriften in der Buchseite. Die fettgedruckte Überschrift beschreibt die Position im globalen Übersichtsdiagramm; die unterstrichene Überschrift beschreibt die Position im lokalen Übersichtsdiagramm. Beide Überschriften werden vom System automatisch zu einer Positionsbeschreibung zusammengefaßt, die dann im Navigationspfad (siehe Bild 2.10) erscheint. In einer früheren Version des Systems war die Buchseite kleiner, und die Überschriften standen außerhalb der Buchseite. Auf diese Art und Weise sollte ausgedrückt werden, daß die Überschriften automatisch erstellt wurden und eine Art Statusinformation darstellen. Obgleich die Überschriften an derselben Stelle auf dem Bildschirm erschienen, haben Testleser den Text außerhalb der Buchseite nicht als Beschreibung des Inhaltes der Seiten angesehen. Die Einschlußregel (engl.: *gestalt* law of closure) [Nielsen 1993a (Kapitel 5.1)], welche besagt, daß Dinge innerhalb geschlossener Bereiche als zusammengehörend angesehen werden, erklärt dieses Fehlverhalten. Das Problem wurde einfach dadurch gelöst, daß die Überschriften in die Buchseite hinein bewegt wurden.

Die kleinen schwarzweißen Kästchen unterhalb der Buchseite sind Rollbalken. Sie stellen zweierlei Information dar: unsere relative Position innerhalb des Knotens und die Größe des Knotens. Die Länge des Rollbalkens ist proportional zur Anzahl der Seiten in dem Knoten. So ist z.B. der Rollbalken in Bild 2.4 länger als der Balken in Bild 2.6, da der Knoten aus Bild 2.4 größer ist. Proportionale Rollbalken erlauben es, den Positionszeiger (das schwarze Kästchen) immer gleich groß zu lassen. Dadurch kann man ausdrücken, daß alle Buchseiten die gleiche vordefinierte Größe haben. Die relative Größe des Positionszeigers zeigt dem Benutzer, welchen Teil des Gesamttextes er im Moment sieht.

Das schwarze Kästchen zeigt dem Leser in analoger Form, wo er sich innerhalb des Knotens befindet. Als Alternative könnte man auch eine digitale Form benutzen (z.B. Seite 1 aus 2). Das Rollbalkendesign hat aber den Vorteil, daß es auch als Ausgangspunkt für Hypertextsprünge zu anderen Seiten innerhalb des gleichen Knotens benutzt werden kann. Wenn der Benutzer auf den Rollbalken klickt, springt das System zu der Seite im Knoten, die der angeklickten Position entspricht.

In dem vorliegenden Beispiel sehen wir, daß der Knoten recht klein ist und daß wir uns auf der ersten Seite befinden. Wir können uns also den Rest des Knotens ansehen, indem wir auf den „Pfeil nach rechts" klicken. Die nächste Seite sieht ähnlich aus, hat jedoch einen „Pfeil nach links" anstatt eines „Pfeils nach rechts". Daher werden wir die Seite nicht zeigen. Die nächste Seite hat einen Hypertextverweis für „Vannevar Bush". Wir folgen ihm, um mehr Information zu diesem berühmten Autor zu finden.

Wie schon durch den drastisch andersartigen grafischen Entwurf angedeutet, ist der Bildschirm in Bild 2.7 Teil des Bibliographiebereiches des Informationsraumes. Die links- und rechtsgerichteten Pfeile ermöglichen es dem Benutzer, sich in alphabetischer Reihenfolge durch die Referenzliste zu bewegen. Die alphabetische Reihenfolge der Nachnamen der Autoren ist ein Zugriffsmechanismus mit sehr wenig semantischer Bedeutung. Unter Benutzung von Hypertextentwurfsprinzipien wurde ein Bücherregal hinzugefügt, das Hypertextausgangspunkte enthält, mit deren Hilfe der Benutzer Literaturreferenzen entdecken kann. Wenn wir z.B. auf den Buchrücken „Gedichte" (engl.: Poetry) klicken, bringt uns das zu einer Literaturreferenz zum Thema „Benutzung von Hypertext im Unterricht der Poesie".

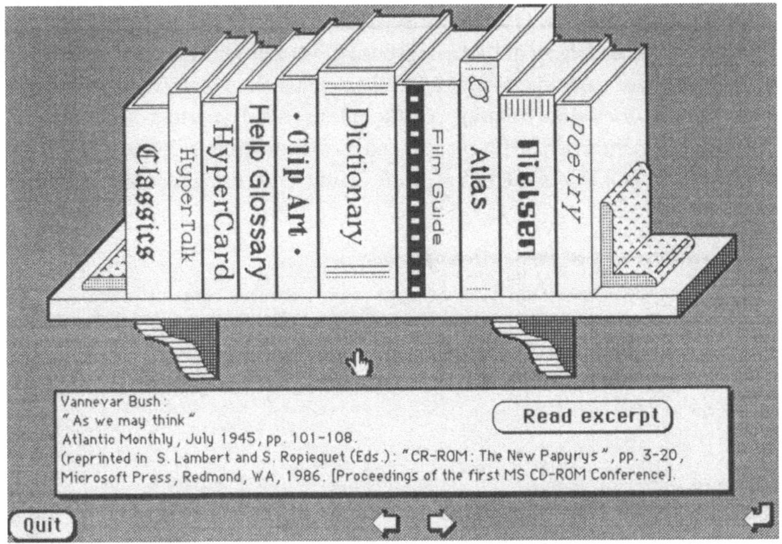

Bild 2.7   *Ein Knoten aus der Bibliographie des Hypertextes.*

Einige der Buchknöpfe führen zu mehreren Zielen, von denen eines nach dem Zufallsprinzip ausgewählt wird. Der Buchrücken „Klassiker" (engl.: Classics) führt z.B. zu einer Referenz, die im Hypertextgebiet als ein Klassiker angesehen wird. Die Benutzung des Zufallsprinzips geht zurück auf den „Etwas Anderes"-Knopf in der Drexel-Diskette [Hewett 1987] und sollte nur in Situationen angewandt werden, in denen Benutzer den Informationsraum erforschen. Meistens wird man Voraussagbarkeit vorziehen. Ein Benutzer des Systems beschwerte sich, daß er stundenlang umsonst nach dem Algorithmus gesucht hätte, der von den Buchrücken zu den Referenzen führt. Der Benutzer war allerdings ein Computerfachmann. Wahrscheinlich würden die meisten Benutzer dieses Verhalten als Zauberei einstufen und sich darüber wohl kaum den Kopf zerbrechen. Ich habe nicht genügend empirische Daten, um eine klare Aussage zu diesem Entwurfsprinzip zu machen; eine detailliertere Studie über die Auswirkung von Zufallsentscheidungen in Endbenutzerschnittstellen wäre hier vonnöten. Intuitiv würde ich einen vorhersagbaren Entwurf vorziehen. Eine Möglichkeit hierfür ist die Benutzung der Intermedia-Technik [Yankelovich et al. 1988a]. Sie zeigt dem Benutzer die Liste der möglichen Endpunkte, wenn er auf einen Ausgangsknoten klickt, der zu mehreren Zielknoten führt.

In dem Bildschirm in Bild 2.7 klicken wir auf „Lese-Auszug" (engl.: read excerpt), um einige Auszüge aus dem Originalartikel von Vannevar Busch zu lesen. Die

Möglichkeit, automatisierten Querverweisen zu folgen, ist einer der größten Vorteile von Hypertext. Aus urheberrechtlichen Gründen werden wir das in diesem Beispiel allerdings nicht tun. Probleme mit dem Urheberrecht stellen eine sozio-ökonomische Schranke dar, die die volle Nutzung des Potentials von Hypertext verhindert. Statt dessen gehen wir mehrere Schritte zurück, indem wir mehrmals auf den Knopf in der unteren rechten Ecke klicken. Der Weg zurück führt uns durch mehrere Bildschirme bis hin zum Bild 2.4.

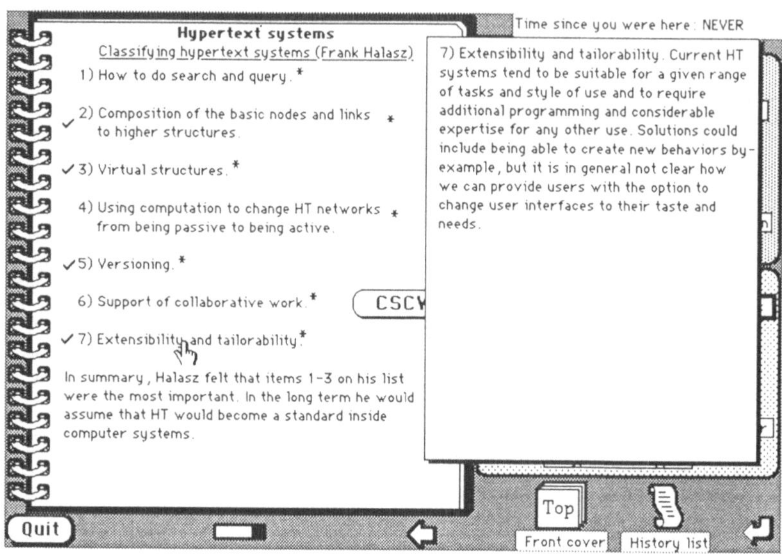

Bild 2.8 *Liste von Themen, die mit Pop-up-Informationsfenstern verbunden sind. Themen, die der Benutzer schon einmal angeklickt hat, werden abgehakt.*

Wir sind jetzt bis zum Bild 2.4 zurückgegangen. Von dort aus haben wir den Rest des Knotens gelesen, bis hin zum Bildschirm in Bild 2.8. Dieser Teil des Textes enthält eine Liste von sieben Themen, die Hypertextausgangspunkte für Informationsfenster darstellen. Die Themen 2, 3 und 5 sind uns schon bekannt (die Häkchen zeigen an, daß wir dieses Material schon gesehen haben), und wir haben eben das siebte Thema angeklickt.

Nun ist es uns möglich, den gesamten Text zu Thema 7 zu lesen und gleichzeitig die Liste aller Themen im Auge zu behalten. Da der Bildschirm recht klein ist, wird das Übersichtsdiagramm leider vom Informationsfenster überdeckt. Das Informationsfenster verschwindet, wenn man darauf klickt.

Auf dem Weg von Bild 2.8 zu Bild 2.9 haben wir ein bißchen im Informationsraum herumgestöbert und haben schließlich im globalen Übersichtsdiagramm auf „Personen" (engl.: people) und dann im lokalen Übersichtsdiagramm auf „Andy van Dam" geklickt. Nachdem wir die Seiten in diesem Knoten gelesen haben, sind wir auf eine Liste von Forschungsproblemen gestoßen (Bild 2.9).

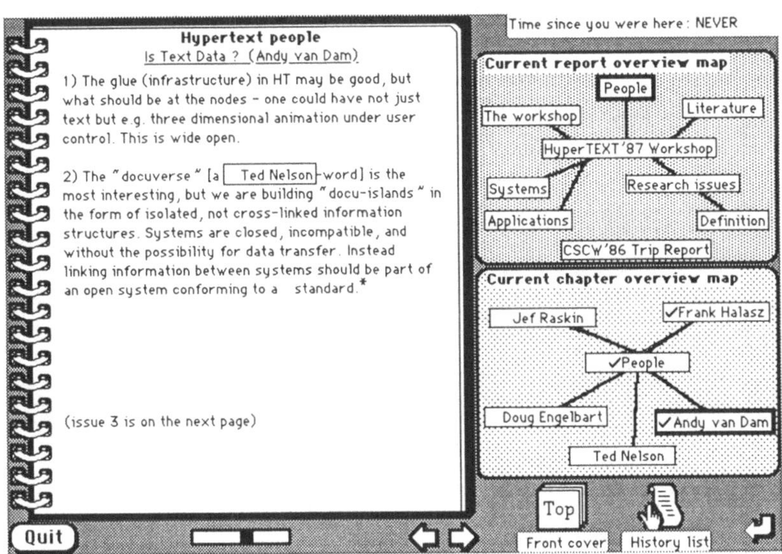

Bild 2.9   *Dieser Bildschirm erläutert das Problem des „kleinen Kontextes": der Benutzer kann das dritte Thema nicht lesen, bevor er nicht zur nächsten Seite weiterblättert.*

Der Entwurf der Seite in Bild 2.9 illustriert ein Problem, das wir als „kleinen Kontext" (engl.: context-in-the-small) bezeichnen. Nicht alle Forschungsprobleme aus der Liste können auf einer Seite dargestellt werden. Der ganze Text, der sich mit dem dritten Problem beschäftigt, mußte auf der nächsten Seite untergebracht werden, damit er sich nicht über mehrere Seiten verteilt. Ursprünglich fehlte in diesem Bildschirm die Extrazeile („Thema 3 ist auf der nächsten Seite", (engl.: issue 3 is on the next page)). Versuche mit Benutzern haben jedoch gezeigt, daß ohne diesen Hinweis viele Leser intuitiv annehmen, daß, wie bei einem Buch, eine halbleere Seite das Ende des Kapitels anzeigt.

Hier haben wir entschieden, daß wir jetzt nicht noch mehr über Andy van Dam lesen möchten, sondern zu einem früheren Knoten zurückkehren wollen, an dem wir schon einmal vorbeigekommen sind. Zu diesem Zweck klicken wir auf den Knopf mit dem Titel „Werdegang" (engl.: history list).

Der Werdegang in Bild 2.10 ist eine Liste, die die Reihenfolge aller Knoten beschreibt, die wir im System besucht haben. Jeder der Knoten, die wir gesehen haben, ist in der Liste vertreten; falls wir den Knoten mehrmals besucht haben, kommt er auch mehrmals in der Liste vor. Die Liste ist eine lineare Abbildung unseres Weges durch die Menge der Knoten. Sie gibt uns für jeden einzelnen Knoten an, wieviel Zeit seit dem letzten Besuch dort verstrichen ist. Unser Verständnis des Inhalts der Liste hängt maßgeblich davon ab, ob es sich um Knoten handelt, die wir gerade eben, vor einigen Stunden, Tagen (oder gar Jahren) besucht haben.

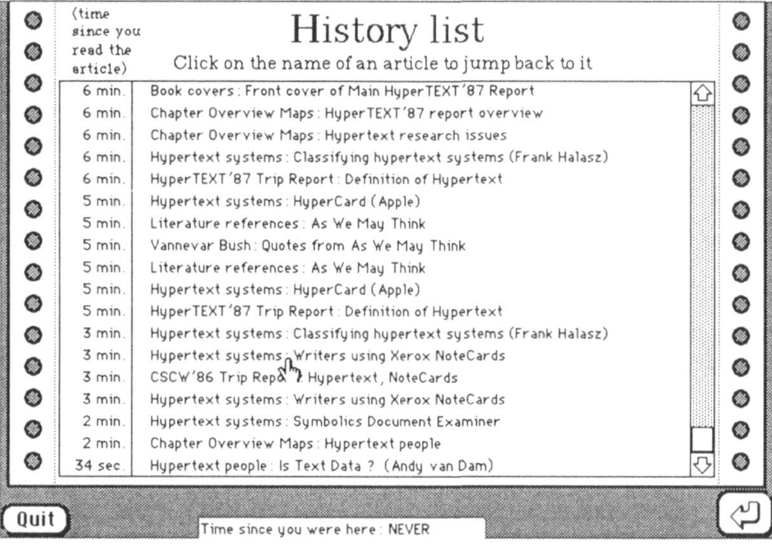

Bild 2.10 *Der Werdegang zeigt die Reihenfolge der Knoten, die der Leser schon besucht hat.*

In Bild 2.10 könnten wir jetzt auf eine Zeile klicken, um zu dem entsprechenden Knoten zurückzukehren. Wir werden das aber nicht tun, da unsere Führung durch das System bei diesem Bild endet.

Die erste Version dieses Hypertextes ermöglichte es dem Leser, eigene Anmerkungen zum ursprünglichen Text hinzuzufügen. Bild 2.11 zeigt eine solche Anmerkung. Der grafische Entwurf der Seite vermittelt dem Leser, daß es sich dabei um kurze Zusätze zum eigentlichen Inhalt handelt. Ein unterschiedliches Schriftbild verdeutlicht, daß eine andere Person als der Autor des eigentlichen Hypertextes diese Anmerkung geschrieben hat. Jedem einzelnen Knoten im Hypertext könnten mehrere solcher Anmerkungen zugeordnet sein. Dem Leser, der sich für die Anmerkungen interessiert, würde zuerst eine Liste davon, sortiert nach Autor und Titel, präsentiert, aus der er sich dann eine Anmerkung aussucht.

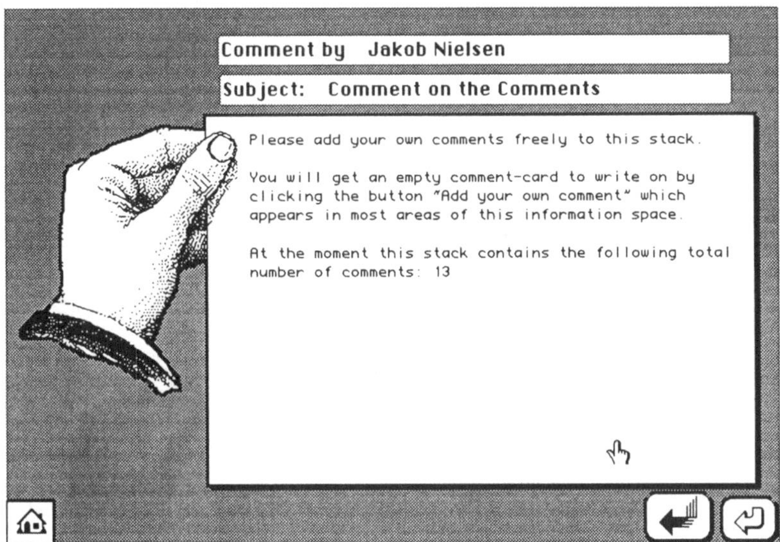

Bild 2.11 *Der Anmerkungsknoten.*

Der Bildschirm in Bild 2.11 hat zwei Zurücksetz-Pfeile, weil der Leser zwei Wege beschreiten kann (Der Knoten, d.h. die Anmerkung, hat keine weiteren Hypertextausgangspunkte, da das System keine Anmerkungen zu Anmerkungen zuläßt). Der gebräuchliche Zurücksetz-Pfeil führt die übliche Zurücksetz-Funktion durch und bringt den Benutzer zum Ausgangspunkt des letzten Hypertextsprunges zurück, in diesem Fall zur Liste der Anmerkungen. Ein besonderer Pfeil, links vom üblicherweise verwendeten Pfeil, beschleunigt den Rückweg und bringt den Leser geradewegs zu dem Knoten zurück, von dem aus er zur Liste der Anmerkungen gesprungen ist. Allerdings haben meine Versuche mit Anwendern gezeigt, daß kaum jemand dieses Konzept versteht.

3   Die historische Entwicklung von Hypertext

Hypertext hat im Vergleich zu anderen Bereichen der PC-Industrie einen erstaunlich reichhaltigen geschichtlichen Hintergrund. Dies ist umso überraschender, als die meisten Leute bis vor einigen Jahren noch nichts davon wußten.[1] Die Tabelle 3.1 gibt einen Überblick über den geschichtlichen Werdegang von Hypertext; die wichtigsten Begebenheiten werden in diesem Kapitel ausführlicher diskutiert.

3.1   Memex (1945)

Vannevar Bush (1890-1974) wird üblicherweise als der „Großvater" von Hypertext angesehen, da er im Jahr 1945 ein System vorstellte, das wir heute als Hypertextsystem bezeichnen würden. Dieses System, genannt *Memex* (memory extender — Gedächtnisverlängerer), wurde nie implementiert, es wurde jedoch in Bushs Dokumenten theoretisch beschrieben.

An sich entwickelte Bush manche der Ideen zu Memex bereits in den Jahren 1932 und 1933 und brachte sie schließlich im Jahr 1939 zu Papier. Dieses Manuskript wurde aus unterschiedlichsten Gründen [Nyce und Kahn 1989, 1991] erst 1945 veröffentlicht. Es erschien unter dem Titel „As We May Think" in der *Atlantic Monthly*.

Bush beschrieb Memex als „eine Art mechanisierten privaten Archivs und Büchersammlung" und als „eine Einrichtung, in der ein einzelner seine Bücher, Aufzeichungen und Mitteilungen lagert und die es ihm erlaubt, sehr schnell und gezielt in diesem Archiv nachzuschlagen". Memex würde diese Informationen auf Mikrofilm speichern, und in einer Art Benutzerschreibtisch aufbewahren. Dieser Schreibtisch hätte mehrere Mikrofilm-Vorführeinrichtungen. Mit ihnen könnte der Benutzer, die verschiedenen Mikrofilme vergleichen, und zwar auf eine Art und Weise, die der Fenstertechnik, die mehr als vierzig Jahre später auf dem PC beliebt wurde, sehr ähnelt.

Memex sollte einen Scanner haben, mit dem der Benutzer, sowohl neues Material als auch handgeschriebene Randnotizen und Kommentare eingeben könnte. Aber Bush dachte sich, daß

---

[1] Ich habe an bedeutenden Konferenzen teilgenommen, wo die Sprecher vor der Einführung von WWW noch nie etwas von Hypertextentwicklungen gehört hatten.

... die meisten der Memexinhalte auf Mikrofilm, fertig zum Einlegen, zur Verfügung stehen. Bücher aller Art, Bilder, regelmäßig erscheinende Zeitschriften, Zeitungen werden so erstellt und eingegeben. Das gleiche gilt für den geschäftlichen Briefwechsel.

1945	Vannevar Bush entwickelt das Memex-Konzept
1965	Ted Nelson erfindet den Begriff „Hypertext"
1967	*Hypertext Editing System* und *FRESS*, Brown University, Andy van Dam
1968	Doug Engelbart führt das *NLS*-System vor
1975	*ZOG* (heute: *KMS*), Carnegie Mellon University
1978	*Aspen Movie Map*, erste Version eines Hypermediasystems auf Videodisk, Andy Lippman, MIT Architecture Machine Group
1984	*Filevision* von der Firma Telos; eingeschränkte Hypermediadatenbank, weit verbreitet auf dem Macintosh
1985	*Symbolics Document Examiner*, Janet Walker
1985	*Intermedia*, Brown University, Norman Meyrowitz
1986	OWL führt *Guide* ein, erstes weit verbreitetes Hypertextsystem
1987	Apple führt *HyperCard* ein, Bill Atkinson
1987	Hypertext'87 Workshop, North Carolina
1991	*World Wide Web* entwickelt sich zum ersten weltumspannenden Hypertext, CERN, Tim Berners-Lee
1992	*New-York-Times*-Buchbesprechung über Hypertextbasierte Romane
1993	*MOSAIC* wird zur besten Internet-Anwendung ernannt, National Center for Supercomputing Applications
1993	Der Film „*A Hard Day's Night*" ist der erste Spielfilm, der als Hypermedium veröffentlicht wird.
1993	Hypermediabasierte Enzyklopädien erzielen eine höhere Auflage als gedruckte Enzyklopädien

Tabelle 3.1   *Ein Überblick über die historische Entwicklung von Hypertext.*

Wir haben das Stadium der Hypertextentwicklung noch nicht erreicht, in dem große Mengen gebrauchsfertiger Information in einem Format zum Verkauf angeboten werden, das der Benutzer in bestehende Hypertextstrukturen einfügen kann.

Vannevar Bush entwickelte den Memex-Vorschlag hauptsächlich deshalb, weil er befürchtete, daß die explosionsartige Vermehrung von wissenschaftlichen Informationen es sogar Experten unmöglich machen würde, die Entwicklungen in einem Bereich zu verfolgen. Natürlich ist es heute noch schlimmer, aber schon im Jahr 1945 untersuchte Bush, wie man den Zugang zu Informationen vereinfachen kann. Er beschrieb seine verschiedenen Ideen zu Mikrofilm- und Vorführausstattung und erklärte:

All dies ist nicht neu, bis auf die Vorhersagen zur Entwicklung heutiger Technologien und Spielereien. Allerdings erlaubt es Memex[2], assoziative Indizierung einzuführen. Assoziative Indizierung ist ein fundamentales Konzept von Memex, mit dem wir Dinge willkürlich miteinander in Verbindung bringen und Handlungen voneinander auslösen lassen können.

Mit anderen Worten: Hypertext !

Über die Fähigkeit zum Erstellen individueller Verbindungen hinaus wollte Bush, daß Memex mit einem Satz von Verbindungen, welche die wichtigsten Informationen zu einem spezifischen Thema zusammenfassen, den Bau von Pfaden durch das Informationsmaterial unterstützt. Er sagte sogar das Einrichten von sogenannten „Pistensuchern" voraus, „die sich eine Freude daraus machen, brauchbare Pfade durch die enorme Masse von verfügbaren Dokumenten zu erstellen". In der heutigen Fachsprache wären diese Pistensucher Leute, die publizierten Textansammlungen und anderen Informationen dadurch Wert verleihen, daß sie ein Netz von Hypertextverbindungen zur Verfügung stellen, um die zugrundeliegende Information zu ergänzen. Da wir aber bis jetzt sogar für einfachen Hypertext noch keinen großen Markt entwickelt haben, müssen wir bedauerlicherweise ohne professionelle Pistensucher auskommen. Während der letzten Jahre ist eine Art von Amateurpistensuchern aufgetaucht, nämlich WWW-Benutzer, die zu allen möglichen Themen Listen von interessanten WWW-Seiten zusammenstellen und veröffentlichen.

Die Erstellung von Pfaden wäre auch eine Aktivität für den normalen Memex-Benutzer. Von seinen Mikrofilmideen ausgehend, nahm Bush an, daß solch ein Benutzer gerne einen ganzen Pfad für seine Freunde zur Einfügung in deren Memexe

---

[2] Bush schrieb "Memex" mit einem kleinen "m". Heute wird das Wort als Name eines Systems verwendet, daher schreibe ich es groß.

fotografieren möchte. Wiederum sollten wir hier bemerken, daß Bushs Vision in der heutigen Technologie noch nicht realisiert wurde, da es heutzutage fast unmöglich ist, ausgewählte Substrukturen von einem Hypertext zum anderen zu übertragen, besonders wenn beide Hypertexte auf verschiedenen Systemen aufbauen.

Vannevar Bush war zu seiner Zeit ein berühmter Wissenschaftler. Während des zweiten Weltkrieges, als wissenschaftliche Themen, wie z.B. die Erfindung von Nuklearwaffen, von großer Bedeutung waren, war er der wissenschaftliche Berater von Präsident Roosevelt. Das Erscheinen seines Artikels „As We May Think" in der „Atlantic Monthly" sorgte für beträchtliche Diskussionen. Die beiden Magazine „Life" und „Time" veröffentlichten Artikel über Memex. Im Magazin „Life" entwarf ein Künstler Abbildungen, die darstellten, wie Memex aussehen würde und beschrieb in einer Szene die Vorführeinrichtungen, während ein Benutzer eine Verbindung vervollständigte. Doug Engelbart, ein Pionier in der Entwicklung von interaktiven Rechnern und der Erfinder der Computer-Maus, las Bushs Artikel als er 1945 auf ein Schiff von den Philippinen nach Hause wartete und erhielt hier Anregungen für seine späteren Arbeiten.

Memex wurde aber trotz frühzeitigem Interesse niemals gebaut. Wie schon erwähnt, ist unsere heutige Computertechnologie noch immer außerstande, Bushs Vision zu unterstützen [Meyrowitz 1989b]. Wir haben zwar Computer mit fast allen Memex-spezifischen Funktionen, aber sie basieren auf einer völlig anderen Technologie als die Mikrofilmtechnologie, die Bush für sein Konzept benutzte.

Es ist interessant sich daran zu erinnern, daß Bush einer der wissenschaftlichen Pioniere in der Entwicklung von Computer-Hardware war. Er war berühmt für Erfindungen wie den 1931 gebauten MIT-Differential-Analysierer. Alan Kay von Apple hat einmal gesagt, daß wir in den Gebieten von denen wir am meisten verstehen, die Zukunft am *ungenauesten* vorhersagen, da wir die Probleme kennen und zu wissen glauben, was dem Fortschritt im Wege steht. Aus diesem Grund konnte Bush von unmöglichen Fortschritten in der Mikrofilmtechnologie träumen, er hätte aber nie gewagt, einen Artikel über PCs zu veröffentlichen, weil er „wußte", daß Rechner riesig waren und Millionen Dollar kosteten.

3.2 Augment/NLS (1962-1976)

In den der Veröffentlichung von Bushs Artikel im Jahre 1945 folgenden 20 Jahren passierte wenig auf dem Hypertextgebiet. Man war damit beschäftigt, Rechner so zu verbessern, daß eine interaktive Nutzung möglich wurde. Die Rechner waren aber so kostspielig, daß die meisten der Geldgeber den Vorschlag, sie für nichtnumerische Aufgaben wie Textverarbeitung zu verschwenden, als total unverantwortlich ansahen.

Trotz dieser Einstellung begann Doug Engelbart im Jahre 1962 mit seinem Augment-Projekt. Er entwickelte Computerwerkzeuge, die die menschliche Leistungsfähigkeit verbessern. Das Augment-Projekt ist der erste bedeutende Fortschritt auf den Gebieten der Arbeitsplatzunterstützung und der Textverarbeitung. In der Tat war das ganze Projekt umfassender und anspruchsvoller als die Produktionswerkzeuge, die uns augenblicklich auf dem Gebiet der beruflichen Arbeitsumgebung zur Verfügung stehen. Das Projekt wurde am SRI (Stanford Research Institute) durchgeführt und beschäftigte bis zu 45 Mitarbeiter.

Ein Teil des Augment-Projektes bestand aus NLS (für oN-Line System[3]). Das NLS-System zeigt einige Hypertextmerkmale auf, obwohl es nicht als Hypertextsystem entwickelt wurde. Während des Augment-Projektes bewahrten alle Forscher ihre Dokumente, Berichte und Memos in einem verteilten und allgemein zugänglichen „Tagebuch" auf. Dadurch konnten sie Querreferenzen zu anderen Arbeiten manuell einarbeiten. Das Tagebuch enthielt über 100.000 Eintragungen und stellt noch immer eine einzigartige Hypertextstruktur zur Unterstützung von Gruppenarbeit über einen ausgedehnten Zeitraum dar.

Während einer Sondersitzung im Jahre 1968 anläßlich der FJCC (Fall Joint Computer Conference), gab Engelbart eine Vorführung von NLS. Diese erste öffentliche Vorführung von vielen grundlegenden Ideen zur Benutzung von Rechnern im Dialogbetrieb stellte für die Gruppe ein Risiko dar. Engelbart benutzte einen Großteil seiner Geldmittel, um spezielle Vorführprojektoren zu erwerben, Höchstfrequenz–Übertragungsleitungen zwischen dem Labor und dem Konferenzzentrum zu schalten und um verschiedene andere spezielle Hardware aufzubauen. Ein Mißlingen der Vorführung hätte unangenehme Konsequenzen für ihn gehabt. Aber alles klappte, und im nachhinein war die Entscheidung, die Mittel dafür zu benutzen, richtig gewesen. Viele Leute sagen, daß gerade diese Vorführung sie dazu ermunterte, die Benutzung von Rechnern im Dialogbetrieb zu erforschen.

Trotz der erfolgreichen Vorführung entzog die Regierung Engelbart die Forschungsunterstützung im Jahre 1975. In dem Augenblick hatte Engelbart schon fast die Hälfte der Konzepte der modernen Computertechnologie erfunden.[4] Augment wurde als Arbeitsplatz-Automatisierungsprojekt weitergeführt, es wurde aber kaum weiterentwickelt. Engelbart selbst treibt seine Weiterentwicklungsideen noch immer

---

[3] Man benutzte diese komische Abkürzung, um den Namen von dem oFf-Line-System FLS zu unterscheiden.

[4] Nachdem das Augment-Projekt so gut wie beendet war, wechselten mehrere von Engelbarts Mitarbeitern über zu Xerox PARC und nahmen an der Erfindung der zweiten Hälfte der Konzepte der modernen Computertechnologie teil.

voran und startete vor einigen Jahren das „Bootstrap"-Projekt an der Stanford University.

3.3 Xanadu (1965)

Der Begriff „Hypertext" wurde von Ted Nelson im Jahre 1965 geprägt. Nelson war mit seinem System Xanadu, das er seitdem entwickelt, einer der ersten Hypertextpioniere. Teile von Xanadu funktionieren und werden seit 1990 von der Firma „Xanadu Operating Company" vertrieben.

Die *Vision* von Xanadu wurde jedoch nie implementiert und wird wahrscheinlich auch nie implementiert werden (auf jeden Fall nicht in absehbarer Zeit). Xanadu zielt darauf hinaus, ein universelles Archiv für *alles*, was jemals geschrieben wurde, zu schaffen. Xanadu wäre ein wirklich universelles Hypertextsystem. Für Nelson ist Hypertext ein literarisches Medium[5], und er glaubt, daß „alles tief miteinander verflochten ist". Deshalb muß alles online sein. Robert Glushko [1989b] hingegen glaubt, daß nur in vergleichsweise wenigen Fällen nach dem Multidokument Hypertext verlangt wird. Dies sind Fälle, in denen die Benutzer an Problemen arbeiten, welche die Kombination von Informationen erfordern.

Falls Nelsons Vision von einem einzigen Hypertextsystem, das die ganze Weltliteratur enthält, verwirklicht würde, dann könnte man sich natürlich unmöglich auf das lokale Speichern von Information auf dem PC eines Benutzers verlassen. In der Tat basiert das Design von Nelsons Xanadu auf einer Kombination aus lokalen und verteilten Datenbanken. Dies sollte bei den meisten Hypertextzugriffen zu einer schnellen Antwort führen, da die meisten Benutzer Information brauchen, die von den lokalen Computern gespeichert würde. Jedesmal, wenn der Benutzer eine Verbindung zu einer fremden Information aktiviert, schließt sich der Computer unauffällig übers Netz mit dem verteilten Archiv zusammen und holt sich die Information ab.

In Xanadu ist es möglich, von jedem Dokument aus einen beliebigen Textteil eines anderen Dokumentes zu erreichen. In Verbindung mit der weitverbreiteten und jederzeit zugänglichen Speicherung von Information bedeutet dies, daß Xanadu auf einem Schema beruht, das jedem einzelnen Byte in der Welt bei Bedarf eine Adresse zuteilt.

Da andere Leser Verbindungen zu einer früheren Textversion aufgebaut haben könnten, wird das System Xanadu außerdem nie Text löschen, sogar dann nicht, wenn neue Versionen eines bestehenden Dokumentes hinzugefügt werden. Diese ständige Aufzeichnung aller Versionen macht es möglich, die Verbindung entweder

---

[5] Nelsons wichtigstes Buch über Hypertext heißt *Literary Machines* (siehe den Abschnitt über die Klassiker in der Bibliographie).

mit der aktuellen oder einer früheren Version eines Dokumentes herzustellen. In den meisten Fällen möchte man sich mit dem aktuelleren Material verbinden, z.B. bei Statistiken von Volkszählungen oder bei Wettervoraussagen. Aber bei eher polemischen Dokumenten möchte man vielleicht Bezug auf eine bestimmte Version einer Stellungnahme nehmen und dazu argumentieren.

Der Leser eines Dokumentes, das mit einer spezifischen Version eines anderen Dokumentes verbunden ist, hat immer die Wahl, das System nach der aktuellsten Version zu fragen. Dieses „Blättern durch die Zeit" (engl.: temporal scrolling) kann auch dazu benutzt werden, darzustellen, wie Dokumente in vorherigen Versionen ausgesehen haben. Diese Funktionalität wäre für die Versionsverwaltung in der Softwareentwicklung sehr nützlich.

Nelson hat erkannt, daß dieses Schema das tägliche Hinzufügen Millionen neuer Bytes zu Xanadu bedeutet, jedoch ohne die Hoffnung, neuen Speicherplatz durch das Zerstören von alten Dokumenten zu gewinnen. Seine Antwort lautet: „Na und ...?", und er verweist darauf, daß es damals, als menschliche Telefonisten jeden Anruf manuell verbanden, unvorstellbar war, die heutige Zahl von Telefonverbindungen herzustellen. Der geschichtliche Werdegang der Computertechnologie gibt uns allen Grund, optimistisch zu sein und anzunehmen, daß es bald möglich sein wird, die Vision von Xanadu zu verwirklichen.

Wenn alles in einem einzigen System online ist, und wenn jeder mit jedem verbunden werden kann, führt dies, falls das traditionelle Urheberrechtsystem bestehen bleibt, zu enormen Problemen [Samuelson und Glushko 1991]. Nelson schlägt vor, das traditionelle Urheberrechtsystem zu ändern und Informationen aus Xanadu jedem zu jeder Zeit zugänglich zu machen. Dieses Prinzip könnte durchaus realisiert werden; das System würde sich über den Originalautor auf dem laufenden halten und ihm, auf der Basis der Bytes, die von dem einzelnen Leser angesehen wurden, Tantiemen auszahlen.

Die Herausgabe einer Anthologie würde einfach nur daraus bestehen, ein neues Dokument mit etwas erläuterndem und zusammenfassendem Text zu erstellen und Verbindungen zu den Originaldokumenten von anderen Autoren, deren Erlaubnis nicht erforderlich wäre, hinzuzufügen. Das Tantiemenmodell würde Autoren motivieren, anderen Autoren den Zugriff auf ihre Arbeiten zu erlauben, da Leser über die Verbindungen zu Material gelangen, das zu lesen sich lohnt. Dennoch befürchten einige Autoren, in falschem Zusammenhang zitiert zu werden, oder daß ihre Arbeit von anderen Autoren falsch dargestellt wird. Theoretisch wird dieses Problem in Xanadu gelöst, da für den Leser immer die Möglichkeit besteht, für jedes durch eine Verbindung zitierte Dokument den ganzen Text anzufragen. In der Praxis werden die meisten Leser sich wahrscheinlich nicht damit abgeben, solche Dokumente in ganzer Länge zu lesen. Deshalb wäre vielleicht ein Mechanismus vonnöten, mit dem Autoren Verbindungen zu ihren Arbeiten kennzeichnen um anzuzeigen, daß eine Verbindung irreführend ist. Am Anfang arbeitete Ted Nelson zusammen mit der Brown University (Providence, Rhode Island). Danach war er freier Visionär und Autor, obwohl er auch einige Zeit für Autodesk, Inc. gearbeitet hat.

3.4 Hypertext Editing System (1967) und FRESS (1968)

Obwohl Xanadu noch bis vor kurzem nicht einmal halbwegs realisiert war, wurden an der Brown University unter der Leitung von Andries van Dam schon in den sechziger Jahren Hypertextsysteme gebaut. Das „Hypertext Editing System", das im Jahre 1967 gebaut wurde, war das erste funktionsfähige Hypertextsystem der Welt. Es lief in einem 128 KB großen Hauptspeicherbereich auf einem kleinen IBM/360-Rechner und wurde durch einen IBM-Forschungsvertrag unterstützt.

Nachdem das „Hypertext Editing System" als Forschungsprojekt an der Brown University abgeschlossen war, wurde es von IBM an das *Houston Manned Spacecraft Center* verkauft, wo es Dokumentationsmaterial für die Apollo-Einsätze erstellte.

FRESS (File Retrieval and Editing System) war das zweite Hypertextsystem, das an der Brown University im Jahre 1968 erstellt wurde. Dieses System war der Nachfolger des „Hypertext Editing Systems" und wurde auch auf einem IBM-Rechner implementiert. 1989, mehr als zwanzig Jahre später, wurde das System anläßlich der Tagung Hypertext'89 'noch einmal vorgeführt. Die Auswahl einer sehr stabilen industriellen Plattform hat wohl wesentlich dazu beigetragen, daß das System 20 Jahre überdauerte.

Beide Hypertextsysteme verfügten über die grundlegenden Hypertextfunktionen, die das Verbinden und Springen zu anderen Dokumenten ermöglichen. Allerdings waren die Benutzeroberflächen textbasiert und Hypertextsprünge mußten recht umständlich indirekt spezifiziert werden.

Seitdem gehört die Brown University zu den wichtigsten Spielern auf dem Hypertextfeld. Die Enwicklung des Intermedia-Systems (das später in diesem Kapitel eingehend behandelt wird) ist eines ihrer herausragendsten Projekte.

3.5 Aspen Movie Map (1978)

Aspen Movie Map war vermutlich das erste Hyper*media*sytem. Es wurde von Andrew Lippman und seinen Kollegen der MIT *Architecture Machine Group* entwickelt (diese Gruppe hat sich nun mit anderen MIT-Gruppen zusammengetan und bildet das sogenannte *Media Lab*). Aspen war eine Ersatzreise-Anwendung, mit der der Benutzer, auf dem Bildschirm eine simulierte „Fahrt" durch die Stadt Aspen unternehmen konnte.

Das Aspen-System basiert auf einem Satz Videokassetten, mit Fotografien aller Straßen der Stadt Aspen in Colorado. Die Filme entstanden, indem man vier Kameras in einem 90-Grad-Winkel auf einen Lastwagen montierte, der dann durch alle Straßen der Stadt fuhr. Jede Kamera machte alle drei Meter ein Foto. Der Hypermediaaspekt des Systems besteht darin, daß man zu den Bildern nicht über eine traditionelle Datenbank („Zeige mir 149 Main Street") Zugang hat, sondern über eine Menge von Informationen, die miteinander verbunden sind.

Jedes Bild war mit dem nächsten relevanten Bild verbunden, das eine Person sehen würde, wenn sie sich weiter geradeaus bewegte, zurücktrat, nach links oder rechts ging. Der Benutzer bewegte sich in dem Informationsraum mit Hilfe eines Steuerknüppels. Mit dem Steuerknüppel gab der Benutzer die gewünschte Richtung an, und das System holte das dazu entsprechende nächste Bild hervor. Damit wurde dem Benutzer das Gefühl vermittelt, durch die Stadt zu fahren und nach Belieben an jeder Kreuzung die Richtung ändern zu können. Theoretisch konnte der Videokassettenspieler die Fotos mit einer Geschwindigkeit von 33 Millisekunden pro Bild zeigen. Das entspricht in etwa einer Geschwindigkeit von 330 km/h. Um eine bessere Nachahmung des Fahrens zu erreichen, wurde das eigentliche System derart verlangsamt, so daß es nacheinanderfolgende Fotos mit der vom Benutzer gewünschten Geschwindigkeit vorführte, aber nicht schneller als 10 Bilder/Sekunde. Das entspricht einer Geschwindigkeit von 110 km/h.

Da viele der Gebäude in Aspen für den Videofilm aufgenommen wurden, war es dem Benutzer auch möglich, vor einem Gebäude zu halten und hineinzu*gehen*. Schließlich war es dem Benutzer noch möglich, über den „Jahreszeitenknopf" die von ihm gewünschte Jahreszeit für seine Fahrt auszuwählen. Die ganze Stadt wurde sowohl im Herbst als auch im Winter aufgenommen.[6] Die Benutzung von ähnlichen Funktionen in dem neueren Ecodisc-System wird in den Bildern 3.1 und 3.2 dargestellt. Der Ecodisc ist ein pädagogisches Hypertextsystem, in dem man alles über die Umweltforschung lernt. Es erlaubt dem Benutzer, sich z.B. einen See mit all seinen verschiedenen Bewohnern anzuschauen [Nielsen 1990e].

---

[6] Dieses Konzept ist so ähnlich wie das weiter vorne beschriebene "Blättern durch die Zeit" im Xanadu-System. Der Jahreszeitenknopf in Aspen ist aber wahrscheinlich für den Benutzer besser verständlich, da es sich dabei um ein Konzept aus der Realität handelt, obwohl dessen Anwendung in der realen Welt nicht möglich wäre.

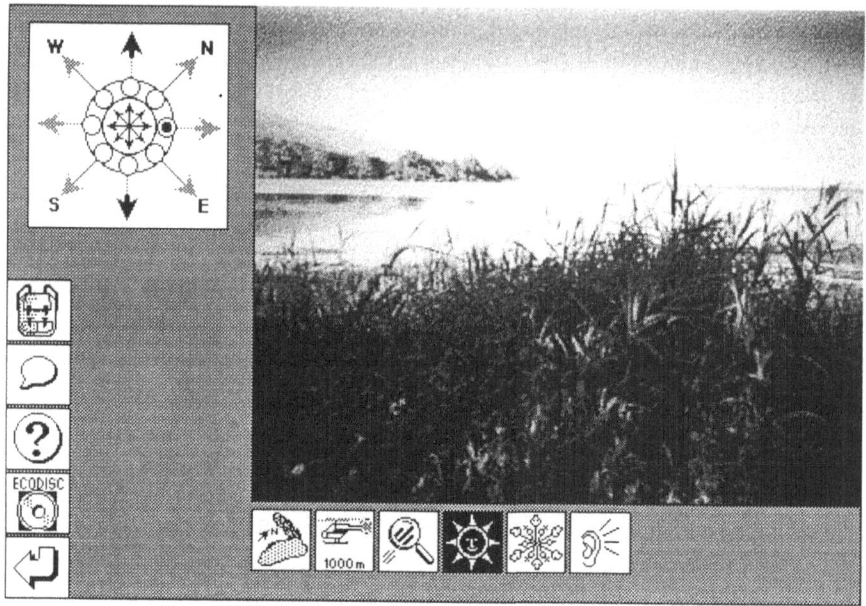

Bild 3.1   *Ein Ausblick im System Ecodisc auf einen Teil eines Sees im Sommer. Der Benutzer kann sich „umdrehen" und in eine andere Richtung schauen, indem er die Radioknöpfe im Innern der Kompaßrose anklickt. Er kann sich „weiterbewegen", indem er die Pfeile am äußeren Rand der Kompaßrose anklickt. Das Klicken auf die Schneeflocke aktiviert eine Bewegung in der Zeit, und es erscheint eine Winterlandschaft wie in Bild 3.2 (© 1990 ESM, Ltd., mit Erlaubnis abgedruckt).*

Das Aspen-System benutzt zwei Monitore als Benutzerschnittstelle. Es tut dies aber auf eine Weise, die natürlicher wirkt als die traditionelle, in Kapitel 7 beschriebene Lösung. Der erste Monitor ist ein normaler, vertikaler Bildschirm und zeigt die Straßenbilder, die vom Lastwagen aus gefilmt wurden. Dies verschaffte den Benutzern eine *vertiefte* Ansicht der Stadt und gab ihnen das Gefühl, sich in die Umgebung hineinzuversetzen. Der zweite Bildschirm war horizontal und vor dem ersten Bildschirm aufgestellt. Er wurde als Straßenkarte benutzt und gab somit dem Benutzer einen *Überblick* der Umgebung. Der Benutzer konnte auf einen Punkt auf der Karte zeigen und gleich dahinspringen, ohne vorher erst durch die Straßen zu fahren. Die Übersichtskarte stellte auch „Orientierungspunkte" zur Verfügung, z.B. durch Hervorheben der zwei Hauptstraßen der Stadt. Durch den Einsatz von zwei Bildschirmen wurde es dem Benutzer erleichtert, seine Position bezüglich der zwei Hauptstraßen herauszufinden.

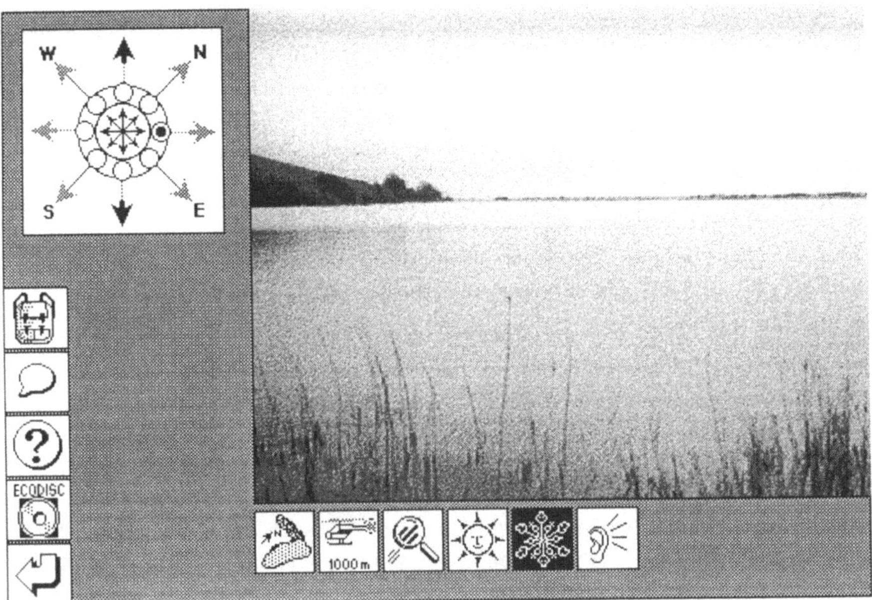

Bild 3.2   *Ein Ausblick im Winter auf den gleichen Teil des Ecodisc-Sees (siehe Bild 3.1). Bedauerlicherweise sind die beiden Fotos nicht genau gleich ausgerichtet. Dies zeigt uns die Notwendigkeit einer äußersten Genauigkeit bei der Aufnahme der Kamerastellungen und -winkel bei der Produktion eines Hypermediasystems mit mehreren Ausblicken auf die gleiche Szene (©1990 ESM, Ltd., mit Erlaubnis abgedruckt).*

Die erfolgreiche Befreiung der Geiseln in Entebbe war ein Grund dafür, daß in den späten 70er Jahren derart viele Gelder für die Entwicklung von Anwendungen verfügbar waren, die Reisen und Besuche von fremden Städten simulierten. Obwohl die Soldaten vorher noch nie in Uganda gewesen waren, konnten sie ihren Einsatz erfolgreich durchführen, weil sie anhand eines Flughafenmodells, das in Israel gebaut worden war, üben konnten. In Zukunft könnten computerisierte Reiseersatz-Systeme das Training für solche Einsätze möglich machen, ohne daß der Bau von eigentlichen Stadtmodellen erforderlich ist.

Es wäre auch möglich sich vorzustellen, daß Simulationssysteme wie Aspen in Zukunft nicht nur als Routinetraining für Soldaten im Einsatz, sondern auch für Touristen, die ihre Reise planen, eingesetzt werden könnten. In naher Zukunft werden solche Systeme jedoch hauptsächlich für Erziehungs- und Bildungszwecke Verwendung finden. Ein gutes Beispiel dafür ist das in Kapitel 4 näher beschriebene System Palenque.

Das System Aspen selbst war keine regelrechte „Anwendung" in dem Sinne, daß es jemandem geholfen hätte, ein Ziel zu erreichen oder ein Problem zu lösen. Es war seiner Zeit weit voraus und von großer historischer Bedeutung für spätere Anwendungen. Obwohl das Aspen-Projekt schon vor mehr als zwanzig Jahren beendet wurde, stellt es noch immer eines der raffiniertesten Hypermediasysteme dar.

Als Nachfolger von Aspen baute die MIT Architecture Machine Group ein eher praktisch orientiertes System, das mit Hypermediatechnologie Videobilder und Computerdaten integriert. Das *Movie-Manual*-(Filmhandbuch-)Projekt enthält Auto- und Fahrradhandbücher und wird in Kapitel 4 näher beschrieben.

Man konnte das *Movie Manual* entweder mit einem normalen berührungsempfindlichen Computerbildschirm benutzen, oder es konnte seine Bilder über die ganze Wand eines Mediazimmers projizieren Das Bild eines Autos war das Inhaltsverzeichnis, und es erlaubte dem Benutzer, die Stelle anzusteuern, die einer Reparatur bedurfte. Das Movie Manual gab dann seine Anweisungen, bestehend aus einer Mischung von Videosequenzen, Bildern mit Anmerkungen und normalem Text. Der Benutzer konnte das Bildschirmlayout verändern, indem er das Videofenster größer oder kleiner machte. Der Benutzer konnte das Video stoppen, es schneller, langsamer oder rückwarts laufen lassen.

3.6   KMS (1983)

KMS ist wahrscheinlich das älteste unter den zur Zeit populären Hypertextsystemen. Es ist ein direkter Abkömmling des an der Carnegie Mellon University entwickelten ZOG-Forschungssystems, dessen Entwicklung ca. 1972 anfing und das ab 1975 als eigenständiges Projekt weitergeführt wurde [Robertson et al. 1981]. Das Wort ZOG hat keine besondere Bedeutung und wurde ausgewählt, weil es „kurz, leicht auszusprechen und leicht zu behalten ist". Zuerst lief ZOG auf Großrechnern; es wurde dann auf PERQ-Arbeitsplatzrechner übertragen. 28 PERQ-Arbeitsplatzrechner wurden 1983 auf dem Flugzeugträger USS Carl Vinson installiert, um dort Anwendungen, wie z.B. ein Wartungsbuch für Waffenaufzüge, in realen Arbeitsumgebungen zu testen.

KMS ist die Abkürzung für *Knowledge Management System* (Wissensverwaltungssystem) und ist seit 1983 als kommerzielles Produkt erhältlich. Es läuft auf UNIX-Arbeitsplatzrechnern und wurde für eine große Anzahl von Anwendungen benutzt. KMS ist dazu bestimmt, recht große Hypertexte mit zehntausenden von Knoten zu bewältigen. Es wurde von Anfang an für die Anwendung auf LAN-Netzwerken entworfen.

KMS hat eine sehr einfache Datenstruktur, die auf einem einzigen Knotentyp basiert. Diesen Knotentyp nennt man *Frame* (Rahmen). Ein Frame kann die ganze Bildschirmseite eines Arbeitsplatzrechners belegen. Normalerweise aber ist der Bildschirm in zwei Frames aufgeteilt, wobei jeder dieser Frames ungefähr so groß wie ein DIN-A4-Blatt ist. Die Benutzer können die kleinen und großen Knoten nicht miteinander vermischen, und sie können nicht mehr als zwei Knoten gleichzeitig auf dem Bildschirm haben. Dies könnte auf den ersten Blick einschränkend erscheinen, aber KMS-Befürworter behaupten, daß es viel besser ist in Hypertext den Navigationsmechanismus zu benutzen, um den Inhalt der Anzeige zu ändern, als unmittelbar die Befehlsmöglichkeiten der Benutzeroberfläche zum Hin-und-Her-Navigieren zwischen verschiedenen Fenstern einzusetzen, um die gewünschte Information zu finden.

In KMS wurde die Navigationsgeschwindigkeit dermaßen optimiert, daß der Frame des Bestimmungsortes normalerweise „auf der Stelle" erscheint, wenn der Benutzer mit der Maus auf den Anker klickt. Die Zeit, einen neuen Frame anzuzeigen, beträgt tatsächlich nur ungefähr eine halbe Sekunde. Die Entwickler von KMS behaupten, daß eine noch kürzere Zeitspanne nicht von Nutzen ist. Sie hatten in einem Versuchssystem ausprobiert, die Anzeige in 0.05 Sekunden zu ändern; das war aber so schnell, daß die Benutzer nicht mehr feststellen konnten, ob sich der Bildschirm geändert hatte oder nicht.

Wenn ein Gegenstand auf dem Bildschirm nicht mit einem anderen Knoten verbunden ist, dann erzeugt das Klicken auf diesen Gegenstand einen leeren Frame. Dadurch sieht es so aus, als sei das Erzeugen eines Knotens und das Erzeugen einer Verbindung eine besondere Art der Navigation. Es ist auch möglich, auf einen Gegenstand zu klicken, um ein kleines Programm aufzurufen. Das Programm ist in einer speziellen KMS-Handlungssprache geschrieben. Diese Sprache ist nicht so allgemein wie die Sprache InterLisp, die in NoteCards integriert ist; aber immerhin erlaubt sie dem Benutzer, KMS für Anwendungen zu spezialisieren. Kapitel 4 liefert dazu ein gutes Beispiel: hier wird gezeigt, wie KMS benutzt wird, um die Forschungsarbeit eines Biologen zu unterstützen.

KMS verwendet kein Übersichtsdiagramm, sondern verläßt sich auf seine schnellen Navigationsmöglichkeiten und die hierarchische Struktur der Knoten. Verbindungen quer durch die Hierarchie werden mit @ gekennzeichnet, um dem Benutzer mitzuteilen, daß er sich in einen anderen Teil des Informationsraumes hineinbewegt. Zusätzlich dazu gibt es noch zwei besondere Eigenschaften, die dem Benutzer das Navigieren einfach machen: der „Ausgangs"-Frame ist von überallher erreichbar, und man kann von überall im System her zum vorherigen Knoten zurückkehren, indem man mit der Maus auf einen leeren Teil des Bildschirms klickt.

3.7 Hyperties (1983)

Hyperties (Hyperverbindungen) wurde ca. 1983 als Forschungsprojekt von Ben Shneiderman [Shneiderman 1987b] an der University of Maryland gestartet. Der ursprüngliche Name war TIES, eine Abkürzung für „The Electronic Encyclopedia System" (Die elektronische Enzyklopädie). Da dieser Name aber schon anderweitig als Warenzeichen eingetragen war, änderte man ihn. Der neue Name Hyperties stellt auch klar, daß das System Hypertextkonzepte benutzt.

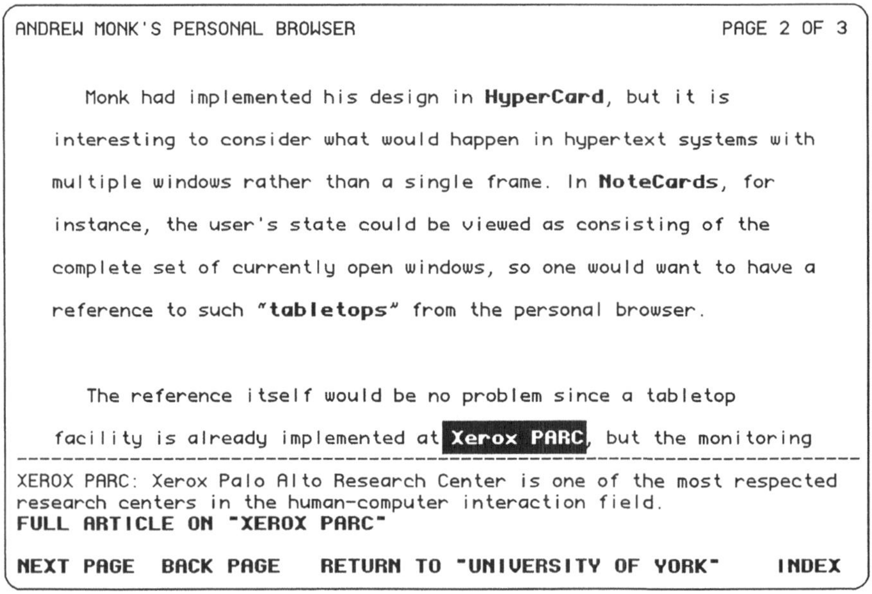

```
ANDREW MONK'S PERSONAL BROWSER                        PAGE 2 OF 3


     Monk had implemented his design in HyperCard, but it is

  interesting to consider what would happen in hypertext systems with

  multiple windows rather than a single frame. In NoteCards, for

  instance, the user's state could be viewed as consisting of the

  complete set of currently open windows, so one would want to have a

  reference to such "tabletops" from the personal browser.


     The reference itself would be no problem since a tabletop

  facility is already implemented at Xerox PARC, but the monitoring
  ------------------------------------------------------------------
  XEROX PARC: Xerox Palo Alto Research Center is one of the most respected
  research centers in the human-computer interaction field.
  FULL ARTICLE ON "XEROX PARC"

  NEXT PAGE   BACK PAGE    RETURN TO "UNIVERSITY OF YORK"      INDEX
```

Bild 3.3 *Eine typische Hyperties-Bildschirmseite, wie sie auf einem einfachen DOS-Rechner mit Textbildschirm aussieht.*

Hyperties ist seit 1987 als kommerzielles Produkt für Standardrechner verfügbar und wird von der Firma Cognetics Corporation vertrieben. Die Forschungsarbeit geht weiter an der University of Maryland, wo eine Version für SUN-Arbeitsplatzrechner implementiert wurde.

Einer der interessantesten Aspekte der kommerziellen Version von Hyperties ist, daß sie einen zeilenorientierten Bildschirm benutzt (siehe Bild 3.3). Demzufolge eignet sie sich auch für die Benutzung unter DOS. Man kann Hyperties aber auch mit grafischen Bildschirmen auf PCs und PS/2-Rechnern verwenden.

Die Interaktionstechniken sind in Hyperties extrem einfach, so daß man die Oberfläche ohne Maus benutzen kann. Auf dem Bildschirm sind einige Textstellen hervorgehoben. Der Benutzer kann diese Anker aktivieren, indem er sie entweder mit der Maus anklickt, sie berührt, falls ein geeigneter Bildschirm zur Verfügung steht, oder indem er die Pfeiltasten benutzt, um die Einfügemarke auf die Textstelle zu bewegen, und dann die ENTER-Taste drückt. Hyperties benutzt die Pfeiltasten so, daß sie die Einfügemarke in einem einzigen Sprung auf den nächsten aktiven Anker in Pfeilrichtung springen läßt. Deshalb werden die Pfeiltasten in Hyperties „Springtasten" genannt. Dadurch wurde die Benutzung der Pfeiltasten optimiert, da in einem Hypertext üblicherweise nur wenige Punkte auf dem Bildschirm für die Benutzernavigation interessant sind. Es stellte sich heraus, daß die Benutzung der Tasten etwas schneller ist als die Benutzung der Maus (siehe Kapitel 6).

In dem Beispiel in Bild 3.3 aktiviert der Benutzer die Zeichenfolge „XEROX PARC". Dies wird durch Vidoeinversion angedeutet. In der Farbversion von Hyperties kann der Benutzer in einer Initialisierungsdatei auswählen, wie er Aktivierung anzeigen möchte, z.B. durch die Benutzung von Kontrastfarben.

Anstatt wie bei den meisten anderen Hypertextsystemen, den Benutzer direkt zum Zielknoten zu führen, läßt Hyperties den Benutzer zuerst an der gleichen Navigationsstelle stehen und zeigt nur eine kleine „Definition" am unteren Ende des Bildschirms an. Die Definition gibt dem Benutzer einen Überblick dessen, was ihn erwartet, wenn er die Verbindung tatsächlich bis zu ihrem Ziel verfolgt. Die Definition erlaubt es dem Benutzer, die Information im Zusammenhang mit dem Ankerpunkt zu sehen. In vielen Fällen reicht die Definition völlig aus. Anderenfalls kann sich der Benutzer natürlich auch dazu entscheiden, der Verbindung zu folgen.

Eine Hyperties-Verbindung zeigt auf einen ganzen „Artikel", der aus mehreren Seiten bestehen kann. Die Benutzer, die der Verbindung folgen, werden immer zuerst zur ersten Seite des Artikels geführt und müssen dann selbst weiterblättern. Dieses Vorgehensmodell weicht ab vom KMS-Modell, wo eine Verbindung immer auf eine einzige Seite zeigt, und ist auch anders als im Imtermedia-Modell, wo eine Verbindung auf eine spezifische Textzeile in einem Artikel zeigt. Das Hyperties-Modell hat den Vorteil, daß der Autor seine Ziele nicht besonders genau spezifizieren muß. Er braucht nur den Namen des Artikels anzugeben, der aufgerufen werden soll, und das Editiersystem stellt die Verbindung her.

In Hyperties zeigt die gleiche Textzeile immer auf den gleichen Artikel. Dies wiederum erleichtert das Erstellen der Verbindungen, es verringert aber auch die

Flexibilität des Systems. In vielen Anwendungen braucht man die verschiedenen Zieloptionen. Es kommt dabei auf den Zusammenhang oder vielleicht auf das Systemmodell oder die Sachkenntnis des Benutzers an.

In Hyperties sind viele der Gestaltungsmöglichkeiten darauf zurückzuführen, daß ursprünglich sehr viel Gewicht auf bestimmte Anwendungen wie z.B. Museumsinformationssysteme gelegt wurde. Diese Anwendungen bedürfen einer sehr einfachen Leseschnittstelle, die keine fortschrittlichen Einrichtungen wie Übersichtsdiagramme benutzt die sowieso auf einfachen DOS-Rechnern nicht unterstüzt werden. Die Hypertextautoren waren Museumsdirektoren und Historiker, die meistens keine komplexen technologischen Lösungen erlernen wollen. So war die Ähnlichkeit der Editiereinrichtungen in Hyperties mit den traditionellen Textverarbeitungssystemen für den ursprünglichen Benutzer sehr von Vorteil. Heutzutage wird Hyperties in einem viel größeren Anwendungsfeld benutzt.

Die kommerzielle Version von Hyperties benutzt den ganzen Bildschirm (Bild 3.3), wogegen das Forschungssystem auf Sun, ähnlich wie in KMS, eine flexible Bildschirmoberfläche hat.

3.8 NoteCards (1985)

NoteCards ist wohl das bekannteste aller Hypertextforschungssysteme, weil sein Entwurf besonders gut dokumentiert wurde [Halasz et al. 1987]. Es wurde in XEROX PARC entwickelt und ist heute als kommerzielles Produkt erhältlich.

Am Anfang lief das System NoteCards nur auf D-Maschinen aus der XEROX-Familie. Dies sind ziemlich spezialisierte Lisp[7]-Maschinen, die außerhalb der Forschungswelt nicht sehr verbreitet sind. Deshalb wurde die kommerzielle Version von NoteCards auf weiter verbreitete Arbeitsplatzrechner, wie z.B. die Sun, portiert.

Die mächtige InterLisp-Programmierumgebung ist einer der Gründe dafür, daß NoteCards auf Xerox-Lisp-Maschinen implementiert wurde. InterLisp vereinfachte das Programmieren eines komplexen Systems wie NoteCards. Da NoteCards im Lisp-System integriert ist, kann der Benutzer NoteCards seinen Wünschen entsprechend anpassen und erweitern. Benutzer, die sich mit Lisp auskennen, können jeden Aspekt in NoteCards verändern und, wie weiter unten beschrieben, spezielle Kartenarten entwerfen.

---

[7]Lisp ist eine Programmiersprache, die viele runde Klammern benutzt (das macht die Programmiersprache schwer leserlich) und sehr flexibel ist (dadurch wurde sie eine der beliebtesten Sprachen auf dem Gebiet der künstlichen Intelligenz).

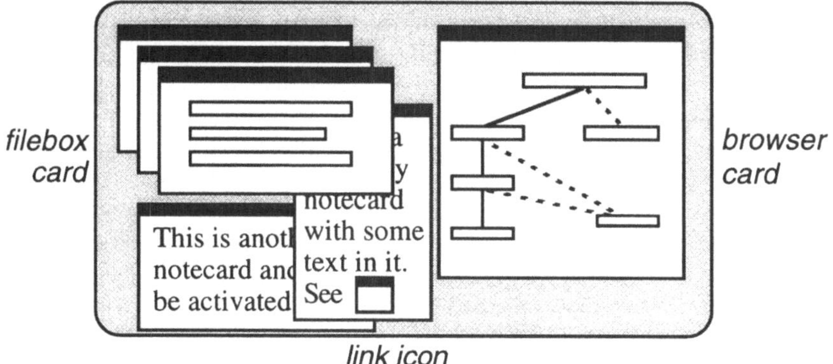

Bild 3.4 *Das allgemein übliche NoteCards-Bildschirmlayout mit seinen vier grundlegenden Objekten: Notizzettel, Verbindung, Karteikasten und Indexkarte.*

NoteCards baut auf vier grundlegenden Objektarten auf (siehe Bild 3.4):

* Jeder Knoten besteht aus einem einzigen *Notizzettel*, der als Fenster auf dem Bildschirm geöffnet werden kann. Diese Zettel sind im Sinne von HyperCard keine richtigen „Zettel", da sie keine festgesetzte Größe haben, sondern in der Größe veränderbare Fenster sind. Benutzer können auf dem Bildschirm so viele Notizzettel öffnen wie sie wollen. Natürlich sind sie dann sehr schnell mit dem Problem der unübersichtlichen Arbeitsumgebung konfrontiert. Es gibt verschiedene Arten von Notizzettel, die sich durch ihre Daten unterscheiden. Die einfachsten Zettelarten sind diejenigen mit Text oder Grafiken. Für individuelle Anwendungen, die besondere Datenstrukturen benötigen, gibt es jedoch mindestens 50 besondere Zettelarten. Zum Beispiel braucht eine Anwendung im Rechtssbereich wahrscheinlich Formulare für Gerichtsentscheidungen mit Feldern für die Standardinformationen (Angeklagter, Kläger, usw.).

* Die *Verbindungen* sind typische Bindeglieder zwischen den Zetteln. Verbindungen können wie in Bild 3.4 als kleine Verbindungsbilder oder Kästchen mit dem Titel des Zielzettels angezeigt werden. Die Benutzer können den Zielzettel in einem neuen Fenster öffnen, indem sie mit der Maus auf das kleine Verbindungsbild klicken. Die Verbindungsart besteht aus einer Aufschrift mit der der Benutzer die Beziehung zwischen dem Ausgangs- und Zielzettel angibt. Bei der Anwendung im Rechtsbereich kann man sich vorstellen, daß Rechtsanwälte zwei Verbindungsarten benutzen: eine Verbindung verweist auf Information, die die eigenen Argumente unterstützt; die andere Verbindungsart verweist auf Information, die die eigenen Argumente widerlegt.

- Die *Indexkarte* stellt die dritte Art von Objekten dar. Sie enthält ein strukturelles Übersichtsdiagramm aus Notizzetteln und Verbindungen. Wie in Bild 3.4 dargestellt, sind die verschiedenen Verbindungsarten im Index durch verschiedene Linienmuster angezeigt. Dies weist den Benutzer auf die Bindeglieder zwischen den Knoten hin. Die Indexkarte ist ein wirksames Übersichtsdiagramm und erlaubt den Benutzern, die zugrundeliegenden Hypertextknoten und Verbindungen zu editieren, indem sie im Index Arbeitsvorgänge in den Kästchen und Zeilen ausführt. Der Benutzer kann auch zu der Karte kommen, indem er auf das jeweilige Kästchen klickt. Das Layout der Indexkarte wird durch das System berechnet und spiegelt die sich verändernde Struktur des Hypertextes wieder, während der Benutzer Knoten und Verbindungen hinzufügt oder löscht.

- Der *Karteikasten*, in dem die Notizzettel hierarchisch hinterlegt werden, ist die vierte Art von Objekten. Jeder Notizzettel wird jeweils genau in einem Karteikasten aufgeführt. Eigentlich ist der Karteikasten eine spezielle Art von Notizzettel; so können Karteikästen andere Karteikästen enthalten, und es ist zudem möglich, Verbindungen zwischen einem Karteikasten und anderen Zetteln herzustellen.

In einem Fall wurde NoteCards von den Benutzern so umfassend angepaßt, daß das Resultat ein neues System darstellte. Das „Instructional Design Environment" (IDE) wurde bei Xerox PARC [Jordan et al. 1989] entwickelt. Es ist auf NoteCards aufgebaut, aber es stellt eine neue Benutzerschnittstelle zur Verfügung, um Entwickler halbautomatisch bei der Entwicklung von Hypertextstrukturen zu unterstützen. IDE unterstützt Strukturbeschleuniger, die die Entwicklung eines komplexen Hypertextes vereinfachen, indem der Benutzer mit einer einzigen Handlung einen ganzen Satz von Knoten und Verbindungen erzeugen kann.

Die Standardversion von NoteCards wird seit einigen Jahren sowohl bei Xerox selbst als auch bei Kunden benutzt. In einer der interessantesten empirischen Studien über den Gebrauch von NoteCards untersuchte ein Student der Geschichtswissenschaften [Monty und Moran 1986] die Benutzung des Systems. Der Student benutzte das System über einen Zeitraum von sieben Monaten, um ein Forschungspapier zu schreiben. Er benutzte kaum Verbindungen quer durch die Hierarchie der Karteikästen. Allerdings sollte diese Beobachtung einen nicht dazu veranlassen, allgemeine Schlüsse zu ziehen. Der wichtigste Aspekt der Studie ist, daß sie das Verhalten der Testperson über eine längere Zeitspanne hinweg untersucht hat und beschreibt, wie das System für eine größere Aufgabe benutzt wird.

3.9 Symbolics Document Examiner (1985)

Die ersten Hypertextsysteme lieferten den Beweis für das Konzept, und sie zeigten, daß Hypertext nicht nur eine wilde Idee war, sondern wirklich auf Rechnern implementiert werden konnte. Obwohl einige frühe Systeme in der realen Arbeitswelt eingesetzt wurden, wie z.B. das von Engelbart entwickelte NLS-System, wurden die meisten Systeme, wie z.B. diejenigen die an der Brown University erstellt wurden, nur in den entwickelnden Forschungsinstituten benutzt.

Im Gegensatz dazu wurde der „Symbolics Document Examiner" [Walker 1987] als Produkt für Benutzer von Symbolics-Arbeitsplatzrechnern entworfen. Das Projekt begann im Jahre 1982. Das Produkt wurde 1985 ausgeliefert und damit zum ersten in der realen Arbeitswelt eingesetzten Hypertextsystem. Der „Document Examiner" stellte eine Hypertextschnittstelle zur Online-Dokumentation für Symbolics-Arbeitsplatzrechner dar. Kunden kauften und benutzten ihn, weil er die beste Möglichkeit bot, Informationen über Symbolics-Rechner zu erhalten und nicht etwa weil er ein Hypertextsystem war.

Das Symbolics-Handbuch war auch als Buch mit ca. 8.000 Seiten erhältlich. Diese Information war in einem Hypertextsystem mit 10.000 Knoten und 23.000 Verbindungen dargestellt, das eine Speicherkapazität von 10 Megabyte beanspruchte. Dieses Hypertextsystem würde auch heute noch als ziemlich groß angesehen werden. Ein System mit diesen Ausmaßen war im Jahre 1985 nur möglich, weil der Symbolics-Arbeitsplatzrecher ein sehr mächtiger Rechner war. Um den Hypertext zu erstellen, benutzten die technischen Verfasser von Symbolics *Concordia* , eine spezielle Software, die wir in Kapitel 11 behandeln werden.

Nach einer eingehenden Analyse des Benutzerbedarfs wurden die 8.000 Seiten des Handbuches in einen Hypertext umgewandelt. Das grundlegende Prinzip war, daß für jede Information, die ein Benutzer erreichen möchte, ein Knoten zur Verfügung stehen sollte.

Außerdem sollte die Benutzerschnittstelle so einfach wie möglich sein, damit sie den Benutzer nicht abschreckt. Da Hypertext im Jahre 1985 noch kein sehr verbreitetes Konzept war, hieß dies, daß für die Schnittstelle eine Buchmetapher benutzt werden mußte, anstatt die Benutzer anzuregen, die netzwerkorientierten Navigationsprinzipien zu erlernen. Die Information war in „Kapitel" und „Abschnitte" unterteilt und hatte ein Inhaltsverzeichnis. Außerdem konnten die Benutzer „Lesezeichen" an die Knoten anbringen, zu denen sie später zurückkehren wollten. Um die Benutzbarkeit vom „Symbolics Document Examiner" zu bewerten, führten die Ersteller eine Umfrage unter 24 Benutzern durch. Zwei von den 24 Benutzern bevorzugten die gedruckte Version des Handbuches. Die Hälfte benutzte nur die

Hypertextversion, und acht hatten noch nicht mal die Verpackung des gedruckten Handbuches geöffnet [Walker et al 1989]. Diese Benutzer waren Ingenieure, und sie benutzten und entwickelten auf ihren Rechnern KI(Künstliche Intelligenz)-Programme. Sie waren wahrscheinlich eher motiviert als gewöhnliche Benutzer, hochtechnologische Lösungen anzuwenden.

3.10   Intermedia (1985)

Intermedia war eine hochintegrierte Hypertextumgebung, die an der Brown University [Yankelovich et al. 1988a; Haan et al. 1992] über mehrere Jahre hin entwickelt wurde. Intermedia lief auf Macintosh-Rechnern, aber leider nur unter der Apple-Version des Unix-Betriebssystems. Da die meisten Macintosh-Benutzer nicht mit Unix arbeiten wollten, schränkte die Auswahl dieses Betriebssystemes den Gebrauch von Intermedia beträchtlich ein und war sogar vielleicht einer der Gründe für seinen Mißerfolg.

Intermedia benutzte Bildschirmfenster mit Rollbalken wie sie auch in Guide und NoteCards angewandt wurden. Im übrigen aber befolgte es eine andere Philosophie als alle anderen in diesem Kapitel diskutierten Systeme. Der Kern von Intermedia war ein Verbindungsprotokoll, das definierte, wie andere Anwendungen sich mit und von Intermedia-Dokumenten aus verbinden sollten [Meyrowitz 1986]. Es war möglich, neue spezialisierte Hypertextanwendungen zu schreiben und sie in die bestehende Intermedia-Architektur einzufügen, da alle bereits vorhandenen Intermedia-Anwendungen aufgrund des Verbindungsprotokolls schon wissen würden, wie sie auf die neuen Anwendungen reagieren sollten [Haan et al. 1992].

Die Verbindungen in Intermedia beruhten auf dem Konzept, daß man besser zwei Anker als zwei Knoten verbinden sollte. Die Verbindungen gingen in zwei Richtungen, so daß kein Unterschied zwischen Ausgangs- und Zielanker war. Wenn ein Benutzer eine Verbindung aktivierte, öffnete das System ein Fenster für das neue Dokument und blätterte so lange weiter, bis das Ziel der Verbindung (der Anker) sichtbar wurde. So wurden Intermedia-Benutzer ermutigt, umfangreiche Dokumente zu erstellen, da sie gezielt Verbindungen zu den relevanten Teilen des Dokumentes erstellen konnten.

Wie in Bild 3.5 dargestellt, verfügte Intermedia über zwei Arten von Übersichtsdiagrammen. Der *Netzüberblick* wurde automatisch vom System erstellt. Übersichtsdokumente, wie das im Bild dargestellte *Mitosis-OV*-Dokument, wurden vom Autor unter Gebrauch eines Zeichenpaketes manuell erstellt. Es ist dabei üblich, den zentralen Gegenstand in die Bildmitte zu plazieren, umgeben von den verwandten Konzepten.

Ein typisches Beispiel eines Intermedia-Hypertextes, z.B. für einen Lehrgang, enthält viele solcher Übersichtsdokumente, und zwar eines für jedes zentrale Konzept im Kursmaterial.

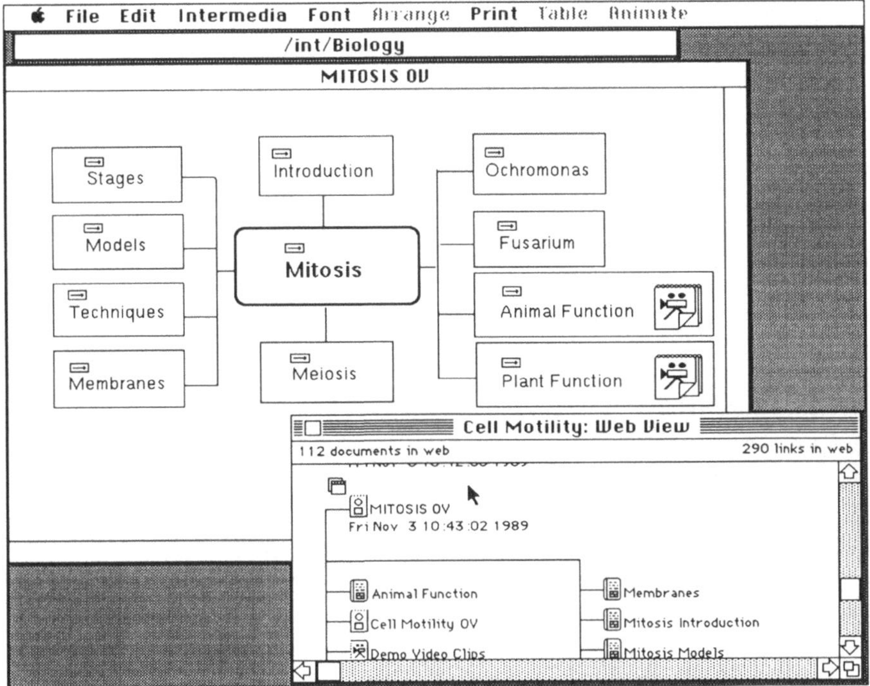

Bild 3.5   *Ein Netzüberblick im Intermedia-System. Das InterDraw-Dokument „Mitosis OV" ist geöffnet. Jedes Pfeilsymbol auf dem Übersichtsdiagramm zeigt das Vorhandensein einer oder mehrerer Verbindungen an. Diese Verbindungen sind im Dokument „Cell Motility: Web View" dynamisch dargestellt. Der Netzüberblick ist für jeden Benutzer verschieden und wird von Sitzung zu Sitzung gespeichert. Einer seiner Funktionen ist es, dem Benutzer einen Pfad zur Verfügung zu stellen, der anzeigt, welche Dokumente er geöffnet hat, wann sie geöffnet wurden und wie das Dokument erreicht wurde (durch das Folgen einer Verbindung, das Öffnen des Dokumentes vom PC aus, usw.) Das Bild erklärt auch noch eine andere Funktion des Netzüberblickes: Der Netzüberblick stellt dem Benutzer für das aktuelle Dokument (das Dokument, das zuletzt aktiv war) eine Karte zu Verfügung, die anzeigt, wohin er sich bewegen kann. Dies erlaubt es relevante Verbindungen auszuwählen (© 1989 Brown University, mit Erlaubnis abgedruckt).*

Intermedia wurde für den Lehrbereich auf Universitätsebene erdacht und für den Unterricht in Geistes- und Naturwissenschaften benutzt. Es könnte auch für viele andere, in Kapitel 4 aufgezeigte, Hypertextanwendungen benutzt werden, aber seine anfängliche Verwendung im Lehrbereich hat seine Gestaltung geprägt. Zum Beispiel geht das Intermedia-Modell davon aus, daß mehrere Benutzer (d.h. Studenten) den gleichen Satz von Hypertextdokumenten (d.h. Kursmaterial) auswählen und ihre eigenen Notizen und Verbindungen erstellen. Deshalb speichert Intermedia für jeden Benutzer eigene Dateien mit Verbindungen: die sogenannten Netze. Bild 3.6 zeigt die Erstellung einer Verbindung in Intermedia. Wenn der Benutzer einen anderen Anker für die Verbindung ausgesucht hat (z.B. das Ereignis, das in der InterVal-Zeitspanne unter 1879 aufgeführt ist) und den Befehl „Complete Link" (vervollständige Verbindung) aktiviert hat, dann wird die neue Verbindung zum Benutzernetz hinzugefügt.

Leider entschieden sich die Geldgeber das Projekt ab 1991 nicht länger zu unterstützen. Folglich existiert das Intermedia-System nicht mehr, auch wenn es in den frühen 90er Jahren als eines der vielversprechendsten Hypertextsysteme im Lehrbereich galt.

3.11 Guide (1986)

Guide war das erste weit verbreitete kommerzielle Hypertextsystem [Brown 1987]. Guide wurde 1986 für den Macintosh herausgebracht. Kurze Zeit später war es auch für IBM-PC-Rechner erhältlich. Es war das erste Hypertextsystem, das für beide Rechner zur Verfügung stand. Die Benutzerschnittstelle sah für die beiden Rechner genau gleich aus. Spätere Guide-Versionen sind auf die Benutzung von Windows-Rechnern beschränkt.

Peter Brown startete das Forschungsprojekt Guide in Großbritannien im Jahre 1982 an der University of Kent. Im Jahre 1983 erstellte er die erste lauffähige Version auf PERQ-Arbeitsplatzrechnern. Die Firma Office Workstations Ltd. (OWL) interessierte sich im Jahre 1984 für das Programm und entschied sich dazu, es als kommerzielles Produkt zu vertreiben. An dem Prototypen wurden mehrere Änderungen vorgenommen. Einige dieser Änderungen waren nötig, um die Benutzerschnittstelle der Macintosh-Benutzerschnittstelle anzupassen.

Peter Brown setzt seine Arbeiten im Hypertext-Forschungsbereich mit einer Unix-Version von Guide an der Universität fort [Brown 1992]. Guide wird auch für einige Beratungsprojekte in der Industrie benutzt. Wenn nicht anders angegeben, bezieht sich mein Gebrauch des Wortes „Guide" auf die kommerzielle IBM-PC- und Macintosh-Versionen von Guide und nicht auf die Unix-Version, die sich erheblich von den anderen Versionen unterscheidet.

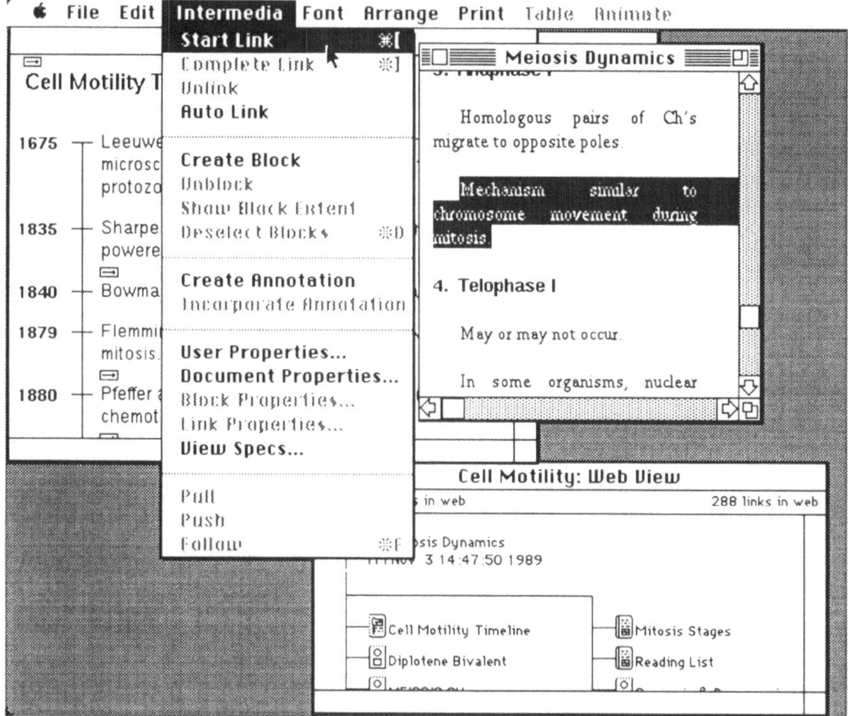

Bild 3.6   *Um in Intermedia eine Verbindung herzustellen, kann der Benutzer jeden beliebigen Teil des Dokumentes auswählen und den Befehl „Start Link" (Eröffne Verbindung) ausführen. Die Cut/Copy/Paste-Funktion auf dem Macintosh diente als Musterbeispiel bei der Anfertigung der Schnittstelle für die Erstellung von Verbindungen. So kann der Benutzer eine beliebige Anzahl von Zwischenaktionen unternehmen, und die Verbindung bleibt bestehen, bis der Benutzer einen anderen Anker für die Verbindung auswählt und den Befehl „Complete Link" (vervollständige Verbindung) aktiviert (©1989 Brown University, mit Erlaubnis abgedruckt).*

Guide basiert, ähnlich wie NoteCards, auf Textfenstern mit Rollbalken anstatt auf unveränderlichen Frames. Aber während die Verbindungen in NoteCards auf andere Notizzettel hinweisen, bewegen die Verbindungen in Guide oft das Fenster an eine andere Position, um ein Ziel in einer bestimmten Zeile zu erreichen. Verbindungsanker sind mit Textzeilen verbunden und bewegen sich auf dem Bildschirm, wenn der Benutzer den Rollbalken bewegt oder Text bearbeitet. Hiermit unterscheidet sich Guide auf fundamentale Weise von HyperCard, da Anker in HyperCard immer als grafische Bereiche innerhalb eines Fensters definiert sind.

Guide beinhaltet auch Unterstützung für grafische Verbindungen, aber die Grafiken müssen aus externen Zeichenprogrammen importiert werden, und die Handhabung auf der Guide-Benutzeroberfläche ist etwas unnatürlich.

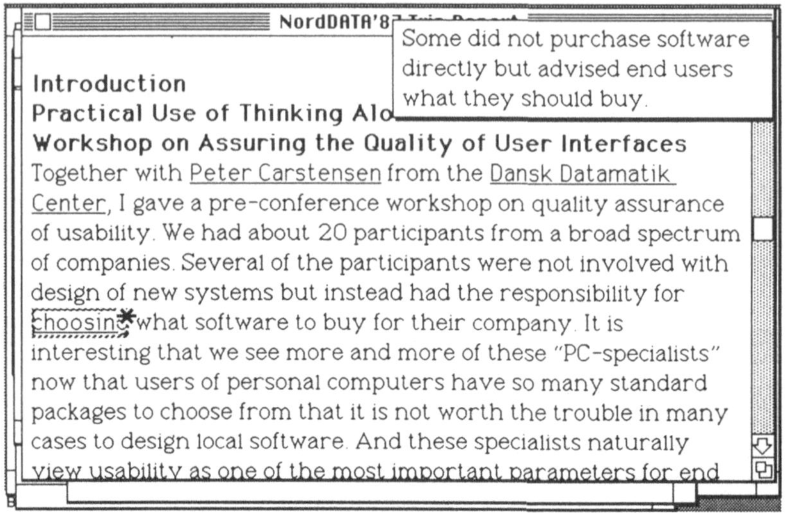

Bild 3.7 *Eine typische Bildschirmseite des Systems Guide, bei der der Benutzer eine Pop-up-Notiz sieht, wenn er die Maustaste drückt wenn er über dem Anker ist. Diese Notiz wird vorübergehend auf dem kleinen Fenster im Bildschirm oben rechts angezeigt.*

Guide unterstützt drei verschiedene Arten von Hypertextverbindungen: Expandieren, „Pop-up" und Springen.

Die *Expansionsknöpfe* expandieren den Ankertext, indem sie ihn durch das Ziel der Verbindung ersetzen. Dieses Konzept wird manchmal als „dehnbarer Text"[8] (engl.: stretch text) bezeichnet. Die Expansionsknöpfe bilden eine hierarchische Textstruktur. Sie erlauben es, Texte auf traditionelle Weise in Kapitel, Abschnitte und Unterabschnitte zu strukturieren. In der Ausgangsübersicht sind alle Kapitelüberschriften angezeigt. Die Benutzer können dann das Kapitel, das sie interessiert, vergrößern, indem sie die Kapitelüberschrift durch eine Liste von Abschnitten in dem Kapitel ersetzen. Sie können dann wiederum den Abschnitt, der sie interessiert, durch eine Liste der Unterabschnitte ersetzen, usw. Während dieses

---

[8]Der Begriff "dehnbarer Text" (engl.: stretch text) stammt aller Wahrscheinlichkeit nach von Ted Nelson. Ähnliche Konzepte gab es in *Augment* und einigen anderen Texteditoren bei Xerox PARC.

Vorganges stehen dem Benutzer die anderen Kapitelüberschriften ständig zur Verfügung (indem man vielleicht das Fenster ein wenig bewegt) und so geht der Kontext nicht verloren. Umgekehrt kann man den vergrößerten Text schließen und durch den ursprünglichen Text ersetzen.

Es gab den Expansionsknopf schon vorher in einer anderen Form: als Frage-Antwort-Knopf. Er wurde verwendet, um dem Benutzer eine Liste von möglichen Optionen anzugeben. Der Benutzer wählte eine Option aus, und die Frage wurde durch die Antwort ersetzt. Wenn der Benutzer auf einen Knopf drückte, wurde das als eine Anfrage nach mehr Information interpretiert, der Knopf expandierte, und die anderen Knöpfe in der Liste wurden vom Bildschirm gelöscht. Sie erschienen wieder, wenn die Vergrößerung beendet war. Diese Schnittstelle war für Anwendungen nützlich, die Mehrfachauswahl vorgaben, wie z.B. ein Reparaturhandbuch, in dem der Benutzer das Teil anklicken muß, welches repariert werden soll. Die Erläuterung zu diesem Teil wird vergrößert, und die anderen, irrelevanten Teile werden verdeckt.

Die zweite Art von Hypertextverbindungen bestand aus kleinen *Pop-up-Fenstern*, die durch das Anklicken von Notizknöpfen aufgerufen wurden (siehe Bild 3.7). Diese Einrichtung war nützlich für fußnotenähnliche Anmerkungen, die sehr eng mit der Information aus dem Hauptfenster verbunden sind. Pop-up-Fenster werden nur so lange angezeigt, wie der Benutzer die Maustaste über dem Notizknopf betätigt. Dies bedeutet, daß der Zurücksetz-Befehl gegeben wird indem man die Maustaste losläßt. Diese Art von Benutzerschnittstelle wird manchmal auch als Sprungfedermodus bezeichnet, da die Benutzer nur so lange in diesem Modus sind, wie sie das Dialogelement aktivieren, das sofort nach Freigabe zu seinem Normalzustand zurückkehrt. Trotzdem handelt es sich bei den „Pop-up"s um besondere Interaktionsmodi. Sie erlauben dem Benutzer nicht, gleichzeitig andere Aktionen vorzunehmen (z.B. das Anfertigen einer Kopie von dem Text aus dem Pop-up-Fenster), solange das Pop-up-Fenster aktiv ist.

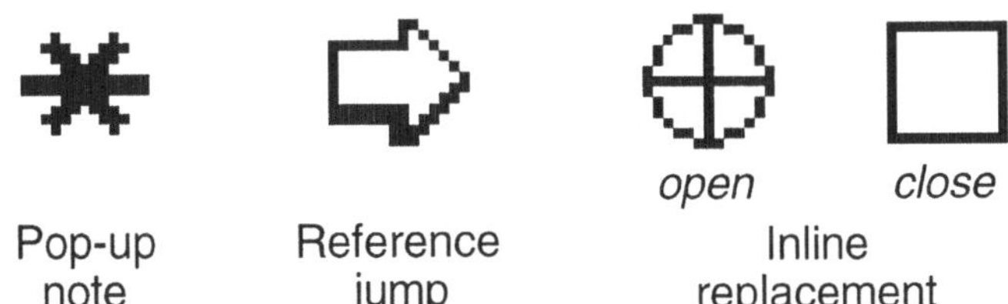

Bild 3.8 *Im System Guide wurden verschiedene Positionsanzeigesymbole gebraucht, um dem Benutzer die Art der Hypertextaktion anzuzeigen.*

Bei der dritten Art von Hypertextverbindung in Guide handelt es sich um den *Referenzknopf*, der benutzt wurde, um an eine andere Stelle im Hypertext zu springen. Um an den Ausgangspunkt zurückzukehren, mußten die Benutzer auf eine spezielle *Zurücksetz-Taste* drücken.

In Guide zeigte die Form des Positionszeigers dem Benutzer an, mit welcher Art von Hypertextverbindung er es gerade zu tun hatte (Bild 3.8). Man hätte annehmen können, daß dieser ziemlich umfassende Satz von verschiedenen Hypertexttypen in einem einzigen System die Benutzer verwirren könnte. Unsere Studien aber zeigten [Nielsen und Lyngbaek 1990], daß Benutzer keine Mühe hatten, zwischen den drei verschiedenen Knopfarten zu unterscheiden.

Wie wir in Kapitel 10 erläutern werden, benutzten die Anwender den Notizknopf für „Pop-up"s am liebsten. Der Referenzknopf wurde am wenigsten benutzt. Es ist auch interessant festzustellen, daß es sich bei dem Referenzknopf genau um den Teil handelt, der dem Forschungsprototyp von Guide erst später hinzugefügt wurde [Brown 1987]. Unsere Daten lassen es nicht zu festzustellen, ob der Referenzknopf nur deswegen so schlechte Noten erhielt, weil er nicht sorgfältig genug im Gesamtdesign integriert war oder weil die „Gehe Zu"-Befehle im großen und ganzen von Nachteil sind.

Die zweite Version von Guide führte eine vierte Knopfart ein: den *Befehlsknopf*. Falls angeklickt, aktiviert dieser Knopf ein Programm in der Programmiersprache *Genesis*. Genesis war jedoch keine allgemeine Programmiersprache, wie z.B. Hypertalk in Hypercard, und wurde typischerweise nur benutzt, um auf eine Bildplatte zuzugreifen und eine Folge von Bildern abzuspielen.

3.12   HyperCard (1987)

Es ist sehr wichtig festzuhalten, daß Bill Atkinson, der Entwickler von *HyperCard*, zugegeben hat, daß es sich am Anfang nicht um ein richtiges Hypertextprodukt handelte. Er hat HyperCard ursprünglich als eine grafische Programmierumgebung aufgebaut, und viele der in HyperCard entwickelten Anwendungen haben tatsächlich nichts mit Hypertext zu tun. Dennoch war HyperCard in den späten 80er Jahren das sicherlich bekannteste Hypertextprodukt weltweit.

Es gibt verschiedene Gründe für die Popularität von HyperCard. Ein sehr pragmatischer Grund dafür war, daß HyperCard zwischen 1987 und 1992 mit jedem von Apple verkauften Macintosh-Rechner kostenlos mitgeliefert wurde. Der Preis war nicht zu schlagen, und die Tatsache, daß es automatisch auf jedem Rechner zur Verfügung stand, bewirkte auch, daß es einer großen Anzahl von Leuten vertraut war, die vorher nie daran gedacht hätten, sich ein Hypertextsystem anzuschaffen.

Sogar nachdem Apple anfing, Hypercard zu verkaufen, stellte die Firma noch immer kostenlos auf jedem Macintosh-Rechner einen HyperCard-Leser zur Verfügung, so daß der Markt für HyperCard-Produkte gesichert war.

Der zweite Grund für die Popularität von HyperCard ist, daß es die allgemeine Programmiersprache HyperTalk beinhaltet, die sehr einfach zu erlernen ist. Nach meiner Erfahrung können Leute mit einiger Programmiererfahrung HyperTalk in weniger als zwei Tagen erlernen [Nielsen et al. 1991a]. Außerdem handelt es sich hierbei um eine sehr mächtige Programmiersprache im Hinblick auf das Erstellen von grafischen Modellen für Benutzerschnittstellen. Die Sprache ist jedoch für das Implementieren von größeren Softwaresystemen, die über mehrere Jahre hinweg gewartet werden müssen, nicht geeignet.

HyperCard eignet sich ausgezeichnet für viele der innovativen Dinge, die Leute im Hypertextfeld erkundschaften wollen. HyperCard ist leicht zu erlernen, man kann damit dem Auge gefällige Bildschirmentwürfe erstellen, und es erlaubt das schnelle Ausprobieren von neuen Entwurfskonzepten. Eines meiner ersten Hypertextsysteme, das in Kapitel 2 beschrieben ist, wurde mit HyperCard implementiert. Durch HyperTalk ist HyperCard sehr geeignet für Experimente mit dynamischem Hypertext, z.B. Anwendungen, in denen die Information während des Lesens errechnet und dargestellt wird.

Die *Karte* ist das grundlegende Element von HyperCard. Wie bei KMS handelt es sich dabei um ein Bildwechselsystem. Es beruht aber auf einer wesentlich kleineren Bildgröße. Die meisten HyperCard-Stapel sind von der Größe her auf die Maße des Original-Macintosh-Bildschirmes beschränkt, sogar wenn der Benutzer einen größeren Bildschirm besitzt. Dies soll sicherstellen, daß jedes HyperCard-System auf allen Macintosh-Rechnern ablaufen kann. Dies wiederum sorgt für eine ziemlich weite Verbreitung von HyperCard-Anwendungen. Die erste Version von HyperCard setzte die Einschränkung der Kartengröße ohne Ausnahme durch, aber die zweite, neuere Version erlaubt es, größere Bildschirme auszunutzen.

Das grundlegende Knotenobjekt in HyperCard ist die Karte. Mehrere Karten bezeichnet man als *Stapel*. HyperCard erlaubt es dem Benutzer, Knöpfe auf jeder Karte zu plazieren und diese mit HyperCard-Programmen zu verbinden. Ein Programm besteht sehr oft nur aus einer einzigen Codezeile, der „Gehe Zu"-Aussage, die einen Hypertextsprung auslöst. Die Knöpfe werden normalerweise aktiviert, wenn der Benutzer darauf klickt. HyperCard ist sehr flexibel. Aktionen können auch noch durch andere Ereignisse ausgelöst werden: z.B. wenn das Positionsanzeigesymbol in die rechteckige Umgebung eines Knopfes eintritt oder wenn eine spezifizierte Zeitspanne ohne Benutzeraktivität abgelaufen ist.

Neben allgemeinen Sprüngen zu anderen Karten kann HyperCard auch Pop-up-Fenster, wie man sie z.B. in Guide findet, simulieren. Zu diesem Zweck benutzt man spezielle Zeige- und Verhüll-Befehle. Der Gestalter kann festlegen, daß ein bestimmtes Textfeld vor dem Benutzer versteckt wird, daß es aber sichtbar wird, sobald der Benutzer bestimmte Knöpfe anklickt. Das Endresultat dieser Manipulationen gleicht den „Pop-up"s aus Guide.

Im Vergleich zu Guide hat HyperCard jedoch ein ernsthaftes Problem: nämlich die Verbindung von Hypertextankern mit einzelnen Textzeilen. In Guide sind diese „klebrigen Knöpfe" (engl:. sticky buttons) Standard; sie erlauben den Benutzern, den Text zu editieren und zu verändern, ohne die dazugehörigen Hypertextverbindungen zu verlieren — solange sie die Ankerzeile nicht löschen. Um in HyperCard einen Anker mit einer Zeichenzeile zu verbinden, muß man den rechteckigen Aktivierungsbereich eines Knopfes auf die gleiche Stelle im Bildschirm plazieren wie die Textzeile. Diese Methode versagt, wenn der Benutzer den Text editiert, da dies bestimmt den Standort der Ankerzeile auf dem Bildschirm verändert.

Bild 3.10 zeigt die (vereinfachte) Entwurfsstruktur, die ich für das Hypertextbeispiel aus Bild 3.9 verwendet habe. Zuerst wurde der allgemeine grafische Entwurf der Knoten als Hintergrundobjekt definiert. Der Hintergrund wird von allen Knoten seiner Kategorie übernommen. Er enthält das Bild eines Buches sowie das globale Übersichtsdiagramm (da es für alle Knoten unverändert bleibt). Der Hintergrund umfaßt auch ein leeres Feld für den in jedem individuellen Knoten hinzugefügten Text.

Ich entwarf dann für jeden individuellen Knoten eine Vordergrundschicht mit dem Knotentext und einigen Grafiken. Die Vordergrundgrafiken beinhalten das lokale Übersichtsdiagramm (da es von Knoten zu Knoten unterschiedlich ist) und die Rechtecke, die benutzt werden, um den aktuellen Standpunkt in den lokalen und globalen Übersichtsdiagrammen hervorzuheben. HyperCard zeigt alle Ebenen als ein einziges Bild auf dem Bildschirm an, nach dem gleichen Prinzip, nach dem ein Zeichner von Trickfilmen einen ganzen Stapel von Folien fotografiert, um ein Bild zu erzeugen. Der Benutzer wird nie wissen, daß der sichtbare Anblick des globalen Übersichtsdiagrammes durch Kombination von einem unveränderlichen Hintergrundbild und einem sich ändernden Vordergrundrechteck hergestellt wird.

Um Hypertextverbindungen aufzubauen, fügte ich zuletzt jedem individuellen Knoten einen Satz von Knöpfen bei. Einige dieser Knöpfe waren für das lokale Übersichtsdiagramm bestimmt und wurden über die entsprechenden Grafiken plaziert. Andere Knöpfe sind Anker, die sich auf Textzeilen auf der Vordergrundebene beziehen. Sie wurden sorgfältig über dem relevanten Text in Stellung gebracht. Tatsächlich enthält der gesamte Bildschirm noch mehr Knöpfe, da es auch einige globale Knöpfe gibt, die für alle Knoten gleich und deshalb auf der Hintergrundebene angelegt sind. Sie werden hier nicht gesondert besprochen.

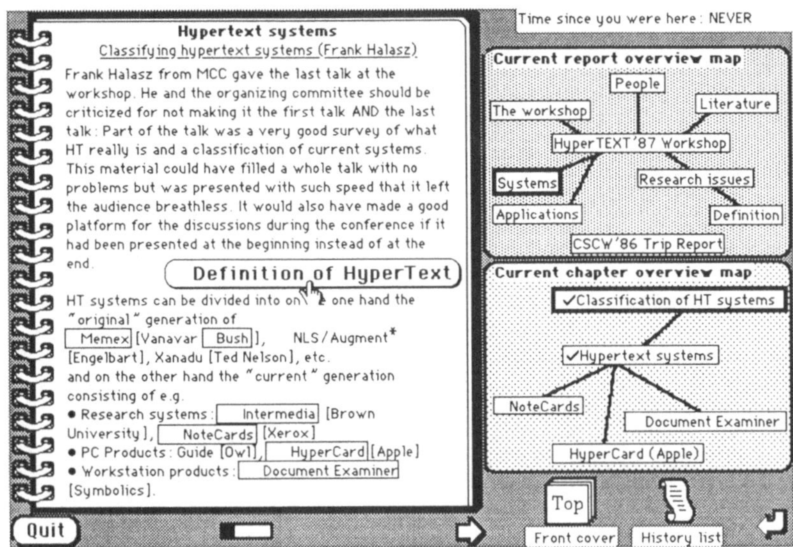

Bild 3.9 *Ein Beispiel einer Bildschirmseite, die in HyperCard implementiert wurde. Bild 3.10 erklärt, wie dieser Entwurf implementiert wurde.*

HyperCard hat einige Konkurrenten, wie z.B. SuperCard, Plus und MetaCard. SuperCard integrierte Farbe und die Möglichkeiten, verschieden große Fenster auszunutzen. Zusätzlich dazu kann SuperCard auch objekt-orientierte Grafiken mit nicht-rechteckigen Formen als Knöpfe benutzen. Plus ist für den Macintosh- sowie für den IBM-PC (unter Microsoft Windows und auch unter OS/2) erhältlich. Sein Dateiformat ist unabhängig vom Betriebssystem. MetaCard läuft auf Arbeitsplatzrechnern unter X Windows und vergrößert dementsprechend die Anzahl der Plattformen, auf denen HyperCard-ähnliche Hypertexte entwickelt werden können. Auch diesen Konkurrenzprodukten war es nicht möglich, andere wichtige Beschränkungen von HyperCard aufzuheben.

Einige dieser ungelösten Probleme sind vom Konzept her nicht allzu schwierig, und man könnte sich vorstellen, daß eine mögliche dritte Version von HyperCard diese Probleme angeht. Dies trifft auf die fehlenden beweglichen Textknöpfe und die

Langsamkeit der HyperTalk-Programme zu.[9] Andere Probleme sind weitaus schwieriger zu lösen, da sie den grundlegenden Metaphern von HyperCard widersprechen, z.B. die Veränderung der Programmiersprache in eine objekt-orientierte Sprache oder in eine leichter zu wartende Sprache, oder die Einführung von fortgeschrittenen Hypertexteigenschaften, oder Mehrbenutzerzugang zu Hypertexten.

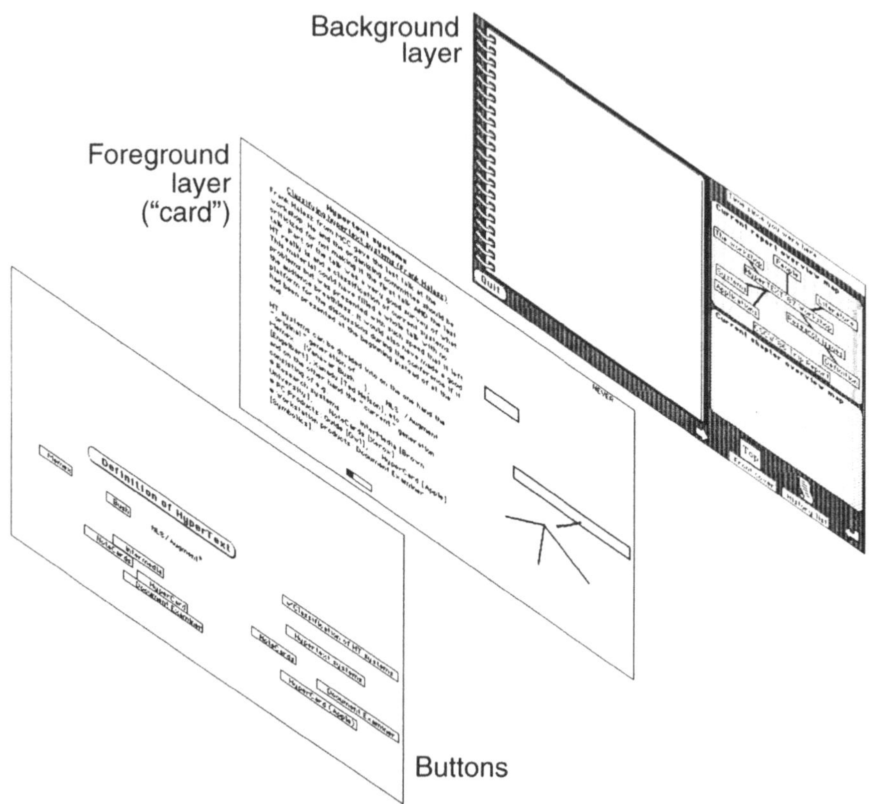

Bild 3.10 *Eine strukturelle Sicht der in Bild 3.9 gezeigten HyperCard-Implementation. Die Hintergrundebene enthält Grafiken, die für alle Knoten gleich sind, wohingegen die Vordergrundebene Texte und Grafiken enthält, die für jeden individuellen Knoten spezifisch sind. Zu guter letzt hat der Designer einige Knöpfe auf den Text und die Grafiken plaziert.*

---

[9] Es würde ausreichen, wenn man aus HyperTalk eine kompilierende Sprache machte. In der aktuellen Version wird die Sprache interpretiert.

Interessanterweise war der frühe Erfolg von HyperCard nicht nur seiner konzeptuellen Struktur oder der Stärke des unterliegenden Systems zu verdanken. Der Hauptgrund dafür, daß viele Leute ihre eigenen HyperCard-Stapel entwarfen, lag darin, daß zusammen mit dem allgemeinen System eine Grundausstattung von grafischen Benutzerschnittstellen-Elementen ausgeliefert wurde. Wie oft sah ich Leute, die das im Original-HyperCardsystem erhältliche Bild von dem Mann, der nachdenklich vor seinem Computer sitzt, benutzten. Und noch wichtiger war es, daß HyperCard eine große Anzahl von Händen, Pfeilen und anderen Symbolen zum Aufbau von neuen Benutzerschnittstellen enthielt, anstatt nur rechteckige Kästen für Knöpfe zur Verfügung zu stellen und zu hoffen, daß Benutzer sie mit ihren eigenen Bildern ausfüllen. Der Reiz dieser Beispiele und der mitgelieferten Materialien verschönerte viele der frühen Hypertextstapel und half beim Aufbau neuer Beispiele und Anwendungen. Ich würde den Entwerfern von zukünftigen Systemen zweifellos raten, eine große Anzahl von Aufbauelementen für Benutzerschnittstellen und vordefinierten Grafiken in das Basissystem einzubauen.

3.13 Hypertext entwickelt sich weiter

Der Symbolics Document Examiner war ein Beispiel dafür, daß Hypertext Realität wird, und daß die Technologie von Kunden wirklich genutzt wurde. Aber als der Document Examiner eingeführt wurde, war die Symbolics ein spezialisierter und sehr kostspieliger Arbeitsplatzrechner. Und obwohl der Document Examiner als das erste Hypertextsystem gilt, das wirklich angewandt wurde, war es doch kein sehr verbreitetes System.

Im Jahre 1985 wurden einige Hypertextsysteme, darunter auch die Systeme NoteCards von Xerox und Intermedia von der Brown University, angekündigt, und ihr Gebrauch verbreitete sich in den späten 80er und frühen 90er Jahren.

Im Gegensatz dazu führte die Firma Office Workstations Limited (OWL) im Jahre 1986 das System Guide als kommerzielles Produkt ein. Guide war das erste Hypertextsystem, das auf einem einfachen Heim- oder Bürocomputer lief. Das Produkt löste den Übergang von der Forschung in die reale Computerwelt aus.

Den letzten Schritt zum realen Anwendungsprodukt machte dann Apple, als es im Jahre 1987 HyperCard einführte. Obwohl HyperCard ein gutes Produkt war, wurde es hauptsächlich durch sein Marketingkonzept bekannt: das Programm wurde kostenlos mit jedem, nach dem Jahre 1987 verkauften, Macintoshcomputer zur Verfügung gestellt.

Das Ereignis, das Hypertext vom Stand eines Lieblingsprojektes einiger Fanatiker zu weltweiter Beliebtheit brachte, war Hypertext'87, die erste ACM[10]-Konferenz zum Thema Hypertext, die vom 13.-15. September 1987 an der Universität von North Carolina stattfand. Fast alle, die auf dem Gebiet von Hypertext arbeiteten, von den ersten Pionieren (außer Vannevar Bush) bis hin zum Autor dieses Buches, nahmen an der Konferenz teil. Unglücklicherweise hatten die Konferenzveranstalter das wachsende Interesse an Hypertext total unterschätzt und mußten ungefähr der Hälfte der 500 Leute, die an der Konferenz teilnehmen wollten, abweisen. Dennoch füllten die Teilnehmer die zwei Auditorien, die durch Video verbunden waren, und einige Teilnehmer mußten sogar auf dem Boden sitzen. Denen, die das Glück hatten, an dieser Konferenz teilnehmen zu können, bot sich Gelegenheit, die Persönlichkeiten kennenzulernen, die auf diesem Gebiet arbeiten, sowie einen Einblick in die damalige Hypertextforschung und -entwicklung zu erhalten.

Dieser geschichtliche Höhepunkt wiederholte sich im Jahre 1989, als in Europa die erste öffentliche Konferenz über Hypertext abgehalten wurde. Es handelte sich dabei um die Konferenz *Hypertext'2*, die vom 29. – 30. Juni 1989 in York, Großbritannien, stattfand. Der Name der Konferenz war Hypertext'2, da ein Jahr zuvor in Aberdeen die erste nicht öffentliche Konferenz stattgefunden hatte. Wiederum hatten die Konferenzveranstalter den Bekanntheitsgrad von Hypertext unterschätzt und nur Räumlichkeiten für höchstens 250 Teilnehmer vorgesehen. 500 Teilnehmer hatten sich angemeldet, davon mußte wiederum der Hälfte abgesagt werden.

Im Jahre 1989 erschien *Hypermedia*, die erste wissenschaftliche Zeitschrift auf dem Hypertext-Fachgebiet. Sie wurde von Taylor Graham veröffentlicht und wird in der Bibliographie näher erläutert.

Mitte der 90er Jahre wurden die Hypermediasysteme durch die Verbreitung von CD-ROM einem breiteren Publikum zugänglich. Zum Beispiel wurde im Jahre 1993 der erste Spielfilm in Hypermediaform auf einer CD-ROM verschickt, als die Firma „The Voyager Company;" den Beatles-Film „A Hard Day's Night" herausbrachte. Im Jahre 1993 war die Drucktechnologie noch so primitiv, daß man dies als Meisterstück ansehen könnte. Es war nur deshalb möglich, weil „A Hard Day's Night" ein kurzer Film war und in schwarzweiß gedreht wurde. Das Bild 3.11 zeigt eine Szene aus dieser Hypermediaproduktion. Die Firma „The Voyager Company" brachte in den 90er Jahren noch eine große Anzahl anderer Filme heraus. Sie bewies

---

[10] ACM = *Association for Computing Machinery*. Die weltweit älteste, und wahrscheinlich angesehendste, Berufsorganisation für Computerfachleute.

damit, daß es möglich geworden war, einen erfolgreichen Verlag zu gründen, der sich nur auf den Versand von Hypertextfilmen konzentrierte.

Das entscheidende Ereignis war dann Mitte der 90er das äußerst schnelle Wachstum von Hypertext auf dem Internet, an dessen Ursprung die Spezifikation des World Wide Web durch Tim Berners-Lee und seine Kollegen am CERN (das europäische Forschungszentrum für Nuklearphysik in Genf) stand. Gleich nach seiner Einführung im Januar 1993 durch das NCSA (National Center for Supercomputing) wurde das System Mosaic zum beliebtesten „Browser" im WWW, und das Wachstum von Hypertext auf dem Internet beschleunigte sich sogar noch mehr. Kapitel 7 beschäftigt sich mit Hypertext auf dem Internet.

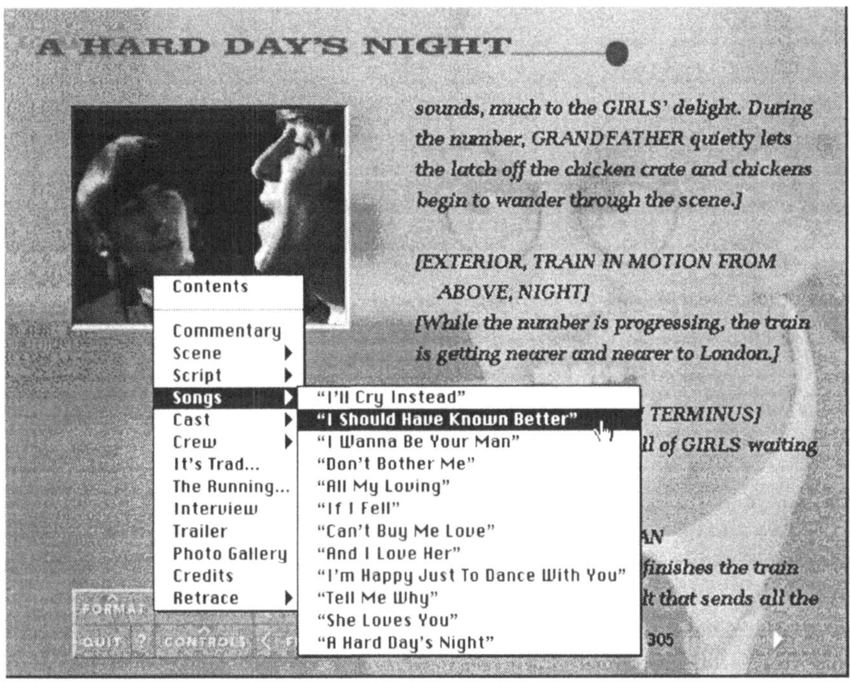

Bild 3.11 *Eine Bildschirmseite der CD-ROM-Version des Beatles-Films „A Hard Day's Night". Der Film selbst wird im oberen linken Fenster gezeigt, und der Rest der Bildschirmseite ändert sich ständig, um den Originalteil des Drehbuches, der der jeweils gespielten Szene entspricht, anzuzeigen. Die Benutzung von Pop-up-Fenstern erlaubt es dem Benutzer, direkt zu verschiedenen Szenen oder Liedern überzugehen und sich die entsprechenden Filme anzusehen (©1964 Proscenium Films, 1993 The Voyager Company, mit Erlaubnis abgedruckt).*

Es ist interessant zu sehen, wie Mosaic und das WWW es fertigbrachten, in nur drei Jahren ein universelles Hypertextsystem zu erstellen, wogegen Ted Nelson über 30 Jahre lang vergeblich versuchte, für sein System Xanadu Anerkennung zu gewinnen. Einer der Hauptgründe für diesen Unterschied ist ohne Zweifel die Tatsache, daß WWW-Projekte von Steuergeldern bezahlt wurden (im Falle des CERN durch europäische Steuergelder und im Falle des NCSA durch amerikanische Steuergelder). Es ist immer einfacher, ein Produkt zu verkaufen, wenn keine Kosten anfallen. Dennoch gibt es auch andere Gründe dafür, daß das WWW dort erfolgreich war, wo Xanadu scheiterte. Der wichtigste Grund ist, daß das WWW als offenes System mit existierenden Datenbeständen kompatibel ist. Die WWW-Entwerfer gestalten ihr System so, daß es mit dem Internet zusammenarbeiten und die Datentypen, die zur Zeit der WWW-Erfindung auf dem Internet zur Verfügung standen, integrieren kann. Diese Kompromisse führten zum Erfolg des WWW. Sie führen aber auch dazu, daß es in seinen Fähigkeiten eingeschränkt ist und nicht alle die Merkmale zur Verfügung stellt, die man eigentlich in einem idealen Hypertextsystem vorfinden möchte. Die Spezifikation der dem WWW zugrunde liegenden Hypertextsprache (HTML) wurde in den ersten vier Jahren nach der Einführung des Systems dreimal erweitert, und die jetzige Version ist noch immer nicht ideal. Es gibt aber keinen Zweifel daran, daß es besser ist, sich auf ein iteratives Design und fortwährende Entwicklung und Änderungen zu verlassen, als auf die revolutionäre Neuerung auf diesem Gebiet zu warten, die wahrscheinlich nie eintritt. [11]

Abschließend kann man sagen, daß Hypertext im Jahre 1945 geplant und erdacht, in den 60er Jahren das Licht der Welt erblickte, in den 70er Jahren langsam aufwuchs und schließlich in den 80er Jahren in die reale Welt aufgenommen wurde. Hypertext erzielte nach 1985 ein besonders schnelles Wachstum und erreichte seinen Höhepunkt im Jahre 1989. Heutzutage kann man Hypertexte in jedem Computerladen kaufen — in vielen Fällen werden sie sogar als kostenlose Zugabe zusammen mit neuen Computern geliefert. Die Fachwelt hält erfolgreiche Konferenzen ab und verfügt über eine bedeutende Zeitschrift. Am wichtigsten aber ist es, daß viele Beispiele von Hypertextsystemen in realen Projekten eingesetzt werden. Diese Beispiele werden im nächsten Kapitel näher erläutert.

---

[11] Wir wollen darauf hinweisen, daß das WWW noch lange nicht ideal ist. Im Kapitel 7 werden einige meiner Kritiken dazu aufgeführt, aber ich möchte betonen, daß ich das WWW und seine Gestalter bewundere.

4   Hypertextanwendungen

Pat Wright [1989] schreibt, daß die Bandbreite von Hypertext so groß ist wie die Bandbreite von gedruckten Materialien. Als Beispiel für Druckprodukte führt sie Faltbücher für Kinder und Gebrauchsanweisungen für Waschmaschinen auf. In diesem breiten Spektrum von möglichen Anwendungen sind auch verschiedenartige Hypertextunterstützungen möglich. In diesem Kapitel untersuchen wir einige Anwendungen von Hypertexttechnologien.

Man sollte nicht versuchen, alles mit Hypertexttechnologien zu machen. Ben Shneiderman [1989] schlägt folgende **drei goldene Regeln** vor, um herauszufinden, ob Hypertext eine geeignete Lösung darstellt:

- Eine große Menge von Informationen die aus einzelnen Teilen besteht.

- Die Teile stehen miteinander in Verbindung.

- Der Benutzer benötigt Zugriff auf je ein Informationselement zu einer bestimmten Zeit.

Falls es sich nur um wenige Informationselemente handelt, so sollten diese als ein Ganzes dargestellt werden. Wenn der Benutzer auf alle Informationselemente gleichzeitig zugreifen muß, dann sollte man gleichermaßen verfahren. Falls die verschiedenen Informationselemente überhaupt nicht miteinander in Verbindung stehen (z.B. die Telefonnummern in den Gelben Seiten), dann ist eine Datenbank wahrscheinlich das geeignetere Organisationsprinzip.

4.1   Anwendungen im Computerbereich

Hypertext benutzt den Computer als Medium; daher ist es einleuchtend, Hypertext anzuwenden wenn Probleme mit Hilfe von Computern gelöst werden sollen. Die vierte „goldene" Regel für die Anwendung von Hypertexttechnologie könnte wie folgt lauten: „Plane keine Anwendung von Hypertexttechnologie, wenn die Problemlösung verlangt, daß der Benutzer sich vom Rechner entfernt". Die Benutzung von Hypertext im Rahmen von computergestützen Problemlösungen beugt jeglichem Konflikt mit dieser Regel vor, da der Benutzer auf jeden Fall am Rechner sitzt.

Neben den Anwendungen, die wir hier besprechen werden, kann Hypertext auch für den prototypischen Entwurf der Benutzeroberfläche von fast allen Rechneranwendungen benutzt werden [Nielsen 1989a], da die meisten derartigen

Prototypen sich auf miteinander verbundene Bildschirmentwürfe und benutzerkontrollierte Navigation durch die Bildschirmmasken beschränken. In einem Hypertextsystem können extrem simple Prototypen durch einfaches Aneinanderreihen von Bildschirmentwürfen gebaut werden. Sobald der Prototyp über das Reißbrettstadium hinauswächst, braucht man allerdings mehr Funktionalität. Hypertextsysteme mit eingebauten Programmiersprachen oder zumindest einfachem Zugriff auf Programmiersprachen können allerdings auch dann noch gute Dienste leisten. HyperCard wird häufig zu diesem Zweck benutzt.

4.1.1 Online-Dokumentation

Online-Dokumentation mag die einleuchtendste aller Hypertextanwendungen sein; sie war Sinn und Zweck der ersten richtigen Hypertextanwendung: dem Symbolics Document Examiner (siehe Kapitel 3).

„Nielsens erstes Gesetz in Bezug auf Computerhandbücher" besagt, daß Benutzer keine Handbücher lesen [Nielsen 1993a (Abschnitt 5.10)]. Das zweite Gesetz besagt, man könne davon ausgehen daß, falls ein Benutzer trotzdem das Handbuch lesen will, er wirklich in Schwierigkeiten steckt. Aufgrund des ersten Gesetzes werden Benutzer meistens nicht in der Lage sein, ein Handbuch zu finden, falls sie eins brauchen; jemand anders wird es ausgeliehen haben, oder es ist schlicht und einfach verlorengegangen. Mit einem Online-Handbuch kann das nicht vorkommen. Rob Lippincott (Lotus Development Corp.) spricht von „Lernen nach Bedarf" (engl.: just-in-time learning), um dem Benutzer zu erlauben, genau das zu lernen, was er braucht, und genau in dem Augenblick, wo er es braucht.

Kein Benutzer will das ganze Handbuch lesen. Daher brauchen Benutzer gute Zugriffswerkzeuge, um die im Augenblick relevanten Abschnitte des Handbuches zu finden. Hypertext ist offensichtlich die Lösung, um Benutzern in dieser Situation zu helfen. In letzter Zeit sind eine ganze Reihe von Softwarepaketen mit Online-Handbüchern oder Online-Benutzeranleitungen im Hypertextformat ausgeliefert worden. Macintosh System 7.5 und Microsoft Office 4.0 werden mit sehr dünnen gedruckten Handbüchern ausgeliefert, die den Benutzer für weitere Informationen auf die Online-Versionen verweisen. Bild 4.1 zeigt ein Beispiel eines Online-Informationssystems [Nabkel und Shafrir 1995].

4.1.2 Benutzerunterstützung

Benutzer brauchen mehr Information als man üblicherweise in Handbüchern findet. Robert L. Mack vom IBM-Institut für Benutzerschnittstellen und ich haben eine Studie durchgeführt, in der verschiedene Methoden zum Erlernen eines

Computersystems untersucht werden. Traditionelle Referenzhandbücher waren die zweitschlechteste von zwölf vorgeschlagenen Methoden.[1]

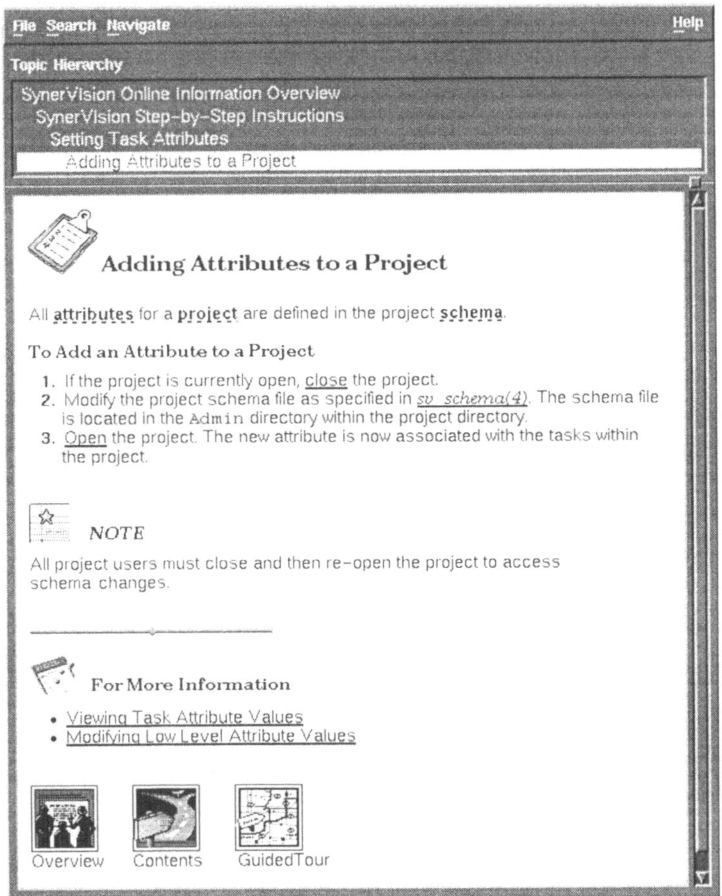

Bild 4.1 *Das Online-Hilfesystem „SynerVision" von HP. Die Benutzeroberfäche wurde von Jafar Nabkel (Software Engineering Systems Division, Hewlett-Packard Company) und Eviatar Shafrir (User Interaction Design, Hewlett-Packard Company) entworfen (© 1993, Hewlett-Packard Company; mit Erlaubnis abgedruckt).*

---

[1] R. L. Mack und J. Nielsen: "Software integration in the professional work environment: Observations on requirements, usage, and interface issues", *Technischer Bericht* **RC-12677**, IBM T.J. Watson Research Center, Yorktown Heights, NY 10598, April 1987.

Hypertext erlaubt es uns, verschiedene Formen der Benutzerunterstützung zu integrieren: das Online-Handbuch, den Einführungskurs, das Online-Hilfesystem und die Fehlermeldungen. Da Fehlermeldungen für die Situationen charakteristisch sind, in denen Benutzer Hilfe brauchen, stellen sie einen idealen Ausgangspunkt dar, um diese Hilfe anzubieten. Übliche Fehlermeldungen im Stile von „Ungültige Eingabe - System Ende" gaben dem Benutzer zu verstehen, wie ungeheuer dumm er sein muß, um einen derartigen Fehler zu begehen. Glücklicherweise bauen moderne grafische Benutzeroberflächen auf anderen Gesichtspunkten auf [Ehrlich und Rohn 1994].

In einem integrierten Benutzerunterstützungssystem, das auf Hypertext aufbaut, könnte man die Fehlermeldungen sofort mit den richtigen Stellen im Online-Hilfesystem verbinden, und so dem Benutzer mehr Information über das eben aufgetretene Problem geben. Falls der Benutzer die Fehlersituation nicht versteht, da ein Begriff in der Fehlermeldung unverständlich ist, kann er eine Verbindung zwischen dem unverständlichen Begriff in der Fehlermeldung und der Begriffsdefinition im Online-Handbuch herstellen. Sollte der Benutzer noch mehr Information brauchen, kann er weitere Verbindungen aufbauen, z.B. zum Einführungskurs, damit er die Einführungskapitel, in denen der Begriff erklärt wird, noch einmal durcharbeiten kann.

Zur Zeit existiert diese sehr extensive, integrierte Benutzerunterstützung noch nicht. Allerdings wird Hypertext auf einzelne Komponenten im Bereich der Benutzerführung angewandt. Der Arbeitzplatzrechner Sun386i hatte z.B. ein Online-Hilfesystem, das als Hypertext implementiert war [Campagnoni und Ehrlich 1989]. In den letzten Jahren sind die meisten Rechner mit hypertextbasierten Hilfesystemen ausgeliefert worden. Einige Systeme haben sogar hypertextbasierte Online-Dokumentation.

OpenWindows führte die Funktion *Spot Help* (Hilfe auf der Stelle) ein. Der Benutzer konnte zu jeder Zeit die Hilfe-Taste betätigen, Spot Help erzeugte ein Bild der Stelle, an der die Einfügemarke gerade stand und ein Hilfedialog erklärte die grafischen Elemente der Benutzeroberfläche, mit denen der Benutzer gerade arbeitete. Auf diese Weise stellte Spot Help implizite Verbindungen zwischen allen grafischen Elementen der Benutzeroberfläche und der Benutzerführungsinformation zur Verfügung. Der Hilfedialog enthielt einen Knopf, der als Ausgangspunkt für Verbindungen zu detaillierteren Informationen diente. So wurde die Funktion Spot Help mit anderen Online-Informationen integriert.

4.1.3 Software Engineering

Während des Lebenszyklus eines Softwaresystems werden viele Spezifikations- und Entwicklungsdokumente angefertigt. Hypertext kann diese Dokumente miteinander verbinden [Cybulski und Reed 1992]. So wäre es zum Beispiel möglich, einen Teil eines Spezifikationsdokumentes mit dem Teil des Entwurfsdokumentes zu verbinden, der beschreibt, wie die Spezifikation den Entwurf beeinflußt. Weiterhin könnte man dann das Entwurfsdokument mit dem Programm verbinden, um zu zeigen, wie der Entwurf realisiert wird. Umgekehrt könnte man den Verbindungen folgen, und zeigen, welche Rolle gewisse Programmabschnitte erfüllen.

Damit alle diese Hypertextverbindungen am Ende in einer integrierten Umgebung zur Verfügung stehen, müßte eine Entwicklungsabteilung eine Software-Entwicklungsmethode benutzen, die in ihrer ganzen Länge und Breite von einem computerbasierten Entwicklungswerkzeug unterstützt wird. Das DynamicDesign-Projekt [Bigelow 1988] von Tektronix unterstützt die Versionskontrolle für Berichte, Dokumente und Programmierungsobjekte, indem es auf der abstrakten Hypertextmaschine Neptune aufbaut [Delisle und Schwartz 1987].

Man kann Hypertext auch außerhalb des Softwarelebenszyklus benutzen, indem man einen Programmeditor benutzt, der Hypertextverbindungen zwischen den Elementen des Programmcodes aufbaut. So kann man z.B. jede vorkommende Variable mit ihrer Definition und den dazugehörigen Kommentaren verbinden. Auf diese Weise verbindet der Smalltalk Code Browser verwandte Programmteile miteinander.

Der Entwurf von Softwaresystemen ist bei weitem aufwendiger als die Programmierung. Daher konzentrieren sich auch einige Arbeiten auf die Unterstützung der eigentlichen Entwurfsphase, so z.B. das System gIBIS (graphical Issue Based Information System; grafisches themenbasiertes Informationssystem). gIBIS wurde von der Firma MCC (Microelectronics and Computer Technology Corporation) in Austin, Texas, entwickelt [Conklin and Begeman 1988]. Es war ein Bestandteil des Projektes Design Journal (Entwurftagebuch), das sich mit der Dokumentation von Entwurfsentscheidungen befaßte.

gIBIS war ein Mehrbenutzersystem, da der Software-Entwurfsprozeß üblicherweise ein kollaborativer Prozeß ist, an dem sehr viele Entwickler teilhaben. Es baute auf einem theoretischen Modell auf, das den Entwurfsprozeß als ein Gespräch zwischen unparteiischen Experten ansieht. Jeder Experte äußert sein Wissen und seine Erfahrung zu den Entwurfsthemen. Die Teilnehmer argumentieren, indem sie zu den Themen Lösungen vorschlagen (die Positionen) und zu den Positionen positive und negative Argumente vorbringen. Die Diskussion wurde in einer Hypertextstruktur aus drei Knotentypen niedergeschrieben: Themen, Positionen und Argumente. Das

„g" in gIBIS stellt klar, daß die Argumentationen grafisch dargestellt werden (siehe Bild 4.2). Das Übersichtsdiagramm gibt dem Benutzer einen guten Eindruck von der globalen Struktur der Entwurfsentscheidung und erlaubt den Zugriff auf die detailliertere textuelle Beschreibung der Elemente.

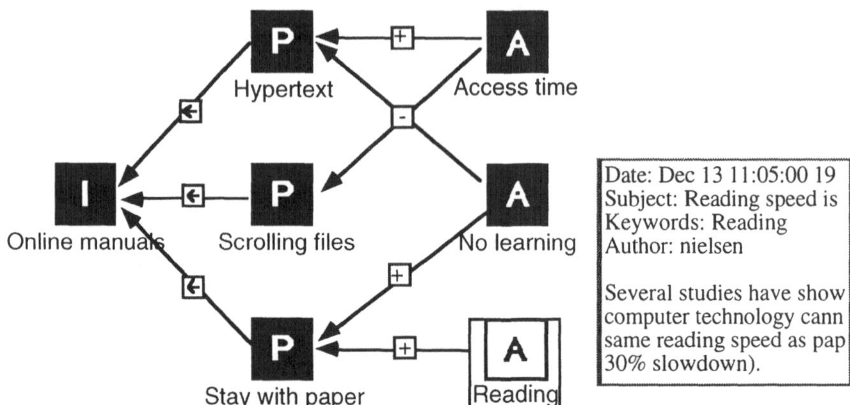

Bild 4.2   *Ein thematisches Netz, wie es auch in gIBIS verwendet wurde. Das „Thema" behandelt den Entwurf von Online-Handbüchern (engl.: online manuals). Man kann das Thema von drei verschiedenen Ausgangspositionen angehen: Hypertext, Dateien durch die man blättern kann (engl.: scrolling text files) und gedruckte Handbücher (engl.: staying with paper). Das Bild zeigt mehrere „Für-und-Wider"-Argumente zu den Ausgangspositionen. Der Leser schaut sich gerade das Argument „Reading" (Lesen) an, welches in dem kleinen Textfenster erscheint (Mehrere Studien haben gezeigt, daß man gedruckte Handbücher wesentlich schneller liest). Die Verbindungen zwischen Argumenten und Positionen sind mit „+" oder „-" gekennzeichnet, um anzuzeigen, welches Argument welche Position unterstützt beziehungsweise widerlegt.*

gIBIS war ursprünglich für Sun-Arbeitsplatzrechner mit Farbbildschirmen entworfen worden und benutzte dementsprechend auch Farbe, um Knoten und Kanten im Übersichtsdiagramm anzuzeigen. Ursprünglich konnten die Benutzer die Farben auswählen. In späteren Versionen wurde eine Standardauswahl von Farben zur Verfügung gestellt, um den Benutzern das Erlernen der Bedeutung der einzelnen Farben zu erleichtern. gIBIS konnte auch auf Schwarzweißbildschirmen benutzt werden. In dem Fall waren kleine Ikone verfügbar, die die Bedeutung der Kanten klarstellen (siehe Bild 4.2).

Jeff Conklin und seine Kollegen gründeten später eine Firma, um das Konzept von gIBIS in einer PC-gerechten Form aufzubereiten und zu vermarkten. Bild 4.3 zeigt das Beispiel einer Argumentationsstruktur aus CM/1. Die Ikone haben folgende

Bedeutungen: Fragezeichen beschreiben Themen, Glühbirnen beschreiben Positionen, und „+"- oder „-"-Zeichen stellen Argumente dar. Zusätzliche Ikone beziehen sich auf Informationen, die von außerhalb importiert wurden, z.B. Kosten-Nutzen-Analysen (engl.: cost analysis).

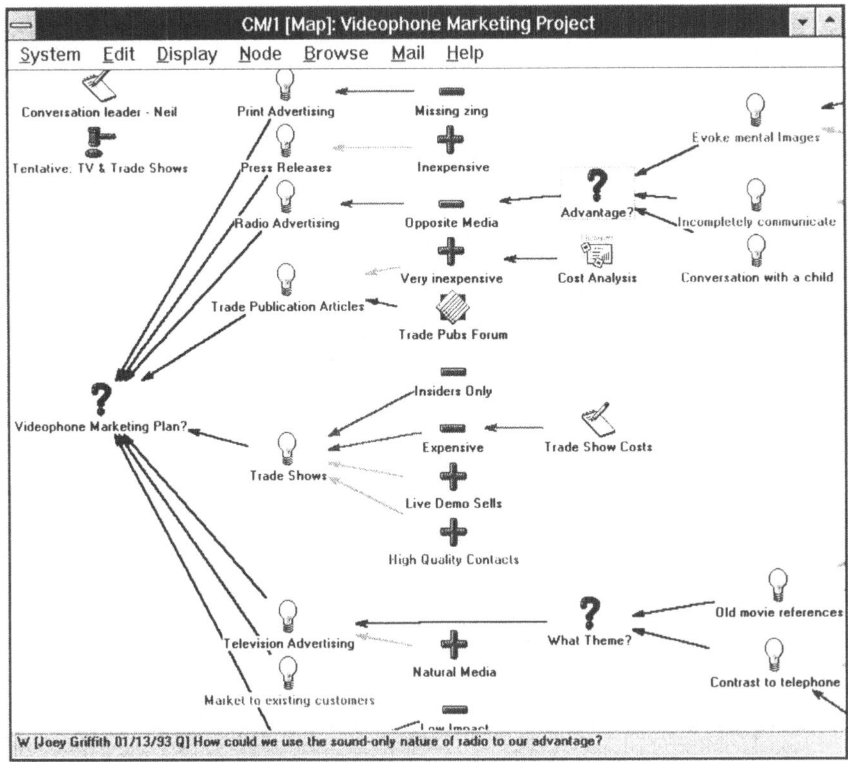

Bild 4.3   *Eine Argumentationsstruktur aus dem System „CM/1" (© 1994, Corporate Memory Systems, Inc., mit Erlaubnis abgedruckt).*

4.1.4   Betriebssysteme

Hypertext kann die Benutzeroberfläche für PCs grundlegend verändern, indem er eine aufgabenorientierte, integrierte Arbeitsumgebung schafft. Zur Zeit benutzen PCs eine dateiorientierte Metapher, in der Benutzer mit diskreten (aber sehr großen) Informationseinheiten arbeiten. Üblicherweise befindet sich eine Datei an einem Ort auf der Festplatte und wird von einem einzelnen Programm bearbeitet.

Dieses Paradigma eignete sich bestens für die ersten Rechner, die meistens recht klein und in ihren Fähigkeiten ziemlich beschränkt waren. Die Rechner kannten nur wenige Datentypen (meistens Text oder Zahlen); da sie meistens schwer zu erlernen waren, standen jedem Benutzer nur wenige Anwendungen zur Verfügung und die Speicherkapazität war durch die kleinen, damals zur Verfügung stehenden, Speicherplatten sehr beschränkt. Moderne PCs sind multimediafähig und haben benutzerfreundliche Oberflächen, die das Erlernen und die Benutzung von neuen Anwendungen wesentlich erleichtern.[2] Außerdem haben PCs immer häufiger Zugriff auf sehr große Festplattenspeicher (ich habe eine 2,1-GB-Festplatte an meinem PC zu Hause), CDs und andere Rechner im Netz. Das gibt ihnen natürlich Zugriff auf wesentlich größere Dateimengen.

Die meisten heutigen Dateisysteme sind hierarchisch aufgebaut und verlangen vom Benutzer, daß er bei der Dateisuche durch mehrere Ebenen von hierarchisch verknüpften Dateistrukturen hindurchnavigiert. Viele Benutzer vergessen ganz einfach, wo sie etwas abgespeichert haben, und es bleibt ihnen nichts anderes übrig, als nach dem Dateinamen zu suchen. Es gibt zwar Betriebssystemerweiterungen, wie z.B. Lotus Magellan, die eine Datei auf der Basis ihres Inhaltes finden; dies ist jedoch recht primitiv, wenn man sich überlegt, welche Navigationsmöglichkeiten ein Hypertextsystem anbietet.

Es wäre möglich, zukünftige Betriebssysteme[3] durch einen systembasierten Hypertextservice zu erweitern, wie z.B. der Sun Link Service [Pearl 1989] oder das Hypertextmodell, das in dem Betriebssystem Penpoint [Meyrowitz 1991] eingebaut ist. Solche Erweiterungen erlauben es, transparente Verbindungen zu Daten aufzubauen, auch wenn diese Daten von anderen Programmen erstellt und verwaltet werden. Der Benutzer braucht die Verbindung bloß einmal zwischen zwei Aufgabenelementen zu erstellen. Später kann er dann zwischen den Elementen hin und her navigieren, indem er einfach nur dieser Verbindung folgt, anstatt mühselig durch die hierarchische Dateiverwaltung hindurchzusuchen. Hypertextverbindungen bringen den Benutzer, ohne den Umweg über die Dateiverwaltung, von einer Information zur nächsten. Benutzer können sich so auf die eigentliche Aufgabe

---

[2] Es fällt Benutzern immer leichter, neue Anwendungen zu erlernen, da die Benutzeroberflächen konsistent werden. Dadurch kann ein Benutzer Dinge, die er an einem Programm erlernt hat, auf das nächste Programm übertragen. Siehe auch J. Nielsen (Ed.), *Coordinating User Interfaces for Consistency*, Academic Press, ISBN 0-12-518400-X.

[3] Auch wenn die Hypertextkomponente nicht Bestandteil des Betriebssystems ist, so wäre es dennoch möglich, Hypertext–verweise zwischen verschiedenen Anwendungen einzufügen, die sich auf ein gemeinsames Hypertextprotokoll geeinigt haben [Hall et al. 1992; Kacmar und Leggett 1991].

konzentrieren und überlassen dem Rechner die Integration der Anwendungen und Daten.

4.2 Kommerzielle Anwendungen

Dieser Abschnitt beschäftigt sich mit den „richtigen" Anwendungen. Es gibt allerdings, um ganz ehrlich zu sein, noch nicht sehr viele gewinnbringende kommerzielle Hypertextanwendungen. Zur Zeit werden eine Reihe möglicher Anwendungen untersucht, und es gibt auch einige Systeme, die schon heute mit kommerziellen Zielsetzungen in Gebrauch sind. Außerdem sind viele der Systeme, die in vorhergehenden Abschnitten beschrieben wurden, durchaus reale Anwendungen. Die Softwareindustrie und die Unterhaltungsindustrie sind ja schließlich gewinnbringende Unternehmen.

4.2.1 Reparaturanleitungen und andere Handbücher

Das MIT-*Movie-Manual* (Filmhandbuch; siehe Kapitel 3) ist ein Beispiel einer Reparaturanleitung, die als Hypertext erstellt wurde. Das Filmhandbuch beschreibt, wie man Autos und Fahrräder repariert. Gleichzeitig verbindet es die Beschreibungen mit Filmsequenzen, die Mechaniker bei den beschriebenen Reparaturhandlungen zeigen. Außerdem zeigt das Filmhandbuch die häufigsten Fehler und illustriert, was bei den Reparaturen alles schiefgehen kann.

Ich kann mich noch an eine bemerkenswerte Filmsequenz aus einer Vorführung im Jahre 1983 erinnern, in der gezeigt wird, was passiert, wenn man gewisse Schraubmuttern zu schnell löst. Die Ölwanne verrutscht und das Schmieröl fließt dem armen Mechaniker auf den Kopf. Nachdem ich diese grafische Warnung gesehen hatte, bin ich beim nächsten Mal sehr viel vorsichtiger mit dem Schraubenzieher umgegangen.

Das Filmhandbuch eignete sich für Anfänger und für erfahrene Mechaniker. Anfänger konnten sich im Filmhandbuch die Werkzeuge erklären lassen, die bei den verschiedenen Reparaturhandlungen benutzt wurden. Bei jeder Benutzung eines Werkzeugs, gab es eine Hypertextverbindung zu einer Abbildung des Werkzeuges und seiner Gebrauchsanweisung. Ein blutiger Anfänger konnte sich sogar in einen Film ansehen, wie ein erfahrener Mechaniker das Werkzeug benutzt. Diese Verbindungen waren natürlich für Experten irrelevant, sie waren aber umso wichtiger für Heimwerker und Anfänger.

Das System IGD (Interactive Graphical Documents – Interaktive Grafische Dokumente) [Feiner et al. 1982] ist ein Beispiel eines frühen Hypertextsystems. Das IGD ist eine Reparaturanleitung für elektronische Anlagen. Es wurde mit

Unterstützung der amerikanischen Marine an der Brown University erstellt. Anstatt die Handlung textuell zu beschreiben, *zeigt* es dem Techniker grafisch, wie man etwas repariert.

Hypertexthandbücher, wie z.B. IGD, können sich in gewissem Sinne dem Benutzer anpassen, indem sie erkennen, ob es sich um einen Anfänger, einen Fortgeschrittenen oder einen Experten handelt, und dieses Wissen dann entsprechend nutzen. Man könnte sich auch vorstellen, daß flexible Hypertextverbindungen nicht nur von Wissen über den Benutzer, sondern auch von anderer Information über die Umwelt abhängen. Ein System wie IGD, das zur Reparatur und Wartung von Kriegsschiffen verwendet wird, könnte z.B. Information über zwei verschiedene Reparaturanleitungen für das gleiche Teil enthalten: eine Anleitung, die benutzt wird, um unter guten Bedingungen die beste Reparatur auszuführen und eine andere Anleitung, welche im Notfall benutzt wird, um das Schiff wieder flottzukriegen. Die Verbindung würde dann vom Wissen über den momentanen Zustand des Schiffes abhängen. Falls alles in Ordnung ist, zeigt die Verbindung auf die Anleitung für die bestmögliche Reparatur. Falls das Schiff gerade angegriffen wird, zeigt die Verbindung auf die Anleitung für schnellstmögliche Notfallreparaturen. Diese dynamische Rekonfiguration ist einer der großen Vorteile von Hypertext gegenüber gedruckten Anleitungen, die dem Techniker alle Möglichkeiten zeigen müssen und die daher sehr viel umständlicher sind.

Eine Reihe von Automobilherstellern stellen ihre Reparaturanleitungen für Mechaniker als Hypertexte zur Verfügung (oft auf CD), da die Modellvielfalt und die große Anzahl der möglichen Ersatzteile das Verteilen von kompletten gedruckten Handbüchern unmöglich macht.

4.2.2 Wörterbücher und Nachschlagewerke

Viele Wörterbücher und Nachschlagewerke sind in das Hypertextformat übertragen worden. Allerdings gab es bis jetzt, bis auf das Kinderwörterbuch (Bild 4.4), noch keinen Ansatz, ein Hypertextwörterbuch von Grund auf neu zu erstellen. Zwei Projekte (das *Manual-of-Medical-Therapeutics* - Handbuch medizinischer Therapeutik und der *Oxford English Dictionary*), in denen bestehende Wörterbücher ins Hypertextformat übertragen wurden, werden in Kapitel 12 genauer beschrieben.

Bild 4.5 zeigt die Hypertextversion [Fox 1992] eines berühmten Nachschlagwerkes für den Entwurf von Benutzerschnittstellen: die Entwurfsrichtlinien, die von Sid L. Smith und Jane N. Morsier (MITRE Corporation) gesammelt wurden. Dieses Nachschlagewerk wurde mehrmals in verschiedene Hypertextformate übertragen: als kommerzielles Produkt für den IBM-PC (NaviText SAM [Perlman 1989]), als

HyperCard-Programm der Bond University in Australien (BRUIT-SAM)[4] und als japanische Übersetzung, die in einer Sprache der vierten Generation durch Hiroshi Tamura des Kyoto Institute of Technology implementiert wurde. Leider hat bis jetzt noch niemand eine vergleichende Untersuchung der verschiedenen Übertragungen des gleichen Basistextes durchgeführt.

Bild 4.4 *Eine Eintragung aus „My First Incredible, Amazing Dictionary" (Mein erstes unvorstellbar erstaunliches Wörterbuch). Wenn man auf das Bild des Hundes klickt, wird das Bild durch einen anderen Hund ersetzt. Der Schirm zeigt Hypertextverbindungen zu anderen mit „Hund" verwandten Begriffen und anderen Haustieren. Dies regt das Kind dazu an, das Wörterbuch spielend zu erforschen und neue Begriffe zu erlernen (© 1994, Dorling Kindersley, mit Erlaubnis abgedruckt).*

Das DRUID-System (Bild 4.5) ist erst der Prototyp eines sehr ambitiösen Entwurfes, der eine ganze Reihe von Schritten im Entwurfsprozeß für benutzerfreundliche Systeme unterstützt. Das System wird z.B. Hypertextmechanismen als Prüflisten benutzen, um sicherzustellen, daß alle Entwurfs- und Bewertungskriterien

---

4 BRUIT-SAM ist auf dem Netzwerk verfügbar und kann durch anonymes FTP von kirk.bu.oz.au [131.244.1.1], Verzeichnis /pub/Mac geladen werden.

berücksichtigt wurden. DRUID erlaubt es dem Benutzer, Entwurfskriterien auszuwählen und unterschiedlich zu gewichten, um das System an individuelle Anforderungen anzupassen sowie bestehende Systeme anhand ausgewählter Kriterien auszuwerten.

Schon der DRUID-Prototyp enthält alle Richtlinien des zugrundeliegenden Berichtes. Die Richtlinien sind stark miteinander vernetzt, da sie sich oft ergänzen oder sogar widersprechen. Bild 4.5 erklärt, daß es dem Benutzer möglich sein muß, einen Systembefehl zu verändern, bevor er den Befehl an das System weitergibt. Diese Richtlinien stehen in Verbindung mit vier anderen wichtigen Richtlinien. In Bild 4.5 haben wir auf die Richtlinie 6.0-10 geklickt, und in der untersten Zeile des Bildschirmes wird uns eine Zusammenfassung dieser Richtlinie gezeigt: *6.0-10 User Review and Editing of Entries* (Überprüfung und Veränderung einer Eingabe). Falls wir uns diese Richtlinie genauer ansehen möchten, klicken wir auf den „Zeige"-Knopf (engl.: show). Die Richtlinie zur Überprüfung und Veränderung einer Eingabe verlangt weiterhin, daß der Benutzer das Problem im Falle eines Fehlers beheben kann, indem er die fehlerhafte Eingabe verändert, anstatt sie erneut einzugeben, da dies ja neue Fehler einfügen könnte. Offensichtlich ist es für jeden Systementwickler, der sich über die Veränderung von Benutzereingabe informiert, wichtig zu wissen, wie man sich im Falle einer fehlerhaften Eingabe verhält. Diese Hypertextverbindung ist also an dieser Stelle sehr angebracht.

Die Richtlinie in Bild 4.5 enthält auch Literaturreferenzen auf amerikanische Militärstandards (MS 5. 15.7.2) und eine wissenschaftliche Publikation aus der Zeitschrift *Human Factors* (Neal and Emmons, 1984). Zur Zeit sind diese Verbindungen leider noch nicht besonders nützlich, da sie den Benutzer nur bis zur Bibliographie bringen. In der nächsten Version von DRUID werden die Verbindungen zu Militärstandards voll funktionsfähig sein und den Benutzer sofort zu den entsprechenden Textstellen des Dokumentes MIL-STD-1472D führen. Derartige „Multidokumentfähigkeiten" [Glushko 1989b] werden die Nützlichkeit von Hypertext ungemein erhöhen. Allerdings wird es noch eine Weile dauern, bis Benutzer nicht mehr zur nächsten Bibliothek gehen müssen, um die Dokumente einzusehen.

The Electronic Whole Earth Catalog (Der elektronische Katalog der ganzen Erde) war eine CD-ROM-Version des gedruckten *Whole Earth Catalog*. Die CD-Version enthielt viele digitalisierte Ausschnitte der Platten, die im Katalog besprochen wurden. Sie enthielt die gleichen Abbildungen, allerdings nur in der etwas geringeren Auflösung, die der Macintosh-Bildschirm erlaubte.

Die Tonaufnahmen waren ein großer Vorteil der elektronischen Version, die außerdem auch bessere Suchmöglichkeiten anbot. Wenn ich z.B. ein Zitatenlexikon kaufen möchte, will ich Besprechungen darüber lesen. Wenn ich im gedruckten Katalog das Wort *Zitat* im Index suche, dann suche ich vergeblich. Wenn ich im elektronischen Katalog nach diesem Wort suche, finde ich eine Besprechung von *Bartlett's Familiar Quotations,* die im gedruckten Index unter „B" aufgeführt war.

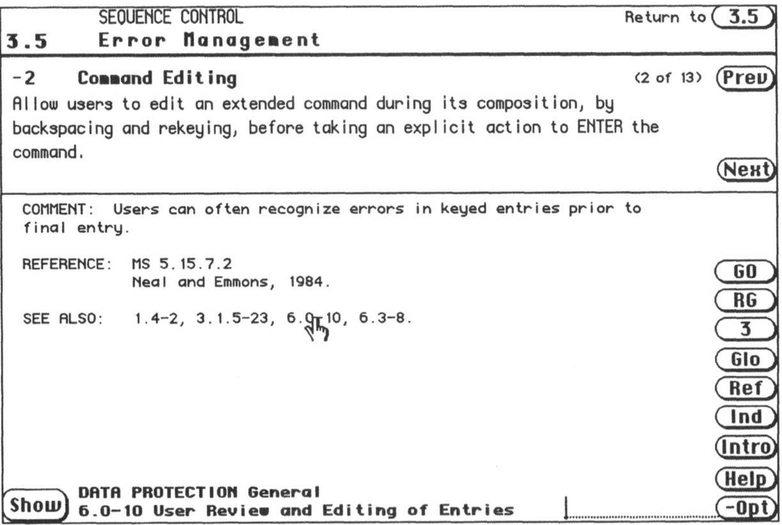

Bild 4.5   *Ein Bildschirmabzug des Systems „DRUID" (Dynamic Rules for User Interface Design – Dynamische Regeln für den Entwurf von Benutzerschnittstellen (© 1989, The MITRE Corporation, mit Erlaubnis abgedruckt).*

The Electronic Whole Earth Catalog war ein sehr umfangreicher Hypertext: er enthielt 9.742 Knoten, die 413 Megabyte Plattenspeicher brauchten. Der meiste Plattenplatz wurde für den Ton gebraucht. Nur 34 Megabyte waren für den eigentlichen Hypertext notwendig. Ein Hypertext, der den ganzen Speicherplatz einer CD-ROM nur für Text benutzte, wäre ein noch viel größeres und komplexeres Werk, wie z.B. eine zwanzigbändige Enzyklopädie. Enzyklopädien auf CD haben üblicherweise ca. 30.000 Einträge, 10 - 20.000 Illustrationen, einige hundert animierte Bild- und Videosequenzen und ein paar Stunden Tonaufnahmen.

Der große Vorteil von Hypertextenzyklopädien und -wörterbüchern sind zweifellos Bild- und Videosequenzen. Microsoft Bookshelf hat z.B. ein Wörterbuch mit Tonaufnahmen aller Wörter, damit man lernt, wie die Wörter ausgesprochen werden.

The American Sign Language Dictionary - Das Wörterbuch der amerikanischen Zeichensprache - von HarperColins Interactive hat Videoabbildungen von 2.181 Zeichen. Gedruckte Wörterbücher für Gehörbehinderte stellen die Handzeichen und Gesichtsausdrücke durch Zeichnungen und Pfeile dar und versuchen so, die Bewegungen zu beschreiben. Multimediawörterbücher sind hier klar im Vorteil, da sie dynamische Aspekte der Sprache ausdrücken können. Das Computerformat hat auch noch andere Vorteile, z.B. kann ein Anfänger sich Zeichenfolgen in Zeitlupe zeigen lassen.

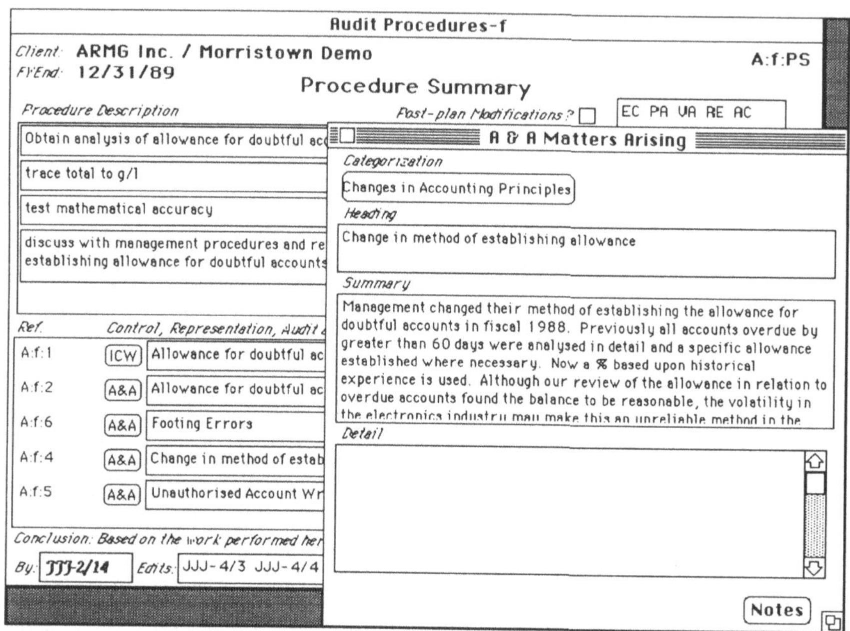

Bild 4.6 *Das Prüfungsformular enthält Felder für die wichtigsten Informationen, die beim Prüfungsprozeß anfallen können. Die Liste der potentiellen Probleme hat Verbindungen zu den entsprechenden Belegen (linke Seite) und zu Eingabefenstern, über die der Benutzer weitere Informationen eingeben kann (in diesem Beispiel hat der Benutzer auf das Feld „Change in methods of establishing allowance" (Veränderung der Nachlaßverfahren) geklickt, um sich die genaue Beschreibung anzusehen). Das Beschreibungsfenster liefert genauere Angaben und zeigt auch, daß dieses Problem als Änderung der Buchungsverfahren (engl.: changes in accounting principles) eingeordnet wurde. Diese Einordnung erlaubt es uns, Zusammenfassungen zu erstellen, in denen alle Probleme einer bestimmten Klasse aufgelistet werden. Dieses Bild zeigt einen Prototyp, der nicht notwendigerweise heutigen oder zukünftigen Buchprüfungsverfahren entspricht (© 1989, Price Waterhouse Technology Center, mit Erlaubnis abgedruckt).*

4.2.3   Buchprüfung

Der Vorgang der Buchprüfung kann sehr einfach mit Hilfe von Hypertext dargestellt und unterstützt werden. Es handelt sich hierbei um die Verknüpfung großer Datenmengen aus vielen verschiedenen Quellen, um festzustellen, ob sie konsistent sind. Bei der Rechnungsprüfung werden neue Dokumente erstellt, die zahlreiche Verweise auf andere Dokumente haben, wobei die Verweise die neuen Zahlen belegen. Eine riesige Menge von Informationen wird zu einem einzigen Finanzbericht verdichtet, und die Verbindungen werden benötigt, um die Schlußfolgerungen mit den ihnen zugrundeliegenden Argumenten zu verknüpfen. Falls die Bücher einer internationalen Firma geprüft werden, geschieht dies durch ein umfangreiches Prüfungsteam, das aus Mitarbeitern besteht, die in vielen verschiedenen Ländern arbeiten. Die Zusammenarbeit muß effizient durch elektronische Post- und Hypertextverbindungen unterstützt werden.

Studien von Price Waterhouse haben gezeigt, daß ca 30% der Zeit bei Buchprüfungen darauf verwandt wird, Arbeitsunterlagen zu erstellen, sie miteinander in Verbindung zu bringen und ihre Inhalte zu überprüfen. In dieser Schätzung ist noch nicht einmal die Zeit enthalten, die verwendet wird, um die Information zu finden. Ein gutes Hypertextsystem kann daher die Zeit, die für eine Buchprüfung eingeplant werden muß, erheblich reduzieren. Die Bilder 4.6 und 4.7 zeigen Bildschirmabzüge eines Prototyps, der am Price Waterhouse Technology Center in Menlo Park entwickelt wird, um das Potential von Hypertext genauer zu untersuchen [De Young 1989].

Das Hypertextsystem verbindet die Informationen miteinander, die beim Prüfungsprozeß erstellt werden, und erlaubt es, z.B. die Information auf einem Kontoauszug bis zur eigentlichen Geschäftstransaktion zurückzuverfolgen. Man kann Originaldokumente vom Kunden einscannen, um sie dem Hypertextsystem zugänglich zu machen, und in Zukunft wird man vielleicht sogar Hypertextverbindungen unmittelbar mit den Daten im Computersystem des Kunden erstellen können. Da die Verbindungsstruktur das charakteristische Element des Prüfungsprozesses darstellt, müssen Buchprüfer persönlich Verantwortung für die Erstellung der Verbindungen übernehmen können. In den traditionellen, auf Papier aufbauenden Prüfungsverfahren wurde dies durch das Einfügen der Initialen des Prüfers erreicht. Hypertextsysteme hingegen können sich automatisch merken, wer wann welche Verbindung verändert hat.

Buchprüfungssysteme unterscheiden sich von Hypertextsystemen dadurch, daß die Buchprüfungssysteme standardisierte Informationen und Formulare benutzen. Da man hier weniger Flexibilität als bei anderen Anwendungen erwartet, ist das

Einfügen von Information in rechnergestützte Formulare ein weit verbreiteter Eingabemechanismus (siehe Bild 4.7).

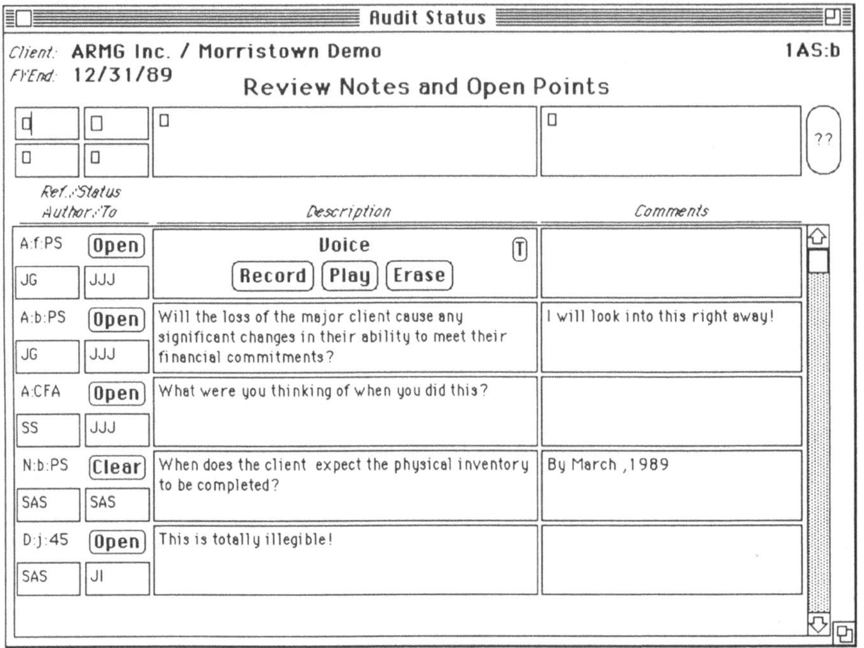

Bild 4.7 *Prüfungsnotizen helfen großen Teams bei der Verwaltung und Koordination der Aktivitäten, indem sie dem Benutzer erlauben, dieselben Informationen unter verschiedenen Blickwinkeln zu betrachten. Dieses Fenster zeigt einen Überblick über die Probleme, die noch gelöst werden müssen und hat Hypertextverbindungen zu unterstützenden Dokumenten. Das Bild zeigt einen Prototyp, der nicht notwendigerweise heutigen oder zukünftigen Buchprüfungsverfahren entspricht (© 1989, Price Waterhouse Technology Center, mit Erlaubnis abgedruckt).*

Das wohlstrukturierte Format eines Hypertextes für Buchprüfungszwecke erlaubt es dem System, automatisch Berichte zu erstellen, indem es Information im Hypertextnetzwerk zusammenfaßt. Das System kann automatisch alle Problemlisten eines bestimmten Types erstellen oder alle Themen zeigen, an denen ein Mitarbeiter gerade arbeitet. Bild 4.7 zeigt einen Kontrollbericht, der es dem Benutzer erlaubt, den Fortschritt einzelner Problemlösungen in großen Gruppen zu verfolgen.

Die Standardisierung erstreckt sich nicht nur auf die Form der Prüfungsverfahren und -berichte, sondern man sieht sie auch in der Sprache, die in den Berichten verwendet wird. Daher ist es von wesentlichem Vorteil, wenn man Ausschnitte früherer Prüfungen desselben Kundens oder eines Kundens aus einem ähnlichen Geschäftsbereich wiederverwenden kann. Ein Hypertextsystem würde diese Wiederverwertung erheblich erleichtern.

4.2.4   Rechtsprechung

Hypertext hat zwei große Anwendungen auf dem Gebiet der Rechtssprechung: die Unterstützung von Nachforschungen und die Erstellung von rechtskräftigen Unterlagen. Die erste Anwendung wird hauptsächlich von Rechtsanwälten benutzt; die zweite Anwendung richtet sich an Personen, die Rechtsanwaltsgebühren sparen möchten. Juristische Dokumente enthalten üblicherweise viele Querbezüge und eignen sich daher hervorragend für Hypertextunterstützung. Die Darstellung eines Sachverhaltes durch einen Rechtsanwalt bezieht sich meist auf verschiedene Präzedenzfälle, von denen jeder wiederum auf andere Fälle und deren Anwendung verweisen kann. Der Rechtsanwalt spart sehr viel Zeit, wenn er diese Verweise online zur Verfügung hat. Eine Besonderheit der Rechtssprechung ist es, daß neuere Rechtsvorschriften oder Urteile höherer Gerichtshöfe frühere Urteile nichtig machen. Dies bedeutet, daß eine Schlußfolgerung an einem bestimmten Tag korrekt ist und am nächsten Tag schon nicht mehr gilt. Dieser zeitabhängige Aspekt der Gesetzesauslegung hat zwei Konsequenzen für Hypertextsysteme im juristischen Bereich. Erstens muß der Rechtsanwalt, der sich auf einen zurückgewiesenen Fall bezieht, über Veränderungen in der Gültigkeit dieser Information unterrichtet werden. Juristische Informationssysteme tun dies, indem sie bidirektionale Verbindungen zwischen einem Gesetz und allen von diesem Gesetz beeinflußten Urteilen einfügen. Rechtsanwälte können diese Verbindungen dann in umgekehrter Richtung verfolgen. Zweitens müssen Rechtsanwälte durch die Zeit blättern können, um herauszufinden, wie Gesetze sich verändert haben und welche Vorschriften zu einer gewissen Zeit gültig waren. Wenn ein Kunde z.B. wegen einer alten Steuererklärung verklagt wird, dann muß der Rechtsanwalt auf die Steuergesetzgebung Zugriff haben, die in dem gegebenen Jahr gültig war.

Jeder größere Rechtsfall stützt sich auf große Mengen von Dokumenten. Es gibt bereits die ersten Fallverwaltungssysteme, die Rechtsanwälten den direkten Zugriff auf Akten in ihren Computern erlauben. Diese Systeme ähneln in vieler Hinsicht den Buchprüfungssystemen. Sie erlauben Rechtsanwälten die Annotation einzelner Dokumente und die Herstellung von Verbindungen zwischen Dokumenten.

Viele juristische Dokumente bestehen aus vordefinierten, standardisierten Textschablonen, in die fallspezifische Informationen in Form einzelner Wörter oder kurzer Sätze eingefügt werden. Da Rechtsanwälte im allgemeinen signifikante

Beträge in Rechnung stellen, wenn sie für Mandanten juristische Dokumente erstellen, sind viele potentielle Kunden dazu übergegangen, mit spezialisierten Computerprogammen und standardisierten Textschablonen ihre eigenen Dokumente zu erarbeiten. Nynex, eine der großen amerikanischen Telefongesellschaften, stellt ein gutes Beispiel hierfür dar. Nynex benutzt ein Vertragsentwurfssystem, um individualisierte Kaufverträge für Großkunden zu erstellen [France 1994]. Mit Hilfe des Vertragsentwurfssystems kann ein Vertrag in ungefähr einer halben Stunde durch einen Einkaufsleiter zusammengestellt werden. Vor der Einführung des Systems brauchte man für einen ähnlichen Vertrag vier Stunden seitens des Einkaufsleiters, zwei Stunden seitens eines Rechtsanwalts und ca. vier Stunden Textverarbeitung. Nynex schätzt, daß das System Arbeitskosten in Höhe von ca. 200.000 Dollar im Jahr einspart. Außerdem hilft das System Nynex, bessere Geschäfte zu machen, da die Einkaufsabteilung schneller reagieren kann. In dem alten Verfahren brauchte man häufig bis zu zehn Interaktionszyklen zwischen dem Einkaufsbereich und der Rechtsabteilung, um einen Vertrag zu formulieren, was zu Verzögerungen von bis zu sechs Wochen führte.

Das Nynex-Vertragsentwurfssystem stellt dem Einkaufsleiter ca. 25-30 Fragen (in Abhängigkeit der Komplexität des Vertrages) und sucht dann die geeigneten Klauseln aus seinem Textschablonenrepertoire aus. In gewisser Hinsicht ist das System ein einfaches Expertensystem, da spezifische Fragen von früheren Antworten des Benutzers abhängen. Einfache Fragen wie z.B. „Wie heißt der Lieferant?" führen zu einer einfachen textuellen Substitution, wohingegen Fragen wie z.B. „Wie lange wird der Vertrag gültig sein?" dazu führen, daß bestimmte Vertragsarten ausgesucht werden. Danach werden weitere Fragen gestellt, um die entsprechenden Detailinformationen für diesen Vertrag zu erhalten.

Das System folgt einem Entscheidungsschema, das auf Regeln aufbaut, die von erfahrenen Vertragsanwälten entwickelt wurden.

Eine andere Anwendung von Hypermedia im Rechtsbereich ist die Illustration des Geschehens während einer Verhandlung, z.B. die grafische Darstellung eines Verkehrsunfalles. Solche Visualisierungen können derart überzeugend sein, daß Geschworene wirklich glauben, der Unfall habe sich so zugetragen, da sie ihn ja mit eigenen Augen gesehen haben.

4.2.5 Messen, Produktkataloge und Werbung

Hypertext kann in der Werbung und in der allgemeinen Kommunikation mit Kunden signifikante Vorteile bringen. Im Moment ist Hypertext eine Neuheit. Das allein ist in vielen Formen der Werbung schon von Vorteil. So kann man z.B. bei einer

Messe Aufmerksamkeit mit einem Computer erregen, erregen, der ein Hypertextsystem mit Produktinformationen vorführt.

Hypertext kann auch benutzt werden, um Informationen über eine Messe zu verbreiten und um Messebesuchern zu helfen, interessante Aussteller zu finden.

Auf lange Dauer wird der Anziehungsaspekt von Hypertext als solchem abflauen, und man wird auf die Fähigkeiten von Hypertext aufbauen müssen, um interessante Werbung zu produzieren. Einer der großen Vorteile von Hypertext ist seine Fähigkeit, dem Benutzer Zugriff auf große Mengen von Information zu geben, ihm aber nur das zu zeigen, was ihn wirklich interessiert. Diese Fähigkeit ist besonders interessant für die Verwendung als Produktkatalog. Ein Hypertextproduktkatalog vereinfacht die Wahl zwischen vielen verschiedenen Möglichkeiten, indem er nur die Elemente zeigt, die für den individuellen Kunden von Relevanz sind. Der elektronische Katalog kann Unterstützung bei der eigentlichen Bestellung bieten und die Bestellung auch elektronisch beim Anbieter einreichen. Außerdem kann sich der Katalog merken, was der Kunde schon einmal bestellt hat und so die Nachbestellung wesentlich vereinfachen.

Ein Hypertextproduktkatalog wäre von großem Wert für den Bereich der Kundenbetreuung und der Absatzforschung. Die Bereiche hätten direkten Zugriff auf die Daten, die beschreiben, wie Kunden diesen Katalog benutzen.[5] Das System könnte Daten darüber sammeln, wie oft der Benutzer sich Information über den Preis eines Produktes oder über Sonderangebote ansieht; im Vergleich dazu, wie oft der gleiche Benutzer sich Information über besondere Eigenschaften des Produktes oder luxuriösere Varianten des gleichen Modells einholt. Dieses sehr einfache Beispiel illustriert, wie man diese Daten, für eine Aufteilung des Marktbereiches bis hin zum individuellen Kunden benutzen könnte. Der nächste Katalog, für diesen Kunden enthielte dann eine größere Zahl der Information, die den Kunden besonders interessiert hat.

Klassische Werbung ist natürlich auch möglich, indem man Kunden Disketten mit Hypertext als Produktinformation schickt oder indem man Werbematerialien auf dem Internet verfügbar macht. Die norwegische Firma Arctic Adventures organisiert Arktisexpeditionen für Touristen und hält eine Hypertextversion ihres Reisekataloges auf dem Internet bereit.[6] Es ist sehr sinnvoll, solche Informationen auf dem Internet zur Verfügung zu stellen, da man sich hier auf die Mund-zu-Mund-Propaganda durch

---

[5] In einigen Ländern ist es illegal, solche Daten ohne die Einwilligung des Benutzers zu sammeln.

[6] URL http://www.oslonett.no/data/adv/AA/AA.html

Eingeweihte und Enthusiasten verlassen kann. Da es so einfach ist, einem Bekannten die Internetadresse das Kataloges zuzuschicken und diese Adresse auch in dem eigenen Hypertext als Verbindung zu benutzen, kann eine Firma wie Arctic Adventures auf diese Art ein breites Publikumsspektrum über Internet ansprechen.

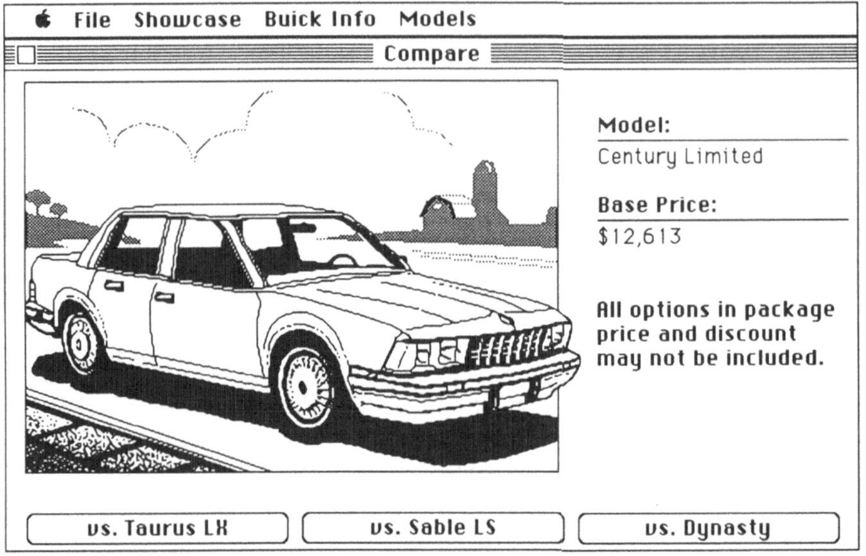

Bild 4.8   *Ein Bildschirmabzug des Hypertextes „SoftAd" der Firma Buick (© 1988, The SoftAd Group, Inc., mit Erlaubnis abgedruckt).*

Kapitel 7 beschreibt, wie Werbung auf dem Internet benutzt wird, um für öffentlich zugängliche und viel benutzte Dienstleistungen auf dem Internet zu bezahlen. Mit Hilfe von Hypertext können sich Benutzer, die mehr über ein besonderes Angebot (z.B. Reisen in die Arktis) wissen wollen, zusätzliche Information erhalten, ohne daß alle anderen Benutzer des Online-Dienstes der gleichen Information ausgesetzt werden. Wenn man dies mit gedruckten Medien vergleicht, in denen eine Großzahl der Seiten aus Werbung besteht (siehe Tabelle 8.1 für ein Beispiel der Sonntagsausgabe der New York Times, die zu 62% aus Werbung besteht), dann ist es Hypertext offensichtlich ein sparsameres und zielgenaueres Kommunikationsmittel. Leser, die mehr Information über ein bestimmtes Produkt erhalten wollen, folgen den Hypertextverbindungen in der Werbung — Leser, die sich nicht angesprochen fühlen, brauchen sich nicht mit der Information abzugeben.

Hypertextwerbung kann sich auch andere Vorteile des Computermediums zu eigen machen. So hat die Firma Buick mehrere Jahre lang ihren Autokatalog als Hypertext veröffentlicht und hat Fahrsimulationen und andere Spiele mit eingebunden, um noch mehr Aufmerksamkeit auf das Produkt zu ziehen. Bild 4.8 zeigt einen Bildschirm aus einer frühen Version der elektronischen Werbung von Buick. Mit Hilfe der Hypertexttechnik ermöglicht man in diesem Fall vergleichende Werbung. Der Benutzer kann die Autos der Firma Buick mit der direkten Konkurrenz vergleichen. Er kann auf ein Konkurrenzmodell klicken, damit ihm ein ausführlicher Vergleich erstellt wird (Bild 4.10). Dieses Beispiel zeigt uns, wie Hypertext eingesetzt wird, um komplexe Aufgaben zu vereinfachen. In einem gedruckten Katalag müßten alle vergleichbaren Autos in einer einzigen großen, verwirrenden Tabelle gegenübergestellt werden.

Bild 4.9   *Ein Bildschirmabzug aus dem Simulatorhypertext der Firma Ford. Er zeigt das Modell „Mystique". Der Benutzer kann sich das Auto in verschiedenen Farben ansehen, indem er auf den Farbauswahlknopf (engl.: Paint It) klickt (© 1994, The SoftAd Group, Inc., mit Erlaubnis abgedruckt).*

Equipment	Century Limited	Dynasty
Base Price	$12,613	$12,275
Destination Charge	$425	$445
Air Conditioning/Tilt Steering	package	package
Delay Wiper/Side Molding	package	standard
Cruise Control	package	package
AM/FM Radio w/Cassette	package	$494
Carpet Savers/Power Antenna	package	package
Power Windows/Locks	package	package
Wire Wheel Covers	package	$231
6-Way Power Driver Seat	package	$248
Rear Defogger/Side Mirrors	package	standard
Package Price	$2,072	$1,893
Package Discount	($500)	($276)
Price As Equipped	$14,610	$15,310

Bild 4.10   *Eine Vergleichstabelle aus dem Buick SoftAd-Katalog 1988, die erstellt wurde, nachdem der Benutzer in Bild 4.8 auf den Knopf „Vergleiche mit Dynasty" (engl.: vs. Dynasty) geklickt hat (© 1988, The SoftAd Group, Inc., mit Erlaubnis abgedruckt).*

Bild 4.9 zeigt eine kürzlich erschienene elektronische Werbung der Firma Ford, die im wesentlichen auf demselben Entwurf aufbaut wie diejenige in Bild 4.8. Man beachte in diesem Bild, daß durch die Benutzung von Farbe und höherer Auflösung ein beträchtlicher Mehrwert geschaffen wurde. Das Auto sieht nicht nur attraktiver aus, der Benutzer kann auch die Farbe auswählen.

Theoretische Betrachtungen sind wichtig, letztendlich aber sind in der Werbung meßbare Effekte auf das Käuferverhalten entscheidend. Hier zeigt sich, daß Hypertext ein voller Erfolg ist. Die Leiterin der Abteilung für elektronische Produktwerbung der Firma Buick Motors, Nancy J. Newell, wurde in der Zeitschrift Business Week vom 9. Oktober 1989 mit der Aussage zitiert, daß sich 12% der Kunden, die nach dem Erhalt der Hypertextdiskette ein Auto kauften, für ein Modell der Firma Buick entschieden. Das ist ungefähr doppelt so viel wie der durchschnittliche Marktanteil von Buick. In einer Fernsehwerbung, die im November 1994 von Toyota auf dem New Yorker Markt getestet wurde, konnten Kunden sich entweder eine gedruckte Informationsbroschüre oder eine Hypertextdiskette schicken lassen. Sechzig Prozent der Kunden verlangten nach der Diskette.

Der elektronische Einkauf steckt noch in den Kinderschuhen. 1993 tätigten Amerikaner elekronische Einkäufe im Werte von 200 Millionen Dollar. Wenn man betrachtet, daß 3,3 Millionen amerikanische Haushalte Online-Dienste in Anspruch nehmen, dann bedeutet das eine durchschnittliche Ausgabe von 60 Dollar pro Haushalt. Vergleicht man diese Zahl mit den 70 Milliarden Dollar, die pro Jahr in den Vereinigten Staaten im konventionellen Versandgeschäft ausgegeben werden, dann sieht man, daß diese durchschnittliche Ausgabe von 700 Dollar pro Haushalt den elektronischen Einkauf um mehr als das Zehnfache übersteigt. Zwei Hauptgründe werden dafür aufgeführt: erstens ist die Auswahl der Waren, die man online kaufen kann, wesentlich beschränkter als das Angebot, das vor den Feiertagen per Versandhauskatalog ins Haus geflattert kommt; und zweitens ist die Benutzerschnittstelle der meisten Online-Einkaufssysteme noch immer sehr umständlich. Beide Probleme nähern sich einer Lösung. Zum einen explodierte der Markt für Heimrechner, und zum anderen wächst das Internet seit 1994 rapide. Untersuchungen gehen davon aus, daß der Markt für elektronische Einkäufe im Jahre 2005 in den Vereinigten Staaten 100 Milliarden Dollar erreichen wird.[7] Diese optimistische Vorhersage begründet sich unter anderem darin, daß Kunden manche Formen des Einkaufens als lästig und langweilig empfinden (insbesondere das wöchentliche Einkaufen der Lebensmittel) und daß die steigende Angst vor Kriminalität immer mehr Amerikaner dazu treibt, lieber zu Hause zu bleiben.[8]

Werbung auf dem Internet stellt uns vor besondere Probleme, da Benutzer normalerweise Gebühren bezahlen, um Nachrichten zu erhalten. Zum einen kann man die Werbung benutzen, um für Dienste zu bezahlen, die im allgemeinen gratis nicht zugänglich wären. Auf der anderen Seite aber können unlautere Werber die elektronischen Briefkästen durch wahre Fluten von ungewünschtem Werbematerial zuschütten, indem sie Versandlisten und Diskussionsgruppen benutzen, die für andere Zwecke gedacht waren. Martin Nisenholtz, Vizepräsident der Firma Ogilvy & Mather Direct, hat in einem Artikel, der in der Zeitschrift *Advertising Age* im Juli 1994 erschien, folgende sechs Richtlinien für lautere elektronische Online-Werbung vorgeschlagen:

---

[7] Der Einzelhandel in den USA setzt mehr als zwei Billionen Dollar um. Falls der elekronische Markt also einen fünf–prozentigen Anteil erreicht, ist diese Vorhersage schon erfüllt.

[8] Man beachte, daß sich diese Umfragen auf den amerikanischen Markt beziehen. Unternehmen, die in anderen Märkten verkaufen möchten, sollten sich mit den lokalen Konsumverhalten und Präferenzen vertraut machen. Japanische Konsumenten z.B. werden kaum von Kriminalitätsängsten geplagt sein, da die Kriminalitätsrate in Japan sehr niedrig ist. Sie könnten aber aus anderen Gründen an On-line-Einkäufen interessiert sein, z.B. weil diese Einkäufe preisgünstiger sind und keine langen Anfahrtszeiten erfordern.

- Keine unaufgeforderten Versandaktionen: nur diejenigen sollten Werbung per elektronischer Post erhalten, die sie angefordert haben.

- Daten über Konsumenten dürften nur mit deren ausdrücklicher Zustimmung verkauft werden. Daten über die individuelle Benutzung des Computers und die Navigation im Internet sollten niemand anderem zugänglich gemacht werden.

- Werbung dürfte nur in den Diskussionsgruppen und Versandlisten erscheinen, die etwas mit dem Produkt oder dem angebotenen Dienst zu tun haben.

- Sonderangebote und direkte Verkäufe dürften nur unter voller Offenlegung der Geschäftsbedingungen stattfinden. Benutzer sollten alle Bedingungen eines Angebotes kennen und untersuchen können, bevor sie darauf antworten.

- Verbraucherumfragen dürften nur mit der vollen Zustimmung des Verbrauchers durchgeführt werden. Er muß über die Konsequenzen, die das Ausfüllen eines solchen Fragebogens nach sich zieht, informiert sein.

- Benutze niemals Kommunikationsprogramme, um unter der Hand versteckte Funktionen durchzuführen. Es dürfte z.B. nicht erlaubt sein, die Festplatte eines Benutzers zu untersuchen, um eine Liste der Konkurrenzprogramme zu erstellen, die dann als Teil eines Anmeldeprozesses ohne die Einwilligung des Benutzers eingeschickt wird.

4.3 Anwendungen im geistigen Bereich

Ich möchte auf keinen Fall andeuten, daß Anwendungen im kommerziellen oder erzieherischen Bereich keine geistigen oder intellektuellen Anwendungen sind; es gibt jedoch eine dritte Klasse von Hypertextanwendungen, die sich weniger auf die Lösung konkreter Probleme als auf die Unterstützung geistiger und intellektueller Tätigkeiten konzentrieren. In der Tat werden viele dieser Anwendungen im kommerziellen Bereich eingesetzt.

4.3.1 Organisation von Ideen und Unterstützung des Brainstorming

Einige Hypertextenthusiasten sind der Meinung, daß Hypertext die natürlichste Art und Weise ist, Ideen zu organisieren, da die Verbindungsstruktur von Hypertext sich gut dazu eignet, semantische Netzwerke darzustellen und sie davon ausgehen, daß das Gehirn auf diese Weise organisiert ist. Das mag zutreffen oder auch nicht, auf jeden Fall ist Hypertext geeigneter für die Organisation von Gedankengängen als die linearen Organisationsstrukturen, die üblicherweise in Textdokumenten oder Textverarbeitungssystemen angeboten werden. Man kann mit Sicherheit sagen, daß

Autoren, wenn sie ein Buch schreiben, nicht damit anfangen, sich den Inhalt von Seite eins auszudenken, bevor sie mit der zweiten Seite beginnen, usw., bis hin zur letzten Seite des Buches.

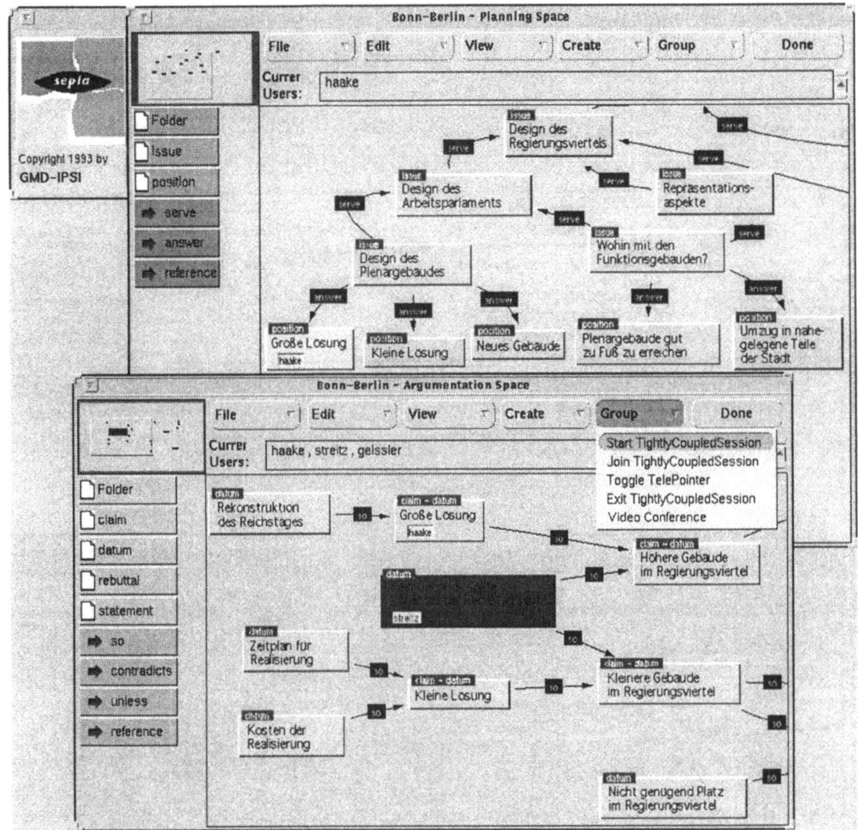

Bild 4.11 *Planungs- und Argumentationsraum im System SEPIA; verschiedene Entwurfsalternativen und ihre Begründungen werden in einer komplexen Hypermediastruktur dargestellt. Der Bildschirmabzug wurde auf dem Arbeitsplatzrechner des Benutzers Haake gemacht (© 1995, GMD-IPSI, mit Erlaubnis abgedruckt).*

Wir haben in diesem Buch schon einige Werkzeuge zur Ideenorganisation vorgestellt, z.B. gIBIS für die Notation und Organisation des Softwareentwurfsprozesses (Bild 4.2), und NoteCards [Halasz et al. 1987] von der Firma Xerox.

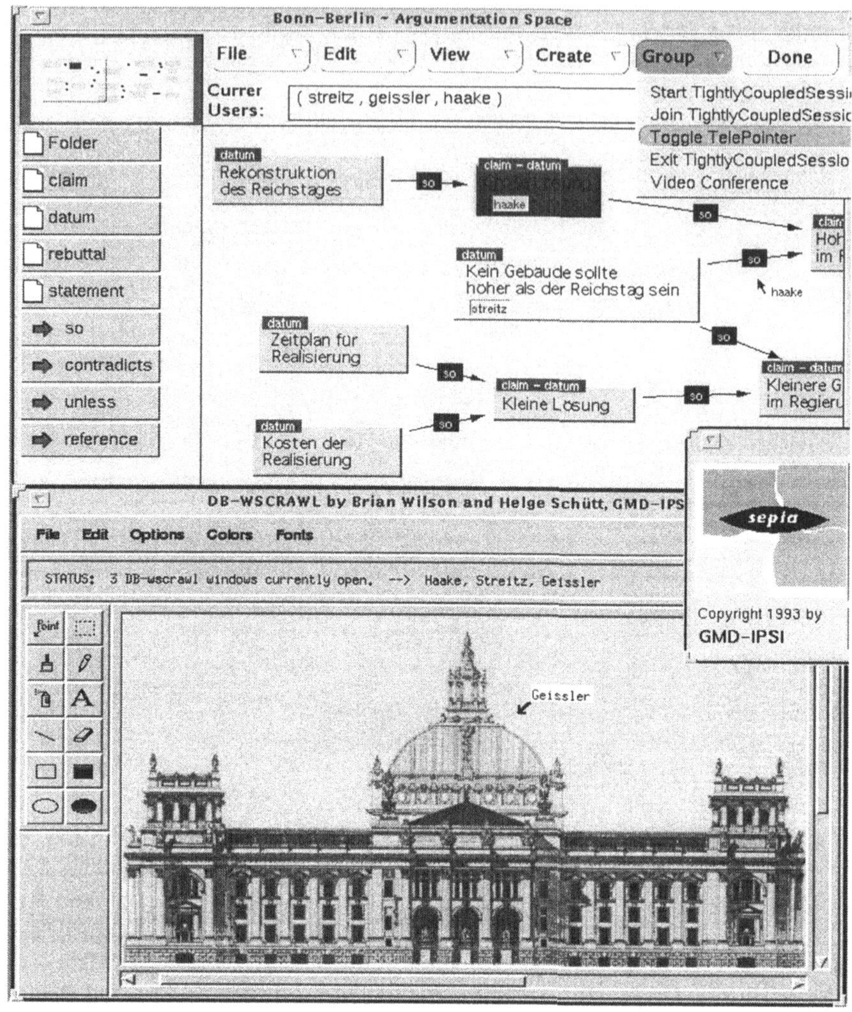

Bild 4.12 *SEPIA im formellen Interaktionsmodus mit drei Benutzern in einem geteilten Argumentationsnetzwerk. Das obere Fenster zeigt typisierte Knoten und Verbindungen; das untere Fenster zeigt den Knoteninhalt. Dieser Bildschirmabzug wurde auf dem Arbeitsplatzrechner des Benutzers Streitz gemacht (© 1995, GMD-IPSI, mit Erlaubnis abgedruckt).*

Hypertext eignet sich sehr für die Organisation unterschiedlicher Textteile und kann daher auch für die Organisation der Ideen einer Gruppe benutzt werden. Das war eines der Grundkonzepte von gIBIS; in NoteCards war dies anfänglich nicht möglich. Spätere Versionen von NoteCards unterstützten dann auch das asynchrone, kooperative Arbeiten. Hypertext bietet Unterstützung für die Zusammenarbeit von mehreren Autoren und hilft bei der Koordination von Ideen, indem es den Autoren erlaubt, zu bestehenden Knoten und Verbindungen neue Anmerkungen, Knoten und Verbindungen hinzuzufügen. Das Intermediasystem InterNote (Bild 5.5) z.B. erlaubt es einem Autor, einer Gruppe einen Hypertext zur Verfügung zu stellen und die Kommentare der Gruppe als Annotationen einzuarbeiten.

Bild 4.11 zeigt ein Beispiel für die Benutzung von Hypertext als Argumentationsstruktur. Das Bild zeigt eine Struktur, die in dem kooperativen System SEPIA entwickelt wurde. SEPIA[9] [Streitz et al. 1992; Mark et al. 1995] ist eine Entwicklung des IPSI-Institutes der GMD (Gesellschaft für Mathematik und Datenverarbeitung), die die synchrone und asynchrone Zusammenarbeit unterstützt. In Bild 4.11 arbeitet der Benutzer *Haake* im Planungsraum von SEPIA an der Strukturierung des Bonn-Berlin-Umzugsproblems. Haake diskutiert die „große Lösung" und die „kleine Lösung" und die Anforderungen, die beide an das Parlamentsgebäude stellen. Das Beispiel illustriert kooperatives verteiltes Arbeiten in einer Arbeitsgruppe, die räumlich in Bonn und Berlin ansässig ist.

In dem Argument werden drei Positionen eingenommen. Der Knoten „kleine Lösung" empfiehlt, den alten Reichstag so zu belassen wie er ist, d.h. ohne das Kuppeldach, das in den dreißiger Jahren abbrannte. *Haake* arbeitet an dem Knoten „große Lösung", der sich mit der Rekonstruktion des Kuppeldaches beschäftigt. Die dritte Position vertritt die Möglichkeit für ein „Neues Gebäude". Während der Sitzung sind die Benutzer *Streitz* und *Geissler* dazugestoßen (wie man in der Liste der Benutzer (engl.: current users) sieht) und arbeiten ohne formellen Rahmen (engl.: loosely coupled mode) mit an dem Problem [Haake und Wilson 1992]. *Streitz* arbeitet an dem Knoten mit dem Titel „kein Gebäude sollte höher als der Reichstag sein", eine Aussage von Kanzler Kohl, die zusammen mit der „großen Lösung" dazu führt, daß höhere Gebäude möglich wären, falls man die Kuppel wieder aufbaut. Man beachte, daß SEPIA Knoten und Verbindungen in Typen einteilt, um die verschiedenen Aspekte einer Argumentation klarer darzustellen.

In Bild 4.11 wird die Sicht auf die Diskussion vom Arbeitsplatzrechner des Benutzers *Haake* aus gezeigt. Die Knoten, an denen Haake arbeitet, sind grafisch durch eine helle Farbe hervorgehoben (auf einem Farbbildschirm sind sie gelb). Knoten, an denen andere Benutzer arbeiten, sind durch einen dunkleren Farbton hervorgehoben

---

9 Weitere Information zum Projekt SEPIA stehen auf dem WWW an der Adresse `http:-//www.darmstadt.gmd.de/publish/ocean/sepia/home.html` zur Verfügung.

(Rot auf einem Farbbildschirm). In diesem Beispiel arbeitet der Benutzer *Streitz* an dem Knoten „Kein Gebäude sollte …". Das Bild 4.11 illustriert, wie man in SEPIA zusammen an einem Argument arbeitet, ohne einen formellen Rahmen für die Diskussion zu benutzen. Für engere, zeitgleiche und synchrone Zusammenarbeit möchte man genau wissen, was jeder Benutzer gerade tut, und man möchte Kommentare über das Rechnernetz austauschen. In Bild 4.11 öffnet der Benutzer *Haake* das Auswahlmenü, das die verschiedenen Gruppenmodi beschreibt, um in den Modus für enge Zusammenarbeit umzuschalten (engl.: Start Tightly Coupled Session). Bild 4.12 zeigt diesen Modus.

Bild 4.12 zeigt die Sicht auf den Bildschirm im Modus für enge Zusammenarbeit aus der Sicht des Benutzers *Streitz*. Jeder Benutzer kann jetzt genau sehen, was der andere macht. Streitz arbeitet an einem Knoten vom Typ „Datum" mit dem Titel „Kein Gebäude sollte …". Der Knoten hat eine hellere Farbe, um zu zeigen, daß wir an dem Rechner desjenigen Benutzers sitzen, der gerade an dem Knoten arbeitet. Der Benutzer *Haake* arbeitet an dem Knoten „Große Lösung" der gleichfalls vom Typ Datum ist. Der Knoten ist dunkler eingefärbt, um zu zeigen, daß ein anderer Benutzer gerade daran arbeitet. Der Benutzer verwendet ein Zeichenprogram (WSCRAWL), um sich den Inhalt des Knotens anzusehen und ihn zu verändern, in diesem Fall den Reichstag, so wie er zur Zeit in Berlin steht („kleine Lösung"). Der Benutzer *Geissler* hat eine Zeichnung der alten Kuppel hinzugefügt und zeigt den anderen Diskussionsteilnehmern mit Hilfe eines Telezeigers, wie die große Lösung aussehen würde. In dem oberen Fenster ist der Benutzer *Streitz* gerade dabei, seinen Telezeiger einzuschalten (engl.: Toggle Telepointer). Der Telezeiger des Benutzers *Haake* ist bereits eingeschaltet.

Enge Zusammenarbeit stellt hohe Anforderungen an die grafische Qualität des Systems, man muß in dem verteilten System WYSIWIS (Was du siehst sehe ich auch; engl.: What you see is what I see) erreichen. Alle Rechner, die in der Diskussion benutzt werden, zeigen denselben Ausschnitt eines großen grafischen Netzwerkes (in der oberen linken Bildschirmecke ist ein Überblickfenster), und alle Bildschirme blättern synchron weiter zu einem anderen Teil des Argumentationsnetzes. Im informellen Interaktionsmodus kann sich jeder einzelne Teilnehmer mit einem anderen Teil des Argumentationsnetzes beschäftigen, und jeder kann beliebig zu einer anderen Stelle des Netzes hinblättern. Benutzern wird mitgeteilt, daß ein anderer im gleichen Teil des Netzes aktiv ist. Man schaltet vom Einzelbenutzermodus zum informellen Zusammenarbeitsmodus um, indem man sich in den Arbeitsraum eines anderen Teilnehmers hineinbewegt. Falls sich ein neuer Teilnehmer in den eigenen Arbeitsraum hineinbewegt, so hört man eine Türglocke. Zusätzlich zu den gemeinsam benutzten Argumentationsnetzen bietet SEPIA Video-

und Tonkonferenzmöglichkeiten für die Teilnehmer einer formellen Diskussion an, um das Zeigen und das textuelle Kommentieren durch direkte Interaktion Auge in Auge zu vervollständigen.

Bild 4.13 *Konferenzraum des IPSI-Instituts an der GMD mit einem XEROX-LiveBoard (elektronische Tafel) und mit individuellen Arbeitsplatzrechnern rund um den Konferenztisch. Das LiveBoard zeigt Hypertextknoten, die direkt mit den Informationen auf den Arbeitsplatzrechnern der Teilnehmer verbunden sind (© 1995, Norbert Streitz, mit Erlaubnis abgedruckt).*

SEPIA wurde zur Unterstützung von Kollaborationsszenarien entwickelt, in denen sich die Teilnehmer in verschiedenen Räumen und eventuell sogar verschiedenen Städten oder Ländern befinden. Die meisten Leute bevorzugen, sich für eine wirklich enge Zusammenarbeit in einem Raum zu treffen. Körperliche Nähe (engl.: physically proximate reality (PPR)) ist der computerunterstützten oder virtuellen Nähe (engl.: virtual reality (VR)) noch immer weit überlegen. Bild 4.13 zeigt ein Konferenzzimmer am IPSI-Institut der GMD, das mit Computern ausgerüstet ist, um den Teilnehmern den Zugriff und die Entwicklung von Hypermediadokumenten während einer Sitzung zu erlauben [Streitz et al. 1994]. Das Programm DOLPHIN[10] verbindet das LiveBoard (eine elektronische Tafel [Elrod et al. 1992]) mit den Arbeitsplatzrechnern.

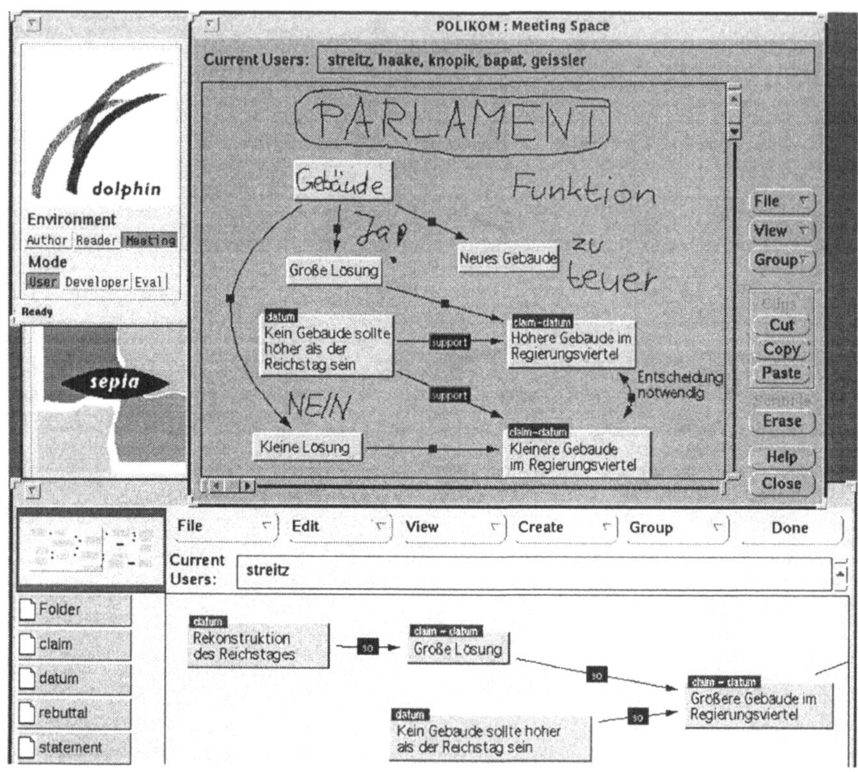

Bild 4.14 *Der öffentliche Diskussionsraum von „DOLPHIN", der von fünf Teilnehmern benutzt wird. Das untere Fenster zeigt einen Argumentationsraum von SEPIA, der im Moment als „privater" Argumentationsraum von einem einzelnen Teilnehmer benutzt wird (© 1995, GMD IPSI, mit Erlaubnis abgedruckt).*

In dem Konferenzzimmer sitzen die meisten Teilnehmer rund um einen Tisch, der mit Arbeitsplatzrechnern ausgerüstet ist. Ein Teilnehmer arbeitet mit einem schnurlosen Stift an dem LiveBoard, einer elektronischen, interaktiven Tafel, die immer

---

10 Weitere Information zum Projekt DOLPHIN stehen auf dem WWW an der Adresse `http://www.darmstadt.gmd.de/publish/ocean/dolphin/home.html` zur Verfügung.

eine Seite des DOLPHIN-Programmes zeigt. Da Benutzer diskutieren möchten und als Gruppe Materialien herstellen wollen, unterstützt DOLPHIN diesen kooperativen Prozeß durch einen öffentlichen Arbeitsraum, der auf dem LiveBoard gezeigt wird. Man kann auf diesen Arbeitsraum von den Arbeitsplatzrechern aus zugreifen, oder man kann direkt in dem Arbeitsraum mit dem schnurlosen Griffel arbeiten. Bild 4.14 zeigt einen Bildschirmabzug von einer der beteiligten Arbeitsstationen. Das obere Fenster ist der DOLPHIN-Treffpunkt, der von allen beteiligten Benutzern geteilt und auf dem LiveBoard gezeigt wird. Im unteren Fenster sieht man einen privaten SEPIA-Argumentationsraum.

Da Benutzer an den Arbeitsstationen und an der elektronischen Tafel arbeiten, enthält DOLPHIN Möglichkeiten, beide Welten zu integrieren. Kurz bevor der Bildschirmabzug in Bild 4.14 gemacht wurde, hatte einer der Benutzer mehrere Notizen auf das LiveBoard geschrieben. Diese Worte erscheinen als „Tinte" (unstrukturierte Pixel), da das System noch keine automatische Handschrifterkennung beinhaltet. Einige der Kritzeleien, z.B. das Wort *Gebäude*, wurden zu Hypermediaknoten (graue Kästchen). Dies wird durch bestimmte Gesten am LiveBoard ausgeführt. Andere Kommentare und Annotationen gaben die Teilnehmer über ihre Tastaturen ein (z.B. der Knoten „Neues Gebäude"). Einige dieser Beiträge wurden zu Hypermediaknoten umgewandelt und dann mit dem Rest des Netzwerkes verbunden, indem wiederum besondere Gesten durch das LiveBoard interpretiert wurden. Der gesamte Arbeitsraum von DOLPHIN kann für Annotationen benutzt werden.

Vor einer Sitzung kann ein Teilnehmer eine Argumentationsstruktur in SEPIA aufbauen, um ein Argument zu unterstützen, das er in der Sitzung vorbringen möchte. In der Sitzung kann der Benutzer die vorbereitete Struktur in den öffentlichen Diskussionsraum von DOLPHIN hineinkopieren und sie somit den anderen Teilnehmern zugänglich machen. Danach kann diese Informationsstruktur mit anderen DOLPHIN-Knoten verbunden werden. Der öffentliche Argumentationsraum unterstützt die Koexistenz und Transformation informeller Information (handgeschriebene Kritzeleien) und anderer mehr formaler Informationsstrukturen (typisierte Knoten und Verbindungen). Nach der Sitzung können die DOLPHIN-Strukturen in SEPIA-Argumentationsräume eingefügt und später benutzt werden. Allgemeine Hypermediaknoten wie z.B. „Gebäude" aus Bild 4.14 könnten in bestimmte Argumentationstypen umgewandelt und dann später im Büro benutzt werden.

Zusammenarbeit kann auch durch elektronische Post oder rechnergestützte Diskussionsgruppen ermöglicht werden. Diese wiederum können mit Hilfe von Hypertextmechanismen erweitert werden. Das grundlegende Prinzip der rechnergestützten Diskussionsgruppen ist der Austausch von Nachrichten zwischen den Teilnehmern und das explizite Bezugnehmen auf vorherige Nachrichten anderer Teilnehmer. Aus diesem Grunde eignet sich dieses Kommunikationsmedium hervorragend für Hypertextunterstützung [Jackson und Yankelovich 1991]. Das System HyperNews der technischen Universität Dänemark (siehe Bild 8.11) ist eine Hypertextschnittstelle einer derartigen Konferenzumgebung für Internet-Diskussionsgruppen. Hypertextverbindungen verbinden eine Nachricht vorwärts und rückwärts über die Zeitachse mit allen anderen Nachrichten, die sich mit dem gleichen Thema befassen.

4.3.2 Journalismus

Neben der langfristigen Vision, die in Kapitel 1 beschrieben wurde, in der Zeitschriften und Fernsehnachrichten zu einem einzigen Hypermediasystem verschmelzen, gibt es auch in der heutigen Arbeitswelt eines Journalisten konkrete Anwendungsmöglichkeiten für die Hypertexttechnologie. Ein großer Teil der Arbeit eines Reporters besteht aus Sammeln von Information und aus dem Verbinden dieser Information zu neuen Berichten. Offensichtlich können die Konzepte, die im vorigen Abschnitt (Organisation von Ideen und Unterstützung des, Brainstorming) beschrieben wurden, für die Unterstützung der Arbeit eines Reporters eingesetzt werden.

Um den Reporter beim Sammeln von Information zu unterstützen, könnte man umfangreiche Sammlungen veröffentlichter Nachrichten als Hypertext zur Verfügung stellen. Verschiedene Zeitungen, z.B. die *New York Times* oder die *San Jose Mercury News*, stellen alte Nachrichten elektronisch und online zur Verfügung — allerdings nicht in Hypertextform. Andere Zeitungen benutzen noch immer konventionelle, auf Papier aufbauende Archive, in denen Zeitungsausschnitte in Ordnern aufbewahrt und sortiert werden. Erfahrene Reporter können diese Archive mit beachtenswerter Geschwindigkeit nach relevantem Material durchforsten. Sie haben es gelernt, die Relevanz eines Ausschnitts aufgrund seines Layouts und seiner Formatierung zu erkennen, ohne den Ausschnitt zu lesen. So wird ein bestimmter Ausschnitt aufgrund seines Layout auf den ersten Blick als Artikel aus der *London Times* erkannt, ein anderer stammt ganz klar aus der *Bildzeitung*. Dieselbe Formatierung könnte in der einen Zeitung benutzt werden, um den Ausbruch des dritten Weltkrieges zu vermelden, und in der anderen Zeitung, um zu berichten, daß ein Filmstar einen Polizisten k.o. geschlagen hat. Derartig wichtige visuelle Signale müssen von einer Hypertextlösung übernommen werden, damit das Hypertextsystem mit einem Stapel von Pressemeldungen konkurrieren kann.

Auf die gleiche Art und Weise können Rundfunkjournalisten von der Hypertextunterstützung profitieren, wenn sie Hintergrundunterlagen für Sendungen brauchen. Die Fernsehgesellschaft ABC erstellte für die amerikanischen Präsidentschaftswahlen 1988 einen Hypertext aus ca. 10.000 Knoten, um ihrem Moderator Peter Jennings den schnellen Zugriff auf Information zu ermöglichen. Ein guter Hypertext, d.h. ein Hypertext, der die richtigen Verbindungen enthält, ist eine bessere Hilfe für einen Moderator als die traditionell verwendeten Stichwortkarten, da der Hypertext eine Vielfalt von Information bereitstellt, die für Kommentare wie z.B. „Das erinnert mich daran, daß ..." benutzt werden können.

Die Fernsehgesellschaft ABC verlieh dieser Idee noch einen interessanten Dreh, indem sie das Hypertextmaterial wiederverwendete, um einen pädagogischen Hypertext zum Wahlkampf 1988 zu erstellen: *The '88 Vote* (Die Wahl '88). Zusätzlich zum Referenzmaterial enthielt der neue Hypertext Filmausschnitte der Wahlkampagne und Fernsehwerbungen beider Kandidaten. Das Hypermediamaterial wurde von der Firma *ABC News InterActive* veröffentlicht.

4.3.3 Forschung

Forschung besteht zu einem Großteil aus Brainstorming, der Entwicklung neuer Ideen und der Veröffentlichung von Artikeln. Hypertextwerkzeuge, die für diese Tätigkeiten entwickelt wurden, können also auch in der Forschung eingesetzt werden. In diesem Abschnitt berichte ich von einigen Anwendungen, in denen Hypertexttechnologien zur Beschreibung des Forschungsgebiets eingesetzt wurden.

John L. Schnase (A & M University, Texas) hat einen Biologieartikel in KMS geschrieben [Schanse und Leggett 1989]. Der Artikel beschreibt das energetische Modell einer Spatzenart (Aimophila cassinii), die im westtexanischen Mesquite- und Grasland sehr verbreitet ist. Die Forschungsarbeit zielte darauf hinaus festzustellen, wie bestimmte Vögel in einem 24-stündigen Zeitraum Energie verbrauchen und verwenden.

Die Hypertextstruktur, die für diese Forschungsarbeit entwickelt wurde, speichert alle Rohdaten, die in Beobachtungen von Männchen und Weibchen dieser Spatzenart gesammelt wurden. Der Hypertext enthält auch Programme, die benutzt wurden, um Simulationen auf der Basis der Daten durchzuführen. Das Programm zur Simulation der männlichen Spatzen war in der KMS-Handlungssprache geschrieben worden. Dadurch konnte diese Simulation völlig innerhalb des KMS-Systems ablaufen. Leider wurde eine Version von KMS benutzt (6B1), die sehr schlechte Unterstützung für arithmetische Funktionen anbot und die auch sehr langsam lief.[11] Aus diesem Grunde wurde die Simulation der weiblichen Spatzen in der Programmiersprache C geschrieben.

Das C-Programm wurde trotzdem in der Hypertextstruktur verwaltet. Jedesmal, wenn ein Benutzer das Programm aufrief, wurde der Quellcode in eine Unix-Datei geladen, das Programm gestartet und die Resultate in eine Datei geschrieben, von der aus sie mit Hilfe der KMS-Handlungssprache in den Hypertext importiert wurden. Der Benutzer mußte die KMS-Umgebung nicht verlassen. Die Verbindung von Programmablauf und Hypertext ermöglichte es, eine integrierte Umgebung für wissenschaftliche Arbeit zu erstellen, die das Verwalten von persönlicher wissenschaftlicher Information wesentlich vereinfachte.

Die Tatsache, daß der Artikel als integrierter Hypertext veröffentlicht wurde, ermöglichte die Verbreitung der Arbeit per E-mail. Man mußte nicht mehr zwei oder gar drei Jahre warten, bis der Artikel endlich in den traditionellen Zeitschriften erschien. Leider erreicht dieser Verteiler nicht alle Biologen, so daß der Artikel trotz allem noch für eine Biologie-Zeitschrift eingereicht werden mußte. Aus diesem Grund mußte das System benutzt werden, um eine linearisierte Version des Artikels zu erstellen. Das Projekt zeigt trotzdem, daß Hypertextsysteme benutzt werden können, um den ganzen wissenschaftlichen Prozeß, von der Datensammlung über die Formulierung der Modelle und Theorien bis hin zur Produktion druckreifer Veröffentlichungen, zu unterstützen. Der einzige Teil der Forschungsarbeit, der ohne direkte Unterstützung von KMS durchgeführt werden mußte, war die Datensammlung in den texanischen Grasländern, da KMS nicht auf tragbaren Rechnern verfügbar ist.

Neben diesen Versuchen, wissenschaftliches kommunikatives Material in seiner Ganzheit in Hypertextformat zu erstellen, kann man auch traditionelle Zeitschriftenartikel in Hypertextformate umwandeln [Egan et al. 1991]. Das „Hypertext nach Hypertext"-Projekt der Association for Computing Machinery, in dem eine Ausgabe der Zeitschrift *Communications of the ACM* in mehrere verschiedene Hypertextformate übersetzt wurde, ist ein gutes Beispiel dafür, wie man diese zweite Art von Hypertext im wissenschaftlichen Bereich benutzt [Alschuler 1989]. Ein ambitiöseres Projekt wird im Vereinigten Königreich an der Loughborough University durchgeführt. Hier werden acht Bände der Zeitschrift *Behaviour and Information Technology* in das Hypertextsystem Guide übertragen [McKnight et al. 1990], um später auf CD-ROM veröffentlicht zu werden. Dieses große Projekt nutzt die Tatsache, daß Artikel in einer wissenschaftlichen Zeitschrift

---

[11] Die aktuelle Version von KMS behebt viele dieser Probleme.

viele Verweise auf andere Artikel in früheren Ausgaben derselben Zeitschrift enthalten. Diese Verweise werden als Hypertextverbindungen dargestellt. Das Ziel dieses Projektes ist es, das Lesen der Hypertextzeitschrift viel dynamischer zu machen und die Wahrscheinlichkeit zu erhöhen, daß Leser den Literaturverweisen auch wirklich folgen.

Projekte, in denen traditionelle Zeitschriftenartikel in Hypertextformat umgewandelt werden, versäumen möglicherweise die Gelegenheit, das neue Medium auszunutzen. Die Hypertextversion eines traditionellen Artikels hat keine besonderen Vorteile gegenüber der gedruckten Version, außer daß sie automatische Verweise und bessere Suchmechanismen aufweist. Außerdem wird sie den Benutzer dazu zwingen, große Textmengen am Bildschirm zu lesen.

Wahrscheinlich, wird sich der große Vorteil von Hypertext in neuen Arten der wissenschaftlichen Kommunikation zeigen, die die neuen Möglichkeiten voll ausnutzen werden. Wissenschaftliche Artikel im Hypertextformat werden dem Beispiel aus der Biologie gleichen, das wir weiter oben beschrieben haben. Sie werden große Mengen an zusätzlichen Detailinformationen enthalten, die in den üblichen Zeitschriftenveröffentlichungen nicht gezeigt werden. Die meisten Leser werden den Verbindungen zu diesen Materialien kaum folgen, aber sie ständen den Experten zur Verfügung. Wissenschaftliche Hypertextveröffentlichungen würden dem Leser ein virtuelles Laboratorium zur Verfügung stellen und einen viel reichhaltigeren Zugriff auf die Originaldaten erlauben.

Die Erforschung der Bibel aus linguistischen und theoretischen Gesichtspunkten ist ein weiteres ideales Anwendungsgebiet für Hypertexttechnologie. Die Bibel existiert in verschiedenen Versionen, da sich die Übersetzungsmethoden geändert haben und man viele verschiedene Schriftrollen und Manuskripte gefunden hat. Ernsthafte Bibelstudien verlangen vom Leser, daß er auf mehrere Versionen des gleichen Textes zugreift und diese miteinander in Verbindung bringt. Hypertext eignet sich ganz besonders für diese Aufgabe. OWL hat für das Theologische Seminar in Dallas eine besondere Version des Systems Guide (genannt CDWord) entwickelt, die es erlaubt, gleichzeitig durch mehrere Manuskriptversionen des gleichen Textes hindurchzublättern. So ist der gleiche Textabschnitt in allen Manuskripten zur gleichen Zeit sichtbar, unabhängig davon, welche Version der Benutzer als Ausgangspunkt für seine Navigation durch den Text benutzt.

Die Bibel, die Torah, der Koran und andere religiöse Werke können als einige der ersten Beispiele für das Hypertextprinzip angesehen werden. Viele mittelalterliche Manuskripte wurden reichhaltig mit Anmerkungen von Mönchen, Rabinern und Gelehrten versehen, die viel Zeit darauf verwandten, Verbindungsstrukturen zwischen den grundlegenden religiösen Dokumenten und den mehr oder weniger kanonischen Interpretationen, wie z.B. dem Talmud, aufzubauen.

4.4 Anwendungen im pädagogischen Bereich

Viele der Anwendungen, die wir bis jetzt beschrieben haben, können auch von einem pädagogischen Blickwinkel aus betrachtet werden. So haben z.B. die Reparaturhandbücher Komponenten, die einen Neuling in das Arbeitsgebiet einführen. Das gleiche gilt für die Hypertextversionen von wissenschaftlichen Zeitschriften, Lexika, usw.

Es gibt eine Reihe von Hypertextanwendungen, die besondere pädagogische Ziele verfolgen. Hypertext eignet sich besonders für offene Lernumgebungen, die es dem Lernenden ermöglichen, die Initiative zu ergreifen und ihm viel Handlungsfreiheit geben. Das System *Interactive NOVA* (Bild 9.8) z.B. gibt dem Studenten Hypertextzugriff auf eine große Sammlung biologischer Informationen. Er kann sich auf die Information konzentrieren, die ihn interessiert und die er braucht, um eine Aufgabe zu lösen. Hypertext eignet sich nicht für Lernsituationen, die sich auf das häufige Wiederholen und Einpauken von Standardmethoden konzentrieren.

Das Bank Street College of Education entwickelte das Palenque-System [Wilson 1988], ein Hypertextsystem, das acht- bis vierzehnjährigen Kindern die mexikanische Archäologie näher bringt, indem es sie durch die Ruinen der Stadt Palenque führt. Das System baut auf DVI (Digital Video Interactive) auf und ist auf CD-ROM verfügbar. Das Palenque-System ist eine Anwendung der Reisesimulationstechniken, die das MIT für das Forschungssystem *Aspen Movie Map* entwickelt hatte (siehe Kapitel 3).

Die CD enthält viele Fotographien der Ruinen von Palenque, und der Benutzer kann unter Anwendung der üblichen Simulationstechnik durch die Ruinen navigieren. Mit Hilfe von digitaler Bildverarbeitung erzeugt das System 360-Grad-Rundumpanoramen. Neben dem virtuellen Besuch der Ruinenstadt enthält das System auch ein Museum mit thematischen Ausstellungsräumen über die Mayas und den Regenwald. Beim virtuellen Besuch der Ruinenstadt und des Museums haben Benutzer immer einen (virtuellen) Notizblock und eine (virtuelle) Kamera dabei und können sich damit ein persönliches Album des Besuches zusammenstellen.

Das Palenque-System ist ein gutes Beispiel dafür, wie Computersysteme die Wirklichkeit anreichern können. Das System hat ein „magisches Blitzlicht" (engl.: magic flashlight), das dem Benutzer erlaubt, die Bilder der virtuellen Reise durch ältere Bilder zu ersetzen, die die Ruinen vor der Restaurierung oder zur Zeit der Mayas zeigen.

Obwohl Palenque ursprünglich für Kinder gedacht war, hatten Erwachsene auch ihre Freude daran. Im Gegensatz dazu war das Shakespeare-Projekt der Stanford University an Universitätsstudenten im Bereich Dramaturgie gerichtet [Friedlander 1988]. Der Hypertext enthielt Filmausschnitte aus verschiedenen Theaterstücken, wie z.B. *Hamlet* und *Macbeth,* und Verbindungen zwischen einander entsprechenden Szenen dieser Filme, um zu zeigen, wie unterschiedlich die Interpretation eines Theaterstückes durch verschiedene Regisseure und Schauspieler sein kann. Es gab auch Verbindungen von den Filmausschnitten hin zu Analysen, die von Textexperten und Filmkritikern erstellt worden waren.

Außerdem enthielt das Shakespeare-Projekt einen Simulator, genannt *TheaterGame,* der den Studenten zur Verfügung stand. Er erlaubte ihnen einen eigenen Inszenierungsentwurf der Theaterstücke mit Hilfe von Hunderten von kostümierten Schauspielern und Requisiten. Während ihrer Arbeit mit dem Simulator TheaterGame konnten Studenten im Hypertext nach Einführungen zu ihnen unbekannten Konzepten suchen, und sie hatten Zugriff auf eine Bibliothek mit kommentierten Beispielinszenierungen.

Die Unterstützung des pädagogischen Prozesses für den Lehrer ist eine weitere Anwendung von Hypertext. John Leggett von der Texas A&M University experimentierte mit Hypertextunterstützung für Lehrer als Teil eines Hypertextkurses [Leggett et al. 1989]. Es handelte sich hierbei wahrscheinlich um den ersten Universitätskursus zum Thema Hypertext. Studenten mußten ihre Übungsaufgaben auf dem KMS-Hypertextsystem der Universität erstellen und einreichen. Leggett benutzte das gleiche System, um die Aufgaben zu benoten und zu kommentieren.[12] Da KMS ein Mehrbenutzersystem ist, konnte Leggett die benoteten und kommentierten Aufgaben auf demselben Weg wieder an die Studenten zurückgeben und Querverweise zwischen den Arbeiten verschiedener Studenten einfügen: „Sieh mal nach, wie XXX das gemacht hat."

4.4.1   Fremdsprachen

Der Verknüpfungsaspekt von Hypertext ist eine ideale Unterstützung für das Erlernen fremder Sprachen. Hypertext automatisiert den Zugriff auf Wörterbücher durch implizite Verbindungen, die von jedem Text aus zur Verfügung stehen (Bild 4.15). Ein Student, der nur wenig Englisch kann, könnte dennoch englische Materialien im Intermediasystem verstehen, da Intermedia die Definition jedes Wortes zur Verfügung

---

[12]Siehe auch die Diskussion von Benotungskriterien für Hypertextaufsätze in [Brown 1990].

stellt. Außerdem kann Hypertext zwei Versionen desselben Textes nebeneinander zeigen: das Original und die Übersetzung.

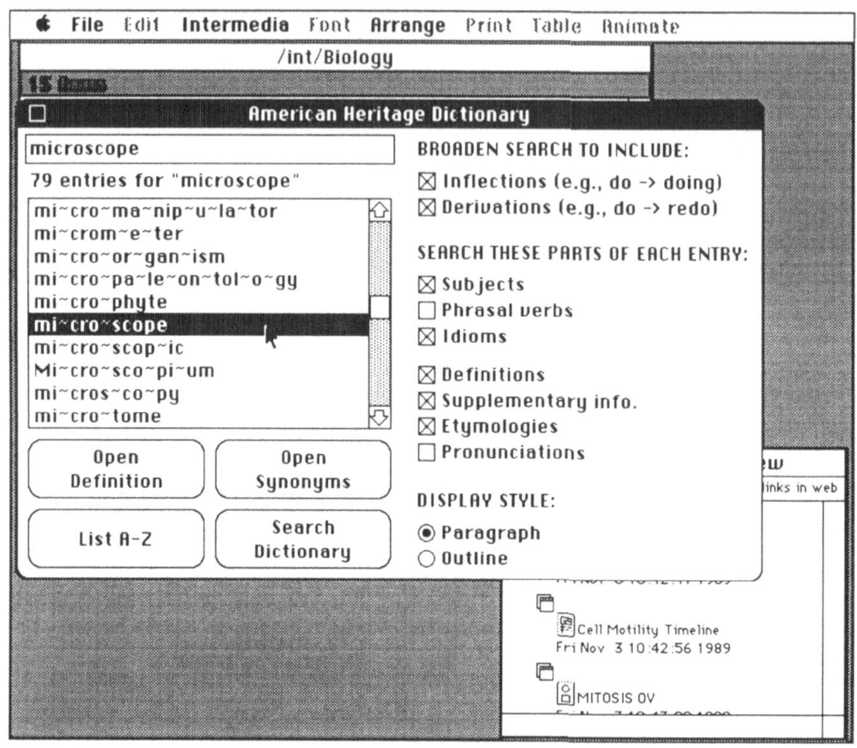

Bild 4.15 *Der „IRIS-InterLex Server" erweitert das System Intermedia durch Wörterbuch- und Thesaurus-Komponenten. Ein Benutzer kann entweder im „American Heritage Dictionary" von Houghton-Mifflinoder im „Thesaurus II "von Roget nach einer Definition oder einem Synonym suchen. Benutzer können die Suche steuern, indem sie „Abwandlungen" (engl.: inflections) oder „Ableitungen" (engl.: derivations) mit in den Suchraum einbeziehen. Man kann die Suche auf das Subjekt der Definition beschränken oder eine beliebige Auswahl der restlichen Elemente mit einbeziehen. Die Suche im Wörterbuch und im Thesaurus ist in das Hypertextsystem integriert. Der Benutzer wählt ein Wort im Text aus und gibt dann per Menü den Befehl „Nachschlagen" oder „Thesaurus" ein (© 1989, Brown University, mit Erlaubnis abgedruckt).*

Der *Video Linguist* ist ein Hypermediasystem, das Fernsehausschnitte benutzt, um einem Studenten eine fremde Sprache beizubringen. Eine Französischlektion könnte z.B. eine Übertragung von der Tour de France zeigen. Der Vorteil dieses Ansatzes liegt darin, daß Fernsehsendungen meistens interessant und motivierend (und oft von guter Qualität) sind, und daß sie neben der Sprache auch Einblicke in die Kultur des Landes vermitteln. Eines der Probleme beim Erlernen einer fremden Sprache ist, daß die fremde Sprache von denen, deren Muttersprache sie ist, schnell und lebhaft gesprochen wird, wodurch die Äußerungen für Ausländer oft schwer verständlich werden. Trotzdem darf man nicht vergessen, daß es das Ziel des Fremdsprachenunterrichts ist, die Sprache zu verstehen, wie sie in Frankreich gesprochen wird und nicht, wie ein Lehrer sie im Klassenzimmer benutzt. Aus diesem Grund spielt der *Video Linguist* den Ton zuerst so vor, wie er auf dem Originalfernsehausschnitt klingt. Wenn jemand den Originalton nicht versteht, kann er mit Hilfe des Hypertextes zu einer sorgfältigeren und langsameren Aussprache der Worte springen. Falls das noch immer nicht ausreicht, kann man zu einer Version des Textes übergehen, bei der die Worte s-e-h-r l-a-n-g-s-a-m gesprochen und sehr klar betont werden.

Schüler können den Filmausschnitt mit den dazugehörigen Untertiteln verbinden (die Untertitel werden üblicherweise nicht gezeigt, um nicht von der gesprochenen Sprache abzulenken), und sie können eine englische Übersetzung anfordern. Sie können jedes Wort im Untertitel anklicken und zur Definition im Wörterbuch springen. Leider werden diese Definitionen in einem eigenen Fenster gezeigt, das ausdrücklich gelöscht werden muß. Es wäre besser gewesen, die Benutzung des Wörterbuchs so einfach wie möglich zu machen, indem man die Definitionen in einem Pop-up-Fenster zeigt, das automatisch verschwindet, wenn der Benutzer den Mausknopf losläßt.

Das System *À la Rencontre de Philippe*, das am MIT im Projekt Athena [Hodges et al. 1989] entwickelt wurde, benutzt ein Rollenspiel, um einem Studenten Französisch beizubringen. Der Student muß einem Pariser namens Philippe bei der Wohnungssuche helfen, indem er z.B. eine Nachricht von seinem automatischen Anrufbeantworter an Philippe weitergibt. Offensichtlich muß der Student zuerst einmal die Nachricht verstehen. Zusätzlich zu den üblichen Techniken, die auf dem Vorspielen von Filmausschnitten beruhen, kann das System Untertitel zu den Videosequenzen hinzufügen, wenn sich herausstellt, daß der Student diese Hilfsmittel benötigt. Das System hält im Hypertext auch ein Glossar, kulturelle Informationen und Hintergrundinformation zu idiomatischen Ausdrücken und historischen Daten, bereit. Der Vorteil der Hypertextlösung besteht darin, daß der Student gerade so viel oder so wenig von dieser Information benutzt, wie er braucht.

4.4.2   Klassiker

CD-ROMs eignen sich hervorragend für Materialien über klassische griechische Literatur und Kunst. Die Tatsache, daß keine klassischen Werke mehr geschrieben werden, bedeutet daß es unwichtig ist, daß die CD nicht auf den neuesten Stand gebracht werden kannd.[13] Das Perseus-Projekt [Crane 1987, 1988; Marchionini und Crane 1994; Mylonas 1992] der Harvard University versucht, Hypertextunterstützung im großen Stil für das Studium der altertümlichen griechischen Literatur, der Geschichte und der Archäologie zu entwickeln. Die Perseus-CD erlaubt den Hypertextzugriff auf große Mengen von griechischen Originaltexten und enthält Hilfswerkzeuge, die es den Studenten ermöglichen, die Texte zu verstehen (z.B. die parallele Darstellung zweier Übersetzungen in Bild 4.16).

Desweiteren enthält die CD auch Hypertextversionen einiger gelehrter Artikel und enzyklopädischer Arbeiten, die die griechischen Originaltexte interpretieren. Diese sekundären Veröffentlichungen enthalten des öfteren sehr viele Verweise auf die primären Quellen. Die Verweise können sehr leicht in Hypertextverbindungen umgewandelt werden. Das System könnte die Art und Weise verändern, wie Studenten die griechische Kultur kennenlernen. Wenn ein Textbuch mehr als 25 Literaturverweise pro Seite hat, dann ist die Wahrscheinlichkeit gering, daß ein Student wirklich zur Bibliothek geht, die verstaubten Bände vom obersten Regal herunterholt und allen Verweisen folgt. In einem Hypertext sind alle Quellen nur einen Mausklick entfernt. Auch in diesem Fall werden Studenten nicht allen 25 Literaturverweisen folgen, allerdings müssen sie nicht mehr die Aussagen des Textbuchautors unkritisch akzeptieren. Der Trend, daß Studenten sich vermehrt auf die Originaltexte beziehen, wird durch Übersetzungswerkzeuge, wie z.B. automatische Morphologieanalyse[14] and automatisches Nachschlagen in Wörterbüchern noch weiter verstärkt.

Wie wir in Bild 4.17 zeigen, enthält Perseus mehr als nur reinen Text [Mylonas und Heath 1990]. Perseus enthält Fotografien der Tempel und anderer architektonischer Elemente sowie Skizzen archäologischer Objekte. Der Übersichtskatalog (engl.: thumbnail browser) gibt dem Benutzer einen Überblick aller Bilder und ermöglicht einen schnellen Zugriff. In vielen Fällen verschafft der Computer einen besseren

---

[13]Die Kommentare und Interpretationen der Literatur ändern sich allerdings doch noch immer. Daher kann die Tatsache, daß man auf einer CD nichts verändern kann, noch immer von Nachteil sein. Im Perseus Projekt werden CDs benutzt, da sie sehr große Daten– mengen speichern können.

[14]Die Bestimmung der grammatikalischen Rolle eines Wortes in einem Satz, um zu verstehen, welches Wort das Objekt und welches Wort das Subjekt ist.

Eindruck der Kunstwerke, da die Originale oft sehr klein sind oder schlecht beleuchtet im Museum stehen. Die Hypertextarchitektur des Systems Perseus erlaubt es den einzelnen Systemteilen, sich gegenseitig zu vervollständigen. Zum Beispiel erhält man einen besseren Eindruck von den *Bacchanten* des Euripides, wenn man sie mit den Abbildungen von Satyrn auf griechischen Vasen in Verbindung bringt. Die Geschichten von Herodotus und Thucydides sind gleichermaßen wesentlich leichter zu verstehen, wenn man Karten und Fotografien der Orte zur Verfügung hat, die in den Geschichten erwähnt werden.

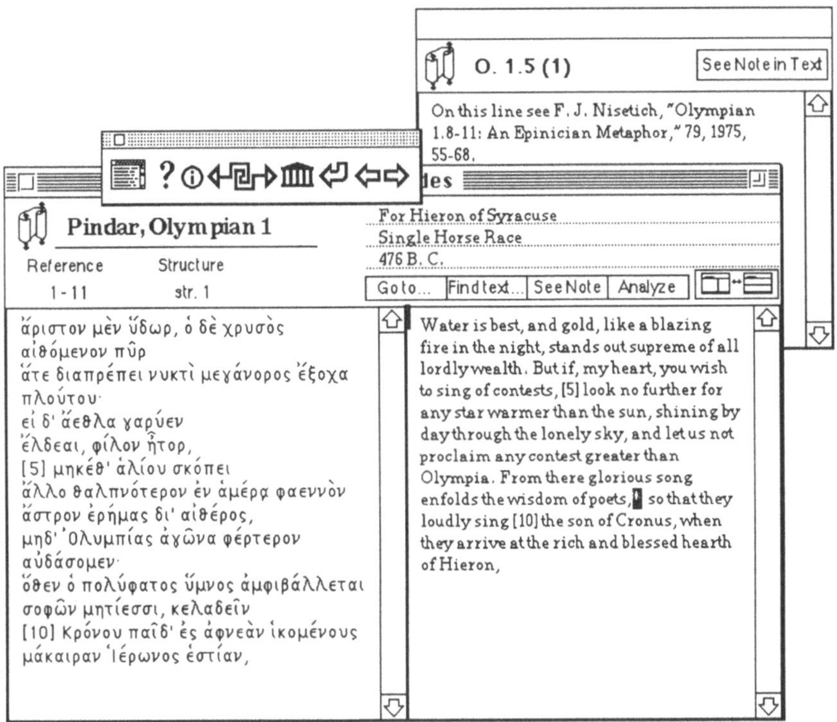

Bild 4.16 *Ein Bildschirmabzug des Systems „Perseus". Er zeigt zwei Versionen eines Gedichtes von Pindar. (© 1989, President and Fellows of Harvard University und das Annenberg/CPB-Projekt, mit Erlaubnis abgedruckt).*

Die aktuelle Version des Systems *Perseus* wurde in HyperCard auf dem Macintosh implementiert. Die Anhänger der Klassiker bevorzugen eine Langzeitperspektive auf ihrer Software und sind bereit, auf eine andere Plattform umzuziehen, falls in einigen Jahren bessere Möglichkeiten verfügbar sind. Die Hypertextversion eines klassischen griechischen Literaturwerkes hat eine höhere Lebenserwartung als ein Computersystem. Aufgrund dieser „diakronischen" Perspektive [Crane 1990] wurden alle Textelemente und Hypertextverbindungen in der maschinenunabhängigen Sprache SGML beschrieben. Bilder sind in einem auflösungsunabhängigen Format wie z.B. Postscript abgespeichert, damit sie auch in Zukunft auf anderen Computerbildschirmen gezeigt werden können. Die Standard-SGML- und Postscript-Dateien werden automatisch in ein HyperCard-Format umgewandelt, wenn sie in die Auslieferungsversion von Perseus eingebunden werden.

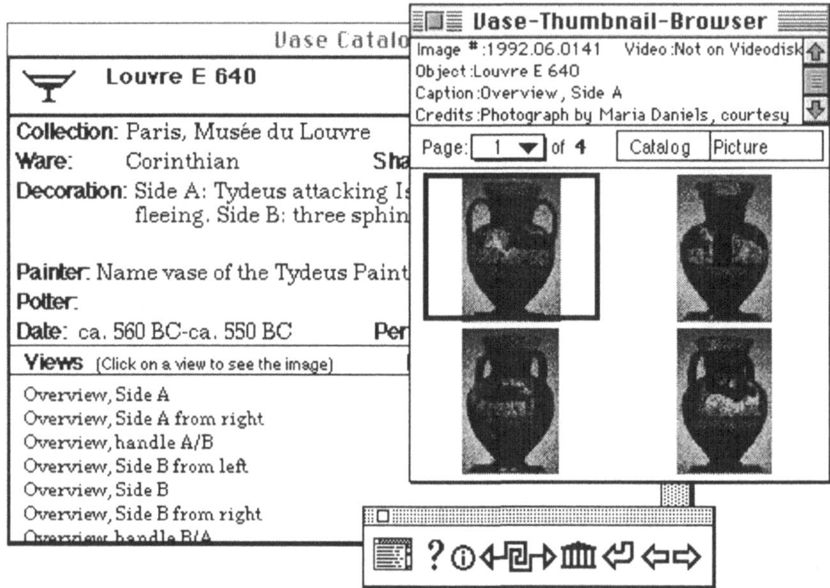

Bild 4.17 *Vasenkatalog des Systems „Perseus". Farbilder und Vergrößerungen werden auf einem separaten Farbmonitor gezeigt. (© 1989, President and Fellows of Harvard University und das Annenberg/CPB-Projekt, mit Erlaubnis abgedruckt).*

Die erste Version von Perseus erschien 1991 auf einer einzelnen CR-ROM und einer Laserdisk. Die zweite Version erschien 1994 und umfaßte mehrere CD-ROMs. In der Zukunft wird die Perseus-Datenbank weiter wachsen und sich verändern, da das Perseus-System in Etappen entwickelt wird. Zukünftige Versionen von Perseus werden noch mehr und noch bessere Informationen enthalten.

4.4.3   Museen

Museumsinformationssysteme [Bearman 1991] stellen einen Sonderfall in der Kategorie der pädagogischen Hypertexte dar, da die meisten Leute nicht ins Museum gehen, um dort etwas zu studieren. Es ist unmöglich, Museumsbesuchern alle relevanten Informationen über die Austellung in gedruckter Form zur Verfügung zu stellen; das würde sie ganz bestimmt abschrecken.

Das Getty Museum hat eine elektronische Version seiner illuminierten mittelalterlichen Manuskripte erstellt, das den Besuchern das Gefühl gibt, sie würden durch die Manuskripte hindurchblättern, obwohl die Originale dafür viel zu fragil sind. Üblicherweise werden mittelalterliche Manuskripte ausgestellt, indem man eine einzige Doppelseite in einem Glaskasten zeigt. Dadurch wird die aber die individuelle Abbildung aus dem Kontext der Erzählung gerissen. Das elektronische Medium erlaubt dem Benutzer den Zugang zu der ganzen Abbildungssequenz.

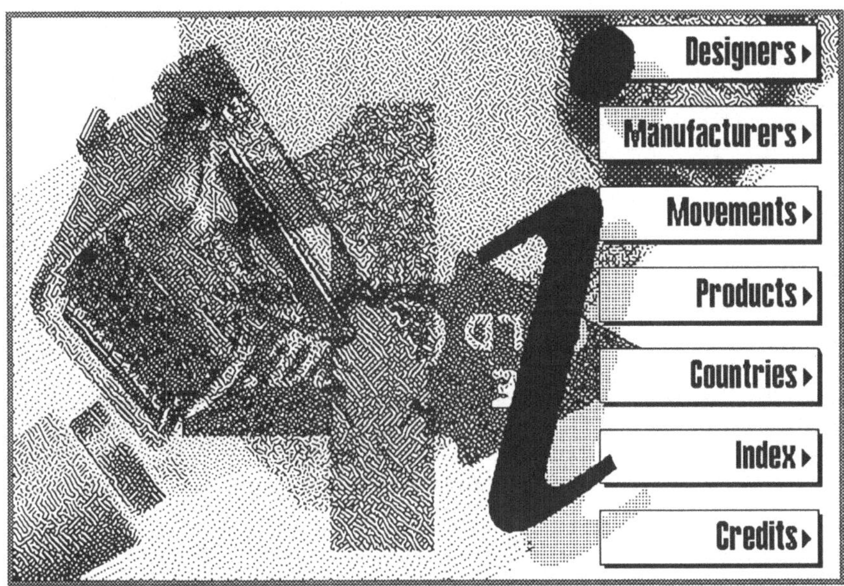

Bild   4.18 *Der Start-Bildschirm des Hypertextsystems „London Design Museum" (Bildschirmentwurf © 1989, Cognitive Applications, Inhalt © 1989, Design Museum, mit Erlaubnis abgedruckt).*

Diese Beispiele stellen nur kleinere Erweiterungen bestehender Angebote eines Museums dar. Das Design Museum in London ist einen Schritt weitergegangen und hat sein ganzes Informationssystem auf einen Hypertext aufgebaut. Bild 4.18 zeigt den Start-Bildschirm, der den Besucher begrüßt und ihm Zugang zu Information über modernes Design gibt.

Benutzer können auf Information über verschiedene Designschulen zugreifen, wie z.B. Bauhaus oder Funktionalismus, oder sie können Informationen über die Länder oder Hersteller erhalten. Sie können sich auch einzelne Designer oder Produkte ansehen. Das ganze Informationsmaterial ist natürlich mit Hypertextverbindungen versehen. Ein Benutzer, der mit dem Bildschirm über das Produkt Kenwood Chef (Bild 4.19) angefangen hat, da er einmal ein solches Gerät besessen hat, könnte von dort aus auf Information über andere Produkte aus der gleichen Periode zugreifen und die Entwurfstheorie studieren, die die Produkte der 60er Jahre geprägt hat.

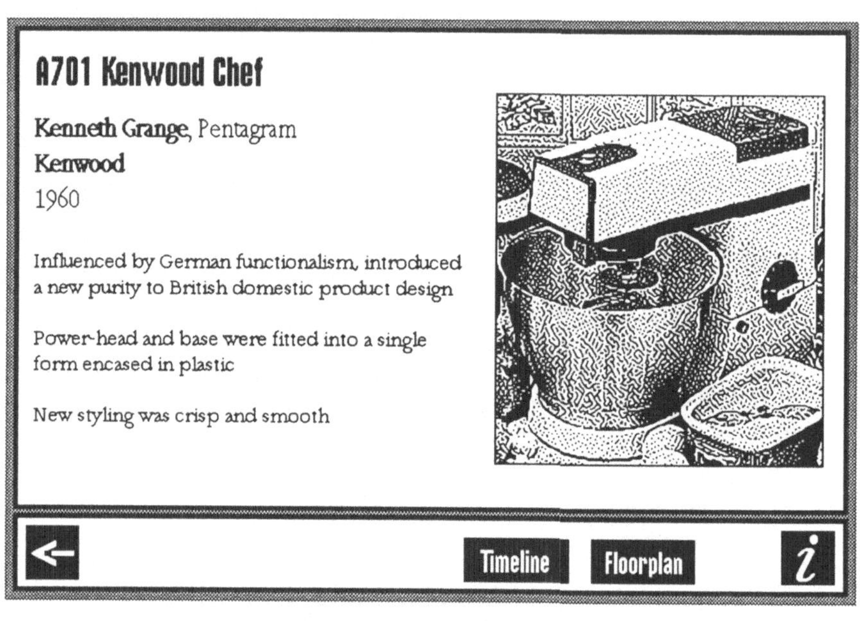

Bild 4.19 *Dieser Bildschirm informiert den Besucher des „London Design Museum" über ein Produkt. Wenn der Benutzer auf „Grundriß" (engl.: floorplan) klickt, erscheint ein Bildschirm, der ihm zeigt, wo dieses Produkt im Museum ausgestellt ist. Dieser Knoten hat auch Verbindungen zu einem historischen Überblick (engl.: timeline) und zu Information über den Hersteller und Designer. Das „i" bringt den Benutzer zum Start-Bildschirm zurück. (Bildschirmentwurf © 1989, Cognitive Applications, Inhalt © 1989, Design Museum, mit Erlaubnis abgedruckt).*

Museumssysteme stellen besondere Anforderungen an die Benutzbarkeit. Sie müssen dem Besucher den Zugriff nach dem Motto „Darauf zugehen und benutzen" erlauben.

Besucher würden sich weigern, zuerst eine Einführungsphase zu durchlaufen, bevor sie das System benutzen können. Ein einfacher Entwurf ohne aufwendige Navigationshilfen ist hier besonders wichtig. Da das System für den Besucher attraktiv sein muß, benutzt man oft sehr einladende Start-Bildschirme (siehe Bild 4.18).

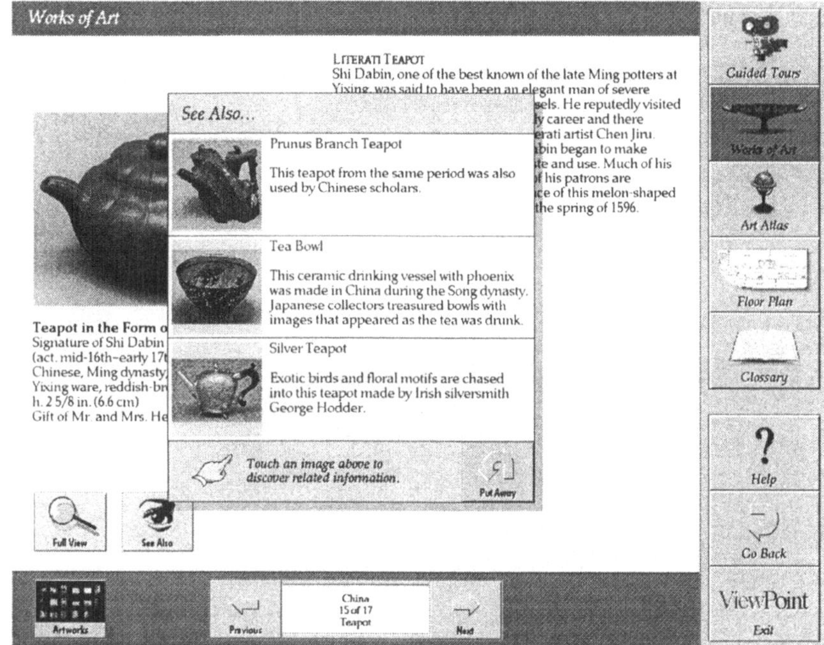

Bild 4.20 *Bildschirmabzug des Hypertextsystems „ViewPoint" der chinesischen Kunstgalerie des Seattle Art Museum (© 1992, Continuum Productions Corporations, entwickelt in Zusammenarbeit mit dem Seattle Art Museum, mit Erlaubnis abgedruckt).*

Museen ermutigen Besucher dazu, Verbindungen zwischen Austellungsstücken zu erkennen, die aufgrund der baulichen Gegebenheiten nicht sofort ins Auge springen, indem sie Hypertextkioske in den Galerien aufbauen. Das Bild 4.20 z.B. zeigt einen Bildschirmabzug des ViewPoint-Hypertextsystems, das in der chinesischen Kunstgalerie im Seattle Art Museum aufgestellt ist. Der dargestellte Informationsknoten zeigt einen chinesischen Teekessel und gibt zusätzlich Informationen, die sehr übersichtlich auf dieselbe Seite passen. Wenn man auf den Knopf „Siehe auch" (engl.: see also) klickt, erhält man eine Liste weiterer Exponate, die etwas mit chinesischem Tee zu tun haben, sowie ein Bild eines irischen silbernen Teekessels. Dieser irische Teekessel wird in einer ganz anderen Abteilung des Museums gezeigt, und die meisten Besucher würden die beiden Teekessel nie miteinander in Verbindung bringen. Das Hypertextsystem erlaubt es jedoch, Ähnlichkeiten in Form und Funktion sowie Unterschiede in Verzierung und Stil zweier völlig verschiedener Kulturen miteinander in Verbindung zu bringen. Der Benutzer kann der Hypertextverbindung folgen und mehr über den irischen Teekessel lernen, und er kann sich auf dem Grundriß ansehen, wo der Teekessel ausgestellt ist.

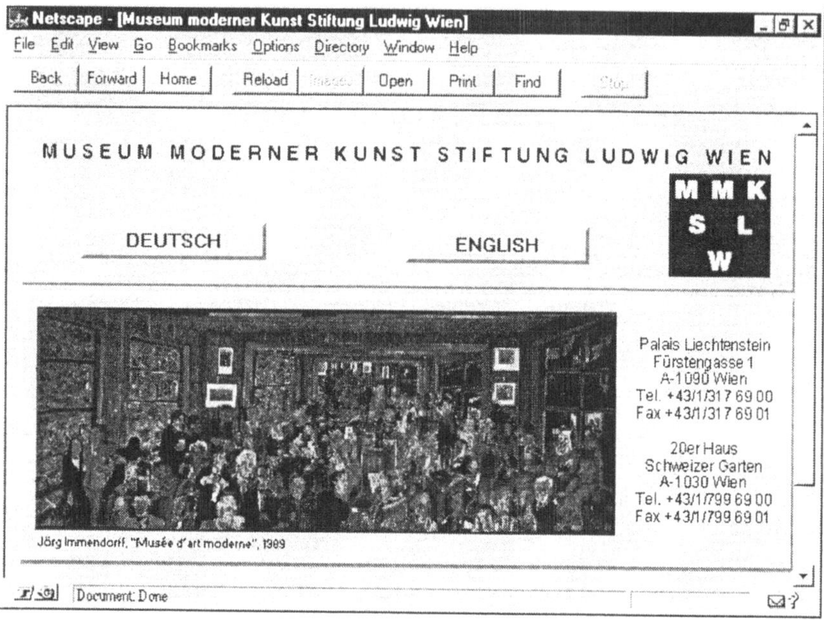

Bild 4.21 *Homepage des Museums moderner Kunst Stiftung Ludwig Wien (URL: http://www.mmkslw.or.at/MMKSLW/). Benutzer erhalten Informationen zu Ausstellungsprojekten, über Werke des Museums, Events, und Verbindungen zu ausgewählten Kunst- und Kulturprojekten im WWW (© 1996, Museum moderner Kunst Stiftung Ludwig Wien, Abdruck mit freundlicher Genehmigung).*

Einige Museen benutzen das Internet, um Online-Versionen ihrer Ausstellungskataloge zur Verfügung zu stellen oder um Führungen durch ihre Kollektionen zu organisieren. Bild 4.21 zeigt die WWW-Seite des Museums moderner Kunst Stiftung Ludwig Wien. Wenn Museen den Zugriff auf ihre Sammlungen über das Internet ermöglichen, können sie einen wesentlich größeren Publikumskreis ansprechen.In gewisser Weise kann die Internetversion einer

Ausstellung neues Publikum für die richtige Ausstellung anziehen, da sie auf der einen Seite zusätzliche Werbung macht und auf der anderen Seite mehr Information bietet als das übliche Werbeplakat oder die übliche Zeitschriftenanzeige. Allerdings befürchten einige Museumskuratoren, daß eine zu detaillierte Darstellung ihrer Kollektionen auf dem Internet die Besucher davon abhalten könnte, ins Museum zu kommen. Die Zukunft wird zeigen, wie dieses Dilemma gelöst werden kann. Man sollte allerdings bedenken, daß es schon seit vielen Jahren prachtvolle Bildbände mit sehr guten Reproduktionen gibt, die die Qualität von Computerbildschirmen bei weitem übersteigen, und daß trotz allem Besucher immer noch ins Museum strömen, um das Original der *Mona Lisa* zu sehen.

Die bestmögliche Benutzeroberfläche für einen Museumshypertext bestünde in direkten Verbindungen von den Ausstellungsstücken hin zu zusätzlichen Informationen. In seinem Projekt über automatische Museumsführer hat Ben Bederson den Vorschlag gemacht, einen Ansatz zu benutzen, den er als „erweiterte Realität" (engl.: augmented reality) bezeichnet [Bederson und Druin 1995]. „Erweiterte Realität" steht im Gegensatz zu „Virtual Reality": anstatt den Benutzer in eine künstliche dreidimensionale Welt aus Computergrafiken einzubetten, fängt die erweiterte Realität mit der richtigen physikalischen Welt an und erlaubt dem Benutzer, weiterhin mit dieser Realität in Verbindung zu bleiben, während sie der Realität zusätzliche Information (z.B. mit Hilfe eines Projektors) hinzufügt. In dem automatischen Museumsführer-Projekt kann ein Besucher in beliebiger Reihenfolge durch mehrere Galerien wandern und Beschreibungen der Exponate hören, indem er einfach vor ihnen stehen bleibt. Sobald er weitergeht, hört die Beschreibung auf.

4.5 Anwendungen im Unterhaltungs- und Freizeitbereich

Hypertextanwendungen können potentiell sehr großen Unterhaltungswert haben. Leider ist dieses Gebiet bis jetzt kaum erforscht worden. Wahrscheinlich sind die Geldgeber für Forschungsprojekte der Meinung, es sei unseriös zu erforschen, wie man sich gut unterhalten und amüsieren kann. Trotz allem gibt es wegbereitende Forschungsergebnisse und erste erfolgreiche, kommerzielle Anwendungen.

4.5.1 Touristenführer

Hypertext eignet sich sehr für die Darstellung touristischer Informationen. Diese Art der Informationssysteme erfüllt die goldenen Regeln von Hypertext: Touristen lesen üblicherweise nur einen kleinen Teil der Information, die über eine Stadt oder ein Land zur Verfügung steht. Des weiteren kann die Information bequem in einzelne Knoten unterteilt werden: ein Knoten für jede Sehenswürdigkeit, jede historische

Periode oder geographische Lage. Konventionelle Touristenführer müssen all diese Information aufgrund eines einzigen durchgängigen Prinzips strukturieren, wogegen Touristen verschiedene Informationsbedürfnisse haben.

Die meisten Touristenführer strukturieren die Information aufgrund des Informationstypes: sie haben einzelne Kapitel über Hotels, Restaurants, Einkaufsmöglichkeiten, Museen und Sehenswürdigkeiten. Im Gegensatz dazu benutzen ACCESS-Führer [Wurman 1989] die Geographie einer Stadt, um die Information zu strukturieren und beschreiben ein ganzes Viertel auf einer Seite. Der Vorteil des ACCESS-Ansatzes liegt darin, daß es sehr einfach ist, ein Restaurant zu finden, wenn man gerade das Britische Museum besucht hat. Der Nachteil besteht darin, daß es sehr schwer ist, die beste Bücherei für Science Fiction in London zu finden.

Bild 4.22 *Der Startbildschirm für das Touristeninformationssystem „Glasgow Online" (© 1989, University of Strathclyde, Department of Information Science, mit Erlaubnis abgedruckt).*

Glasgow Online [Baird und Percival 1989] ist ein Hypertexttouristenführer, der zwei Arten von Reiseführern verbindet. Der Startbildschirm des Systems (Bild 4.22) bietet die übliche themenorientierte Sicht auf eine Stadt und erlaubt es z.B. dem Besucher, ein Hotel in einer bestimmten Preisklasse zu finden. Von der Hotelbeschreibung aus kann der Benutzer dann zu einem Stadtplan von Glasgow springen, der ihm zeigt, wo sich das Hotel befindet. Der Benutzer kann dann auf andere Ikone auf der Karte klicken, um zu sehen, welche Sehenswürdigkeiten und andere Einrichtungen in der Gegend des Hotels sind.

Bild 4.23   *Das Auswahlzimmer im „Book House". Benutzer bestimmen ihre Suchstrategie, indem sie auf einen der vier Büchereikunden klicken. (© 1989, Annelise Mark Pejtersen, mit Erlaubnis abgedruckt).*

Touristeninformationssysteme müssen so gestaltet sein, daß sie auch von Besuchern aus dem Ausland benutzt werden können [Baird 1990], die eventuell die Landessprache nicht verstehen. Die Designer von *Glasgow Online* konnten dieses Problem teilweise dadurch lösen, daß sie Tests mit ausländischen Besuchern durchführten und soweit wie möglich Ikone und Grafiken benutzten.

Idealerweise sollten Touristenführer tragbar sein, da die richtigen Informationsbedürfnisse erst geweckt werden, wenn der Tourist schon unterwegs ist. Laptop-Versionen der meisten PCs sind durchaus fähig, die meisten Hypertextanwendungen ablaufen zu lassen. Ein Geschäftsreisender, der sowieso einen Laptop bei sich trägt, könnte zusätzlich zu seinen PowerPoint-Präsentationen den Hypertextführer darauf installieren. Ein Tourist wäre wahrscheinlich kaum dazu bereit, einen traditionellen Laptop mit sich herumzutragen, da er recht schwer und groß ist. Er könnte allerdings dazu bereit sein, einen PDA (personal digital assistant — persönlicher digitaler Assistent) bei sich zu tragen. Zur Zeit gibt es erst sehr wenig Software für PDAs. Die Touristenreihe von Fodor — die auf dem Apple Newton verfügbar ist — stellt eine der wenigen Ausnahmen dar. Die Tatsache, daß ein Touristenführer unter den zehn ersten für den Newton verfügbaren Anwendungen war, mag ein Hinweis darauf sein, wie wichtig diese Anwendungen werden können, sobald PDAs etwas weiter verbreitet sind.

4.5.2 Büchereien

Viele Anwendungen im Büchereibereich konzentrieren sich auf das Aufsuchen und Wiederfinden technischer oder wissenschaftlicher Informationen. Diese Anwendungen sind vergleichbar mit den Hypertextwörterbüchern oder den Information Retrieval-Anwendungen, die in Kapitel 8 beschrieben werden. Außerdem werden sich Büchereien auch mit neuen elektronischen Medien wie z.B. Hypertext auseinandersetzen müssen, um mit modernen Entwicklungen schrittzuhalten. In nicht allzu ferner Zukunft wird eine „Bücherei" vielleicht eher ein Computernetzwerk sein als ein Gebäude.

Bild 4.24 *Ikone für die thematische Suche im System „Book House". Benutzer klicken z.B. auf die Abbildung eines Kartenspieles, wenn sie sich Bücher über Glücks- und Kartenspiele ansehen wollen. Jedes Ikon hat mehrere Bedeutungen, und die genaue Bedeutung hängt davon ab, ob der Benutzer ein Kind oder ein Erwachsener ist (© 1989, Annelise Mark Pejtersen, mit Erlaubnis abgedruckt).*

Das System *Book House* (Haus des Buches) ist ein Büchereisystem, das Hypertexttechnologien einsetzt, um Benutzern bei der Auswahl von Büchern behilflich zu sein. Im Gegensatz zu den meisten rechnergestützten Systemen für Büchereianwendung, die sich auf die Suche nach technischer Literatur konzentrieren, ist das Book House für den normalen Bürger gedacht, der in einer öffentlichen Bücherei einen Roman ausleihen möchte.

Das Book-House-Projekt [Pejtersen 1989] war eine Gemeinschaftsarbeit der Riso National Laboratory, Jutland Telephone, RC Computer Inc., Königlichen Kunstakademie und der Königlichen Schule für Büchereiwesen in Dänemark unter der Leitung von Annelise Mark Pejtersen. Die ersten Anwendungstests wurden an der Hjortespring-Bücherei mit sehr gutem Erfolg durchgeführt.

Die Benutzerschnittstelle des Book House baut auf einer Gebäudemetapher auf und sieht somit fast wie eine richtige Bücherei aus.[15] Sobald man das Gebäude betritt, muß man sich entscheiden, ob man den Raum für Kinderbücher, den Raum für Erwachsenenliteratur oder den Raum mit Büchern für jederman betreten möchte. Sobald man sich für einen Raum entschieden hat, sieht man das strategische Auswahlzimmer (Bild 4.23). In unserem Beispiel haben wir uns für die Erwachsenenliteratur entschieden, daher sind alle Gestalten im Bild erwachsene Menschen. Hätten wir den Raum mit Kinderbüchern betreten, wären hier Kinder abgebildet.

Da sich Leute auf verschiedene Weise Bücher aussuchen, unterstützt das Book House vier verschiedene Suchstrategien, von denen man sich eine aussucht, indem man auf einen Aspekt des Bildes in 4.23 klickt. Die einfachste Strategie ist die zufällige Suche, die der Mann in der rechten Bildhälfte anwendet. Benutzer, die auf diesen Teil des Bildes klicken, werden sofort zur Liste der Bücher gebracht, und zwar an eine zufällig ausgewählte Stelle. Die Frau in der linken Seite des Raumes sucht per Analogie, indem sie in den Regalen nach einem ähnlichen Buch sucht. Benutzer, die diese Strategie auswählen, werden gebeten ein Buch anzugeben, das sie schon gelesen haben, und das System wird ihnen dann eine Liste ähnlicher Bücher vorschlagen.

Die Frau in der Mitte sieht sich eine Tafel mit Bildern an, um ein Thema zu finden, das sie interessiert. Benutzer, die diese Strategie auswählen, werden mit mehreren Bildschirmen, auf denen Ikone abgebildet sind, konfrontiert. Jedes dieser Ikone repräsentiert eine Reihe von Suchbegriffen, die benutzt werden, um die Bücherei nach Werken zu diesem Thema zu durchsuchen. Diese Suchmethode erlaubt dem Benutzer,

---

[15]Die Ikonen am oberen Rande des Bildschirmes stellen immer die wichtigen Räume der Bücherei dar und sind ein Hinweis auf die Gebäudemetapher.

die Bücherei zu durchsuchen, ohne spezielle Suchbegriffe formulieren zu müssen, und sie kann auch helfen, neue Perspektiven aus schwer formulierbaren Bedürfnissen zu entwickeln. Die Suchbegriffe zu den einzelnen Ikone wurden aufgrund empirischer Untersuchungen entwickelt.

Das Ikon, das einen Händedruck zeigt (in der Mitte von Bild 4.24), könnte z.B. einen Dänen darstellen, der einem Ausländer die Hand schüttelt. Das Ikon könnte daher benutzt werden, um das abstrakte Konzept der Hilfe für Entwicklungsländer darzustellen. Das Ikon könnte aber auch ganz einfach nur Freundschaft darstellen. Anstatt zu versuchen, für jedes Ikon eine eindeutige Bedeutung zu definieren, hat man ganz einfach jedem Ikon mehrere Bedeutungen zugemessen, und so erlauben uns die 108 Ikone, nach über tausend Begriffen zu suchen. Die genaue Bedeutung eines Ikons hängt davon ab, ob der Benutzer ein Kind oder ein Erwachsener ist.

Bild 4.25 *Die Utensilien rund um den Schreibtisch stellen verschiedene Arten der analytischen Suche dar. Das Filmplakat hilft dem Benutzer bei der Suche nach einem Buch aufgrund der Handlung und des Themas. Die Brillengläser suchen nach Büchern für gewisse Altersgruppen (© 1989 Annelise Mark Pejtersen, mit Erlaubnis abgedruckt).*

Die verschiedenen Ikone wurden für den nationalen kulturellen Kontext des Benutzers ausgewählt. So versteht z.B. ein Däne, daß das Ikon am unteren linken Bildrand neolytische Dolmen darstellt (Bild 4.24). Ein entprechendes System für den britischen Kulturkreis würde eher ein Bild von Stonehenge benutzen.

Der Mann am Schreibtisch in Bild 4.23 führt eine analytische Suche durch. Ihm stehen zwölf klassifizierende Dimensionen zur Verfügung, die durch die folgenden grafischen Elemente in Bild 4.25 dargestellt werden.

- Filmplakat: Handlung und Thema.

- Buchdeckel: Aussehen des Buches (z.B. Bild und Farbe des Deckels).

- Schubläden mit Herzen, Waffen oder Tieren: Literaturgattung.

- Büsten: Hauptdarsteller, Name und Alter.

- Globus: Ort des Geschehens.

- Landschaft im Fenster: Schauplatz (soziale, berufliche und geographische Umgebung).

- Brillengläser: Schwierigkeitsgrad des Textes.

- Uhr: Zeitperiode.

- Theatermasken: emotionaler Ausdruck (z.B. aufregend oder humorvoll).

- Bild eines Schriftstellers: Die Absicht des Autors.

- Indexkarten: Suche nach dem Namen des Autors oder suche nach dem Titel (zwei verschiedene Suchdimensionen).

Benutzer können z.B. romantische Novellen finden, die im Frankreich des siebzehnten Jahrhunderts spielen, indem sie mehrere dieser Klassifikationsdimensionen miteinander verbinden.

Zusätzlich zu den verschiedenen Suchstrategien benutzt das Book House auch Hypertextprinzipien, so daß man zu jeder Zeit die Strategie wechseln kann, indem man zum Strategieauswahlzimmer zurückspringt. Außerdem kann man immer zu „ähnlichen" Büchern springen, ganz gleich wie man die momentane Auswahl getroffen hat.

Während der Testphase des Systems Book House bestätigte es sich, daß normale Büchereibenutzer viele verschiedene Suchstrategien verwenden. Die analytische Klassifikation wurde in 31% der Fälle benutzt; die bildbasierte Suche in 27% der Fälle; 23% waren für die Suche per Analogie, und 20% der Kunden benutzten die zufällige Auswahl. Das System fand sehr hohen Anklang: 95% der Kunden waren mit der Schnittstelle und 84% waren mit den Suchresultaten zufrieden.

Andere Anwendungen im Büchereibereich ermöglichen den öffentlichen Zugang zu Archiven historischer Dokumente. Die Staatsbibliothek von New South Wales, in

Sydney, Australien besitzt eine große Sammlung von alten Strafvollzugsdokumenten aus der Zeit, als die Kolonie vor 200 Jahren besiedelt wurde. Heute besuchen Australier die Bücherei, um herauszufinden, welche Verbrechen ihre Ahnen wohl begangen haben und wieso sie nach Australien deportiert wurden. Diese Art der genealogischen Nachforschung verlangt die Durchforstung von Bergen alter Dokumente. Alle aufgefundenen Verbindungen müssen manuell verfolgt werden. Der größte Teil dieser Unterlagen eignet sich offensichtlich für den Zugriff per Hypertext, da viele der enthaltenen Informationen miteinander verbunden sind. Man müßte dabei das Aussehen der ursprünglichen Unterlagen beibehalten, da neben den sachlichen Inhalten auch das Aussehen wichtige Informationen übermittelt. Das wäre dadurch möglich, daß man Bilder der Originaldokumente einscannt und mittels Handschriftenerkennung eine maschinenlesbare Repräsentation der Daten erzeugt. Die maschinenlesbare Version wäre dann auch der Ausgangspunkt für die Hypertextverbindung. Leider ist es Computern zur Zeit noch nicht möglich, die Handschrift königlicher Marineoffiziere des achtzehnten Jahrhunderts zu entziffern. Außerdem gibt es auch noch andere technische Probleme, die uns daran hindern, ein Hypertextsystem für diese Strafvollzugsakten zu entwerfen. Diese Probleme werden wahrscheinlich in den nächsten Jahrzehnten gelöst werden, und man könnte sich sehr wohl vorstellen, daß die Bücherei dann weitere Dienste anbietet, die auf Hypertextversionen dieser Akten aufbauen. Computernetzwerke z.B. bringen die Bücherei zum Benutzer anstatt von ihm zu verlangen, die Bücherei zu besuchen. Dies wäre in einem so großen Land wie Australien ein bedeutender Vorteil. Es wäre dann auch möglich, die Originalunterlagen im Geschichtsunterricht zu benutzen und so allen Studenten das Gefühl zu geben, direkten Zugang zu den Originalquellen zu haben.

4.5.3 Interaktive Romane

Wie ich in Kapitel 10 weiter beschreiben werde, hat eine Gruppe von Studenten sehr negativ geantwortet, als ich sie fragte, ob sie denn gerne Romane online am Bildschirm lesen wollten. Auf einer Skala von null bis vier (wobei eine Bewertung von zwei Punkten eine neutrale Haltung darstellt) gaben die Studenten dem Online-Lesen nur eine Note von 0,5. Allerdings richtete sich diese Umfrage an Leute, die noch nie Romane online gelesen haben und die sich daher die Vorteile *interaktiver* Romane auch nur schwer vorstellen können. Insbesondere können sie sich den Unterschied zwischen der Online-Darstellung traditioneller Literatur und den interaktiven Romanen nur schwer ausmalen.

Ich bin der Meinung, daß die Übertragung traditioneller Veröffentlichungen vom gedruckten Medium zum Rechner nur wenig Vorteile bietet. Falls man einen normalen Roman mit einem einzigen Handlungsstrang lesen möchte, so tut man besser daran, ein gedrucktes Buch auszuwählen. Hypertext wird erst von Vorteil sein, wenn neue Erzählformen erfunden werden. Diese Formen werden es dem Leser ermöglichen, mit dem Geschehen im Roman zu interagieren, anstatt bloß die Seiten umzudrehen.

„Geteilte Welten" (engl.: shared universe), in denen mehrere Autoren Geschichten schreiben, die in der gleichen Umgebung spielen und in denen die gleichen Charaktere vorkommen, sind in der Science-Fiction-Literatur sehr populär geworden. Man könnte mehrere hundert solcher Geschichten auf eine CD-ROM in einem Hypertext zusammenfassen. Leser können dann die Handlungsstränge und Charaktere verfolgen, die sie interessieren. Ein solches Online-Literaturprojekt würde die drei goldenen Regeln von Hypertext erfüllen, da man viele kleinere Handlungselemente miteinander verbindet und Leser sich gezielt einige dieser Handlungselemente aussuchen.

Die kommerzielle Realisierung einer solchen Online-Geschichtensammlung wäre allerdings problematisch. Mehrere Hundert Autoren müßten Geschichten schreiben, die miteinander koordiniert und verbunden wären. Käufer wären allerdings wahrscheinlich kaum bereit, mehr als das Fünffache des üblichen Buchpreises zu bezahlen, da jeder einzelne Käufer nur kleine Teile des Gesamttextes lesen würde. Vielleicht könnte man in einem Seminar für Schriftsteller eine CD-ROM mit einem hypertextbasierten Roman erstellen, der die Metapher der geteilten Welten benutzt.

Interaktive Literatur kann aber auch das Werk eines einzelnen Autors sein [Howell 1990]. Das System *Storyspace* der University of North Carolina ist ein spezieller Hypertext, der das Lesen und Schreiben interaktiver Romane unterstützt. Das bekannteste Werk, das mit Hilfe des Systems Storyspace geschrieben wurde, ist wahrscheinlich *Afternoon, A Story* von Michael Joyce (1987). *Afternoon* besteht aus 539 Knoten und 915 Verbindungen, aus denen man einen recht komplexen Hyperraum für die Geschichte gebildet hat.

Es gibt keine eigentliche Handlung, sondern die Geschichte wird aus einer Zahl von Schnappschüssen eines fiktiven Universums aufgebaut, das der Leser entdeckt, indem er durch die Schnappschüsse navigiert. Das Buch *Dictionary of the Khazars: A Lexicon Novel in 100,000 Words* (Das Wörterbuch der Khazaren: Ein lexikalischer Roman in 100.000 Worten) von Milorad Pavic (1988) ist ein Beispiel für eine solche „pfadlose Weite" [Moulthrop 1989], die aber in diesem Fall in der Form eines üblichen gedruckten Buches realisiert wurde. Es handelt sich hierbei um eine Sammlung enzyklopädischer Artikel über ein Volk aus Zentraleuropa, das der Leser kennenlernt, indem er verschiedene Wörterbucheintragungen liest. In diesem Buch gibt es keine eigentliche Handlung.

Bild 4.26 *Bildschirmabzug aus „The Manhole". Nachdem der Spieler den Turm im Wald erklommen hat, hat er diesen Ausblick. Davor werden Bilder einer Wendeltreppe gezeigt, die zur Spitze eines Turmes führt. Aufgund der Vorgeschichte und da ein Flamingo auf dem Dach des Turmes abgebildet ist, geht man anfänglich davon aus, daß es sich um einen ganz normalen Turm (eben ein Gebäude) handelt. Sobald sich der Spieler jedoch weiterbewegt, wird er etwas ganz anderes entdecken (siehe Bild 4.27) (© 1988, Cyan, mit Erlaubnis abgedruckt).*

Interaktive Spiele, die in fremden, simulierten Welten[16] stattfinden, sind bei Kindern sehr beliebt. Das Spiel *Inigo Gets Out* (siehe Bild 9.18 und 9.19) ist ein populäres Beispiel eines solchen Hypertextes. In einer Studie beobachteten wir einen fünf Jahre alten Jungen beim Spielen mit *Inigo*. Wir haben dabei herausgefunden, daß er das Spiel auch nach mehreren Monaten noch immer benutzte, um sich etwas anzusehen, etwas zu lesen, darin zu blättern oder es seinen Freunden zu zeigen. Es gibt noch

---

[16]In zukünftigen Systemen werden diese simulierten Welten höchstwahrscheinlich als Virtual Reality angezeigt. Zur Zeit benutzen sie hauptsächlich zweidimensionale Benutzerschnitt–stellen oder simuliertes 3-D auf Flachbildschirmen.

kein gutes geeignetes Wort, das die Benutzung eines solchen Hypertextes adäquat beschreibt, da *Inigo Gets Out* ganz ohne Worte auskommt.

Bild 4.27 *Bildschirmabzug aus „The Manhole". Hier wird eine magische Dimension gezeigt: Sobald sich der Benutzer zu einem der Objekte hinbewegt, die er in Bild 4.26 vom Dach des Turmes aus sehen kann, dann verwandelt sich der Turm in einen Turm auf einem Schachbrett (© 1988, Cyan, mit Erlaubnis abgedruckt).*

The Manhole (siehe Bild 4.26 und 4.27) ist eine wesentlich größere, interaktive Fantasiewelt für Kinder (aller Altersstufen). *The Manhole* besteht aus 753 Knoten und braucht 23 Megabyte Speicherplatz auf einer CD-ROM.[17] Die Handlung spielt in einer Fantasiewelt mit sprechenden Tieren und Drachen, in der magische Bohnenstengel bis in den Himmel wachsen. Die Fantasiewelt zeigt sich dem Benutzer aus der Ich-Perspektive (d.h. man sieht auf dem Bildschirm genau das, was

---

[17] *The Manhole* wurde im Jahre 1994 unter dem Titel *"The Manhole CD-ROM Masterpiece Edition"* als Zweitauflage mit Farbbildschirmen und besseren Soundeffekten wiederveröffentlicht. Die neue CD-ROM bestand aus 200 MB Daten. Siehe Bild 4.26 und 4.28, um eine bessere Idee der Änderungen zu haben. Die neue Auflage hat einige besondere Verbesserungen, wie z.B. das Verwandeln von Objekten in andere Objekte (engl.: morphing), aber ich persönlich finde, daß die Original-Benutzerschnittstelle (schwarz-weiß) mehr Charme hatte und besser zur Geschichte paßte.

man selbst sehen würde, wenn man in der Fanatasiewelt an dem Ort stände). Man bewegt sich in dieser Welt, indem man dahin klickt, wo man hingehen will.

Die Bilder 4.26 und 4.27 zeigen, daß die Bewegung in der Fantasiewelt nicht immer den Erwartungen des Benutzers entspricht. Diese „magische" Bewegung trägt zum Reiz des Systems bei und eignet sich wahrscheinlich für Systeme, die in erster Linie der Unterhaltung dienen. Es erschwert aber den Erwerb eines konzeptuellen Modells des Navigationsraumes und würde sich daher kaum für Anwendungen außerhalb des Freizeitbereiches eignen.

Bild 4.28 *Dieses Bild aus der verbesserten Version (mit Farbbildern), entspricht der Darstellung aus Bild 4.27. Bildschirmabzug von „The Manhole CD-ROM Masterpiece Edition" (CD-ROM-Computerspiel: Spiel und Bildschirmabzug geschützt durch © 1994, Cyan, Inc., mit Erlaubnis abgedruckt).*

Das Spiel *The Manhole* ist zum Teil sprachbasiert. Verschiedene Charaktere unterhalten sich in Form von Sprechblasen, die auch mit verschiedenen Stimmen vorgelesen werden. Der Benutzer interagiert mit vier Darstellern: einem Elefanten, der den Benutzer in einem Boot durch die Gegend rudert, einem Drachen, einem Walroß und einem Hasen. Jeder Darsteller hat einen Tonfall, der zur Rolle paßt (das Walroß z.B. ist faul und der Drache ist gut aufgelegt). Auch andere Effekte, wie z.B. Musik und Naturgeräusche, werden eingesetzt, so daß es sich bei *The Manhole* um ein wahres Hypermediasystem handelt.

Das Erlebnis, das der Spieler beim Ansehen/Navigieren/Lesen/(oder wie wir es auch immer nennen wollen) hat, ist nicht durch eine vordefinierte Handlungssequenz bestimmt. Statt dessen definiert der Hypertext eine Fantasiewelt, in der Leser ihre eigenen Geschichten aufbauen indem sie sich durch die Welt bewegen. Man kann das Erlebnis mit der Erforschung einer neuen Welt vergleichen — ein Erlebnis das viel entspannter vor sich geht als die Erforschung der Welt eines Abenteuerspiels (siehe auch das Beispiel aus Bild 1.2), in der der Benutzer ein bestimmtes Ziel verfolgen und erreichen muß, wenn er nicht „sterben" will.

Harry McMahon und Bill O'Neill von der University of Ulster installierten einige Macintosh-Rechner mit Ton- und Bilddigitalisierung in Grundschulen, um Schüler dazu zu bringen, ihre eigenen interaktiven Geschichten zu entwerfen. Wie zu erwarten war, sind die meisten dieser Geschichten sehr einfach strukturiert, z.B. „Der Teddybär ging im Wald spazieren und traf dort einen anderen Teddybären" (das Werk eines Siebenjährigen), und bestehen aus einer linearen Bildfolge.

Fortgeschrittenere Umgebungen benutzen andere Techniken, in denen Kinder zuerst die Bilder malen und dann Sprech- und Gedankenblasen auswählen, um die Bilder zu vervollständigen. Zu jedem Bild können mehrere Sprech- und Gedankenblasen hinzugefügt werden, die dem Leser jeweils einzeln gezeigt werden. So kann das Kind Unterhaltungen zwischen den Figuren der Geschichte aufbauen. Es ist sogar möglich zu zeigen, wie das, was eine Figur sagt, sich von dem unterscheidet, was sie denkt. In einer Geschichte, in der z.B. eine Maus sterben soll, wird die Maus nach ihrem letzten Wunsch gefragt. Sie wünscht sich, ein letztes Lied singen zu dürfen. Der Wunsch wird in einer Sprechblase geäußert, aber die Gedanken (in einer Gedankenblase) lauten „So dumm bin ich ja nun aber doch nicht!". Die nächste Sprechblase zeigt, daß die Maus sich ein endloses Lied ausgedacht hat und so, wie Scheherezade in Tausendundeiner Nacht, noch lange leben wird.

Die meisten dieser Geschichten haben einen linearen Handlungsablauf und an sich nicht sehr viel mit dem Hypertextkonzept zu tun. McMahon und O'Neill haben die Kinder mit Absicht nie kommerziellen Hyper-Märchen ausgesetzt (wie z.B. *Inigo gets out* oder *The Manhole*, um die natürliche Evolution in der Benutzung dieses neuen Mediums für interaktive Geschichten beobachten zu können. Einige zehn Jahre alte Kinder entdeckten das Hypertextprinzip ganz allein. Sie bauten eine Geschichte auf, in der jemand eine fremde Welt besuchte und von den Bewohnern dieser fremden Welt gefangengenommen wurde. Dem Gefangenen wurde von dem Anführer der Außerirdischen ein Arbeitsplatz angeboten, und der Besucher dachte sich: „Soll ich versuchen zu fliehen?" oder „Soll ich das Angebot annehmen?". Der Leser konnte auf beide Gedankenblasen klicken, um beide Alternativen in der Geschichte zu verfolgen. McMahon stellte fest, daß dieser Geschichtsentwurf die Schüler dazu zwang, ihre Sichtweise vom Geschichteschreiben zu verändern. Ursprünglich erfanden sie die Geschichte, während sie sie schrieben (aus der Sicht des Schreibers), aber in dieser neuen Situation mußten sie sich zuerst überlegen, wie der Leser auf die Situation reagieren würde, und daher mußten sie ihre Perspektive ändern und die Geschichte aus der Sicht des Lesers schreiben.

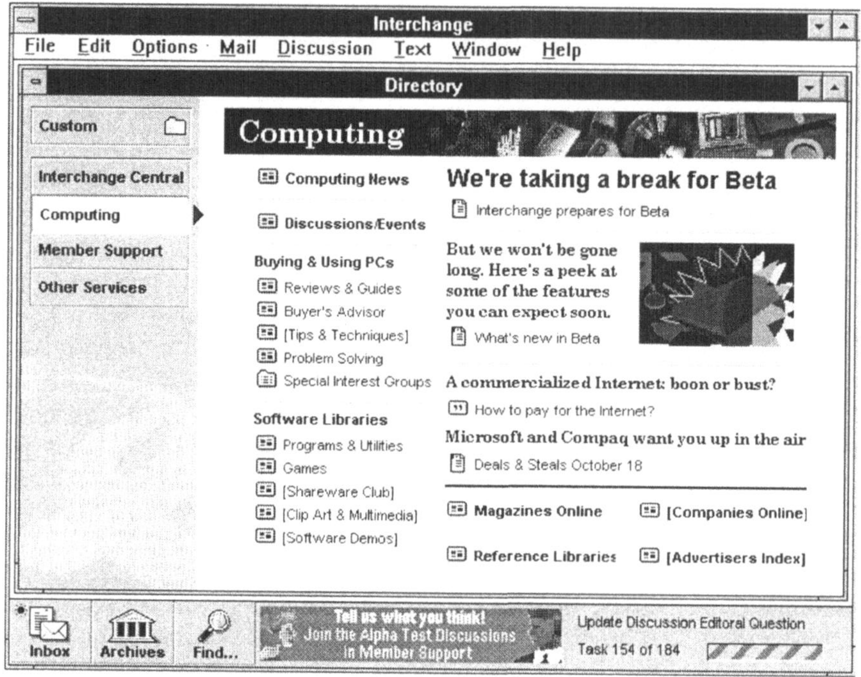

Bild 4.29 *Der Online-Dienst „Interchange" bietet eine Reihe von Artikeln aus Computermagazinen und anderen Nachrichtenquellen an (© 1994, Interchange Network Company, mit Erlaubnis abgedruckt).*

4.5.4 Nachrichten, Zeitschriften und Magazine

Online-Dienste eignen sich ausgezeichnet für die Verbreitung von Nachrichten, entweder durch Tageszeitungen oder kommerzielle Nachrichtendienste. Man muß nicht mehr auf das Erscheinungs- oder Veröffentlichungsdatum warten, sondern die

Nachricht wird verfügbar gemacht und verbreitet, sobald sie eingetroffen ist. Die meisten großen Tageszeitungen haben Online-Ausgaben, in denen man die Artikel rund um die Uhr lesen kann. Ein wichtiger Aspekt solcher Online-Ausgaben sind die Suchmöglichkeiten, die sie anbieten. Man kann z.B. alle Nachrichten über eine Firma finden, bevor man sich für den Aktienkauf entscheidet. Wie wir weiter in Kapitel 8 beschreiben werden, können Informationsfilter eingesetzt werden, um persönliche elektronische Zeitschriften zu erstellen, die genau die Nachrichten enthalten, die für den jeweiligen Leser von Interesse sind.

Bild 4.29 zeigt einen Bildschirmabzug des Online-Dienstes Interchange, der dem Leser den Zugang zu Artikeln aus vielen Computermagazinen und Diskussionsgruppen gibt. Zusätzlich dazu kann der Leser auch Softwareprogramme laden [Perkins 1995]. Die Fähigkeit, Verbindungen zwischen den Artikeln mehrerer Magazine herzustellen, ist ein Mehrwert, der die Hypertextausgaben von den gewöhnlichen gedruckten Ausgaben unterscheidet. Das gleiche gilt auch für die Diskussionen zwischen Abonnenten. Wie wir in Kapitel 8 noch weiter beschreiben werden, ist die Diskussion zwischen Lesern ein wichtiger Faktor für die Hypermediaausgabe der Zeitschriften: Wenn jemand einen Artikel über die nächste Version eines Spreadsheetprogrammes liest, ist er wahrscheinlich an den Erfahrungen anderer Leser interessiert, die diese Version schon installiert haben. Interchange benutzt eine Multitasking-Architektur, die dem Benutzer die gleichzeitige Anwendung mehrerer Aktivitäten erlaubt. So kann das System z.B. aus einem Abonnement neue Artikel laden, während der Benutzer einer Hypertextverbindung folgt, die von dem Artikel ausgeht, der gerade am Bildschirm gezeigt wird.

4.5.5 Sex und Pornographie

Wer die menschliche Natur kennt, den wundert es nicht, daß neue Medien auch für sexuelle, erotische und pornografische Zwecke benutzt werden. Als die Heimvideorekorder eingeführt wurden, wollten zuerst nur wenige große Filmstudios ihre Filme im VCR-Format herausbringen. So kam es, daß die Einnahmen auf diesem Gebiet während der ersten paar Jahre hauptsächlich vom Verkauf pornografischer Filmen stammten. In der Tat wird in der Industrie gemunkelt, daß die höhere Verfügbarkeit von Pornovideos im VHS-Format einer der Gründe dafür war, daß das VHS-Format das technisch überlegene Betamax-Format geschlagen hat. Das Telefon, die Fotografie, das geschriebene Wort und sogar Höhlenmalereien wurden auf die gleiche Art und Weise für pornografische Zwecke benutzt.

Wie in den anderen Medienbereichen bietet auch der Hypermediamarkt eine ganze Reihe von pornografischen interaktiven Produkten an, wie z.B. das Produkt *Virtual*

Valerie, das auf der CD-ROM-Bestsellerliste an erster Stelle steht.[18] Berichten zufolge waren die ersten Multimedia–Pornoprodukte zu primitiv, nicht erotisch genug, von schlechter Bildqualität und nur begrenzt interaktiv. Man kann davon ausgehen, daß sie hauptsächlich wegen ihres Neuheitswertes verkauft wurden. Neue Entwicklungen im Hypermediabereich, insbesondere im grafischen, interaktiven und dynamischen Bereich, werden aber dafür sorgen, daß dieser Anwendungsbereich sich sehr schnell entwickeln wird. Man wird wahrscheinlich schon sehr bald interaktive Anwendungen entwickeln, die wesentlich beeindruckendere Erlebnisse bieten als die traditionellen gedruckten Medien.

Die heutige Technologie erschwert die Entwicklung von guten Schnittstellen für pornographische Zwecke. Das hindert aber niemanden daran, über zukünftige Möglichkeiten zu spekulieren. Der auf dem Gebiet der Virtual Reality bekannte Wissenschaftler Randy Pausch von der Universität aus Virginia behauptet, daß ihm bis jetzt noch jeder Journalist, mit Ausnahme eines Reporters des *Readers Digest*, Fragen zu den Themen „Virtueller Sex" oder „Virtuelle Pornografie" gestellt hat [Pausch et al. 1993].

Die Rolle, die Sex und Pornographie in neuen Märkten spielt, wird durch eine Analyse der Internetnachrichten und Diskussionsgruppen belegt. Wie aus der Tabelle 4.1 hervorgeht, behandeln vier der zehn meist gelesenen Internetgruppen das Thema Sex und Pornographie:

- alt.sex bietet allgemeine Diskussionen zum Thema Sex

- alt.sex.stories stellt Prosa mit ausgeprägt sexuellem Inhalt zur Verfügung

- alt.binaries.pictures.erotica enthält digitalisierte Fotografien

- rec.arts.erotica enthält Prosa mit sexuellem Inhalt, die Beiträge werden aber durch einen Herausgeber editiert.

Nachrichtengruppen mit Herausgeber, wie z.B. rec.arts.erotica werden von jemandem editiert, der alle vorgelegten Eintragungen liest und nur die genehmigt, die den inhaltlichen und formellen Richtlinien entsprechen. Wenn man die Anzahl der monatlichen Eintragungen zu alt.sex.stories (2.283) mit der Anzahl der Eintragungen zu rec.arts.erotica (60) vergleicht, stellt man fest, daß die Qualität der Eintragungen nicht sehr gut sein muß, da nur 3% den Richtlinien des Verlegers standhielten. Ähnlich steht es mit der eingeschränkten Gruppe rec.humor.funny, die nur 1% der Witze aus der uneingeschränkten Gruppe rec.humor übernimmt.

---

[18]Seit ihrer Herausgabe im November 1994 wurden laut Mike Saenz, dem Präsidenten der Verkaufsfirma Reactor, 30.000 Exemplare der CD „Virtual Valerie 2.0" verkauft

Nachrichten- und Diskussionsgruppen	Leser	Beiträge/Monat
news.announce.newusers	700.000	37
alt.sex	600.000	4.867
news.answers;	550.000	1.584
rec.humor.funny	470.000	48
alt.sex.stories	440.000	2.283
alt.binaries.pictures.erotica	410.000	8.772
misc.forsale	410.000	5.385
rec.arts.erotica	400.000	60
misc.jobs.offered	380.000	8.992
rec.humor	370.000	3.954

Tabelle 4.1 *Liste der zehn meist gelesenen Diskussionsgruppen auf dem Internet. Die Zahlen stammen aus der Internet-Studie von Brian Reid, die Ende 1994 durchgeführt wurde. Damals hatte das Internet ca. 30 Millionen Benutzer; 7,1 Millionen lasen die Beiträge von mindestens einer Diskussionsgruppe. Laut UUnet wurden in dem Monat, in dem die Studie durchgeführt wurde, insgesamt 3,2 Millionen Beiträge an die ca. 12.500 aktiven Diskussionsgruppen geschickt.*

Es besteht kein Zweifel daran, daß die Dominanz der Sexnachrichten zum Teil damit zu tun haben, daß Internetbenutzer zum größten Teil männliche Hochschulstudenten sind. Mit der Zeit wird sich das Internetpublikumsprofil dem Profil der Durchschnittsbevölkerung anpassen und die oben beschriebenen Nachrichten- und Diskussionsgruppen werden weniger dominant werden. Erinnern wir uns daran, daß der Videomarkt am Anfang von pornografischen Filmen beherrscht wurde, heutzutage aber Disney-Zeichentrickfilme maßgebend sind (wie man jedoch an der Regalzahl in den Videoverleihgeschäften sehen kann, besteht noch immer eine große Nachfrage nach pornografischen Videos).

Es kann sein, daß computerisierte Erotik im Laufe der Zeit die Schranken der Zensur durchbrechen wird. In vielen Ländern werden Armeen von Zollinspektoren eingestellt, um in allen aus dem Ausland eingeführten Veröffentlichungen die anrüchigen Bildteile auszutuschen. Digitalisierte Pornografie hingegen kann diese Zensoren überlisten, indem sie sich als unbedeutende Bits in einer großen Datenmenge tarnt.

5   Die Architektur von Hypertextsystemen

Theoretisch kann man drei Ebenen in einem Hypertextsytem unterscheiden [Campbell und Goodman 1988]:

- Die *Präsentationsebene*: die Benutzerschnittstelle

- Die *abstrakte Hypertextmaschine* (engl.: Hypertext Abstract Machine, HAM): Knoten und Verbindungen

- *Die Datenbankebene:* Speicherung, Daten und Netzwerkzugriff.

In Wirklichkeit folgen nur wenige Hypertextsysteme diesem Strukturierungsmodell; die meisten Systeme bestehen aus einer mehr oder weniger klaren Mischung dieser Eigenschaften. Trotz allem kann man dieses Modell benutzen, um für die Zukunft wichtige Richtlinien darzustellen, und es dient als Basis für Standardisierungsbemühungen. Die folgenden Abschnitte beschreiben die Ebenen genauer.

5.1   Die Datenbankebene

Die Datenbankebene bildet die unterste Schicht des 3-Ebenen-Modells. Sie kümmert sich um die Speicherung der Information, ohne sich mit speziellen Hypertextaspekten zu befassen. Für Hypertextanwendungen müssen große Mengen an Informationen auf vielen verschiedenen Speichermedien, z.B. Festplatten, optischen Platten, usw. verwaltet werden. Manchmal ist es auch notwendig, die Information auf Netzwerk-Servern zu speichern. Es muß jederzeit möglich sein, in sehr kurzer Zeit auf kleine Informationsmengen zuzugreifen, ganz gleich wie die Information abgespeichert wird. Genau das ist die Definition einer Datenbank.

Desweiteren muß die Datenbankebene andere traditionelle Datenbankfunktionen erfüllen. Sie muß z.B. den Mehrbenutzerzugriff auf Information erlauben, sich um Zugriffsrechte kümmern, und sie muß das Backup der Daten gewährleisten. Die Datenbankebene ist verantwortlich für die Implementierung der Zugriffskontrollmechanismen, die in einer höheren Ebene des Modells definiert wurden. Aus der Sicht der Datenbank sind die Hypertextknoten und Verbindungen einfache Datenobjekte ohne besondere Bedeutung. Jedes dieser Elemente kann zu einer gegebenen Zeit von nur einem Benutzer verändert werden und nimmt einen bestimmten Speicherplatz ein. In Wirklichkeit kann es allerdings für die Datenbank von Vorteil sein, wenn sie die Bedeutung ihrer Datenobjekte etwas besser kennt und so den Speicherplatz effizienter verwaltet und einen schnelleren Zugriff ermöglicht. Auf jeden Fall können die Entwickler von Hypertextumgebungen sehr viel aus der Entwicklung von Datenbanken für die Entwicklung der unteren Ebene ihrer eigenen Systeme lernen.

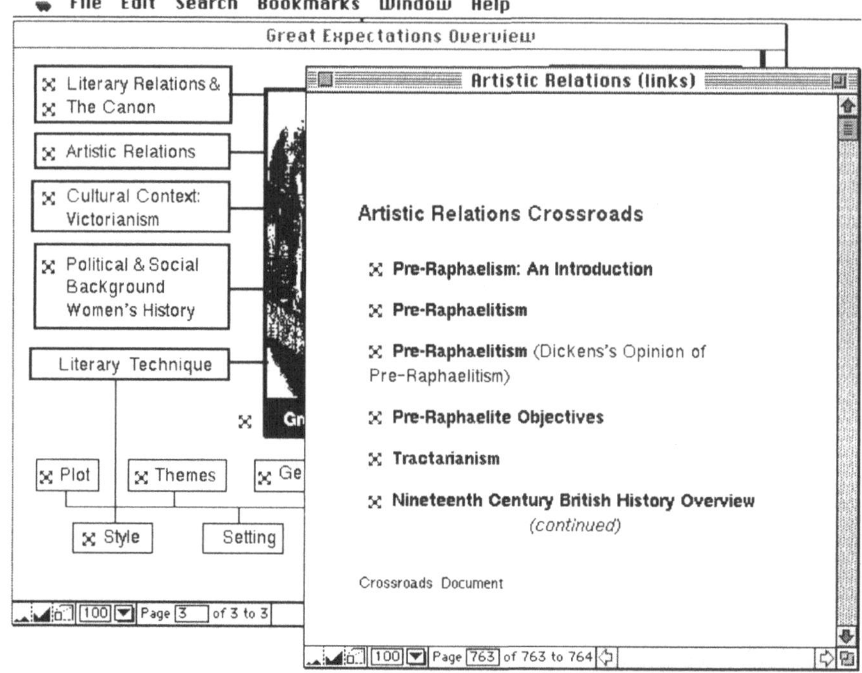

Bild 5.1   *Ein Verzweigungsdokument (engl.: crossroads document) aus der WorldView-Version des „Dickens-Web". Verzweigungsdokumente werden benutzt, um Mehrfachverbindungen zu beschreiben, die von einem Ausgangsknoten zu mehreren Zielknoten führen (© 1992-94 Paul Kahn, George P. Landow, und Brown University, mit Erlaubnis abgedruckt).*

5.2   Die abstrakte Hypertextmaschine HAM

HAM verbindet die Datenbankebene mit der Benutzerebene. Auf dieser Ebene definiert das Hypertextsystem die grundlegende Natur der Knoten und Verbindungen, und es verwaltet deren Beziehungen untereinander. In späteren Abschnitten besprechen wir die Entwurfsentscheidungen für Knoten und Verbindungen. HAM weiß um die Form der Knoten und Verbindungen, und sie weiß, welche Eigenschaften miteinander in Verbindung stehen. Ein Knoten kann z.B. eine „Besitzer"-Eigenschaft haben, die ausdrückt, welcher Benutzer den Knoten erzeugt hat und wer das Recht hat, den Knoten zu verändern, oder er kann eine Versionsnummer haben. Verbindungen in NoteCards sind typisiert; in Guide sind es nur einfache Zeiger.

Die abstrakte Hypertextmaschine ist der beste Standardisierungskandidat für Import-/Exportformate für Hypertexte, da die Datenbankebene sehr oft maschinenabhänging ist und die Benutzerschnittstelle sehr unterschiedlich ist von einem Hypertextsystem zum anderen. Aus diesem Grund bleibt uns nichts anderes übrig, als anhand der HAM ein Format zu definieren, um Daten zwischen Hypertextsystemen auszutauschen. *HyTime* ist ein aktuelles Beispiel für Standardisierung auf der HAM-Ebene. HyTime ist der ISO-Standard für Hypermedia und zeitbasierte Dokumentstrukturierung [Newcomb et al. 1991; DeRose und Durand 1994].

Der Austausch von Hypertexten gestaltet sich schwieriger als der Austausch der Daten innerhalb der Knoten, auch wenn es hier noch immer Probleme bei nicht standardisierten Datenformaten für Grafiken und Videoclips gibt. Der Austausch von Hypertexten erfordert den Austausch von Verbindungsinformation. Es ist möglich, Information über einfache Verbindungen (d.h. Information vom Typ „A verbindet B mit C") zu übertragen, dennoch können wichtige Teile der Verbindungsinformation verlorengehen. Dies liegt daran, daß Hypertextsysteme unterschiedliche Verbindungsmöglichkeiten haben, z.B. Verbindungen in Intermedia zeigen auf spezifische Textstellen im Zielknoten, wohingegen andere Systeme, wie z.B. Hyperties, nur auf den Knoten als Ganzes zeigen. Bei der Übertragung eines Hypertextes von Intermedia nach Hyperties würde daher wichtige Verbindungsinformation verlorengehen, obgleich die Übertragung im Prinzip noch immer möglich wäre.[1] Im Fall einer Übertragung von Intermedia in das System Guide (welches vergleichbare Verankerungsinformation hat) würden wir Information über den Textteil, der als Ziel der Verbindung benutzt wird, auf jeden Fall erhalten wollen, damit wir das Ziel der Verbindung im Text hervorheben können. Das Problem besteht darin, daß wir beide Übertragungsrichtungen mit dem gleichen Austauschformat ermöglichen wollen.

Kahn und Landow [1992] beschreiben die Probleme bei der Übertragung des Hypertextes *Dickens Web* (ein Hypertext über Charles Dickens) von Intermedia - Dickens Web wurde ursprünglich in Intermedia entwickelt - auf zwei andere Hypertextsysteme: *Storyspace* von der Firma Eastgate Systems und *WorldView* von

---

[1] Falls wir einen Hypertext von Hyperties nach Intermedia übertragen wollten, hätten wir keine Möglichkeit, einen geeigneten Textteil als Zielknoten auszuwählen, da der Autor diese Information in Hyperties nicht in den Hypertext eingefügt hat. Wir müßten wahrscheinlich einen Pseudo-Knoten am Anfang des Zieltextes einfügen, um die Anforderungen von Intermedia zu erfüllen.

der Firma Interleaf. Die Übertragung der Mehrfachverbindungen von Intermedia nach WorldView war eines der größten Probleme, da WorldView nur einfache Eins-zu-Eins-Verbindungen hat. Die Mehrfachverbindungen (ein Ausgangspunkt kann mit mehreren Zielpunkten verbunden werden) wurden in WorldView von Kahn und Landow mit Hilfe von Verzweigungsdokumenten (siehe Bild 5.1) dargestellt.

Ein Verzweigungsdokument stellt eine Zwischenstation zwischen dem Ausgangspunkt und mehreren Zielpunkten der Originalverbindung dar. Die ursprüngliche Verbindung wurde ersetzt durch eine Verbindung zwischen dem Ausgangsknoten und dem Verzweigungsdokument sowie einer Anzahl von Verbindungen zwischen dem Verzweigungsdokument und den ursprünglichen Zielknoten. Dieses Beispiel zeigt, wie schwierig es sein kann, Information zwischen verschiedenen Hypertextsystemen zu übertragen, wenn diese Systeme fundamental andere Strukturierungskonzepte benutzen.

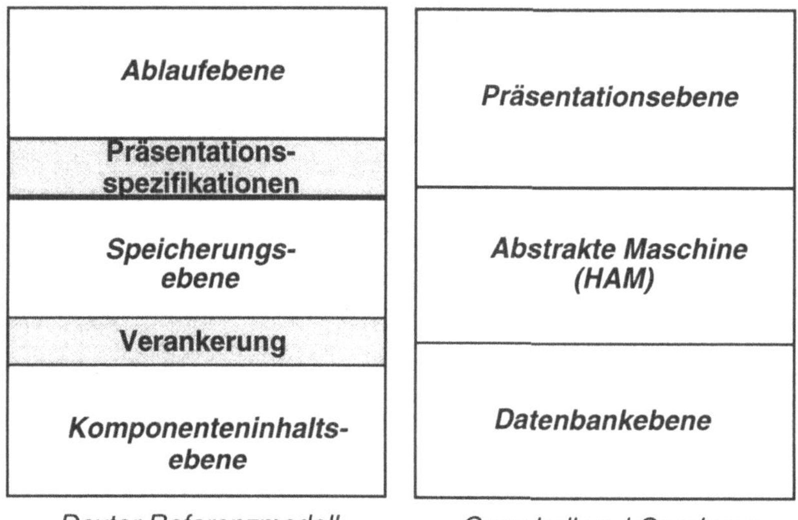

Bild 5.2   *Ein Vergleich des Dexter-Referenzmodells mit dem 3-Ebenen-Modell von Campbell und Goodman [1988], das in diesem Buch verwendet wird. Es gibt einige terminologische Unterschiede, wie z.B. den Begriff der „Speicherungsebene" (engl.: storage) im Dexter-Modell als Bezeichnung für das abstrakte Hypertextnetzwerk. Den wichtigsten Unterschied stellt allerdings die explizite Erörterung der Schnittstellen zwischen den Ebenen dar, insbesondere was die Ausgangspunkte der Verbindungen angeht.*

Die ersten Austauschformate zwischen Hypertextsystemen stammen von der Dexter-Gruppe, einer Arbeitsgruppe, die aus vielen Entwicklern der ersten Hypertextsysteme besteht.[2] Nach dem ersten Arbeitstreffen für Hypertextstandardisierung im Januar 1990 wurde die Entwicklung eines standardisierten Referenzmodells am amerikanischen Institut für Standardisierung und Technologie fortgeführt.

Diese Arbeiten produzierten ein Architekturmodell, das wesentlich detaillierter ist als das 3-Ebenen-Modell [Halasz und Schwartz 1990, 1994; Gronbaek und Trigg 1992, 1994]. Außerdem haben sie zu den ersten erfolgreichen Hypertextübertragungen von NoteCards nach HyperCard beigetragen.[3] Bild 5.2 illustriert den Unterschied zwischen dem Dexter-Modell und dem Modell, das wir in diesem Buch verwenden.

5.3 Die Ebene der Benutzerschnittstelle

Die Benutzerschnittstelle definiert die Darstellung der Information, die in der abstrakten Hypertextmaschine HAM abgespeichert wurde. Die Benutzerschnittstelle definiert auch, welche Befehle dem Benutzer zur Verfügung stehen, wie Knoten und Verbindungen dargestellt werden und ob Übersichtsdiagramme benutzt werden.

Falls die HAM z.B. Verbindungen typisiert, kann die Benutzerschnittstelle entscheiden, ob und wann sie diese Information anzeigt. Ein Anfänger kann wahrscheinlich mit dieser Information nichts anfangen; für einen Hypertextautor ist sie allerdings unentbehrlich. Die Unterscheidung zwischen Lese- und Schreibzugriff ist ein wichtiger Aspekt der Benutzerschnittstelle.

Falls die Schnittstelle dem Benutzer die Typeninformation der Verbindungen anzeigen will, so kann sie dies z.B. durch eine Veränderung des Zeigers tun (das System Guide benutzt diese Technik, siehe Bild 3.8), oder sie benutzt verschiedene Symbole für die Ausgangspunkte. Typeninformation könnte auch im Übersichtsdiagramm dargestellt werden. Auf einem Farbbildschirm könnten unter-

---

[2] Die Dexter-Gruppe ist nach dem Hotel in New Hampshire benannt, wo sich die Gruppe zum ersten Mal traf. Die beiden Treffen, in denen das Referenzmodell entwickelt wurde, waren von Jan Walker und John Leggett organisiert worden. Digital Equipment Corporation und die Texas A&M University waren die wichtigsten finanziellen Sponsoren.

[3] NoteCards und HyperCard sind sich strukturell sehr ähnlich, beide bauen auf der Frame-Metapher auf, in der alle Information auf Karten vordefinierter Größe dargestellt wird. Es wäre wahrscheinlich schwieriger, Informationen zwischen Systemen mit grundsätzlich unterschiedlichen Architekturen zu übertragen, wie z.B. vom System Guide – mit seinen langen Texten, in denen man weiterblättern kann – hin zu einem framebasierten System. Siehe dazu auch die Diskussion im Abschnitt über Hypertextknoten über die Unterschiede zwischen frame- und fensterorientierten Hypertexten.

schiedliche Farben benutzt werden; auf einem Schwarzweißschirm würden verschiedene Linienstrukturen (NoteCards), verschiedene Ikone (CM/1, siehe Bild 4.3) oder Linienbeschriftung verwendet.

Allerdings kann eine solche Entscheidung nicht im Rahmen der Benutzerschnittstelle getroffen werden, ohne die Darstellung der Daten in der HAM zu berücksichtigen. Wenn der Hypertext nur wenige Verbindungstypen hat, dann sind farb- oder linienstrukturbasierte Unterscheidungen möglich. Der Benutzer kann prinzipiell allerdings nur ca. sieben derartige Kodierungen unterscheiden. Ikone können eine etwas größere Auswahl wirkungsvoll darstellen. Hypertexte mit Hunderten von verschiedenen Verbindungsarten müßten allerdings auf explizite Linienbeschriftungen zurückgreifen.

5.4 Knoten

Der Knoten ist ein fundamentaler Bestandteil des Hypertextkonzeptes. Trotz allem gibt es keine Übereinkunft darüber, was denn nun eigentlich einen „Knoten" ausmacht. Der wichtigste Unterschied besteht hier zwischen frame- und fensterbasierten Systemen.

Frames (Karten oder Rahmen) sind von vordefinierter Größe und nehmen immer gleich viel Platz auf dem Bildschirm in Anspruch, ganz gleich, ob sie viel oder wenig Information enthalten. Die Frames im System KMS oder die Karten in HyperCard sind typische Beispiele für Hypertextsysteme, die auf dieser Metapher aufbauen. In vielen Fällen — aber nicht immer — wird die Größe des Frames durch die Größe des Bildschirms bestimmt. Da das Frame eine vorbestimmte Größe hat, muß der Benutzer unter Umständen die Information auf mehrere Karten verteilen. Der Vorteil dieser Metapher besteht darin, daß alle Navigationsoperationen unter Kontrolle des Hypertextsystems stattfinden.

Im Gegensatz dazu stellen fensterbasierte Systeme zusätzlich einen Mechanismus zur Verfügung, um innerhalb des Knotens weiterzublättern und so ein Informationselement zu erreichen. Da das System immer nur einen (möglicherweise sehr kleinen) Teil der Information eines Knotens zeigt, kann ein Knoten von beliebiger Größe sein. Man wird also nicht mehr dazu gezwungen, zusammengehörende Informationen über mehrere Knoten zu verteilen. Guide und Intermedia sind typische fensterbasierte Systeme.

Ein großer Nachteil der Systeme, die auf der Fenstermetapher aufbauen, besteht darin, daß der Hypertextentwickler nicht genau vorhersagen kann, wie der Knoten auf dem Bildschirm erscheinen wird, da Fenster unterschiedliche Größen haben können und der Benutzer in verschiedene Richtungen weiterblättern kann. Der Vorteil besteht darin, daß Fenster in Abhängigkeit ihrer Wichtigkeit und der Information, die sie enthalten, unterschiedlich groß sein können. Man könnte sich ein Hypertextsystem vorstellen, das auf der Fenstermetapher aufbaut, aber keinen Mechanismus zum Weiterblättern anbietet. Dies würde die Vorteile beider Knotenformen miteinander verbinden.

In der Wirklichkeit verschwindet die klare Trennlinie zwischen fenster- und frame-basierten Systemen. HyperCard ist größtenteils auf Frames aufgebaut; es hat allerdings eingebaute Mechanismen, um beliebig lange Textfelder darzustellen — inklusive Rollbalken zum Weiterblättern. Hyperties benutzt den ganzen Bildschirm, um in einem Fenster die Information eines Knotens zu zeigen. Hyperties hat allerdings keine Rollbalken, sondern der Benutzer muß durch eine Folge von Bildschirmen hindurchblättern, wenn der Knoten mehr Informationen enthält als auf einem Bildschirm dargestellt werden kann.

Die meisten heutigen Hypertextsysteme zeigen die Information in der Form an, in der sie vom Autor des Knotens niedergeschrieben wurde. Programmierbare Hypertextsysteme, wie z.B. KMS und HyperCard (beide haben eingebettete Programmiersprachen) oder NoteCards (mit einer Schnittstelle zu einer Programmiersprache) erlauben es, dynamisch Knoten zu *erzeugen*, wie z.B. Knoten, die die Wettervorhersage enthalten und deren Inhalt zur Laufzeit von einem Online-Dienst, z.B. Minitel oder Prodigy, geladen wird. Die Erzeugung eines Knotens zur Laufzeit bringt Risiken mit sich, wie z.B. das Einschleppen von Computerviren durch trojanische Pferde. Solche Probleme kann man in den Griff bekommen, indem man die Programme auf einem getrennten System ablaufen läßt und nur Daten an das Hypertextsystem überträgt. Sollte das Programm auf dem Rechner des Benutzers ablaufen, müssen entsprechende Schutzvorkehrungen getroffen werden. Zur Zeit wird auch an sicheren Programmiersprachen gearbeitet, die innerhalb einer schützenden Hülle ablaufen, so daß das System des Benutzers auf keinen Fall Schaden nehmen kann.

Wenn man eine große Menge an Information weitergeben möchte, stellt sich die Frage, ob diese Information besser auf viele kleine Knoten aufgeteilt werden soll oder ob man sie besser in der Form von wenigen, aber sehr großen Informationsknoten darstellt. Kreitzberg und Shneiderman [1988] beschreiben ein kleines Experiment, mit dem sie dieses Problem erforschen. Sie stellten in Hyperties den gleichen Text einmal in Form von 46 Artikeln mit zwischen 4 und 83 Zeilen dar, und einmal in Form von 5 Artikeln mit zwischen 104 und 150 Zeilen. Benutzer konnten schneller auf Fragen antworten, wenn ihnen die Informationsbasis mit den kleinen Knoten zur Verfügung stand (125 Sekunden vs. 178 Sekunden pro Antwort).

Eine der Ursachen für dieses Resultat ist sicherlich, daß Verbindungen im Hyperties-System immer auf den Anfang eines Knotens weisen. Andere Systeme haben Verbindungen, die auf Ziele innerhalb des Knotens zeigen können. Aus diesem Grund eignet sich Hyperties am besten für kleine, fokussierte Knoten, die Information zu genau einem Thema enthalten, so daß es keine Zweifel gibt, welcher Teil des Knotens das Ziel der Verbindung ist.

5.5 Verbindungen

Verbindungen stellen das zweite fundamentale Element des Hypertextkonzeptes dar. Verbindungen haben meistens einen expliziten Ausgangsankerpunkt, der vom Benutzer aktiviert werden kann, um der Verbindung zu ihrem Ziel zu folgen. Der Ausgangspunkt einer Verbindung wird meistens als eine Art von „integriertem Menüpunkt" (engl.: embedded menus) realisiert. Ein Textteil oder eine Grafik erfüllt gleichzeitig zwei Zwecke: nämlich die des Informationsträgers und die des maussensitiven Bereiches, der den Hypertextsprung auslöst. Man kann die Hypertextausgangspunkte auch in Form separater Menüs auflisten, aber dies beeinträchtigt wichtige Hypertextaspekte des Entwurfs. Eine Studie von Vora et al. [1994] zeigt, daß Benutzer um 26% schneller arbeiten, wenn die Ankerpunkte im Text integriert sind.

Die meisten Verbindungen sind expliziter Art, d.h. der Autor hat definiert, daß zwei Informationselemente miteinander verbunden sind. Einige Hypertextsysteme stellen auch *implizite* Verbindungen zur Verfügung, die nicht vom Autor einzeln definiert wurden, sondern den besonderen Eigenschaften der Information folgen. Die automatische Glossarreferenz in Intermedia (siehe Bild 4.15) ist ein klassisches Beispiel für implizite Verbindungen. Der InterLex-Server stellt automatisch eine Verbindung zwischen jedem Wort in einem Intermedia-Dokument und seiner Definition im Wörterbuch zur Verfügung. Offensichtlich wäre es unmöglich, alle diese Verbindungen explizit zu erstellen. Der Zielpunkt für eine Verbindung wird erst berechnet, wenn der Benutzer die Definition des Wortes abfragt.

Das System *StrathTutor* [Kibby und Mayes 1989] stellt eine andere Art von impliziten Verbindungen zur Verfügung. In diesem System erwartet man nicht vom Autor, daß er Verbindungen zwischen Knoten herstellt. Statt dessen wird er aufgefordert, eine Liste relevanter Eigenschaften für jeden Knoten und für wichtige Teile innerhalb des Knotens anzugeben. Diese Eigenschaften sind Schlüsselwörter, die aus einem vordefinierten, eingeschränkten Vokabular ausgewählt werden. Die wichtigen Teile innerhalb eines Knotens, die mit eigenen Eigenschaften beschrieben waren, wurden als „Hotspots" bezeichnet und sind mit den Ausgangspunkten von Verbindungen in anderen Hypertextsystemen vergleichbar. Sobald der Benutzer einen

„Hotspot" aktiviert, benutzt das System die Eigenschaften des aktuellen Knotens und des „Hotspots", um das Interesse des Benutzers zu bestimmen. *StrathTutor* sucht nach anderen Knoten und „Hotspots" im Hypertext, deren Beschreibung soweit wie möglich mit dem Interesse des Benutzers übereinstimmt. Kibby und Mayes waren der Meinung, daß diese Art der verteilten Spezifikation der Hypertextverbindungen die einzige Möglichkeit darstellt, um wirklich große und komplexe Hypertexte zu erstellen.

Die Verbindungen in *StrathTutor* sind ein gutes Beispiel für berechnete Verbindungen, die vom System dynamisch erstellt werden, während der Leser mit dem Hypertext arbeitet — im Gegensatz zu statischen Verbindungen, die im voraus durch den Autor definiert werden. Der Hypertexttouristenführer *Glasgow Online* benutzt eine andere Art von impliziten Verbindungen, indem er den Benutzer dynamisch mit der elektronischen Zugfahrplanauskunft für ausgesuchte Reiseziele verbindet.

Eine Hypertextverbindung hat zwei Enden. Es kann notwendig sein, den Zielpunkt innerhalb des Zielknotens explizit zu beschreiben, sogar wenn eine Verbindung nicht bidirektional[4] ist. In den meisten framebasierten Hypertextsysteme zeigen Verbindungen immer nur auf ganze Knoten. Ist das Ziel allerdings sehr groß, dann ist es für den Benutzer von Vorteil, wenn das System die Zielinformation genauer hervorheben kann. Die Drexel-Diskette hebt z.B. das Gebäude 53 hervor, da der Benutzer zur Karte des Universitätsgeländes gesprungen ist, indem er eine Verbindung benutzte, deren Ausgangspunkt die Beschreibung der Reparaturwerkstatt ist (die Reparaturwerkstatt befindet sich in Gebäude 53).

Im allgemeinen sollte ein Hypertextentwurf dem Benutzer mitteilen, warum der Zielpunkt einer Verbindung für ihn wichtig ist. Landow [Landow 1989a] schlägt deshalb eine Konvention für die Ankunftsbeschreibung vor, die den Ankunftspunkt mit dem Ausgangspunkt verbal in Verbindung bringt (engl.: rhetorical arrival).

Falls ein Hypertextsystem explizite Verbindungen benutzt, muß man entscheiden, ob man diese auf dem Bildschirm besonders hervorhebt. In einem *dünn besiedelten* Hypertext, in dem vielleicht weniger als 10% der Information gleichzeitig als Ausgangpunkt für Verbindungen benutzt wird, ist es wahrscheinlich eine gute Idee, die Ausgangspunkte visuell hervorzuheben. Dies ist ein Beispiel für die allgemeine Regel für den Entwurf von Benutzerschnittstellen, wonach man dem Benutzer mitteilt, welche Optionen ihm zur Verfügung stehen. In einem *dicht besiedelten* Hypertext, in dem fast alles mit allem verbunden ist, sollte man es tunlichst vermei-

---

[4] Siehe hierzu die Diskussion über die Ausrichtung von Verbindungen im Kapitel 1.

den, die Ausgangspunkte gesondert hervorzuheben. Wenn alle Elemente grafisch hervorgehoben sind, wird die Hervorhebung sinnlos.

Guide verwendet eine andere Methode, um dem Benutzer einen Ausgangspunkt zu zeigen: der Zeiger verändert seine Form (siehe Bild 3.8). Man sollte diese Methode allerdings erweitern, und dem Benutzer zeigen, wo sich Verbindungen befinden. Andernfalls muß er, ähnlich wie ein Minensucher, den ganzen Bildschirm nach Ausgangspunkten durchforsten.

Leider verträgt sich das Hervorheben von Ankerpunkten nicht sehr gut mit der Benutzung von typografischen Stilmitteln wie z.B. *kursiv* oder **fett**. Hypertextautoren wollen diese Stilmittel für ihre eigenen Zwecke benutzen und trotzdem die Ausgangspunkte der Verbindungen anzeigen. Leider benutzen viele aktuelle Hypertextsysteme diese oder ähnliche Stilmittel für beide Zwecke. Das kann sehr verwirrend für den Benutzer sein, es sei denn der Autor hat in einem guten Leitfaden klar definiert, welche Stilmittel für welchen Zweck angewendet werden. Die Einführung spezieller typografischer Hinweise für Hypertextverbindungen [Evenson et al. 1989] und die allmähliche Entwicklung von Notationskonventionen für Hypertext stellen mögliche Lösungen dieses Problemes dar.

Die meisten heutigen Hypertextsysteme benutzen nur einfache Verbindungen zwischen zwei Knoten oder zwei Ankerpunkten. Die Einfachheit dieses Ansatzes bedeutet, daß man solche Hypertexte sehr leicht schreiben und lesen kann. Das einzige, was man mit Verbindungen macht, ist ihnen zu folgen, indem man mit der Maus auf den Ausgangspunkt klickt.

Im Gegensatz dazu kann eine Verbindung auch mit Schlüsselwörtern oder semantischen Eigenschaften, z.B. Name des Autors oder Erstellungsdatum versehen werden. Auf diese Weise kann man die Komplexität eines Hypertextes reduzieren, indem man Filter anwendet, z.B. „Zeige nur Verbindungen, die nach dem 23. März 1995 erstellt wurden" oder „Verstecke alle Verbindungen, die vom Autor XY erzeugt wurden" (falls man der Meinung ist, daß dieser Autor nicht wesentlich zum Hypertext beigetragen hat).

Verbindungen können auch typisiert werden, um verschiedene Arten von Verknüpfungen darzustellen. Trigg [1983] entwickelt eine ausgedehnte Taxonomie aus 75 verschiedenen Arten von Verbindungen, die unter anderem Abstraktionen, Beispiele, Formalisierungen, Anwendungen, Neuformulierungen, Vereinfachungen, Widerlegungen, Erhärtungen und Daten beinhalten.

Zusätzlich zu den üblichen Verbindungen zwischen zwei Knoten haben einige Hypertextsysteme auch „Superverbindungen", die eine Vielzahl von Knoten miteinander verbinden. Es gibt mehrere Möglichkeiten, um einen einzelnen Ausgangspunkt mit verschiedenen Zielpunkten in Verbindung zu bringen. Die zwei einfachsten Möglichkeiten zeigen entweder eine Liste der Zielpunkte oder springen gleichzeitig zu allen Zielorten. Das System Intermedia benutzt Listen und erlaubt dem Benutzer die Auswahl eines Zieles. Dieser Ansatz erfordert gute und verständliche Namen für die Verbindungen und die Zielknoten, damit Benutzer mit der Auswahl etwas anfangen können. Einige Benutzer des Systems NoteCard entwickelten Mehrfachverbindungen (engl.: fat link), die gleichzeitig Fenster für alle Ziele auf dem Bildschirm erscheinen lassen. Andere Möglichkeiten für die Realisierung von „Superverbindungen" könnten dem System, anstatt dem Benutzer, die Auswahl überlassen. Das System könnte ein Modell benutzen, in dem die Bedürfnisse des Benutzers repräsentiert sind, oder aber andere Abschätzungsmethoden, die es erlauben, das best geeignete Ziel auszuwählen. Die Zufallsmethode, die am Ende von Kapitel 2 beschrieben wird, ist die einfachste Auswahlmethode.

Die Ausgangspunkte für Verbindungen stellen ein Problem für die Mehrebenenarchitekturen dar, die am Anfang dieses Kapitels beschrieben wurden. Im Prinzip gehören Verbindungen zur Ebene der abstrakten Hypertextmaschine HAM. Die Position der Ausgangspunkte innerhalb eines Knotens ist allerdings von der Speicherarchitektur des Knotenmediums abhängig. In einem Knoten, der nur aus Text besteht, kann die Position des Ankers durch eine Textsequenz beschrieben werden („Buchstaben 25 - 37"), wogegen ein Ausgangspunkt in einem Videoclip beides braucht: eine Sequenzbeschreibung („Bilder 517 - 724") und eine grafische Positionsbeschreibung („das Rechteck ([10,10];(20,20)]").[5] Aus diesem Grund kann die Verankerung der Verbindungen nicht durch die abstrakte Hypertextmaschine beschrieben werden. Im Dexter-Modell [Halasz und Schwartz 1990] wird dieses Problem gelöst, indem man eine explizite Schnittstelle zwischen der abstrakten Hypertextmaschine (wird in ihrem Modell als Speicherebene bezeichnet) und der Datenbankebene (wird in ihrem Modell als Komponenteninhaltsebene bezeichnet) einfügt (siehe Bild 5.2). Ausgangspunkte werden als indirekte Zeiger dargestellt, und die Verbindungsschnittstelle stellt eine Übersetzung zwischen den Bezeichnern für Ausgangspunkte in der abstrakten Maschine und den Verankerungspunkten in den Knotendaten zur Verfügung.

Gunnar und Per Siljubergsasen entwickelten eine Benutzerschnittstelle für das Kon-Tiki-Museum in Norwegen, die eine sehr interessante Technik benutzt, um

---

[5] Dynamische Ausgangspunkte können noch wesentlich komplexer sein: Man versuche, die Ankerpunkte in einem Fußballvideo so zu beschreiben, daß ein Mausklick auf einen Spieler zu dessen Namen und einer Tabelle mit statistischen Daten führt.

Ausgangspunkte für Verbindungen in Videomaterialien darzustellen [Liestol 1994]. Das Museum hat eine sehr große Sammlung von Filmen, die in Verbindung mit Thor Heyerdahls Expeditionen aufgenommen wurden, und eine der Entwurfsherausforderungen war die Darstellung von Verbindungen zwischen Videoclips und anderen Informationen in Form von Texten, Karten und Fotografien.

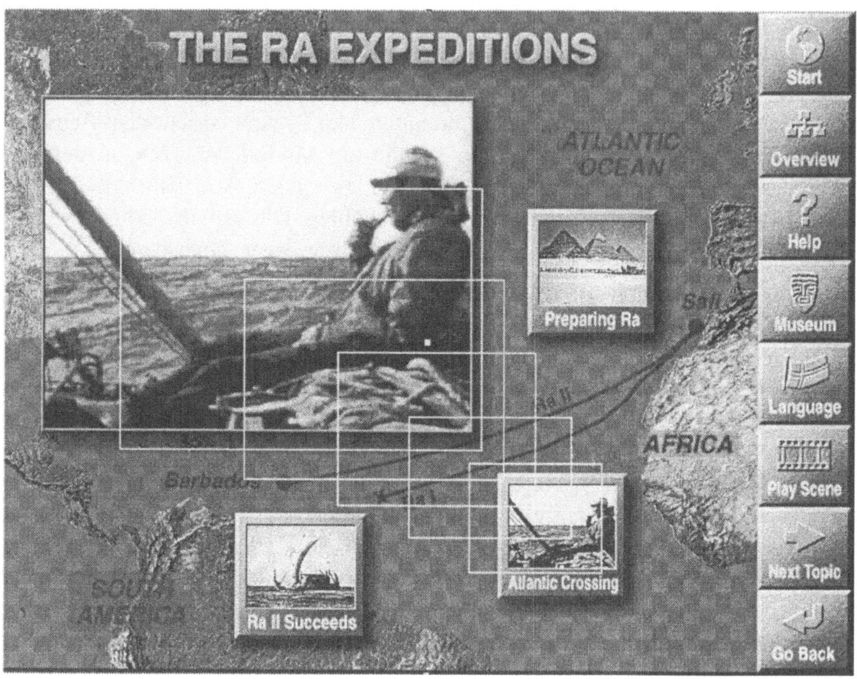

Bild 5.3 *Das System Kon-Tiki erzeugt Videofußnoten, indem es das Videobild in einem Ikon zusammenfaßt (© 1993, Kon-Tiki Museum, mit Erlaubnis abgedruckt).*

Um einen grafischen Ausgangspunkt für eine Verbindung zu erhalten, der zu einem bestimmten Bild in einer Videosequenz gehört, benutzten die Entwickler eine Technik, die für die Macintosh-Benutzerschnittstelle entwickelt wurde: Wenn Dokumente auf dem Macintosh geöffnet oder geschlossen werden, dann wird die Beziehung zwischen dem Dokument und dem Ikon durch ein sich vergrößerndes, respektive verkleinerndes bewegliches Rechteck angezeigt. Auf die gleiche Weise wird im Kon-Tiki-System jeweils ein Ikon erzeugt, wenn im Videofilm ein Verbindungsausgangspunkt erscheint. Diese Ikone erscheinen auf dem Bildschirm als

Fußnoten, auf die man klicken kann, wenn man zu diesem Videoteil weitere Informationen haben will.

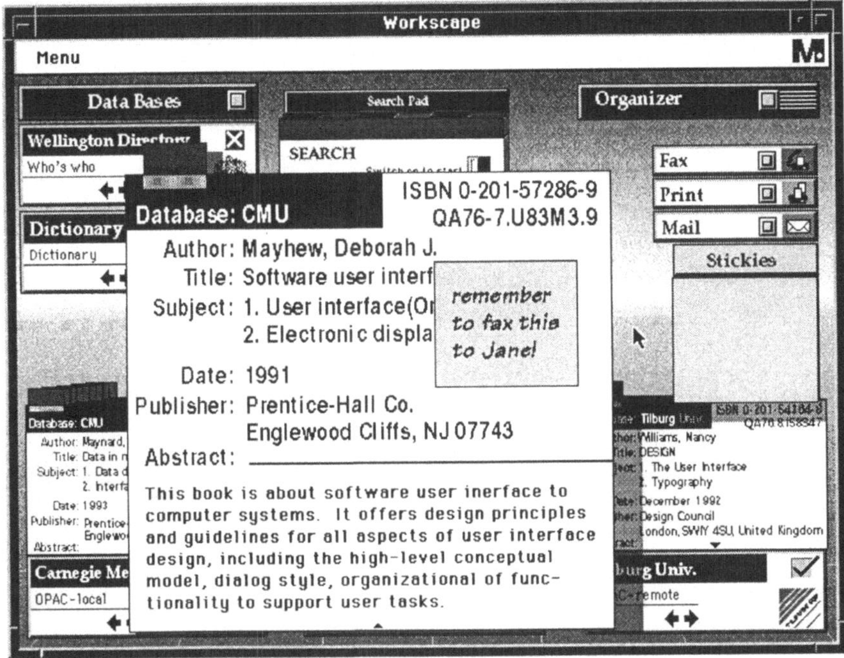

Bild 5.4 *Darstellung von Annotationen durch „Patschzettel". Um eine Annotation einzufügen, reißt der Benutzer einen „Patschzettel" von dem Stapel (engl.: stickies) auf der rechten Seite ab und klebt ihn auf das grafische Objekt, zu dem er einen Kommentar einfügen möchte. Der „Patschzettel" wird das Objekt begleiten, bis der Benutzer ihn wieder entfernt (© 1994 J. Ray Scott, Digital Equipment Corporation, mit Erlaubnis abgedruckt).*

5.5.1 Annotationen

Annotationen sind eine besondere Art von Hypertextverbindungen. Diese Verbindungen verweisen auf kurze zusätzliche Informationen. Wenn man eine Annotation liest, ist dies im allgemeinen ein Exkurs aus dem restlichen Lesefluß, zu dem der Leser sofort wieder zurückkehrt. Annotationen im Hypertext werden so ähnlich wie Fußnoten im traditionellen Text benutzt. Sie können als Pop-up-Fenster wie im System Guide implementiert werden, die verschwinden, sobald der Benutzer die Maus losläßt. Eine andere Realisierung wird in Bild 5.4 gezeigt: Hier sind

Fußnoten als freischwebende „Patschzettel" implementiert (sie werden fast immer in gelben Fensterchen dargestellt, in Erinnerung an die 3M-Post-it-Zettel [Lucas und Schneider 1994; Scott 1994]) oder sie können durch ein Ikon angesprochen werden.

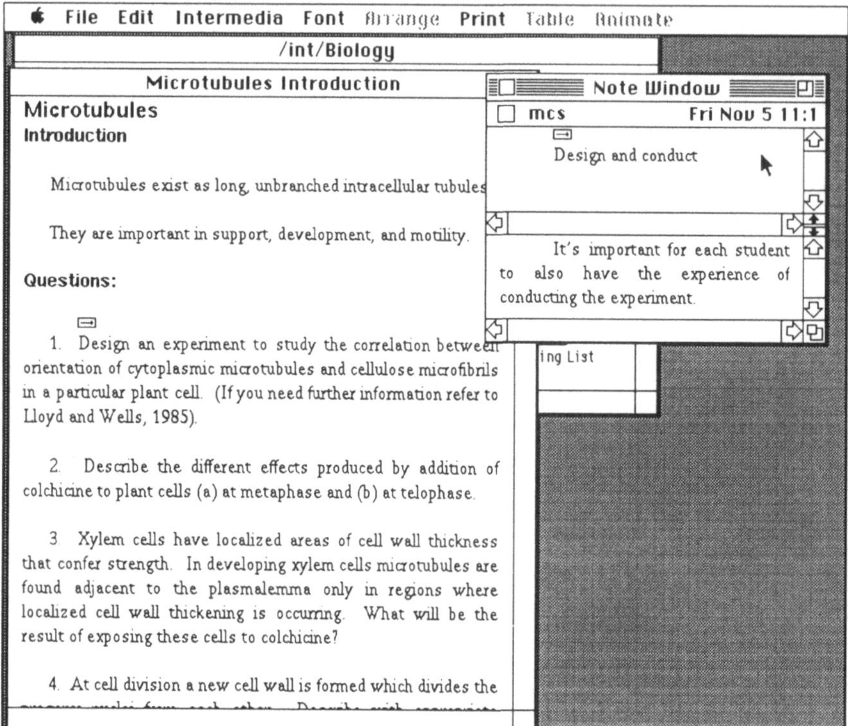

Bild 5.5   *Der Informationsdienst „InterNote" innerhalb von „IRIS Intermedia" stellt eine einfache Methode zur Verfügung, um Dokumente aller Art mit Annotationen zu versehen. Die obere Hälfte des rechten Fensters enthält die Annotation, die untere Hälfte enthält die Begründung der Annotation. Der Autor des Dokumentes mit dem Titel „Microtubules Introduction" kann die Annotation in das Dokument aufnehmen, indem er auf den Ausgangspunkt der Verbindung klickt und dem System den Befehl zur Einarbeitung der Annotation gibt (engl.: incorporate annotation) (© 1989, Brown University, mit Erlaubnis abgedruckt).*

Hypertextautoren benutzen Annotationen genauso wie sie Fußnoten in traditionellen Publikationen benutzen würden, nur daß Hypertextannotationen weniger aufdringlich sind, da sie nur gezeigt werden, wenn der Benutzer nach ihnen fragt. Den interessantesten Gebrauch der Annotationen macht allerdings der Leser. Viele

Hypertextsysteme erlauben es dem Leser, neue Verbindungen zu den ursprünglichen Materialien hinzuzufügen, auch wenn der Leser die ursprünglichen Knoten und Verbindungen nicht verändern kann. Annotationen können benutzt werden, um den Informationsraum den persönlichen Bedürfnissen anzupassen. Die Leser eines hypertextbasierten medizinischen Handbuches [Frisse 1988a] könnten die allgemeine Beschreibung eines Medikamentes durch Annotationen erweitern, und z.B. den Namen der Marke hinzufügen, die in ihrem Krankenhaus üblicherweise verschrieben wird.

Das System Intermedia enthält Möglichkeiten zur Erstellung von Annotationen (siehe Bild 5.5). Andere Systeme wie z.B. HyperTies stellen dem Leser keine Annotationsmöglichkeiten zur Verfügung; nur der Autor hat die Möglichkeit, den Informationsraum zu verändern. Einer der Gründe, warum HyperTies nicht erlaubt, Informationen zum System hinzuzufügen, besteht darin, daß das System ursprünglich als Museumsinformationssystem entwickelt wurde und man zufälligen Benutzern nicht das Recht geben wollte, die Information zu verändern. Der Wunsch nach einer extrem einfachen Benutzerschnittstelle für HyperTies war ein anderer Grund für das Fehlen von Annotationsmöglichkeiten: Weniger Optionen bedeuten kürzere Einarbeitungszeit.

Schließlich können auch verschiedene Arten der Hervorhebung benutzt werden, mit denen ein Leser einen Hypertext verändern kann [Nielsen 1986]. So kann ein Leser verschiedene Farben benutzen, um klarzustellen, welche Teile für ihn besonders wichtig sind [Irler und Barbieri 1990]. *Folio* ist ein kommerzielles Hypertextsystem, das dem Benutzer die grafische Hervorhebung ermöglicht. Obgleich individuelle Hervorhebungen keine richtigen Verbindungen sind, so kann man doch auswerten, was mehrere Benutzer wie hervorheben, um einen Hypertext zu filtern und nur die wichtige Information zu zeigen, oder um in einem Hypertext nach Knoten zu suchen, die von anderen Benutzern hervorgehoben wurden.

5.6 Hypertextmaschinen

Viele Hypertexte bauen auf allgemeinen, unspezifischen Hypertextmaschinen auf, die für viele verschiedene Anwendungen benutzt werden können. Andere Hypertextsysteme sind speziell für eine einzige Anwendung konzipiert worden und bieten anwendungsspezifische Interaktionsmechanismen an, die für einen besonderen Dokumenttyp entwickelt wurden.

Die Benutzung von allgemeinen, anwendungsunabhängigen Hypertextsystemen vereinfacht nicht nur die Arbeit des Entwicklers (er muß die Hypertextmaschine nicht noch einmal programmieren), sondern sie vereinheitlicht auch die Benutzeroberfläche für all die Systeme, die auf derselben Hypertextentwicklungsumgebung aufbauen. Benutzer, die z.B. Erfahrung mit dem System Guide haben, können sofort mit einem anderen Hypertext arbeiten, falls dieser auch in Guide entwickelt wurde. Die Lern- oder Trainingsphase wird reduziert oder entfällt ganz.

Manche Hypertextsysteme, wie z.B. Guide oder Hyperties, sind regelrechte Hypertextmaschinen. Der Hypertextautor schreibt den Text, und das System definiert den Rest; z.B. erscheinen in Guide Pop-up-Fenster *immer* in der oberen rechten Ecke des Bildschirms. Der Benutzer braucht bis auf einige Detailfragen, z.B. wie ein Paragraph umgebrochen wird, keine Formatierungsentscheidungen zu treffen. Wenn man bedenkt, daß die wenigsten Leute gute Benutzerschnittstellen entwerfen können, dann scheint dies eine sehr positive Eigenschaft zu sein.

Andere Hypertextsysteme geben dem Benutzer gewisse Freiheitsgrade, um die Benutzerschnittstelle einer bestimmten Aufgabe anzupassen. HyperCard ist ein gutes Beispiel für ein solches System: Der Designer kann frei entscheiden, wo Ein- und Ausgabefelder auf dem Bildschirm erscheinen, und er kann beliebige Hintergrundgrafiken benutzen. Trotz allem muß der Entwurf innerhalb der Grenzen von HyperCard bleiben: einem frame-basierten System, das Schwarzweißbilder im Rahmen einer vordefinierten Karte zeigt. Die Entwicklungsumgebung stellt eine Reihe von Schnittstellenelementen zur Verfügung, über die man aber nicht hinausgehen kann.

In Wahrheit *kann* man den Rahmen von HyperCard verlassen, aber nur, indem man die eingebaute Programmiersprache verläßt und in anderen Programmiersprachen, wie z.B. C, externe Befehle (sogenannte „XCMDS") entwickelt. NoteCards ist erweiterbar, weil es eine integrierte Schnittstelle für InterLisp hat. Es gibt aber auch einige einfachere Methoden, um NoteCard-Oberflächen an die Bedürfnisse einer Anwendung und ihrer Dokumente anzupassen [Trigg et al. 1987].

Von HyperCard kann man sagen, daß es Hypertextautoren nicht nur die Anpassung an eine Anwendung ermöglicht, sondern es *zwingt* den Autor dazu, die Schnittstelle auf die Anwendung anzupassen. HyperCard stellt keinen Standardentwurf für die Darstellung von Daten oder Dokumenten zur Verfügung. Bevor das System irgendetwas darstellen kann, muß der Autor die Textfelder definieren und sie auf der Karte positionieren.

Einige Hypertexte sind spezialisierte Systeme, die für genau eine Anwendung geschrieben wurden, wie z.B. die Drexel-Diskette (siehe Bild 1.3) oder Palenque (siehe Kapitel 4). Spezielle Systeme können die Anforderungen einer Anwendung viel besser und genauer erfüllen. Das Palenque-System z.B. enthält Filmaufnahmen einer Fernsehpersönlichkeit, die von Zeit zu Zeit „hereinschaut", um neue

Entdeckungen einzuleiten. Die Entwickler des Systems Palenque führten diesen Begleiter ein, nachdem jugendliche Benutzer ihnen erklärten, daß sie diese Stadt am liebsten mit jemandem zusammen erkunden wollten.

5.7 Offene Hypertextarchitekturen

Die meisten Forscher, die an Hypertextfragen arbeiten, benutzen Systeme, die speziell für Hypertextanwendungen ausgelegt sind. Die meisten *Benutzer* arbeiten allerdings mit Systemen, die es ihnen erlauben, viele verschiedene Aufgaben zu erledigen, angefangen von einfachen Spreadsheets bis hin zu sehr speziellen Anwendungen, wie z.B. der Auswertung seismischer Daten aus der Umgebung von Erdölbohrstätten. Der Konflikt zwischen diesen beiden Standpunkten — spezialisiert vs. allgemein — wird nicht dadurch gelöst werden, daß nur noch Hypertextanwendungen benutzt und alle anderen Anwendungen umgeschrieben werden. Offene Hypertextarchitekturen sind wesentlich vielversprechender. Sie zielen darauf hin, Hypertextfähigkeiten mit anderen Anwendungen in der Arbeitsumgebung des Benutzers zu integrieren. Die Schlüsselaspekte dieses Ansatzes sind: (1) Jede Anwendung arbeitet mit den Daten, auf die sie spezialisiert ist; (2) Anwendungen können mit einer Hypertextanwendung kommunizieren, welche die Verbindungen zwischen den einzelnen Anwendungen (und möglicherweise sogar innerhalb der Anwendungen) kontrolliert.

Engelbart [1990] definiert drei Interaktionsebenen für offene Hypertextarchitekturen: (1) Interaktion im Informationsraum eines einzelnen Anwenders (z.B. Verbindungen zwischen einer Telefonliste und zugehörigen Notizen); (2) Interaktion im Informationsraum einer Gruppe (z.B. Verbindungen zwischen den Dateien mehrerer Mitarbeiter) und (3) gruppenübergreifende Interaktion (z.B. Verbindungen von der Verkaufsabteilung zur Herstellungs- oder Entwicklungsabteilung). Die dritte Art ist ein Bespiel für Interaktion zwischen Wissensgebieten, in denen wahrscheinlich verschiedene spezialisierte Anwendungen benutzt werden.

In diesem Abschnitt werden wir uns hauptsächlich mit der ersten Art der Interaktion beschäftigen: der Fähigkeit, Verbindungen zwischen Informationselementen in verschiedenen Anwendungen herzustellen. Die anderen beiden Interaktionsebenen gehören eher in den Bereich der computergestützen Zusammenarbeit (engl: computer-supported cooperative work – CSCW) und bauen zum großen Teil auf Netzwerk- und Kooperationstechnologie und nicht so sehr auf Hypertexttechnologie auf. Gruppen- und firmenübergreifende Interaktionen können zum Teil durch das Internet und das World-Wide-Web unterstützt werden. Wir werden diese Technologien in Kapitel 7 beschreiben.

Offene Hypertextsysteme werden im allgemeinen folgendermaßen realisiert: Man entfernt die Hypertextaspekte aus den Anwendungen und führt ein Hypertextsystem ein, das diese Funktion für alle Anwendungen erledigt. Das Hypertextsystem muß wissen, welche Information wohin bewegt wurde, und es muß mit den Anwendungen kommunizieren können, um ihnen z.B. mitzuteilen, daß sie ein bestimmtes Dokument öffnen sollen und bis zu einer bestimmten Stelle vorblättern sollen. Die Verbindungen werden üblicherweise in einer getrennten Datenbank gespeichert, d.h. getrennt von den eigentlichen Dokumenten, auf denen die Anwendungen arbeiten. Die Verbindungen werden von der Hypertextanwendung verwaltet, anstatt von den anderen Anwendungen. Die Trennung von Dokument- und Verbindungsverwaltung begründet sich dadurch, daß die Verbindungen oft in Formaten gespeichert werden, die mit den Formaten der Anwendungen inkompatibel sind, und daß man dem Benutzer diese Datenstrukturen nicht zeigen möchte.

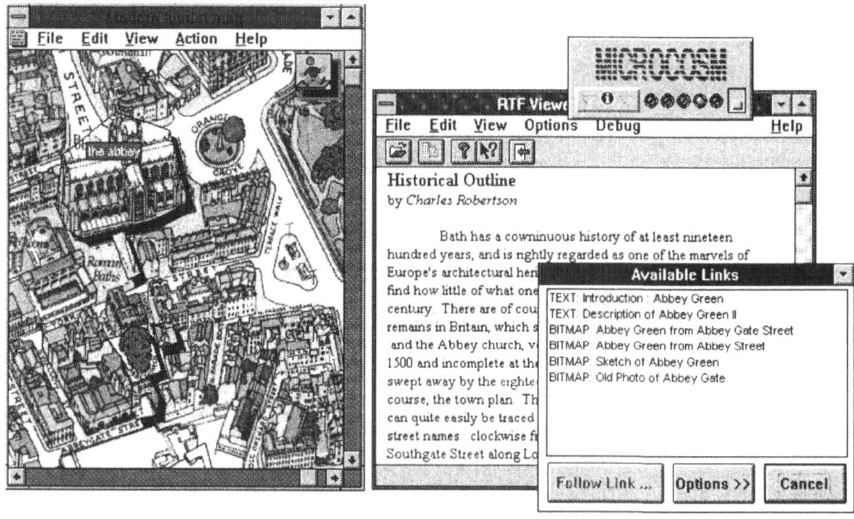

Bild 5.6 *Hypertextfähige Anwendungen und Microcosm. Die Grafikanwendung zeigt Teile eines Stadtplans. Zu Darstellungszwecken wurden Knöpfe über das Bild gelegt. Die Textanwendung benutzt das RTF-Format (rich text format). Beide Anwendungen wurden aufgerufen, nachdem der Benutzer Elemente aus der Liste der verfügbaren Verbindungen ausgewählt hatte. Die Liste zeigt die Verbindungen, die vom Anker „Abbey Green" ausgehen (© 1994, Microcosm Group, University of Southampton, Großbritannien, mit Erlaubnis abgedruckt).*

Das Projekt *Microcosm* [Davis et al. 1992, 1994; Hill and Hall 1994] definiert drei Klassen, die die Hypertextintegrationsfähigkeit einer Anwendungen beschreiben:

hypertextfähige, teilweise hypertextfähige und *hypertextignorierende* Anwendungen. Die Hypertextfähigkeit einer Anwendung beschreibt, inwiefern die Anwendung etwas über Hypertext, Verbindungen zwischen Daten und Verbindungen zwischen Anwendungen „weiß". Bild 5.6 zeigt hypertextfähige Anwendungen und illustriert, wie Microcosm Verbindungen zwischen grafischen Anwendungen und einem Textverarbeitungssystem ermöglicht. Sobald eine hypertextfähige Anwendung ein Dokument öffnet, sendet sie eine Nachricht an Microcosm, um herauszufinden, ob das Dokument Verbindungen enthält. Falls ja, dann kann die Anwendung die Ausgangspunkte der Verbindungen als Knöpfe darstellen. Wenn der Benutzer einen Knopf aktiviert, dann weiß die Anwendung, daß er einer Verbindung folgen will und kann diese Nachricht an das Microcosm-Hypertextsystem weiterreichen. Wenn der Benutzer Informationen in einem Dokument verändert, wird eine hypertextfähige Anwendung dem Microcosm-System mitteilen, ob Verbindungsanker gelöscht, bewegt oder hinzugefügt wurden. Microcosm wird diese Information dann in seine Verbindungsdatenbank aufnehmen.

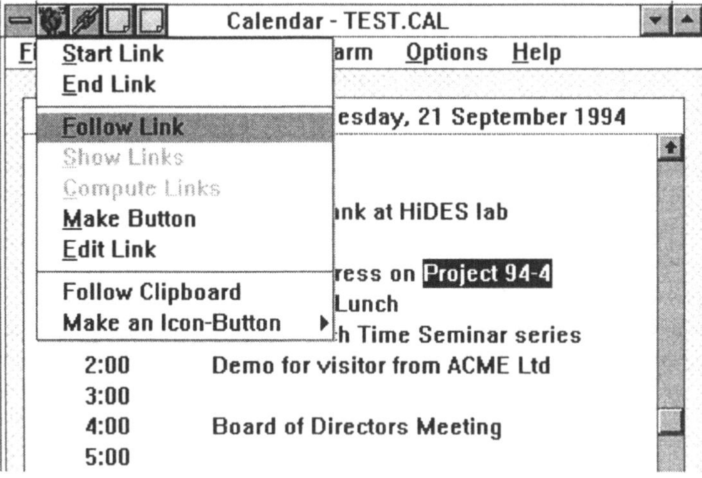

Bild 5.7   *Der „MicrocosmUniversal Viewer "(universeller Betrachter) wurde über das Programm Microsoft Calendar gestülpt. Microsoft Calendar weiß nichts von Microcosm. Der Universal Viewer bildet eine universelle Brücke zwischen Microcosm und Anwendungen, die nicht hypertextfähig sind, indem er die Menüs und die benötigten Knöpfe auf der Titelleiste zur Verfügung stellt und dem Benutzer erlaubt, Textteile in der unterliegenden Anwendung auszuwählen, um Verbindungen zu aktivieren oder neue zu erstellen (© 1994, Microcosm Group, University of Southampton, Großbritannien, mit Erlaubnis abgedruckt).*

Das größte Problem bei der Benutzung von offenen Hypertextarchitekturen ist, daß die hypertextfähigen Anwendungen an die jeweilige Hypertextarchitektur angepaßt sein müssen. In diesem Fall wurde das System Microcosm benutzt, aber es gibt noch mehr derartige Systeme (in der Zukunft wird diese Zahl weiter steigen), und man kann nicht davon ausgehen, daß jedes Anwendungsprogramm allen verfügbaren offenen Hypertextarchitekturen angepaßt wird.

Teilweise hypertextfähige Anwendungen sind meistens auf die eine oder andere Art programmierbar, wodurch sie um ein Aktionsmenü erweitert werden können, das die nötigen Befehle enthält, um mit dem Hypertextsystem zusammenzuarbeiten. Viele populäre Anwendungen, wie z.B. Microsoft Word oder Spreadsheets, haben eingebaute Programmiersprachen (z.B. Visual Basic), die zu diesem Zweck benutzt werden können. Im allgemeinen erlauben es die teilweise hypertextfähigen Anwendungen nicht, neue Knöpfe als Ankerpunkte für Verbindungen zu definieren, da diese Anwendungen ihre Benutzerschnittstelle und die Darstellung der Daten selbst definieren. Aus diesem Grund bleibt dem Benutzer nichts anderes übrig, als innerhalb der Anwendung Datenelemente auszuwählen und dann Hypertextbefehle, wie z.B. „Folge dieser Verbindung", im Microcosm-Menü zu geben.

In einer Anwendung, die alle Hypertextaspekte ignoriert, können die Hypertextbefehle nicht in der Anwendung spezifiziert werden. Sie müssen mit Hilfe einer Veränderung des Fenster- oder Betriebssystems definiert werden. Bild 5.7 zeigt, wie der Microcosm Universal Viewer an die Titelleiste einer Anwendung angeheftet wird. Dadurch operiert er im Kontext dieser Anwendung, obgleich die Anwendung nichts über Microcosm weiß. Wenn Microcosm durch die Menüleiste aktiviert wird, so liest es die momentane Auswahl im Fenster der Anwendung und vergleicht den Inhalt der Auswahl mit den Elementen seiner Hypertextdatenbank (z.B. den Ausgangspunkten der Verbindungen). Danach kann Microcosm auf die Auswahl reagieren und z.B. ein anderes Fenster öffnen, das den Endpunkt der Verbindung enthält.

Anwendungen, die nur teilweise oder überhaupt nicht hypertextfähig sind, haben keine Möglichkeit, dem Hypertextsystem mitzuteilen, ob der Benutzer Informationselemente verändert, die Verbindungselemente enthalten. Aus diesem Grund braucht das Hypertextsystem andere Mechanismen, um seine Datenbank auf dem Laufenden zu halten. Dieses Problem kann nicht in allen Fällen zufriedenstellend gelöst werden, da Dokumente manchmal derart stark verändert werden, daß es unmöglich ist, die Ankerpunkte der Verbindungen zu bestimmen. Hierbei darf man nicht vergessen, daß in der Regel keine Hypertextinformationen in die Dokumente eingefügt werden können, damit sie mit den Dokumentstrukturen ihrer Anwendungen kompatibel bleiben. Üblicherweise löst man dieses Problem folgendermaßen: Das System merkt sich jede Ankerposition im Dokument; nachdem das Dokument editiert wurde, versucht das System, den gleichen Text (oder andere Daten) in der direkten Umgebung des früheren Ankerpunktes wiederzufinden, um so den geänderten Ankerpunkt zu bestimmen. Es ist klar, daß dieses Verfahren scheitert, wenn der Benutzer den Anker selbst verändert hat oder die Änderungen im Dokument den Anker sehr weit weg bewegt haben.

5.8 Die Einführung von Hypertextkonzepten in andere Umgebungen

Hypertext muß nicht unbedingt alle bis zu diesem Zeitpunkt diskutierten Hypertexteigenschaften aufweisen. Es ist sehr wohl möglich, einige wenige Konzepte aus dem Hypertextbereich zu benutzen und sie in andere Computersysteme einzuführen, ohne diese in wahre Hypertextsysteme zu verwandeln [Frisse und Cousins 1992].

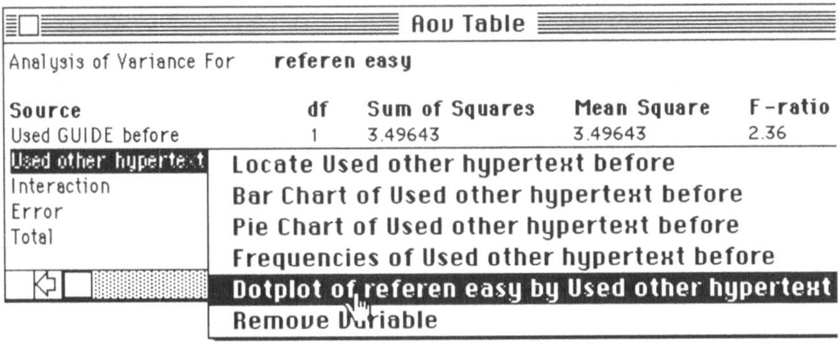

Bild 5.8   *Ein „HyperView"-Menü im Statistiksystem „Data Desk Professional". Der Benutzer arbeitet gerade mit einer Varianzanalyse und interessiert sich besonders für eine Variable. Das Menü erlaubt den direkten Zugriff auf weitere statistische Analysen und grafische Auswertungen, die in diesem Kontext von Interesse sind.*

Das Statistikpaket *Data Desk Professional* der Firma Odesta enthält z.B. den Hypertextmechanismus *HyperView* (siehe Bild 5.8). HyperView gibt dem Benutzer direkten Zugriff auf Analysen und Grafiken, die in einem gebenen Kontext für den Benutzer wichtig sind. Das System benutzt Wissen über die Nutzung von Statistiken, um festzustellen, an welchen anderen statistischen Verfahren ein Benutzer üblicherweise interessiert ist, wenn er sich in einem bestimmten Kontext (definiert durch die Analysetabelle, die er sich gerade ansieht) eine Variable genauer anschauen will.

Wenn der Benutzer in dem Menü in Bild 5.8 eine Auswahl trifft, dann löst dies einen Sprung zu einem neuen Fenster aus, das die gewünschte Analyse oder die gewünschte Grafik enthält. Das System muß den Inhalt dieses Fensters zuerst berechnen. Die Auswahl löst in Wirklichkeit ein Programm des Statistikpaketes aus, schickt diesem einige Befehle und übergibt einige Parameter. Für den Benutzer sieht das Ganze aus wie eine Hypertextnavigation zwischen zwei Fenstern. HyperView ist ein großer Fortschritt für den Benutzer, da er nicht zuerst den richtigen Befehl aus dem großen Befehlsvorrat des statistischen Analyseprogramms auswählen muß und sich auch nicht mit der Spezifizierung der richtigen Parameter beschäftigen muß.

6   Hardware für Hypertext

Hypertext läuft auf Computern und ist daher abhängig von der Computertechnologie, die gerade zur Verfügung steht. Viele der Beschwerden und Probleme, die man oft mit Hypertext verbindet, haben nichts mit den eigentlichen Eigenschaften von Hypertext oder den Benutzerschnittstellen zu tun, sondern sie liegen an der Unzulänglichkeit der heute zur Verfügung stehenden Technologie.

Es gibt viele Hypertextanwendungen wie z.B. den Touristenführer, die an sich erst sinnvoll werden, wenn man Rechner wie Bücher mit sich herumtragen kann. Ein sehr gutes Reiseinformationssystem, das Hypertextsystem *Business Class*, wurde gerade aus diesem Grund in Computerzeitschriften sehr schlecht bewertet.

Eine Anwendungsstudie über Hypertext [Nielsen und Lyngbæk 1990] zeigte, daß sich 33% der Benutzer darüber beschwerten, Computer seien umständlicher als Papier. „Ich will nicht an den Rechner gebunden sein. Oft lese ich Berichte im Zug auf dem Weg nach Hause" oder „Ich muß mir im voraus überlegen, daß ich jetzt etwas lesen will und muß zuerst den Macintosh einschalten. Wenn ich etwas Gedrucktes lesen will, ist weniger Planung erforderlich" waren typische Aussagen.

Aus diesem Grund träumen viele Hypertextforscher von dem Tag, an dem Rechner so klein sein werden, daß man sie wirklich wie Bücher mit sich herumtragen kann. Alan Kay befaßte sich schon vor Jahren mit dieser Idee [Kay und Goldberg 1977] und sprach dabei vom *Dynabook* (dynamisches Buch). Es gibt zwar heute ein Produkt, das DynaBook heißt und auf CD-Basis funktioniert, aber es ist noch weit von dem entfernt, was sich Alan Kay ausgedacht hatte.

6.1   Der Bildschirm

Bilder und Videos stellen einen sehr wichtigen Teil vieler Hypertexte dar. Viele Bildschirme können sie nur in ungenügender Qualität darstellen. An sich handelt es sich um ein vorübergehendes Problem, da es mittlerweile Videokarten für PCs aller wichtigen Hersteller gibt, die es erlauben, Videos in hoher Qualität zusammen mit Texten und Grafiken vorzuführen.

Leider sind gute Videokarten und gute Farbbildschirme für viele Anwendungen noch immer zu teuer. Aus diesem Grund werden manchmal zwei Bildschirme benutzt: der eine Bildschirm zeigt die Videobilder, der andere wird für die Darstellung der Texte und Grafiken sowie für die Mausbefehle benutzt.

Obwohl die Doppelschirmlösung aus pragmatischen Gründen notwendig erscheint, so ist sie doch von der Perspektive der Benutzbarkeit aus gesehen eine schlechte Lösung, da der Benutzer seine Aufmerksamkeit auf zwei Bildschirme verteilen muß. Außerdem verhindert sie die Integration der rechnererzeugten Grafiken mit den Videobildern, da beide auf getrennten Schirmen gezeigt werden. Wenn man nur einen Bildschirm benutzt, ist es viel einfacher, Annotationen, Beschreibungen und Grafiken zu den Videobildern hinzuzufügen. Außerdem kann man dann mit der Maus direkt am Videobild Eingaben machen.

Es gibt zwar immer noch Rechner, die Schwarzweißbildschirme haben, aber viel öfter trifft man auf Farbbildschirme, die nur 256 verschiedene Farben darstellen können. 256 Farben reichen nicht aus, um hochauflösende, vielfarbige Bilder gut darzustellen, da fehlende Farben durch das pixelweise Kombinieren der 256 verfügbaren Farben erzeugt werden müssen. Die dadurch entstehenden Muster sind bloße Annäherungen an die gewünschten Farben, und das ganze Bild ist von sehr schlechter Qualität (engl.: dithering). Noch schlimmer wird es, wenn eine Hypertextanwendung mehrere Farbbilder gleichzeitig darstellt. In diesem Fall müssen die 256 Farben in der 8-Bit-Farbkarte zwischen den Farbspektren der verschiedenen Bilder aufgeteilt werden, statt daß sie für ein einzelnes Bild optimiert würden. Aus diesem Grund empfiehlt es sich, für Hypermediaanwendungen 16-Bit-Videokarten zu benutzen — oder noch besser, 24-Bit-Farbkarten, die Millionen verschiedener Farben darstellen zu können.

6.1.1 Bildschirme und Lesegeschwindigkeit

Das Problem mit den zwei Bildschirmen wird von selbst verschwinden, da gute Einzelschirmlösungen immer billiger werden. Ein anderes Problem wird uns aber noch länger zu schaffen machen. Hypertext wird immer auf einem Computerbildschirm gelesen. Deshalb ist die Geschwindigkeit, mit der ein Benutzer einen Hypertext am Bildschirm lesen kann, von großer Bedeutung. Eine Reihe wissenschaftlicher Studien haben das Problem der Lesegeschwindigkeit untersucht und herausgefunden, daß man im Durchschnitt 30% langsamer von einem Computerbildschirm liest als von bedrucktem Papier. Wright und Lickorish [1983] maßen die durchschnittliche Zeit für das Korrekturlesen eines Textes. Dabei stellte sich heraus, daß das Korrekturlesen am Bildschirm wesentlich langsamer vonstatten ging als auf Papier (29 Minuten vs. 21 Minuten). Gould et al. [1984] kamen bei ähnlichen Untersuchungen zu vergleichbaren Schlußfolgerungen.

Gould et al. [1987] testeten einen neueren Bildschirmtyp: der Bildschirm 5080 von IBM hat eine höhere Auflösung (91 Pixel pro Zoll) und benutzt Zeichensätze, die mit Hilfe der *Anti-Aliasing-Technik* geglättet wurden. Bild 6.1 zeigt, wie man mit

Hilfe dieser Technik die Zacken glättet, indem man Graustufen einsetzt. Gould et al. benutzten diesen neuen Bildschirm für weitere Lesegeschwindigkeitsmessungen und fanden heraus, daß Benutzer im Schnitt fast genauso schnell auf diesem Bildschirm wie auf Papier Korrektur lesen konnten (204 Worte pro Minute vs. 206 Worte pro Minute) und daß sie fast genauso viele Fehler fanden (79% vs. 81%). Die kleinen Unterschiede sind statistisch nicht signifikant, und man kann die Resultate dahingehend interpretieren, daß man genauso gut von Papier oder von einem Bildschirm, der mit der Anti-Aliasing-Technologie ausgestattet ist, lesen kann. Leider wird diese Technik noch nicht in den Bildschirmen der heutigen Generation benutzt.

Bild 6.1   *Ein Bespiel für „Anti-Aliasing". Die Zacken des Buchstaben A sind geglättet worden, indem man graue Pixel hinzugefügt hat. Die Buchstaben auf der rechten Seite zeigen den Effekt dieser Technik. Die oberen Buchstaben sind ohne diese Technik wiedergegeben worden, die unteren Buchstaben zeigen, wie „Anti-Aliasing" sich auswirkt. Aus der Ferne betrachtet, ist der Effekt noch viel klarer zu erkennen.*

Wilkinson und Robinshaw [1987] untersuchten die Fehlerrate beim Korrekturlesen von Papier oder vom Bildschirm. Während der ersten zehn Minuten schnitten die Bildschirme etwas schlechter ab als das Papier (Fehlerrate von 25% vs. 22%). Die Diskrepanz vergrößerte sich drastisch, nachdem die Testsubjekte kontinuierlich während 50 Minuten Korrektur gelesen hatten (Fehlerrate von 39% vs. 25%). Dieser Unterschied zeigt, daß Benutzer beim Lesen am Bildschirm schneller ermüden als beim Lesen von gedruckten Materialien.

Aus diesem Grund muß man beim Entwurf eines Hypertextsystems darauf achten, daß Benutzer nicht zuviel Fließtext auf dem Bildschirm lesen müssen. Auch wenn die Lesegeschwindigkeit niedriger ist, kann Hypertext eine leistungsfähige Lösung für textbasierte Probleme sein, da das Hypertextsystem den gezielten Zugriff auf relevante Textelemente wesentlich beschleunigen kann und somit insgesamt weniger Zeit beim Lesen verbracht wird.

6.1.2   Die Größe des Bildschirms

Größere Bildschirme ermöglichen es dem Benutzer, größere Ausschnitte des Hypertextes — und somit mehr Information — gleichzeitig zu sehen. Wenn man größere Bildschirme benutzt, hat man auch mehr Platz für Schnittstellenelemente, wie z.B. ständig angezeigte Übersichtsdiagramme. Shneiderman [1987a] führte einen Versuch durch, in dem Benutzer einen Hypertext über den Holocaust in Österreich lasen und Fragen zum Text beantworten sollten. Benutzer, die einen größeren Bildschirm hatten, der 34 Zeilen gleichzeitig darstellte, konnten die Fragen etwas schneller beantworten als diejenigen, die einen kleinen Bildschirm mit 18 Zeilen benutzten (8,6 Minuten vs. 9,8 Minuten). Der Unterschied ist statistisch nicht signifikant. Möglicherweise ist er auf die geringe Anzahl der Teilnehmer (12) zurückzuführen. Der 34-Zeilen-Bildschirm entspricht ungefähr 432 Pixeln auf einem Grafikschirm. 18 Zeilen entsprechen ca. 240 Pixeln. Dieselbe Forschungsgruppe führte auch Experimente durch, in denen Probanden Programme in Texteditoren lasen [Reisel und Shneiderman 1987]. Bei der Benutzung von 22-zeiligen Bildschirmen (288 Pixel) dauerte die Beantwortung der Fragen durchschnittlich 9,2 Minuten; bei 60 Zeilen (744 Pixel) dauerte sie 7,9 Minuten und bei 120 Zeilen (1.464 Pixel) konnten die Fragen in 6,6 Minuten beantwortet werden. Diese Experimente zeigen, daß die Binsenweisheit „Je größer desto besser" auf Computerbildschirme zutrifft.

Hansen und Haas [1988] evaluierten die Wirkung der Bildschirmgröße auf eine aktivere Aufgabe: das Briefeschreiben. Sie verglichen den normalen Bildschirm eines Arbeitsplatzrechners (47 Textzeilen) mit einem kleineren Fenster auf demselben Bildschirm (22 Textzeilen zu je 80 Zeichen). In beiden Experimenten wurde Proportionalschrift verwendet. Die Testpersonen schrieben ungefähr mit der gleichen Geschwindigkeit (20 vs. 21 Worte pro Minute). Die Briefe auf dem großen Bildschirm fielen jedoch länger aus (353 Worte vs. 292), und die Qualität der Briefe, die durch einen Englischlehrer bewertet wurde, war besser, wenn der große Bildschirm benutzt wurde (11 vs. 8 auf einer 16-Punkte-Skala). Benutzer schreiben längere, aber auch bessere Texte, wenn ihnen ein größerer Bildschirm zur Verfügung steht.

6.1.3   Farbkodierungen

Farbe ist möglicherweise eine Lösung für das Problem das viele Leser haben, wenn sich daran erinnern sollen, an welcher Stelle eines längeren Textes sie etwas bestimmtes gelesen haben. Wright und Lickorish [1988] zeigten in einem Experiment, daß Leser, die einen längeren Text auf buntem Papier gelesen hatten, Fragen in 51 Sekunden beantworten konnten, wogegen Leser, die den gleichen Text auf einfarbigem Papier gelesen hatten, 60 Sekunden brauchten. In einem Nachfolgeexperiment hingegen zeigte es sich, daß farbkodiertes Papier zu längeren Antwortzeiten führte. Zwei farbkodierte Online-Texte stellten sich auch als langsamer zu lesen heraus als einfarbige Texte. Die Autoren spekulieren, daß Farbe besser in Form von bunten Rändern oder Streifen funktioniert, oder daß der Leser, und nicht der Autor, Textstellen hervorheben sollte (wie es z.B. beim Hervorheben eines Textes durch Unterstreichen passiert, siehe auch [Nielsen 1986]).

6.2   Zeigermechanismen und -geräte

Fast alle heutigen Hypertextsysteme verwenden eine Maus, um auf Dinge zu zeigen. Eine ganze Reihe von Endbenutzerstudien haben gezeigt, daß sich die Maus sehr gut als Zeigegerät eignet. Auf jeden Fall hat sie in den letzten Jahren eine immer größere Verbreitung gefunden.

Ewing et al. [1986] verglichen die Maus mit einer anderen Zeigertechnik, die die Pfeiltasten der Tastur benutzt, um im System Hyperties Hypertextanker zu aktivieren. Hierbei springt der Positionsanzeiger immer zum nächsten Anker, wobei die Richtung durch die Pfeiltaste bestimmt wird. Es zeigte sich, daß die Maus etwas langsamer ist, wenn man sie mit dieser besonderen Benutzung der Pfeiltasten vergleicht (3,3 Minuten vs. 2,8 Minuten bei Ankerpunkten, die in der Nähe des Positionsanzeigers lagen und 3,5 Minuten vs. 3,3 Minuten bei Ankerpunkten, die weiter entfernt waren).

Für bestimmte Hypertextanwendungen wie z.B. Informationskioske ist die Maus zu zerbrechlich und kann nicht benutzt werden. In solchen Situationen verwendet man anstelle einer Maus sehr oft Bildschirme, die auf Berührung reagieren (engl.: touch screen). Berührungssensitive Bildschirme werden im allgemeinen nicht in Büroumgebungen verwendet, da es für Benutzer sehr ermüdend ist, wenn sie immer die Arme heben müssen, um auf etwas zu klicken. Außerdem sind diese Bildschirme normalerweise weniger präzise als eine Maus.

Die einfachsten Implementierungen der Berührungstechnologie emulieren eine Maus und können daher sofort mit jedem Hypertextsystem verwendet werden. Es gibt aber noch andere Techniken, um Berührungsbildschirme für die Aktivierung von

Hypertextausgangspunkten zu verwenden. Potter et al. [1989] testeten verschiedene Vorgehensweisen, um Ankerpunkte in Hyperties zu aktivieren. Unter anderem untersuchten sie die „Aufsetz"-Strategie, bei der man einen Punkt am Bildschirm aktiviert, wenn der Benutzer ihn berührt (vergleichbar mit dem Niederdrücken der Maustaste bei mausorientierten Benutzerschnittstellen), und die „Abhebe"-Strategie, bei der der zuletzt berührte Punkt aktiviert wird, wenn der Benutzer die Hand vom Bildschirm entfernt (vergleichbar mit dem Loslassen der Maustaste). Benutzer kamen mit beiden Strategien ungefähr gleich gut zurecht, sie waren aber etwas langsamer bei der „Abhebe"-Strategie. Die Fehlerraten waren bei der Verwendung der „Abhebe"-Strategie etwas niedriger, da der Benutzer sehen konnte, was er ausgewählt hatte, bevor er die Finger vom Bildschirm entfernte.

Potter et al. testeten noch eine andere Berührungsstrategie, die sie als „Erster Kontakt" bezeichneten. In diesem Fall wird das erste auswählbare Element aktiviert, das der Benutzer am Bildschirm berührt. Wenn der Benutzer sofort ein auswählbares Element berührt, dann ist das Resultat das gleiche wie in der „Aufsetz"-Strategie. Wenn der Benutzer allerdings zuerst eine leere Fläche berührt, dann wird nichts ausgewählt, bis daß der Finger sich auf eine aktivierbare Fläche hinbewegt. In einem Experiment, das mit dem System Hyperties durchgeführt wurde, gab es keine statistisch signifikanten Unterschiede zwischen der „Erster Kontakt"- und der „Abhebe"-Strategie, obwohl frühere Experimente [Potter et al. 1988], die sich mit der Auswahl in traditionellen Textverarbeitungsumgebungen beschäftigten, recht große und signifikante Unterschiede gefunden hatten. In einem Experiment, welches nichts mit Hypertext zu tun hatte, mußten Testpersonen Ziele auswählen, die zwei Buchstaben breit und durch zwei Leerzeichen voneinander getrennt waren. Bei dieser Aufgabe war die "Erster Kontakt"-Strategie wesentlich fehleranfälliger. Sie war allerdings etwas schneller als die "Abhebe"-Strategie, bei der Benutzer sehen konnten, was sie auswählten. Im Fall von Hyperties hingegen sind die Anker üblicherweise ganze Wörter, die auf dem Bildschirm weit auseinander liegen, so daß der Benutzer kaum jemals das falsche Wort berührt und die Rückmeldung, die ihm die „Abhebe"-Strategie gibt, an sich nicht braucht. Die unterschiedlichen Resultate dieser beiden Experimente zeigen, daß es sehr wichtig ist, Benutzbarkeitsstudien durchzuführen, die genau die Funktionalität testen, die später ausgeliefert wird. Um Hypertextankerpunkte auszuwählen, waren beide Strategien („Erster Kontakt"- und „Abhebe"-Strategie) ungefähr gleichwertig. Aus diesem Grund mag ein Entwickler sich vielleicht eher für die „Abhebe"-Strategie entscheiden, da sie dem Benutzer wesentlich einfacher zu erklären ist. Bei einer Textverarbeitungsanwendung sollte man sich allerdings für die „Erster Kontakt"-Strategie entscheiden.

6.3 Textbildschirme für Hypertextanwendungen?

Man kann sich fragen, ob sich Hypertextanwendungen nur für moderne PCs, wie z.B. den Macintosh, PCs mit MS Windows oder professionelle Arbeitsplatzrechner eignen. Hyperties ist ein Hypertextsystem, das bewiesen hat, daß Hypertext auf ganz einfachen IBM-PCs, die nicht grafikfähig sind, ablaufen kann. Es gibt noch viele andere Hypertextsysteme, die unter DOS auf minimal ausgestatteten PCs ablaufen.

Die einzige unabdingbare Eigenschaft, die eine Rechnerschnittstelle aufweisen muß, damit sie für Hypertext geeignet ist, ist, daß es für den Benutzer irgendeine Möglichkeit geben muß, auf dem Bildschirm auf ein Objekt zu zeigen und es zu aktivieren.[1] Die Aktivierung wird meistens mit der Maus durchgeführt. Wenn kein wirkliches Zeigeinstrument zur Verfügung steht, kann dieselbe Handlung (d.h. Auswählen und Aktivieren) unter Benutzung der Pfeiltasten und der ENTER-Taste durchgeführt werden.

Auf diese Weise kann man Hypertextanwendungen auch auf Textterminals, die mit einem Großrechner verbunden sind, ablaufen lassen. Hypertextanwendungen verlangen sehr kurze Antwortzeiten. Darum können Mehrbenutzersysteme an sich nicht verwendet werden, es sei denn, sie haben genügend Kapazität, um Antworten im Sekundenbereich zu garantieren.

Auf jeden Fall kann man nur recht primitive Hypertextschnittstellen auf Textbildschirmen implementieren. Im nächsten Kapitel werden wir fortschrittlichere Methoden für die Navigation und die Orientierung in Hypertextumgebungen vorstellen. Diese Methoden verlangen grafische Unterstützung. Außerdem funktionieren viele Hypertextanwendungen wesentlich besser, wenn ihnen ein richtiges Fenstersystem zur Verfügung steht. Die weit verbreitete Anwendung von Hypertexttechnologie stimmt hervorragend überein mit den Fähigkeiten der modernen grafischen PCs und Arbeitsplatzrechner.

Großrechner werden zunehmend durch PCs, Arbeitsplatzrechner und Client-Server-Lösungen ersetzt. Viele Benutzer werden trotzdem noch immer mit Großrechnersystemen und Textterminals arbeiten müssen. Auch sie können von einigen Hypertexttechnologien profitieren, z.B. bei den Online-Hilfesystemen. Großrechner sollten nicht von vornherein verworfen werden — sie können Teil einer Hypertextarchitektur sein, da sie sich sehr gut für große Datenbanken eignen, wie

---

[1] Es gibt sogar sehr beschränkte Hypertextformen, die auf zeilenorientierten Bildschirmen funktionieren [Wahlen und Patrick 1989] und mit denen der Benutzer nur durch Befehle interagiert.

man sie für sehr große Hypertexte braucht. Außerdem können sie als Hostrechner für verteilte Hypertexte in kooperativen Umgebungen dienen. Ein derartiger Hostrechner sollte allerdings nur als Speichermedium benutzt werden, und die Benutzerschnittstelle sollte auf lokalen, grafikfähigen PCs implementiert werden.

6.4   CD-ROMs als Speichermedien

Der Speicherplatz für Multimediadaten stellt ein ziemliches Problem für Hypertextsysteme dar. So kann z.B. ein einziges Fernsehbild bis zu 105 KB Speicherplatz benötigen. Dies bedeutet, daß ein einminütiger Videofilm 200 Megabyte Speicherplatz belegt. Aus diesem Grund ist es unmöglich, Hypermediaanwendungen, die viele Videoclips enthalten, auf normalen Disketten auszuliefern.

Man benutzt optische Speichermedien, wie z.B. CD-ROMs[2], um genügend Speicherplatz für diese Datenmengen zu erhalten. Physikalisch gesehen ist eine CD-ROM-Diskette das gleiche wie eine Audio-CD, außer daß man Computerdaten statt Musik gespeichert hat. Aus diesem Grund können CD-ROMs und Audio-CDs kostengünstig in den gleichen Preßwerken hergestellt werden. Eine einzelne CD-ROM kann man für ca. 1,25 DM produzieren. Dazu kommen dann noch einmal ca. 750,– DM für die Herstellung der Matrize, die für das Pressen der CDs verwendet wird. [3]

CD-ROM-Abspielgeräte ähneln auf den ersten Blick den CD-Spielern, die man zu Hause verwendet, sind aber wesentlich teurer, da sie aufwendigere Elektronikelemente und schnellere Mechanismen für den nichtsequentiellen Zugriff auf die Speicherplatte haben. Schließlich springt man beim Abhören von Mozarts Werken nicht wie wild zwischen den Spuren der Platte herum, sondern hört sich eine Spur nach der anderen an. Audiogeräte sind optimiert für diese Art des Zugriffs. Bei Hypertext hingegen

---

[2] CD-ROM ist eine Abkürzung für "Compact Disk-Read Only Memory" (Festwertspeicherung auf Kompaktdiskette). [Sherman 1994] beschreibt die CD-ROM-Technologie genauer. Weitere Informationen findet man in den *alt.cd-rom FAQ* (frequently asked questions – Fragen die oft gestellt werden) Mitteilungen die monatlich in den Newsgruppen alt.cd-rom und news.answers erscheinen.

[3] Im Vergleich dazu betragen die Kosten für die Herstellung üblicher Disketten ca. 40 Pfennig für 3,5-Zoll-HD-Disketten, die zwischen 1,4 und 2 MB Speicherplatz bieten. Aus diesem Grund ist es billiger, CDs zu benutzen, wenn man Informationen verteilen will, die nicht auf eine einzelne Diskette passen. Die Verpackung wird den Preis für die CD etwas in die Höhe treiben (ca 50 Pfennig für aufwendige Verpackungen, aber es gibt auch billigere Alternativen). Gleichzeitig wird man beim Versand der CDs Porto sparen, wenn man die Versandkosten einer CD mit den Versandkosten eines Diskettenstapels vergleicht.

spielt der nicht-sequentielle Zugriff auf Information eine sehr wichtige Rolle (siehe dazu auch Kapitel 1).

CD-ROMs werden als ROMs (read-only memory — Lesespeicher) bezeichnet, da man Informationen von ihnen nur lesen kann und kein Schreibzugriff möglich ist. Es gibt allerdings schon beschreibbare CDs, die bis jetzt nur für Datenspeicherung und für Hypertextprototypen im Vorfeld der Serienfertigung verwendet werden. Für viele Hypertextanwendungen stellt es auch kein Problem dar, wenn die meisten Daten auf schreibgeschützten Medien abgespeichert werden. Der Benutzer kann trotzdem neue Annotationen und Verbindungen einfügen — die dann auf konventionellen Festplatten abgespeichert werden. Im Vergleich zu dem eigentlichen Hypertextdokument nehmen sie nur sehr wenig Speicherplatz in Anspruch. Die *Voyager Company* verwendet diese Technology für ihre Reihe *Erweiterte Bücher auf CD-ROM* (engl.: Expanded Books on CD-ROM), wie z.B. *Defending Human Attributes in the Age of the Machine* von Don Norman. Die Hypertextmaschine von Voyager vereinigt die Daten der Festplatte mit denen der CD, ohne daß dies dem Benutzer auffällt.

Eine CD-ROM kann ca. 630 MB Daten speichern, was ungefähr 500 bis 1.000 Textbüchern oder Romanen entspricht (falls diese nur Text enthalten). Aber wie schon besprochen, wollen wir auch andere Medien abspeichern, die wesentlich größere Speicherbedürfnisse haben. Sogar CD-ROMs sind zu klein, um all die Daten zu speichern, die wir gerne in unseren Hypermediaanwendungen benutzen möchten — falls wir keine Datenkompressionsverfahren verwenden. Kompressionsverfahren erlauben es, erheblich mehr Daten zu speichern. So kann man z.B. das Telefonbuch für ganz Kanada auf einer CD abspeichern, obgleich es in seiner Textform aus 2 Gigabyte[4] Buchstaben besteht und daher vier CDs in Anspruch nehmen würde. Da sehr viele Kanadier denselben Namen haben, konnten die Daten stark verdichtet werden und das Buch paßt auf eine CD. Anstatt z.B. für alle Personen, die „Schmidt" heißen, sieben Buchstaben abzuspeichern, braucht man sich nur zu merken, daß eine Person den Namen Nummer 1 hat.

Bei Multimediadaten kann man noch größere Verdichtungsraten erreichen. Bei Farbbildern kann man z.B. ausnutzen, daß sie sehr oft große Flächen derselben Farbe enthalten oder Flächen in denen sich Schattierungen nur geringfügig verändern. Aus diesem Grund braucht man dann für einzelne Pixel[5] nur sehr wenig Information abzuspeichern. Bei beweglichen Bildern (Filmen) kann man weitere Verdichtungsraten erreichen, indem man die Tatsache ausnutzt, daß aufeinander-

---

[4] Giga = tausend Mega = tausend Millionen = 1 Milliarde.

[5] Pixel = Bildelement (die Punkte, aus denen ein digitalisiertes Bild besteht).

folgende Bilder fast gleich sind und nur geringe Unterschiede aufweisen, z.B. bewegt der Schauspieler sich ein klein wenig, aber der Hintergrund hat sich nicht verändert.

Aufgrund der verschiedenen, zum Teil sehr ingeniösen, Kompressionsverfahren ist es heute möglich, ein einstündiges Video auf eine CD zu packen, die an sich nur eine einstündige, und technisch wesentlich weniger anspruchsvolle, Tonaufnahme speichern kann. Es gibt einen internationalen Standard für das physikalische Format der CD-ROM und der Audio-CD — beide benutzen den gleichen Standard. Es gibt auch einen internationalen Standard für die Speicherung von Daten auf CDs, das sogenannte *High Sierra*- oder ISO-9660-Format. Leider gibt es mehrere Standards für die Speicherung komprimierter Daten, wie z.B. MPEG oder QuickTime.

Nachdem ihre Preise stark gefallen sind, sind CD-ROMs in den letzten Jahren sehr populär geworden. Marktschätzungen haben ergeben, daß die Zahl der CD-ROM-Lesegeräte in den USA von etwas mehr als einer Million im Jahr 1990 auf ca. zehn Millionen im Jahr 1994 gestiegen ist. 1994 war jeder dritte neue PC mit einem CD-Lesegerät ausgerüstet. Man nimmt an, daß im Jahr 1995 jeder zweite PC ein CD-ROM-Laufwerk haben wird.

Am Anfang hatten CD-ROM-Laufwerke dieselbe Datentransferrate wie Audio-CD-Spieler. Übertragungsraten von ca. 150 KB pro Sekunde sind ausreichend für gute Tonqualität, erzeugen aber sehr sprunghafte Videosequenzen und sorgen für sehr langsame Hypertextsprünge in Umgebungen, die viel Multimediainformation enthalten. Aus diesem Grund haben sich schnellere CD-Laufwerke, die 300 KB pro Sekunde übertragen, als Minimalkonfiguration für Hypertextsysteme durchgesetzt. Diese Laufwerke werden als „doppelt schnell" (engl.: double speed) bezeichnet und haben die ursprünglich „einfach schnellen" Laufwerke fast völlig verdrängt. Aber sogar doppelt schnelle Laufwerke sind zu langsam, um ein befriedigendes Erlebnis zu garantieren, wenn man anspruchsvolle Hypertexte liest. Man kann ganz sicher davon ausgehen, daß vierfach schnelle Laufwerke, die Daten mit 600 KB pro Sekunde übertragen können, bald den Markt dominieren werden und wahrscheinlich schon 1995 oder 1996 die Minimalausrüstung darstellen, um die nächste Generation von CD-ROMs abzuspielen.

1988 wurden CD-ROMs[6] zum ersten Mal in großen Mengen benutzt; doppelt schnelle Laufwerke wurden 1993 zur Norm für fortgeschrittene Benutzer, und vierfach schnelle Laufwerke kamen 1995 auf die Wunschliste. Mit anderen Worten, die

---

[6] Natürlich gab es schon vor 1988 CD-Laufwerke (die ersten Philips-Laufwerke wurden 1984 vorgeführt), aber vor der Einführung des AppleCD-Laufwerkes, mit einer robusten SCSI-Schnittstelle, waren dies spezielle Geräte, die auch unter Hypertextenthusiasten noch kaum verbreitet waren.

Zeit bis zur ersten Geschwindigkeitsverdopplung betrug fünf Jahre. Die zweite Verdopplung dauerte nur noch zwei Jahre. Es liegen noch mindestens zwei Verdopplungen vor uns. Im Januar 1995 führte die Firma Peripheral Land Inc. das QuickCD-Laufwerk ein, dessen Übertragungsrate 15mal so hoch ist wie die eines einfach schnellen Laufwerks. Für kurze Spitzenbelastungen sind sogar noch höhere Raten möglich. Da die Technologie schon für Spitzenmodelle verfügbar ist, können wir beruhigt davon ausgehen, daß 16-fach schnelle Laufwerke 1999 die Norm darstellen werden, was einer Verdopplung der Transferrate in einem zweijährigen Zyklus entspricht. Diese Laufwerke werden dann Transferraten haben, die ungefähr viermal so hoch sind wie die der T3-Leitungen, welche heute die schnellsten Verbindungen zum Internet darstellen.

Mittelfristig werden die Standard-CD-ROMs, die heute 630 MB speichern können, durch neue Speicherstandards ersetzt werden, die ca. drei bis vier Gigabyte auf dieselbe Scheibe packen. Dies schon allein, weil ein 16-fach schnelles Laufwerk in weniger als fünf Minuten alle Daten von einer heute üblichen CD lesen kann. Benutzer werden bestimmt nach größeren Speicherkapazitäten verlangen. Sony befürwortet ein Format, das 3,7 Gigabyte speichern kann und abwärtskompatibel ist, d.h. die neuen Laufwerke können die alten CDs lesen. Toshiba hat ein Format, das 4,8 Gigabyte speichern kann, dessen Laufwerke aber wahrscheinlich die alten CDs nicht lesen können. Beide Formate können ihre Speicherkapazität verdoppeln, indem sie die Scheiben beidseitig benutzen (Toshiba) oder indem sie zwei Ebenen verwenden (Sony). Zur Zeit ist es nicht möglich vorherzusagen, welches dieser Formate zum Standard werden wird. Beide Formate können Spielfilme in voller Länge abspeichern, und das bei einer Bildqualität, die besser ist als die Qualität herkömmlicher Videorekorder. Ohne Zweifel wird dies einen bedeutenden Fortschritt für die CD-ROM-Technologie darstellen.

Wenn man CD-ROMs und das Internet als Datenzugriffsmechanismen vergleicht, dann haben die CDs einen wesentlichen Geschwindigkeitsvorteil. Ein doppelt schnelles CD-Laufwerk hat einen Datendurchsatz, der ca. 150mal höher ist als der Durchsatz schneller Modems und 20mal höher als der Durchsatz eines ISDN-Anschlusses (zur Zeit die schnellste Internetverbindung für Privatbenutzer). Die schnellsten CD-ROMs sind ca. 4mal schneller als eine T3-Leitung (zur Zeit der schnellste Internetanschluß für Unternehmen). Auf der anderen Seite muß man sagen, daß das Internet wesentlich mehr Daten bereitstellt als eine CD. Anfang 1995 war wahrscheinlich eine Datenmenge von ca. 13 Terabyte[7] auf dem World Wide Web —

---

[7] Diese Schätzung wurde folgendermaßen erreicht: 1994 hatte der Lycos Indexdienst einen Index für 248.291 Dokumente aufgebaut, die insgesamt 1,6 Terabyte (oder

das entspricht ungefähr der 20.000-fachen Speicherkapazität einer CD-ROM —, und auf dem gesamten Internet ca. 40 Terabyte an Informationen verfügbar — was ca. 63.000 CD-ROMs entspricht. Aufgrund des rapiden Wachstums des Internet, würde ich davon ausgehen, daß das Internet im Jahr 2000 100.000 bis 500.000 mal soviel Daten wie eine CD enthält, und das sogar, wenn man die neuen Speicherformate für CDs in Betracht zieht. Da sowohl das Internet als auch die CD-ROMs Vorteile als Hypermediadatenspeicher haben, würde ich davon ausgehen, daß beide in den nächsten Jahren als Datenquellen für Hypertextanwendungen benutzt werden.

---

durchschnittlich 6 KB pro Dokument) an Daten enthielten. Die Lycos-Datenbank enthielt 1,5 Millionen URLs, von denen die meisten noch nicht in den Index eingebaut worden waren, und Lycos deckte noch nicht das ganze WWW ab. Man kann davon ausgehen, daß das ganze Web ca. zwei Millionen Dokumente enthält. Per Extrapolation kann man abschätzen, daß das gesamte Web aus ca 13 Terabyte besteht. Das ist eine sehr vorsichtige Schätzung, da der Lycosdienst keine Indexe für Bild-, Ton- oder Videodateien erstellt. In vielen Fällen sind diese Dateien wesentlich umfangreicher als Textdateien.

7   Hypertext auf dem Internet

Die weltweit miteinander verbundenen Computernetzwerke bezeichnet man als das *Internet*. Die meisten Unternehmen und Organisationen haben interne Netzwerke, die ihre Computer, Server und Drucker untereinander verbinden. Durch diese internen Netzwerke können Mitarbeiter Dateien austauschen, auf Datenbanken zugreifen, Client-Server-Anwendungen benutzen und elektronische Post verschicken sowie andere Dienste nutzen, die möglich werden, wenn man mehrere Rechner und Zusatzgeräte miteinander verbindet. Interne Netzwerke erreichen allerdings schnell ihre Grenzen, da eine ganze Reihe von Anwendungen Zugriff auf externe Rechner haben müssen. Die elektronische Post und der elektronische Dokumentenverkehr sind die beiden bekanntesten Beispiele für Situationen, in denen man gerne mit anderen Leuten in anderen Netzwerken kommunizieren möchte. Um dieses Problem zu lösen wurde das Internet erfunden. Das Internet bietet eine kleine Anzahl von technischen Standards an, die es Netzen und Rechnern verschiedener Hersteller ermöglichen, miteinander zu kommunizieren. Üblicherweise ist ein Rechner, von dem man sagt er sei „auf dem Internet", durch ein internes Netzwerk mit dem Internet verbunden. Das interne Netzwerk ist meistens über einen Zugangsrechner mit einem der Hauptstränge des Internets in Verbindung.

Die Hauptstränge (engl.: backbones) sind Hochleistungsnetzwerke, die Nachrichten zwischen verschiedenen Knoten transportieren und ganze Länder oder Teile der Welt umspannen. Einer der bekanntesten Hauptstränge ist das *NSFnet*, welches von der Amerikanischen Wissenschaftsstiftung (engl.: National Science Foundation) getragen wird und viele Forschungsknoten mit dem Internet verbindet. Die Hauptstränge sind wiederum miteinander verbunden; sie stellen das Internet dar. Das bedeutet, daß das Internet nicht ein einzelnes Netzwerk darstellt, sondern es besteht aus einer Reihe von Strängen, deren Verbindungen und einer beachtlichen Zahl interner Netze vieler verschiedener Organisationen.

Das Internet ist in den letzten Jahren dramatisch gewachsen [Claffy et al. 1994]. Tabelle 7.1 zeigt die Wachstumsraten[1] des Internets gegen Ende des Jahres 1994. Interessanterweise wurden ähnliche Wachstumsraten schon über mehrere Jahre hin-

---

[1] Die Wachstumsraten in Tabelle 7.1 stellen jährliches Wachstum dar, aufbauend auf den Wachstumsraten, die in den letzten Monaten des Jahres 1994 bestimmt wurden. Sie stellen nicht unbedingt das wirkliche Wachstum während des ganzen Jahres 1994 dar, da die Wachstumsraten schwanken. Üblicherweise geht der Verkehr über die Feiertage etwas zurück (der Datenfluß geht im Dezember auf dem Internet üblicherweise um ca 2% zurück).

weg gemessen. Der Verkehr auf dem NSFnet wuchs z.B. um 124% im Jahr 1992, um 117% im Jahr 1993 und um 117% im Jahr 1994. Wie in der Tabelle gezeigt wird, verdoppelt sich der Datenverkehr (Datenmenge, die auf dem Netz transportiert wird, gemessen am NSFnet) ungefähr alle 320 Tage oder mehr als einmal im Jahr, und auf dem World Wide Web verdoppelt sich die Anzahl der Server (Rechner, die Informationen anbieten) ungefähr alle drei Monate.

	Jährliche Wachstumsrate	*Tage bis zur Verdoppelung*
Zahl der Rechner, die mit dem Internet verbunden sind	85%	411
Datenmenge, die durch den NSFnet Hauptstrang fließt	121%	320
Menge an Daten, auf die im WWW zugegriffen wurde	2.136%	81
Anzahl der Server am WWW	679%	123

Tabelle 7.1 *Geschätzte Internetwachstumsraten gegen Ende des Jahres 1994. Siehe auch Bild 7.1 für längerfristige Voraussagen.*

Man schätzt, daß 1994 ca. 30 Millionen Benutzer Zugang zum Internet hatten. Aufgrund seiner verteilten und dezentralisierten Struktur kann niemand mit Sicherheit sagen, wieviele Leute ans Internet angeschlossen sind.[2] Die einzige handfeste Zahl besagt, daß ungefähr vier Millionen Rechner direkt mit dem Internet verbunden sind. Die Schätzung von 30 Millionen Benutzern geht von der Annahme aus, daß an jedem direkt verbundenen Rechner im Durchschnitt sieben bis acht Leute arbeiten. Eine genaue Zahl ist natürlich nicht bekannt. In vielen Fällen sind PCs direkt mit dem Internet verbunden; in diesem Fall wird der Rechner von einer oder höchstens zwei Personen benutzt. In anderen Fällen ist der mit dem Internet ver-

---

[2] Es mag verwirrend klingen, daß derartige Daten über eine der wichtigsten Entwicklungen im Computerbereich nicht bekannt sind, aber es gibt keine zentrale Autorität im Internet, die das Wachstum kontrolliert oder plant. Manche Analysen sind zu dem Schluß gekommen, daß dieser Mangel an zentralisierter Kontrolle wesentlich zum Erfolg des Internets beigetragen hat, und daß auch dieser wichtige Faktor es dem Internet erlaubte, schnell auf sich verändernde Technologien und Benutzerwünsche zu reagieren. Im Gegensatz dazu scheiterten die meisten zentral geplanten nationalen „Datenautobahn"-Projekte (engl.: information superhighway), bis auf das französische *Minitel*-Projekt. Das Minitel-Projekt verschenkte Terminals an Endbenutzer und hatte eine sehr freizügige Politik für Informationsanbieter. Mit mehr als sechs Millionen Benutzern und 18.000 Informationsanbietern im Jahre 1993 ist Minitel ein voller Erfolg.

bundene Rechner ein Großrechner für einen Online-Dienst, wie z.B. America Online, mit mehr als einer Million Teilnehmern, von denen viele das Internet benutzen. Bei der Firma Sun Microsystems benutzen 13.000 Mitarbeiter das Internet indirekt mit Hilfe einiger weniger, stark abgeschirmten Zugangsknoten, sogenannte Schutzwälle (engl.: firewalls). Sie schützen das interne Netz des Unternehmens vor Einbrüchen. Wenn man vom Internet aus die Rechner des Netzwerkes von Sun zählt, die nach außen sichtbar sind, sieht man nur einen Bruchteil derer, die in Wirklichkeit vorhanden sind. Alle anderen Rechner innerhalb von Sun (tausende) sind nur indirekt am Internet angeschlossen.

Es gibt auch noch andere Gründe, warum es so schwierig ist, die wahre Größe des Internets genau zu bestimmen. Zum Beispiel weiß man nicht genau, was es bedeutet, wenn man von einem Rechner behauptet, er habe „Zugang" zum Internet. Manche Puristen sind der Meinung, ein Benutzer müßte vollen Zugriff auf alle Dienste des Internets haben, bevor er als „Internetbenutzer" gilt. Das wiederum würde bedeuten, daß die meisten Benutzer in großen Unternehmen nicht als Internet-Teilnehmer zu zählen sind, da die Schutzwälle der meisten Unternehmen den Zugriff auf unsichere Dienste verbieten. Der puristischen Definition zufolge hatte das Internet 1994 nur fünf Millionen Benutzer. Eine andere, etwas freizügigere Definition könnte besagen, daß ein Internetbenutzer Informationen vom Netz erhält und auf dem Internet Informationen verschickt. Wenn man diese Definition benutzt, dann ist jeder, der an einem elektronischen Postdienst teilnimmt, ein Internetbenutzer, sofern der Dienst ein Tor[3] (engl.: gateway) zum Internet hat. Dieser Definition zufolge hätte das Internet zwischen fünfzig und einhundert Millionen potentieller Benutzer. Man muß allerdings davon ausgehen, daß die meisten Benutzer firmeninterner elektronischer Postdienste nicht wissen, wie sie Nachrichten über das Internet verschicken.

Trotz all der Probleme, die die Bestimmung der genauen Teilnehmeranzahl mit sich bringt, weiß man, daß sich die Zahl jährlich verdoppelt, da sich der Verkehr auf dem Netz und die Anzahl der Rechner, die direkt angeschlossen sind, jährlich verdoppeln. Bei einem derartigen exponentiellen Wachstum kommt es schon fast nicht mehr auf die genaue Zahl an. Die einzige Frage, die zählt, ist, ob die Zahl der Benutzer bald

---

[3] Obwohl der Zugang zum Internet allein durch einen elekronischen Postdienst recht beschränkt ist, so darf man den Wert eines solchen Zugriffes dennoch nicht unterschätzen. Anläßlich der Konferenz CHI'95 koordinierte ich die Präsentation der Entwurfsberichte. Vierzehn der fünfzehn Vortragenden hatten Zugang zum Internet. Die Koordination mit dem Vortragenden, der überhaupt nicht auf das Internet zugreifen konnte, war für mich und meinen Assistenten zeitaufwendiger als die Zusammenarbeit mit den anderen vierzehn Personen.

oder schon sehr bald riesengroß sein wird. Falls sich der Trend hält und man davon ausgeht, daß im Jahr 1994 30 Millionen Leute das Internet benutzten, dann werden es im Jahr 2000 eine Milliarde Benutzer sein. Wenn bloß fünf Millionen Leute das Internet im Jahr 1994 benutzten, dann wird die Milliarde im Jahre 2002 erreicht. In anderen Worten, die scheinbar großen Unterschiede in den verschiedenen Schätzungen haben nur sehr geringe Auswirkungen auf die Überlegung, wann Unternehmen anfangen müssen, in eine Internetpräsenz für ihre Produkte und Dienste zu investieren. Sicherlich ist ein Unterschied von zwei Jahren wichtig, und es ist verständlich, daß Unternehmen hohe Beratungsgebühren zahlen, um herauszufinden, wann sie anfangen sollen, ins Internet zu investieren. Aber letztendlich wird die Antwort doch immer die gleiche sein.

Ich habe mit Absicht die Milliarde ausgewählt, um die Zahl der Internetbenutzer zu charakterisieren, da diese Zahl ungefähr die ganze Bevölkerung der industrialisierten Länder darstellt. Aus diesem Grund stellt sie auch, für die nähere Zukunft, die Höchstzahl der Internetbenutzer dar. Längerfristig wird diese Zahl wachsen, da die Gruppe der industrialisierten Länder wachsen wird, nicht zuletzt aufgrund einer Infrastrukturinvestitionsmaßnahme in Billiardenhöhe[4] im nicht-japanischen Asien, die von der *Asiatischen Entwicklungsbank (Asian Development Bank* in den Jahren 1995-2004 zu erwarten ist.

Es ist wahrscheinlich falsch, anzunehmen, daß die gesamte Bevölkerung im Jahre 2000 oder 2002 zu Internetbenutzern geworden sein wird. Initiativen, wie z.B. *KidLink* oder *SeniorNet*, helfen denen, die nicht im Arbeitsleben stehen, den Rechner und die elektronischen Netzwerke besser zu verstehen. Trotz allem wird es immer noch Teile der Gesellschaft geben, wie z.B. Kleinkinder oder Analphabeten, die das Internet nicht benutzen werden. Aus diesem Grund muß sich die Wachstumsrate des Netzes in den nächsten Jahren verlangsamen. Trotz allem wäre ich nicht überrascht, wenn wir kurz nach der Jahrtausendwende eine halbe Milliarde Internetbenutzer zählt. Davon wären ca. 200 Millionen in den USA, 150 Millionen in Europa und 150 Millionen in den industrialisierten Ländern Asiens zu finden. Im Jahre 2010 erwarte ich ein Milliarde Benutzer: 250 Millionen in den USA und Kanada, 50 Millionen in Lateinamerika, 250 Millionen in Europa und 450 Millionen in Asien.

Zur Zeit wird das Internet vorwiegend von Amerikanern benutzt. Die Tatsache, daß das Internet ein Nachfolger des *Arpanet* (ein frühes Netz, das vom amerikanischen

---

4 Ich gebe ja zu, daß "bloß" 150 Milliarden dieser Gelder in den Telekommunikationsbereich fließen, aber wenn man davon ausgeht, daß die Ausrüstungskosten weiter fallen werden, dann wird dies ausreichen, um die Netzwerke bedeutend zu verbessern.

Verteidigungsministerium durch seine Forschungsplanungsagentur DARPA gefördert wurde) ist, spielt hierbei ganz gewiß eine bedeutende Rolle. Tabelle 7.2 gibt eine weitere Erklärung für die amerikanische Dominanz; sie zeigt die durchschnittlichen Kosten für die Internetbenutzung von zu Hause aus. Im Moment ist es in anderen Ländern zwischen zwei- und achtmal teurer, das Internet zu benutzen als in den USA. Das Vereinigte Königreich ist die einzige Ausnahme. Dort kostet es ungefähr gleichviel wie in den USA, da die britische Regierung sehr früh entschieden hat, die Telekommunikationsindustrie zu privatisieren.

Land	*$ 1.00 entspricht*	*Anschluß- gebühr / Monat*	*Gebühr / Stunde*	*Gebühr für Ortsgespräch / Stunde*	*Internet- nutzung / Jahr*
Dänemark	5.98 Kronen	$20.90	$5.89	$1.61	$1,600.80
Dänemark (IBM)	5.98 Kronen	$16.72	$5.02	$1.61	$1,213.32
Japan	96.9 Yen	$49.54	20 Frei- stunden	$2.06	$965.28
Deutschland	1.52 DM	$26.32		$0.76	$452.64
Großbritannien	0.63 £	$18.65			$223.80
USA	1.00 $	$17.50			$210.00

Tabelle 7.2 *Kosten für den Internetzugang in verschiedenen Ländern (15 Stunden pro Monat außerhalb der Hochbetriebszeiten). Die Schätzungen stellen Angebote von verschiedenen bekannten Anbietern für das Jahr 1994 dar und beinhalten Telefongebühren für Ortsgespräche. Der Internetdienst der IBM Dänemark wird nur für Benutzer des Systems OS/2 Warp angeboten und beinhaltet drei Freistunden pro Monat. Die Kosten wurden einheitlich in US-Dollar dargestellt, unter Benutzung der aufgeführten Währungskurse.*

Die Tabelle 7.2 erlaubt eine weitere interessante Beobachtung. In Dänemark benutzt IBM die sehr hohen Internetzugangskosten, um Kunden dazu zu überreden, das Betriebssystem OS/2 Warp zu kaufen, und den Kunden preisgünstigen Zugang zum Internet über das weltweite IBM-Datennetz anzubieten. Aus der Sicht des Benutzers umfaßt der Kauf und die Benutzung eines Computers in Wirklichkeit die Hardware, die Software und die Online-Dienste (das Internet ist eben solch ein wichtiger Dienst). Die Unterscheidung zwischen diesen drei Komponenten ist für den Benutzer unwichtig, da er *Lösungen* kaufen möchte, und nicht Technologie um der

Technologie willen. Es mag sehr wohl sein, daß das Angebot eines billigen und einfach zu benutzenden Online-Dienstes ein wichtiger Kaufanreiz sein wird, wenn sich Benutzer für einen Rechner entscheiden. Immerhin kann eine Ersparnis von fast vierhundert Dollar pro Jahr allein an Internetgebühren einen dänischen Computerbenutzer dazu überreden, sich für ein OS/2-System zu entscheiden.

Microsoft baut auf dieser Verbindung zwischen Computerkauf und Online-Dienst auf und wird das Microsoft-Netzwerk als integrales Teil des Betriebssystems Windows 95 anbieten. Online-Dienste, die mit Microsoft konkurrieren, z.B. America Online, beschweren sich, daß Microsoft seine große Installationsbasis benutzt, um Marktanteile für seinen Online-Dienst aufzubauen. Es kann aber auch sein, daß der entgegengesetzte Effekt viel gewichtiger ist. Die Integration des Internets in das Betriebssystem Unix hat ganz bestimmt sehr zur Verbreitung von Unix beigetragen.

7.1 Hypertextzugriff über das Internet

Das Internet bietet sehr viele verschiedene Dienste an. Die bekanntesten sind die elektronische Post, die Übertragung von Dateien, die Videoübertragung von aktuellen Geschehnissen über den MBone [Eriksson 1994] und die Fähigkeit, Software auf anderen Rechnern ablaufen zu lassen, während die Resultate gleichzeitig auf dem eigenen Rechner erscheinen. Das Internet kann auch als Basis für Hypertext benutzt werden. Diese Art der Benutzung erlebt seit 1992 ein besonders starkes Wachstum. Wie man in Bild 7.1 sehen kann, ist die Benutzung des Internets für Hypertext (die unteren drei Kurven) sehr viel schneller gewachsen als die Benutzung des gesamten Internets (die beiden oberen Kurven).

Die Popularität von Hypertext auf dem Internet hat viele Gründe. Zum einen sind die traditionellen Internet-Benutzerschnittstellen sehr schwer zu benutzen [Kellogg und Richards 1995]. Der Benutzer muß eine zeilenorientierte Befehlssprache mit vielen obskuren Abkürzungen und verwirrenden Alternativen verstehen. Der Hypertextansatz, bei dem der Rechner die Alternativen zeigt und dem Benutzer erlaubt, auf Bilder oder natürlichsprachliche Beschreibungen der Information zu klicken, ist für die meisten Benutzer sehr viel einfacher zu verstehen. Da sich der Umfang des Internets jedes Jahr verdoppelt, verändert sich dadurch auch die Definition des durchschnittlichen Benutzers. Am Anfang handelte es sich dabei um Systemgurus; heute sind es immer mehr technisch unbegabte Benutzer. Es ist also keine Überraschung, daß die einfacheren Benutzerschnittstellen großen Anklang finden.

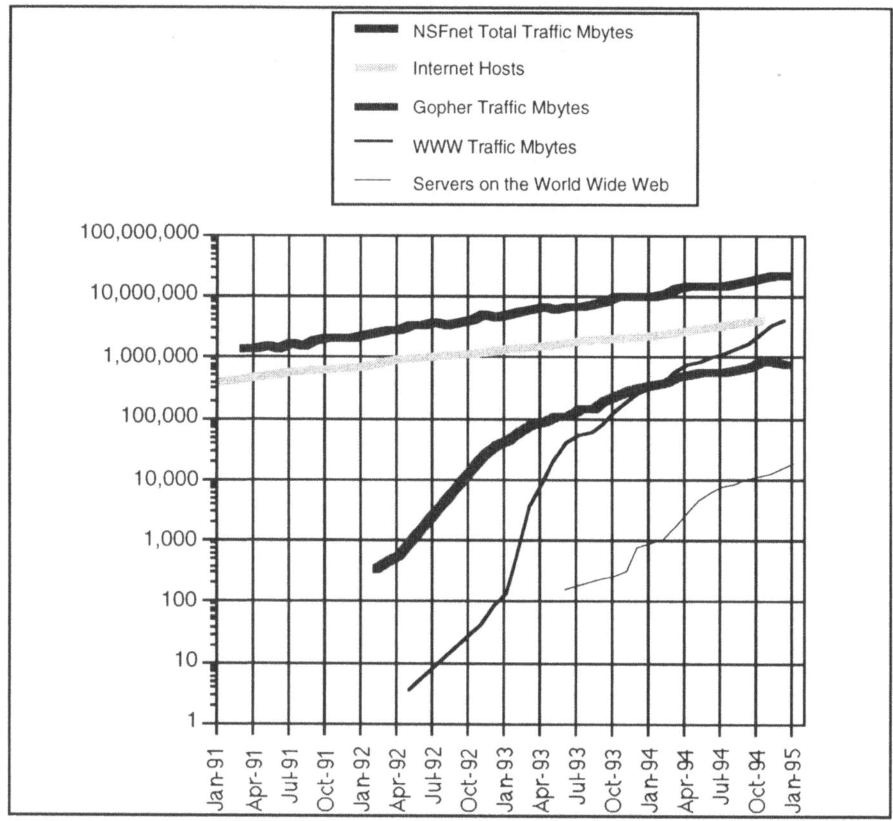

Bild 7.1 *Diagramm der verschiedenen Wachstumsindikatoren für das Internet. Die beiden Kurven, die die Rechneranzahl anzeigen (auf dem ganzen Internet und die Anzahl der Server, die direkt am World Wide Web teilnehmen), stellen das ganze Internet dar. Die Kurven, die den Verkehr auf dem Netz darstellen, beziehen sich nur auf einen kleinen Teil des Internets, das NSFnet. Datendurchsatzangaben erfolgen in Megabyte pro Monat. Man beachte, daß die Skala für Datendurchsatz und Anzahl der Rechner logarithmisch ist: das Internet ist so schnell gewachsen, daß es unmöglich wäre, das Wachstum auf einer linearen Skala darzustellen.*

Informationsanbieter finden auch immer mehr Gründe dafür, daß sie ihre Informationen auf dem Internet zur Verfügung stellen sollen. Die unterste Kurve in Bild 7.1, die die Zahl der informationsanbietenden Dienste auf dem World Wide Web darstellt, zeigt das rapide Wachstum in diesem Bereich. Ein Grund, Informationen auf dem Internet zur Verfügung zu stellen, ist, daß man die Aufmerksamkeit einer großen Anzahl gebildeter Benutzer auf sich zieht. Sun Microsystems betreibt z.B. eine Reihe von Sun SITE-Rechnern, die von ca. 140.000 Benutzern pro Tag angesprochen werden.

Ein anderer Grund, Information auf dem Internet darzustellen, ist, daß es sich um eine sehr kostengünstige Verbreitungsmethode handelt. In der Computerindustrie kostet der durchschnittliche Anruf beim Kundendienst 23 Dollar [Nielsen 1993a], und die Kosten steigen auf 75 Dollar, wenn man Software verschicken muß, um bei dem Kunden ein Problem zu beheben. Ein Computerunternehmen kann also viel Geld sparen, wenn es seinem Kunden ermöglicht, die Fragen selbst zu beantworten, indem es Hypertextinformationen sowie die Software zur Fehlerbehebung für den Kunden auf dem Internet zur Verfügung stellt.

7.1.1   Information gegen Bezahlung

Viele der Informationen, die auf dem Internet zur Verfügung stehen, sind ziemlich unsinnig: z.B. ist es möglich, sich mit den Kaffeemaschinen an verschiedenen Universitäten in Verbindung zu setzen, um herauszufinden, ob sie voll oder leer sind. Ein Norweger veröffentlichte eine digitalisierte Tonaufnahme seines bellenden Hundes, um das Sprichwort „Auf dem Internet kennt kein Hund den anderen" zu entkräften.[5] Trotzallem ist die Information auf dem Internet sehr nützlich, und man kann davon ausgehen, daß der Wert der Information weiter zunehmen wird, sobald es möglich wird, Benutzern den Zugriff auf die Information in Rechnung zu stellen.

Zur Zeit gibt es nur zwei Möglichkeiten, Informationen über das Internet zugänglich zu machen: entweder man beschränkt den Zugang zur Information auf zahlende Kunden, die ein Konto und ein Kennwort beim Informationsanbieter haben, oder man macht die Information für jederman zugänglich. Ein Informationsanbieter möchte sein Angebot möglichst vielen potentiellen Kunden zugänglich machen, und es ist viel zu aufwendig für potentielle Benutzer, erst einmal eigene Konten und Kennwörter zu installieren. Außerdem ist der Informationszugriff auch derart kurzfristig, daß viele Kunden so schnell überhaupt keine Konten bei interessanten Informationsanbietern erhalten könnten, wie sie gerne Zugriff auf die Information hätten.

---

[5] Das Sprichwort trifft allerdings größtenteils zu. Auf dem Internet weiß ein Benutzer wirklich nicht, ob er es mit einem Hund oder einem Menschen zu tun hat. Alles, was er von seinem *Gegenüber* weiß, ist, daß er auf Tasten drücken kann. Allerdings entwickelt sich die Netzwerktechnologie sehr schnell, und es gibt heute schon Projekte, die an Internet-Videotelefonen arbeiten [Tang und Rua 1994]. Das wird wohl das Ende der Hunde auf dem Internet sein. Das Sprichwort "Auf dem Internet kennt kein Hund den anderen" stammt aus einem Cartoon von P. Steiner, der im *New Yorker* am 5. Juli 1993, Seite 61, erschien.

Die „Encyclopedia Britannica" hat z.B. einen Internetdienst, den man gegen Gebühr (20 Dollar pro Monat) zum Durchsuchen einer Online-Version der Enzyklopädie benutzen kann. Auf den ersten Blick klingt das wie ein sehr günstiges Angebot, insbesondere wenn man es mit dem Einkaufspreis dieser sehr teuren Publikation vergleicht. In Wirklichkeit allerdings brauchen die meisten Benutzer nur Zugriff auf einen oder zwei Artikel aus der Enzyklopädie. Der Wert von Information kann nur schwer beziffert werden, und 10 Dollar für einen Artikel aus der „Encyclopedia Britannica" ist ein angemessener Preis, wenn der Artikel wichtige Informationen für einen Bericht enthält. Andererseits würde der Abonnementpreis viele potentielle Kunden abschrecken, da sie nicht wissen, ob sie wirklich Informationen im Wert von 20 Dollar pro Monat abfragen werden. Dieselben Kunden wären wahrscheinlich bereit, für jeden einzelnen Artikel je 1 Dollar zu bezahlen. In anderen Worten, der Anbieter hat sich durch die Benutzung des Abonnements als Zugriffsmodell einen wichtigen Teil des Marktes verschlossen.

Ich erwarte, daß bald eine Art „Netzgeld" populär werden wird, da das weitere Wachstum des Internets ein solches Medium braucht. Mehrere Projekte versuchen zur Zeit, Netzgeld zur Verfügung zustellen [S. Levy 1994]. Die ersten Systeme sind seit 1994 in Betrieb, aber sie haben noch keine große Verbreitung und nur geringe Benutzerakzeptanz.

Bargeld hat einige interessante Eigenschaften, die man auch auf dem Internet wiederfinden möchte. Erstens, und wahrscheinlich am wichtigsten: Man braucht keine besonderen Abkommen zu schließen, um mit Bargeld zu bezahlen. Wenn ich genügend Bargeld in lokaler Währung mit mir herumtrage, kann ich weltweit in jedes Geschäft einkaufen gehen, auch wenn man mich dort noch nie zuvor gesehen hat. Die Tatsache, daß man Bargeld[6] in lokaler Währung mit sich herumtragen muß, ist ein Nachteil des Bargeldmodells, und das Internet, das ja ein internationales System ist, sollte ein Zahlungssystem haben, das unabhängig von örtlichen Gegebenheiten funktioniert. Der zweite Vorteil des Bargeldmodells ist der minimale Verwaltungsaufwand für Transaktionen. Wenn ich jemandem einen Zehnmarkschein gebe, wird der Schein sofort erkannt, und mir wird die Möglichkeit gegeben, ohne weitere Diskussionen Waren im Wert von 10 DM einzukaufen. Ich kann Geld mit mir herumtragen, ohne mir über das Gewicht oder die Größe Gedanken zu machen, und es dauert nur einige Sekunden, um das Geld gegen Ware einzutauschen. Der dritte große Vorteil ist die Anonymität des Gebrauchs von Bargeld. Ich kann etwas

---

6 Außer der Tatsache, daß es keine weltweite Währungseinheit gibt, hat Bargeld auch den sehr großen Nachteil, daß es Kriminelle (von Bankräubern bis hin zu Taschendieben) anzieht.

kaufen ohne zu befürchten, daß diese Transaktion in irgendeiner Regierungsdatenbank vermerkt wird, auch wenn ich Bargeld benutze, das von dieser Regierung herausgegeben wurde. Bei Kreditkarteneinkäufen verläuft dies ganz anders: Die Kreditkartenfirma hat jedesmal, wenn ich meine Kreditkarte benutze, einen Eintrag in ihrer Datenbank.

Zahlungssysteme auf dem Internet sollten unmittelbar benutzbar sein, ohne daß man zuerst besondere Übereinkünfte schließt, und sie sollten mit minimalem Verwaltungsaufwand funktionieren. Diese beiden Eigenschaften stellen Mindestanforderungen dar, damit Benutzer innerhalb von Sekunden für kleine Informationselemente bezahlen können, die sie von einem Informationsdienst erhalten möchten. Wahrscheinlich wird Netzgeld einen Mechanismus benutzen, bei dem ein Dritter die Transaktion registriert und das Konto des Benutzers mit demselben Betrag belastet, der auf das Konto des Informationsanbieters überwiesen wird. Falls jeder Kunde mit jedem Anbieter ein eigenes Zahlungsabkommen abschließen müßte, wären $n \times m$ Abkommen erforderlich (n = Anzahl der Kunden; m = Anzahl der Anbieter). Falls man sich auf einen Zahlungsabwickler einigen würde, dann wären bloß $n + m$ Abkommen erforderlich. Anfänglich müßten die Benutzer dem Zahlungsabwickler vertrauen; es wird aber schon sehr bald möglich sein, mit Verschlüsselungsverfahren, die Anonymität zu garantieren.

Sobald es ein gut etabliertes Zahlungssystem geben wird, werden wir wahrscheinlich ein explosionsartiges Wachstum von qualitativ hochwertiger Information auf dem Internet sehen. Es besteht berechtigte Hoffnung, daß die Preisstrukturen den breiten Gebrauch des Internets unterstützen. Niedrige Preise bei einem hohen Umsatz ermöglichen es Informationsanbietern, große Profite zu machen, ohne sich allzusehr um Copyright oder Raubkopien zu kümmern. Wenn ich eine Information für fünf Pfennig kaufen kann, dann werde ich mir wahrscheinlich nicht die Mühe machen, sie abzuspeichern; sobald ich sie wieder benötige, werde ich sie mir einfach ein zweites Mal kaufen. Auf jeden Fall werde ich mir nicht die Mühe machen, eine Raubkopie zu erstellen. In anderen Worten: der wichtigste Mehrwert eines Informationsanbieters ist der Suchmechanismus und die Garantie, hochwertige Information zu finden, sobald man sie braucht. In einer sich schnell verändernden Welt verliert Information sehr schnell an Wert: Sehr wenige Leute lesen die Zeitung von gestern. Meistens wird sie benutzt, um den Fisch einzupacken.

Zur Zeit hat sich noch keines der Netzgeldmodelle durchgesetzt, und die meiste Information wird kostenlos angeboten. Einige Informationsdienste werden durch Produktwerbung finanziert. Der GNN (Global Network Navigator) der Firma O'Reilly & Associates ist ein sehr gutes Beispiel für eine elektronische

Veröffentlichung auf dem Internet, die durch Werbung getragen wird. Auf die gleiche Weise funktioniert Oslonett, ein Informationsdienst über Norwegen, der durch Lokalwerbung finanziert wird, wie z.B. die Arktis-Reisegesellschaft (http://www.oslonett.no/html/adv/advertisers.html).

7.1.2 Menschenauflauf

Das Internet ist ein weltweites Netzwerk, das Millionen Benutzer weltweit miteinander und mit Informationsdiensten verbindet. Es kann vorkommen, daß sehr viele Benutzer gleichzeitig denselben Informationsdienst benutzen wollen: In diesem Fall spricht man von einem Menschenauflauf auf dem Internet (engl.: flash crowd)[7]. Normalerweise kommt dies nicht vor, da die Benutzer unterschiedliche Bedürfnisse und Interessen haben. Dadurch ist es möglich, die Kapazität eines Hypertextinformationsdienstes an die verschiedenen Bedürfnisse anzupassen: Ein sehr populärer Hypertextdienst benutzt einen sehr mächtigen Computer mit hoher Internet-Bandbreite; ein spezialisierter Dienst wird mit einem kleineren Rechner und einer langsameren Verbindung auskommen.

Leider kommt es manchmal vor, daß wahre Benutzermassen auf dem Internet auf einmal beschließen sich mit demselben Dienst in Verbindung zu setzen. Im allgemeinen entsteht ein solcher Internet-Menschauflauf, sobald jemand Information über ein sehr publikumswirksames Ereignis anbietet. Das norwegische Oslonett veröffentlichte z.B. die Resultate und Bilder der Winterolympiade 1994 in Lillehammer. Der Dienst erhielt 1,3 Millionen Informationsanfragen während der Dauer der olympischen Spiele (18 Tage). Das entspricht ungefähr einer Anfrage pro Sekunde. Die Anfragen kamen von Benutzern aus 42 Ländern; 1994 waren 64 Länder an das Internet angeschlossen. Um diese riesige Arbeitslast zu bewältigen, brauchte Oslonett die Hilfe von Sun Microsystems. Sun erstellte einen Spiegeldienst (engl.: mirror server) in den Vereinigten Staaten, um die 500.000 amerikanischen Anfragen zu bearbeiten. Somit brauchte der norwegische Dienst *nur* noch 800.000 Anfragen zu beantworten.[8]

---

[7]Anm. des Übersetzers: Im englischen Original wurde der Begriff "flash crowd" verwendet, den der Autor aus einer Science-Fiction-Kurzgeschichte von Larry Niven entliehen hat. Die Geschichte beschreibt Teleportierung und was wohl passieren wird, wenn man ganz einfach irgendwohin in der Welt reisen kann. Die Kurzgeschichte beschreibt, wie Millionen Menschen sofort zu den Orten hinteleportieren, die gerade in den Nachrichten erwähnt werden und wie die Polizei mit diesen unvorstellbaren Menschaufläufen fertig wird.

[8]Obwohl Menschenaufläufe nur kurzfristige Ereignisse sind, muß man doch langfristig mit der Popularität eines Dienstes rechnen. Im Dezember 1994 (fast ein Jahr nach den

Es kann gut sein, daß ein Informationsdienst über lange Zeit hinweg nur sehr wenige Benutzer anzieht, die durch Mund-zu-Mund-Propaganda von diesem Angebot gehört haben. Sobald der Dienst dann in einer bekannten Liste mit guten Verweisen auftaucht, kann er sehr schnell von den Anfragen überwältigt werden. Viele bekannte Internetknoten bieten informative Seiten an, in denen auf die neuesten Netzereignisse und Veröffentlichungen hingewiesen wird. Indexdienste, wie sie in den Bildern 7.4 und 7.5 gezeigt werden, sorgen dafür, daß mehr Benutzer einen Informationsdienst ansprechen.

Spiegelbilder sind Rechner, die eine genaue Kopie der Information des gespiegelten Rechners enthalten. So können sich Benutzer auf beide Rechner verteilen und trotzdem immer die gleiche Information erhalten. Spiegelbilder entschärfen die Effekte von Menschenaufläufen. Normalerweise wird das Spiegelbild täglich aufgefrischt. Informationen, die schneller veralten, müssen öfters aufgefrischt werden. Man kann allerdings nicht alle Probleme mit Spiegelbildern beheben. Zum einen dauert es eine Weile, bis ein Spiegelbildrechner installiert ist, und zum anderen müssen die Benutzer von dem Spiegelbild hören, bevor sie es in Anspruch nehmen.

Cache-Rechner stellen eine andere Lösung dar, um Menschenaufläufen Herr zu werden. Ein Cache-Rechner speichert lokale Kopien von Informationen, die in letzter Zeit von Benutzern angefragt worden sind. Sobald diese Informationen erneut angefordert werden, holt sie der Cache-Rechner aus seinem eigenen Speicher, anstatt sie von dem ursprünglichen Informationsdienst erneut anzufragen. Sun Microsystems hat z.B. einen internen Hypertextdienst, das *SunWeb*, der Informationen für Angestellte enthält. Wenn sehr viele Anfragen aus Deutschland kommen, die alle die gleiche Unterlage anfordern, wird nur die erste Anfrage den Atlantik überqueren; die Antwort wird im deutschen Cache-Rechner gespeichert, und alle nachfolgenden Anfragen können dann lokal beantwortet werden. Cache-Rechner reduzieren die Arbeitslast nicht, wenn sehr viele verschiedene Anfragen gestellt werden. Außerdem müssen sie sicherstellen, daß sie die Anfragen immer mit den neuesten Versionen des Dokumentes beantworten.

Während seines Hauptvortrages anläßlich der WWW-Konferenz in Chicago am 18. Oktober 1994 erwähnte Tim Berners-Lee, daß Skalierbarkeit eines der Hauptentwurfsziele des WWW war. Dies bedeutet, daß das System weiterhin funktionieren soll, auch wenn es um ein vielfaches wächst. Leider konzentrierten sich die Erfinder des WWW auf die Zahl der Hypertextobjekte auf dem Internet; das System garantierte dem einzelnen Rechner, daß er immer gleich gut funktioniert, unabhängig

---

olympischen Spielen) erhielt der nordamerikanische Spiegeldienst noch immer Anfragen von 774 Benutzern, die Informationen über die Lillehammer Winterspiele haben wollten.

davon, ob andere Rechner ins Internet aufgenommen werden. Jeder Rechner wäre von dem anderen unabhängig. Als das Internet wuchs, hat man leider gesehen, daß Skalierbarkeit nicht nur von der Anzahl der Rechner, sondern auch von der Anzahl der Benutzer abhängt. Aus diesem Grund sind Spiegelbilder und Cache-Rechner sehr beliebt geworden.

7.2 World Wide Web und Mosaic

Das World Wide Web (oft abgekürzt als *WWW* oder *W3*) ist das am weitesten verbreitete Hypertextsystem, das auf dem Internet aufbaut [Berners-Lee et al. 1994]. WWW ist ein verteiltes Hypertextsystem, das eine Client-Server-Architektur benutzt, um den Zugriff über das Internet zu ermöglichen. Das WWW basiert im wesentlichen auf der Drei-Ebenen-Architektur für Hypertextsysteme, die in Kapitel 5 beschrieben wurde. Die unterste Ebene — die Datenbankebene — besteht aus dem Internet und allen Rechnern, die mit Hilfe des WWW Informationen und Daten zur Verfügung stellen. Diese Rechner funktionieren als Server, und theoretisch braucht ein Benutzer nicht zu wissen, wo sie sich befinden, welche Software- oder Hardware-Konfiguration sie benutzen oder wie sie die Daten abspeichern. Alle Server stellen ihre Daten in einem standardisierten Format — HTML *Hypertext Markup Language* — zur Verfügung und benutzen ein standardisiertes Kommunikationsprotokoll — HTTP *Hypertext Transfer Protocol*. Die Kombination von HTML und HTTP stellt eine abstrakte Hypertextmaschine dar. Die abstrakte Maschine ist die einzige Schnittstelle zwischen Client und Server; beide Rechner müssen diese Standards unterstützen, um am WWW teilzunehmen.

Der Benutzer kann aus einer Vielzahl von Rechnern und Softwarepaketen auswählen, solange sie das HTTP-Protokoll und die HTML-Formatierung verstehen. Wenn der Rechner eines Endbenutzers diese beiden Standards beherrscht, kann er mit einer Vielzahl von Informationsanbietern kommunizieren, unabhängig davon, ob es sich um Großrechner, Unix-Arbeitsstationen oder PCs handelt. Dies ist der große Vorteil eines allgemein akzeptierten Standards.

Die Präsentationsebene des Drei-Ebenen-Modells wird im WWW durch einen *Viewer* (ein Darstellungsprogramm) gehandhabt. Der Viewer läuft auf dem Rechner des Benutzers. Es gibt eine Vielzahl von Viewers, die jeweils auf verschiedene Bedürfnisse und Anwendungen zugeschnitten sind. Mosaic ist der zur Zeit bekannteste Viewer für das WWW (Bild 7.2).

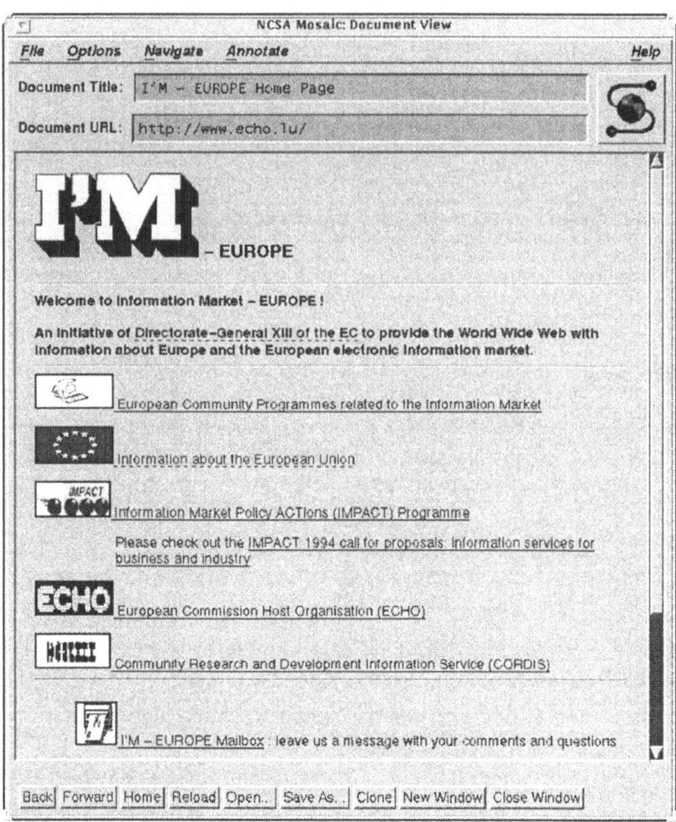

Bild 7.2 *Die Startseite (engl.: home page) des Informationsdienstes der Europäischen Gemeinschaft (©1994 European Community Host Organisation (ECHO), mit Erlaubnis abgedruckt).*

NCSA Mosaic hat eine grafische Benutzerschnittstelle und wurde im Jahr 1993 am National Center for Supercomputing Applications an der University of Illinois in Urbane-Champaign entwickelt[9]. Es gibt Mosaic-Versionen für Arbeitsplatzrechner

---

[9]Mosaic existiert heute in einer Reihe von verschiedenen Versionen, unter anderem in der Originalversion, die von der NCSA entwickelt wurde, sowie als kommerzialisierte Version Netscape der Firma *Netscape Communications Corporation*, AIR Mosaic der Firma *Spry* und Enhanced Mosaic der Firma *Spyglass*. Der *WebExplorer* von IBM kann auch mit Mosaic verglichen werden. Zur Zeit bieten die Produktversionen erhebliche Vorteile gegenüber der NCSA-Mosaic-Version an, sie bauen allerdings alle noch immer auf

unter X Windows, für Macintoshs und für PCs unter Windows. Es gibt auch eine Version für Amiga-Rechner, allerdings wird diese Version nicht unterstützt oder gewartet.

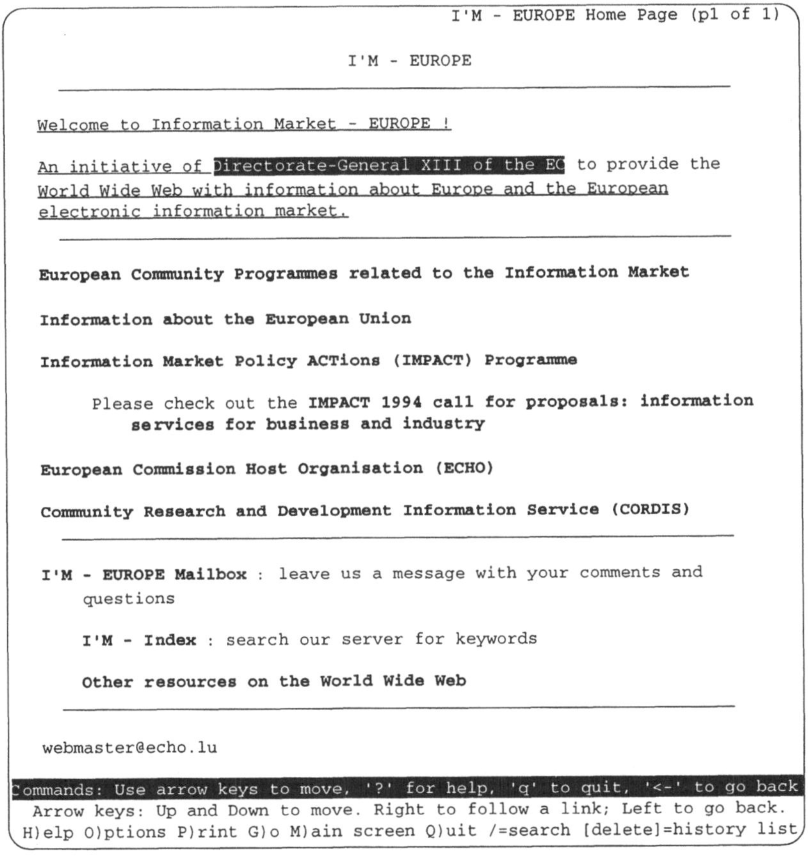

```
                                        I'M - EUROPE Home Page (p1 of 1)

                            I'M - EUROPE
        ____________________________________________________________

        Welcome to Information Market - EUROPE !

        An initiative of Directorate-General XIII of the EC to provide the
        World Wide Web with information about Europe and the European
        electronic information market.
        ____________________________________________________________


        European Community Programmes related to the Information Market

        Information about the European Union

        Information Market Policy ACTions (IMPACT) Programme

            Please check out the IMPACT 1994 call for proposals: information
                services for business and industry

        European Commission Host Organisation (ECHO)

        Community Research and Development Information Service (CORDIS)
        ____________________________________________________________


        I'M - EUROPE Mailbox : leave us a message with your comments and
            questions

            I'M - Index : search our server for keywords

            Other resources on the World Wide Web
        ____________________________________________________________

        webmaster@echo.lu

Commands: Use arrow keys to move, '?' for help, 'q' to quit, '<-' to go back
 Arrow keys: Up and Down to move. Right to follow a link; Left to go back.
 H)elp O)ptions P)rint G)o M)ain screen Q)uit /=search [delete]=history list
```

Bild 7.3 *Die Darstellung der I'M EUROPE-Seite mit dem Viewer „Lynx" in einer VT-100-Textdarstellung (© 1994 European Community Host Organisation (ECHO), mit Erlaubnis abgedruckt).*

Es gibt noch eine Reihe anderer Viewer für das WWW. Sehr oft werden Mosaic und WWW irrtümlicherweise als Synonyme verwendet. WWW bezeichnet die

derselben Schnittstellenmetapher und demselben Hypertextmodell auf. Aus diesem Grund wird in diesem Kapitel *Mosaic* als Überbegriff verwendet.

Systemarchitektur, die Infrastruktur und den Informationsumfang, der auf dem Internet zur Verfügung gestellt wird. Mosaic ist der Name eines bestimmten Viewers, den man benutzen kann, um sich Informationen auf dem WWW anzusehen. *Lynx* ist ein anderer, auch sehr beliebter Viewer (Bild 7.4). Lynx benutzt keine grafische Oberfläche, sondern bietet eine Textschnittstelle an, mit der VT100 und andere Textterminals auf dem WWW benutzt werden können.

Die Abbildungen 7.2 und 7.3 stellen denselben Hypertextknoten aus der Sicht zweier verschiedener Viewer dar. Beide zeigen den Startknoten (oder die *Ausgangsseite* (engl.: home page)) des Informationsdienstes der Europäischen Gemeinschaft *I'M EUROPE*. Der Server für I'M EUROPE steht in Luxemburg (in Bild 7.2 sieht man die URL des Dokumentes *http://www.echo.lu.* — *.lu* zeigt an, daß der Server im Internetdomain *Luxemburg* registriert ist). Bild 7.7 zeigt die Information, die vom Server an beide Viewer geschickt wurde, bevor sie durch die Viewer formatiert und dargestellt wurde. Beide Viewer stellen diese Information in der für sie geeignetsten Form dar.

Der ursprüngliche WWW-Viewer, der am CERN entwickelt wurde, funktionierte sogar im Zeilenmodus, wie man ihn z.B. bei Telnet-Verbindungen findet. Dieser Viewer kann auf Großrechneranlagen und allen anderen Rechnerkonfigurationen, die mit dem Rest der Welt kommunizieren können, benutzt werden.

Im August 1994 analysierte das Magazin *WIRED* 20.920 Anfragen, die in vierzehn Tagen bei seinem WWW-Rechner eingegangen waren (ca. eine Anfrage pro Minute). 73% der Anfragen kamen von Mosaic-Benutzern. Dies zeigt, daß Mosaic im Jahre 1994 ganz klar das dominierende Programm war. 42% der Mosaic-Benutzer benutzten X Windows, 33% benutzten Microsoft Windows, 24% Macintosh und 0,3% Amiga.

Nach Mosaic war Lynx der zweitbeliebteste Viewer. 14% der eingegangenen Anfragen kamen von Lynx-Benutzern. MacWeb war der einzig andere Viewer, der über der 1%-Grenze lag. Mosaic war ohne Zweifel der am weitesten verbreitete Viewer, als das Internet das größte Wachstum zeigte.

Popularität ist auf dem Internet allerdings nicht von Dauer. Schon vier Monate später hatte Netscape Mosaic eingeholt. Netscape wurde im Dezember 1994 freigegeben (Betaversionen waren schon einige Monate früher auf dem Netz verfügbar). Internet-Statisken, die kurz vor Weihnachten 1994 aufgestellt wurden, zeigten, daß 64% der WWW-Verbindungen mit Netscape erstellt wurden, 21% mit Mosaic, 7% mit Lynx, 3% mit IBM WebExplorer. MacWeb war unter die 1%-Schwelle gefallen. Da Netscape eine kommerzialisierte und erweiterte Version von Mosaic ist, kann man die Daten allerdings auch anders interpretieren: der Marktanteil von Mosaic und Mosaic-verwandten Produkten hat sich innerhalb von vier Monaten von 73% auf 84% erhöht, und der Marktanteil von Lynx ist um fast die Hälfte gefallen.

Wenn man die Hypertextdarstellungen in Bild 7.2 und 7.3 miteinander vergleicht, sieht man auf den ersten Blick, daß Mosaic Bilder zeigen und Lynx nur Texte darstellen kann. In Mosaic werden die Ausgangspunkte für Hypertextverbindungen durch Unterstreichen dargestellt. Durchgezogene Striche zeigen Verbindungen an, denen der Benutzer noch nicht gefolgt ist; punktierte Striche werden für Verbindungen benutzt, die schon einmal Ausgangspunkte für Hypertextsprünge waren. In einer Datenbank auf dem Rechner des Benutzers merkt sich Mosaic, welchen Verbindungen er schon einmal gefolgt ist.

Aufgrund der verteilten Architektur des Internets wäre es nur schwer möglich, zentral darüber Buch zu führen, welche Knoten ein Benutzer schon einmal besucht hat (ein beliebter Hypertextknoten müßte sich Millionen Namen von Benutzern merken, die ihn schon einmal besucht haben) . Der Rechner des einzelnen Benutzers kann allerdings sehr leicht festhalten, welche Knoten schon einmal besucht wurden und diese Information dann entsprechend in die Benutzerschnittstelle einbauen. Auf einem Farbbildschirm werden neue und bekannte Verbindungen in verschiedenen Farben dargestellt. Die Art der Darstellung kann vom Benutzer bestimmt werden.

In Mosaic aktiviert der Benutzer einen Ausgangspunkt (und damit die Verbindung), indem er darauf klickt. In Lynx hat man keine Maus und kann daher auch nicht klicken. Ein Anker wird aktiviert, wenn er selektiert ist und der Benutzer die Enter-Taste drückt. Lynx führt den Begriff des *gegenwärtigen Ankerpunktes* (engl.: current anchor) ein, den es in Mosaic und in vielen anderen Viewern nicht gibt. In Bild 7.3 ist der gegenwärtige Ankerpunkt Weiß auf Schwarz dargestellt, alle anderen Ankerpunkte sind in Fettschrift gehalten. Der zeilenorientierte Viewer des CERN numeriert Ausgangspunkte. Der Benutzer gibt die Nummer der Verbindung an, der er folgen will. Verbindungsauswahl und -aktivierung ist abhängig von der Schnittstellen- und Präsentationstechnik.

Die Art der Textdarstellung und Textformatierung ist ein weiterer wichtiger Unterschied zwischen Lynx und Mosaic. Mosaic hat eine grafische Schnittstelle und kann verschiedene Schriften verwenden, um unterschiedliche Texttypen darzustellen. Titel werden in größeren Buchstaben angezeigt, Hervorhebung wird durch Kursivschrift realisiert. Lynx hingegen muß mit wesentlich begrenzteren Bordmitteln auskommen und hat nur die wenigen Schriftarten zur Verfügung, die auf einem VT-100-Textterminal dargestellt werden können. Lynx benutzt unter anderem Fettschrift, Unterstreichen und Weiß-auf-Schwarz-Darstellung.

Es gab zwar eine Reihe von Viewern für das WWW, die Einführung von Mosaic im Jahre 1993 hat aber ohne Zweifel das explosionsartige Wachstum des WWW ausgelöst (siehe Bild 7.1). Das WWW hatte ein beeindruckendes Wachstum von 28.600% im Jahre 1992 — damals gab es einige Textschnittstellen zum WWW — aber das explosionsartige Wachstum von 289.000% zeigte sich erst im Jahre 1993, als Mosaic verfügbar wurde. Die verbesserte Benutzerschnittstelle war entscheidend. Mosaic wurde zu *der Anwendung* auf dem Internet. Viele Leute fingen an, das Internet zu benutzen, weil es diese neue grafische Schnittstelle gab.

Bild 7.1 enthält noch einen weiteren Hinweis darauf, wie wichtig gute grafische Schnittstellen sind. Eine der Linien zeigt die Benutzung des Systems *Gopher*. Am Anfang wurde Gopher viel öfter benutzt als das WWW; später überholte das WWW Gopher und wurde zum meistbenutzten Dienst. Gopher ist ein anderes Internet-basiertes Hypertextsystem, das aber eine weniger attraktive Benutzeroberfläche hat. Gopher zeigt dem Benutzer eine Themenliste. Dieser wählt ein Thema aus, sieht sich die nächste Liste an, usw., bis er den Knoten erreicht, der Informationen und nicht nur Verweise auf andere Knoten enthält. Die Arbeit mit Gopher war einfacher zu verstehen, als die meisten traditionellen Unix-Internetbefehle. Aus diesem Grund war Gopher in den Jahren 1991 und 1992 recht beliebt (siehe Bild 7.1). Die neuen WWW- Schnittstellen (die Mosaic-Variationen) sind allerdings noch viel einfacher zu benutzen, und daher hat das WWW-Wachstum die Benutzungsraten von Gopher längst überholt. Wenn man dieses Marktverhalten in Beziehung dazu setzt, wie wichtig es in der Computerindustrie normalerweise ist, zuerst am Markt zu sein und große Marktanteile zu erwerben, dann ist es doppelt so beeindruckend, daß das WWW Gopher in sehr kurzer Zeit (im März 1994) überholt hat, obgleich Gopher im Dezember 1992 439mal so oft benutzt wurde wie das WWW. Diese Verschiebung der Marktanteile beweist, wie wichtig gute Benutzerschnittstellen sind.

Die Beispiele in Bild 7.2 und 7.3 zeigen die Einstiegsknoten für den Hypertext eines Unternehmens oder einer Organisation. Diese Einstiegsknoten oder Anfangsseiten werden oft als *Startseite* (engl.: home page) bezeichnet. Sie geben einen Überblick und verweisen auf Informationsquellen innerhalb der Organisation. Sehr oft enthalten sie auch Verweise auf Einstiegsknoten anderer Organisationen oder Personen. An sich kann jeder Benutzer selbst eine Liste von Verweisen auf Informationsquellen und -dienste erstellen. Die Liste zeigt aber dann auf Informationen, die auf anderen Rechnern von anderen Leuten verwaltet werden, und es besteht daher keine Garantie, daß die Verweise nicht irgendwann ins Leere zeigen. Wenn man die *offiziellen* Startknoten verwendet, hat man eine etwas größere Stabilitätsgarantie.

7.2.1 Stärken und Schwächen des Mosaic-Konzeptes

Trotz all seiner Vorteile hat Mosaic auch eine Reihe von Schwächen. Diese Schwächen hängen interessanterweise oft direkt mit anderen Vorteilen und Stärken von Mosaic zusammen. Wir werden diese fünf Hauptschwächen im folgenden Abschnitt genauer beschreiben. Einige davon werden zweifelsohne in zukünftigen Versionen behoben werden, andere aber reflektieren die eigentlichen Eigenschaften des Systems.

Die erste Stärke von Mosaic ist, daß es Versionen für alle wichtigen Rechnertypen gibt (Unix, Macintosh, Windows), und daß Mosaic mit anderen Softwarepaketen, die die verbleibenden Rechnertypen abdecken (z.B. Lynx für Großrechner und Textterminals), kompatibel ist. Aus diesem Grund ist Mosaic eine sehr interessante Plattform für Informationsanbieter. Der Anbieter kann sehr viel schneller eine kritische Kundenmasse ansprechen, als wenn er sich für eine Lösung entschieden hätte, die nur auf einer Plattform läuft. Alle WWW-Teilnehmer sind potentielle Kunden für jeden Informationsanbieter. Das WWW ist auch ein offenes System: Anwender und Anbieter können jederzeit von Mosaic zu einem anderen kommerziellen Produkt überwechseln, ohne daß die Information erst umformatiert werden müßte oder daß sie Verbindungen zu anderen Informationsanbietern verlieren würden. Im allgemeinen werden offene Systeme bevorzugt, da Benutzer nicht befürchten müssen, daß sie von einem einzigen Anbieter oder einer einzigen Technologie abhängig werden.

Der Nachteil der Rechnerunabhängigkeit von Mosaic ist, daß es für keinen Rechnertyp optimiert ist. Informationsanbieter, die Daten auf dem WWW anbieten wollen, müssen diese so formatieren, daß Lynx-Benutzer sie auch darstellen können, da Lynx trotz allem noch immer recht weit verbreitet ist. Aus diesem Grund wird nur sehr wenig von den grafischen Fähigkeiten von Mosaic Gebrauch gemacht. Des weiteren können Anbieter die Darstellung von Informationen nicht auf einen Rechnertyp hin optimieren, da dies bedeutet, daß die Information auf anderen Rechnern nur schlecht oder überhaupt nicht dargestellt werden kann. Auch auf der Seite der Viewer-Software heißt das, daß Software nicht auf einen Rechnertyp oder eine Softwareumgebung hin optimiert werden kann, weil sie dann auf einem anderen Rechnertyp anders, schlechter oder gar nicht mehr funktioniert. Außerdem kann der Programmcode nicht so optimiert werden wie man das normalerweise bei Anwendungen, die nur auf einem Rechnertyp ablaufen sollen, macht.

Die zweite Stärke von Mosaic besteht darin, daß es für die Darstellung von Multimediainformationen immer Programme von Dritten verwendet, anstatt zu versuchen, alle Informationen selbst darzustellen. Mosaic kann nur Text und kleine

Bilder im Bitmap-Format darstellen. Sobald Ton, Video, Animationen, PostScript oder andere fortgeschrittenere Datenformate auftreten, ruft Mosaic andere Programme auf, die die Darstellung übernehmen. Der Vorteil dieses Ansatzes ist, daß Mosaic es mit allen Datenformaten aufnehmen kann, unter der Voraussetzung daß der Benutzer die Software auf dem Rechner hat, die die Daten darstellen kann. Für oft verwendete Datentypen gibt es ShareWare-Programme für alle Rechnertypen, so daß die meisten Benutzer kein Problem haben, Multimediainformationen darzustellen. Wenn ein neuer Datentyp, wie z.B. Quicktime VR eingeführt wird, dann dauert es nicht lange, bis die ersten Abspielprogramme erscheinen. Benutzer können sofort anfangen, diese neuen Datentypen zu benutzen, ohne erst auf eine neue Version von Mosaic warten zu müssen.

Der Nachteil dieser externen Abspielprogramme besteht darin, daß alle Hypertextfähigkeit verschwindet, sobald ein Hypertextknoten angesprochen wird, der Datentypen enthält, die außerhalb von Mosaic abgespielt werden müssen. Wenn Mosaic ein externes Darstellungsprogramm aufruft, verliert es die Kontrolle über dieses Programm. Vom Darstellungsprogramm aus können Benutzer auch keine neuen Verbindungen aktivieren. Dies bedeutet, daß Mosaic keine Hypermediaunterstützung anbieten kann für Medien, die eine Zeitkomponente haben. Es wäre z.B. unmöglich, eine Symphonie von Mozart abzuspielen und Verbindungen von Teilen der Musik hin zu Erklärungen oder Interpretationen der Komposition aufzubauen.

Die dritte Stärke und Schwäche des WWW ist die Tatsache, daß es auf dem Internet aufbaut und daß Tausende von Rechnern aus der ganzen Welt daran teilnehmen. In den meisten Fällen ist es von großem Vorteil, daß man auf Informationen aus der ganzen Welt zugreifen kann, ohne zuerst besondere Infrastrukturmaßnahmen zu ergreifen. Man kann z.B. von einer amerikanischen ornithologischen Datenbank auf den Informationsdienst der Königlichen Britischen Gesellschaft für Vogelschutz zugreifen. Dieser enthält wiederum eine Verbindung nach Australien, um auf Tonaufnahmen australischer Vogelrufe zuzugreifen. Das kann sogar der Fall sein, wenn der australische Vogelforscher seinen amerikanischen Kollegen nichts von seinen Tonaufnahmen erzählt hat.

Die verteilte und weltweite Architektur des Internets hat den Nachteil, daß der dadurch definierte Hyperraum keine Struktur hat, daß der Entwurf der einzelnen Knoten nicht gleichförmig und konsistent ist, und daß es keine Möglichkeit gibt, den ganzen Informationsraum zu durchsuchen, um gewisse Informationen zu finden.

Obwohl das WWW an sich keine Suchmöglichkeiten enthält, so gibt es doch einige Indexdienste, die das Netz auf der Suche nach neuer Information durchsuchen. Der

Lycos-Dienst ist vielleicht das bekannteste Beispiel für einen solchen Dienst (siehe Bild 7.4 und 7.5). Diese Indexdienste versuchen, einen möglichst vollständigen Index der Information aufzubauen, die auf dem WWW verfügbar ist. Benutzer können dann diesen Index durchsuchen und eine Liste der Verbindungen erhalten, die auf Seiten zeigen, die die gewünschte Information enthalten. Leider sind die Indexdienste kein integraler Bestandteil der Mosaic-Benutzerschnittstelle. Außerdem gibt es sehr große Unterschiede in der Benutzbarkeit der Indexdienste und in der Qualität der Indexdatenbanken. Normalerweise weiß der Benutzer nicht, welcher Teil des Internets durch einen bestimmten Indexdienst abgedeckt wird und wie vollständig die Antwort ist, die er erhält. Es ist auf lange Sicht hin auch unmöglich, daß ein System mit Millionen von Benutzern wie das Internet, ein Such- und Indizierungsprogramm verwendet, das auf dem Arbeitsplatzrechner eines Forschers läuft.

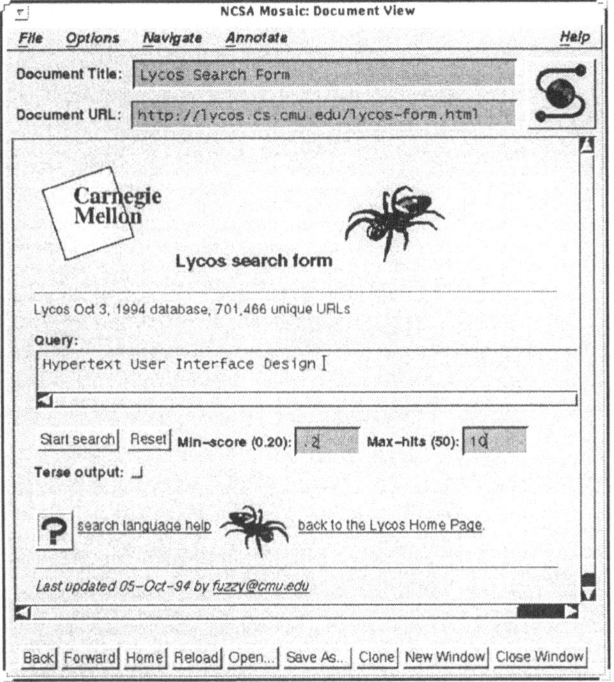

Bild 7.4 *Das Anfrageformular des Lycos-Dienstes, mit dem der Benutzer einen Suchauftrag formuliert. In diesem Fall sucht der Benutzer nach Hypertextseiten, die die Begriffe „Hypertext", „User", „Interface" und „Design" enthalten. Man beachte, daß eine derart komplexe Anfrage untypisch ist. Die Erfahrung zeigt, daß 90% der Anfragen aus ein oder zwei Begriffen bestehen (© 1994, Michael L. Mauldin, mit Erlaubnis abgdruckt).*

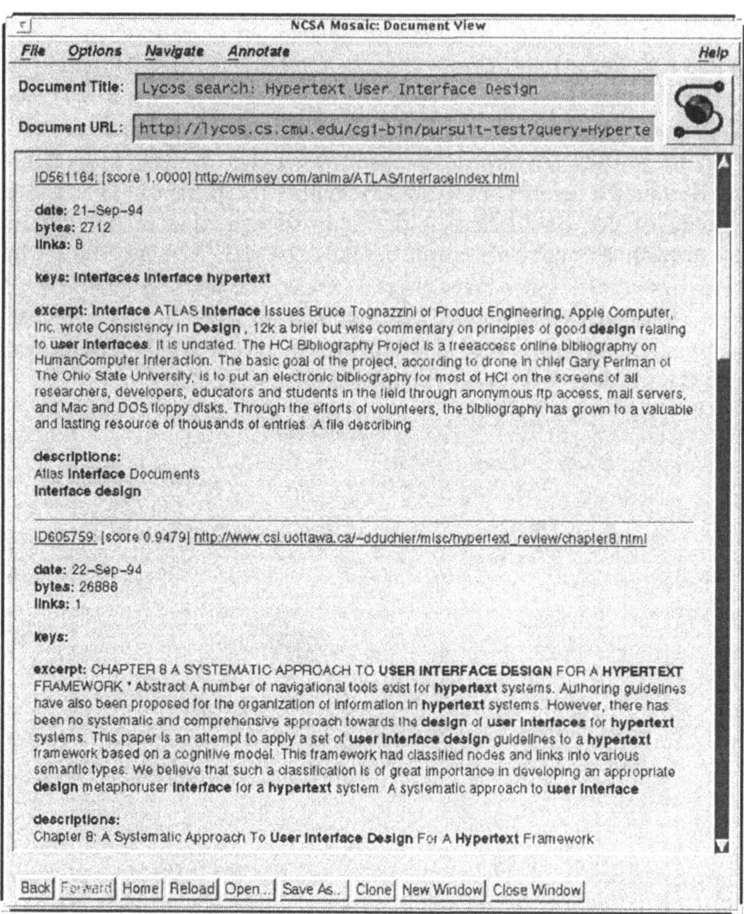

Bild 7.5 *Das Resultat der „Lycos" Anfrage in Bild 7.5. Die Begriffe, die in der Anfrage verwendet wurden, sind in den Zusammenfassungen hervorgehoben worden (© 1994, Michael L. Mauldin, mit Erlaubnis abgedruckt).*

Im Dezember 1994 erhielt Lycos bereits 200.000 Anfragen pro Tag. Die Anfragerate wuchs von Mitte August bis Mitte Dezember 1994 um 130 Millionen Prozent. Diese Zahl wird dadurch verfälscht, daß einige Wochen im Oktober ein sehr hohes Wachstum zeigen. Man sah jedoch fast jede Woche ein Wachstum von über einer Million Prozent. Wenn man dieses Wachstum mit dem Wachstum des WWW vergleicht (nur tausend Prozent während der gleichen Zeitspanne), dann ist es klar, daß ein enormer Bedarf nach guten Suchwerkzeugen besteht. Davon abgesehen ist es wohl unmöglich, ähnliche Wachstumsraten anderswo als auf dem Internet zu finden.

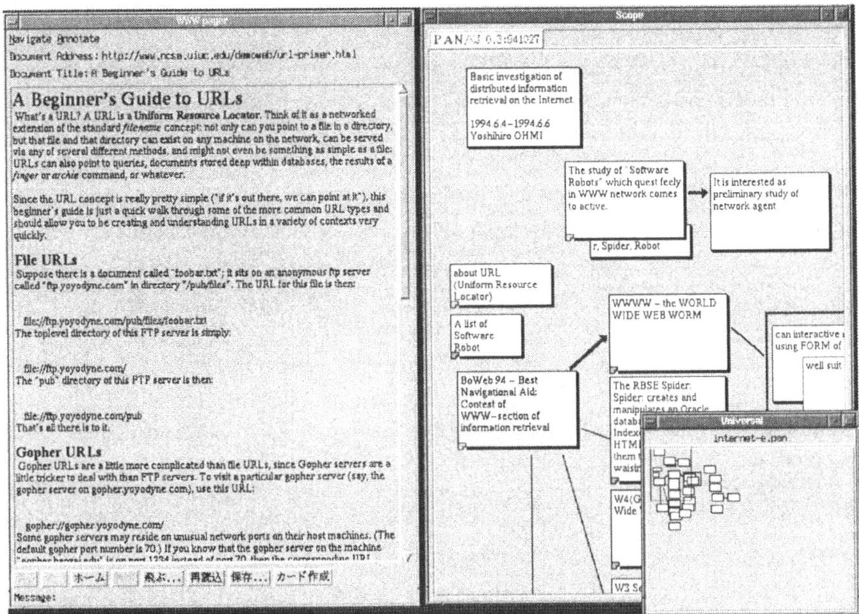

Bild 7.6 *Im linken Fenster wird ein WWW-Dokument in der üblichen Form gezeigt. Das rechte Fenster zeigt ein Übersichtsdiagramm im KJ-Editor. Das Übersichtsdiagramm wird vom Benutzer entworfen. Jedesmal wenn er sich ein Dokument ansieht, kann er entscheiden, ob es zum Übersichtsdiagramm hinzugefügt werden soll oder nicht (© 1994 Hajime Ohiwa und Kazuhisa Kawai, mit Erlaubnis abgedruckt).*

Aufgrund der dezentralisierten Architektur des WWW kann es kein einheitliches Übersichtsdiagramm für das Internet geben. Viele Informationsdienste bieten ihre eigenen Listen der wichtigsten Knoten und Server an. Jeder Benutzer kann seine eigenen Übersichtsdiagramme der Knoten aufbauen, die er gerade besucht hat. Der *KJ-Editor* (siehe Bild 7.6), der von Kazuhisa Kawai (Toyohashi University of Technology, Japan) und Hajime Ohiwa (Keio University, Japan) entwickelt wurde, ist ein experimentelles System, das es Benutzern erlauben wird, ihre eigenen Übersichtsdiagramme zu entwerfen.

Die vierte Stärke von Mosaic ist seine sehr einfache Benutzerschnittstelle. Sie basiert auf dem *Darauf-Zeigen-und-darauf-Klicken*-Prinzip (engl.: point and click). Der Benutzer braucht keine Kenntnisse über Netzwerke, und er muß auch keine komplizierten Befehle erlernen. Wenn ein Benutzer Mosaic startet, dann zeigt das System zuerst einen Startknoten — entweder die Ausgangsseite des Hypertextes für das Unternehmen oder die Organisation des Benutzers oder den Startknoten für das Mosaic-Projekt am *National Center for Supercomputer Applications*. Die Startseite enthält üblicherweise Verbindungen zu anderen Hypertexten (die wiederum weitere Verbindungen enthalten), und schon sehr bald hat der Benutzer Dutzende anderer Rechner und Informationsdienste erreicht, ohne jemals etwas anderes getan zu haben, als auf Wörter oder interessante Bilder zu klicken.

Der Nachteil dieser einfachen Benutzeroberfläche ist, daß Mosaic keine fortgeschrittenen Schnittstellentechnologien unterstützt, da sich das Dialogmodell auf ein einzelnes Fenster beschränkt. [10] Wie bei den Großrechnern ist der Dialog asynchron: Der Rechner reagiert erst dann auf Eingaben, wenn der Benutzer zum nächsten Knoten springt, indem er auf einen Ankerpunkt klickt. Die Einführung von Formularen in der zweiten Version von Mosaic erlaubt eine recht beschränkte lokale Manipulation von Daten durch den Benutzer; z.B. kann der Benutzer Textfelder ausfüllen und Auswahlen treffen. Die Daten müssen erst übers Netz an den Rechner geschickt werden, bevor sie irgendeine Reaktion auslösen können.

Die Benutzeroberfläche stellt außerdem nur wenige der üblichen Schnittstellenbausteine zur Verfügung. Dies stellt zwar keine grundsätzliche Beschränkung von Mosaic dar, ist aber eine wesentliche Beschränkung für die Entwicklung von Anwendungen, die auf Mosaic aufbauen. Um mit den Beschränkungen der sehr primitiven Schnittstelle fertigzuwerden, haben viele Entwickler angefangen, Bilder anderer Schnittstellen einzubauen, auf die der Benutzer klicken kann, und je nachdem wo er hinklickt, wird der Mausklick anders interpretiert. Der Nachteil dieses Verfahrens ist, daß das Bild der Schnittstelle nicht auf die veränderten Mauspositionen reagiert: Es wird nichts selektiert, der Positionsanzeiger verändert sich nicht, wenn er sich über maussensitiven Feldern befindet, usw. Direkte Manipulationstechniken, wie z.B. Selektieren und Verschieben eines Objektes, sind auch nicht möglich.

---

[10] Man kann gleichzeitig mehrere Kopien von Mosaic auf einem Rechner ablaufen lassen, aber die Fenster sind nicht miteinander koordiniert. Aus diesem Grund können sie nicht für neuere Hypertexttechniken benutzt werden, die davon ausgehen, daß das Geschehen in mehreren Fenstern miteinander in Verbindung steht. Die Metapher der „Schreibtischplatte" [Trigg 1988] benutzt Arrangements aus mehreren Fenstern, deren Inhalte aufeinander Bezug nehmen. Hypertextsprünge führen den Benutzer immer von einer Schreibtischplatte zur nächsten. Dieses Modell erfordert mehr Koordination zwischen den Fenstern, als im Mosaic-Modell möglich ist.

Die fünfte Stärke und Schwäche von Mosaic besteht in seinem kolossalen Wachstum (siehe Bild 7.1). Die Tatsache, daß derart viele Leute Mosaic für eine Vielzahl von Anwendungen benutzen, ist ein wichtiger positiver Faktor, da dadurch viele verschiedene Hypertextentwurfstechniken entstehen und ausprobiert werden. Außerdem findet sich so eine sehr große Benutzergruppe, die einen interessanten Markt für kommerzielle Anbieter darstellt, die Mosaic weiterentwickeln und neue Fähigkeiten hinzufügen werden.

Nachteil der großen Verbreitung von Mosaic ist, daß es für viele Anwendungen benutzt wird, für die es an sich nicht geeignet ist. Mosaic wird z.B. für den Entwurf und das Prototyping von Benutzerschnittstellen verwendet, obgleich es, wie eben besprochen, nur eine sehr beschränkte Schnittstellenmetapher aufweist. Moasic wird auch verwendet, um technische Dokumentationen auf dem Netz zu veröffentlichen. Wenn es sich um dauerhafte Dokumente handelt, gibt es andere, weniger dynamische Hypertextmechanismen, die wesentlich bessere Suchverfahren anbieten.

Die große Zahl der Mosaic- und WWW-Server macht es zunehmend schwerer, die fundamentalen Protokolle und Formate weiterzuentwickeln. Die ersten Versionen von Mosaic führten wesentliche Neuerungen ein und veränderten die Art der Darstellung von Informationen auf dem WWW (z.B. eingebettete Grafiken und Formulare). Das stellte damals kaum ein Problem dar, da das WWW nur wenige Benutzer hatte und die Änderungen nur wenige Leute in Mitleidenschaft zogen. Außerdem waren die Änderungen meistens mit den älteren Versionen verträglich. Mit der zunehmenden Komplexität des WWW wird es immer schwieriger, Änderungen einzuführen, ohne etwas anderes zu zerstören.

Die Tatsache, daß jeder neue Rechner oder Informationsanbieter, der am WWW teilnimmt, seine Daten und Informationen auf eine neue, andere Art darstellt, gehört mit zu den Nachteilen, die durch das enorme Wachstum verursacht wurden. Ein Benutzer weiß nicht, was ihn auf dem Web erwartet, und es gibt keinerlei Konventionen, an die er sich halten kann, wenn er auf dem WWW navigiert. Inkonsequenz und Widerspruch liegen in der Natur des WWW.

7.3   HTML

Informationen auf dem WWW werden mit Hilfe der Formatierungssprache HTML (Hypertext Markup Language) [Graham 1995] beschrieben. Bild 7.7 zeigt die HTML-Beschreibung eines Dokumentes. Man kann HTML mit SGML (Standardized General Markup Language) vergleichen; beide sind Formatierungssprachen, die die Bedeutung und die Inhalte eines Dokumentes beschreiben und nicht seine physikalische Darstellung auf dem Bildschirm.

```
<htmlplus>
  <head> <title>I'M - EUROPE Home Page</title></head>
  <body>
    <h1><IMG align=bottom SRC="icons/imnew.gif" ALT="I'M"> - EUROPE
    </h1><hr>
<strong> Welcome to Information Market - EUROPE !
<p>
An initiative of
<a href="/dg13/en/dg13tasks.html">Directorate-General XIII of the
EC</a> to provide the World Wide Web with information about Europe
and the European electronic information market.</strong><hr>


<a href="/programmes/en/programmesindex.html"><IMG SRC =
"icons/infoprogsmall.gif" ALT=""> European Community Programmes re-
lated to the Information Market</a><p>
<a href="/eudocs/en/eudocshome.html"><IMG SRC=
"icons/EUlogomedium.gif" ALT=""> Information about the European
Union</a><p>
<a href="/impact/en/impacthome.html"><IMG
SRC="icons/impactsmall.gif" ALT=""> Information Market Policy
ACTions (IMPACT) Programme </a><p>
<ul><ul>
 Please check out the <a href="/impact/en/cfp.html">IMPACT 1994
call for proposals: information services for business and
industry</a><p> </ul></ul>
<a href="/echo/en/menuecho.html"><IMG SRC="icons/echosmall.gif"
ALT="">      European Commission Host Organisation (ECHO)</a><p>
<a href="/cordis/en/cordishome.html"><IMG
SRC="icons/cordissmall.gif" ALT=""> Community Research and
Development Information Service (CORDIS)</a>
<hr> <ul>
<a href="/mailim.html"><img src=/icons/mbox.gif alt=""> I'M -
EUROPE Mailbox</a> : leave us a message with your comments and
questions<p>
<a href="/cgi/ice-form.pl"><img src=/icons/searchsmall.gif alt="">
I'M - Index</a> : search our server for keywords<p>
<a href="other/otherhome.html"><img src=/icons/websmall.gif alt="">
Other resources on the World Wide Web</a>
</ul> <hr>
<addr>webmaster@echo.lu</addr> </body> </htmlplus>
```

Bild 7.7   *Die HTML-Datei, die von den Viewern in Bild 7.2 und 7.3 benutzt wurde, um die jeweils optimale Darstellung zu erzeugen (© 1994 European Commission Host Organisation (ECHO), mit Erlaubnis abgedruckt).*

Jeder Viewer hat Stilregeln, die die HTML-Beschreibung des Dokumentes in eine geeignete Darstellung auf dem Bildschirm übersetzen. Der Autor des Dokumentes in Bild 7.7 wollte, daß die Worte *Welcome to the Information Market - EUROPE* hervorgehoben würden. Aus diesem Grund setzte er sie (zusammen mit den nachfolgenden Zeilen) zwischen die HTML-Markierungen `<strong>` und `</strong>`.

In Bild 7.2 sieht man, daß Mosaic den Text innerhalb der `<strong>` und `</strong>` Formatierung in Fettschrift darstellt. In Lynx (Bild 7.3) wird der Text unterstrichen. Man könnte eine WWW-Schnittstelle für Sehbehinderte schreiben, die diesen Text in einem anderen Tonfall oder durch eine besonders autoritäre Stimme vorlesen lässt. Für Benutzer eines besonders kleinen Bildschirms könnte man sich einen Viewer vorstellen, der verschiedene Zeichensätze verwendet, anstatt alles gleichmäßig zu verkleinern (was das Lesen von Fußnoten unmöglich machte). Andere Leser wiederum würden größere Buchstaben bevorzugen, da dies ihren schwachen Augen entgegen käme

Wenn man die Technik der inhaltsorientierten Formatierung mit der darstellungs-orientierten Formatierung, wie man sie in vielen Textverarbeitungssystemen findet, vergleicht, werden die Vorteile des SGML/HTML-Ansatzes sehr schnell klar. Der Autor des I'M-EUROPE-Dokumentes z.B. hätte explizit angeben können, daß der Text in Helvetica 14 formatiert werden sollte. Das System hätte dann aber keine Möglichkeit gehabt, diesen Text von anderen Teilen zu unterscheiden, die im selben Schriftsatz formatiert wurden, aber inhaltlich eine ganz andere Bedeutung haben. Zum Beispiel könnte man Helvetica 14 in einer grafischen Schnittstelle zur Darstellung von Überschriften zweiter Klasse verwenden, wogegen man in einer Schnittstelle für Sehbehinderte die Überschriften zuerst vorlesen lassen würde, um dem Benutzer einen Überblick über den Text zu verschaffen. In einem HTML-Text würde man die Markierungen `<h2>` und `</h2>` verwenden, um eine Überschrift zweiter Klasse zu kennzeichnen und könnte sie ohne Probleme von hervorgehobenem Text (`<strong>`) unterscheiden.

HTML benutzt die gleiche Syntax wie SGML: Markierungen stehen in Winkelklammern `<>`. Alle Markierungen bestehen aus Paaren: einer Anfangsmarkierung in Winkelklammern und einer Endmarkierung, die mit einem Schiefstrich (/) nach der öffnenden Klammer anfängt. Der Titel des I'M-EUROPE-Dokumentes steht zwischen den Markierungen `<title> I'M - EUROPE Home Page </title>`. Wie man in Bild 7.2 sehen kann, setzt Mosaic den Titel in die obere linke Ecke des Bildschirms; Lynx (Bild 7.3) setzt den Titel in die obere rechte Ecke. In beiden Fällen nutzen die Viewer die Tatsache aus, daß sie den Titel des Dokumentes erkennen können und benutzen den Titel im Navigationspfad und in der

Liste der Lesezeichen, damit der Benutzer leicht wieder zu diesen Seiten zurückkehren kann. Ohne inhaltsorientierte Formatierungsanweisungen wäre es schwer möglich, den Titel des Dokumentes zu bestimmen.

Endmarkierungen werden immer gebraucht, außer am Absatzende (`</p>`). Man geht davon aus, daß der Anfang eines Absatzes immer automatisch das Ende des vorhergehenden Absatzes anzeigt. Der Zeilenumbruch wird in HTML nicht dargestellt, da jeder Viewer den Text innerhalb von Absätzen optimal darstellt und somit selbst die Zeilenlänge und den Zeilenumbruch bestimmt. Die meisten grafischen Viewer brechen den Text so um, daß er in ihr Fenster paßt, und benutzen einen Schriftsatz, den der Benutzer ausgewählt hat. Aus diesem Grund kann der Zeilenumbruch nicht beim Schreiben des Textes festgelegt werden.

Einfache HTML-Markierungen bestimmen die Rolle, die ein gewisser Textteil im Dokument spielt, z.B. Titel, Fließtext, Überschrift, usw. Kompliziertere Markierungen beschreiben zusätzliche Attribute. Die Syntax ist dann etwas komplizierter: öffnende Winkelklammern, gefolgt vom Namen der Markierung, gefolgt von einer Reihe von Angaben der Form `attribute_name=value`, gefolgt von der schließenden Klammer. Meistens werden Attribute benutzt, um zu beschreiben, wo welche Bilder eingefügt werden sollen und welcher Text ersatzweise eingeblendet wird, wenn kein grafischer Viewer zur Verfügung steht oder das Bild nicht übertragen werden konnte.

Die I'M-EUROPE-Seite in Bild 7.7 enthält folgende HTML-Spezifizierung: `<IMG align=bottom SRC="icons/imnew.gif" ALT="I'M">`. `IMG` ist eine HTML-Markierung, die das Einfügen von Bildern beschreibt. `IMG` hat drei Attribute, mit denen die Positionierung (`align=bottom`), die Datei für das Bild (`SRC="icons/imnew.gif"`) und der Ersatztext (`ALT="I'M"`) beschrieben werden. Bild 7.2 zeigt einen Viewer, der das Bild dargestellt hat; in Bild 7.3 sieht man einen Viewer, der nur Text zeigen kann.

Hypertextverbindungen werden in HTML mit Hilfe der Ankermarkierungen `<A>` und `</A>` definiert, auf die der Benutzer klickt (oder auf eine andere Weise aktiviert, wenn er keinen grafischen Viewer mit einer Mausschnittstelle benutzt). Die Eigenschaften eines Ankers (d.h. seine Darstellung und die Hypertextverbindung) werden durch Attribute ausgedrückt. Die wichtigsten Attribute sind `HREF` (die Sprungadresse) und `NAME` (die Bezeichnung für die Sprungadresse). Die I'M-EUROPE-Seite z.B. enthält folgenden Ankerpunkt:

```
<a href="/echo/en/menuecho.html"><IMG
SRC="icons/echosmall.gif" ALT=""> European Commission
Host Organisation (ECHO) </a>
```

Dieser Anker hat ein Attribut: die Hypertextreferenz auf den Endknoten der Verbindung. Der Viewer lädt diese Seite, wenn der Benutzer den Anker aktiviert. Die Adresse der Seite ist mit `/echo/en/menuecho.html` angeben. Die Tatsache, daß kein Rechnername angegeben ist, bedeutet, daß der Endpunkt des Hypertextsprunges auf demselben Rechner liegt wie die Ausgangsseite. Die Ankermarkierung enthält auch die Beschreibung eines Bildes, das als Ausgangspunkt dienen soll (ohne Ersatztext) und eines Textes, der neben dem Bild gezeigt wird und der auch als Ausgangspunkt dient.

Das Attribut `NAME` wird in einer Ankermarkierung verwendet, wenn der Sprung zu einer besonderen Stelle im Zieldokument führen soll, anstatt zum Dokumentanfang. Wenn der Sprung zu einer benannten Stelle im Zieldokument führen soll, dann enthält der Anker eine Hypertextreferenz, die aus zwei Teilen besteht: der Adresse des Dokumentes und dem Namen. Die Teile der Referenz sind durch das #-Zeichen getrennt.

Die Notation für Hypertextreferenzen wird als URL (Uniform Resource Locator) bezeichnet. Eine URL besteht aus drei Teilen: der Zugriffsmethode, die benutzt wird, um die Information auf dem Netz zu transportieren, der Internet-Adresse des Rechners, der die Information verwaltet, und der Adresse des Objektes im Dateisystem des Rechners. Information über das WWW-Projekt z.B. ist als Hypertextknoten mit der URL `http://info.cern.ch/hypertext/WWW-/TheProject.html` verfügbar. Das Wort vor dem Doppelpunkt (`HTTP`) definiert, welches Transportprotokoll benutzt wird. In diesem Fall wird `HTTP` (Hypertext Transfer Protocol), das auf dem WWW am weitesten verbreitete Transportprotokoll für die Kommunikation zwischen Client und Server, benutzt. Das WWW bietet auch noch andere Protokolle an, wie z.B. `FTP` (File Transfer Protocol) und `Gopher` für primitivere Dateiübertragungen. Die Tatsache, daß man im WWW auf Information zugreifen konnte, die außerhalb des WWW im Internet angeboten wurde und zum großen Teil schon vor dem Aufkommen des WWW vorhanden war, trug wesentlich zum Erfolg des WWW bei. Die Kompatibilität mit früheren Datenformaten machte die Einführung des WWW sehr einfach, da man auf das WWW umsteigen konnte, ohne auf andere Internet-Angebote zu verzichten und ohne daß man die Informationen in den herkömmlichen Formaten zuerst in die neuen WWW-Formate übertragen mußte.

Die zweite Komponente der URL ist die Adresse des Servers. In unserem Beispiel ist `info.cern.ch` die Adresse des Rechners *info* der Organisation *CERN* (Centre Européen de Recherche Nucléaire) in der Schweiz (`ch` steht für Schweiz). Adressen in den USA werden meist ohne das Kürzel US angegeben. Statt dessen werden

Kürzel benutzt, die die Domäne angeben: `com` für kommerzielle Organisationen, `edu` für Organisationen im pädagogischen Bereich, `gov` für Regierungsorganisationen. Die beiden Schrägstriche (`//`) zwischen der Protokollangabe und dem Rechnernamen bedeuten, daß ein Rechnername folgt. Oft werden nur relative Adressen angegeben, um anzudeuten, daß sich das neue Dokument auf demselben Rechner befindet wie das Dokument, das die Adresse enthält. In diesem Fall wird eine wesentlich einfachere URL verwendet, die keine Rechneradresse enthält.

Der Dateiname des Zieldokumentes, zusammen mit dem Pfad im Dateisystem des Rechners, ist die dritte Komponente der URL. Die Angabe von absoluten Adressen für Rechner und Dateien stellt ein prinzipielles Problem dar. Wenn ein Dokument (oder die Information im Dokument) verändert oder restrukturiert wird, müßten alle URLs, die darauf verweisen, über diese Änderungen informiert werden. Dafür gibt es zur Zeit keinen Mechanismus im WWW. Aus diesem Grund verweisen URLs oft ins Leere. Das WWW ist dabei, eine Lösung für dieses Problem zu entwickeln: URN (Universal Resource Names). URNs basieren auf abstrakten Namen für Informationsdienste und enthalten keine absoluten Adressangaben mehr.

HTML benutzt eine ASCII-Darstellung für den ISO-Latin-1-Zeichensatz. Somit kann man ohne Probleme die wichtigsten europäischen Alphabete in HTML benutzen. Zeichen, die nicht im ASCII-Alphabet vorkommen, werden durch ein Et-Zeichen (`&`), ein mnemonisches Zeichen und ein Semikolon (`;`) dargestellt. Das schwedische Word *Smörgåsbord* wird in HTML `smörgåsbord` geschrieben.

Diese Beispiele haben gezeigt, daß HTML eine recht einfach zu verwendende Formatierungssprache ist. Es ist recht einfach, HTML-Dokumente zu schreiben und sie auf dem WWW zu veröffentlichen (ein weiterer Grund, der zum Erfolg und zur großen Verbreitung des WWW beigetragen hat). In den ersten Jahren des WWW wurden die meisten HTML-Dokumente per Hand geschrieben, und die HTML-Markierungen wurden manuell eingetragen. Die ersten Unterstützungswerkzeuge waren Makros für den Emacs-Editor, die automatisch Anfangs- und End-Markierungen einfügten, z.B. indem sie es dem Autor erlaubten, Textteile zu selektieren und dann automatisch die Markierungen für grafische Hervorhebung (`<Em>`, `</Em>`) vorne und hinten anzufügen. HTML-Dokumente, die von Hand editiert wurden, haben oft Markierungsfehler (es fehlt z.B. die Endmarkierung). Ein Hinweis auf derartige Fehler ist *Text, der bis zum Schluß des Absatzes grafisch hervorgehoben ist, anstatt nur die paar Worte, die der Autor an sich im Sinn hatte. Oft wird dies durch Buchstabierungsfehler oder durch einen ausgelassenen Schrägstrich verursacht.*

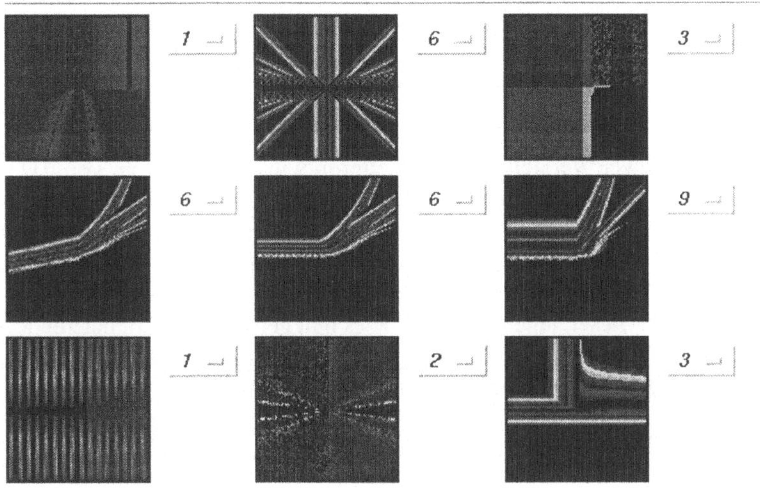

Bild 7.8   *Eine Kunstausstellung auf dem Internet. Die Bilder werden aufgrund des Abstimmungsverhaltens der Besucher erzeugt. Benutzer stimmen ab, wie gut ihnen einzelne Bilder gefallen, und die nächste Generation wird Bilder enthalten, die denjenigen ähneln, die den größten Anklang fanden. Das System generiert diese Bilder automatisch. Die Ausstellung befindet sich am URL: http://porsche.boltz.cs.cmu.edu:8001-/htbin/mjwgenform.html (© 1993, 1994 W.Scott Reilly und Michael J. Witbrock, mit Erlaubnis abgedruckt).*

Die Popularität des WWW hat dafür gesorgt, daß sehr bald WYSIWYG(what you see is what you get)-Editoren verfügbar wurden, die es dem Autor erlauben, den Text mit den HTML-Formatierungsanweisungen und in den Formaten verschiedener Viewer zu sehen. Es gibt auch Übersetzungssysteme, die Dokumente in weit verbreiteten Formaten, wie z.B. FrameMaker und Microsoft Word, einlesen und sie in HTML-Dokumente übersetzen. Diese Übersetzer benutzen die Absatzformatierungstypen dieser Textverarbeitungssysteme (z.B. *Überschrift 1*) und funktionieren am besten, wenn sich der Autor sehr eng an diese Standards gehalten hat. Wenn der Autor z.B. immer das Absatzformat *Überschrift 1* verwendet hat, dann ist es sehr einfach, die richtigen Textteile in HTML mit der Formatierungsanweisung <H1> zu beschreiben.

Die HTML-Eigenschaften, die wir bis jetzt beschrieben haben, sind alle Teil des HTML-1-Standards. Die genaue Beschreibung dieses Standards findet man im WWW unter folgender Adresse: `http://info.cern.ch/hypertext/WWW-/MarkUp/HTML.html`.

Die meisten Viewer verstehen eine weiterentwickelte Version von HTML: *HTML 2*. Die wichtigste Erweiterung gegenüber HTML 1 sind die *Formulare*. Sie erweitern die Interaktionsmöglichkeiten über das bisherige einfache Aktivieren von Verbindungen hinaus. Bild 7.8 zeigt, wie Formulare für eine interaktive Kunstausstellung auf dem WWW verwendet werden. Jedes Exponat hat ein Pop-up-Fenster, in dem der Leser angeben kann, wie es ihm gefallen hat. Am unteren Rande des Formulars sieht man Auswahlknöpfe, mit denen der Benutzer angeben kann, wie gut ihm die ganze Ausstellung gefallen hat.

Wenn der Benutzer auf den Knopf mit dem Titel *Fortfahren* klickt, schickt der Viewer die Daten an den Server zurück. In diesem Beispiel wertet der Server die Äußerungen der Ausstellungsbesucher aus, bestimmt, welches Bild den Besuchern am besten gefallen hat und verwendet einen genetischen Algorithmus, um weitere Bilder zu erzeugen, die dem populären Bild in vielem ähnlich sind. Im allgemeinen kommt jeden Tag eine neue Generation „auf die Welt", und Benutzer können tagtäglich sehen, wie ihr Abstimmungsverhalten die Bilder verändert.

Der Begriff „genetischer Algorithmus" beschreibt ein Verfahren für die Auswahl und Weiterentwicklung wünschenswerter Eigenschaften. Die Eigenschaften von Bildern, die positive Abstimmungswerte hatten, werden erhalten. Eigenschaften von Bildern, die wenig Anklang fanden, werden ausgemerzt, und es werden auf Zufallsbasis Mutationen (d.h. neue Zeichenverfahren) eingeführt. Einige dieser neuen Verfahren werden überleben und ihre „Gene" (d.h. ihre Eigenschaften) an die nächsten Generationen weitervererben.

Die interaktive Kunstausstellung ist eine etwas ungewöhnliche Anwendung der HTML-2-Formulare, die aber erwähnenswert ist, da das Internet die Basis für eine neue Art der Computernutzung bildet.

Die Pizzabestellformulare der Firma *Pizza Hut* (http://www.pizzahut.com/) stellen ein besseres Beispiel für die traditionelle Nutzung der Formulartechnik dar. Der

Benutzer gibt Name, Adresse und Telefonnummer an, indem er auf einem Formular Textfelder ausfüllt. Die Daten werden dann an den Server der Firma geschickt, und der Benutzer kann im nächsten Formular auf verschiedene Pizzaangebote und Beilagen klicken, um eine Bestellung zusammenzustellen. Zur Zeit, als dieses Buch geschrieben wurde, mußte die Bestellung erst durch einen Anruf von Pizza Hut beim potentiellen Kunden bestätigt werden, um sicherzustellen, daß es sich nicht um einen Scherz handelte. Dieser zusätzliche und an sich überflüssige Schritt muß sein, da es auf dem WWW zur Zeit noch keine gesicherten Verbindungen gibt. Ich gehe davon aus, daß es bald neue Versionen von Mosaic und anderen WWW-Viewern geben wird, die für Pizza Hut sicherstellen, daß derjenige, der eine Pizza bestellt, auch wirklich der ist, der er behauptet zu sein.

Die Spezifikation für HTML 2 findet man mit Hilfe der folgenden URL:

```
http://www.hal.com/users/connolly/html-spec-
/HTML_TOC.html.
```

HTML 3 (auch als HTML+ bekannt) erweitert die Spezifikation und führt z.B. Tabellen ein. HTML 3 ermöglicht es dem Autor anzugeben, daß bestimmte Verbindungen in Form von Fußnoten oder Pop-up-Notizen dargestellt werden. Im traditionellen Hypertext (Hypertext, der sich unabhängig vom Internet nur auf einem Rechner abspielt) sind Pop-up-Fenster sehr wichtige Hilfsmittel. Man kann davon ausgehen, daß diese Spracherweiterung wesentlich zur Benutzbarkeit des WWW beitragen wird. Die Spezifikation für HTML 3 findet man an folgenden URLs:

```
http://info.cern.ch/hypertext/WWW/MarkUp/HTMLPlus-
/htmlplus_1.html
```

```
http://www.w3.org/hypertext/WWW/MarkUp/html3-dtd.txt
```

Information über HTML-Formate findet man in:

```
http://info.cern.ch/hypertext/WWW/Style/.
```

7.4 Hyper-G und Harmony

Das WWW ist sicherlich das bekannteste Hypertextsystem auf dem Internet, es ist aber nicht das einzige. *Hyper-G* ist ein weiteres vielversprechendes Hypertextprojekt auf dem Internet. Hyper-G ist ein Projekt des Institutes für Informationsverarbeitung und Computermedien (IICM) der Technischen Universität Graz in Österreich [Andrews und Kappe 1994, Fenn und Maurer, 1994]. *Harmony* ist der interessanteste Viewer für das Hypertextsystem. Harmony läuft unter Unix/X11. Es gibt auch Viewer für andere Betriebssysteme: *Amadeus* für PCs unter Windows; *hgtv* für Unix-Textterminals; ein Viewer für Macintosh wird gerade entwickelt. Wie beim

WWW muß man bei Hyper-G auch zwischen der zugrundeliegenden Hypertextarchitektur (WWW und Hyper-G) und der Benutzerschnittstelle (Mosaic und Harmony) unterscheiden. Den Viewer für Textterminals kann man per Telnet aufrufen und ausprobieren (telnet -l info info.tu-graz.ac.at).

Hyper-G benutzt ein Client-Server-Modell, in dem das Client-Programm (der Viewer) während der ganzen Sitzung immer mit dem gleichen Server verbunden bleibt. Das WWW-Client-Server-Modell besteht aus vielen einzelnen Verbindungen mit vielen verschiedenen Servern, da im WWW-Modell jede Hypertextverbindung zu einem anderen Rechner führen kann. Sogar wenn alle Dokumente auf dem gleichen Rechner sind, wird im WWW-Modell dennoch für jeden Zugriff auf ein neues Dokument eine neue Verbindung zwischen Client und Server aufgebaut. Das WWW-Modell benutzt nur sehr einfache Verbindungen, bei denen sehr wenig Verwaltungsaufwand anfällt, da der Server sich nicht merken muß, wer gerade mit ihm in Verbindung steht (wenn der Client mehr Information braucht, wird zu diesem Zweck schnell eine neue Verbindung aufgebaut). Der Nachteil des WWW-Verbindungsmodells besteht darin, daß das WWW keine Interaktionsmodi verwenden kann, die davon ausgehen, daß der Server weiß, wer der Benutzer ist und was er bis jetzt gemacht hat.

In Hyper-G ist der Benutzer immer mit dem gleichen Server verbunden. Der Server kann auf Hyper-G-Dokumente auf anderen Rechnern zugreifen und erlaubt dem Benutzer auf diese Art den vollen Zugriff auf das Internet. Hyper-G ermöglicht verschiedene Ebenen der Benutzeridentifizierung und -autorisierung. Man kann sich bei einem Hyper-G-Server als anonymer Benutzer einloggen, oder man kann sich, mit den geeigneten Benutzermerkmalen, als registrierter Benutzer mit bestimmten Zugriffsrechten anmelden. Kommerzielle WWW-Viewer werden ähnliche Identifikations- und Autorisierungsmethoden einführen müssen, auch wenn die zugrundeliegende WWW-Architektur keine solche Mechanismen enthält. In Hyper-G kann man Dokumente für alle Welt zugänglich machen, oder man kann den Zugriff gezielt auf bestimmte Benutzer beschränken.

Das Datenmodell von Hyper-G ist wesentlich reichhaltiger als das Datenmodell des WWW. Im WWW sind Hypertextknoten individuelle Objekte, über die keine weitere strukturelle Information bekannt ist. In Hyper-G können Hypertextknoten zu hierarchischen Einheiten zusammengefaßt werden, die wiederum Teil einer hierarchischen Einheit sein können. Hyper-G kann nach textuellen Elementen suchen und zeigt dem Benutzer die Resultate einer Suchanfrage im Kontext einer hierarchischen Knotenstruktur. Hyper-G speichert seine Hypertextverbindungen in einer separaten Datenbank (genauso wie Intermedia) und kann daher Verbindungen zwischen

Dokumenten in vielen verschiedenen Medien erstellen, lokale Übersichtsdiagramme aufbauen und die Konsistenz von Verbindungen testen.

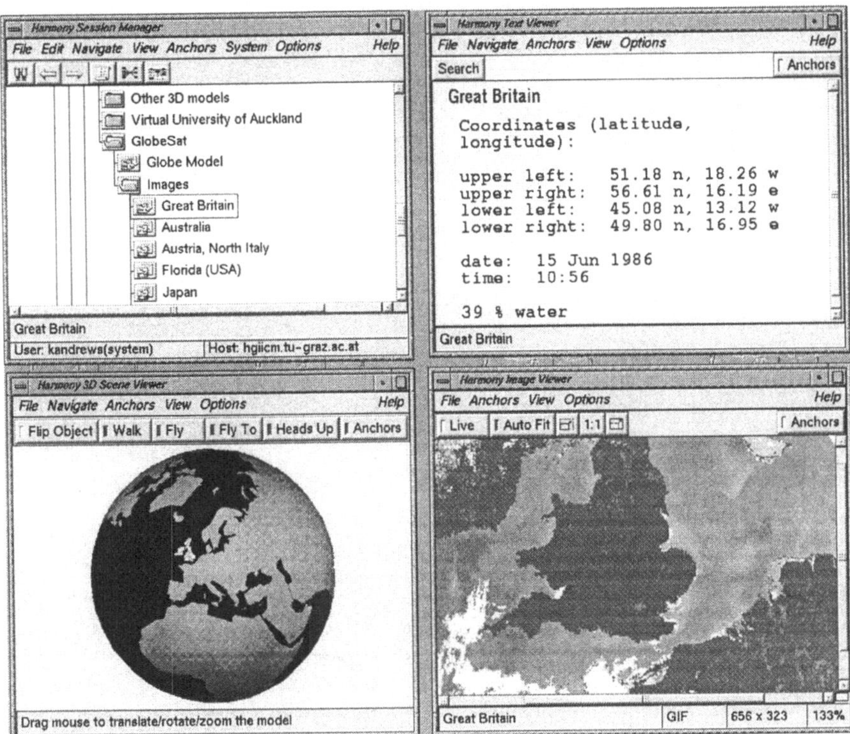

Bild 7.9 *Der Viewer „Harmony" für das System „Hyper-G". Die unteren Fenster zeigen den Viewer bei der Darstellung von Daten. Der GlobeSat-Dienst benutzt ein 3-D-Modell der Erde, um schnellen Zugriff auf Satellitenbilder zu geben. Das Modell der Erde kann gedreht und vergrößert werden und gibt dem Benutzer vollen Hypertextzugriff auf die unterliegenden Daten. Weitere Informationen über Hyper-G und Harmony stehen auf dem FTP- Server ftp.iicm.tu-graz.ac.at im Verzeichnis pub/Hyper-G zur Verfügung (© 1994, IICM, Technische Universität Graz, Österreich, mit Erlaubnis abgedruckt).*

Harmony hat eine einheitliche Methode, die dem Benutzer anzeigt, wo er sich in der Hypertextstruktur befindet. Wenn ein Dokument geöffnet wird, dann wird im gleichen Augenblick der Pfad durch die hierarchische Struktur hin zum Dokument angezeigt. Diese Anzeige findet unabhängig davon statt, ob das Dokument aufgrund einer gezielten Navigation geöffnet wurde, ob es Ziel einer Suchaktion war oder ob der Benutzer in einem Übersichtsdiagramm darauf geklickt hat. Das

Übersichtsdiagramm verschafft dem Benutzer immer einen einheitlichen Überblick über seine momentane Position im Hyperraum.

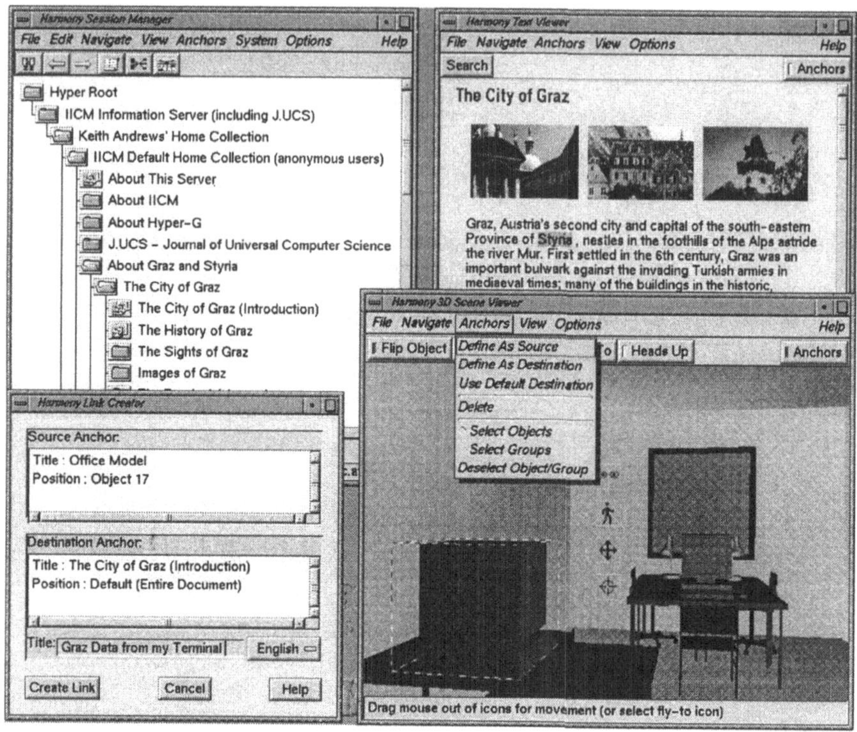

Bild 7.10 *Ein Hypertextankerpunkt in einem dreidimensionalen Bild, dargestellt mit dem Viewer Harmony. Weitere Informationen über Hyper-G und Harmony stehen auf dem FTP-Server ftp.iicm.tu-graz.ac.at im Verzeichnis pub/Hyper-G zur Verfügung (© 1994, IICM, Technische Universität Graz, Österreich, mit Erlaubnis abgedruckt).*

Harmony, der wichtigste Viewer für Hyper-G, ist ein richtiger Hypermediaviewer, der mit mehreren verschiedenen Medientypen und nicht nur mit Text arbeiten kann. Bild 7.9 zeigt ein Beispiel, bei dem ein Harmony-Benutzer auf Satellitenbilder zugreift, indem er Hypertextausgangspunkte auf einem rotierenden Globus aktiviert. Bild 7.10 zeigt, wie eine Verbindung in einem 3-D-Viewer erstellt wird. Der Benutzer hat das Terminal selektiert und ist gerade dabei, das Terminal als Ausgangspunkt für eine neue Verbindung anzugeben. Der 3-D-Rahmen zeigt an, welche Elemente selektiert wurden.

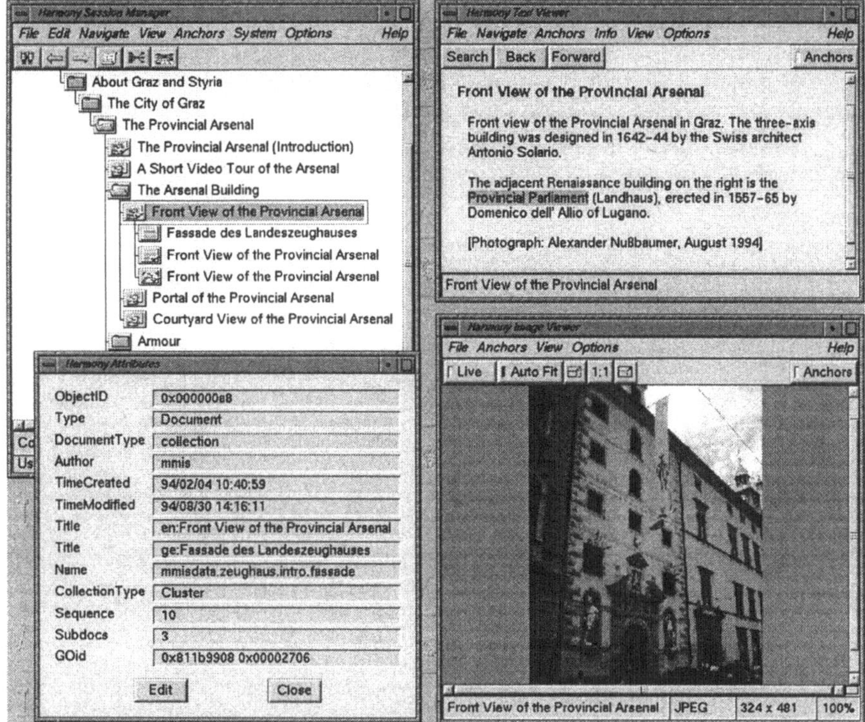

Bild 7.11 *Eigenschaften einer hierachischen Knotenstruktur, dargestellt mit dem Viewer „Harmony". Weitere Informationen über Hyper-G und Harmony stehen auf dem FTP-Server ftp.iicm.tu-graz.ac.at im Verzeichnis pub/Hyper-G zur Verfügung (© 1994, IICM, Technische Universität Graz, Österreich, mit Erlaubnis abgedruckt).*

Dreidimensionale Hypertextknoten stellen neue Anforderungen an Navigationshilfen, da sich Benutzer in drei Dimensionen innerhalb des Hypertextknotens bewegen sollen [Andrews und Pichler 1994]. Navigationshilfen findet man auch in den traditionellen zweidimensionalen Fenstern (z.B. die Rollbalken). Die meisten Benutzer sind mit diesen Techniken derart vertraut, daß ihre Benutzung in Hypertextumgebungen kein Problem darstellt.

Bild 7.10 zeigt dreidimensionale Navigationshilfen innerhalb des Fensters. Sie bestehen aus *Augen* (zum Teil durch das Menü verdeckt), die benutzt werden, um die Blickrichtung des Besuchers zu verändern, einem *Strichmännchen*, das in der Horizontalen vorwärts oder rückwärts gehen kann, aus *Pfeilen*, die man benutzt, um sich auf und ab oder seitwärts zu bewegen, und aus einem *Fadenkreuz*, das den Flug durch den drei-dimensionalen Raum kontrolliert. Wenn ein Benutzer durch den drei-dimensionalen Raum „hindurchfliegt", so tut er dies mit logarithmischer Beschleunigung: Er startet sehr schnell und wird zusehends langsamer, wenn er sich dem Zielpunkt nähert. Auf diese Weise verringert man die Desorientierung des Benutzers, da er nicht das Gefühl hat, abrupter Bewegung ausgesetzt zu sein, und ermöglicht ihm trotzdem sehr schnelle Bewegungen durch den dreidimensionalen Raum [Mackinlay et al. 1990].

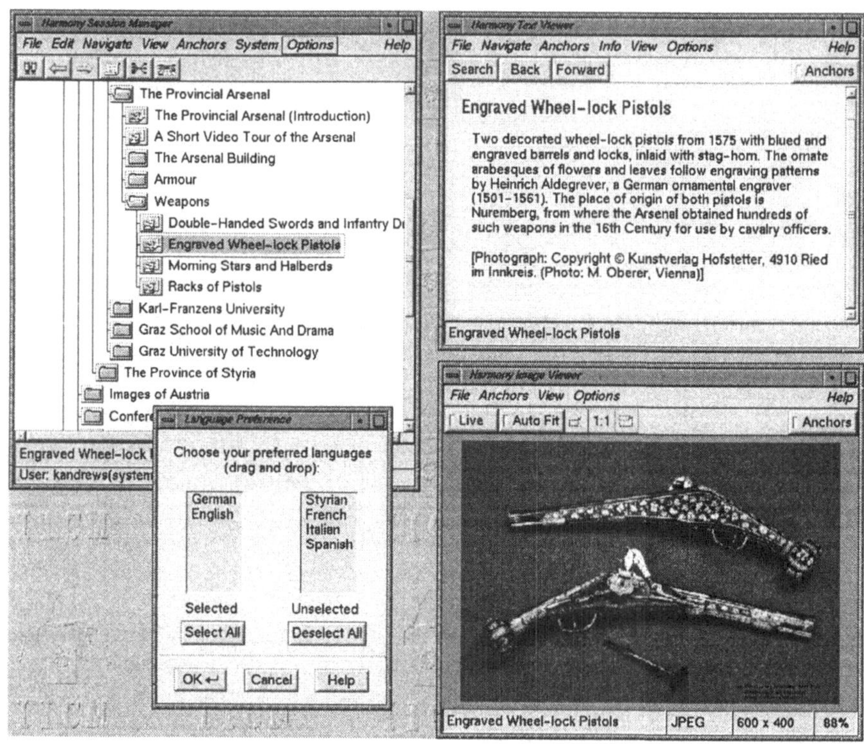

Bild **7.12** *Ansicht eines komplexen Knotens in „Harmony" — Englisch wurde als bevorzugte Sprache ausgewählt. Das Dialog-Fenster zur Sprachauswahl (engl.: language preference) kann auch benutzt werden, um die ausgewählten Sprachen nach Präferenzen zu gliedern und anzugeben, welche Sprachen man auf keinen Fall sehen möchte. Weitere Informationen über Hyper-G und Harmony stehen auf dem FTP-Server ftp.iicm.tu-graz.ac.at im Verzeichnis pub/Hyper-G zur Verfügung (© 1994, IICM Technische Universität Graz, Österreich, mit Erlaubnis abgedruckt).*

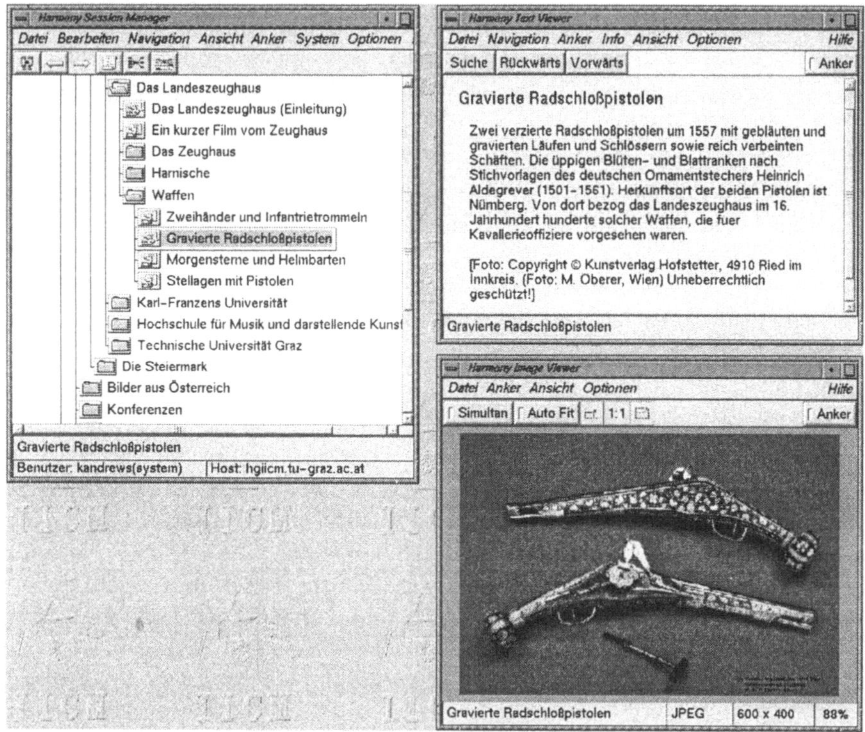

Bild 7.13 *Ansicht desselben komplexen Knotens wie in Bild 7.12 — diesmal wurde Deutsch als bevorzugte Sprache ausgewählt. Weitere Informationen über Hyper-G und Harmony stehen auf dem FTP-Server ftp.iicm.tu-graz.ac.at im Verzeichnis pub/Hyper-G zur Verfügung (© 1994, IICM Technische Universität Graz, Österreich, mit Erlaubnis abgedruckt).*

Die Hypertextknoten in Hyper-G können eine ausgefeilte interne Struktur aufweisen: Attribute beschreiben Eigenschaften, und Knoten können aus komplexen hierarchischen Strukturen bestehen, die Informationen von verschiedenen Gesichtspunkten aus beschreiben. Solche Knoten werden als *Cluster* bezeichnet. Bild 7.11 zeigt einen solchen Knoten, der Teil eines Hypertextes über das Grazer Provinzarsenal ist. Der Knoten besteht aus drei Komponenten: einer englischen und einer deutschen Beschreibung sowie einem Foto. Bild 7.11 zeigt auch ein kleines Fenster mit den Eigenschaften des Fotos, z.B. Name des Autors, Erstellungsdatum, Überschriften in verschiedenen Sprachen, usw.

Hyper-G stellt alle Mechanismen zur Verfügung, die man für mehrsprachige Benutzerschnittstellen braucht. Der Benutzer entscheidet, welche Sprachen er bevorzugt. Harmony (der Viewer) benutzt die bevorzugte Sprache für die Befehle in der Schnittstelle. Informationen in den Hypertextknoten werden, wenn möglich, in der Sprache dargestellt, die der Benutzer bevorzugt; andernfalls versucht Harmony, den Wünschen des Benutzers so gut wie möglich zu folgen und die Sprache auszuwählen, die den Wünschen des Benutzers am nächsten liegt. In Bild 7.12 wird die Harmony-Darstellung eines komplexen Knotens gezeigt. Der Benutzer hatte Englisch als bevorzugte Sprache und Deutsch als zweite Wahl angegeben. Bild 7.13 zeigt denselben Knoten, aber mit umgekehrten Sprachpräferenzen: Deutsch als erste und Englisch als zweite Wahl.

Man beachte, daß die Benutzerschnittstelle von Harmony in Bild 7.14 jetzt deutsche Befehle benutzt. Alle Menüs, Knöpfe, Informationsfelder usw. sind jetzt in deutscher Sprache beschriftet. Die Textanteile des komplexen Hypertextknotens stehen in Deutsch und Englisch zur Verfügung, so daß es sehr einfach ist, den Benutzerwünschen zu folgen. Hyper-G beschränkt sich nicht nur auf mehrsprachige Textknoten, sondern erlaubt auch die mehrsprachige Beschriftung von Bildern und anderen Hypermediaelementen (siehe auch das Eigenschaftsfenster in Bild 7.11). In dem Beispiel, das in Bild 7.13 gezeigt wird, steht alle Information auch auf Deutsch zur Verfügung; andernfalls würde fehlende Information auf Englisch dargestellt.

Mehrsprachiger Hypertext ist von besonderer Bedeutung, da das Internet Besucher aus der ganzen Welt anzieht. In den frühen Jahren des Internets waren die meisten Benutzer technisch versiert und aufgrund ihrer Ausbildung oder ihres Berufes mit der englischen Sprache vertraut. Jetzt, wo die Anzahl der Benutzer immer größer wird, kann man nicht mehr davon ausgehen, daß alle mit der englischen Sprache vertraut sind. Die Software muß mehrsprachig werden.

Das norwegische Oslonett benutzt einen ganz anderen, aber auch sehr interessanten Ansatz zur Mehrsprachigkeit auf dem WWW (das WWW benutzt an sich nur die englische Sprache). Wenn eine Anfrage von einem Rechner über das WWW an das Oslonett herangetragen wird, schaut sich der Server die Adresse des anfragenden Computers an. Wenn der Computer zur norwegischen Internet-Domäne gehört (dann hat er eine Adresse, die mit `.no` endet), wird die Antwort in Norwegisch zurückgeschickt, andernfalls in Englisch. Diese Lösung funktioniert meistens, außer wenn es sich um einen Norweger im Ausland oder einen Ausländer in Norwegen handelt. Aus diesem Grund ist es von großem Vorteil, wenn die Hypertextarchitektur Mehrsprachigkeit explizit unterstützt.

Internationalität spielt nicht nur auf dem Internet eine Rolle. Hypertextproduktionen, die einen breiten Markt ansprechen sollen oder für pädagogische Zwecke in Grundschulen eingesetzt werden, müssen sich sprachlich an den Benutzer anpassen. Die mehrsprachige CD-ROM Ecodisc ist ein gutes Beispiel für eine pädagogische Anwendung, die in mehreren Sprachen ökologisches Wissen über einen See und seine Bewohner vermittelt.

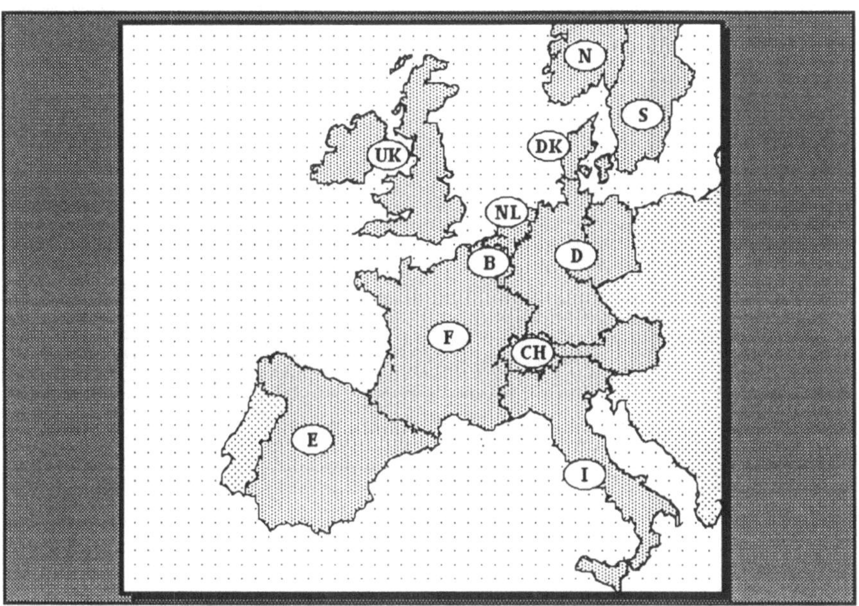

Bild 7.14 *Auswahl der Sprache für „Ecodisc". Bevor der Benutzer das System einsetzt, wählt er eine Sprache aus. Er kann zu jeder Zeit zu diesem Fenster zurückkehren und eine andere Sprache wählen (© 1990, ESM Ltd., mit Erlaubnis abgedruckt).*

Bild 7.14 zeigt das Fenster, welches in Ecodisc benutzt wird, um eine Sprache auszuwählen. Bild 7.15 zeigt einen Ökologen, der dem Benutzer sein Wissen über den See vermittelt. Fast die ganze Benutzerschnittstelle steht in neun europäischen Sprachen zur Verfügung (Englisch, Französisch, Deutsch, Spanisch, Italienisch, Dänisch, Schwedisch, Norwegisch und Holländisch). Angesichts der Probleme, die mehrsprachige Benutzerschnittstellen mit sich bringen, stellt dies eine wahre Leistung dar. Nur sehr wenige Schnittstellen sind überhaupt gleichzeitig in mehreren Sprachen verfügbar. Meistens werden übersetzte Versionen einzeln zum Verkauf angeboten, und der Benutzer muß beim Einkauf wählen, welche Sprache er benutzen möchte.[11] Die Ecodisc erlaubt die Auswahl der Sprache zur Laufzeit.

Bild 7.15 *Der Ökologe erklärt dem Ecodisc-Benutzer einen Aspekt des Sees. Die Präsentation beruht auf einer Folge von Standbildern, die mit der gesprochenen Erklärung synchronisiert sind. Der Ökologe benutzt die Sprache, die der Benutzer in Bild 7.15 ausgewählt hat. Da anstelle von Videofilmen Standbilder benutzt werden, können die gleichen grafischen Informationen für alle angebotenen Sprachen verwendet werden (© 1990, ESM Ltd., mit Erlaubnis abgedruckt).*

Die Bilder und Bildschirmentwürfe verändern sich nicht, wenn der Benutzer eine andere Sprache auswählt. Nur die Textfelder, die Befehle und die Schilderungen passen sich der Sprachauswahl an. Aus diesem Grund passen neun verschiedene Schnittstellen auf die gleiche CD. Ich habe die englische und die dänische Schnittstelle genau getestet und bin der Meinung, daß sie absolut gleichwertig sind und daß die dänische Übersetzung von sehr hoher Qualität ist.

---

[11] In den meisten Fällen hat der Benutzer überhaupt keine Wahl, da nur die lokale Version angeboten wird.

7.5 Aktive vs. passive Verbindungen und elektronische Visitenkarten

Zweifelsohne sind die Anwendungen am faszinierendsten, die dem Benutzer direkten Zugriff auf Hypertextinformation auf dem Internet geben. Die Verbindungen sind *aktiv* — sie greifen unmittelbar auf Informationen zu, sobald der Benutzer auf ihre Ankerpunkte klickt. Kurze Antwortzeiten sind sehr wichtig, um dem Benutzer das Gefühl zu geben, daß er im Informationsraum navigiert.
Viele Verbindungen sind allerdings *passiv* — sie können nicht aktiviert werden, und sie erlauben keinen automatischen Zugriff auf Informationen. Der Leser muß sich selbst um den Zugriff bemühen, die Verbindung stellt nur den Verweis zur Verfügung. Querverweise in Lexika sind die besten Beispiele für derartige passive Verbindungen.

Auch Hypertexte haben manchmal passive Verbindungen, insbesondere wenn sie auf Informationen verweisen, die nicht im Hypertext enthalten sind. Die CD-ROM-basierte Hypermedia–präsentation *Making it Macintosh* ist ein gutes Beispiel für Hypertext mit passiven Verbindungen. *Making it Macintosh* erklärt dem Benutzer die standardisierten Macintosh-Benutzeroberflächenelemente [Alben et al. 1994]. Die CD enthält kurze Beschreibungen und animierte Beispiele, die die Konzepte erklären. Für genauere Beschreibungen wird der Benutzer aber auf das Buch *Macintosh Human Interface Guidelines* verwiesen. Der Hypertextknoten *Feedback for time consuming processes* enthält passive Verbindungen, die in der Liste der „Siehe auch"-Verweise auftauchen: „The pointing device: page 270" und „Menu behavior: page 55". Die Angabe der Seitenzahlen erleichtert es, den Verweisen zu folgen. *Making it Macintosh* enthält auch einige aktive Verbindungen; z.B. hat der Knoten *Feedback for time consuming processes* auch einige aktivierbare, automatische Verbindungen hin zu Hypertextknoten, die erklären, wie man auf Menü-Eingaben reagieren soll. Man kann also in demselben System sehr wohl aktive und passive Verbindungen miteinander kombinieren.

Neben den eben beschriebenen Verbindungstypen gibt es auch noch *semiaktive* Verbindungen: System und Benutzer arbeiten gemeinsam, um den Zugriff zu er-möglichen. Das System ist für die Präsentation und die Aufbereitung der Information verantwortlich, und der Benutzer hilft beim Aufbau der Verbindung zwischen den Hypertextknoten. Der Zugriff auf Materialien auf einer CD-ROM, die erst noch ein-gelegt werden muß, ist ein gutes Beispiel für diese Art der Verbindungen. Der Benutzer aktiviert die Verbindung (z.B. indem er auf den Anker klickt), und der Computer meldet, daß eine andere CD-ROM eingelegt werden muß, worauf der Benutzer dies tut und der Rechner die Information präsentiert.

Der Service *FasTrak*, den die New York Times im Jahr 1994 anbot, ist ein sehr gutes Beispiel für Hypertext mit semiaktiven Verbindungen. *FasTrak* wurde von Arbeitssuchenden benutzt, die damit ihren Lebenslauf bei der New York Times einreichten. Die New York Times integrierte die Lebensläufe in eine Datenbank. Arbeitgeber, die am FasTrak-System mitmachten, benutzten in ihren Stellenanzeigen besondere Kodierungen. War ein Stellensuchender an einem solchen Arbeitsplatz interessiert, konnte er mit Hilfe der Kodierung eine Verbindung zwischen seinem Lebenslauf in der Datenbank und der Anzeige erstellen. Dies geschah telefonisch. Am anderen Tag wurde die Liste der Lebensläufe auf Diskette an die passenden Arbeitgeber weitergereicht. Man hatte in diesem Fall keine richtigen Hypertextverbindungen aufgebaut, sondern nur semiaktive Verbindungen erstellt. Aus Kostengründen mußte der FasTrak-Dienst leider eingestellt werden. Es besteht kein Zweifel daran, daß man einen solchen Dienst heute wesentlich kostengünstiger und unkomplizierter anbieten könnte. Man würde das Internet benutzen, um die Information zu verschicken (statt Disketten), und die Anzeigenkodierung der Lebensläufe würde auch über das Internet ablaufen (anstatt über Tastentelefone).

Aktiver, lebendiger Hypertext wälzt die Last des Informationszugriffes, der Aufbereitung und der Darstellung auf den Computer ab; man erhält dadurch einen wesentlich benutzerfreundlicheren Hypertext. Der Benutzer wird zum Blättern und zum Erforschen ermutigt. Er kann sich auf die Information konzentrieren, anstatt sich um den Zugriff zu bemühen. In vielen Fällen wird man sich allerdings auf das semiaktive Hypertextmodell beschränken müssen (und manchmal wird man sich auf dieses Modell beschränken *wollen*). Hypertexte können Verweise auf Informationen enthalten, die zwar online verfügbar sind, auf die man aber aus urheberrechtlichen, Speicherplatz- oder übertragungstechnischen Gründen nicht unmittelbar zugreifen möchte. In diesem Fall bietet sich das Modell der semiaktiven Verbindungen an. Folgendes Beispiel illustriert ein solches Szenario: Eine WWW-Verbindung zeigt auf eine sehr große MPEG-Datei (eine Videoaufnahme, die mehrere hundert Megabyte groß ist), die am anderen Ende einer sehr langsamen und stark ausgelasteten Internet-Verbindung gespeichert ist. In diesem Fall wäre es nicht ratsam, automatisch mit der Übertragung der Datei zu beginnen, wenn der Benutzer die Verbindung aktiviert. Statt dessen sollte das System dem Benutzer mitteilen, daß die Übertragung sehr lange dauern wird und daß es wahrscheinlich ratsamer ist, den Film über Nacht zu übertragen und ihn erst am anderen Tag zugänglich zu machen.

In anderen Szenarien könnte man semiaktive Verbindungen auch für Abonnementdienste benutzen, die man sonst mit Hilfe von Agentenmodellen implementiert. Eine solche Verbindung zeigt z.B. auf einen Bericht, der noch nicht geschrieben wurde. Wenn der Benutzer die Verbindung aktiviert, dann drückt er damit aus, daß er den Bericht erhalten möchte, sobald er verfügbar wird. Solche Verbindungen könnte man auch als „zukünftige Verbindungen" bezeichnen. Man beachte, daß diese „zukünftigen Verbindungen" anders funktionieren als die üblichen Abonnementverbindungen, die Zugriff auf einen kontinuierlichen Informationsfluß geben (z.B. wöchentliche Statusberichte). Die „zukünftigen Verbindungen" unterscheiden sich auch von dynamischem Hypertext, der die Information zur Laufzeit berechnet und immer wenn eine Verbindung aktiviert wird, das aktuelle Resultat liefert. Aus der Sicht des Benutzers sind diese Hypertextmodelle aktiv und benutzen nur aktive Verbindungen, da die Information immer sofort und ohne weitere Hilfe von Seiten des Benutzers angezeigt wird.

Bald werden immer mehr Geschäftsleute PDAs (Personal Digital Assistants — Persönliche Digitale Assistenten) benutzen und stets bei sich haben, wenn sie an Sitzungen oder Konferenzen teilnehmen. PDAs können unter anderem dazu benutzt werden, digitale Visitenkarten auszutauschen. Sie benutzen dazu Infrarottechnologien oder andere schnurlose Verbindungsmechanismen. Heute tauscht man gedruckte Visitenkarten aus, die zwei Zwecke erfüllen: Sie bilden ein Verzeichnis der Leute, mit denen man sich getroffen hat, und sie sind eine Liste von Verweisen, die passive Verbindungen zu den Telefonen, postalischen Adressen und elektronischen Briefkästen ihrer Besitzer darstellen.

Wenn alle Teilnehmer einer Sitzung PDAs bei sich trügen und alle PDAs elektronische Visitenkarten austauschen würden, dann hätte man immer eine komplette Aufzeichnung aller Leute, mit denen man sich im Laufe eines Tages getroffen hat. Diese Liste würde automatisch erstellt und man müßte nicht mehr all die Visitenkärtchen sammeln, sortieren und organisieren. Selbstverständlich muß man Datenschutzgesichtspunkte mit einbeziehen, z.B. wäre es möglich, einem PDA aufzutragen, die Visitenkarte nur an bestimmte Leute oder unter bestimmten Bedingungen weiterzugeben. Im großen und ganzen kann man davon ausgehen, daß der automatische Austausch der elektronischen Visitenkarten viele neue Nutzungen ermöglicht, wie sie z.B. unter dem Begriff „Lese-Nutzung" (engl. readwear) von [Hill et al. 1992] beschrieben werden. Wesentlich hierbei ist, daß der Austausch ohne zusätzlichen Aufwand für den Absender und den Empfänger geschieht. Man könnte sich z.B. vorstellen, daß man Visitenkarten nicht nur mit externen, sondern auch mit internen Kontakten austauscht. Die Liste der Visitenkarten kann benutzt werden, um die Sitzungsprotokolle automatisch an alle Teilnehmer zu verschicken. Die Versandlisten wiederum können mit statistischen Verfahren analysiert werden, um gemeinsame Interessenschwerpunkte zu bestimmen, indem man feststellt, welche Gruppen sich immer wieder zusammenfinden.

Elektronische Visitenkarten können als semiaktive Verbindungen angesehen werden, die auf den Besitzer der Visitenkarte verweisen. Da schnurlose Verbindungen in ihrem Durchsatz beschränkt sind und PDAs auch nur sehr wenig Information abspeichern können, werden die elektronischen Visitenkarten ein Minimum an Information abspeichern, aber Verweise enthalten, die als Hypertextverbindungen zu weiterer maschinenlesbarer Information über den Besitzer verwendet werden können. Man kann sich vorstellen, daß eine elektronische Visitenkarte, die an alle Teilnehmer einer Sitzung verteilt wird, nur sehr selektiv Zugriff auf bestimmte Informationen erlaubt; z.B. könnten nur Leute, die auf einer Liste von engen Freunde stehen, direkten Zugriff auf den Kalender haben und automatisch Termine vereinbaren.

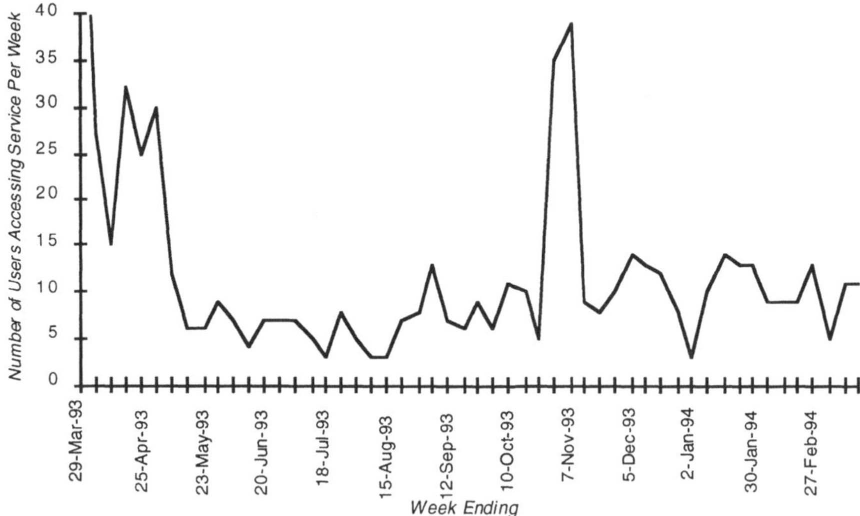

Bild 7.16 *Benutzungsstatistiken für den elektronischen Visitenkartendienst (Zahl der Benutzer pro Woche). In der ersten Woche griffen 86 Benutzer auf die elektronische Visitenkarte zu.*

Die elektronische Visitenkarte ist ein Verweis auf einen Hypertext, der mehr Information über den Besitzer enthält. Üblicherweise findet man dort Fotos, Videos und andere personenbezogene Informationen. Manche Leute geben dort auch Zugriff auf Informationen aus ihrem persönlichen Bereich, wie z.B. Bilder ihrer Kinder, Beschreibung ihrer Steckenpferde, etc. Ein Forscher könnte mittels seiner elektronischen Visitenkarte Zugriff auf seine Publikationen geben; ein Verkäufer würde die Visitenkarte nutzen, um auf aktuelle Preislisten, Angebote und elektronische Bestellmöglichkeiten zu verweisen. Die Art der Information, auf die man mittels einer elektronischen Visitenkarte zugreifen könnte, hängt von den Interessen und der beruflichen Ausrichtung des Kartenbesitzers ab. Zu Forschungs- und Untersuchungszwecken habe ich ein Jahr lang (März 1993 bis März 1994) selbst eine elektronische Visitenkarte ausgehängt [Nielsen 1995b]. Mittels der Karte konnte man mir E-mail schicken, um Kopien meiner Publikationen zu erhalten, Informationen über meine aktuellen Arbeiten anzufragen oder um herauszufinden, wo ich gerade zu erreichen war.[12]

Bild 7.16 zeigt die Zugriffsstatistiken für meine elektronische Visitenkarte während der 52 Wochen ihres Bestehens. Wie zu erwarten, gab es am Anfang, nachdem ich allen meinen Kollegen davon erzählt hatte, sehr viele Zugriffe. Danach stabilisierte sich die Zahl der wöchentlichen Zugriffe, mit der Ausnahme eines großen Anstieges Ende Oktober und Anfang November 1993. Zu der Zeit hielt ich eine Vorlesung in London. Die Vorlesung war über einen großen elektronischen Verteiler (700 Adressen) angekündigt worden, der hauptsächlich Leute ansprach, die an Mensch-Maschine-Interaktionsproblemen interessiert sind. Die Ankündigung enthielt zusätzlich zur üblichen Kurzbiographie des Sprechers einen Verweis auf meine elektronische Visitenkarte. Außerdem wurde die Karte in meinem Vortrag und in Artikeln auf der *INTERCHI'93* (Mai 1993) erwähnt, und in den Wochen nach der Tagung verzeichnete die Visitenkarte regen Zuspruch.

Am Anfang wurde die Karte nur in Ausnahmefällen von demselben Benutzer mehrmals angesprochen. In den ersten drei Monaten des Jahres 1994 war der Anteil der Mehrfachbenutzer 25%. Die meisten Benutzer sprachen die Karte nur einmal an. 88% der Benutzer gaben dem Karten-Server all ihre Befehle innerhalb einer Woche; nur 8% der Benutzer sprachen die Karte über einen Zeitraum von zwei Wochen an; 4% der Benutzer kamen in drei oder mehr Wochen auf die Karte zurück.

Die elektronische Visitenkarte wurde während des ganzen Jahres von 556 Benutzern weltweit angesprochen. Der größte Teil der Benutzer kam aus den USA und Kanada (337 Benutzer), und ein wesentlich kleinerer Anteil der Anfragen kam aus dem Rest der Welt (213). Interessanterweise wurde die größte Anzahl der Befehle an den Karten-Server außerhalb der USA und Kanada gegeben: 934 Befehle in den USA und Kanada gegenüber 1.165 Befehlen aus dem Rest der Welt. Wenn man die Zahl der Befehle durch die Zahl der Benutzer dividiert, dann sieht man, daß die Zahl der Befehle pro Benutzer außerhalb der USA und Kanada wesentlich höher ist (2,77 Befehle pro

---

[12]Der Server meiner elektronischen Visitenkarte überprüfte, wann ich das letzte Mal meine E-mail gelesen hatte, und benutzte diese Information als Grundlage, um Benutzern mitzuteilen, wie wahrscheinlich es wäre, mich in meinem Büro anzutreffen.

Benutzer in den USA und Kanada, gegenüber 5,47 Befehlen pro Benutzer aus dem Rest der Welt).

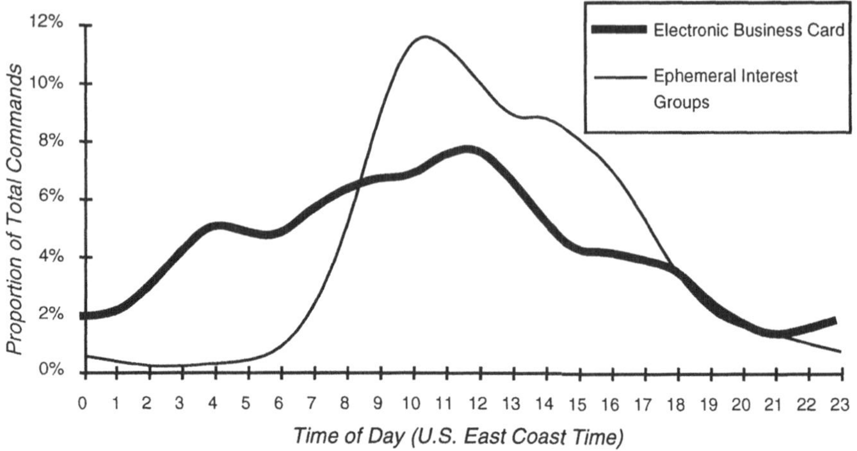

Bild 7.17 *Benutzungs- und Zugriffsstatistiken zweier Informationsdienste über 24 Stunden: der elektronische Visitenkartendienst (engl.: electronic business card server), auf den weltweit zugegriffen wurde, und das Informationssystem für kurzfristige Interessengruppen (engl.: ephemeral interest groups), auf das nur innerhalb des Bundesstaates New Jersey zugegriffen werden konnte.*

Diese Statistiken könnten dahingehend interpretiert werden, daß Leute, die weiter entfernt sind von einem Informationszentrum, einen größeren Bedarf an schneller, elektronischer Informationsverteilung haben. Andere Untersuchungen haben allerdings gezeigt, daß der meiste elektronische Austausch zwischen Leuten stattfindet, die geografisch gesehen nahe beieinander sind. Die Tatsache, daß die meisten Befehle (und damit der größte Teil des elektronische Austauschs) an den Karten-Server von Leuten kamen, die geografisch weit entfernt waren, verlangt nach einer genaueren Betrachtung. Man könnte die Benutzungsstatistiken dahingehend interpretieren, daß die meisten Leute die Visitenkarte nur als eine semiaktive Verbindung zu anderer Information benutzt haben. Die Karte wurde nur in wenigen Fällen benutzt, um persönliche Information über den Besitzer zu erhalten. In anderen Worten bedeutet dies, daß unser anfängliches Konzept, nach dem elektronische Visitenkarten hauptsächlich benutzt werden würden, um Information über den Besitzer zu erhalten, sich als nicht tragfähig erwiesen hat. Statt dessen wurde die Karte benutzt, um Informationen zu erhalten, die für den Benutzer relevant sind.

Der elektronische Visitenkartendienst wurde weltweit benutzt und zeigte daher über den ganzen Tag hinweg ein sehr ausgeglichenes Zugriffsprofil (siehe Bild 7.17). Zum Vergleich wird das Zugriffsprofil eines Informations- und Diskussionsdienstes für kurzfristige Interessengruppen gezeigt, das nur an einem Ort benutzt wurde (Bellcore in New Jersey) [Brothers et al. 1992]. Die Grafik zeigt, daß der Informations- und Diskussionsdienst zwischen Mitternacht und sieben Uhr morgens nur sehr wenig Zuspruch fand und daß die Auslastung morgens um zehn Uhr drastisch anstieg (sobald die Mitarbeiter ihre Rechner anschalteten und anfingen, neue Kommentare und Mitteilungen einzugeben). Da ein großer Teil der Rechner- und Netzwerkkosten konstant ist und nur von den Maximalbelastungszahlen bestimmt wird, kann man aus Bild 7.17 schließen, daß weltweite Dienste sehr attraktive Auslastungsprofile haben und daß plötzliche Auslastungsspitzen gleichmäßig verteilt werden.

Der Server, der die elektronischen Visitenkarten anbot, stellte auch eine Liste der Informationsknoten zur Verfügung, die gerade sehr populär waren. Die Liste ist aufgeteilt in Knoten, die augenblicklich populär sind, und jene, die das ganze Jahr über viel Zuspruch fanden. Benutzungsstatistiken zeigten interessante Tendenzen beim Zugriff auf Information: Die Korrelation zwischen der Anzahl der Zugriffe auf einen Knoten in einer Woche und der Anzahl der Zugriffe in der nächsten Woche war $r = 0{,}45$, über das ganze Jahr hinweg war der Korrelationsfaktor $r = 0{,}24$.

Michael Lesk hat einmal einen Artikel geschrieben mit dem Titel „Wie geht man mit zuviel Information um?" (engl.: What To Do When There's Too Much Information) [Lesk 1989]. Lesk arbeitete an einem Hypertextsystem, das 800.000 Informationsobjekte enthielt — mehr als die meisten heutigen Hypertextsysteme, aber weniger als zukünftige Systeme verwalten werden. Das WWW stellte zu Anfang des Jahres 1995 mindestens zwei Millionen Informationsobjekte zur Verfügung, und die Bücherei des amerikanischen Kongresses (Library of Congress) verwaltet mehr als 100 Millionen Veröffentlichungen. Das WWW hat keine zentrale Verwaltung für die Informationsobjekte, die auf dem WWW zur Verfügung stehen und muß keine Benutzerschnittstelle zur Verfügung stellen, die mit derart viel Information fertig wird. Allerdings stehen dem Benutzer auch keine Hilfsmittel zur Verfügung, um die Menge an Information zu nutzen, da sie nicht systematisch präsentiert oder verwaltet wird.

Die Größe des Internets verdoppelt sich fast jedes Jahr (siehe Bild 7.1). Laut Angabe von UUnet, einem der wichtigsten Netzwerkknoten, wächst die Datenmenge, die über die Usenet Netnews (Diskussions- und Nachrichtenforen auf dem Internet) verteilt wird, pro Jahr um 181%. Die Zahl der Beiträge ist in der gleichen Zeit *nur* um 132% gestiegen — eine Diskrepanz, die wahrscheinlich durch die wachsende Zahl von denjenigen Beiträgen erklärt werden kann, die Bilder und ausführbare Programme enthalten.[1] Die Zahl der Foren, an die die Beiträge verschickt werden, wächst pro Jahr um 52%, d.h. daß die einzelnen Diskussionsgruppen ein etwas geringeres Wachstum aufzeigen. Trotzdem wachsen die Foren in beachtlichem Maße; z.B. stieg die Zahl der Beiträge in der Gruppe *alt.hypertext* in den Jahren 1992 bis 1994 um jeweils 77%. In der Gruppe *comp.human-factors* stieg die Zahl der Beiträge jährlich um 92%. Dies kann zum größten Teil auf das Anwachsen des Leserkreises zurückgeführt werden, der durch das rapide Wachstum des gesamten Internets ermöglicht wurde.

Ich bin Abonnent eines elektronischen Forums, das Dänen im Ausland anspricht. Das Forum funktioniert als automatischer Verteiler für elektronische Post. Die Statistiken dieses Forums und der Teilnehmergruppe sind ein gutes Beispiel für das

---

[1]Ende 1994 wurden pro Tag 100.000 Netnews-Beiträge verschickt; 48% des verschickten Datenvolumens bestanden aus Beiträgen, die größer als 16KB waren. Anfang 1994 wurden nur 40.000 Beiträge verschickt, und nur 33% des Datenvolumens war in großen Beiträgen (mehr als 16KB) enthalten.

Problem der Informationsüberflutung auf dem Internet. Die Zahl der Wörter, die durch diesen Verteiler fließt, hat jedes Jahr um 170% zugenommen, angefangen mit ca. 16.000 Wörtern im Jahre 1990 bis zu fast 900.000 Wörtern im Jahre 1994. In derselben Zeitspanne wuchs die Zahl der Mitglieder jährlich um 118%. Die Tatsache, daß das Nachrichtenvolumen wesentlich schneller wuchs als die Anzahl der Mitglieder, kann wahrscheinlich dadurch erklärt werden, daß die Zahl der möglichen Interaktionen eine quadratische Funktion der Anzahl der Mitglieder ist (Person A antwortet auf Äußerungen von Person B).

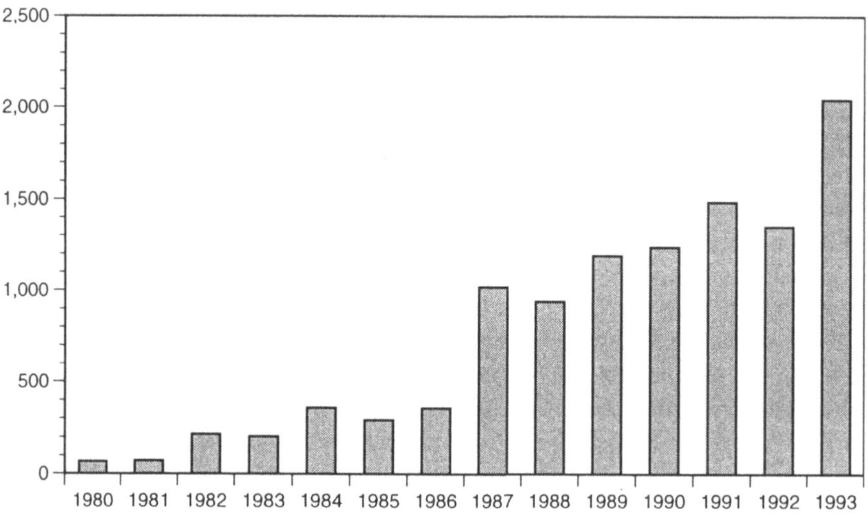

Bild 8.1 *Zahl der Einträge pro Jahr in die HCIbib-Datenbank. HCIbib (Human Computer Interaction bibliographie — Bibliographie zum Thema Mensch-Maschine-Interaktion) speichert Verweise auf Publikationen aus dem Bereich Mensch-Maschine-Schnittstelle.*

Auch außerhalb der elektronischen Medien wächst die Informationsmenge. Die Zeitschrift *Mathematical Review* berichtet in ihrer Ausgabe vom Januar 1990, daß die Zahl der Mathematikpublikationen von 840 im Jahre 1870 auf 50.000 im Jahre 1989 angeschwollen ist. Das Wachstum beschleunigte sich nach dem zweiten Weltkrieg: Seitdem verdoppelt sich die Zahl der Veröffentlichungen alle zehn Jahre. In den letzten zwei Jahrhunderten hat sich die Zahl der wissenschaftlichen Veröffentlichungen in allen Bereichen alle zehn bis fünfzehn Jahre verdoppelt [Price 1956, zitiert in Odlyzko 1995]. Die Menge der wissenschaftlichen Veröffentlichungen ist derart gewachsen, daß viele Forscher es aufgegeben haben, zu versuchen, in der Literatur auf dem laufenden zu bleiben, sogar wenn sie sich mit hochspezialisierten Gebieten beschäftigen. Viele Zeitschriften haben den Ruf bekommen, reine Veröffentlichungsmechanismen zu sein, die kaum noch jemand liest. Der *Science Citation Index* hat herausgefunden, daß mehr als die Hälfte aller Publikationen niemals zitiert werden. Auch wenn das nicht beweist, daß sie nicht gelesen werden, so beweist es doch, daß sie nicht als besonders wertvoll eingestuft werden.

Gary Perlman (Ohio State University) verwaltet die HCIbib-Online-Bibliographie für Veröffentlichungen auf dem Gebiet der Mensch-Maschine-Schnittstellen. Jedes Jahr nimmt die Zahl der neuen Veröffentlichungen um 30% zu (siehe Bild 8.1). Das entspricht einer Wachstumsrate von 1.300% in zehn Jahren, wesentlich mehr als die im Bereich der Mathematik beobachtete Verdoppelung im Zehnjahreszeitraum.

Auch wenn die Wachstumsraten in den verschiedenen wissenschaftlichen Sparten sehr unterschiedlich sind, so besteht doch kein Zweifel, daß die Wissenschaft mit einer wahren Überflutung an Information konfrontiert ist. Wissenschaftliche Veröffentlichungen müssen einen Begutachtungsprozeß durchlaufen, mit dem Ziel, die uninteressanten oder irrelevanten Artikel auszusondern. Publikationen, die keinen Begutachtungsprozeß haben, wie z.B. die Internet-News-Gruppen oder der elektronische Verteiler für Dänen im Ausland, wachsen noch viel schneller und erreichen noch schneller die Schwelle, bei der so mancher nicht mehr die Zeit findet, sie zu lesen.

Der ökonomische Wert einer Information kann auf mehrere Arten bestimmt werden: Man kann von den Kosten ausgehen, die anfallen, wenn man die Information produziert, oder man kann den Wert anhand des Preises bestimmen, den man für die Information erzielen kann. In einer Gesellschaft, die von Informationsüberflutung bedroht ist, kann man auch den *negativen Wert* einer Information in Betracht ziehen; er wird durch die Kosten bestimmt, die anfallen, wenn man Information aufnimmt und versucht, sie zu verstehen. Wenn jemand eine elektronische Nachricht an alle 10.000 Mitarbeiter einer Firma schickt, dann fallen Kosten zwischen 1.000 Dollar (wenn alle die Nachricht sofort ungelesen löschen) und 15.000 Dollar an (wenn alle Mitarbeiter die Nachricht lesen). Je mehr Information auf den einzelnen zukommt, um so mehr Zeit wird die Be- und Verarbeitung dieser Information in Anspruch nehmen, so daß für die eigentlichen Aufgaben überhaupt keine Zeit mehr bleibt.

Glücklicherweise gibt es Möglichkeiten, mit derartigen Informationsmengen umzugehen. Tabelle 8.1 gibt einen Überblick über die Informationstypen und das

Informationsvolumen in der Sonntagsausgabe der *New York Times*.[2] Die Sonntagszeitung enthält enorm viel Information — machmal wird behauptet, daß in einer einzelnen Sonntagsausgabe der *Times* mehr Information steht als ein durchschnittlicher Dorfbewohner im Mittelalter während seines ganzen Lebens erhielt. Ich bin aber der Meinung, daß ein mittelalterlicher Dorfbewohner sehr viel Information aufnahm, z.B. Information über das Wetter oder das Wachstum der Feldfrüchte. Wenn wir allerdings nur die „offiziellen" Nachrichten in Betracht ziehen, die mit dem Inhalt der heutigen Zeitungen verglichen werden können, wie z.B. Bilder oder Berichte von großen Ereignissen oder königlichen Edikten, dann mag der Vergleich durchaus zutreffen.

Die Tabelle 8.1 wurde aufgrund folgender Annahmen erstellt: Jede Textseite enthält ca. 31 KB an Daten und hat eine Fläche von ungefähr 0,17 Quadratmetern. Jede Bildseite enthält ca. 1,6 MB an unverdichteten Daten (10% der Bilder sind in Farbe, die Auflösung beträgt 72 dpi, mit 8 Bit Grauskalendarstellung oder 24 Bit Farbkodierung). Die Werbeseiten bestehen aus 30% unbedruckter Fläche, 40% Bildern und 30% Text, was ungefähr einer Anzahl von 0,6 MB Bilddaten und 9 KB Textdaten entspricht.

Die Sonntagsausgabe der *New York Times*, auf die wir unsere Auswertung stützen, enthielt 7,5 MB Textdaten und 177 MB Bilddaten.[3] Abonnenten der Times erhalten diese Menge an Information jede Woche und haben dennoch am Sonntag Zeit für andere Dinge. Es dauert sehr lange, jedes Wort in der Times zu lesen und sich jedes Bild genau anzusehen — aber wer macht das schon? Statt dessen wählt jeder Leser die Teile der Zeitung aus, die für ihn von Interesse sind und überschlägt den Rest. Der kostengünstige Verteilermechanismus erlaubt es, wesentlich mehr Information zu erhalten, als man wirklich aufnimmt oder benutzt. Die gute Strukturierung der Information erlaubt es dem Leser, gezielt Information auszusuchen and andere Teile zu ignorieren.

Einer der vielversprechendsten Ansätze zur Informationsverteilung sind *individualisierte Zeitungen*, die mit Hilfe von Hypertexttechniken erstellt werden. Da alle Teile einer modernen Zeitung online, elektronisch, erstellt werden, kann man den Verteilungsmechanismus umstellen: weg von dem immensen Papierstoß, hin zu elektronischem Zugang auf dieselben Inhalte, aber maßgeschneidert für die Interessen des einzelnen Lesers. Außerdem würde eine Online-Zeitung die Nachrichten genau in dem Augenblick liefern, den der Leser bestimmt.

---

[2]Im Jahre 1993 wurden für den Druck der New York Times 301.000 Tonnen Zeitungspapier verbraucht (Wochentags- und Sonntagsausgaben).

[3]Vergleichsweise enthält dieses Buch ca 1.0 MB Textdaten und 13 MB Bilddaten.

Zeitungsteil	Seiten	Red. Text	Red. Bilder	Anz. Bilder	Anz. Text
Nachrichten	32	37%	13%	47%	3%
Unterhaltung	40	24%	15%	60%	1%
Geschäftsteil	42	39%	7%	30%	26%
Die Woche im Überblick	22	24%	14%	20%	42%
Erziehung (52 halbe Seiten)	26	23%	15%	58%	3%
Reisen	38	16%	13%	62%	9%
New York Times Magazin (68 halbe Seiten)	34	32%	26%	33%	9%
Buchbesprechungen (32 halbe Seiten)	16	54%	9%	38%	1%
Sport am Sonntag	24	31%	14%	39%	16%
Lebensstil	10	35%	40%	27%	1%
Immobilien	42	7%	8%	34%	51%
Stellenanzeigen	42	0%	0%	13%	87%
Fernsehprogramm (56 viertel Seiten)	14	75%	7%	18%	0%
New Jersey Beilage (Nur in den Vororten in New Jersey als Ersatz für die New York City Beilage)	24	26%	11%	62%	2%
Ganze Sonntagszeitung	406	26%	12%	40%	22%
Umgerechnet in ganze Seiten	*406*	*105*	*50*	*161*	*91*
Information in MB		*3.2*	*77*	*102*	*2.8*

Tabelle 8.1   *Die einzelnen Teile der Sonntagsausgabe der „New York Times" vom 9. Januar 1994. Zusätzlich zur Seitenzahl zeigt die Tabelle, welcher Anteil der Seiten für redaktionelle Beiträge (Text und Bild) und welcher Teil für Anzeigen (Text und Bild) benutzt wurde. Der Prozentsatz drückt aus, welchen Flächenanteil die einzelnen Inhalte eingenommen haben. Mehrere Werbebeilagen, die keine redaktionellen Beiträge enthielten, wurden nicht in die Auswertung einbezogen, da sie nicht als Teil der eigentlichen Zeitung angesehen wurden.*

Die Bilder 8.2 und 8.3 zeigen Beispiele von elektronischen, individualisierten Zeitschriften, die an der GMD in Deutschland entwickelt wurden [A. Haake et al. 1994]. Die von Klaus Reichenberger erstellte Schnittstelle benutzt das Interessenprofil des Lesers, um passende Beiträge auszuwählen. Sie bereitet die ausgewählten Beitrage grafisch auf und stellt sie auf interessante und ansprechende Art dar. Die Bilder 8.2 und 8.3 zeigen, daß verschiedene Interessenprofile auch verschiedene Zeitungen produzieren. Die elektronische Zeitung benutzt Hypertextmechanismen, um Elemente der Titelseiten (Schlagzeilen usw.) mit genaueren Berichten auf anderen Seiten zu verbinden.

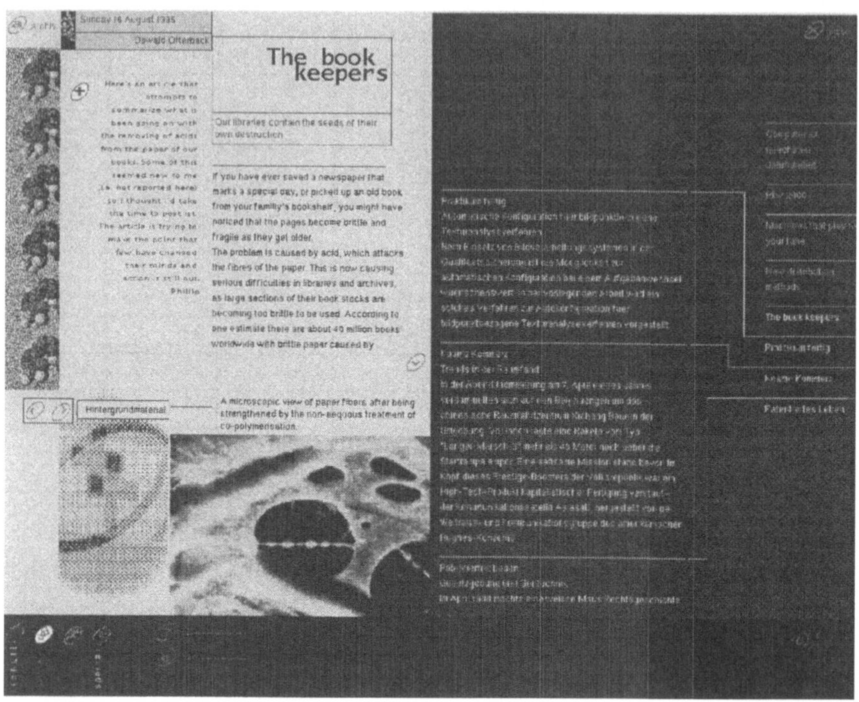

Bild 8.2 *Die individualisierte elektronische Zeitschrift der Gesellschaft für Mathematik und Datenverarbeitung (GMD) zeigt die persönliche Seite eines Lesers, der sich für wissenschaftliche Themen interessiert. Man vergleiche mit Bild 8.3, welches eine andere Seite derselben Zeitschrift zeigt, aber diesmal ausgerichtet auf einen Leser, der sich für Sport interessiert (© 1992 Klaus Reichenberger und GMD-IPSI, mit Erlaubnis abgedruckt).*

Andere Ansätze, die kommerzielle Zeitungen elektronisch und online zur Verfügung stellen, wie z.B. der Online-Dienst America Online, benutzen wesentlich weniger ansprechende Schnittstellen, die dem Leser kaum Vorabinformation über einen Bericht geben. Der Leser weiß nicht, worauf er sich einläßt, wenn er sich für einen Beitrag entscheidet. Elektronische Online-Zeitungen brauchen ohne Zweifel in

Zukunft bessere Gestaltungsmechanismen (eben wie diejenigen, die in Bild 8.2 und 8.3 gezeigt werden), wenn sie mit den konventionellen Zeitungen, die auf jahrhundertelange Gestaltungs- und Typographieerfahrung zurückgreifen können, konkurrieren möchten.

Bild 8.3   *Die individualisierte elektronische Zeitschrift der Gesellschaft für Mathematik und Datenverarbeitung (GMD) zeigt die persönliche Seite eines Lesers, der sich für Sport interessiert (© 1992 Klaus Reichenberger und GMD-IPSI, mit Erlaubnis abgedruckt).*

Informationsüberflutung kann auf drei Arten angegangen werden. Der erste (und meistens erfolgreichste) Ansatz benutzt gute Schnittstellen und gute redaktionelle Aufbereitung der Daten und gibt dem Leser gute Überblicksmöglichkeiten über den Inhalt. Der Leser kann dann sehr schnell entscheiden, welche Teile für ihn relevant sind. Konventionelle Zeitungen, wie z.B. die *New York Times*, sind Paradebeispiele für diese Methode, mit sehr großen Informationsmengen fertig zu werden. An Tagen, wo man nur sehr wenig Zeit für die Nachrichten hat, überfliegt man schnell die erste Seite und hat dann die Gewißheit, daß man nichts wichtiges übersehen hat.

Die beiden anderen Ansätze sind *Information Retrieval* und *Informationsfilterung* [Belkin und Croft 1992]. Information Retrieval bezieht sich auf die gezielte Suche nach Informationselementen, z.B. aufgrund einer Beschreibung. Informationsfilterung bezieht sich auf das kontinuierliche Filtern eines Informationsflusses, um relevante Elemente herauszufischen, z.B. wenn der Benutzer über gewisse Ereignisse oder Entwicklungen auf dem laufenden bleiben will. Eine typische Information-Retrieval-Aufgabe wäre es, den Namen des IBM-Vorsitzenden zu suchen. Eine typische Informationsfilterungsaufgabe wäre es, den Leser zu informieren, sobald IBM einen neuen Arbeitsplatzrechner ankündigt (nicht aber, wenn IBM einen neuen PC oder Großrechnertyp herausbringt).

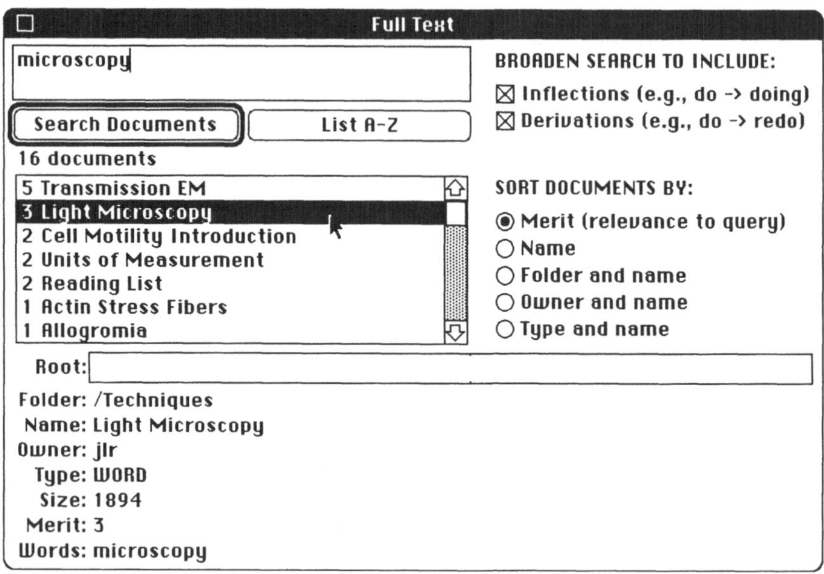

Bild 8.4 *Die Intermedia-Schnittstelle für Textsuche erlaubt es dem Benutzer, alle Dokumenttypen in der ganzen Intermedia-Datenbank nach dem Vorkommen eines Wortes zu durchsuchen. Die Liste der Treffer (d.h. der Dokumente, die das Wort enthalten) kann auf fünf verschiedene Arten sortiert werden. Wenn man auf den Dokumentnamen klickt, werden zusätzliche Informationen über das Dokument angezeigt. Ein Doppelklick öffnet das Dokument (© 1989, Brown University, mit Erlaubnis abgedruckt).*

8.1 Information Retrieval

In einem Hypertextsystem kann man nach Informationen suchen, indem man den ganzen Hypertext durchsucht — man navigiert von einem Knoten zum nächsten, bis man gefunden hat, wonach man sucht oder am Ende des Hypertextes angekommen ist. Dieser navigierende Suchansatz eignet sich für kleine Hypertexte, die man flächendeckend absuchen kann und für solche, mit denen der Benutzer derart vertraut ist, daß er weiß, wo er suchen soll. Viele Informationsräume sind allerdings sehr groß und eignen sich nicht für einen navigierenden Suchansatz. Sie müssen Mittel und Wege zur Verfügung stellen, damit der Benutzer Informationen aufgrund von Beschreibungen finden kann, die er für Anfragen an den Hypertext benutzt.

Die einfachste Anfragemethode ist die Textsuche, bei der der ganze Hypertext nach Stichworten durchsucht wird. Manche Hypertextsysteme zeigen dem Benutzer, wo das Stichwort zum ersten Mal vorkommt. Eine bessere Methode wird in Bild 8.4 gezeigt: Dem Benutzer wird zuerst eine Liste der Stichworte gezeigt zusammen mit einer genauen Angabe, wo sie im Hypertext vorkommen. Wenn der Benutzer automatisch zum ersten gesuchten Worte im Text gebracht wird, dann hat er überhaupt kein Gefühl dafür, wie häufig das Wort im ganzen Text vorkommt. Im allgemeinen sollen Systeme dem Benutzer immer erst einen Überblick geben. Das gleiche gilt für die Resultate von Suchanfragen. Das System *StorySpace* gibt dem Benutzer zuerst einen Überblick aller Treffer einer Suchanfrage zusammen mit einer Vorschau auf die ersten Absätze des Textes (Bild 8.5).

Normalerweise erfolgt eine Anfrage in verschiedenen Schritten: Zuerst spezifiziert der Benutzer ein Wort, dann muß er warten, während das System nach dem Vorkommen des Wortes sucht. Schnellere Computer haben eine neue Art der Anfrageformulierung ermöglicht: Dynamische, interaktive Anfragen werden vom Rechner bearbeitet, während der Benutzer noch an der Anfrageformulierung arbeitet. Der Benutzer spezifiziert die gesuchten Objekte unter anderem dadurch, daß er Parameter mit Hilfe von Knöpfen und Schiebern verändert. Er sieht dann sofort, welche Auswirkungen dies auf die Resultate der Anfrage hat. In einer Studie wurde gezeigt, daß Benutzer 119% schneller (d.h. in weniger als der Hälfte der Zeit) Informationen in einer Datenbank fanden, wenn man ihnen dynamische, interaktive Anfragemechanismen zur Verfügung stellte, anstelle von konventionellen Anfragemechanismen, die erst mit der Bearbeitung der Anfrage anfangen, wenn der Benutzer sie fertig formuliert hat [Ahlberg et al. 1992].

Bild 8.6 zeigt, wie das Konzept der dynamischen, interaktiven Anfrage im System *FilmFinder* der University of Maryland angewandt wurde [Ahlberg und Shneiderman 1994]. Schieberegler werden benutzt, um die Länge des gesuchten Films anzugeben — gleichzeitig läuft das Suchverfahren an und zeigt sofort, ob es im Hypertext überhaupt Filme in der gewünschten Länge gibt. Das Überblicksdiagramm des FilmFinder benutzt ein Verteilungsdiagramm (engl.: star-field diagram), um die

Suchresultate in einem zweidimensionalen Feld darzustellen. Eine dritte Dimension kann mit einer Farbkodierung der Suchresultate angegeben werden. Der Benutzer bestimmt, welche Kriterien in den drei Dimensionen dargestellt werden (in Bild 8.6 wurde das Genre des Films, z.B. Science Fiction, durch Farbkodierung angegeben). Man beachte, daß die Vergrößerung resp. Verkleinerung oder das Verschieben des Bildausschnittes des Überblickdiagramms einer Anfrage entspricht, in der die Gültigkeitsbereiche der Parameter angegeben werden.

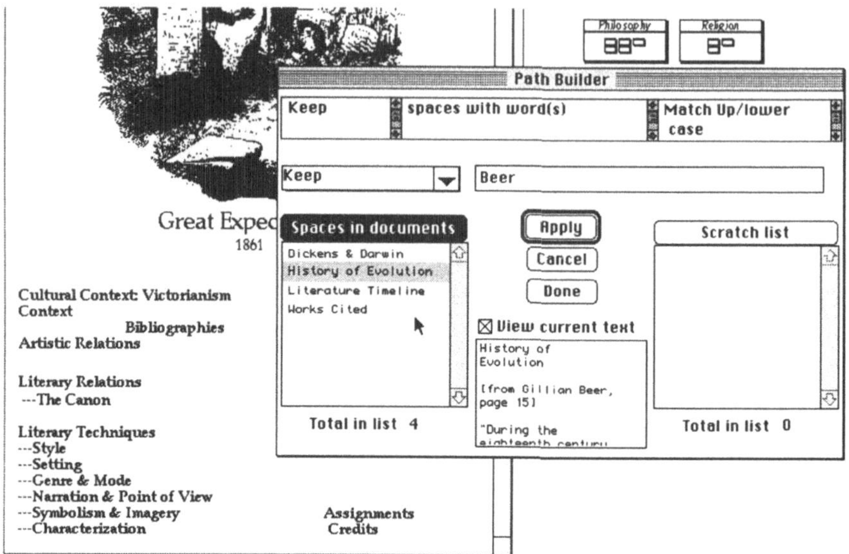

Bild 8.5   *Die Suche nach dem Wort „Beer" in der Storyspace-Version des „Dickens Web" [Landow und Kahn 1992] (© 1992-94, Paul Kahn, George P. Landow und Brown University, mit Erlaubnis abgedruckt).*

Bild 8.6 illustriert eine Eingabetechnik, bei der die Resultate der Suche als Eingabe für den nächsten Suchschritt verwendet werden. In Bild 8.6 hat der Benutzer einen interessanten Film gefunden (in diesem Fall *Mord im Orient Express*) und hat im Verteilungsdiagramm auf den Punkt geklickt, der den Film darstellt. Ein neues Informationsfenster erscheint und zeigt mehr Details über den Film. Der Benutzer kann nun die Informationen aus diesem Fenster benutzen, um den nächsten Suchschritt einzuleiten. In diesem Fall hat der Benutzer den Namen des Schauspielers (Sean Connery) benutzt, um eine neue Anfrage einzuleiten, die nur nach Filmen mit Sean Connery sucht.

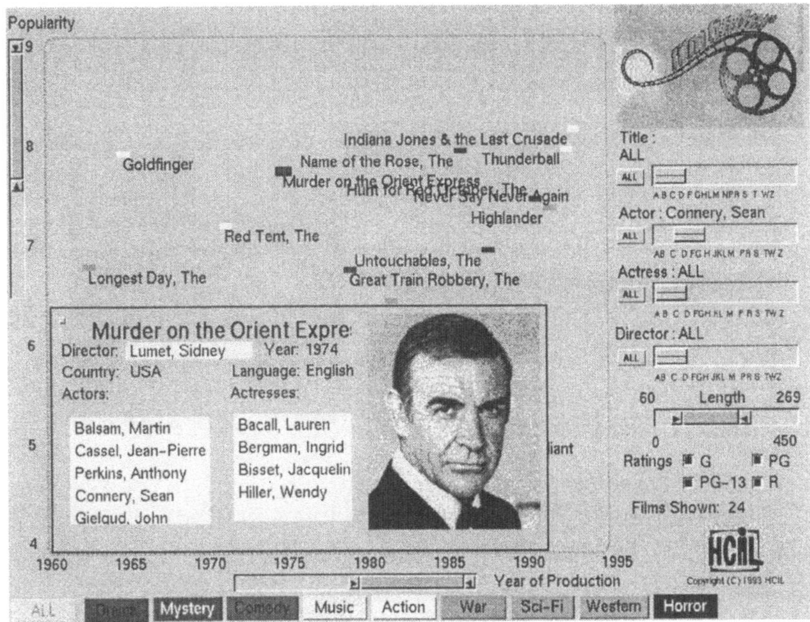

Bild 8.6 *Der „FilmFinder" der Universität Maryland stellt dynamische, interaktive Anfragen zur Verfügung, um in seiner Datenbank nach Filmen zu suchen. In diesem Beispiel hat der Benutzer eine Anfrage spezifiziert, die nach Filmen sucht, die zwischen 60 und 269 Minuten dauern und in denen Sean Connery mitspielt. Der Bildausschnitt wurde mittels Schieberegler eingestellt, um den Zeitrahmen, in dem die Filme gedreht wurde, auf die Jahre nach 1960 zu beschränken und nur solche Filme zu zeigen, die eine Bewertungsnote 4 oder besser haben (© 1993 University of Maryland, Human-Computer Interaction Lab., mit Erlaubnis abgedruckt).*

Die meisten Suchverfahren benutzen numerische Werte oder textuelle Informationen, um eine Suchanfrage zu beschreiben — man könnte aber auch andere Angaben benutzen, um Informationen in einem Hypertext zu finden, z.B. indem man nach „ähnlichen" Bildern oder aufgrund von Bildausschnitten sucht. Derartige Verfahren müßten an sich sehr wertvoll sein, da der Mensch in hohem Maße visuell orientiert ist. Leider sind die heute verfügbaren Methoden der Bilderkennung und des Pattern-Matching noch nicht fortgeschritten genug, um Suchanfragen aufgrund visueller Informationen zu spezifizieren. Bild 8.7 zeigt, wie man heute in Bilddatenbanken sucht: Jedes Bild wird mit Textinformationen und Schlüsselwörtern beschrieben, die man dann in Suchanfragen verwenden kann. Es ist viel einfacher — und effizienter — wenn man nur die Bildüberschriften durchsuchen muß, anstatt sich alle Bilder anzusehen. Leider ist dieses Suchverfahren in vielen Fällen nicht ausreichend, z.B.

wenn der Benutzer nach dem Bild einer Münze sucht, auf der eine Frau dargestellt ist oder wenn der Benutzer nur ungefähr weiß, wie die Münze aussieht, sich aber nicht mehr genau daran erinnern kann.

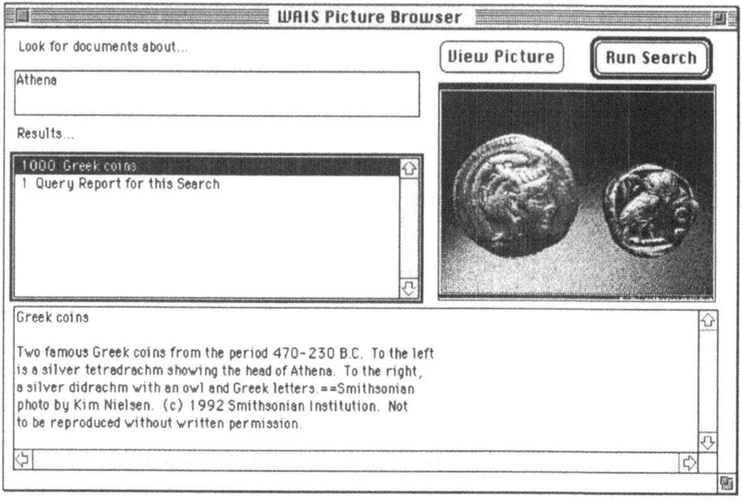

Bild 8.7   Der Benutzer hat eine textuelle Anfrage an einen WAIS (Wide Area Information Service)-Dienst formuliert, der Fotografien antiker, griechischer Kunstgegenstände aus einer Sammlung der Smithsonian Institution zur Verfügung stellt. Der Hypertext wird nach einer Bildbeschriftung durchsucht, die zu dem angegebenen Kriterium („Athena") paßt. Die Fotografie und die Beschriftung stellen das Resultat der Suche dar (© 1992, Smithsonian Institution, mit Erlaubnis abgedruckt).

Es gibt experimentelle Systeme, die Bilder bis zu einem gewissen Maße verstehen. Bild 8.8 zeigt ein solches System, das die groben Umrisse der Dinge erkennen kann, die in einem Bild dargestellt sind [Hirata et al. 1993]. Wenn das System ein Bild finden soll, formuliert der Benutzer die Anfrage, indem er eine grobe Skizze der Umrisse eingibt oder indem er ein Bild angibt, das dem gesuchten Bild ähnlich ist.

Suchresultate können sehr übersichtlich dargestellt werden, indem man sie zusammen mit der Anzahl der Treffer in das Überblicksdiagramm integriert.[4] Die

---

[4]Die Anzahl der Treffer in einem Dokument gibt an, wie oft das Suchkriterium in dem Dokument aufgetaucht ist. Man kann sich auch forschrittlichere Methoden vorstellen, die nicht nur die Begriffe aus dem Suchkriterium, sondern auch Synonyme dieser Begriffe verwenden und diese dann auch in die Trefferraten integrieren.

Bilder 8.9 und 8.10 zeigen, wie das Dateisystem *FSN*[5] Treffer in seinem drei-dimensionalen Überblicksdiagramm darstellt.

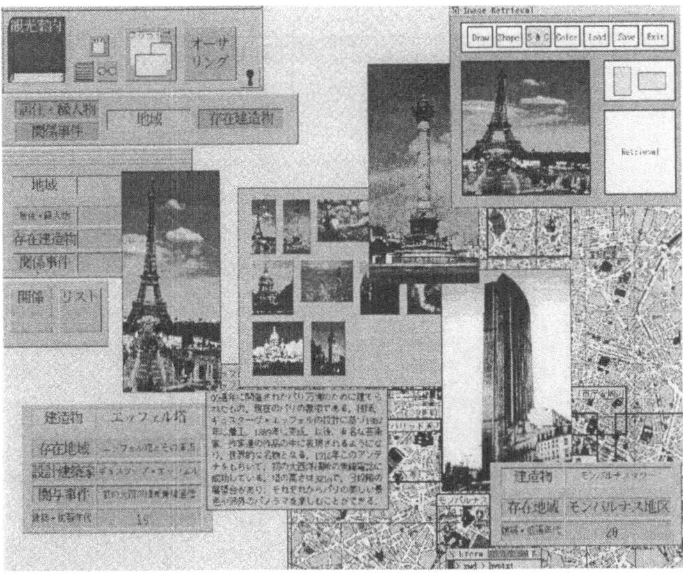

Bild 8.8 *Hypermedianavigation in einem bildverstehenden System. Dieses experimentelle System zeigt einen Touristenführer für die Stadt Paris. Der Benutzer hat dem System aufgetragen, alle Bilder von denjenigen Gebäuden zu zeigen, die dem Eiffelturm ähnlich sehen (Bild rechts oben). In der Mitte des Bildschirms zeigt das System Verkleinerungen aller Bilder, die zum Suchkriterium passen. Der Benutzer hat einige dieser Bilder vergrößert, um einen besseren Eindruck zu haben. Die Bilder haben Ankerpunkte für Hypertextverbindungen zu Landkarten und textuellen Beschreibungen der Sehenswürdigkeiten (© 1993, NEC Corporation, mit Erlaubnis abgedruckt).*

SuperBook [Egan et al. 1989] beschriftet die Hypertextknoten mit der Anzahl der Treffer, um dem Benutzer mitzuteilen, wo die gesuchte Information gefunden wurde und wie oft die Suchkriterien in dem Knoten erwähnt werden. Man könnte sich vorstellen, daß man mit dieser Information dem Benutzer einen Überblick darüber gibt, welche Gebiete des Informationsraumes für ihn von Interesse sind. Bei dieser

---

[5]Filmfreunden wird FSN (betont "Fusion") bekannt vorkommen. Im Film *Jurassic Park* wird FSN von einem der Kinder auf den ersten Blick als *Unix* erkannt und wird dann auch sofort benutzt, um die Dinosaurier in ihre Schranken zu verweisen. Meistens wird FSN allerdings nicht zur Bekämpfung von angreifenden Dinosauriern, sondern für die Verwaltung großer Dateisysteme verwendet.

„Fischaugen"-Perspektive auf den Informationsraum, stehen die wichtigen Teile in der Mitte (sie sind daher sehr groß dargestellt) und die irrelevanten Teile werden an den Rand gedrängt (sie sind daher sehr klein).

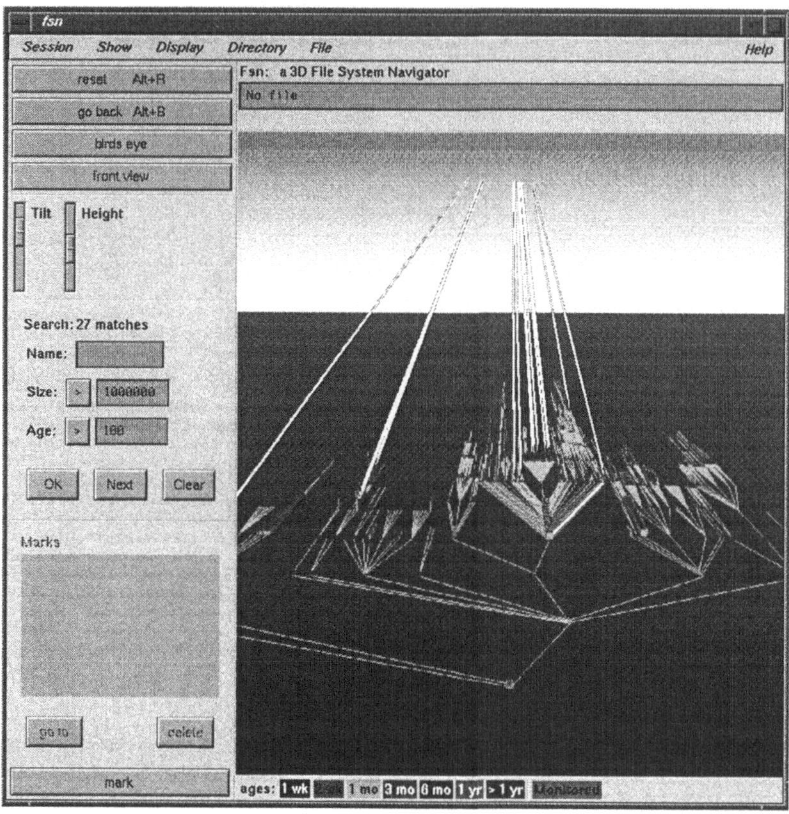

Bild   8.9   *Bildschirmabzug des FSN-Dateinavigators von Joel Tesler [Fairchild 1993]. Der Benutzer hat das Dateisystem nach einer Datei durchsucht, die größer als eine Million Bytes und älter als hundert Tage ist (© 1994, Silicon Graphics, Inc., mit Erlaubnis abgedruckt).*

Man kann auch ausgefeiltere Suchtechniken anwenden, wie sie z.B. im Gebiet des *Information Retrieval* entwickelt werden. Im Rahmen dieses Buches kann kein vollständiger Überblick über das Fachgebiet Information Retrieval gegeben werden, daher wird der interessierte Leser auf gute Lehrbücher wie z.B. *Automatic Text Processing* [Salton 1989] und Überblicksartikel wie z.B. [Bärtschi 1985] verwiesen.

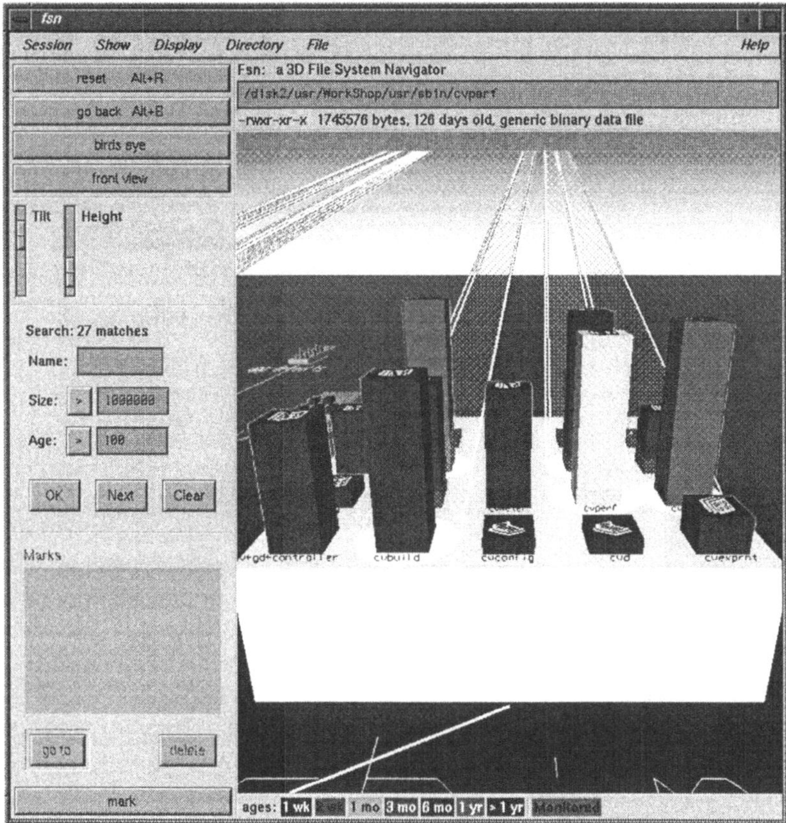

Bild 8.10 *Andere Ansicht des FSN-Dateinavigators aus Bild 8.9. Der Benutzer greift auf die dreidimensionalen Navigationsmechanismen zurück, um sich die Dateien in einem Ordner genauer anzusehen (© 1994, Silicon Graphics, Inc., mit Erlaubnis abgedruckt).*

Die Information-Retrieval-Methoden, kombiniert mit den Navigationsmechanismen für Hypertexte, stellen eine sehr interessante Alternative für die Informationssuche dar. Das Bild 8.11 zeigt die Oberfläche eines Hypertextsystems [Andersen et al. 1989], das Usenet-Nachrichten liest, organisiert und dem Benutzer hilft, interessante Nachrichten zu finden. Das Usenet ist eine Art Schwarzes Brett, auf dem man weltweit Zugriff auf eine gewaltige Anzahl von Nachrichten und Diskussionsgruppen hat. Die Zahl der Informationsknoten ist sehr groß und macht die manuelle Verwaltung von Hypertextverbindungen unmöglich. Aus diesem Grund wird ein Suchverfahren verwendet, das die textuelle Ähnlichkeit zwischen Knoten benutzt, um Hypertextverbindungen anzulegen. Textuelle Ähnlichkeit wird bestimmt, indem man vergleicht, inwiefern zwei Knoten dasselbe Vokabular verwenden. Wenn der Benutzer auf den „Ähnlich"-(engl.: similarity)Knopf drückt, wird ihm eine Liste der Artikel gezeigt, die ein ähnliches Vokabular benutzen.

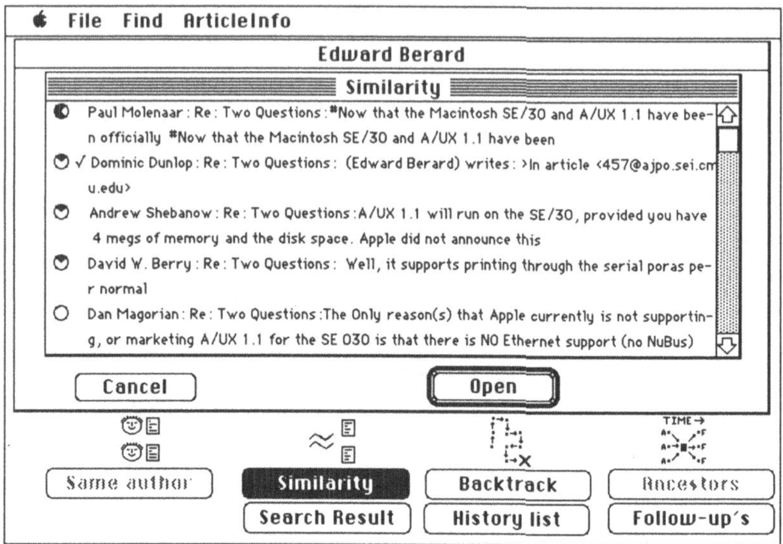

Bild 8.11 *Ein Bildschirmabzug des Systems „HyperNews". Tortendiagramme zeigen die Ähnlichkeit anderer Beiträge an.*

Wenn ein Hypertext zur Verfügung steht, der schon explizite Verbindungen enthält, dann sollte es möglich sein, die Informationen, die diesen Verbindungen zugrunde liegen, zu benutzen, um semantisch sinnvoller zu suchen. Die semantische Suche geht davon aus, daß Hypertextverbindungen anzeigen, daß die Inhalte der Knoten an beiden Enden der Verbindung aufgrund ihrer Bedeutung miteinander verbunden sind. Wenn eine Suchanfrage auf einen Knoten zutrifft und dem Knoten eine gewisse Trefferrate gibt, dann sollte sich diese Trefferrate in abgeschwächter Form auch auf andere Knoten, die mit dem ersten Knoten in Verbindung stehen, übertragen. Die Trefferrate eines Knotens kann dann folgendermaßen berechnet werden: die *intrinsische Trefferrate* (die Zahl der Treffer, die direkt auf die Information in diesem Knoten zurückzuführen ist) plus die *extrinsische Trefferrate* (die übertragene Trefferrate von verbundenen Knoten). Zum Beispiel könnte man die Trefferrate eines Knotens als die Summe der direkten Treffer und die Hälfte der Treffer aller verbundenen Knoten berechnen.

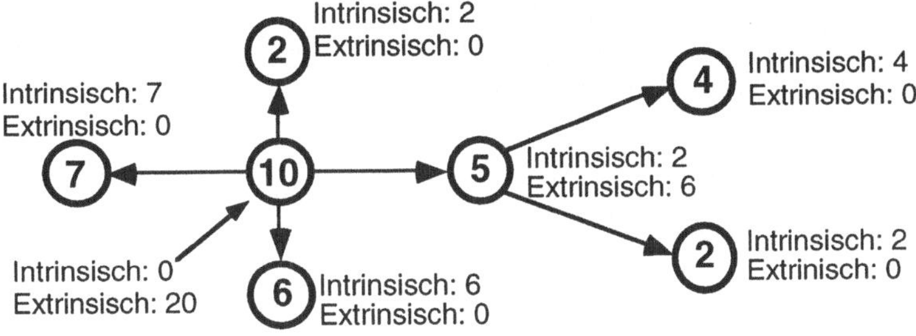

Bild 8.12 *Ein Beispiel für die Berechnung von intrinsischen und extrinsischen Trefferraten. Die Trefferrate eines Knotens wird aus der Summe der intrinsischen Treffer plus die Hälfte der Summe der extrinsischen Treffer berechnet.*

Das Beispiel in Bild 8.12 zeigt, daß der Knoten in der Mitte die höchste Trefferrate angerechnet bekommt, obgleich er keinen der Suchbegriffe enthält (die intrinsische Rate ist gleich Null). Der Knoten befindet sich im Mittelpunkt eines Informationsnetzes, das sich als relevant für die Anfrage des Benutzers erwiesen hat. Aus diesem Grund kann man davon ausgehen, daß der mittlere Knoten auch sehr wichtig ist.

Bisher haben wir beschrieben, wie Suchverfahren verwendet werden, um Information in einem Hypertext zu finden. Anfragen können außerdem aber auch verwendet werden, um irrelevante Information aus einem Hypertext herauszufiltern und nur den Teil des Hypertextes zu zeigen, der zur Anfrage paßt. Diese Technik kann z.B. sehr einfach auf Übersichtsdiagramme angewandt werden, die dann gezielt nur bestimmte Aspekte des Hypertextes zeigen. So kann ein Hypertext, der sehr groß und verwirrend ist, wesentlich vereinfacht werden. Es ist dann viel einfacher, in ihm zu navigieren, um Information zu finden. Diese Kombination von Filterungsverfahren aus dem Bereich des *Information Retrieval* und der Hypertextnavigationstechniken scheint eine vielversprechende Methode zu sein, um große Informationsräume zu bewältigen.

8.2 Manuelles Editieren und gezielte Herausgabe der Information

Automatische Methoden zur Verwaltung und Reduzierung der Informationsflut erscheinen langfristig vielversprechend, aber kurzfristig wird man noch sehr viel Arbeit von Hand leisten müssen, um der Informationsüberflutung Herr zu werden. Manche Autoren glauben, daß es unmöglich ist, Information ohne menschliches Zutun in hinreichender Weise zu filtern. Sie sind der Meinung, daß menschliche Einschätzung und Informationsverständnis unabdingbar sind, wenn man entscheiden möchte, ob ein Informationselement relevant ist oder nicht. Solange Computer noch nicht intelligent genug sind, um Information wirklich verstehen zu können, werden sie auch über die Relevanz der Information nicht entscheiden können. Tatsächlich scheint es so zu sein, daß der perfekte Informationsfilter ein „komplettes KI[6]-Problem" darstellt, in dem Sinne, daß seine Lösung die Lösung aller KI-Probleme wäre. Der gewissenhafte Redakteur und Informationsherausgeber ist noch immer das bewährteste Mittel, wenn man die Informationsflut reduzieren möchte.

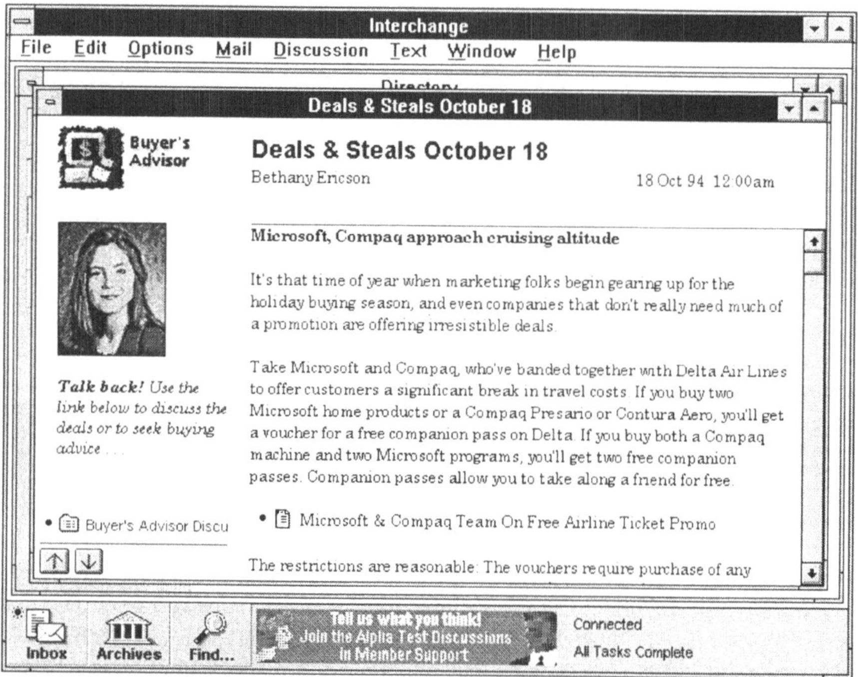

Bild 8.13 *Rubrik des Interchange-Informationsdienstes. Der Artikel enthält Hypertextverweise auf andere Artikel, die im gleichen Informationsdienst erscheinen (© 1994, Interchange Network Company, mit Erlaubnis abgedruckt).*

Bild 8.13 zeigt eine sorgfältig editierte Rubrik des *Interchange*-Informationsdienstes [Perkins 1995]. Der Herausgeber hat eine Reihe von Artikeln ausgewählt, von denen er annimmt, daß sie für den Leser der Rubrik (Einkaufstips für Computerbenutzer)

---

[6]Künstliche Intelligenz.

interessant sind. Der Herausgeber fügt jedem Verweis seine eigenen Kommentare bei. Der geneigte Leser kann dem Verweis zum Originalmaterial folgen. Die Persönlichkeit des Rubrikverfassers wird durch den besonderen Schreibstil und das Foto hervorgehoben. Man kann davon ausgehen, daß die bevorstehende Informationsexplosion das Bedürfnis der Leser nach mehr menschlichem Kontakt noch vergrößern wird. In dem Buch *Megatrends* bespricht Naisbitt ein Phänomen, das er als *High-Tech High-Touch* bezeichnet und das sich dadurch ausdrückt, daß man umso mehr persönliche Nähe (high touch) sucht, je fortgeschrittener die Technologie (high tech) ist, die man benutzt. Die Rubrik in Bild 8.13 ist ein gutes Beispiel für diesen Trend. Ich habe eine Reihe von Untersuchungen mit Benutzern verschiedener WWW-Dienste durchgeführt, und immer wieder zeigte es sich, daß Benutzer begeistert sind, wenn sie auf dem WWW das Bild des WWW-Meisters (engl.: web master) sehen, der für den Informationsdienst verantwortlich ist, den sie gerade benutzen. Benutzer wollen den Eindruck des persönlichen Kontaktes; sie wollen wissen, daß die Information von einer Person und nicht von einer anonymen Verwaltung kommt.

Die Rubrik in Bild 8.13 hat eine Hypertextverbindung mit dem Diskusssionsforum *Kaufberatungen und Diskussionen* (engl.: Buyer's Advisor Discussion), in dem Leser ihre Kommentare zu den Themen, die in der Rubrik besprochen wurden, abgeben. Diese Diskussionsforen machen es Interchange-Kunden sehr leicht, Eingaben und Meinungen anderer Leser zu finden, da die Kommentare nach Rubriken und Themen organisiert sind. Ein Forschungsprojekt der Firma Bellcore hat sich ähnlichen Themenstellungen gewidmet [Brothers et al. 1992]. Das Projekt konzentrierte sich auf kurzlebige elektronische Diskussionsgruppen (engl.: ephemeral discussion groups). Teilnehmer schickten Beiträge an ein elektronisches Schwarzes Brett und konnten sich für einzelne Beiträge „einschreiben", wodurch sie dann automatisch Folgebeiträge erhielten. Auf diese Weise konnte jeder einzelne Beitrag der Ausgangspunkt einer ganzen Diskussion werden, ohne daß man zuerst eine förmliche Diskussionsgruppe organisieren mußte. Die Diskussion (und damit die Gruppe) existierte nur, solange Folgebeiträge an das „Schwarze Brett" geschickt wurden. Diese Art Diskussionsgruppen zu gestalten erwies sich als sehr erfolgreich, da die Teilnehmer den Wert der an sie verschickten Beiträge als wesentlich höher einstuften. Auf einer Skala von 1 - 5 (der Wert 1 benotet einen total irrelevanten Beitrag; die Note 5 steht für einen sehr wichtigen Beitrag) wurden Beiträge, die an Teilnehmer der nur kurze Zeit bestehenden Diskussionsgruppen verschickt wurden, durchschnittlich mit der Note 3,9 bewertet. Dieselben Beiträge erhielten nur die Note 2,7, als sie an eine Kontrollgruppe gingen.

Information kann auch gemeinschaftlich herausgegeben und editiert werden. Eine Benutzergruppe erstellt und verwaltet gemeinsam eine Informationsstruktur mit dem

Ziel, einander zu helfen. Das Bild 8.14 zeigte einen Ausschnitt aus einer Informationsstruktur, die von Mitarbeitern der Firma Lotus Development Corporation erstellt wurde [Maltz und Ehrlich 1995]. Da sich die Teilnehmer kennen und vertrauen, ist die Information viel zutreffender und wesentlich wertvoller als sonst. Auf dem internen Netz eines Unternehmens können derartige Informationssammlungen zu vielen verschiedenen Themen erstellt werden.

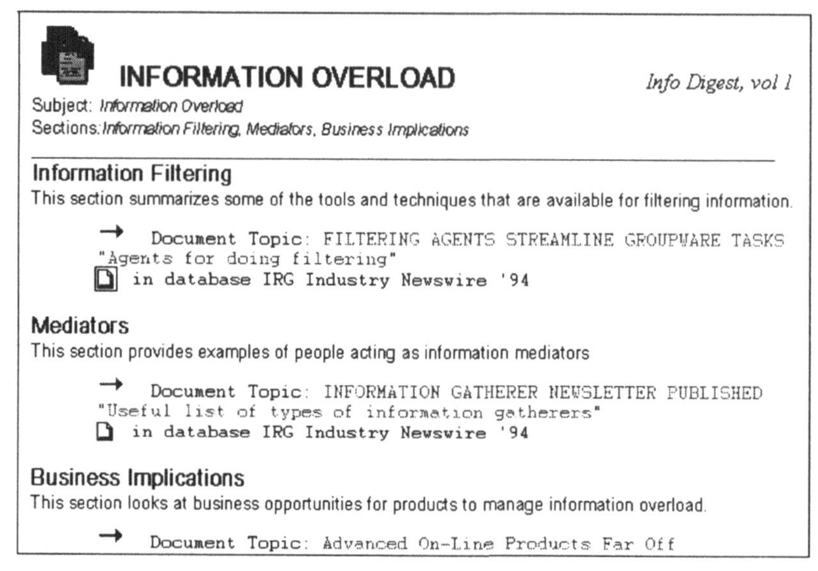

Bild 8.14 *Eine Informationssammlung, die von Kate Ehrlich (Lotus Development Corporation) mit Hilfe von Lotus Notes implementiert wurde (© 1994, Kate Ehrlich, mit Erlaubnis abgedruckt).*

Maltz und Ehrlich bezeichnen solche Systeme, wie sie in Bild 8.14 gezeigt werden, als „aktive Filter" im Gegensatz zu den *passiven* Informationsfiltern, über die im nächsten Abschnitt gesprochen wird. In aktiven Filtern besteht immer ein direkter Zusammenhang zwischen einem Informationselement und der Person, die dafür gestimmt hat, dieses Informationselement in eine Sammlung aufzunehmen. Jemand hat die Information, die er bei einer anderen Informationsquelle gefunden hat, mit Absicht der neuen Sammlung hinzugefügt, da er die Information mit seinen Kollegen teilen will. Es kann sogar sein, daß diese Person die neue Information für bestimmte Leser empfiehlt, weil sie weiß, daß diese Leser an diesen Wissensgebieten interessiert sind. Das Informationssystem der Firma Lotus hat sogar einen besonderen Mechanismus, der bestimmten Leserkreisen neue Informationen ankündigt. Bei

„passiven Filtern" besteht kein direkter Zusammenhang zwischen denjenigen, die „für eine Information stimmen" und denjenigen, die die Information lesen.

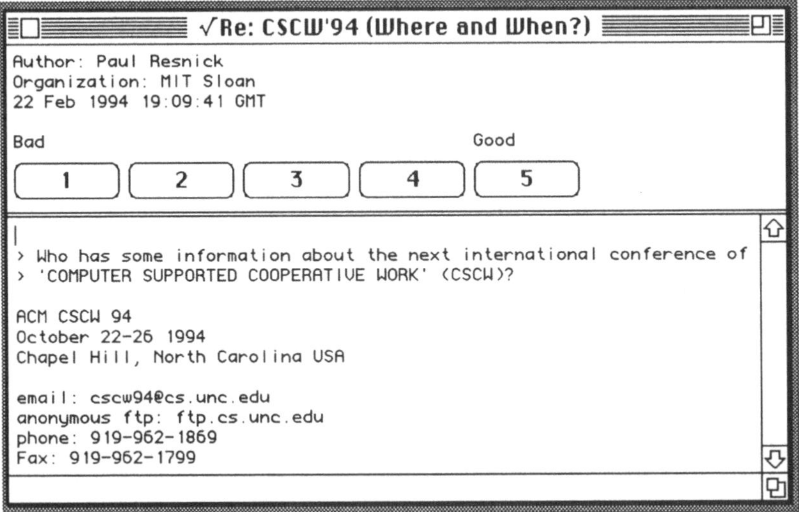

Bild 8.15 *Die Benutzerschnittstelle des Systems „GroupLens". GroupLens erlaubt dem Benutzer, Netnews-Artikel zu lesen und dann auf einer Skala von 1 bis 5 anzugeben, wie ihm ein Artikel gefallen hat (© 1994, Paul Resnick, Neophytos Iacovou, Mitesh Suchak, Peter Bergstrom und John Riedl, mit Erlaubnis abgedruckt).*

8.3   Abstimmen und Lese-Nutzung

Menschliche Herausgeber und Informationsverwalter sind in vielen Fällen die ideale Lösung, wenn man gegen die Informationsüberflutung angehen will. In anderen Fällen allerdings bieten sich maschinelle Verfahren an, z.B. wenn ein Herausgeber die Informationen nicht mehr allein verarbeiten kann, oder wenn man bedenkt, daß sich die Meinung eines Lesers und die eines Herausgebers häufig nur teilweise überschneiden.

Ein anderer Ansatz benutzt die aggregierte Beurteilung, die aus den Meinungen vieler verschiedener Leser zusammengefaßt wird, um Informationen zu organisieren. Die Bilder 8.15 und 8.16 zeigen das System *GroupLens*, das von Paul Resnick und Mitarbeitern am MIT und der University of Minnesota entwickelt wurde. GroupLens [Resnick et al. 1994] reduziert die Informationsflut, der man in den Newsnet-Nachrichtenforen ausgesetzt ist, indem es von jedem, der einen Artikel liest, eine Empfehlung einholt. Die gesammelten Empfehlungen werden von einem „Better Bit

Bureau" (Handelskammer für Bits) aggregiert und Lesern zur Verfügung gestellt. Bild 8.16 zeigt die Empfehlungen, die GroupLens für Artikel im Diskussionsforum *comp.groupware* errechnet hat.

comp.groupware			
▷ 2	P.Fleurant	INFO NEEDED on Groupware 94 Itinerary	
▽ 2	Susan McDaniel	awareness information in distributed groupware applications	
	Christoph Burkhard	Re: awareness information in distributed groupware applications	
▷ 3	Carol Anne Ogdin	Re: Lotus Notes for UNIX?	
-	Wolfgang Prinz, I3.	CSCW-Workshop: Betrieblicher Einsatz von CSCW-Systemen	
▽ 3	Dan Beaton	Scheduling Algorithms	
	David Newman	Re: Scheduling Algorithms	
	Pete Bergstrom	Re: Scheduling Algorithms	

Bild 8.16 *„GroupLens" aggregiert die Empfehlungen vieler verschiedener Leser. Die Balken entsprechen Empfehlungsbewertungen, die vom „Better Bit Bureau" gesammelt wurden (© 1994, Paul Resnick, Neophytos Iacovou, Mitesh Suchak, Peter Bergstrom und John Riedl, mit Erlaubnis abgedruckt).*

Zur Zeit werden diese automatischen Empfehlungs- oder Abstimmungsmethoden nur in Forschungsprojekten angewandt. Falls sie sich einmal größerer Verbreitung erfreuen, könnten sie auf viele verschiedene Arten genutzt werden. Die einfachste Art und Weise wäre das (weltweite) Sammeln und Zusammenstellen der Empfehlungen. Jeder, der einen Artikel liest, gibt darüber ein Urteil ab, alle Bewertungen werden miteinander verrechnet und stellen die Gesamtbewertung des Artikels dar. Die Netnews-Foren auf dem Internet hatten 1994 ca. 7 Millionen Leser — es wäre also kein Problem, genügend Bewertungen zu einem Artikel zu sammeln, auch wenn er eben erst veröffentlicht wurde. Da die Netnews-Foren auf der ganzen Welt gelesen werden, könnte man zu jeder Zeit Empfehlungen einsammeln. Ein großes Problem bei diesem Ansatz besteht darin, daß man nicht weiß, ob die Interessen und Vorlieben eines Bewerters, der z.B. in Neuseeland lebt, oder woher auch immer die ersten Bewertungen kommen, von anderen geteilt werden. Dieser Aspekt ist sehr wichtig, da die ersten Bewertungen das Leserverhalten (und damit die Gesamtbewertung) sehr stark beeinflussen werden. Wenn die ersten Bewertungen z.B. sehr negativ ausfallen, wird ein Artikel kaum noch gelesen werden.

Der weltweite Ansatz wird noch vor ein weiteres Problem gestellt: Das sind die Bewertungskriege (engl.: rating wars), in denen Leser mehrfach abstimmen, um ihnen gelegenen Beiträgen oder Artikeln, die von Freunden geschrieben wurden, mit diesem Trick zu einer besseren Bewertung zu verhelfen. Das kann auch für die Bewertung ungelesener Beiträge gelten oder für Artikel, die unbeliebte Standpunkte vertreten. Ihnen kann künstlich zu schlechten Bewertungen verholfen werden.

Tatsächlich können Netnews-Beiträge sogar automatisch bearbeitet werden: Kürzlich hat ein norwegischer Hacker einen *Lösch-Roboter* (engl: cancelbot) auf dem Internet losgelassen, der überall die Artikel löschte, die von zwei Rechtsanwälten als Eigenwerbung aufs Internet geschickt worden waren. Zum einen ist Werbung auf dem Internet verpönt, und zum anderen hatten die Rechtsanwälte (deren Namen hier nicht erwähnt werden sollen, um nicht noch mehr kostenlos für sie zu werben) die werbenden Beiträge massiv in alle möglichen Diskussionsforen verschickt.

Ein anderer Ansatz, der vielleicht zu treffenderen Empfehlungen führt, sammelt nur Bewertungen von Mitgliedern der gleichen Organisation. Der Nachteil dieses Ansatzes besteht darin, daß mehr Leute für sie irrelevante Artikel lesen müssen, bevor man eine Empfehlung für alle Artikel aussprechen kann. Der Vorteil besteht darin, daß die Bewertungen wahrscheinlich themenspezifischer sind, da Leser und Bewerter aus der gleichen Umgebung kommen und eine ähnliche Aufgabenstellung haben. Man könnte auch weltweit Bewertungen einsammeln, aber nur die Bewertungen von Personen zählen, denen man vertraut oder die bewiesen haben, daß sie gute, sinnvolle und nützliche Beurteilungen abgeben.

Hill et al. [1995] führten ein Experiment durch, in dem Benutzer Empfehlungen zu 500 verschiedenen Spielfilmen machten. Das System sammelte die Bewertungen von 291 Personen ein, die insgesamt über 55.000 einzelne Bewertungen abgaben. Die Bewertungen wurden benutzt, um ein statistisches Modell aufzubauen, das Aufschluß darüber gab, welche Benutzer gleiche Interessen hatten. In anderen Worten: Anstatt anzunehmen, daß alle den gleichen Geschmack haben, versucht das System, Gruppen zu bestimmen, die im großen und ganzen in ihren Bewertungen übereinstimmen. Das System kann mit diesen Gruppen für den einzelnen Benutzer Empfehlungen berechnen, indem es die Bewertungen der anderen Gruppenmitglieder mit einbezieht. Wenn genügend Leute mitmachen (indem man z.B. alle Benutzer des Internet mit einbezieht), wird es immer Personen geben, die die gleichen Interessen und den gleichen Geschmack haben. Das System, das von Hill und seinen Mitarbeitern gebaut wurde, war sehr treffsicher in seinen Empfehlungen: Die Korrelation zwischen der Vorhersage, wie gut jemandem ein bestimmter Film gefallen würde und der Bewertung, die abgeben wurde, betrug 0,62. Im Vergleich dazu liegt die Korrelation zwischen der Bewertung eines Filmes durch bekannte Filmkritiker und der Bewertung durch einen Kinogänger im Durchschnitt bei 0,22. Dies bedeutet, daß man für einen Benutzer wesentlich nützlichere Informationen finden kann, wenn man weiß, welche anderen Informationen für den gleichen Benutzer nützlich waren. Dieser Ansatz ist wesentlich vielversprechender als andere Ansätze, die nur dem intrinsischen Wert einer Information vertrauen.

Ganz gleich, wie ein Ansatz Bewertungen einsammelt, es ist doch immer ein Nachteil, daß der Benutzer die Bewertung explizit angeben muß. Es wird immer nach einer expliziten Entscheidung verlangt, die mit zusätzlichem Aufwand verbunden ist. In Bild 8.15 z.B. muß sich der Benutzer überlegen, wie er den Artikel auf einer Skala von 1 — 5 bewerten möchte, bevor er den Wert mit der Maus eingibt. Man kann jemanden sehr wohl dazu bringen, Bewertungen über Dinge abzugeben, die ihn sehr freuen oder sehr ärgern, es ist aber sehr schwer, ihn dazu zu motivieren, alles zu bewerten, was er liest. Als Beispiel muß man sich nur überlegen, wie viele Publikationen heutzutage Rückmeldungskarten enthalten, auf denen der Leser gebeten wird mitzuteilen, wie ihm ein Beitrag gefallen hat. Wieviele Leute füllen diese Karten denn jedesmal gewissenhaft aus?

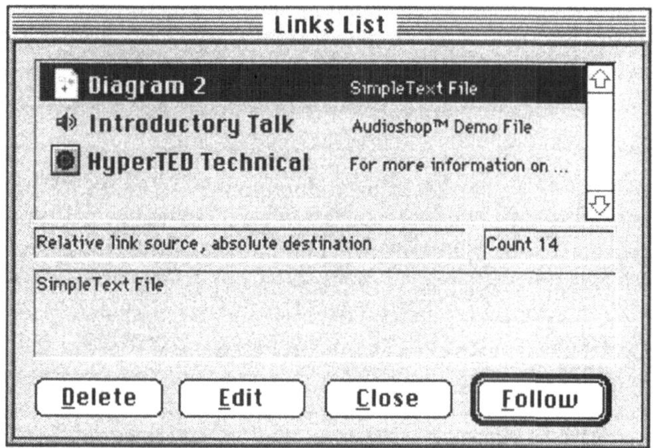

Bild 8.17 *Das Verbindungsfenster des Systems „HyperTED". Das System merkt sich, wie oft Leser einer bestimmten Verbindung gefolgt sind und zeigt dies an, wenn der Benutzer eine Verbindung auswählt (© 1994, Adrian Vanzyl, Medizinische Informatikabteilung der Monash University, mit Erlaubnis abgedruckt).*

Als Alternative zur expliziten Eingabe von Bewertungen durch den Leser kann man auch versuchen, unauffällig Informationen im Hintergrund zu sammeln, während der Benutzer für seine tagtäglichen Aufgaben ein Informationssystem benutzt. Dieser Ansatz wird als *Lese-Nutzung* (engl.: readwear) bezeichnet [Hill et al. 1992]. Lese-Nutzung ist eine Metapher, die die Abnutzung eines normalen Buches — dadurch, daß es viel genutzt und gelesen wird — auf computerisierte Medien und Informationen übertragen möchte. Tatsächlich öffnet sich ein viel gelesenes Buch oft auf der Seite, die am meisten gelesen wird, auch wenn kein Lesezeichen darin liegt. Das Bild 8.17 zeigt ein Beispiel für Lese-Nutzung im HyperTED-System: Das

System merkt sich, wie oft eine Verbindung aktiviert wird, und der Leser kann diese Information benutzen, um zu entscheiden, welcher Verbindung er folgen möchte.

Ein automatisches System könnte die Lese-Nutzungs-Werte für Beiträge in den Netnews-Foren sammeln, indem es z.B. mißt, wie lange der Leser bei einem Beitrag verweilt. Diesem Ansatz liegt die Annahme zugrunde, daß Interesse — und damit positive Bewertung — in direktem Zusammenhang zur Zeit stehen, die man bei einem Artikel verweilt. Offensichtlich stimmt diese Annahme nicht in allen Fällen: Ein Leser könnte z.B. viel Zeit bei einem Artikel verbringen, der offensichtlich falsche Aussagen macht, den Leser ärgert oder ganz einfach, weil das Telefon gerade geklingelt hat. Im großen und ganzen klingt es allerdings plausibel, daß die meisten Leser ihre Zeit gut nutzen und hauptsächlich mit dem Lesen von Informationen verbringen, die sie positiv einschätzen. Eine Untersuchung, die die Zeit aufzeichnete, die 8.000 Benutzer mit dem Lesen eines Beitrages verbrachten, und die Einschätzung, die dieselben Benutzer von dem Artikel abgaben, zeigte eine hohe Korrelation zwischen beiden Werten [Morita und Shinoda 1994].

8.4 Der „*n* aus 2*n*"-Ansatz

Man kann automatische und manuelle Methoden der Informationsfilterung miteinander kombinieren. Susan Dumais und ich haben ein Experiment mit einer Kombination von beiden Methoden durchgeführt, als wir Konferenzbeiträge an Gutachter verteilten [Dumais und Nielsen 1992]. Unsere Methode heißt „*n* aus 2*n*" und besagt, daß der Rechner doppelt so viele Beiträge als nötig für jeden Gutachter auswählt. Der Gutachter wählt aus den 2*n* Beiträgen *n* Beiträge aus, die er dann begutachtet. Indem wir menschliches Urteilsvermögen zu der rechnergesteuerten Auswahl hinzufügten, konnten wir sicherstellen, daß der menschliche Gutachter die falsche Zuweisungen des Computers herausfilterte.

Die „*n* aus 2*n*"-Methode kann nicht nur für die Auswahl von Beiträgen für wissenschaftliche Konferenzen, sondern auch in vielen anderen Gebiete angewandt werden. Allerdings erfordert diese Methode eine besondere Eigenschaft der Informationselemente: Es muß wesentlich einfacher sein, *n* Elemente aus 2*n* Elementen auszuwählen, als 2*n* Elemente zu lesen. In dem Beispiel der Konferenzbeiträge können die Gutachter die Inhaltsangabe in sehr kurzer Zeit lesen und sie benutzen, um einzuschätzen, ob das Thema des Beitrages zu ihrem Fachgebiet paßt. In dem Fall begutachten sie den Artikel.

In der wissenschaftlichen Gemeinde muß man immer wieder Manuskripte an Gutachter weiterreichen. Dies ist eine der wichtigsten Tätigkeiten im Leben von Herausgebern und Organisatoren wissenschaftlicher Konferenzen. Im Fall von wissenschaftlichen Zeitschriften und bestimmten Stiftungen kann man dies sehr leicht von Hand durchführen. Bei großen Konferenzen oder bekannten Zeitschriften ist das allerdings eine sehr aufwendige Aufgabe, zumal die Verteilung kurzfristig durchgeführt werden muß. Das doppelte Problem, das durch die sehr große Anzahl der Beiträge und die kurze Zeitspanne für die Verteilung an die Gutachter entsteht, kann kaum noch von einer einzelnen Person gelöst werden. Außerdem verlangt die manuelle Auswahl der zu begutachtenden Artikel, daß eine einzige Person das gesamte Fachgebiet und die Fachrichtungen der Begutachter kennt. Manche Konferenzen umfassen immer größere Fachgebiete und verzeichnen rapide wachsende Beitragszahlen. Aus diesem Grund muß man vermehrt zu automatisierten Methoden übergehen.

Zusätzlich müssen noch zwei weitere Kriterien bei der Zuweisung von Manuskripten an Gutachter in Betracht gezogen werden: Erstens sind Interessenkonflikte zu vermeiden und man muß sicherstellen, daß niemand seine eigenen Manuskripte oder die von guten Bekannten begutachtet, und zweitens ist darauf zu achten, daß die Begutachtungen gleichmäßig auf die Gutachter verteilt werden. Jeder Gutachter, wie qualifiziert er auch sein mag, darf nur eine gewisse Anzahl von Manuskripten zur Begutachtung erhalten, und jedes Manuskript muß von einer Mindestzahl verschiedener Gutachter gelesen werden. Diese Kriterien können als lineare Gleichungen formuliert und von einem entsprechenden Optimierungsprogramm gelöst werden. Die Zuweisung der Manuskripte an die Gutachter kann also vollautomatisch geschehen.

Zusammen mit Susan Dumais habe ich ein automatisches Zuweisungsprogramm entworfen, das wir anläßlich der Konferenz Hypertext'91 zum ersten Mal ausprobierten. Die endgültigen Zuweisungen wurden allerdings vom Vorsitzenden des Programmkomitees vorgenommen. Anläßlich der Konferenzen INTERCHI'93 und CHI'94, bei denen wir beide im Organisiationsausschuß saßen, wurde das automatische Zuweisungssystem vollständig eingesetzt. Hypertext'91 war eine recht kleine Konferenz, zu der 199 Manuskripte eingereicht wurden, die von 25 Mitgliedern des Gutachterkomitees gelesen wurden. INTERCHI'93 und CHI'94 waren große Tagungen mit 330 resp. 263 eingereichten Manuskripten und 307 resp. 276 Gutachtern.

Anläßlich der Hypertext'91 waren die Gutachter gebeten worden, je 26 Papiere zu beurteilen. Unser Zuweisungssytem hatte dem Vorsitzenden Verteilungsvorschläge gemacht; aus diesem Grund konnten diese Zuweisungen bei der Analyse, wie gut ein menschlicher Verteiler funktioniert, nicht als Daten benutzt werden. Wir simulierten manuelle Zuweisungen, indem wir drei Experten auf dem Hypertextforschungsgebiet aufforderten, die Artikel an Gutachter zu verteilen. Die Experten verteilten je 28 Manuskripte an die Gutachter. Die manuelle Verteilung erzielte eine Relevanzbewertung[7] von 3,6, auf einer Skala von 1 - 5.[8] Unsere automatische Verteilung nach der „*n* aus 2*n*"-Methode erzielte eine Relevanzbewertung von 3,8 und war damit geringfügig besser.

Anläßlich der Konferenz INTERCHI'93 erhielt jeder Gutachter zehn Manuskripte und wurde gebeten, deren fünf zu begutachten. Um sicherzustellen, daß jeder Artikel mehrmals begutachtet wurde, waren drei der zehn Manuskripte zur Pflichtlektüre erklärt worden, und der Gutachter konnte aus den verbleibenden sieben Beiträgen zwei auswählen. Die Gutachter gaben den Beiträgen, die sie gelesen hatten, auf unserer Relevanzskala (1 - 5) einen durchschnittlichen Wert von 4,1. Die Organisatoren der Konferenz CHI'94 verschickten elf Artikel und baten die Gutachter, daraus sieben Beiträge zur Begutachtung auszuwählen[9]. Die durchschnittliche Relevanzbewertung lag bei 3,9.

Die INTERCHI'93 und die CHI'94 waren sehr große Tagungen, es stehen uns keine Vergleichswerte von manuellen Verteilungen zur Verfügung — die Zuweisung war eine derart komplexe Aufgabe, daß sie ohne maschinelle Hilfe gar nicht durchführbar gewesen wäre. Es sind allerdings Daten von der CHI'92-Tagung vorhanden: Die Verteilung war manuell vom Programmkomiteevorsitzenden zusammen mit einer Reihe von Experten durchgeführt worden. Die Verteilung erzielte eine durchschnittliche Relevanzbewertung von 4,1. Das ist genau der gleiche Wert, den unsere automatische Methode anläßlich der INTERCHI'93 erreichte; er ist geringfügig besser als der Wert, den unsere Methode bei der CHI'94 ergab.

Ein interessanter Aspekt der automatischen Verteilung zeigte sich hauptsächlich bei den bekannteren Gutachtern: Sie stellten befriedigt fest, daß ihnen vermehrt Artikel zugewiesen wurden, die wirklich in ihre momentane Fachrichtung paßten.

---

[7]Vielleicht werden wir eines Tages KI-Programme haben, die es Rechnern ermöglichen, den Inhalt eines Informationsobjektes zu verstehen. Es wird aber sicherlich noch Jahre dauern, bis Computer die Qualität der Information einschätzen können. Ob es sich hierbei um ein prinzipiell oder kurzfristig unlösbares Problem handelt, ist als philosophische Diskussion für diejenigen irrelevant, die innerhalb der nächsten zehn oder zwanzig Jahre Produkte verkaufen wollen.

[8]Jeder Gutachter drückte auf einer Skala von 1 - 5 aus, wie gut der Artikel zu seiner Fachrichtung passte. Die Skalenwerte drückten folgende Einschätzungen aus: 1 = wieso gibt man mir dieses Manuskript? 2 = Ich kann das ganze so ungefähr verstehen; 3 = paßt so ungefähr in meine Fachrichtung; 4 = paßt; 5 = genau richtig.

[9]Auch wenn wir unsere Methode "n aus 2n" nennen, so funktioniert sie auch bei anderen Auswahlproportionen, wie z.B. sieben aus elf.

Üblicherweise erhalten Koryphäen Artikel aus Fachgebieten, in denen sie vor Jahren aktiv waren, ganz einfach weil die Komiteevorsitzenden ihre Namen noch immer mit diesem Fachgebiet in Verbindung bringen. Die automatischen Zuweisungssysteme hingegen halten sich einfach an die Liste der Fachgebiete, die der Gutachter für sich angegeben hat, und können somit gezielter zuweisen.

9 Navigation in großen Informationsräumen

Die Navigation in großen Informationsräumen, wie man sie in vielen Hypertextsystemen findet, kann für Benutzer sehr verwirrend sein; sie verlieren die Orientierung oder können ganz einfach die Information, nach der sie suchen, nicht finden. Um diesem Phänomen auf die Spur zu kommen und es genauer zu untersuchen, führten wir einige Experimente durch, in denen Benutzer in einem *Guide*-System nach Lust und Laune lesen sollten [Nielsen und Lyngbaek 1990].

Obgleich es sich hierbei um einen sehr kleinen Hypertext handelte, den man in einer Stunde lesen konnte, waren viele Leser verwirrt. Das kam in dem folgenden Kommentar gut zum Ausdruck: „Ich merkte sehr schnell, daß ich alles sofort beim ersten Mal lesen muß, weil ich es sonst später nicht mehr wiederfinden kann!". 56% der Benutzer waren teilweise bzw. ganz mit folgender Aussage einverstanden: „Während ich den Hypertext las, war ich mir oft nicht im klaren darüber, wo ich gerade war."

Die Zurücksetzoperation im Guide-System, die dem Benutzer erlaubt, zu einem früheren Zustand des Systems zurückzukehren, bereitete vielen Benutzern Schwierigkeiten. Das zeigt auch die folgende Aussage, der 44% der Benutzer zustimmten: „Während ich den Hypertext las, wußte ich oft nicht, wie ich dahin zurückkehren sollte, wo ich gerade herkam". Einer der Gründe für die Verwirrung ist wahrscheinlich die Tatsache, daß Guide verschiedene Rücksetzmechanismen benutzt, je nachdem, wie man zu der aktuellen Seite gelangt ist (d.h. die Knopfart, die man auf dem Hinweg benutzt hat, bestimmt, wie man zurückkehren kann). Manche Benutzer beklagten sich auch, daß der Bildschirm, den Guide beim Zurücksetzsprung aufbaut, nicht absolut identisch ist mit demjenigen, den der Benutzer auf dem Hinweg vorgefunden hat. Dadurch war es für Benutzer schwerer zu erkennen, ob sie eine Information schon einmal gesehen hatten, da sie jetzt etwas anders dargestellt wurde.

Es bieten sich mehrere Lösungen zu diesem Navigationsproblem an. Aus der Sicht des Benutzers stellen *Führungen* durch den Hypertext [Trigg 1988] die einfachste Lösung dar, weil sich der Benutzer nicht mehr allein auf die Suche nach Informationen machen muß. Vannevar Bush [1945] hat mit seinen *Pfaden* (engl.: trails) schon sehr früh ein ähnliches Konzept vorgeschlagen. Man kann sich eine solche Führung wie eine *Superverbindung* vorstellen, die eine ganze Kette von Knoten miteinander verbindet. Solange der Benutzer der Tour folgt, kann er immer einen „Weiter"-Befehl geben und wird dann automatisch zu anderen relevanten Hypertextknoten geführt. Das *Perseus*-System (siehe Bilder 4.16 und 4.17) hat ein besonderes Ikon, mit dem man sich in der ausgewählten Tour nach vorne oder hinten bewegen kann. Der Tour-Editor in Bild 9.1 zeigt die Namen aller in der Führung vorkommenden Knoten an und erlaubt es außerdem, Knoten hinzuzufügen, zu entfernen oder umzuordnen. Die Navigation entlang der Tour kann entweder unter manueller Kontrolle des Benutzers stattfinden, oder das System zeigt nach einer vordefinierten Zeitdauer automatisch den nächsten Knoten an [Zellweger 1989].

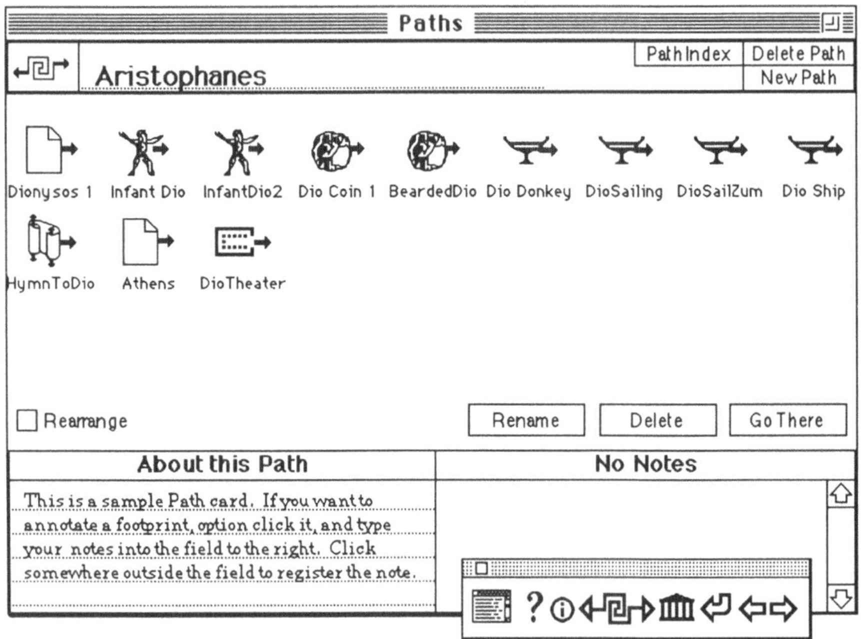

Bild   9.1   *Der Tour-Editor im System „Perseus". Jedes Ikon ist ein Stellvertreter für einen Knoten im Hypertext (© 1989, President and Fellows of Harvard University und das Annenberg/CPB-Projekt, mit Erlaubnis abgedruckt).*

Man kann allgemeine Führungen benutzen, um neue Leser in einen Hypertext, seine Konzepte und Begriffe einzuführen, oder man kann spezielle Touren definieren, die sich an Interessengruppen wenden. Der Unterschied (und Vorteil) von Hypertextführungen gegenüber Touristenführungen besteht darin, daß man eine Hypertexttour zu jeder Zeit verlassen und andere Verbindungen auf eigene Faust erforschen kann. Sobald man mit der Tour weitermachen will, reicht ein einzelner

Befehl, um zu dem Punkt zurückzukehren, an dem man die Tour verlassen hat. Die Führung geht dann weiter, als hätte man sie nie unterbrochen.

Führungen sind an sich eine sehr nützliche Sache, aber sie bringen uns wieder zu rein linearen Informationsdarstellungen oder -aufbereitungen zurück. Auch wenn diese Führungen dem Benutzer jederzeit erlauben „auszubrechen", so können sie doch nicht die einzige Navigationstechnik darstellen, da die Exploration offener Informationsräume ja Sinn und Zweck von Hypertext sind.

9.1 Zurücksetzen

Das Zurücksetzen (engl.: backtracking) ist eine der wichtigsten Navigationstechniken. Es bringt den Benutzer zum vorherigen Knoten zurück und macht somit den letzten Hypertextsprung rückgängig. Fast alle Hypertextsysteme stellen eine Zurücksetz-Funktion zur Verfügung. In manchen Fällen ist die Funktion nicht vollständig konsistent, und wie wir in dem vorherigen Experiment mit Guide herausgefunden haben, können derartige Inkonsistenzen bei den Benutzern zu erheblichen Verwirrungen führen. Der große Vorteil der Zurücksetz-Technik besteht darin, daß sie dem Benutzer immer eine Rettungsleine bietet: gleich, was er anstellt oder wohin er springt, er kann immer wieder zu einem bekannten Ausgangspunkt zurückkehren. Das Zurücksetzen ist eine einfach zu verstehende Funktion, die die Benutzung des Hypertextes wesentlich erleichtert und dem Benutzer ermöglicht, ein gewisses Selbstvertrauen in seine Navigationskünste aufzubauen. Aus diesem Grund muß die Zurücksetz-Funktion zwei Mindestanforderungen genügen: sie sollte immer zugänglich sein und immer auf die gleiche Art aufgerufen werden. Außerdem sollte es immer möglich sein, so lange rückwärts zu gehen, bis man wieder am Einstiegsknoten ankommt. Durch ein Inhaltsverzeichnis (d.h. eine Liste aller Knoten) kann man zwar einen Teil der Funktionalität des Zurücksetzens simulieren, es ist jedoch von großem Vorteil, wenn der Benutzer problemlos zu einem vorherigen Knoten zurückkehren kann [Vargo et al. 1992].

Die Multimediaversion des Films *Peter Pan* der Firma Electronic Art hat eine Wiederholungsfunktion, die man aufruft, indem man auf eine Sanduhr klickt. Dieses interaktive Märchen richtet sich an drei- bis achtjährige Kinder, die die gleiche Sequenz immer wieder sehen wollen. Der Sanduhr-Knopf spielt die ausgewählten Szenen noch einmal vor. Außerdem kann das Kind die HypermediaEigenschaften des Systems benutzen, um zu sehen, was denn wohl passiert, wenn es an einem Entscheidungspunkt in der Geschichte eine andere Alternative auswählt.

Das Konzept des Zurücksetzens ist an sich sehr einfach zu verstehen: Der Benutzer drückt auf einen Knopf und wird zum vorherigen Knoten zurückgebracht. Probleme treten auf, wenn der Benutzer mehrere Schritte zurücksetzen will und er davor einige Knoten mehrfach aufgesucht hat. Die erste Sequenz in Bild 9.2 zeigt eine Navigationssequenz, in der der Benutzer bei Knoten **A** angefangen hat, zu **B**, dann **C** vorrückte, dann zum zweiten Mal den Knoten **B** besuchte und anschließend zum Knoten **D** sprang. Das einfachste Zurücksetz-Verfahren, das *chronologische Zurücksetzen*, durchläuft dieselbe Knotensequenz rückwärts.

Chronologisches Zurücksetzen ist zwar einfach zu verstehen, aber auch sehr ineffizient, da man auf dem Rückweg einen Knoten mehrmals betritt, wenn man ihn auch auf dem Hinweg mehrmals besucht hatte. Im Beispiel in Bild 9.2 wird nur der Knoten **B** beim chronologischen Zurücksetzen mehrfach betreten. In der Realität handelt es sich oft um eine ganze Reihe von Knoten, die der Benutzer mehrfach besucht hat. Beim Zurücksetzen möchte man diese Knoten am liebsten nur einmal antreffen.

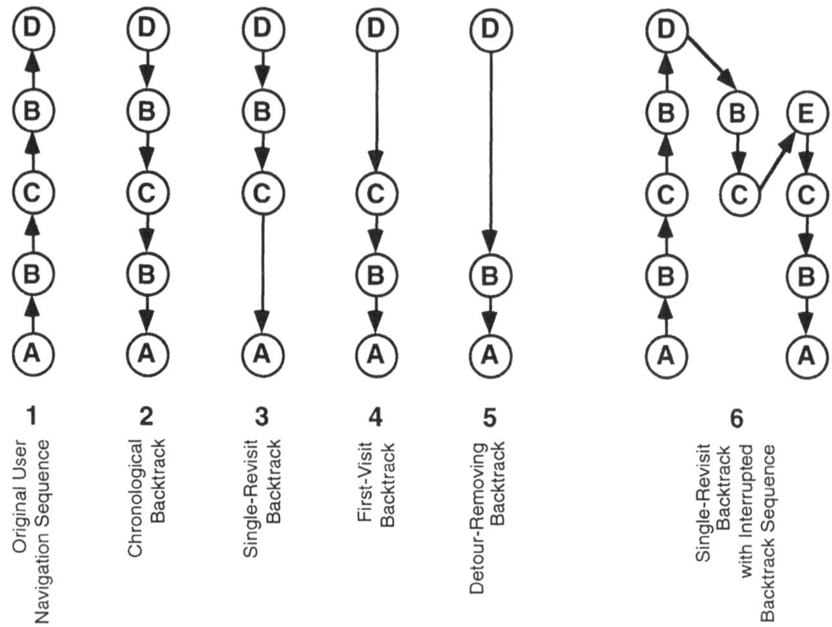

Bild 9.2 *Verschiedene Zurücksetz-Verfahren. Die erste Sequenz stellt den ursprünglichen Navigationspfad dar; die Sequenzen 2 - 5 stellen verschiedene Möglichkeiten dar, wie man zurücksetzen kann. Die sechste Sequenz zeigt ein komplexeres Beispiel der Sequenz 2.*

Die in der dritten Sequenz von Bild 9.2 dargestellte Rücksetz-Methode gefällt mir persönlich am allerbesten. *Wiederholungsfreies Zurücksetzen* (engl.: single-revisit backtracking) funktioniert so ähnlich wie das chronologische Zurücksetzen, der Rechner merkt sich allerdings, welche Knoten er dem Benutzer schon einmal gezeigt hat und überspringt diese dann einfach beim nächsten Auftreten. Eine komplexe Zurücksetz-Operation besteht aus einer Kette einzelner Zurücksetz-Anweisungen, die höchstens von Navigationsschritten innerhalb eines Knotens unterbrochen werden. Sobald der Benutzer zu einem anderen Knoten springt, ohne einen Zurücksetz-Befehl zu benutzen, wird die Zurücksetz-Sequenz unterbrochen. Man kann auf zwei Arten auf unterbrochene Sequenzen reagieren: Man kann die Sequenz abbrechen und eine neue Sequenz anfangen, wenn der Benutzer ein weiteres Mal anfängt zurückzusetzen, oder man kann sich merken, bis wohin der Benutzer der Sequenz gefolgt ist, und das nächste Mal dort weitermachen. Die erste Methode werde ich als *striktes wiederholungsfreies Zurücksetzen* bezeichnen.[1]

Die sechste Sequenz in Bild 9.2 zeigt das Beispiel einer unterbrochenen Sequenz. Der Benutzer hat zuerst die Sequenz **ABCBD** durchlaufen und ist dann zu Knoten **C** zurückgegangen. Die Zurücksetzsequenz besteht aus den Knoten **D**, **B** und **C**. Falls der Benutzer in diesem Augenblick einen weiteren Befehl zum Zurücksetzen gibt, wird er sofort zu **A** zurückgebracht (siehe auch dritte Sequenz), da beim wiederholungsfreien Zurücksetzen jedes weitere Vorkommen des Knotens **B** übersprungen wird. In der sechsten Sequenz ist der Benutzer von **C** nach **E** gegangen - wodurch die Rücksetz-Sequenz unterbrochen wurde. Wenn der Benutzer an diesem Punkt den Befehl zum Zurücksetzen gibt, geht das System zum Knoten **C**. Ein weiterer Zurücksetz-Befehl bringt den Benutzer zum Knoten **B**, falls das einfache wiederholungsfreie Zurücksetz-Modell benutzt wurde (siehe Sequenz 6 in Bild 9.2). Das strikte wiederholungsfreie Zurücksetz-Modell bringt den Benutzer zum Knoten **A**.

Die vierte Sequenz in Bild 9.2 zeigt ein anderes Modell, das mit dem wiederholungsfreien Zurücksetzmodell verwandt ist. Dieses Modell ist schwerer zu verstehen und nur in wenigen Fällen anwendbar. In beiden Modellen wird derselbe Knoten nur einmal betreten; sie unterscheiden sich nur darin, welches Vorkommen sie zugrunde legen. Beim wiederholungsfreien Zurücksetzen geht man zum letzten

---

[1] Das strikte wiederholungsfreie Zurücksetzen ist nicht sehr einfach implementierbar, da man daran denken muß, den Knoten, an dem der Benutzer sich befindet, wenn er die Sequenz verläßt, aus der Sequenz zu entfernen. Andernfalls könnte der Benutzer nicht mehr zu dem Knoten zurücksetzen. In Bild 9.2 würde dies z.B. bedeuten, daß man den Knoten C nicht mehr erreicht, wenn man von Knoten E aus zurücksetzt – man würde sofort zu Knoten A springen.

Vorkommen, beim *Zurücksetzen über das erste Vorkommen* springt man sofort zurück an die Stelle, an der der Knoten zum ersten Mal im Pfad aufgetreten ist.

Die fünfte Sequenz in Bild 9.2 zeigt ein Verfahren, das zum ersten Mal von Bieber und Wan [1994] erwähnt wurde: das *Zurücksetzen ohne Umwege*. Dieses Verfahren erspart Umwege die z.B. dadurch entstehen, daß sich der Benutzer im Informationsraum verlaufen hat. Offensichtlich braucht man solche Umwege beim Zurücksetzen nicht nachzuvollziehen. In Bild 9.2 ist der Benutzer von **B** zu **C** und dann wieder zurück zu **B** gegangen. Daraus könnte man schließen, daß der Sprung zum Knoten **C** ein Fehler war. Das Problem besteht darin, Umwege zu erkennen und automatisch festzustellen, wann ein Exkurs einen Umweg darstellt. Es gibt zur Zeit keine allgemein anwendbaren Verfahren, die Umwege entdecken.

Alle Zurücksetz-Modelle haben eines gemeinsam: sie werden durch den gleichen Befehl aufgerufen und ausgeführt, nämlich durch das Klicken auf den „Gehe Zurück"-Knopf. Der Entwurf des Knopfes kann allgemein gehalten sein, oder der Knopf kann anzeigen, zu welchem Knoten er den Benutzer zurückführen wird indem er z.B. den Namen des Knotens anzeigt. Das System *Magic Cap* der Firma General Magic [Knaster 1994] hat diesen Ansatz verallgemeinert: der Name des Vorgängerknotens wird immer in der oberen rechten Ecke des Bildschirms angezeigt (z.B. ☞ **Flur**). Parametrisierte Zurücksetz-Befehle [Garzotto et al. 1995], in denen der Benutzer bestimmte Kriterien angibt, die in dem Knoten bis zu dem er zurücksetzt, gelten sollen, stellen eine sehr mächtige, aber auch sehr schwer zu verstehende Metapher dar. Hypertextsysteme mit typisierten Knoten benutzen diesen Ansatz sehr oft, um bis zu einem Knoten eines bestimmten Typs zurückzusetzen. Zum Beispiel könnte man in einem Hypertextsystem für Bankinformationen bis zum ersten Knoten des Typs „Kunde" zurücksetzen.

9.2   Navigationspfade

Manche Hypertextsysteme stellen wesentlich allgemeinere Zurücksetz-Mechanismen zur Verfügung, wie z.B. Navigationspfade (Bild 9.3), die dem Benutzer direkten Zugriff auf die Sequenz aller Knoten geben, die er bisher gesehen hat. Bild 9.3 zeigt den bestmöglichen Entwurf einer solchen Schnittstelle. Hier wurden bildliche und textuelle Informationen miteinander kombiniert, um dem Benutzer die besten Informationen über die einzelnen Knoten zu vermitteln. Die beiden Knoten in Bild 9.3, die beide den Texttitel „Paint"[2] tragen, zeigen, wie wichtig es ist, Bilder und Text zu kombinieren [Egido und Patterson 1988]. Meistens werden einfachere

---

[2] Anm. des Übersetzers: im amerikanischen hat das Wort "paint" mehrere Bedeutungen, u.a. *anstreichen* und *Farbe*.

Lösungen gewählt und nur Bilder (Bild 9.5) oder nur textuelle Informationen (z.B. der Knotenname wie in Bild 2.10) gezeigt. Die Entscheidung hängt letztendlich von der visuellen Natur der Daten ab, denn Bilder sind im Navigationspfad nur sinnvoll, wenn sie den Benutzer den Inhalt des Knotens schneller erkennen lassen. Manchmal bieten sich auch miniaturisierte Darstellungen der Knoteninhalte an (Bild 9.3).

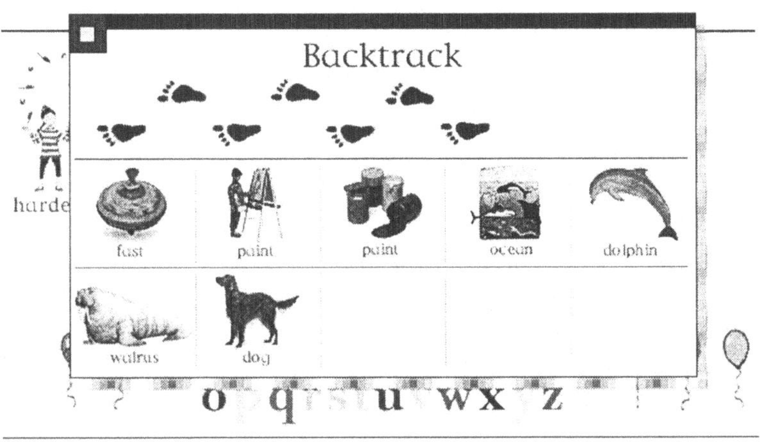

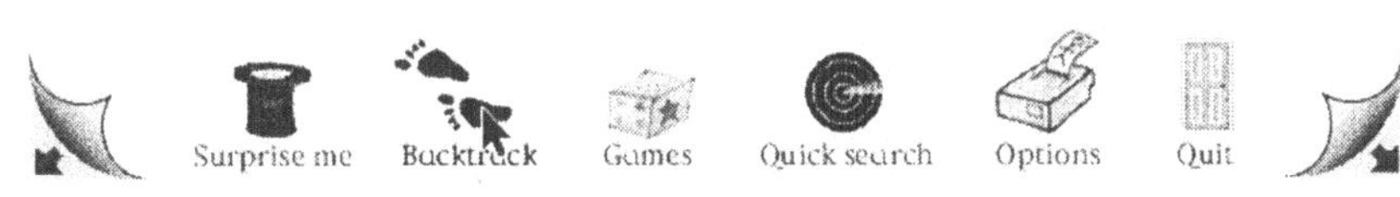

Bild 9.3 *Der Navigationspfad des Systems „My First Incredible, Amazing Dictionary" (Mein erstes unvorstellbar erstaunliches Wörterbuch). Das System zeigt die zehn zuletzt besuchten Knoten. Der Benutzer klickt auf ein Bild, um zum Knoten zurückzukehren. Man beachte, daß es sich um einen Navigationspfad handelt, auch wenn der Titel des Fensters „Backtrack" (Zurücksetzen) lautet (© 1994, Dorling Kindersley, mit Erlaubnis abgedruckt).*

In den meisten Fällen wollen Benutzer schnell und einfach zu Knoten zurückkehren, die sie eben erst gesehen haben. Aus diesem Grund speichert man den letzten Abschnitt des Navigationspfades in einem visuellen Speicher (Bild 9.4), der die fünf zuletzt besuchten Knoten enthält. In Bild 9.4 wird das Ende des Navigationspfades durch miniaturisierte Abbilder der Knoten dargestellt [Nielsen 1990]. Andere Verfahren zeigen nur den Namen der Knoten. Ein Vergleich zwischen Bild 9.4 und Bild 9.5 zeigt, wie groß der Unterschied ist zwischen text- und bildbasierten Systemen, die Miniaturen im Navigationspfad benutzen. Wenn die Miniaturen in einer horizontalen Liste dargestellt werden, wie z.B. in Bild 9.4, dann spricht man auch von einer „Besuchsgalerie" (engl.: visit shelf), die die kürzlich besuchten Knoten zeigt.

Bild 9.4 *Ein visuell ansprechender Zugriffsmechanismus für die fünf zuletzt besuchten Elemente des Navigationspfades. Bildauszug eines Prototyps für ein Videotext-System, das 1989 an der Technical University of Denmark entwickelt wurde (Implementierung von Flemming Jensen).*

9.3 Lesezeichen

Verschiedene Systeme, wie z.B. *Hypergate*, erlauben dem Benutzer, *Lesezeichen* (engl.: bookmarks) zu hinterlassen, damit er schnell und unkompliziert zu bestimmten Knoten zurückkehren kann. Lesezeichen und Navigationspfade unterscheiden sich dadurch, daß Lesezeichen explizit gesetzt werden müssen, Navigationspfade aber automatisch geführt werden. Lesezeichen dokumentieren explizites Interesse, zu dieser Seite zurückzukehren. Die Liste der Lesezeichen ist dadurch wesentlich kleiner, sie enthält aber unter Umständen nicht alle wichtigen Seiten. Oft möchte man einen Knoten erst als „wichtig" einstufen, wenn man schon zum nächsten oder übernächsten Knoten weitergegangen ist und dort Informationen, z.B. Referenzen, findet, die die wahre Bedeutung des ersten Knotens klarstellen. In diesem Fall ist der

Navigationspfad - dem das System automatisch folgt - wichtig, um die Information wiederzufinden.

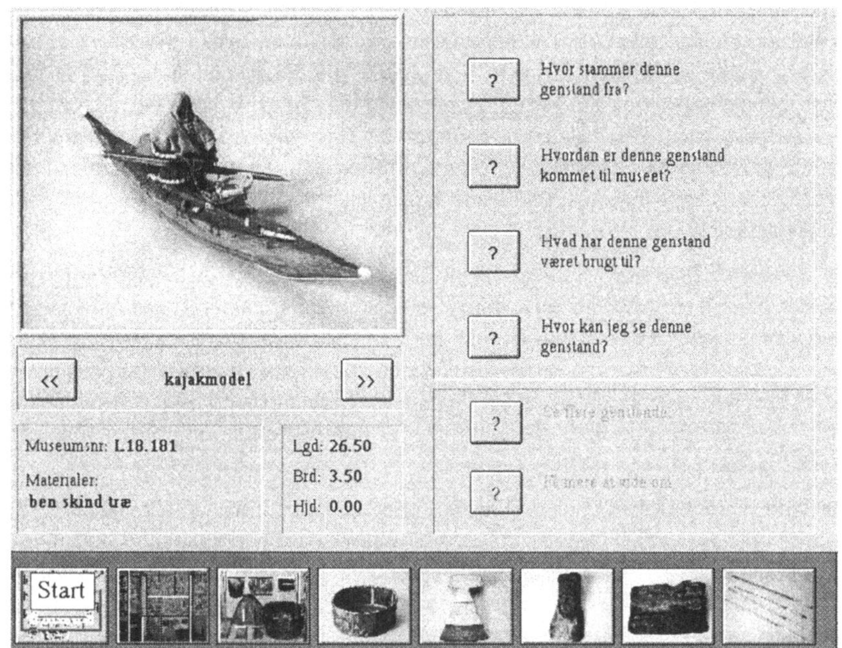

Bild 9.5 *Museums-Informationssystem des Dänischen Nationalmuseums. Der Benutzer kann zu den acht zuletzt betrachteten Knoten zurückgehen, indem er eine der Miniaturen am unteren Bildrand berührt. Man beachte, daß die Miniaturen nicht den ganzen Knoteninhalt darstellen, sondern nur das Bild des Austellungsstückes. Dadurch wird der Erkennungseffekt wesentlich erhöht. Diese Technik wird manchmal als Comic-Interface bezeichnet (engl.: comic book interface) [Lesk 1991]. Jeder Knoten enthält Knöpfe, die Verbindungen zu Informationen über die Benutzung und die Herkunft des Ausstellungsstückes enthalten, sowie eine Karte des Museums mit Angabe der Stelle, an der das Exponat ausgestellt ist [Wanning 1993] (© 1994, Das dänische Nationalmuseum, mit Erlaubnis abgedruckt).*

Wenn der Benutzer ein Lesezeichen einfügt, kann das System den Namen des Knotens verwenden oder den Benutzer bitten, einen kurzen Text einzugeben, der in der Liste der Lesezeichen auf den Knoten verweist. In Hypertextsystemen werden oft sehr viele Lesezeichen verwendet. In einem Hypertextsystem kann man leicht eine Liste von 20 Lesezeichen überblicken (und sinnvoll benutzen), wogegen 20

Lesezeichen in einem normalen Buch einen unübersichtlichen Wirrwarr bilden würden.

Man kann sich sehr einfach ein besonderes Lesezeichen vorstellen, das es dem Benutzer erlaubt, genau dort weiterzulesen, wo er unterbrochen hat. Dieses Lesezeichen sollte so beschaffen sein, daß das Hypertextsystem nicht nur zu dem entsprechenden Knoten hinspringt, sondern daß das ganze System wieder den alten Zustand annimmt. Ein solches „intelligentes" Lesezeichen könnte sich auch an andere kontextuelle Merkmale erinnern, die es dem Benutzer erleichtern, eine Situation wiederzuerkennen und seine Arbeit nach der Unterbrechung problemlos wieder aufzunehmen.

Der *Symbolics Document Examiner* kann Lesezeichen dadurch zusammenstellen, daß der Benutzer Verbindungen einsammelt, denen er später einmal folgen möchte. Die Liste der Lesezeichen enthält also nicht nur Knoten, die der Benutzer als bemerkenswert einstuft, sondern auch Knoten, auf die er später einmal zurückgreifen möchte, die er aber noch nie gesehen hat. Im *Document Examiner* wird dieser Mechanismus zwar als Lesezeichenliste bezeichnet, es handelt sich aber eher um eine „Einkaufsliste".

Meistens werden Lesezeichen als lineare Listen verwaltet. Lineare Listen machen den Zugriff auf Lesezeichen (ein Befehl zeigt alle Lesezeichen an), und das Suchen nach einem bestimmten Lesezeichen sehr einfach (man muß nur die Liste von vorne bis hinten durchsuchen). Der Netscape-Viewer (eine Variante von Mosaic) verwendet geschachtelte und strukturierte Listen, in denen der Benutzer seine Lesezeichen hierarchisch ordnet, nach Gruppen zusammenfaßt und den Gruppen Namen geben kann. Wenn ein Leser auf dem WWW navigiert, vergibt er normalerweise sehr viele Lesezeichen (50 oder mehr), insbesondere weil das WWW kaum andere Navigationshilfen gibt. Der Benutzer kann neue Lesezeichen am Ende der Liste oder an beliebigen Stellen in der Hierarchie einfügen. Diese Lesezeichenlisten, oft auch als „Hotlists" bezeichnet, können mit Hilfe der hierarchischen Strukturierung von Netscape zu sinnvollen Navigationshilfen werden.

Lesezeichen sind nicht nur Verweise auf andere Informationsobjekte, sie sind auch selbst Informationsobjekte, die außerhalb der Lesezeichenliste verwendet werden können. Dadurch wird eine wesentlich größere Flexibilität erreicht, da man Lesezeichen kopieren, bewegen und an verschiedenen Stellen benutzen kann. Man kann z.B. verschiedene Lesezeichensammlungen für bestimmte Zwecke erstellen. Die größere Flexibilität führt aber leider zu einer komplexeren Benutzerschnittstelle, die schwerer zu verstehen ist. Das System *Magic Cap* der Firma General Magic benutzt objektorientierte Lesezeichen. Wenn der Benutzer ein Lesezeichen definiert, wird dies als Büroklammer dargestellt (ein grafisches Element, das recht oft verwendet wird). Der Benutzer kann das Lesezeichen kopieren und die Kopie an eine andere Stelle in der Benutzerschnittstelle bewegen. Die Kopie des Lesezeichens stellt dann eine Verbindung zu der Information dar, an der man das Lesezeichen hinterlassen hat.

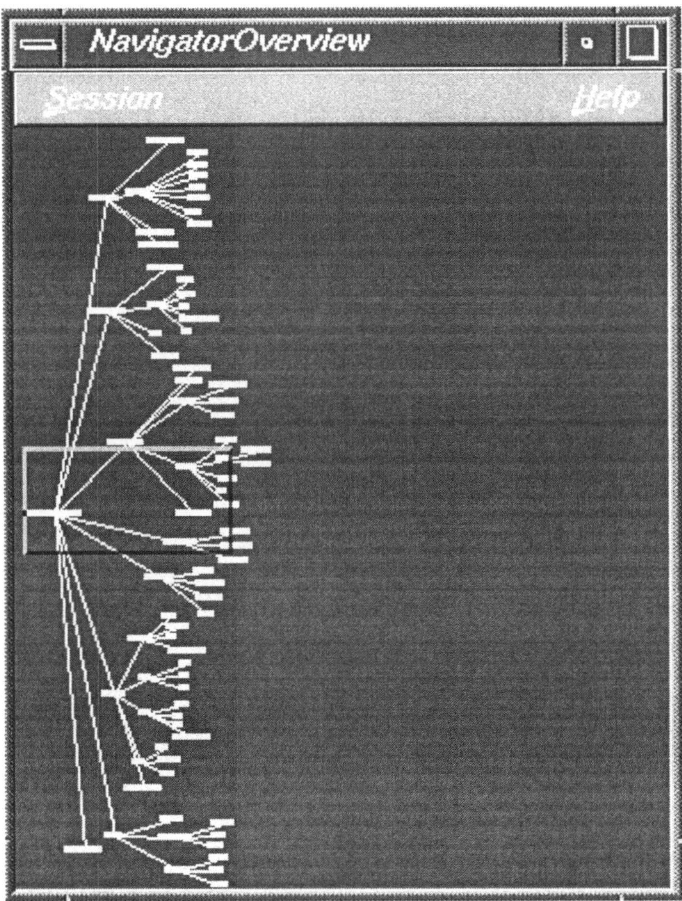

Bild 9.6 *Das Navigations- und Überblickfenster des „SGI-Topic/Task-Navigators" (siehe Bild 9.21). Das Rechteck zeigt an, welcher Ausschnitt des gesamten Informationsraumes gerade im Hauptfenster erscheint. Der Benutzer kann mit der Maus das Rechteck nach allen Seiten bewegen, um den Ausschnitt zu verändern, der im Hauptfenster gezeigt wird (© 1994, Silicon Graphics Inc., mit Erlaubnis abgedruckt).*

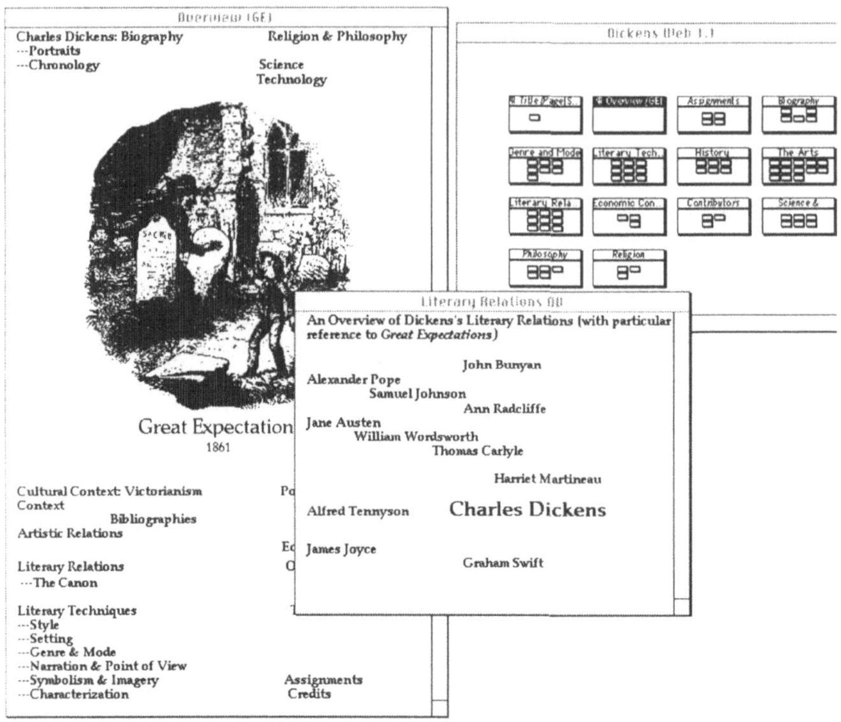

Bild 9.7 · *Verschiedene Übersichtsdiagramme im „Dickens Web" [Landow und Kahn 1992]. Das Diagramm mit der Überschrift „Literary Relations" zeigt dem Leser, welche Autoren einander beeinflußt haben. Das Diagramm mit der Überschrift „Overview (GE)" zeigt, welche Themen zum Verständnis des Romans Great Expectations beitragen. Das Diagramm oben rechts zeigt einen strukturellen Überblick über den gesamten Hypertext. Der Gesamtüberblick wird automatisch vom System Storyspace erstellt (© 1992 - 1994, Paul Kahn, George P. Landow und Brown University, mit Erlaubnis abgedruckt).*

9.4 Übersichtsdiagramme

Wenn man einen Hypertext benutzt, spielt die Navigation über die Verbindungen und zwischen den Knoten eine sehr große Rolle. Man könnte sich überlegen, daß ein Hypertextbenutzer ähnliche Hilfestellungen braucht wie ein Tourist, der versucht, eine Sehenswürdigkeit in einer fremden Stadt zu finden. Hypertextführungen, wie wir sie im vorigen Abschnitt beschrieben haben, stellen eine Möglichkeit dar, um Benutzer mit den Gegebenheiten eines Hypertextes vertraut zu machen. Hypertextbenutzer sollen aber nicht nur ausgetretenen Pfaden folgen, sondern sie sollen den Informationsraum auf eigene Faust erkunden können. Aus diesem Grund müssen wir ihnen Landkarten an die Hand geben. Die meisten Hypertexte sind allerdings zu groß, um jeden Knoten auf einer Karte abzubilden — Übersichtsdiagramme stellen einen weit verbreiteten Kompromiß dar.

Das System, das wir in Kapitel 2 beschrieben haben, hat lokale und globale Übersichtsdiagramme und zeigt beide Diagramme gleichzeitig auf dem Bildschirm. Als Alternative dazu kann man großflächige Übersichtsdiagramme anbieten, die dem Benutzer Zugang zu Navigationsmechanismen geben, mit denen er dann in Ausschnitten oder Vergrößerungen navigieren kann. Diese Meta-Navigation könnte als eine weitere, orthogonale Dimension dargestellt werden, die Zugang zu mehr oder weniger großen Ausschitten des Hypertext-Informationsraumes gibt. Will man einen kleinen Ausschnitt genauer ansehen, zoomt man den Ausschnitt näher heran. Es hat auch Versuche gegeben, dreidimensionale Übersichtsdiagramme zu schaffen [Fairchild et al. 1988; Fairchild 1993; Robertson et al. 1991]. Ausschnittfenster (siehe Bild 9.6) stellen eine andere Technik der Meta-Navigation dar. Der Benutzer kann sie benutzen, um schnell auf Informationselemente zuzugreifen, und sie verschaffen gleichzeitig einen guten Überblick über die Gesamtstruktur der Information.

Übersichtsdiagramme eignen sich hervorragend für Anfänger und Studenten, die die Struktur der Information verstehen wollen, ohne sofort von den Detailinformationen erschlagen zu werden. Bild 9.7 zeigt, wie das *Dickens Web* der Brown University Übersichtsdiagramme benutzt, um Beziehungsstrukturen in der englischen Literatur darzustellen. Das Diagramm *Literary Relations* zeigt, welche Autoren Dickens beeinflußten (im Diagramm über Dickens angesiedelt) und welche Autoren von Dickens beeinflußt wurden (unter Dickens angesiedelt). Jeder Name steht in direkter Verbindung mit Artikeln über Werke der verschiedenen Autoren. Das Diagramm verschafft dem Leser einen lokalen Überblick über den Teil des Hypertextes, der sich mit Autoren beschäftigt. Zusätzlich dazu wurde die Information gefiltert, und es wurden nur die Autoren und Beziehungen gezeigt, die für das Verständnis des Romans *Great Expectations* wichtig sind.

„Fischaugen"-Überblicke (engl.: fisheye view) können die Mehrebenendiagramme ersetzen [Furnas 1986]. Im Bild 9.8 wird ein „Fischaugen"-Überblick benutzt, um einen ganzen Informationsraum auf einen Blick in verschiedenen Detailebenen darzustellen. Die „Fischaugen"-Perspektive zeigt viele Einzelheiten der Informationselemente, die nahe bei dem momentanen Interessenschwerpunkt des Lesers liegen, und wenig Details von Gebieten des Informationsraums, die weiter entfernt vom momentanen Aufmerksamkeitszentrum liegen. Darum muß der Informationsraum zwei Eigenschaften aufweisen: Erstens muß es möglich sein, die Distanz zwischen einem Informationselement und dem Aufmerksamkeitsschwerpunkt des Benutzers zu bestimmen, und zweitens muß man die Informationen auf verschiedenen Abstraktionsebenen darstellen können. Hierarchisch organsierte Informationen, wie z.B. in Bild 9.8, erfüllen beide Kriterien. Unter Umständen entsprechen Informationsräume, die weniger stark strukturiert sind, diesen Anforderungen nicht.

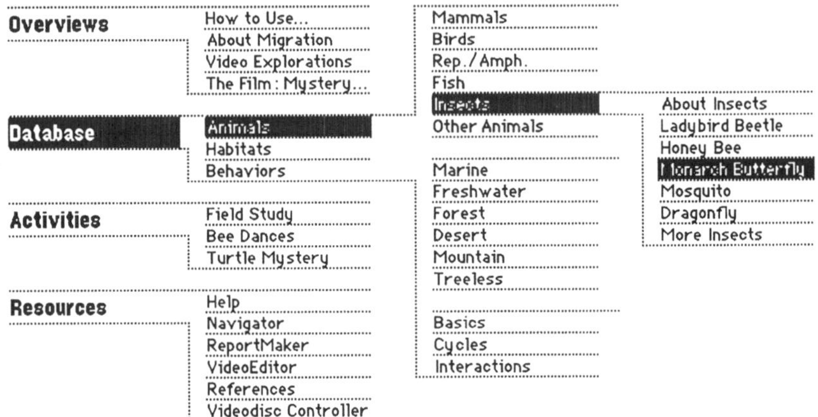

Bild 9.8 *Ein „Fischaugen"-Überblick des Systems „NOVA" (© 1989, Apple Computer Inc., WGBH Educational Foundation und Peace River Films Inc., mit Erlaubnis abgedruckt).*

Übersichtsdiagramme helfen nicht nur bei der Navigation im Hypertext und beim Verständnis der Organisation des Informationsraumes, sondern sie geben dem Leser auch eine einfache Möglichkeit, seine Position im Raum und seine Bewegung durch den Raum verstehen und einschätzen zu können. Zu diesem Zweck sollte das Übersichtsdiagramm die „Fußstapfen" (engl.: footprints) des Lesers zeigen, damit er sieht, wo er sich befindet und wie er dahin gekommen ist.

Inhärente Strukturen des Informationsraumes sollten im Übersichtsdiagramm gezeigt und genutzt werden, da sie zum Verständnis und zur Benutzerfreundlichkeit beitragen. Das Übersichtsdiagramm für die Online-Proceedings des 23. Internationalen Kongresses für Angewandte Psychologie in Bild 9.9 zeigt, wie die inhärenten Strukturen des unterliegenden Informationsraumes genutzt wurden: an der linken Seite werden die Fachgebiete gezeigt, entlang der oberen Kante werden die Präsentationsformen (Plenumsvortrag, Symposium, Artikel, Poster und Workshops) dargestellt. Die Zahlen in der Matrix zeigen, wie viele Beiträge man in einem Fachgebiet und einer Beitragsform in den Proceedings findet.

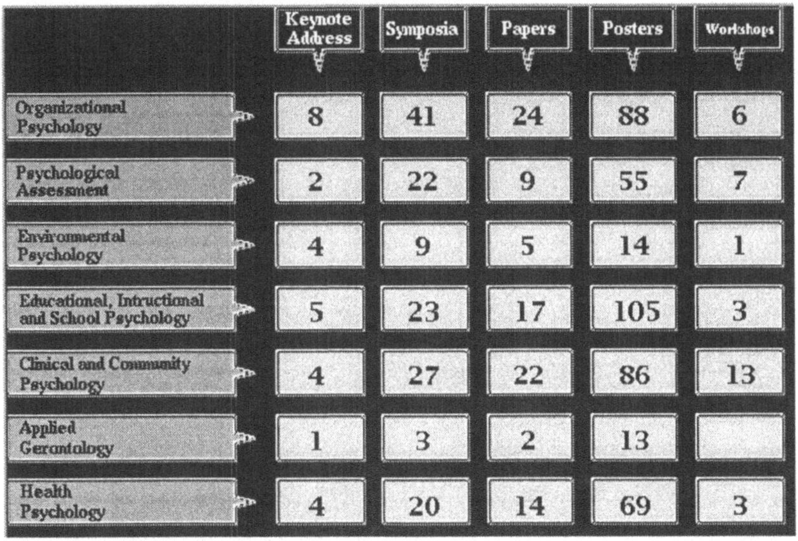

	Keynote Address	Symposia	Papers	Posters	Workshops
Organizational Psychology	8	41	24	88	6
Psychological Assessment	2	22	9	55	7
Environmental Psychology	4	9	5	14	1
Educational, Intructional and School Psychology	5	23	17	105	3
Clinical and Community Psychology	4	27	22	86	13
Applied Gerontology	1	3	2	13	
Health Psychology	4	20	14	69	3

Bild 9.9 *Überblick über einen Teil des Inhaltes der Online-Proceedings des 23. Internationalen Kongresses für Angewandte Psychologie (das vollständige Inhaltsverzeichnis hat einige zusätzliche Einträge; siehe http://www.ucm.es/23ICAP/23icap.html) (© 1994, 23. Internationaler Kongress für Angewandte Psychologie, mit Erlaubnis abgedruckt).*

Bild 9.10 zeigt eine Produktrezension, die auf dem Online-Dienst *Interchange* veröffentlicht wurde. Die Matrix stellt eine einfach zu verstehende Zusammenfassung verschiedener Produktbesprechungen dar, und sie enthält Hypertextverbindungen zu den unterliegenden einzelnen Besprechungen. Man beachte, wie die typisierten Hypertextanker verwendet wurden, um dem Benutzer weitere Hinweise auf das Ziel eines Hypertextsprunges zu geben: eingefärbte Ankerpunkte führen zu positiven Besprechungen; leere Anker führen zu Verrissen. So kann der Leser seine Aufmerksamkeit auf positive Beschreibungen konzentrieren, ohne sich die anderen überhaupt anzusehen. Diese Zusammenfassung zeigt, wie wichtig (und wie mächtig) der Herausgeber eines Hypertextes ist, denn nur sehr wenige Leser werden sich die als negativ bezeichneten Besprechungen überhaupt ansehen.

Ist der Informationsraum verschiedenartig strukturiert, empfiehlt es sich, diese Strukurierung in verschiedenen Übersichtsdiagrammen wiederzuspiegeln. Forschungsarbeiten zu diesem Thema wurden z.B. von Vora et al. [1994] durchgeführt. „Ernährung" wurde in einem Hypertext auf drei verschiedene Arten klassifiziert: aufgrund des Vitamingehaltes (Vitamin A, Vitamin B, ...), aufgrund der

Quelle (Frucht, Gemüse, ...) und aufgrund der Mangelkrankheiten. Untersuchungen zeigten, daß Benutzer 21% schneller auf Informationen zugreifen konnten, wenn man ihnen drei Strukturen in den Übersichtsdiagrammen zur Verfügung stellte, als wenn man nur die vitaminbasierte Strukturierung anbot. Allerdings gibt es auch Studien, die zeigen, daß es für Anfänger und Neulinge sehr schwer ist, ein eigenes mentales Modell des Informationsraumes aufzubauen, wenn mehrere Strukturierungen verwendet werden, da sie nicht ständig durch dieselbe Informationsdarstellung in ihrem Verständnis bestärkt werden. Ein einzelnes Übersichtsdiagramm könnte in solchen Situationen vorteilhafter sein. In der Untersuchung, die sich mit ernährungswissenschaftlichen Informationen befaßte, stellten die drei Dimensionen wahrscheinlich kein Problem dar, da die Benutzer mit diesen Klassifizierungen von vornherein vertraut sind. Diese Vertrautheit hat möglicherweise zu den guten Resultaten von Voras Experiment beigetragen.

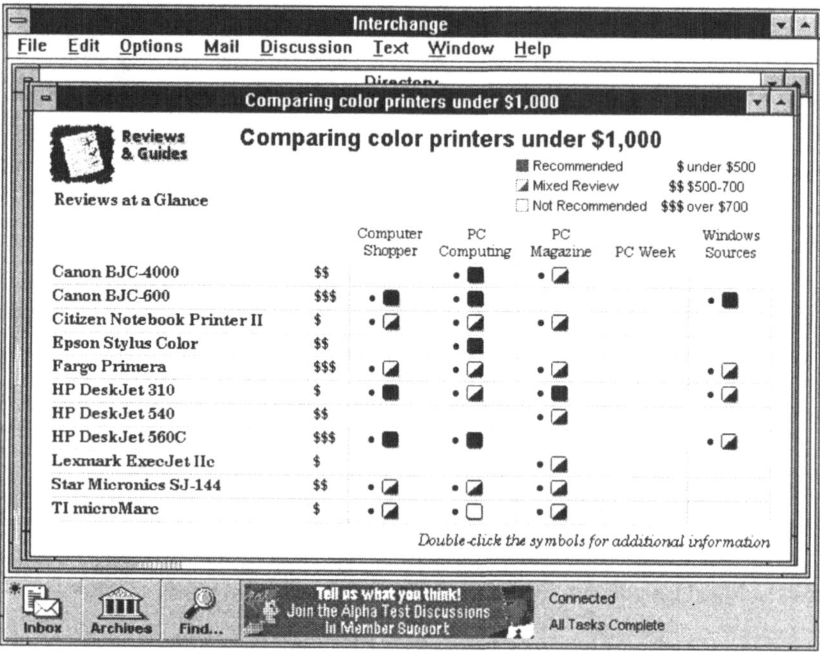

Bild 9.10 *Zusammenfassung verschiedener Produktrezensionen, die auf dem Online-Dienst Interchange veröffentlicht wurden. Die Empfehlungen sind grafisch als Quadrate dargestellt, die mehr oder weniger stark eingefärbt sind. Die Quadrate sind Anker für Hypertextverbindungen zu den eigentlichen Produktbesprechungen (© 1994, Interchange Network Company, mit Erlaubnis abgedruckt).*

Führungen und Landkarten sind beides vertraute und zugleich bewährte Mechanismen, auf die sich Touristen verlassen, wenn sie eine neue Stadt erkunden. Wenn wir bei der gleichen Metapher bleiben wollen, können wir noch eine andere Navigationshilfe aus dem Tourismusbereich in den Hypertextbereich übertragen: den Orientierungspunkt. Touristen, die in eine fremde Stadt kommen, z.B. nach Paris, lernen sehr schnell, sich anhand einiger Orientierungspunkte, z.B. des Eiffelturms, zurechtzufinden. Fast alle Hypertextsysteme definieren Orientierungspunkte, zu denen man schnell und einfach gelangen kann und die logische Ausgangspunkte für die Erforschung des Hypertextes darstellen, wie z.B. den Startknoten. Man kann aber auch weitere Orientierungspunkte definieren und sie auf den Übersichtsdiagrammen gesondert hervorheben. Orientierungspunkte werden meistens vom Autor definiert, wenn er versucht, die Information in eingänglicher Art zu strukturieren. Man könnte sich vorstellen, daß ein Hypertextsystem selbständig Orientierungspunkte definiert, z.B. indem es ein Konnektivitätsmaß berechnet (siehe z.B. Tabelle 11.1). Im allgemeinen empfiehlt es sich aber, dem Autor die Definition der Orientierungspunkte zu überlassen. Das System könnte eventuell aufgrund eines berechneten Konnektivitätsmaßes eine Liste der Orientierungspunkte vorschlagen.

Kontextinformation kann mit Hilfe unauffälliger Hinweise vermittelt werden, z.B. durch die Verwendung unterschiedlicher Hintergrundmuster, je nach Art des Kontextes. Diese einfachen Methoden werden zwar das Orientierungsproblem nicht vollständig lösen, aber das *Homogenitäts*-Problem angehen: Normale, gedruckte Dokumente sind sehr heterogen (man kann einen Roman auf den ersten Blick vom Jahresabschlußbericht einer Firma unterscheiden, ohne daß man erst genau hinschauen muß), wogegen dieselben Dokumente auf einem traditionellen Computerbildschirm, der nur einfarbig grüne Buchstaben benutzt, absolut identisch aussehen.

Druckerzeugnisse sehen unterschiedlich aus, abhängig von Alter und Qualität. Man sieht ihnen an, wie oft sie benutzt worden sind — dann sehen sie mehr oder weniger abgenutzt aus [Hill et al. 1992]. Theoretisch stellen uns moderne grafische Computerbildschirme ähnliche Mittel zur Verfügung, um dem Benutzer kontextuelle Informationen zu vermitteln; wir müssen aber erst lernen, wie man das am besten macht.

Wenn man Hypertextstrukturen mit den Strukturen von Programmiersprachen vergleicht, dann sieht man, daß die wichtigste Kontrollstruktur — der Hypertextsprung — dem „Go to"-Programmbefehl entspricht. In Anlehnung an Methoden des Software Engineering könnte man versuchen, den „Go to"-Befehl durch strukturiertere Befehle zu ersetzen, wie z.B. im System Guide mit Hilfe der verschachtelten Hierarchien.

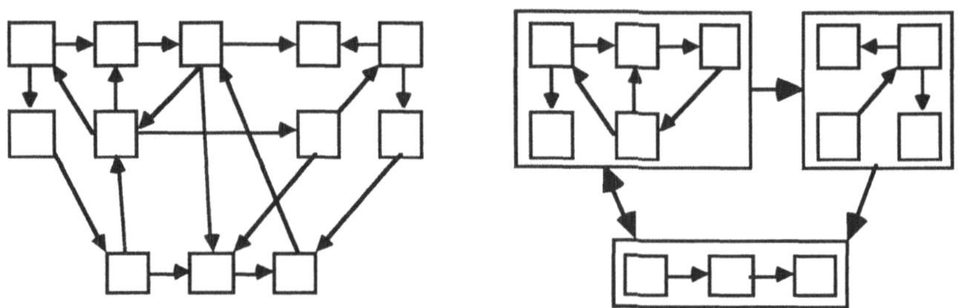

Bild 9.11 *Vererbung von Verbindungsinformation beim Bündeln von Knoten (engl.: clustering).*

Die Vererbung von Hypertextverbindungen stellt eine andere Technik dar, um Hypertexte zu strukturieren [Feiner 1988] und um eine vereinfachte Sicht auf den Informationsraum zu geben, ohne jede einzelne Verbindung darzustellen. Bild 9.11 zeigt, wie die Vererbung von Verbindungsinformation funktioniert: Die Verbindungen zwischen einzelnen Knoten werden im Übersichtsdiagramm durch Verbindungen zwischen Knotenbündeln ersetzt. Auf diese Weise werden die Übersichtsdiagramme wesentlich vereinfacht.

Bild 9.11 zeigt an einem einfachen Beispiel, wie Vererbung von Verbindungsinformation und Knotenbündelung funktionieren; die Bilder 9.12 und 9.13 zeigen den Wirkung dieser Technik auf einen mittelgroßen Hypertext. Das Beispiel zeigt, daß die Hypertextstruktur, die in Bild 9.12 gänzlich unverständlich ist, durch die Bündelung wesentlich klarer wird. In Bild 9.13 wurden die Knoten aufgrund der hierarchischen Struktur des Informationsraumes gebündelt, und es werden nur Verbindungen zwischen Knotenbündeln gezeigt.

Bild 9.13 verschafft zwar einen guten Überblick über das Freihandelsabkommen, aber die einzelnen Elemente des Diagramms sind noch immer viel zu klein. Das Diagramm in Bild 9.13 ist ungeeignet für einen Benutzer, der spezielle Teile des Abkommens besser verstehen will. In diesem Fall eignet sich die „Fischaugen"-Technik besonders. Der momentane Aufmerksamkeitsschwerpunkt wird hervorgehoben, indem seine Teile in einem größeren Maßstab gezeigt werden als andere Teile des Hypertextes, die konzeptuell weiter entfernt liegen. Bild 9.14 zeigt einen „Fischaugen"-Überblick des Freihandelsabkommens unter der Annahme, daß sich der momentane Aufmerksamkeitsschwerpunkt im Bereich der Definitionen des

Abkommens befindet (vielleicht hat sich der Benutzer gerade einen Knoten aus diesem Bereich angesehen).

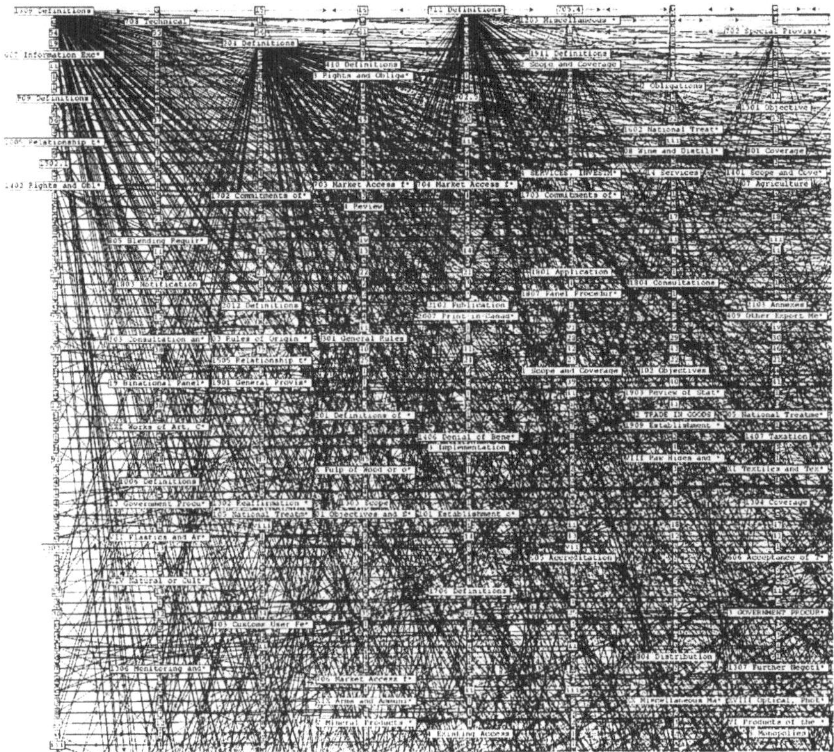

Bild 9.12 *Eine Hypertextversion des amerikanisch-kanadischen Freihandelsabkommens. Alle Knoten und alle Verbindungen des Hypertextes werden dargestellt. Aus Platzgründen wird hier 32% des Gesamtbildes gezeigt, das 1860 Knoten und 3852 Verbindungen enthält (© 1993, Emanuel G. Noik, mit Erlaubnis abgedruckt).*

Die „Fischaugen"-Technik gehört zur Gruppe der verzerrenden Darstellungstechniken (engl.: distortion-oriented) [Leung und Apperley 1994], die die Informationselemente umgruppieren und die Struktur verzerren, wenn sie versuchen, alles in einem Bild zusammenzufügen. In Bild 9.14 wurden einige Informationselemente an andere Stellen bewegt oder umgruppiert; sie befinden sich nicht mehr in den Positionen, die man aufgrund von Bild 9.13 erwarten würde.

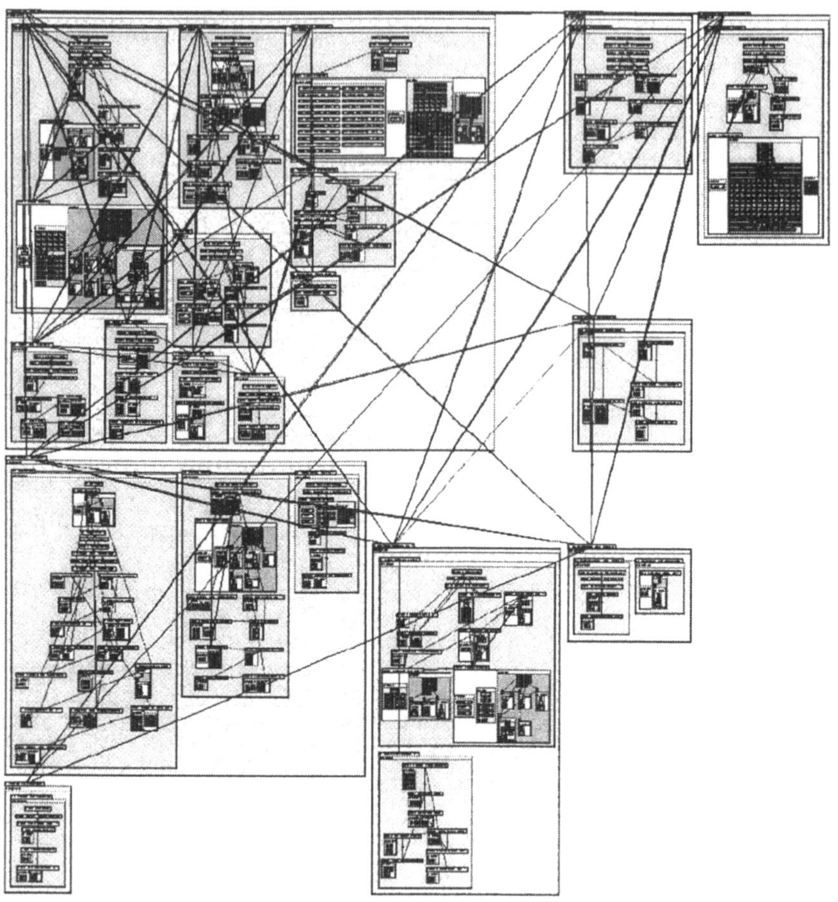

Bild 9.13 *Abbildung des amerikanisch-kanadischen Freihandelsabkommens unter Benutzung der Knotenbündelung- und Verbindungsvererbungstechnik (engl.: nesting and link inheritance). Im Gegensatz zu Bild 9.12 wird hier der ganze Hypertext und nicht nur ein Ausschnitt gezeigt. Man beachte die Benutzung von Grauskalen zur Darstellung verschiedener Bündelungsebenen (© 1993, Emanuel G. Noik, mit Erlaubnis abgedruckt).*

Offensichtlich möchte man die Veränderungen in den Diagrammen minimieren, damit der Benutzer die Informationselemente einfacher wiedererkennen kann, wenn er sich durch den Informationsraum bewegt. Wenn man bedenkt, daß die zweidimensionale Darstellung des n-dimensionalen Informationsraumes sowieso eine künstliche Vereinfachung darstellt, dann scheint es wesentlich wichtiger, die Zusammenhänge, die Verbindungen und das ungefähre Erscheinungsbild der Informationselemente aufrecht zu erhalten.

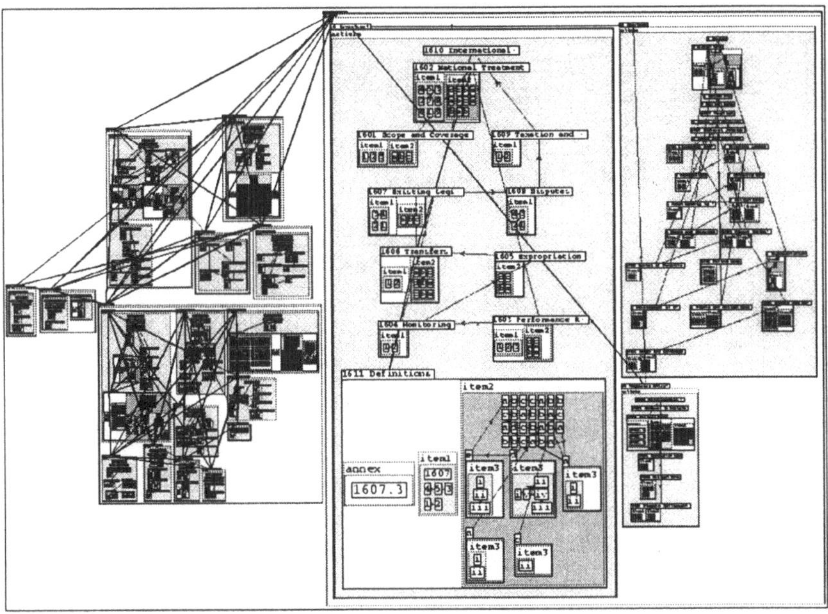

Bild 9.14 *Der vom Aufmerksamkeitsstandpunkt „Definition" aus gesehene „Fischaugen"-Überblick des Freihandelsabkommen. Der Überblick wurde mit Hilfe von Noiks formatierungsunabhängigem Knotenplazierungsalgorithmus berechnet [Noik 1993]. Der Algorithmus plaziert jeden Abschnitt nicht nur durch Vergrößerung oder Verkleinerung des ursprünglichen Formates, sondern reorganisiert das Format des Hypertextes im Hinblick auf das Verständnis des Gesamtbildes (© 1993, Emanuel G. Noik, mit Erlaubnis abgedruckt).*

Die meisten grafischen „Fischaugen"-Verfahren benutzen einfache geometrische Verzerrungsverfahren, um verschiedene Maßstäben auf die Elemente des Hypertextes anzuwenden und so globalen Überblick und lokales Detail miteinander zu verbinden.

Einfache geometrische Verzerrungsverfahren führen zu schwer verständlichen Darstellungen, insbesondere wenn es sich um mehrfach geschachtelte Hypertexte handelt. Diese Techniken benutzen geometrische Abstandsmaße (die im Hypertextkontext nicht angebracht sind) und geometrische Verzerrungen, die die Form der Knoten zu sehr verändern (was bei geschachtelten Knoten zu großen Problemen führt). Bild 9.15 zeigt einen „Fischaugen"-Überblick des Freihandelsabkommens unter Benutzung eines einfachen geometrischen

Verzerrungsverfahrens, das jedes Element um das gleiche Maß verkleinert, ausgehend vom Original in Bild 9.13. Offensichtlich ist Bild 9.14 wesentlich übersichtlicher und leichter verständlich als Bild 9.15.

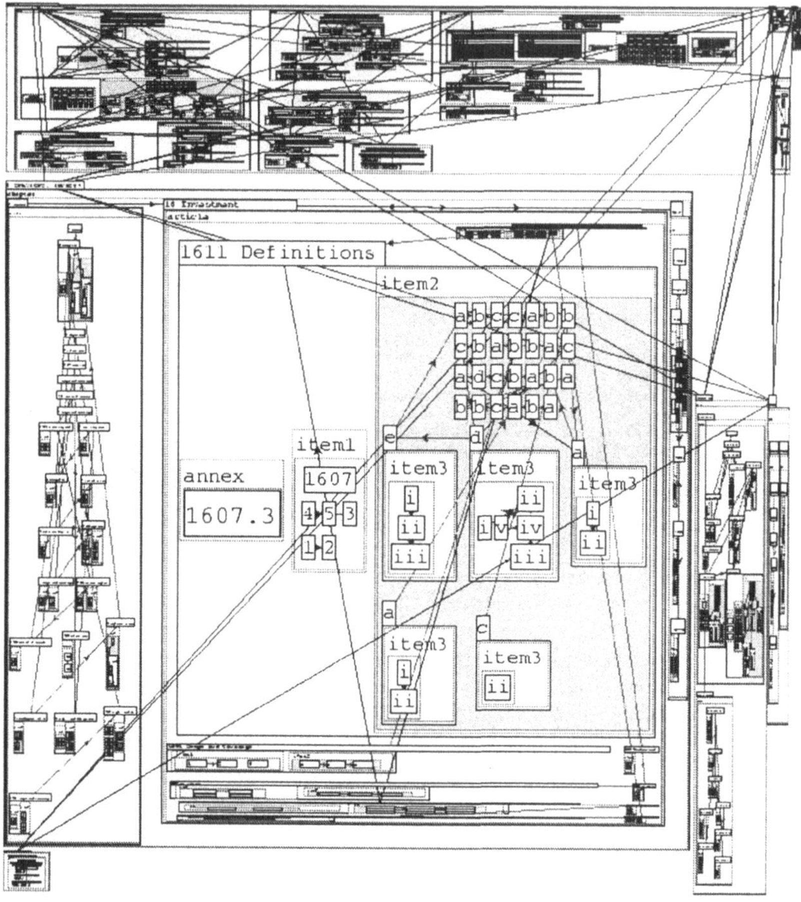

Bild 9.15 *Der vom Aufmerksamkeitsstandpunkt „Definition" aus gesehene „Fischaugen"-Überblick des Freihandelsabkommen. Er wurde unter Benutzung einer einfachen geometrischen Verzerrung der Darstellung in Bild 9.13 berechnet. Man beachte, daß die Organisation des Hypertextes schwerer zu verstehen und das Bild wesentlich unübersichtlicher ist als Bild 9.14, das einen formatierungsunabhängigem Knotenplazierungsalgorithmus benutzte (© 1993, Emanuel G. Noik, mit Erlaubnis abgedruckt).*

Die Vererbung von Verbindungen und die Knotenbündelung sind nur möglich, wenn der Hypertext gut strukturiert ist. Auf der anderen Seite ist es wichtig, an beliebigen Stellen neue Knoten einzufügen und neue Konzepte ausdrücken zu können, wenn man Hypertext als ein intelligentes Werkzeug verwenden will. Vordefinierte Strukturen geben dem Autor das Gefühl, in seinem Schaffen eingeengt zu sein und führen oft dazu, daß er einfach nicht weiß, womit er anfangen soll. Es ist viel einfacher, zuerst Ideen zu sammeln und sie später zu strukturieren, als in einem vordefinierten Rahmen anfangen zu müssen.

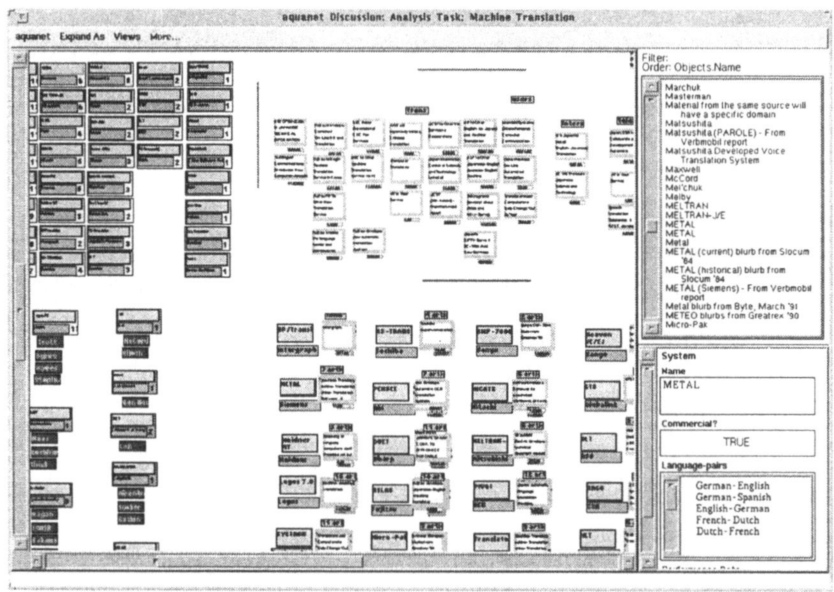

Bild 9.16 *Bildschirmabzug des Systems „Aquanet". Der Benutzer hat die Knoten des Hypertextes räumlich organisiert. Ein Musterkennungsprogramm wird dies als Eingabe benutzen, um automatisch Strukturen zu erkennen (© 1994, Catherine C. Marshall, mit Erlaubnis abgedruckt).*

Vorzeitige Strukturierung wurde als ein ernsthaftes Problem für Hypertextautoren identifiziert [Monty 1986], und sehr viel Arbeit wurde in Strukturentwicklungsmethoden investiert. Das Ziel dieser Methoden ist es, den Autor zuerst frei Ideen entwickeln zu lassen und dann zusammen mit dem System Strukturen zu entdecken, die auf die Ideensammlung angewandt werden können. Das System VIKI [Marshall et al. 1994] wurde speziell für die Entdeckung inhärenter Strukturen entwickelt. Der Autor benutzt eine räumliche Hypertextmetapher, die es ihm erlaubt, Ideen räumlich zu organisieren und z.B. Knoten miteinander zu assoziieren, indem er sie räumlich näher zusammenlegt.

Bild 9.16 zeigt einen Bildschirmabzug des Systems *Aquanet* von Xerox, das sehr oft zur Entwicklung von Argumentationsstrukturen benutzt wird [Marshall et al. 1991]. Aquanet stellt dem Benutzer ein Art Leinwand zur Verfügung, auf der er Hypertext-knoten definieren und räumlich positionieren kann, während er seine Informationsbasis erweitert. Aquanet benutzt typisierte Knoten und stellt ver-schiedene Typen mit verschiedenen Farben dar. Bild 9.16 zeigt, daß der Hypertext aus vier Hauptkomponenten besteht. Jede Komponente ist durch eine eigene Struktur und Farbe gekennzeichnet. Man kann mit hoher Wahrscheinlichkeit davon ausgehen, daß sich der Benutzer vorstellt, das Problemgebiet bestehe aus vier Teilgebieten, auch wenn er sich dessen erst im Nachhinein bewußt wird. Marshall und Shipman [1993] haben ein Mustererkennungsprogramm entwickelt, das derartige implizite Strukturen automatisch entdeckt.

Jede der Hauptstrukturen in Bild 9.16 hat eine eigene interne Struktur. Die Struktur in der unteren linken Ecke z.B. hat zusammengesetzte Knoten, die jeweils aus einer zweielementigen Box am oberen Rande und einer Liste am unteren Rande bestehen. Die zweielementigen Boxen stellen einen besonderen Knotentyp dar. Das Beispiel in Bild 9.16 zeigt die Notizen eines Autors zum Thema *Maschinelle Übersetzung*. Der ganze Hypertext besteht aus 2.000 Knoten und wurde über zwei Jahre hinweg als Teil eines Projektes entwickelt, das den Wissensstand auf dem Gebiet der maschinellen Übersetzung erkundete [Marshall und Rogers 1992]. Die zwei-elementigen Boxen sind Hypertextverbindungen, die auf Artikelsammlungen zu speziellen Übersetzungssystemen verweisen. Das obere Element der Box enthält den Namen des Systems; das untere den Namen des Herstellers. Zusätzlich zu den Namen und den Artikellisten hat der Autor einfache, nicht zusammengesetzte Knoten zu den ersten Knoten hinzugefügt. Diese Knoten enthalten Notizen. Es ist für das mensch-liche Auge offensichtlich, welche Notizknoten zu welchen Systemknoten gehören. Die Mustererkennungsprogramme können viele dieser Zusammengehörigkeiten erkennen und daraus automatisch Knotenbündel bilden. In diesem Beispiel könnte ein Bündel aus einer Systembeschreibung (Systemname, Hersteller, Artikelsammlungen) und mehreren Notizknoten bestehen.

Hammond und Allinson [1989] untersuchten die Benutzung eines Hypertextes über die Geschichte der Stadt York. Sie beobachteten Benutzer bei der Erforschung des Informationsraum und prüften, wie gut sie danach Fragen beantworten konnten. Anderen Benutzern wurden präzise Fragen gestellt, die sie anhand des Hypertext-systems beantworten sollten. Beiden Benutzergruppen standen verschiedene

Navigationsmittel zur Verfügung: Hypertextsprünge, geführte Tour, Index und Übersichtsdiagramm. In einem Experiment wurde die Bedeutung des Übersichtsdiagramms untersucht. Es stellte sich heraus, daß Benutzer die Aufgaben kaum besser ausführten, wenn ihnen das Übersichtsdiagramm zur Verfügung stand. Dasselbe gilt für den Index. In beiden Aufgabenstellungen wurden allerdings wesentlich mehr neue Knoten erforscht, wenn die Benutzer den Index oder das Übersichtsdiagramm zur Verfügung hatten. Waren diese Mechanismen nicht vorhanden, konzentrierten sich die Benutzer darauf, in schon bekannten Knoten nach Information zu suchen.

Außerdem beobachtete man, daß die Benutzer eher beim Erforschen des Hypertextes neue Knoten besuchten, als bei der gezielten Suche nach Informationen. Dieser Unterschied kann darauf zurückgeführt werden, daß die Benutzer, die gezielte Fragen beantworten sollten, wußten, wonach sie suchten, wogegen die andere Gruppe den Informationsraum möglichst extensiv erforschen mußte, um im Nachhinein Fragen zu beantworten.

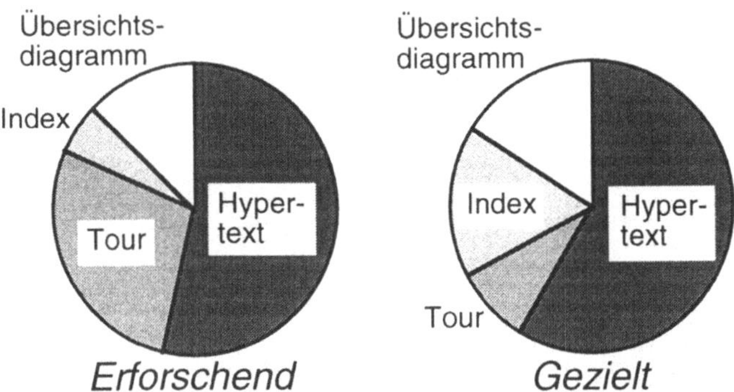

Bild 9.17 *Die Häufigkeit der Verwendung verschiedener Methoden richtet sich danach, ob Benutzer den Hypertext erforschen oder gezielt nach bestimmten Elementen suchen sollen. Benutzer können einen neuen Knoten betreten, indem sie Hypertextsprünge ausführen, der geführten Tour folgen, den Index benutzen oder sich am Übersichtsdiagramm orientieren. Datenpunkte aus [Hammond und Allinson 1989].*

Hammond und Allinson führten ein weiteres Experiment durch, indem sie maßen, welche Navigationsmittel unter welchen Umständen benutzt wurden. Bild 9.17 zeigt, daß die Navigationsmittel je nach Fragestellung sehr unterschiedlich eingesetzt wurden. Wenn ein Benutzer den Informationsraum erforschte, folgte er in 28% der Fälle der geführten Tour. Er folgte ihr aber nur in 8% der Fälle, wenn eine gezielte Frage zu beantworten war. Beim Erforschen des Informationsraumes wurde der Index in 6% der Fälle benutzt; aber in 17% der Fälle, wenn es galt, eine Frage zu beantworten. Das Übersichtsdiagramm wurde ähnlich unterschiedlich verwendet (12% vs. 16%).

9.5 Navigationsdimensionen und Navigationsmetaphern

Die Wahl der Dimensionen und Metaphern ist sehr wichtig, da sie dem Benutzer erlauben, die Struktur des Informationsraumes und seine eigenen Bewegungen zu verstehen.

Das interaktive Märchen *Inigo Gets Out* benutzt Navigationsmetaphern, die sich auf Laurels [1989] Definition der Personifizierung in interaktiven Systemen beziehen. Die Geschichte vermittelt ein Ich-Gefühl und erweckt in dem Benutzer den Eindruck, alles würde aus seiner Perspektive erzählt. Der Benutzer identifiziert sich mit Inigo der Katze und navigiert durch den Hypertext, indem er dorthin klickt, wo die Katze hingehen möchte. In Bild 9.18 z.B. würde er auf den Baum klicken, wenn an dieser Stelle die Katze im interaktiven Märchen auf den Baum klettern „will".

Bild 9.18 *Ein zentraler Bildschirm des interaktiven Märchens „Inigo Gets Out". Dieser Bildschirm verdeutlicht die Ich-Perspektive: Die Katze klettert auf den Baum, wenn man auf den Baum klickt (© 1987, Amanda Goodenough, mit Erlaubnis abgedruckt).*

An manchen Stellen der Geschichte wird diese Metapher durchbrochen. Der Benutzer greift von außen in die Geschichte ein, indem er auf die Katze anstatt auf das Ziel der Katze klickt. Bild 9.19 z.B. zeigt die Katze, wie sie einem Pfad zu ihrem Haus folgt. Da der größte Teil der Geschichte aus der Ich-Perspektive erzählt wird, klicken die meisten Benutzer auf das Ende des Pfades, wenn sie die Katze dorthin bewegen wollen. Das System verlangt allerdings, daß der Benutzer auf die Katze klickt und so der Katze von außen den Befehl gibt weiterzulaufen.

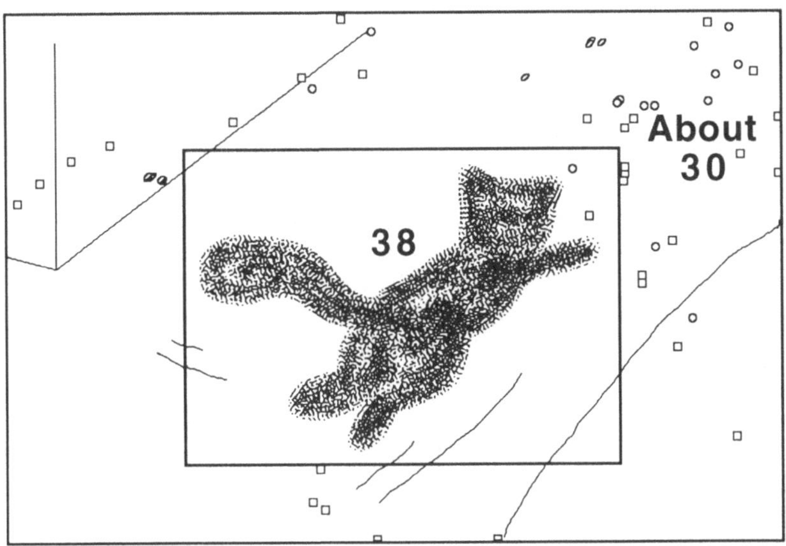

Bild 9.19 *Bildschirmabzug des interaktiven Märchens „Inigo Gets Out". In dieser Szene hat das Spiel dem Benutzer eine externe Perspektive zugewiesen: Um die Katze dazu zu bewegen, nach rechts zu laufen, muß der Benutzer auf die Katze anstatt auf das Ziel klicken. Das Bild enthält zusätzliche Information darüber, wohin Testpersonen aus einem Kopenhagener Kindergarten geklickt haben, um die Katze weiterzubewegen. 38mal wurde auf die Katze geklickt, und 30mal wurde außerhalb der Katze auf den Pfad geklickt. Klickmarkierungen im Rahmen entstehen, wenn der Benutzer innerhalb des Rahmens die Maustaste drückt, dann die Maus bewegt und die Taste außerhalb des Rahmens losläßt (© 1987, Amanda Goodenough, mit Erlaubnis abgedruckt).*

In einem Kopenhagener Kindergarten führten wir eine Untersuchung mit Kindern durch, die mit dem interaktiven Märchen *Inigo Gets Out* spielten [Nielsen und Lyngbaek 1990]. Die meisten Kinder kamen mit dem interaktiven Märchen sehr gut zurecht und hatten viel Spaß an der Geschichte. Messungen, die wir an dem Bildschirm aus Bild 9.19 durchführten, zeigten, daß 30mal aus der Ich-Perspektive und 38mal aus der externen Perspektive geklickt wurde. Jede Klickhandlung aus der Ich-Perspektive muß vor dem Klicken aus der externen Perspektive geschehen, da der Benutzer den Bildschirm erst nach einem Klick aus der externen Perspektive verlassen kann. Diese Daten sollen nicht beweisen, daß Geschichten aus der Ich-Perspektive intuitiver sind als andere, sondern sie sollen zeigen, wie wichtig es ist, eine einheitliche Navigationsmetapher einzuhalten.

Das Hypertextsystem, das wir in Kapitel 2 beschrieben haben, benutzt zwei Navigationsdimensionen: eine Dimension, um zwischen den Textseiten innerhalb eines Knotens vorwärts und rückwärts zu blättern, und eine andere für Hypertextsprünge. Um den Benutzer immer wieder auf den Unterschied zwischen den beiden Dimensionen hinzuweisen, werden zwei verschiedene grafische Übergänge benutzt, je nachdem entlang welcher Dimension er sich bewegt.[3]

Wenn der Benutzer zwischen den Seiten innerhalb eines Knotens blättert, wird dies als lineare Bewegung von links nach rechts dargestellt, so, wie sich die horizontalen Rollbalken eines Bildschirms bewegen und wie Bücher (im westlichen Kulturkreis) gelesen werden. Der Übergang zu einer neuen Seite wird durch eine grafische Transition dargestellt, die den Bildschirm von links nach rechts verändert und dem Umblättern einer Seite ähnlich sieht.

Hypertextsprünge stellen eine Bewegung dar, die orthogonal zu den Bewegungen zwischen Seiten eines Knotens ist. Wenn man einer Hypertextverbindung zu einem neuen Knoten folgt, wird dies grafisch durch eine sich öffnende Iris gezeigt (der neue Knoten erscheint im Innern der Iris). Beim Zurücksetzen schließt sich die Iris. Dies vermittelt dem Benutzer das Gefühl, er tauche tiefer in den Informationsraum ein; beim Zurücktreten taucht er wieder auf.

Der „Jahreszeiten"-Knopf des Systems *Aspen Movie Map* (Kapitel 3) stellt ein anderes Beispiel für Bewegungen entlang orthogonaler Dimensionen dar. Die Bewegung durch die Zeit ist völlig unabhängig von der Bewegung durch die Straßen von Aspen — Zeit und Raum stellten zwei orthogonale Dimensionen dar.

Beim Entwurf eines Systems muß man darauf achten, geeignete Navigationsmetaphern zu verwenden. Der Benutzer muß die Metaphern verstehen und benutzen können. Bild 9.20 zeigt, daß die Auswahl geeigneter Metaphern überlegt sein will. Die obere Reihe der Ikone zeigt den ersten Entwurf, der alle Bewegungen im System auf die Bewegungen innerhalb eines Buches zurückführt. Erste

---

[3] Andere Untersuchungen bestätigten, daß unterschiedliche grafische Übergänge sehr hilfreich sind, damit Benutzer ihre Bewegungen durch einen Informationsraum besser verstehen [Merwin 1990].

Testversuche mit realen Benutzern zeigten, daß es sehr schwierig ist, die subtilen Unterschiede zwischen den verschiedenen Ikone zu verstehen. Der endgültige Entwurf benutzte daher mehrere verschiedene Metaphern (untere Reihe in Bild 9.20) [Shafrir und Nabkel 1994]. Im endgültigen Entwurf von SynerVision wurden Abbilder von Büchern benutzt, wenn die Bewegung (oder der Hypertextsprung) etwas mit wirklichen Büchern zu tun hatte, z.B. „Verweise auf alle Bücher, die entweder online oder gedruckt vorhanden sind" (mittleres Ikon) oder „Querverweise auf gedruckte Bücher" (linkes Ikon). Die Inhaltsangabe wurde durch eine Metapher aus dem Reisebereich verdeutlicht (Straßenschild mit Straße, die sich gabelt). Eine Landkarte mit einem hervorgehobenem Weg zeigte auf die geführte Tour (zweites Ikon von rechts). Der Index war durch einen Karteikasten gekennzeichnet.

Bild 9.20 *Verschiedene Ikone für die Bewegung entlang der Dimensionen des Informationsraumes des Systems „SynerVision" von HP. Die oberere Reihe zeigt Entwürfe für Ikone, die nur auf der Buchmetapher aufbauten — sie wurden verworfen. Die untere Reihe zeigt die Ikone des fertigen Systems. Benutzerschnittstellenentwurf von Jafar Nabkel (Software Engineering Systems Division, Hewlett-Packard Company) und Eviatar Shafrir (User Interaction Design, Hewlett-Packard Company) (© 1993, Hewlett-Packard Company, mit Erlaubnis abgedruckt).*

Wenn sich die Struktur, die einem Informationsraum zugrunde liegt, für gewisse Aufgaben oder Benutzergruppen nicht eignet, kann man aufgabenspezifische Navigationsdimensionen einführen. Viele Online-Handbücher richten sich an erfahrene Benutzer, die die volle Breite und Funktionalität des Systems ausnutzen und daher über alle Details informiert werden wollen. Das Handbuch wurde aus diesem Grund von vornherein so strukturiert, daß es den Zugriff auf Detailinformation erleichtert. Wenn nun ein Benutzer nur gelegentlich Information zur Lösung einer einfachen Aufgabe sucht, wie z.B. der Installation eines Druckers oder dem Ändern des

Bildschirmhintergrundes, dann wäre ihm mit anderen Navigationsmöglichkeiten besser geholfen, da er nicht an allen Hintergrundinformationen interessiert ist.

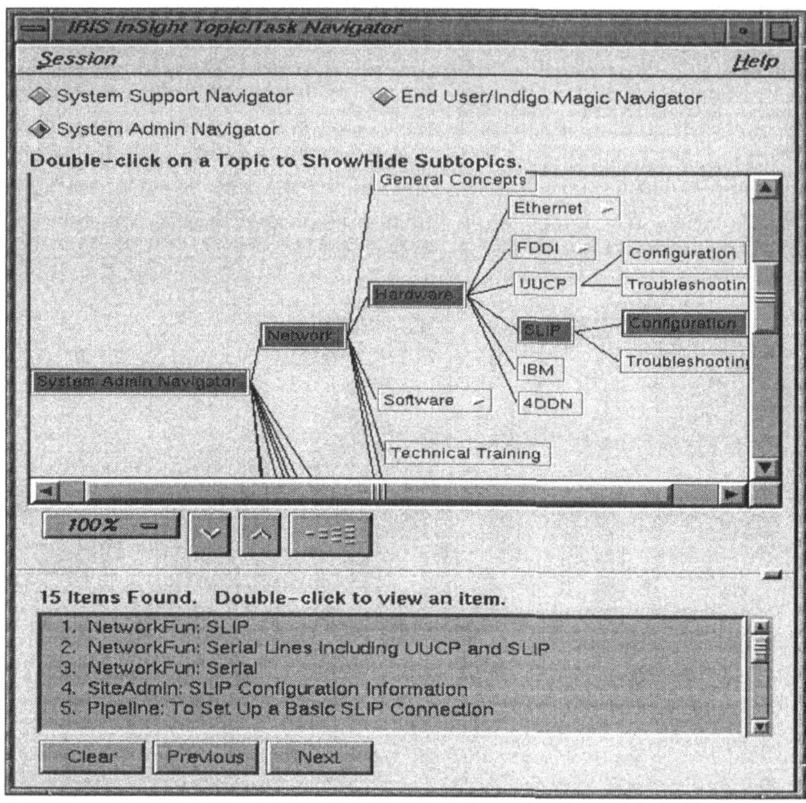

Bild 9.21 *Der „Topic/Task-Navigator" stellt eine alternative Schnittstelle zum Online-Dokumentationssystem „IRIS InSight" zur Verfügung, die dem Benutzer eine Hierarchie von Themen und Aufgaben zeigt. Zu jedem Knoten in der Hierarchie der Aufgaben passen mehrere Knoten in der Dokumentation; der Benutzer muß entscheiden, welchen Knoten er sich ansehen will (© 1994, Silicon Graphics, Inc., mit Erlaubnis abgedruckt).*

Bild 9.21 zeigt den *Topic/Task-Navigator* der Firma Silicon Graphics. Der *Topic/Task-Navigator* ist die Schnittstelle für die *IRIS-InSight*-Sammlung von Online-Handbüchern. Der Navigator stellt dem Benutzer alternative Navigationsmöglichkeiten zur Verfügung. Ursprünglich hatte der Hypertext zwei Navigationsdimensionen: die hierarchische Struktur der Bücher, Kapitel und

Abschnitte innerhalb der Online-Dokumentation und einen Suchmechanismus. Unerfahrene Benutzer konnten wenig mit der hierarchischen Struktur der Dokumentation anfangen, und es fiel ihnen schwer, geeignete Suchbegriffe zu definieren — schließlich kann man nicht erwarten, daß ein Neuling die technischen Begriffe des Systems kennt. Der *Topic/Task-Navigator* löst dieses Problem dadurch, daß er dem Benutzer zusätzliche aufgabenspezifische Strukturen zur Verfügung stellt, und nicht nur solche Strukturen, die die interne Konstruktion des Systems wiederspiegeln. Indem der Navigator dem Benutzer eine Struktur aus Aufgaben und Unteraufgaben an die Hand gibt, zeigt er dem Benutzer, wo er Information über seine Probleme finden kann. Ähnlich wie in menü-orientierten Schnittstellen kann man sich alle Möglichkeiten ansehen und das Passende aussuchen. Tests haben gezeigt, daß auch erfahrene Benutzer den Navigator auf diese Art benutzten, insbesondere wenn die gesuchte Information auf mehrere Bücher verteilt ist.

Der *Topic/Task-Navigator* stellt eine alternative Dimension zur Verfügung, auf der keine 1:1-Abbildungen der Dokumentationsstrukturen existieren. Aus diesem Grund benutzt der Navigator Mehrfachverbindungen, aus denen der Benutzer dann den geeigneten Knoten auswählt.

Falls der Hypertext keine klar zu erkennende Struktur aufweist oder die Dimensionen schwer zu verstehen sind, kann es unter Umständen unmöglich sein, verständliche Überblicksdiagramme oder Navigationshilfen zu erstellen. Trotzdem kann man versuchen, dem Benutzer einen Eindruck von der Information zu geben, und zwar mit einer Technik, die dem schnellen Durchblättern eines Buches nachempfunden ist: dem „Überfliegen" (engl.: flying) [Lai und Manber 1991]. Man überfliegt einen Hypertext, indem man dem Benutzer ganz kurz jeden Knoten zeigt (möglicherweise nur für eine halbe Sekunde). Wenn der Hypertext nicht allzu groß ist, kann man alle Knoten zeigen, sonst vielleicht nur jeden zehnten Knoten. So kann man dem Benutzer einen groben Einblick davon geben, welche Information er in diesem Hypertext vorfindet.

Üblicherweise definiert man Benutzerfreundlichkeit anhand der folgenden fünf Eigenschaften [Nielsen 1993a (Kapitel 2)]:

1. *Einfach zu erlernen*: Der Benutzer kann ohne weiteres und sehr schnell mit dem System zurechtkommen und produktiv arbeiten.

2. *Effizient in der Benutzung*: Wenn der Benutzer das System erst einmal verstanden hat, kann er damit sehr effizient umgehen.

3. *Leicht zu behalten*: Derjenige, der das System nur gelegentlich anwendet, kann sich leicht daran erinnern, wie er vorzugehen hat, auch wenn er das System eine Zeitlang nicht mehr benutzt hat.

4. *Niedrige Fehlerrate:* Bei der Benutzung des Systems macht der Anwender nur wenige Fehler. Sollte ihm jedoch ein Fehler unterlaufen, so kann er ihn ohne weiteres wieder rückgängig machen. Katastrophale Fehler dürfen nicht vorkommen.

5. *Gefällig in der Benutzung:* Benutzer arbeiten gerne mit dem System; es gefällt ihnen.

Da Hypertextsysteme meistens in wenig kritischen Gebieten angewandt werden, gibt es kaum Hypertextsysteme, in denen Fehler katastrophale Folgen haben, wie z.B. im Bereich der Prozeßsteuerung, Medizin oder der Portfolioverwaltung. Aber auch in den weniger kritischen Anwendungsbereichen, wie z.B. der Arbeitsumgebung für Autoren, wollen wir tunlichst verhindern, daß Benutzer ungewollt ihr Werk vernichten. Auch wenn die Vermeidung schwerer Fehlleistungen im Hypertextbereich weniger wichtig ist als in allgemeinen Softwaresystemen, so treffen die anderen Elemente der Definition der Benutzerfreundlichkeit von Softwaresystemen doch auch auf Hypertextsysteme zu. Diese Definition wird auch im weiteren Verlauf dieses Kapitels benutzt.

Es gibt mehrere Methoden, die die Benutzbarkeit einer Schnittstelle genau messen und ihr für jede Eigenschaft einen genauen Wert zuweisen. Gould [1988], Whiteside et al. [1988], Landauer [1988] und Nielsen [1993a] beschreiben Auswertungsverfahren und Probleme bei der Bewertung von Benutzerschnittstellen. Nielsen [1990d] und Perlman et al. [1990] besprechen die Benutzerfreundlichkeit von Hypertextschnittstellen.

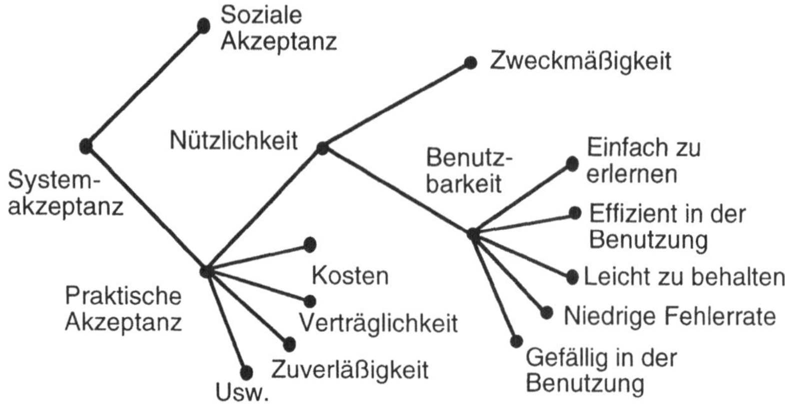

Bild 10.1 *Die verschiedenen Parameter, die mit der Akzeptanz einer Benutzerschnittstelle in Verbindung stehen.*

Die meisten Artikel, die sich mit der Benutzerfreundlichkeit von Hypertextsystemen beschäftigen, tun dies weniger auf der Basis präziser, meßbarer Parameter als vielmehr auf der Grundlage von Vermutungen und persönlicher Erfahrung der Autoren. Es gibt jedoch einige empirische Untersuchungen zu diesem Thema; sie bilden die Basis dieses Kapitels. Zuerst werde ich die Benutzbarkeitsparameter genauer definieren, insbesondere mit dem Hinblick auf die Auswertung von Hypertextschnittstellen, bevor ich einen Überblick der empirischen und vergleichenden Untersuchungen gebe und am Schluß kurz von den nicht-empirischen Untersuchungen berichte.

10.1 Benutzbarkeitsparameter für Hypertextschnittstellen

Bild 10.1 zeigt ein einfaches Modell der Faktoren, die mit der Akzeptanz eines Systems zusammenhängen. Die Gesamtakzeptanz hängt direkt von der *sozialen* und der *praktischen Akzeptanz* ab. Das französische Hypertextsystem *LYRE* [Bruillard und Weidenfeld 1990] illustriert das Problem der sozialen Akzeptanz sehr gut. *LYRE* hilft beim Poesieunterricht. Es erlaubt dem Schüler, ein Gedicht von verschiedenen Gesichtspunkten aus zu betrachten. Jeder Gesichtspunkt hebt Aspekte des Gedichts hervor, von denen Hypertextverbindungen zu Erklärungen und Kommentaren ausgehen, die sich der Schüler *ansehen* kann. Er kann die Gesichtspunkte aber nicht verändern oder neue hinzufügen. Das ist ein Recht, dass im System *LYRE* nur dem Lehrer vorbehalten ist. Dieses Rollenmodell baut auf dem Grundsatz auf, daß der

Schüler innerhalb des vom Lehrer definierten Rahmens lernen, und nicht selbständig neue Interpretationen hinzufügen soll. Dieser Grundsatz ist mit der französischen, südeuropäischen Tradition gut verträglich. Ein anderes Modell wäre in diesem sozialen Kontext warscheinlich unannehmbar gewesen, da es die Autorität des Lehrers untergraben könnte. Andererseits wäre das System *LYRE* im dänisch-skandinavischen Kulturkreis sozial nicht annehmbar, weil es die Entfaltungsmöglichkeiten des Studenten einschränkt.[1]

Wir setzen einmal voraus, daß das System sozial annehmbar ist, und wenden uns der praktischen Anwendbarkeit zu, die wiederum durch verschiedene Faktoren bestimmt wird: *Kosten, Unterstützung, Zuverlässigkeit, Verträglichkeit* und *Nützlichkeit*. Der Faktor *Nützlichkeit* ist hier für uns von besonderem Interesse. Er beschreibt, wie gut ein System für eine Aufgabe eingesetzt werden kann. *Nützlichkeit* kann bestimmt werden, indem man die *Zweckmäßigkeit* und die *Benutzbarkeit* des Systems in Betracht zieht. *Zweckmäßigkeit* besagt, ob ein System überhaupt für eine bestimmte Aufgabe eingesetzt werden kann, und die *Benutzbarkeit* beschreibt, wie leicht es einem Benutzer fällt, das System zum Lösen einer Aufgabe zu verwenden. Der Begriff der *Zweckmäßigkeit* muß breit aufgefaßt werden, da z.B. ein pädagogisches System seinen Zweck erfüllt, wenn ein Schüler etwas lernt, wogegen ein Unterhaltungssystem seinen Zweck erfüllt, wenn es Spaß macht, damit zu spielen.

Die beiden Beispiele in Bild 10.2 illustrieren diese Konzepte. Das Ikon auf der linken Seite von Bild 10.2 verweist auf einen „Reportwriter", d.h. auf ein Datenbankprogramm, das die Daten zu einem Bericht zusammenfaßt. Der Entwickler des Systems benutzt dafür ein Ikon, das eine Reporter-Kamera und einen Hut mit Reporter-Ausweis zeigt, wie sie in den Filmen der 30er Jahre vorkommen. Das Ikon ist zwar sozial akzeptabel, aber Benutzer, die kein Englisch sprechen oder keine alten Filme kennen, in denen Reporter mitspielen, werden die richtige Bedeutung des Ikons nur schwer erkennen. Im allgemeinen ist es nicht ratsam, Dinge als Ikone zu verwenden, deren Namen ihrer Funktion ähneln.[2] Lautmalerei überträgt sich kaum von einer Sprache in die andere. Die endgültige Version des Systems benutzte das

---

[1] [Nielsen 1990g] enthält weitere Informationen zum Bereich „internationale Benutzerschnittstellen"

[2] Das Ikon für den Reportgenerator ist eine *Referenz* — und kein *Ähnlichkeits*-Ikon, da es *andere* Dinge zeigt, die wiederum als Verweis auf das gewünschte Element dienen. Ein Ähnlichkeits-Ikon würde zeigen, wie ein Bericht erzeugt wird. Es hätte wesentlich bessere Aussichten, international erkannt zu werden (es wäre aber wahrscheinlich schwieriger zu gestalten). Wenn Referenz-Ikone verwendet werden, werden manche Benutzer die doppelte Verbindung vom Ikon zur Referenz und von der Referenz zum Zielkonzept nicht herstellen. Eine dritte Klasse, die der *willkürlichen* Ikone, ist noch schwerer zu verstehen.

Abbild einer Schreibmaschine (Bild 10.2), um auf den Reportgenerator hinzuweisen.[3] Für Amerikaner funktioniert die Referenz vom Ikon zum Reporter und zum Reportgenerator noch immer; für Benutzer aus anderen Ländern verweist die Schreibmaschine direkt auf das Erstellen von Berichten und Zusammenfassungen. Das Ikon auf der rechten Seite von Bild 10.2 verweist auf ein ziemlich abstraktes Konzept: das *Glossar*. Beide Bilder vermitteln die Bedeutung gleich gut; das Bild mit der Katze ist vielleicht nicht in Ländern annehmbar, in denen Tiere religiöse oder soziale Symbole darstellen. In beiden Fällen sollte der Text im Bild in die Lokalsprache übersetzt werden.[4]

Bild 10.2 *Erste Entwürfe und endgültige Version der Ikone des Systems „SynerVision" von HP. Die Entwurfsänderungen passen das System an den nicht-amerikanischen Markt an. Das Ikon auf der linken Seite verweist auf den Reportgenerator; das Ikon auf der rechten Seite stellt das Glossar dar. Benutzerschnittstellenentwurf von Jafar Nabkel (Software Engineering Systems Division, Hewlett-PackardCompany) und Eviatar Shafrir (User Interaction Design, Hewlett-Packard Company) (© 1993, Hewlett-Packard Company, mit Erlaubnis abgedruckt).*

Für die Diskussion der Benutzbarkeit von Hypertextsystemen, werden wir die Parameter, die für die Benutzbarkeit gelten, ein wenig genauer beschreiben. Erstens ist die Benutzbarkeit eines Hypertextsystems definiert durch die Kombination der Benutzbarkeit der zugrundeliegenden Hypertextmaschine (d.h. wie ist die Information dargestellt, und welche Navigationshilfsmittel stehen zur Verfügung) und der Benutzbarkeit des Inhaltes und seiner Struktur, sowie der Interaktion zwischen Hypertextmaschine, Inhalt und Strukturierung. Für den Anwender stellen all diese Aspekte ein Ganzes dar, und es kümmert ihn nicht, welche Komponente „schuld" daran ist, wenn etwas nicht klappt. Für die Benutzbarkeitsanalyse ist diese Aufteilung allerdings sehr hilfreich. Außerdem darf man nicht vergessen, daß ein

---

[3] Irgendwann wird sich das Bild einer Schreibmaschine nicht mehr eignen, nämlich dann, wenn die Generation zu Benutzern wird, die noch nie in ihrem Leben eine Schreibmaschine gesehen hat.

[4] Üblicherweise vermeidet man die Verwendung von Text in Ikonen, damit die Übersetzer die Ikone nicht überarbeiten müssen, wenn die Software lokalisiert wird. Es wäre allerdings schwer, ein Ikon für das Glossar zu definieren, das ohne Worte auskommt.

Autor andere Anforderungen stellt als ein Leser; für Leser ist es sehr wichtig, daß der Hypertext „einfach zu erlernen" ist, wogegen dieses Kriterium für Autoren weniger Bedeutung hat, da sie sich ausgiebig und über eine lange Zeit hinweg mit dem System beschäftigen.

1.   **Einfach zu erlernen:** Die Hypertextmaschine ist einfach zu erlernen, und Benutzer verstehen in sehr kurzer Zeit, wie sie die wichtigsten Befehle und Navigationsoptionen verwenden können, um die gewünschte Information zu finden.

Wenn ein Benutzer eine Informationsbasis zum ersten Mal betritt, versteht er den ersten Bildschirm auf Anhieb und benutzt ihn als Ausgangspunkt für weitere Navigationsschritte. Benutzer erkennen sehr schnell die dem Hypertext zugrunde-liegenden Strukturen und verstehen, wo sie nach bestimmten Informationen suchen sollen.

Benutzer von pädagogischen oder unterhaltenden Hypertextsystemen können etwas lernen oder sich amüsieren, ohne erst den ganzen Hypertext erforscht zu haben.

Der Inhalt der Informationsbasis ist leicht verständlich: In jedem Knoten sind Text oder andere Informationen ohne weiteres verständlich.

Für Autoren: Autoren, die mit einer Informationsbasis arbeiten, die nicht von ihnen selbst entworfen wurde, verstehen die zugrundeliegende Struktur und können sie verändern, ohne zuerst den ganzen Inhalt des Hypertextes verstehen zu müssen.

2.   **Effizient in der Benutzung:** Wenn ein Anwender nach einer bestimmten Information sucht, findet er sie entweder in sehr kurzer Zeit oder er weiß mit Bestimmtheit, daß die Information nicht in dem Hypertext enthalten ist. Wenn der Benutzer einen neuen Knoten betritt, kann er sich sehr schnell orientieren und die Bedeutung des Knotens im Verhältnis zu seinem Ausgangspunkt verstehen.

Für pädagogische Hypertextsysteme: Benutzer erlernen die für sie wichtigsten Fakten und Begriffe, ohne sich erst mit schon bekannten oder für sie uninteressanten Materialien abgeben zu müssen.

Für Autoren: Autoren können sehr schnell eine Hypertextstruktur aufbauen, die ihr Verständnis der Anwendungsdomäne darstellt. Diese Struktur kann sehr leicht ge-ändert und instand gehalten werden.

3.   **Leicht zu behalten:** Wenn der Anwender die Hypertextmaschine eine Zeit lang nicht benutzt hat, kann er sich ohne Schwierigkeiten daran erinnern wie sie zu benutzen ist und wie man navigiert.

Wenn der Anwender die Informationsbasis länger nicht benutzt hat, fällt es ihm nicht schwer, sich an die Strukturierung zu erinnern und sich im Hypertextnetzwerk zurechtzufinden. Er kann sich problemlos wieder die Konventionen für Hypertextanker, -verbindungen und -knoten ins Gedächtnis rufen.

Ein Anwender kann sein Wissen über die Benutzung einer Informationsbasis sehr leicht auf eine andere übertragen, wenn diese die gleiche Hypertextmaschine benutzt.

Für Autoren: Wenn die Hypertextstruktur nach einer Zeit überarbeitet werden muß, kann der Autor ohne weiteres zu ihr zurückkehren und die nötigen Änderungen durchführen. Das System hilft dem Autor beim Verständnis der zugrundeliegenden Struktur, und der Autor muß sich nicht an Einzelheiten erinnern, wenn er die Struktur revidieren will.

4. **Niedrige Fehlerrate:** Benutzer werden kaum jemals einer Verbindung folgen, nur um festzustellen, daß sie mit dieser Information nichts anfangen können. Falls der Benutzer irrtümlich einer Verbindung gefolgt ist, die ihn nicht interessiert, kann er problemlos zu seinem Ursprungsort zurückkehren. Im allgemeinen kann der Benutzer auf seinem Navigationspfad zurücksetzen, wenn er merkt, daß er von seinem Ziel abgeschweift ist.

Für Autoren: Der Hypertext hat nur sehr wenige Verbindungen, die irrtümlicherweise ins Leere zeigen oder auf den falschen Knoten verweisen. Die Information innerhalb der Knoten ist korrekt.

5. **Gefällig in der Benutzung:** Benutzer bevorzugen das Hypertextsystem gegenüber alternativen Lösungen wie z.B. Papier oder anderen Softwareprogrammen. Sie sind kaum jemals enttäuscht über die Hypertextmaschine oder das Resultat einer Hypertextverbindung. Der Benutzer hat das Gefühl, die Lage zu beherrschen und sich im Hypertext frei bewegen zu können.

Hypertextsysteme aus dem pädagogischen oder unterhaltenden Bereich sind für Anwender ein entspannendes oder bereicherndes Erlebnis.

10.1.1 Gestaffelte Beschreibungen verschiedener Ebenen von Benutzerfreundlichkeit

Guillemette [1989] führte Untersuchungen durch, in denen Benutzer traditionelle Systemanleitungen (also keine Hypertexte) bewerten sollten. Er fand heraus, daß die nachfolgenden sieben Faktoren 65% der unterschiedlichen Antworten erklären können:

*   Glaubwürdigkeit (falsch — richtig, zuverlässig — unzuverlässig, glaubhaft — unglaubhaft)

- Anschaulichkeit (präzise — vage, schlüssig — ungenau, stark — schwach, vollständig — unvollständig)

- Angemessenheit (relevant — irrelevant, bedeutungsvoll — bedeutungslos, passend — unpassend)

- Persönliche Einwirkung (abwechslungsreich — monoton, interessant — langweilig, aktiv — passiv)

- Systematische Organisation (organisiert — unorganisiert, ordentlich — chaotisch, strukturiert — unstrukturiert)

- Problembezogenheit (nützlich — nutzlos, informativ — uninformativ, wertvoll — wertlos)

- Verständlichkeit (klar — verwirrend, verständlich — undurchsichtig, leserlich — unleserlich).

Die Begriffe in Klammern beschreiben die semantischen Differenzierungsskalen für die Faktoren. Die sieben Faktoren sind den fünf Benutzbarkeitsparametern ähnlich. Sie können in der gleichen Weise benutzt werden, um Hypertextsysteme zu vergleichen. Die sieben Faktoren werden hier aufgeführt, weil man mit ihrer Hilfe Hypertexte aus der Sicht der Anwender untersuchen kann. Allerdings darf man nicht vergessen, daß Hypertext nicht nur für Systemanleitungen und andere Dokumentationen verwendet wird. Es ist unklar, ob die sieben Faktoren auch auf andere Anwendungen zutreffen.

Wenn man wissen will, wie ein Anwender ein System einschätzt, legt man ihm die Differenzierungsskalen, die zu den Faktoren gehören, vor. Jede Skala ist in Wertstufen von eins bis sieben aufgeteilt, mit den Extremwerten (z.B. *präzise* und *vage*) an den Enden. Der Benutzer drückt auf der Skala aus, wie stark die Extremwerte auf das System zutreffen [Nielsen 1993a]. Zum Beispiel kann er ein System auf der präzise(1)/vage(7)-Skala mit dem Wert 5 einordnen, um zu sagen, daß die Beschreibungen nicht sehr genau sind.

10.2 Empirische und vergleichende Untersuchungen

Es bestehen nur sehr wenige Untersuchungen, die sich direkt mit Hypertext und den damit verwandten Problemen befassen, doch gibt es eine ganze Reihe von Untersuchungen, die die Benutzbarkeit verschiedener Online-Textzugriffsverfahren untersuchen, und viele ihrer Resultate lassen sich auf Hypertextfragestellungen anwenden.

10.2.1 Auswirkung der Benutzerschnittstellen-Technologie

Für die Implementierung von Online-Informationssystemen können verschiedene Benutzerschnittstellen-Technologien angewendet werden. Die Benutzung von Mehrfenster-Systemen ist die Technologie, die momentan am weitesten verbreitet ist. Tombaugh et al. [1987] untersuchten, wie Schnittstellentechnologien den Benutzer beeinflussen, wenn er Information wiederfinden will, die er schon einmal gelesen hat. Die Untersuchung wurde mit erfahrenen Benutzern (also solchen, die schon mit Mehrfenstersystemen gearbeitet hatten) und mit Neulingen, die noch nie ein Fenstersystem gesehen hatten, durchgeführt. In beiden Testgruppen zeigte es sich, daß Texte etwas langsamer gelesen werden, wenn sie auf mehrere Fenster verteilt sind, statt in einem Fenster mit einem Rollbalken zu erscheinen (17 Minuten vs. 15 Minuten für Neulinge und 17 Minuten vs. 16 Minuten für erfahrene Benutzer). Wurden die Benutzer gebeten, Informationen wiederzufinden, dann zeigte es sich, daß die Neulinge im Mehrfenster-System etwas schlechter zurechtkamen (sie brauchten durchschnittlich 85 Sekunden vs. 72 Sekunden im Einfenstermodus), wogegen die fortgeschrittenen Benutzer im Mehrfenster-System schneller waren (50 Sekunden gegenüber von 65 Sekunden). Die niedrigere Leserate im Mehrfenster-System kann wahrscheinlich darauf zurückgeführt werden, daß es schneller geht in einem Fenster weiterzublättern, als zwischen verschiedenen Fenstern das geeignete auszuwählen. Der Grund, warum Neulinge in Mehrfenster-Systemen schlechter abschnitten als in Einfenster-Systemen liegt wahrscheinlich darin, daß sie bei der Beantwortung von Fragen mit dem Fenstersystem kämpfen mußten. Der fortgeschrittene Benutzer konnte mit dem Mehrfenster-System möglichst viel Information gleichzeitig am Schirm sehen, und so sehr schnell auf Information zugreifen. Die Titelleisten der Fenster (sie enthalten den Namen des Dokumentes, das im Fenster gezeigt wird) haben wahrscheinlich auch dazu beigetragen, daß der erfahrene Benutzer schneller auf Information zugreifen konnte.

Dieses Beispiel mit seinen zwei verschiedenen Schlußfolgerungen zeigt, wie wichtig es ist, daß die Testpersonen das gleiche Profil haben wie die Endbenutzer. In diesem Fall kann man davon ausgehen, daß die meisten PC-Benutzer mit Mehrfenster-Systemen vertraut sind. Wenn sich das System an normale Benutzer wendet, ist anzunehmen, daß ein Mehrfenster-System die bessere Lösung darstellt. Wenn sich das System aber an Personen wendet, die nicht mit PCs vertraut sind, ist ein Einfenster-System besser.

Die Auswirkung der Antwortzeit des Systems ist von Patterson und Egido [1987] untersucht worden. Wie zu erwarten war, zeigte sich, daß Anwender Probleme schneller lösen, wenn die Antwortzeit kürzer ist. Zusätzlich dazu haben Patterson und Egido festgestellt, daß sich Anwender bevor sie eine Entscheidung treffen mehr

Knoten in einem Hypertext ansehen, wenn die Antwortzeit kürzer ist (durchschnittlich 1,6 vs. 1,0 Knoten). Patterson und Egido konnten keine Aussage darüber machen, ob der Benutzer *bessere* Entscheidungen trifft, wenn er sich mehr Knoten ansieht. Sie schlußfolgern, daß die Antwortzeit einen direkten Einfluß darauf hat, wie Information, die einer Entscheidung zugrunde liegt, gesammelt wird: Benutzer ziehen mehr Information ein, wenn sie sie schnell genug erhalten können.

10.2.2 Ein Vergleich zwischen Hypertext und großen Textdateien

Dieser Abschnitt vergleicht die Suche nach Information in Hypertexten mit der Suche in großen Textdateien, in denen der Benutzer Information durch Vor- und Zurückblättern findet. Monk et al. [1988] führten eine Untersuchung durch, bei der Testpersonen Fragen über ein größeres Pascal-Programm beantworten sollten. Sie fanden heraus, daß die Fragen etwas schneller beantwortet wurden, wenn den Testpersonen die Textdatei in einem ganz normalen Texteditor präsentiert wurde (durchschnittlich wurden 15 Fragen über das Programm in 13,2 Minuten vs. 18,3 Minuten beantwortet). Allerdings enthielt das Hypertextsystem kein Übersichtsdiagramm der Struktur der Informationsbasis. Monk et al. führten ein zweites Experiment durch, bei dem eine Übersichtsskizze am Computer befestigt wurde. Die durchschnittliche Antwortzeit der Testpersonen sank jetzt auf 13,0 Minuten und war damit etwas besser als diejenige, die mit einem Texteditor erreicht wurde. Man sollte diese Testresultate aus den folgenden beiden Gründen mit Vorsicht genießen. Erstens erweitert die Übersichtsskizze den zur Verfügung stehenden Bildschirm — der Benutzer sieht mehr Information gleichzeitig. Zweitens sind kürzeren Antwortzeiten möglicherweise nicht direkt auf das Hypertextübersichtsdiagramm zurückzuführen, sondern darauf daß das Verständnis eines Pascal-Programmes durch ein Übersichtsdiagramm wesentlich erleichtert wird. Wäre die Fragestellung leicht verändert worden (d.h. sie hätte sich nicht auf das Verständnis von Programmbefehlen bezogen), dann hätte sich das Übersichtsdiagramm eventuell ganz anders ausgewirkt.

Gordon et al. [1988] benutzten in einer anderen Studie ein selbstgeschriebenes Hypertextsystem, das dem System *Hyperties* sehr ähnlich sieht, auch wenn es eingeschränktere Navigationsmöglichkeiten zur Verfügung stellt. Testpersonen sollten vier Zeitschriftenartikel lesen, von denen zwei allgemeine Themen behandelten („Liebe auf den ersten Blick" und „Folgen der Sterilisation"), und zwei sich mit eher technischen Fragestellungen („Aufmerksamkeitsfaktoren bei Flugzeugunfällen" und „Sprachsynthese und -erkennung") befassten. Die Testpersonen lasen die Artikel an einem Computerbildschirm, entweder in Hypertextformat oder in dem ursprünglichen linearen Textformat. Sie wurden dann gebeten, sich an möglichst viele Konzepte aus den Artikeln zu erinnern. Die Leser, die die allgemein interessanten Artikel mit Hilfe des Hypertextsystems gelesen hatten, schnitten wesentlich schlechter ab: Sie konnten sich nur an 17% der Konzepte erinnern, wogegen Benutzer des linearen Textsystems sich an 31% der Konzepte erinnerten. Bei den Lesern der technischen Artikel schnitten beide Systeme etwa gleich gut ab (22% vs. 21%). Die Autoren glauben, dies darauf zurückführen zu können, daß sich die Leser der technischen Artikel mehr anstrengten, die Inhalte zu verstehen, wogegen die Leser der allgemein interessanten Artikel vom Hypertextsystem eher abgelenkt wurden. Daß diese allgemeinen Texte ursprünglich für das lineare Lesen geschrieben wurden, kann auch zum schlechten Abschneiden des Hypertextsystems beigetragen haben. Die technischen Texte waren möglicherweise strukturierter und eigneten sich daher eher für die Aufteilung in kleine Informationsknoten. Außerdem waren die Testpersonen mit dem Hypertextsystem nicht vertraut und daher wahrscheinlich von vornherein negativ eingestellt.

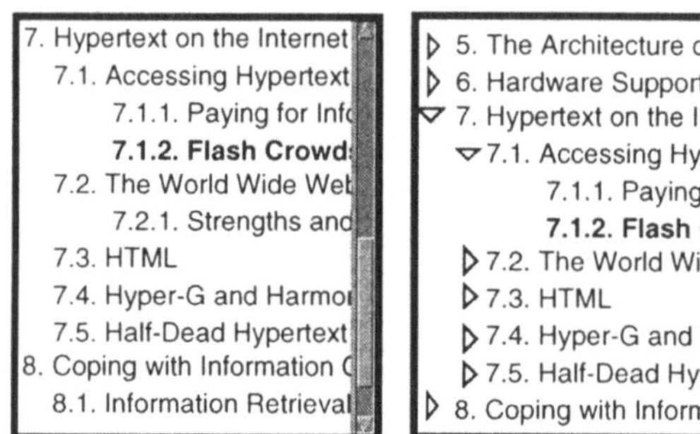

Bild 10.3 *Drei verschiedene Inhaltstabellen. Der Entwurf auf der linken Seite benutzt eine lange Inhaltstabelle, in der der Benutzer weiterblättern kann. Der mittlere Entwurf benutzt eine Expansions- und Kontraktionstechnik. Der Entwurf auf der rechten Seite benutzt mehrere Fenster, um die verschiedenen Ebenen der Inhaltstabelle darzustellen. Die drei Entwürfe werden genauer in [Chimera und Shneiderman 1994] beschrieben. Man beachte, daß sich unsere konzeptuelle Darstellung in den Details grafisch von den Entwürfen von Chimera und Shneiderman unterscheidet.*

Chimera und Shneiderman [1994] untersuchten drei verschiedene Entwürfe für Inhaltsverzeichnisse, um herauszufinden, ob lange Listen, in denen man blättert, besser oder schlechter funktionieren als strukturierte Überblicke (Bild 10.3). Testpersonen wurden neun unterschiedliche Suchaufgaben gestellt, die sie mit Hilfe von drei verschiedenen Inhaltsverzeichnissen (zwei kleinere mit 118 und 147 Einträgen und ein großes mit 1.296 Einträgen) lösen sollten. Im Durchschnitt brauchten die Testpersonen 63 Sekunden, um Elemente im Inhaltsverzeichnis durch Blättern zu finden. Sie benötigten 41 resp. 42 Sekunden, um Elemente in den strukturierten Inhaltsverzeichnissen zu finden. Die einzige Aufgabe, die am besten durch Blättern gelöst werden konnte, bestand aus der Frage: „Wie lautet der Titel des Abschnittes 1.1?". Aus diesem Grund kann man ohne zu zögern strukturierte Inhaltsverzeichnisse empfehlen, in denen der Benutzer nicht blättern muß.

10.2.3 Ein Vergleich zwischen Hypertext und traditionellen Computersystemen

Anstelle von Hypertextsystemen könnte ein System aus miteinander verbundenen Menüs benutzt werden, um die gleichen Informationen darzustellen. Shneiderman [1987a] untersuchte in einer Studie, wie gut Anwender mit beiden Informationsstrukturen umgehen können. Eine recht kleine Informationsstruktur wurde einmal als verkettete Menüstruktur und einmal als Hypertextstruktur in *Hyperties* dargestellt. Testpersonen wurden Fragen gestellt, um herauszufinden, welche Informationsstruktur geeigneter war. Shneiderman beobachtete, daß die Testpersonen wesentlich mehr Fragen beantworteten, wenn sie das Hypertextsystem und weniger, wenn sie die Menüstruktur benutzten (15,2 vs. 12,2 Fragen in 15 Minuten). Außerdem waren die Testpersonen subjektiv zufriedener mit dem Hypertextsystem (5,9 vs. 4,2 auf einer Skala von 1 bis 7).

Hypertexttechnologie wird oft mit Datenbanken verglichen. Aus diesem Grund werden wir traditionelle, befehlsorientierte Datenbanken und Hypertextsysteme einander gegenüberstellen. Canter et al. [1985] verglichen die Navigationsstrategien, die in Hypertexten und in befehlsorientierten Datenbanken benutzt werden. Canter fand heraus, daß in beiden Systemen gleich viele Knoten besucht werden, daß Benutzer von Hypertextsystemen aber öfters zu schon bekannten Knoten zurückkehren. Im Hypertext wurden nur in 33% der Navigationsbewegungen neue Knoten betreten, wogegen die Datenbankbenutzer in 66% der Bewegungen neue Knoten besuchten. Die Hypertextbenutzer machten eine wesentlich höhere Anzahl von Rundreisen, die sie wieder zu dem gleichen Knoten zurückbrachten (61 vs. 28), und eine wesentlich größere Anzahl an gezielten Rücksetzbewegungen (17 vs. 5). Canter et al. schlußfolgerten daraus, daß sich Benutzer auf anderen Pfaden durch die Daten bewegen, wenn sie Zugriff auf Hypertextnavigationsmittel haben.

Einige Hypertextsysteme sind Expertensystemen sehr ähnlich. Aus diesem Grund haben Peper et al. [1989] ein IBM-internes Hypertextsystem mit einem kommerziellen Expertensystem für die Diagnose von weltweiten Datennetzen verglichen. Die gleiche Information wurde in beiden Systemen dargestellt. Testpersonen, die entweder zu dem gegebenen Zeitpunkt oder früher einmal mit Netzwerkproblemen befaßt waren, sollten beide Systeme benutzen, um eine Reihe von Problemen zu lösen. Die Testpersonen, die das Hypertextsystem benutzten, lösten 81% der Probleme korrekt, wogegen die Testpersonen, die mit dem Expertensystem arbeiteten, nur 67% der Probleme korrekt lösten. Allerdings war die Benutzung des Expertensystems schneller (4 Minuten) als die Benutzung des Hypertextsystems (5 Minuten). Auf die Frage, welches System sie vorzögen, nannten 50% der Testpersonen das Hypertextsystem, und 25% entschieden sich für das Expertensystem. Laut Peper et al. ist es aus der Sicht des Autors „sehr einfach", die Information im Hypertextsystem zu warten; die Wartung der Wissensbasis des Expertensystems wurde als „schwierig" bezeichnet. Leider veröffentlichten sie über diesen Aspekt der Arbeit keine weiteren Informationen außer, daß die Systembetreuer das Hypertextsystem an Ort und Stelle erweitern konnten, indem sie Annotationen einfügten.

10.2.4 Ein Vergleich von hypertext- und papierbasierten Lösungen

Der Vergleich zwischen einem Hypertextinformationssystem und einer vergleichbaren Informationsstruktur auf der Basis von Papier, z.B. einem Buch oder einem Zeitschriftenartikel, ist wahrscheinlich einer der wichtigsten. Shneiderman [1987a] stellte einen derartigen Vergleich an, indem er geschichtliche Informationen einmal in einem Hyperties-basierten Hypertext präsentierte und einmal als eine 138 Seiten umfassende Artikelsammlung. Testpersonen benutzten beide Informationssysteme, um Fragen zu beantworten. Wenn Fragen gestellt wurden, deren Antwort am Anfang eines Artikels gefunden werden konnte, schnitt das Hypertextsystem am schlechtesten ab (42 Sekunden vs. 22 Sekunden). Wenn die Information mitten in einem Artikel gefunden werden mußte, schnitt das Hypertextsystem nur wenig schlechter ab als die gedruckte Artikelsammlung (58 Sekunden vs. 51 Sekunden). Wenn die Frage nur durch die Verbindung von Informationen aus zwei Artikeln zu beantworten war, verschwand der Unterschied (107 Sekunden in beiden Fällen). Dieser Vergleich deutet an, daß Hypertext hilfreich ist, wenn der Benutzer in einem Informationsraum navigieren muß, und daß er den Benutzer stört, wenn er die Information auf den ersten Blick auf einer Seite finden kann.

10.2.5 Subjektive Beurteilung durch den Benutzer

Ich fragte Informatikstudenten, ob sie ihre Systemhandbücher, Fachbücher und Romane lieber in elektronischer Form als Online-Systeme oder in gedruckter Form hätten [Nielsen 1986]. Es wurden zwei verschiedene Online-Möglichkeiten angeboten, einmal als Hypertextsysteme mit Annotationsmöglichkeit und einmal als einfacher Online-Text. Die Testpersonen sollten auf einer Skala von 0 — 4 (überhaupt nicht einverstanden, nicht der Meinung, neutral, bin der Meinung, auf jeden Fall) angeben, ob sie mit der Aussage, daß das Online-System hilfreich ist, einverstanden sind. Man beachte, daß die Testpersonen gebeten wurden, Aussagen über ein System zu machen, das sie noch nie benutzt hatten. Sehr oft ändern sie ihre Meinung, sobald sie das erste Mal mit dem System konfrontiert sind. Trotzdem sind die apriorischen Meinungen der potentiellen Endbenutzer, sehr wichtig, da sie bestimmen, wie schnell eine neue Technologie in den Markt eindringen kann. Die Benutzergruppe (Informatikstudenten), die in dieser Studie befragt wurde, ist untypisch; der Durchschnittsbürger hat eine negativere Haltung gegenüber technologischen Innovationen.

Die Auswertung der Antworten zeigte, daß die Studenten der Meinung waren, Online-Handbücher seien von großem Vorteil, Online-Fachbücher böten einen kleinen Vorteil und Online-Romane einen großen Nachteil. Des weiteren zeigten die Antworten, daß Annotationen für Online-Fachbücher als großer Vorteil eingestuft wurden, daß sie von geringem Vorteil für Handbücher, und für Romane als wertlos angesehen wurden.

In einer anderen Untersuchung, durchgeführt von Marchionini [1989], wurden Abiturienten gebeten, eine Enzyklopädie (*Grolier's Academic American Encyclopedia*) in elektronischer und in gedruckter Form zu benutzen. Die Testpersonen wurden dann nach ihrer Meinung gefragt. Die Hälfte sagte, daß die elektronische Version schneller sei; drei Testpersonen meinten, daß sie vollständiger sei als die gedruckte Version, und einer war der Ansicht, die elektronische Version sei rezenter. Diese Resultate sind insofern interessant, als beide Versionen (online und gedruckt) den gleichen Text enthielten, und daß Messungen zeigten, daß die Testpersonen mit der elektronischen Version *langsamer* arbeiteten. Dieses Beispiel illustriert einige der Probleme der subjektiven Beurteilung und zeigt, wie verlockend neue Technologien sein können.

10.2.6   Die Suche nach Information

Fox [1992] befragte eine Gruppe von Benutzerschnittstellen-Designern. Sie sollten Entwurfsregeln für ein bestimmtes Projekt auswählen. Die Sammlung der Entwurfsregeln wurde einmal als gedrucktes Dokument und einmal als Hypertext zur Verfügung gestellt. Testpersonen, die das gedruckte Dokument benutzten, fanden 91% der Regeln, die zu der Aufgabenstellung paßten, während die Testpersonen, die den Hypertext benutzten, nur 83% fanden. Die Tatsache, daß die Hypertextbenutzer den Text nicht lasen sondern versuchten, Regeln anhand der Überschriften auszuwählen, hat bestimmt zu dem schlechten Abschneiden des Hypertextes beigetragen. Die Untersuchung zeigte, daß die Benutzer fünfmal soviele Entwurfsregeln aufgrund des Titels auswählten, wenn sie den Hypertext anstatt des gedruckten Buches benutzten. Daraus ersieht man, daß Information anders präsentiert und strukturiert werden muß, wenn sie online benutzt wird. Man könnte sich überlegen, für Online-Anwendungen mehr Bilder zu benutzen, den Haupttext zu verkürzen und mehr Überschriften einzuführen, um sicherzustellen, daß weniger Inhalte übersehen werden.

Egan et al. [1989a;1989b] führten Untersuchungen durch, in denen ein Statistik-Handbuch einmal in der gedruckten Version und einmal als Hypertextversion (man benutzte das System *SuperBook*) zur Verfügung stand. Das Buch war ursprünglich für eine gedruckte Veröffentlichung geschrieben worden — die Tatsache, daß es dann im Hypertextformat benutzt wurde, hat möglicherweise zu den Resultaten dieser Untersuchung beigetragen. Die Testpersonen wurden gebeten, Fragen zum Fachgebiet der Statistik zu beantworten. Das Buch enthielt die Antworten, und es wurde die Zeit gemessen, die die Testpersonen brauchten, um die Antworten zu finden. Wenn die Fragen Schlüsselbegriffe enthielten, die in den Überschriften des Buches vorkamen, schnitt das gedruckte Buch wesentlich besser ab als die Hypertextversion (3,5 Minuten vs. 4,4 Minuten). Das ist wahrscheinlich dadurch zu erklären, daß bei Büchern darauf geachtet wird, Begriffe aus der Überschrift im Text genauer zu erklären. Außerdem eignen sich Inhaltsverzeichnisse hervorragend zur Orientierung und zum Zugriff auf spezifische Information — wenn diese Information in den Überschriften erwähnt wird. Wenn der Leser erst die richtige Stelle im Buch gefunden hat, ist es ein leichtes, die genaue Antwort zu finden.

Sobald die Fragen keine Begriffe aus den Überschriften enthielten, sondern sich auf den Fließtext in den Abschnitten bezogen, war das Antwortverhältnis umgekehrt. Die Beantwortung der Fragen anhand der Online-Versionen war jetzt wesentlich schneller (4,3 Minuten vs. 7,5 Minuten). Wahrscheinlich hat der Textindex der elektronischen Version zu diesem Resultat beigetragen.

Egan et al. untersuchten auch, ob die Testpersonen korrekte Antworten gaben und fanden heraus, daß die Hypertextversion besser abschnitt als die gedruckte Version. Anschließend wurden die Testpersonen gebeten, einen Aufsatz zu schreiben, der auf dem Buch aufbaute. Die Aufsätze wurden durch einen unparteiischen Schiedsrichter bewertet. Der Schiedsrichter wußte nicht, welche Version des Buches von welchem Autor benutzt wurde. Die Bewertungen der Aufsätze waren wesentlich besser, wenn der Autor die Hypertextversion benutzt hatte (5,8 vs. 3,6 auf einer 7-Punkte- Skala). Um herauszufinden, warum die Testpersonen besser abschnitten, wenn sie die elektronische Version verwandten, wurde ein weiteres Experiment durchgeführt [Egan et al. 1989a]. Egan et al. identifizierten eine Reihe von Schlüsselbegriffen aus dem Gebiet der Statistik, die an sich in dem Aufsatz vorkommen sollten. Die Aufsätze wurden dann je nach Erwähnung dieser Schlüsselbegriffe bewertet. Es stellte sich heraus, daß die Hypertextbenutzer auch hier besser abschnitten (8,8 vs. 6,0 aus 15). Eine genauere Analyse zeigte, daß man die Aufsätze von Hypertextbenutzern und Benutzern des gedruckten Buches anhand von drei sog. *diskriminierenden* Schlüsselbegriffen erkennen konnte. Die drei Begriffe kommen im gleichen Absatz vor. Die Hypertextbenutzer erwähnten im Durchschnitt 2,7 der drei Begriffe, wogegen die Buchbenutzer nur 1,2 erreichten.

Egan et al. fertigten Videoaufnahmen an, um herauszufinden, wieso die Buchbenutzer weniger Schlüsselbegriffe in ihren Aufsätzen erwähnten als die Hypertextbenutzer. Die Videoaufnahmen zeigten, daß sich beide Benutzergruppen die Seiten ansahen, die die diskriminierenden Schlüsselbegriffe enthielten. Die gedruckte Version des Statistikbuches aber hob die kritischen Abschnitte nicht gesondert hervor, und da die Information im unteren Drittel der Seite erschien, wurde sie schlichtweg übersehen. Die Hypertextversion hingegen hob die Suchbegriffe grafisch hervor, wodurch die Aufmerksamkeit des Benutzers gezielt auf die relevanten Abschnitte gelenkt wurde.

Diese Untersuchungen wurden mit einer überarbeiteten Version der Software *SuperBook* durchgeführt. Egan et al. [1989c] machten die gleichen Untersuchungen mit der Originalversion von SuperBook und zeigten, daß die Überarbeitung der Software — durchgeführt aufgrund der Resultate von Endbenutzertests — zu einer wesentlichen Verbesserung der Untersuchungsergebnisse beigetragen hat. Die überarbeitete Version erzielte durchschnittliche Antwortzeiten von 5,4 Minuten, wogegen die ursprüngliche Version Antwortzeiten von 7,6 Minuten erreichte. Das Verhältnis der richtigen Antworten stieg auch von 69% in der ursprünglichen Version auf 75% in der überarbeiteten Version.

Eine weitere Untersuchung bestätigt den Wert eines iterativen Entwicklungszyklus. Man benutzte hierbei *HyperHolmes*, eine Hypertextversion der Sherlock-Holmes-Enzyklopädie [Instone et al. 1993; Mynatt et al. 1992]. Die erste Untersuchungsreihe wurde mit der ursprünglichen Software-Version durchgeführt. Die Testpersonen brauchten durchschnittlich 236 Sekunden, um Fragen über Sherlock Holmes zu beantworten und schnitten damit wesentlich schlechter ab als Benutzer der gedruckten Version der Enzyklopädie, die die gleichen Fragen in 201 Sekunden beantworten konnten. Die Benutzerschnittstelle wurde anschließend unter Berücksichtigung der ersten Benutzbarkeitsuntersuchungen überarbeitet. Danach konnten die Testpersonen die Fragen in 178 Sekunden beantworten. Auch die Qualität der Antworten hatte sich verbessert.

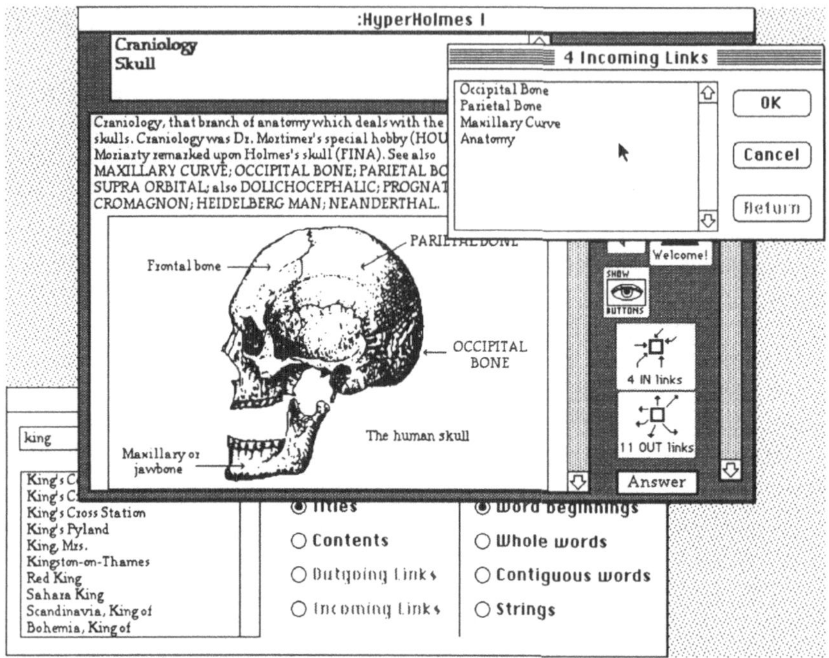

Bild 10.4 *Die erste Version des Systems „HyperHolmes" (© 1993, Bowling State University, mit Erlaubnis abgedruckt).*

Bild 10.4 zeigt den ersten Schnittstellenentwurf des Systems *HyperHolmes*; Bild 10.5 zeigt die überarbeitete Version. Die Organisation der Fenster auf dem Bildschirm stellt auf den ersten Blick einen wichtigen Unterschied dar. Die erste Version benutzte überlappende Fenster, wogegen die zweite Version die Fenster kachelartig nebeneinander arrangiert. Diese Organisation hat sich für viele Aufgaben als geeigneter erwiesen [Bly und Rosenberg 1986]. Eine gesonderte Anzeige für die Ankerpunkte der Verbindungen (engl. outgoing links) war in der zweiten Version nicht mehr vorhanden, da alle Ankerpunkte im Text durch Großbuchstaben angezeigt wurden. Durch das Weglassen bestimmter Elemente des Suchsystems konnte die Schnittstelle weiterhin vereinfacht werden.

Die erste Version erlaubte es anzugeben, ob man nach einem ganzen Wort, einem Wortanfang, einem Wortende, aufeinanderfolgenden Wörtern oder einer Zeichenreihe suchte. Untersuchungen zeigten allerdings, daß Benutzer, wenn sie beim ersten Suchvorgang nicht fündig wurden, kaum jemals bessere Resultate erzielten, wenn sie die restlichen Suchoptionen durchprobierten. Die Entwickler der zweiten Version entschieden daraufhin, daß in diesem Fall „weniger mehr ist". Sie ließen die Suchoptionen weg, damit der Benutzer nicht auf viele Weisen nach demselben Begriff suchen kann, sondern eine einfache Suchmethode benutzt um nach mehreren Begriffen zu suchen, wodurch er mehr relevante Information findet. Schließlich wurde die Überblickskarte zum Orientierungspunkt erklärt, sie wurde durch einen besonderen Knopf von überall her zugänglich gemacht. In der ersten Version war die Überblickskarte nur vom Startknoten aus zugänglich gewesen.

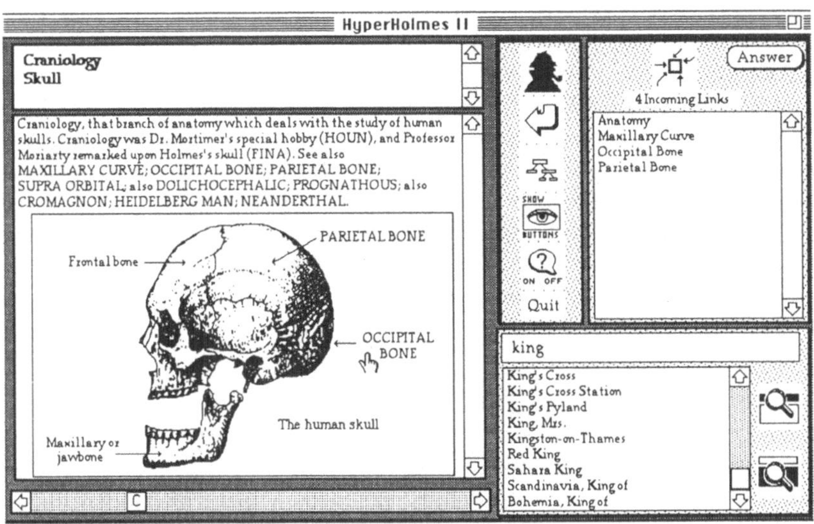

Bild 10.5 *Die zweite, überarbeitete Version des Systems „HyperHolmes" (© 1993, Bowling State University, mit Erlaubnis abgedruckt).*

10.2.7   Einsatz von Hypertext im Bereich der Pädagogik

Catano [1979] benutzte *FRESS*, eines der ersten Hypertextsysteme, um Poesie zu unterrichten. Den Erfolg bewertete man, indem Aufsätze, die die Probanden über ein Gedicht schrieben, von externen Gutachtern beurteilt wurden. Die Testpersonen schrieben ihre Aufsätze vor und nach der Benutzung des Systems. Eine Vergleichsgruppe studierte dieselben Gedichte anhand gedruckter Materialien und schrieb ebenfalls Aufsätze vor und nach dem Unterricht. Die Studenten, die das Hypertextsystem benutzt hatten, zeigten leicht verbesserte Poesiekenntnisse gegenüber den Studenten mit den gedruckten Unterlagen (1,2 vs. 1,0 Punkte). Allerdings ergab sich im darauffolgenden Jahr, als die Studie wiederholt wurde, ein umgekehrtes Resultat: Die Hypertextklasse hatte sich weniger verbessert als die Kontrollgruppe (1,4 vs. 2,5). Aus diesem Grund können keine weiteren Schlüsse aus dieser Studie gezogen werden. Die Studie ist jedoch interessant, weil sie zu messen versucht, was Studenten mit Hilfe eines Hypertextsystems lernen. Zur gleichen Zeit führt sie mit Hilfe einer Kontrollgruppe, die in einer konventionellen Umgebung durch den gleichen Lehrer unterrichtet wurde, einen Vergleich durch.

In einer anderen Untersuchung verglich Christel [1994] zwei verschiedene Hypermediaversionen eines Kurses zum Thema Programminspektion. Der Kursus baut auf Videomaterial auf. Er enthält Aufnahmen von Sitzungen und Video-Schnipsel, die in simulierten Inspektionssitzungen verwendet werden. Eine Version der Software benutzte Video in Spielfilmqualität (30 Bilder pro Sekunde); die andere benutzte die gleichen Tonaufnahmen, kombiniert mit einer Sequenz von Standbildern (Bildwechsel alle 4 Sekunden). Am Ende des Kurses wurden die Studenten gebeten, die Inhalte nachzuerzählen und wichtige Informationen zu identifizieren. Die Studenten, denen der Kurs auf Videos in Filmqualität gezeigt worden war, erinnerten sich an 89% der Inhalte, wogegen die Studenten, denen nur Standbilder zur Verfügung standen, sich bloß an 71% erinnerten. Die Studie deutet darauf hin, daß gute visuelle Präsentationen zum guten Abschneiden pädagogischen Hypertextlehrmaterials beitragen.

Der Hypertext *Perseus Project* (siehe auch Kapitel 4) wurde entwickelt, um Studenten beim Studium der Klassiker zu unterstützen. *Perseus Project* war die Basis für eine ganze Reihe von Untersuchungen [Marchionini und Crance 1994], bei denen Daten aus zwölf Kursen mit insgesamt 640 Studenten verwendet wurden. Die meisten Kurse wurden durch direkte Beobachtung und durch Interviews mit den Lehrern und Studenten ausgewertet. In einem Beispiel lobt ein Student die Einführung von Hypermedia im Unterricht: „Wenn wir uns gerade über einen geschichtlichen Schauplatz unterhalten, zeigt der Lehrer gleichzeitig Aufnahmen davon. Dadurch wird es viel einfacher, sich an die Vorlesung zu erinnern, als wenn der Lehrer nur von dem Schauplatz erzählt." Andere Studenten beschwerten sich, daß es verwirrend sei, wenn der Lehrer gleichzeitig spricht und das *Perseus*-System benutzt. Beobachtungen von Studenten, die griechische Texte in *Perseus* lasen, zeigten, daß es keinen Geschwindigkeitsunterschied zwischen dem Nachschlagen von Begriffen im Hypertext oder im gedruckten Wörterbuch gibt. Allerdings können Studenten, während das elektronische Wörterbuch die Begriffe aufsucht, weiterlesen.

Die Beobachtungen und Interviews sind qualitative Auswertungen und sagen nichts darüber aus, ob die Studenten besser oder mehr lernen, wenn sie *Perseus* benutzen. Zu diesem Zweck wurde eine vergleichende Untersuchung durchgeführt, in der die Testpersonen einen Aufsatz über den griechischen Ehrbegriff schreiben sollten. Studenten, die Zugriff auf das System *Perseus* hatten, benutzten im Durchschitt 22 Zitate, wogegen die anderen Studenten durchschnittlich nur 15 Zitate verwendeten. Der Hypertext fördert die Benutzung von Zitaten und den Zugriff auf primäre Texte — Dinge, die beim Studium der Klassiker wünschenswert sind. Außerdem zeigten andere Statistiken, daß *Perseus*-Benutzer auf eine weitaus gefächertere Auswahl von Texten zugriffen. Die gleiche Aufgabe war früheren Jahrgängen (bevor es Perseus gab) gestellt worden. Die Aufsätze enthielten durchschnittlich 16 Zitate. Wenn Studenten, die Perseus überhaupt nicht kannten (weil es das System damals noch nicht gab), und solche, die das System kennen, aber keinen Zugriff darauf haben, vergleichbare Untersuchungsresultate liefern, so ist dies ein vielversprechender Hinweis, daß vergleichende Studien über den Nutzen von Hypertext in pädadgogischen Bereichen erfolgreich durchgeführt werden können, ohne daß zuerst die Inhalte der Kurse vollständig überarbeitet werden.

Um den erzieherischen Wert definitiv zu bestimmen, wurden drei Lehrer gebeten, Aufsätze von Schülern zu benoten, von denen einige Zugriff auf Perseus hatten und andere nicht. Die Lehrer wußten nicht, welche Studenten Zugriff auf das System hatten. Es stellte sich heraus, daß beide Gruppen gleiche Noten erhielten. Daraus kann man schlußfolgern, daß Perseus zum pädagogischen Erlebnis des Studenten beiträgt, daß es aber nicht zu einem besseren Endresultat führt (zumindest wenn man davon ausgeht, daß Prüfungsergebnisse die bestmögliche Bewertung pädagogischer Arbeit darstellen).

10.2.8 Feldstudien

Feldstudien unterscheiden sich von Laboruntersuchungen dadurch, daß die Testpersonen aus einem realen Grund an einer realen Aufgabe mit dem zu testenden System arbeiten — und nicht, weil man ihnen eine künstlich erdachte Aufgabe gestellt hat. Dieser Unterschied ist besonders wichtig bei Hypertextanwendungen, da die Tatsache, daß der Benutzer nach Belieben und im eigenen Tempo in der Information suchen und navigieren kann, eine wesentliche Eigenschaft von Hypertext ist. Darum müssen wir Feldstudien betreiben, um Personen in ihrer eigenen Umgebung bei der Benutzung von Hypertext zu beobachten.

Nielsen und Lyngbaek [1990] führten eine Untersuchung durch, in der Testpersonen ein *Guide*-Hypertextdokument nach Belieben benutzten. Die Testpersonen sollten die drei Hypertextformen in Guide beurteilen. Auf die Frage nach dem mehr oder weniger leichten Verständnis der Hypertextmöglichkeiten in Guide, antworteten die Testpersonen, daß der Notizknopf (öffnet Pop-up-Fenster) und der Expansionsknopf (expandiert Text) wesentlich einfacher zu verstehen seien als der Referenzknopf (folgt einer Referenz zu einem Hypertextknoten). Sie gaben die Noten 1,5 vs. 1,5 vs. 2,2 auf einer Skala von 1 — 5, wobei 1 die beste Note war. Auf die Frage, welche Hypertextform die Qualität des Dokumentes verbesserte, antworteten die Testpersonen, daß der Notizknopf wesentlich besser sei als der Expansions- und der Referenzknopf (2,0 vs. 2,5 vs. 2,8). Das heißt, daß die Benutzer den Referenzknopf als die schlechteste der Hypertextformen beurteilen. Der Notizknopf schnitt am besten ab.

Conklin und Begeman [1988] ließen 32 Testpersonen ein Jahr lang mit dem Hypertextwerkzeug gIBIS arbeiten. gIBIS unterstützt Benutzer beim Erstellen von Argumentationsstrukturen zur Dokumentation von Entwurfsentscheidungen. gIBIS benutzt typisierte Verbindungen zwischen Elementen des Argumentes, z.B. „unterstützt" oder „ist dagegen". Die Auswertung des Feldversuches zeigte, daß für früher eingenommene Positionen wesentlich öfter positive Referenzen als negative gemacht wurden (450 vs. 190). Es scheint, daß sich Benutzer gegenüber ihren Kollegen positiv verhalten.

Manche Aspekte der Systembenutzung können nur in Feldversuchen beobachtet werden. Baird et al. [1988] verfolgten die Benutzung des Hypertextes *Glasgow Online* anläßlich des Glasgower Gartenfestivals. Ca. 500 Personen sahen sich den Hypertext an — etwa 11% der Besucher des Universitätspavillons, in dem der Hypertext vorgestellt wurde. Von den 500 Besuchern waren 70 jünger als 20; 430 waren älter als 20. Etwa 50 Besucher benutzten das System auch wirklich, und von ihnen waren 32 jünger und 17 älter als 20.

Die besten Feldstudien untersuchen den Einfluß des Hypertextes auf die Leistungsfähigkeit des Benutzers in seiner realen Aufgabe, weil sie ja der Grund dafür ist, daß er den Hypertext überhaupt benutzt. Leider gibt es nur sehr wenige derartige Studien — möglicherweise weil Hypertext eine sehr neue Technologie ist. Nielsen und Lyngbaek [1990] beobachteten Kinder in einem Kindergarten beim Spielen mit dem interaktiven Märchen *Inigo Gets Out* (siehe auch die Bilder 9.18 und 9.19). Die Kinder hatten viel Spaß. Da Sinn und Zweck dieses Systems darin besteht, seinen Benutzern Freude zu machen, kann man daraus schließen, daß das System erfolgreich ist. Leider konnte man die Freude der Kinder nicht *messen*, um so quantitativ zu bestimmen, wie erfolgreich das System ist.

Peter Brown [Brown 1989b] berichtet über den Einsatz des Systems Guide bei der britischen Computerfirma ICL. Das Hypertextsystem wurde im Wartungsbereich benutzt. Zum einen wollte man feststellen, ob ein Wartungstechniker zum Kunden geschickt werden muß oder ob der Kunde das Problem selber beheben kann. Zum anderen wollte man sicherstellen, daß der Techniker die nötigen Ersatzteile bei sich hat, wenn er beim Kunden eintrifft. Die richtige Entscheidung ist sehr wichtig, denn Wartung vor Ort ist sehr kostspielig, und man kann es sich nicht leisten, den Techniker öfter zu schicken, nur weil er das falsche Ersatzteil bei sich hatte. 68% der Kundenanrufe wurden korrekt beurteilt, wenn der Kundendienstmitarbeiter gedruckte Beurteilungsunterlagen benutzte; 88% wurden korrekt beurteilt, wenn die Unterlagen als Hypertext vorlagen. Nach sechs Wochen stieg die Rate der korrekten Beurteilungen auf 92%.

10.2.9 Individuelle Unterschiede

Die Erfahrung des Benutzers bestimmt im wesentlichen die Verwendung des Systems und den daraus resultierenden Erfolg. Tombaugh et al. [1987] stellten Texte auf mehreren Fenstern am Bildschirm dar und baten Testpersonen, Fragen zu diesen Texten zu beantworten. Die Testpersonen, denen man eine 30-minütige Einführung in dieses sehr einfache Fenstersystem gegeben hatte, schnitten wesentlich besser ab als diejenigen, die keinerlei Vorwissen hatten. Der Vorsprung war auch am Ende des 90-minütigen Testes noch vorhanden. Die Testpersonen mit Vorwissen brauchten 50 Sekunden, die anderen 85 Sekunden, um Fragen über den Text zu beantworten.

Joseph et al. [1989] führten anhand eines Online-Ingenieurhandbuches eine Studie durch, in der sie zeigten, daß Benutzer die Zugriffsmechanismen anders einsetzen, je mehr Erfahrung sie mit dem System aufbauen. Am ersten Tag, an dem die Testpersonen das Online-Ingenieurhandbuch benutzten, griffen sie sehr oft durch Verwendung des Inhaltsverzeichnisses auf Information zu (20% aller Zugriffe erfolgten über das Inhaltsverzeichnis). Dieses Verhalten beruht wahrscheinlich darauf, daß der Zugriff über das Inhaltsverzeichnis in gedruckten Ingenieurhandbüchern üblich ist. Das Inhaltsverzeichnis in diesem Online-Ingenieurhandbuch war allerdings nicht leicht zu benutzen, da es nur Kapitelüberschriften und keine Abschnitte oder Unterabschnitte enthielt. Man konnte z.B. anhand der Kapitelüberschriften allein nicht festellen, in welchem der drei möglichen Kapitel die Information über Bogenbrücken enthalten war. Der Zugriff über das Inhaltsverzeichnis war in 80% der Fälle ein Mißerfolg. Darum wurde das Inhaltsverzeichnis am dritten Tag der Studie nur noch für 5% der Zugriffe benutzt.

Es ist ein bekanntes Phänomen, daß manche Leute sich aktiver an Diskussionen beteiligen als andere. Größeres Wissen, extrovertierte Persönlichkeit oder andere Gründe können der Auslöser sein. Conklin und Begeman [1988] untersuchten, ob und wie dieses Phänomen beim Einsatz des Systems gIBIS eine Rolle spielt.

Conklin und Begeman fanden heraus, daß die Zahl der Knoten, die ein einzelner Teilnehmer erzeugt, während er in einer Gruppe mit dem System gIBIS an einem Entwurf arbeitet, sehr unterschiedlich sein kann. In einer Gruppe, die nur aus zwei Leuten bestand, erzeugte ein Teilnehmer 190 Knoten und der andere nur 30. In einer zweiten Gruppe, mit vier Personen, kreierte der aktivste Teilnehmer 221 Knoten; der nächste in der Reihe war nur für 22 Knoten verantwortlich. In anderen Gruppen war die Varianz weniger ausgeprägt, aber immer noch signifikant.

Campagnoni und Ehrlich [1989] testeten das Online-Hilfesystem *Help Viewer*, das auf dem Rechner *Sun386i* benutzt wird. Die Testpersonen wurden zuerst einem Standardtest unterzogen, der ihr 3-D-Visualisierungsvermögen maß, bevor sie mit Hilfe des Online-Hilfesystems Fragen beantworten sollten. Hierbei zeigte es sich, daß Personen mit gutem Visualisierungsvermögen die Fragen schneller beantworten konnten, da sie nicht immer zur obersten Ebene des Inhaltverzeichnisses zurückkehren mußten. Das Resultat ergab, daß Leute mit gutem Visualisierungsvermögen schneller ein gutes Modell der Struktur des Informationsraumes aufbauen können. Die Ergebnisse des Visualisierungstestes und die Leistungen in der Benutzung des Hilfesystems zeigten eine hohe Übereinstimmung (eine Korrelation von 0,75); die Testpersonen mit gutem Visualisierungsvermögen konnten einen Fragensatz in 700 Sekunden beantworten, wogegen diejenigen mit schlechtem Visualisierungsvemögen für die gleichen Fragen 1.350 Sekunden brauchten.

Ermüdung kann sehr starke Auswirkungen auf die Leistungsfähigkeit haben. Wie oben beschrieben, führten Wilkinson und Robinshaw [1987] eine Studie durch, in der Testpersonen am Bildschirm eine Stunde lang Korrektur lasen. Hierbei zeigte sich, daß die Leistungsfähigkeit in den ersten zehn Minuten wesentlich höher war als in den letzten zehn Minuten (Fehlerrate von 25% vs. 39%).

10.2.10 Schlußfolgerungen zu den vergleichenden Studien

Nach all diesen Untersuchungen kann man sich fragen, ob Hypertext denn überhaupt zu etwas nütze ist. Die Antwort lautet: „Es hängt davon ab." Einige Studien schließen auf Vorteile; andere zeigen mehr Nachteile auf. Es hängt von den Rechnern, der Software, vom Entwurf des Systems, der Aufgabe und den individuellen Eigenschaften des Benutzers ab.

Die extremen Unterschiede in den Ergebnissen der verschiedenen Studien stellen wiederum ein interessantes Resultat dar. Die interessanteste Ratio ergab sich bei der Untersuchung, wieviele Besucher des Systems *Glasgow Online* das System denn auch wirklich benutzen würden, und welcher Altersklasse sie angehören. Elfmal so viele junge Leute (unter 20) als Leute, die älter als 20 Jahre waren, benutzten das

System. Wenn man diese Größenordnung mit den Resultaten anderer Studien vergleicht, in denen die Unterschiede zwischen 20% und 50% lagen, dann wird klar, daß das Alter sehr wichtig ist für die Akzeptanz einer neuen Technologie ist. Man beachte bei der Auswertung der Resultate all dieser Studien, daß die meisten mit jüngeren Testpersonen, z.B. Studenten durchgeführt wurden.

10.3 Nicht-empirische Untersuchungen

Einige Studien, die sich mit der Benutzbarkeit von Hypertext beschäftigen, haben bewußt keine meßbaren Vergleichsuntersuchungen durchgeführt, da z.B. nur ein einziges System zur Auswertung zur Verfügung stand oder weil qualitative Bewertungsansätze als vielversprechender betrachtet wurden.

10.3.1 Das konzeptuelle Modell des Domänwissens

Teshiba und Chignell [1988] untersuchten, wie gut Studenten die Struktur der Verfassung der Vereinigten Staaten in einem konzeptuellen Modell abbildeten, im Vergleich zu einem idealen Domänenmodell, das von Experten aufgebaut worden war. Die Modelle wurden entwickelt, indem man Studenten bat, Karten, auf denen die verschiedenen Begriffe der Verfassung aufgeschrieben waren, stapelweise zu sortieren und diese Stapel hierarchisch zu organisieren. Man benutzte dann Huberts [1978, 1979] Gamma-Ähnlichkeitsmaß (engl.: gamma measure of proximity), um die von den Studenten aufgestellten Hierarchien mit denen des idealen Modells zu vergleichen. Die Untersuchung zeigte, daß das Ähnlichkeitsmaß leicht wuchs, wenn die Studenten einen Hypertext benutzten. Diese Resultate sind an sich belanglos, wenn man die Benutzbarkeit des Hypertextsystems bewerten möchte, da man nicht weiß, wie sich die Ähnlichkeit verhalten hätte, wenn die Studenten genauso viel Zeit mit dem Studium eines gedruckten Textes der Verfassung verbracht hätten. Die Studie ist erwähnenswert, weil sie eine Methode beschreibt, mit der der konzeptuelle Modellbildungsprozeß gemessen werden kann.

10.3.2 Protokollieren von Benutzerinteraktionen

Computersysteme können automatisch Protokoll führen und alle Handlungen des Benutzers aufzeichnen. Diese Methode hat den großen Vorteil, daß man dem Benutzer keinen Experimentator zur Seite stellen muß. So können unaufdringlich Daten gesammelt werden, ohne den Arbeitsstil des Benutzers zu beeinflussen (allerdings gibt es hier Datenschutzbedenken). Die Datensammlung kann in der realen Arbeitsumgebung und über sehr lange Zeiträume hinweg geschehen.

Egan et al. [1989a] führten eine derartige Studie durch, bei der sie die Interaktion der Testpersonen mit dem SuperBook-System protokollierten, um herauszufinden, warum die SuperBook-Leser mehr Fakten fanden als die Leser des gedruckten Buches (siehe oben). Egan et al. [1989c] beschreiben eine typische Benutzung der protokollierten Daten. Die Daten wurden statistisch ausgewertet um festzustellen, welche Operationen häufig benutzt wurden. Diese Operationen wurden optimiert, um das Gesamterscheinen des Systems zu verbessern. Yoder et al. [1984] protokollierten die Benutzung des ZOG-Systems an Bord des Flugzeugträgers USS Carl Vinson. Sie wollten untersuchen, wofür das System benutzt wurde und wann die Benutzer Fehler machten. ZOG (heute bekannt als KMS) ist ein Frame-basiertes System; es ist daher sehr einfach festzustellen, wie lange der Benutzer bei einem Knoten verharrt. Bei Hypertextsystemen, die Fenster mit Rollbalken benutzen, in denen mehr als ein Knoten gleichzeitig gezeigt wird, sind solche Resultate schwerer zu erzielen.

Shneiderman et al. [1989] protokollierten in drei Museen die Navigations-bewegungen in zwei verschiedenen Hyperties-Systemen. Ein Rechner mit einer Informationsbasis über den Fotografen David Seymour wurde am *International Center for Photography* und am *B'nai-B'rith-Klutznick-Museum* aufgestellt. Insgesamt wurden 734 Sitzungen protokolliert. Die Benutzer konnten entweder vom Begrüßungsbildschirm aus einen einführenden Artikel lesen oder sofort zum Inhaltsverzeichnis übergehen. In beiden Museen lasen ca. 80% der Benutzer zuerst den einführenden Artikel. Von dort aus gingen ca. 50% direkt zum Inhaltsverzeichnis, anstatt den Hypertextverbindungen zu folgen, deren Ankerpunkte im Einführungstext lagen. Von den Benutzern (20%), die vom Startbildschirm sofort zum Inhaltsverzeichnis gingen, sahen sich am *B'nai-B'rith-Klutznick-Museum* die allermeisten einen Artikel über Israel an; am *International Center for Photography* lasen die meisten einen Artikel über den Fotografen. Dies zeigt, daß unterschiedliche Gruppen eine Informationsbasis auf verschiedene Weise benutzen.

Shneiderman et al. führten am Smithsonian Institute eine dritte Studie durch, bei der sie 4.461 Sitzungen einer archäologischen Informationsbasis protokollierten. Die Liste der meistbesuchten Artikel wurde von den Artikeln angeführt, die in der Einleitung erwähnt waren. Dies beweist, daß die Einleitung sich dazu eignet, die Aufmerksamkeit des Benutzers auf wichtige Inhalte zu lenken. Die Liste der Artikel, auf die durch den Index zugegriffen wurde, zeigte eine starke Tendenz hin zu Artikeln, deren Titel am Anfang des Alphabets lagen: 18 der 20 meistgewählten Artikel fingen mit A, B oder C an. Dies weist auf einen nur schwer benutzbaren Indexmechanismus hin. Wahrscheinlich, weil er sehr lang und alphabetisch anstatt thematisch ange-ordnet war. Shneiderman et al. bemerkten auch, daß die Namen der Artikel (in Hyperties werden sie als Ausgangspunkte für die Hypertextverbindungen benutzt) an-scheinend eine Auswirkung auf die Popularität der Artikel haben. Artikel, deren Namen darauf hinwiesen, daß sie spezielle Informationen enthielten, waren besonders beliebt. Schließlich schreiben Shneiderman et al., daß sie die wichtigste Information für die Benutzerschnittstelle aus informellen Beobachtungen, und nicht aus den Protokolldaten erwarben.

Nielsen und Lyngbaek [1990] beobachteten, wie Kinder in einem Kindergarten das interaktive Märchen *Inigo Gets Out* benutzten. Alle Mausklicks, die die Kinder bei der Navigation auf dem Macintosh eingaben, wurden protokolliert. Um die Daten zu analysieren, zeichnete der Computer Diagramme der verschiedenen Bildschirme, die anzeigten, wohin die Kinder geklickt hatten. Bild 9.19 zeigt ein solches Diagramm. Diese Datendarstellung gewährte wesentlich tieferen Einblick in die Benutzbarkeitsprobleme des Hypermärchens als man von üblichen statistischen Verfahren erwarten würde. Natürlich hat der grafische Charakter des Problems hierzu beigetragen.

10.3.3 Beobachtungen von Benutzern

Eine ganze Reihe von Studien benutzten verschiedene Beobachtungsmethoden, bei denen Protokolle „Lauten Denkens" aufgenommen wurden. Hardman [1989b] verwandte Protokolle „Lauten Denkens", um die Benutzbarkeit des Systems *Glasgow Online* zu untersuchen. Er stieß dabei auf mehrere Schwierigkeiten in Zusammenhang mit der Benutzerschnittstelle. Die meisten der Probleme waren nicht hypertextspezifisch, sondern längst bekannte Probleme der Mensch-Maschine-Schnittstelle, wie z.B. der Lesbarkeit von Bildschirmen. Andere Beobachtungen bezogen sich direkt auf die Hypertextnatur von *Glasgow Online*. Hardman fand heraus, daß die Benutzer die „Next"-Operation schwer verstanden, weil sie auf einem verwirrenden Paradigma beruhte. Eine andere Beobachtung ergab, daß Benutzer kaum jemals zurücksetzten, sondern immer wieder mit dem Startbildschirm anfingen und ihrem eigenen Weg durch die Informationsbasis folgten. Möglicherweise ist dies auf die inkonsistente Implementierung der Zurücksetz-Operation in *Glasgow Online* zurückzuführen.

10.3.4 Iterative Verfeinerung der Benutzerschnittstelle

Benutzerschnittstellen werden schrittweise verfeinert [Whiteside et al. 1988; Nielsen 1989c, 1993a] und benutzerfreundlicher gemacht, da im ersten Durchgang fast nie der optimale Entwurf gelingt [Nielsen 1993c].

Hardmans Untersuchung der Verständlichkeit der Ikone im System *Glasgow Online* [Hardman 1989a] ist ein gutes Beispiel einer Benutzbarkeitsstudie, die den Ausgangspunkt für iterative Verfeinerungsschritte der Benutzerschnittstelle bildet. Hardman untersuchte die Verständlichkeit der Ikone, die, ähnlich wie in anderen Hotelführern, benutzt wurden, um verschiedene Dienste und Angebote in Hotels zu beschreiben. Wenn eine Testperson den Hypertext benutzte und einen Bildschirm erreichte, der Informationen über ein bestimmtes Hotel gab, unterbrach Hardman den Benutzer und fragte, wie er die verschiedenen Ikone interpretierte. Hardman führte eine Liste, in der für jede Testperson vermerkt wurde, welches Ikon richtig und welches falsch gedeutet wurde. Ein Ikon, das z.B. einen Globus zeigt, kann von einem Benutzer als Zeichen für ein Hotel gedeutet werden, das Devisen wechselt. In Wirklichkeit weist das Ikon darauf hin, daß das Hotel Konferenzräume zur Verfügung stellt (das Ikon sollte wahrscheinlich eine Verbindung mit internationalen Konferenzen hervorrufen). Andere Benutzer waren der Meinung, daß ein Ikon, das eine Ananasfrucht zeigte, bedeutet, daß das Hotel in jedem Zimmer frisches Obst zur Verfügung stellt, oder daß frisches Obst serviert wird. In Wirklichkeit sollte das Ikon anzeigen, daß das Hotel für spezielle Diäten eingerichtet ist (z.B. vegetarisch).

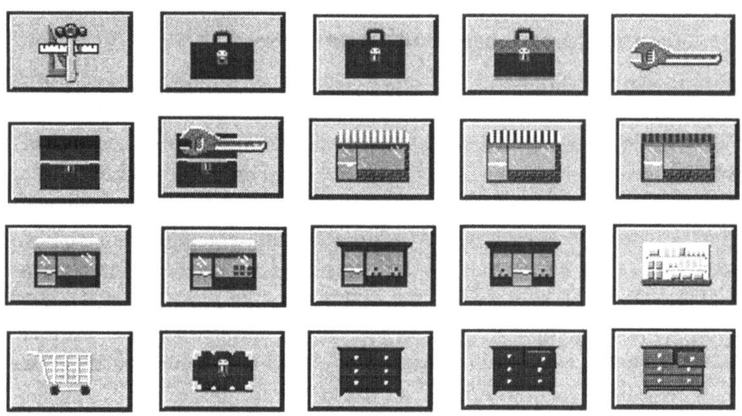

Bild 10.6 *Für den Entwurf der „SunWeb"-Benutzerschnittstelle wurden die Ikone in zwanzig Iterationsschritten verfeinert.*

Die gesammelte Liste der Fehleinschätzungen bildet die Grundlage für die Verfeinerung, respektive den Neuentwurf der Ikone mit dem Ziel, die Fehlerwahrscheinlichkeit zu reduzieren. Man wird sich dabei zuerst auf die Ikone konzentrieren, die zu schwerwiegenden Fehleinschätzungen führen können. Hardman führte Buch über alle richtigen und falschen Einschätzungen, um die relative Verständlichkeit eines Ikons zu bestimmen. Beim Neuentwurf wird man sich nicht nur auf die Ikone konzentrieren, die zu groben Fehlentscheidungen führten, sondern möglichst alle Ikone korrigieren, die häufig mißverstanden werden. Viele der in diesem Kapitel besprochenen Studien führten zu iterativen Verfeinerungen der getesteten Systeme.

Bild 10.6 zeigt eine extremes Beispiel der schrittweisen Verfeinerung eines Entwurfes. Die Benutzerschnittstelle des Systems SunWeb [Nielsen und Sano 1994], das interne Informationen für die Mitarbeiter der Firma Sun darstellt, sollte ein Ikon enthalten, das auf „Anwendungen für besondere Zwecke" hinweist. Insgesamt entwarfen wir zwanzig verschiedene Versionen dieses Ikons: Sieben Versionen benutzten eine Werkzeug-Metapher, neun Versionen benutzten eine Einkaufs-Metapher (unter anderem einen Einkaufswagen und ein Lebensmittelregal) und vier Versionen benutzten eine „Anwendungs-Lade"-Metapher. Die Ideen für die verschiedenen Ikone stammen aus Thesauri, visuellen Wörterbüchern und Katalogen internationaler Zeichen und Symbole.

Wir testeten unsere Entwürfe mit vier Benutzern, indem wir die Ikone ohne Unterschriften zeigten und die Testpersonen fragten, was die Ikone denn wohl bedeutet. Unser ursprüngliches Werkzeugkasten-Ikon (das zweite Ikon in Bild 10.6) wurde von den meisten Benutzern als Aktentasche interpretiert. Der verbesserte Entwurf zeigte einen geöffneten Werkzeugkasten mit einem Schraubenschlüssel. Der neue Entwurf wurde anstandslos als Werkzeugkasten erkannt. Leider erwies sich die Werkzeugkasten-Metapher als zu stark. Die Testpersonen assoziierten sehr viele zusätzliche Konzepte mit diesem Ikon. Fast jedes ausführbare Programm wurde als Werkzeug angesehen und daher mit dem Werkzeugkasten assoziiert. Die Spesenabrechnungsanwendung, die an sich zum Reise-Ikon gehört, wurde sehr oft mit dem Werkzeugkasten in Verbindung gebracht.

Um eine etwas schwächere Metapher zu finden, die auf die „Anwendungen für besondere Zwecke" hinweist, erzeugten wir Ikone, die ein Ladenfenster darstellen. Unsere Testperson war allerdings der Überzeugung, es handele sich um ein IC-Schaltdiagramm. Zufälligerweise war diese Testperson ein Ingenieur, da es aber bei Sun sehr viele Ingenieure gibt, nahmen wir seinen Kommentar ernst und veränderten das Ikon entsprechend. In diesem Fall war die Meinung eines einzelnen Benutzers ausschlaggebend und führte zur Veränderung des Entwurfs, da wir der Meinung waren, daß dieses Problem in der realen Welt sehr häufig auftreten würde.

Wir versuchten es mit verschiedenen anderen Ladenfenstern und Bildern aus dem Einkaufsbereich, bevor wir herausfanden, daß ein Ikon aus dem Einkaufsbereich immer mit dem Produktkatalog-Ikon verwechselt wurde. Aus diesem Grund ließen wir die Einkaufs-Metapher fallen und einigten uns auf das Ikon der „Anwendungs-Lade". Nicht alle Ikone in Bild 10.6 wurden mit Benutzern getestet. Manche waren einfach nur Alternativen, um verschiedene Entwurfsmöglichkeiten auszuprobieren. Wir waren z.B. der Meinung, daß die herausgezogene Schublade eine Verbesserung des Laden-Ikons darstellt, ohne dies jemals mit Testpersonen ausprobiert zu haben. Viele Entwurfsentscheidungen beruhen auf der Erfahrung der Systemarchitekten.

Wir mußten nicht immer derart viele Entwurfsiterationen durchlaufen. Die Tabelle 10.1 zeigt ein paar Ikone, die von den Testpersonen fast problemlos erkannt wurden. Das Ikon, das auf die Sozialleistungen der Firma hinweist, war vielleicht etwas zu sehr auf die Kosten ausgerichtet (es stellt einen Geldsack dar), doch alle Benutzer verstanden seine Bedeutung sofort. Ein Benutzer mißverstand das „Schwarzes Brett"-Ikon, was aber nur zu einer Veränderung der farblichen Abstimmung führte. Bei diesem Beispiel wurden die Probleme eines einzigen Benutzers als nicht repräsentativ angesehen. Manchmal können sehr kleine Änderungen die Benutzbarkeit einer Schnittstelle maßgeblich verbessern. Unser erstes Produktkatalog-Ikon zeigte die CD-ROM allzu deutlich, was dazu führte, daß das Ikon mit CD-ROMs und nicht mit Produkten in Verbindung gebracht wurde. Wir veränderten die farbliche Abstimmung, indem wir den Computerbildschirm dunkler einfärbten und somit grafisch hervorhoben.

Originalikon	*Bedeutung*	*Interpretation der Tester*	*Geändertes Ikon*
	Sozial-leistungen	Pharmazeutik, Geld, Krankenhaus,staatliche Krankenversicherung, weiß nicht, Sozialleistungen	
	Neuigkeiten	Schwarzes Brett; Wäscherei	
	Produkt-katalog	Computersysteme, CD-ROMs, Festplatte	
	World Wide Web	Weltweite Netze, Land-karten, Adressen, Längen-u. Breitengrade, Geographie	

Tabelle 10.1 *Einige Beispiele geringfügiger Änderungen der Ikonentwürfe in der Benutzerschnittstelle des Systems SunWeb.*

Es lohnt sich, Simulationen oder Attrappen in Form von Papierschablonen zu entwerfen, um schon sehr früh im Entwurfsprozeß erste Versuche durchführen zu können. Bild 10.7 zeigt, wie eine Papierschablone in einer Entwurfssitzung verwendet wird, und wie man mit Hilfe von Fotos Entwurfsentscheidungen dokumentieren und zugänglich machen kann, schon bevor lauffähige Prototypen zur

Verfügung stehen. Wenn man realistische Prototypen für Multimediaprodukte entwerfen will, braucht man meistens Videosequenzen oder andere bewegliche Grafiken, die oft in diesen frühen Phasen des Projektes noch nicht vorhanden sind. Eine einfache Technik, die sehr oft in der Werbeindustrie angewandt wird, benutzt Videosequenzen, die für andere Zwecke erstellt wurden, und blendet sie einfach in den Prototypen ein. Man kann auf diese Art und Weise zumindest das Gefühl bewegter Bilder erzeugen, auch wenn die Inhalte noch nicht stimmen.

Bild 10.7 *Fotografie einer Entwurfssitzung, bei der mit Hilfe von Schablonen, die Fenster, Ikone und andere Elemente darstellen, die Benutzerschnittstelle simuliert wurde. Das Foto wurde mit einer digitalisierenden Kamera (Apple QuickTake) aufgenommen. Die Kamera erstellt eine Bitmatrix, die den Mitgliedern der Entwurfsgruppe mittels eines Sparc-Servers sofort nach der Sitzung zur Verfügung gestellt wird.*

10.4   Schlußfolgerungen

Die Vergleichstudien zeigen, daß individuelle Eigenschaften des Benutzers und die Art der Aufgabe, die er mit Hilfe des Hypertextsystems lösen möchte, bestimmen, ob ein Hypertextsystem angewandt werden soll oder nicht. Beide Aspekte sind entscheidend, wenn es um die Anwendbarkeit von Hypertext geht.

Es ist sehr wichtig, die Bewertung der Benutzbarkeit nicht nur aufgrund quantitativer Vergleichsstudien durchzuführen, da qualitative und beobachtende Studien zur Verbesserung von Hypertext-Benutzerschnittstellen beitragen.

Man weiß noch sehr wenig darüber, wie Information in Hypertextnetzwerken strukturiert werden soll. Die meisten Leser sind wahrscheinlich damit vertraut, lineare Berichte zu schreiben — sie haben es in der Schule anhand unendlicher Aufsätze gelernt. Schon die ersten Erfahrungen mit der Benutzung des Systems NoteCards [Trigg und Irish 1987] zeigten, daß man den Autoren unbedingt ein Strategiehandbuch an die Hand geben muß, das neben den Grundlagen des Entwurfs von Hypertextnetzwerken noch einige nützliche Grundregeln enthält. Die vier Kartentypen, die NoteCards zur Verfügung stellt, reichten dazu nicht aus.

Da wir Kenntnis davon haben, wie der Leser mit dem Hypertext umgehen wird, können wir für die Autoren einige grundlegende Regeln ableiten. Ein Knoten sollte sich z.B. auf ein Thema konzentrieren, damit sich der Leser einfacher in Übersichtsdiagrammen und Navigationspfaden zurechtfindet. Die thematische Organisation der Knoten erleichtert den strukturierten Aufbau der Verbindungen. Modularisierung ist die Grundlage für einen guten Hypertextentwurf.

Wir wissen, daß der Benutzer den Text am Bildschirm langsamer liest. Aus diesem Grund müssen wir die Textteile in Hypertextknoten kürzer halten als bei gedrucktem Text. Dies ist leicht zu erreichen, da Definitionen untergeordneter Themen usw. nicht im Text selbst, sondern als Verweise auf andere Knoten erscheinen.

Im allgemeinen sollte man beim Erstellen der Verbindungen vorsichtig sein und auf keinen Fall alle nur denkbaren Verbindungen zwischen entfernt verwandten Begriffen einfügen. Eine „saubere" Struktur ist für den Benutzer einfacher zu verstehen. Viele Hypertextsysteme ermöglichen es dem Benutzer, zusätzliche Verbindungen hinzuzufügen, wenn er sie wirklich braucht. Der Autor muß sich darüber im klaren sein, daß er, auch wenn er einen Hypertext schreibt, Prioritäten für den Leser setzen muß.

Ich gehe davon aus, daß in den nächsten Jahren mehr Hypertextanwendungen auf den Markt kommen, und daß die besten davon in Produktbesprechungen analysiert werden. So werden wir mehr darüber lernen, was einen guten Hypertext ausmacht [Nielsen et al. 1991b] und welche Entwurfsrichtlinien der Autor befolgen sollte, um erfolgreich zu sein. Wahrscheinlich wird das Schreiben von Hypertexten irgendwann in der Schule gelehrt werden, so wie Schüler heute lernen, lineare Aufsätze korrekt zu redigieren. Kurzfristig kann man Autoren nur dazu raten, die Entwurfsrichtlinien zu befolgen, die implizit in den Hypertexten anderer erfolgreicher Autoren enthalten sind.

11.1 Benutzbarkeit des Hypertexts aus der Sicht des Autors

Hypertextsysteme richten sich an zwei Benutzergruppen: die Leser und die Autoren. Die Systeme müssen für beide Gruppen leicht benutzbar sein. Bei einigen Anwendungen, z.B. dem Brainstorming, sind die Autoren und die Leser identisch. Manche Hypertextsysteme stellen beiden Benutzergruppen die gleiche Oberfläche zur Verfügung, aber in vielen Fällen werden den Autoren zusätzliche Werkzeuge und Hilfsmittel angeboten, die sie effizient unterstützen sollen. Im vorherigen Kapitel haben wir die Benutzbarkeit von Hypertexten aus der Sicht der Leser behandelt; in diesem Kapitel werden wir die Benutzbarkeit aus der Perspekive des Autors betrachten. Leider ist die Sicht des Autors weniger erforscht worden als die Sicht des Lesers.

Hyperties stellt dem Autor eine Liste der offenen Verbindungen [Shneiderman 1989] zur Verfügung. Dieses Werkzeug, das sich gezielt an den Autor richtet, stellt meiner Meinung nach ein sehr wichtiges Hilfsmittel dar. Nach meinen persönlichen Erfahrungen mit Hypertextsystemen, die derartige Hilfsmittel nicht kennen [Nielsen 1989a, 1990b], bin ich der Überzeugung, daß der Hypertextautor eines Werkzeuges bedarf, das ihm hilft, ins Leere verweisende Verbindungen zu schließen. Meine persönliche Erfahrung reicht allerdings nicht aus, um zu bestimmen, wie ein solches Werkzeug auszusehen hat, oder wie es in einer bestimmten Hypertextumgebung implementiert und integriert werden sollte.[1] Wenn es um den Entwurf komplexer Hilfsmittel geht, ist es mit persönlicher Erfahrung nicht getan.

Manche Hypertextsysteme verlangen, daß der Autor die Information schon sehr früh im Entwurfsprozeß strukturiert. Beobachtungen haben gezeigt, daß die voreilige Strukturierung der Information in einem Hypertext den Erstellungs- und Entwurfsprozeß negativ beeinflußt [Halasz 1988]. Systeme, die vom Autor verlangen, daß er einen Knoten benennt, bevor er überhaupt weiß, welche Information dieser Knoten genau enthalten wird, erzwingen voreilige Strukturdefinitionen [Walker 1988b]. Das Problem kann teilweise durch eine Funktion behoben werden, die den Knoten umbenennt und alle auf ihn verweisenden Verbindungen aktualisiert. Wenn der Autor die Verteilung der Information auf die Knoten ändern will — z.B. weil er beim Schreiben gemerkt hat, daß eine andere Strukturierung besser funktioniert — stellt er

---

[1] Offene, ins Leere verweisende Verbindungen sind während des Erstellungsprozesses aus mehreren Gründen akzeptabel. Zum einen muß es für den Autor möglich sein, auf zukünftiges, noch nicht erstelltes Material zu verweisen, und zum anderen muß der Autor in einem Mehrbenutzersystem auf Material verweisen können, auf das er keine Zugriffsrechte hat [Grønbæk und Trigg 1994].

die Hypertextumgebung vor größere Probleme, die nicht so einfach gelöst werden können.

Haas [1989] beobachtete in einer Untersuchung Autoren beim Überarbeiten ihrer Werke. Die Autoren arbeiteten entweder mit Papier und Bleistift, mit Arbeitsplatzrechnern, die mit einer Maus ausgerüstet waren, oder aber an PCs mit Tastatur, aber ohne Maus. Die Testpersonen wurden angehalten, beim Überarbeiten laut zu denken. Haas zählte, wieviele Äußerungen sich auf den Text und wieviele sich auf das Medium bezogen. Wenn die Autoren mit Papier und Bleistift arbeiteten, bezogen sich 3% ihrer Äußerungen auf das Medium; wenn sie den Arbeitsplatzrechner benutzten, waren es 8%, und wenn sie den PC mit der Tastatur benutzten, stieg die Rate auf 21%. Diese Zahlen zeigen, daß Papier und Bleistift für die Autoren eine offenkundigere und transparentere Methode war, obgleich alle Teilnehmer mindestens vier Jahre Praxiserfahrung mit Computern hatten. Diese Studie zeigt, daß es sehr wichtig ist, Autoren transparente und einfach zu verstehende Werkzeuge an die Hand zu geben, damit sie sich auf die eigentliche Aufgabe konzentrieren können.

Leider gibt es kaum Untersuchungen über die Benutzbarkeit von Systemoberflächen aus der Sicht der Autoren — wahrscheinlich weil derartige Untersuchungen komplexer sind. Um die Benutzbarkeit einer Leseoberfläche zu prüfen, kann man Aufgaben definieren und messen, in welcher Zeit die Testpersonen die Aufgaben lösen. Man kann auch messen, was die Testpersonen gelernt haben, indem man ihnen Fragen stellt. Um die Benutzbarkeit einer Oberfläche für Autoren zu untersuchen, müßte man messen, wie gut die Information ist, die sie mit Hilfe dieser Oberfäche erstellen. Dies wiederum ist sehr schwer, solange wir uns nicht im klaren darüber sind, was eine gute Hypertextstruktur ausmacht. Aussagekräftig wäre eine Untersuchung, die mißt, wie Hypertexte der verschiedensten Autoren von mehreren Testgruppen benutzt werden. Durch sie könnte die Benutzbarkeit einer Autorenoberfläche bestimmt werden. Dieser Ansatz ist zu aufwendig und wird wohl nie angewandt werden.

In ihrer Studie [Hansen und Haas 1988] schlagen Hansen und Haas eine Alternative, vergleichbar der in Kapitel 10, vor. Die Autoren verwenden Bildschirme verschiedener Größen, um Briefe zu schreiben. Diese Briefe werden nachher von unabhängigen Gutachtern bewertet, um so den Einfluß der Bildschirmgröße auf die Arbeit der Autoren zu bestimmen. Die Studie von Hansen und Haas war einfacher, da linearer Text bewertet werden sollte. Heuristische Bewertungskriterien für Hypertext (also nicht-linearen Text) werden gerade erst entwickelt, z.B. benutzte Nielsen [1990a] sehr einfache Heuristiken (durchgehende und konsistente Implementierung einer Funktion zum Zurücksetzen des Navigationspfades und zur Implementierung mehrerer Navigationsdimensionen), um drei Systeme zu evaluieren.

Eine Feldstudie [Kerr 1989], die Testpersonen bei der Entwicklung von Videotext-Inhalten beobachtete, zeigte, daß die Arbeit sehr schnell langweilig wird, da es sich größtenteils um Routinetätigkeiten handelt. Den Entwicklern waren durch die Leitung des Unternehmens enge Richtlinien für die Präsentation der Information vorgegeben worden. Die Untersuchung offenbarte einen Konflikt zwischen den Richtlinien und der natürlichen Tendenz der Entwickler, neue Wege zur Darstellung der Information zu erforschen.

Shneiderman [1989] faßt seine Erfahrung aus dreißig Hypertextprojekten mit Hyperties zusammen und kommt zu dem Schluß, daß die konsistente Strukturierung der Information in einem Hypertext sehr wichtig ist. Shneidermans Erfahrungen beweisen, daß man in Hypertextprojekten einen Herausgeber braucht, der die anwendungsspezifischen Richtlinien festsetzt, und für die homogene Strukturierung des Hypertextes verantwortlich ist. Man kann davon ausgehen, daß es an der Grenze zwischen Richtlinien und Kreativität zu Konflikten kommen wird, die durchaus mit den Problemen im Bereich Software Engineering verglichen werden können. Sie entstehen, wenn sich Entwickler an die Programmierungsrichtlinien für ein Projekt halten müssen, anstatt ihrer eigenen Kreativität freien Lauf geben zu können.

11.2 Spezielle Oberflächen für Autoren

Hypertextsysteme können entweder allen Benutzern (Lesern und Autoren) die gleiche Oberfläche anbieten, oder sie können für Autoren besondere Werkzeuge zur Verfügung stellen.

Einige Hypertextsysteme gehen von dem Prinzip aus, daß „Leser" auch schreiben können. KMS unterscheidet nicht zwischen einem Lese- und einem Schreibmodus. Jeder Benutzer kann jedem Knoten zu jeder Zeit neuen Text oder zusätzliche Verbindungen hinzufügen. Es gibt nur einen Befehlssatz und eine Art der Informationsdarstellung, was die Benutzung des Systems wesentlich vereinfacht.

Andere Systeme bieten unterschiedliche Lese- und Schreibmodi an, *HyperCard* z.B. erlaubt es die *Benutzerebene* (engl.: user level) einzustellen, um dem Benutzer Zugriff auf mehr oder weniger mächtige Befehle zu geben. Der einfachste Modus schränkt die Möglichkeiten des Benutzers sehr stark ein und erlaubt ihm nur, im Hypertext zu navigieren. Wenn die Benutzerebene angibt, daß der Anwender Schreibrechte hat, muß das System trotzdem in einen besonderen Modus gebracht werden, damit neue Knöpfe oder Textfelder hinzugefügt werden können. Die verschiedenen Benutzerebenen vereinfachen die Interaktion mit dem System, da jede

Ebene optimalen Zugriff auf bestimmte Operationen anbietet, und bestimmte Aufgaben gut unterstützt. Der Benutzer kann ein Dokument nicht unabsichtlich verändern, da er zuerst die Einstellung der Benutzerebene verändern muß.

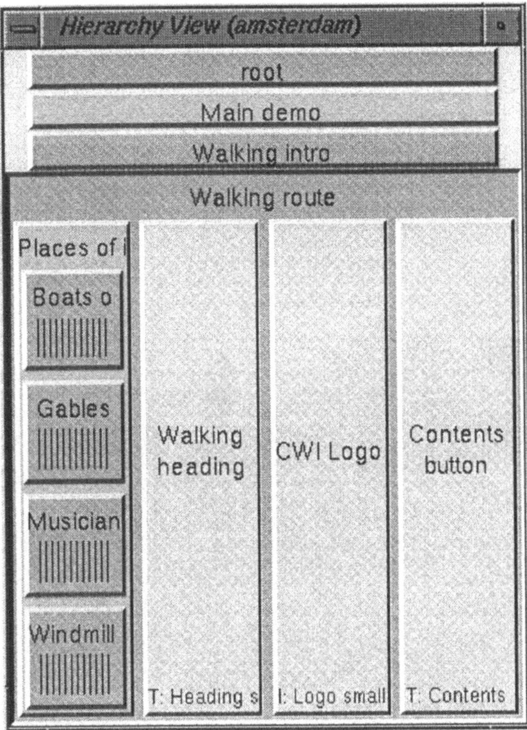

Bild 11.1 *Benutzerschnittstelle für Autoren eines Hypertextsystems, das sich mit komplexen, zeitabhängigen Hypermediastrukturen [Hardman et al. 1993] befaßt (© 1994, CWI, mit Erlaubnis abgedruckt).*

Schließlich gibt es noch andere Hypertextsysteme, wie z.B. *Hyperties* oder den *Symbolics Document Examiner* die getrennte Arbeitsumgebungen für Autoren anbieten. Normalerweise wird die Umgebung für Autoren von der Schnittstelle für den Endbenutzer getrennt. Dies führt zu extrem einfachen Endbenutzerschnittstellen.

Beim WWW geht man davon aus, daß die Information auf einem Rechner nur von den örtlichen Benutzern verändert wird; alle anderen Benutzer greifen lesend auf die Information zu. Aus diesem Grund besteht der größte Teil des WWWs für die meisten Benutzer aus schreibgeschützter Information. Da viele Benutzer aktiv zum WWW beitragen wollen, haben viele WWW-Knotenrechner zusätzliche Mechanismen eingebaut, die es dem Leser erlauben, Kommentare und Annotationen einzufügen, wie z.B. die WWW-Server der Firmen *HotWired* und *Time Warner*, bei denen der Leser Kommentare in Form von Briefen an den Herausgeber einreichen kann. Das System *Hyper-G* benutzt explizite Zugriffsrechte, d.h. wenn ein Benutzer das Recht hat, ein Dokument zu verändern oder Verbindungen einzufügen, dann kann er das von jeder Stelle im Internet tun. Hyper-G stellt somit ein einheitliches System für Leser und Autoren zur Verfügung.

Bild 11.2 *Dieser Bildschirm zeigt den Ausgangszustand des Knotens, der durch die Strukturen in Bild 11.1 erzeugt wurde (© 1994, CWI, mit Erlaubnis abgedruckt).*

Wenn der Autor einen traditionellen Hypertext schreibt, der nur aus Textteilen und Verbindungen besteht, ist es ein leichtes zu bestimmen, was passiert, wenn der Leser einer Verbindung folgt. Normalerweise braucht der Autor nicht explizit anzugeben, was passieren soll, sondern er überläßt der Präsentationsebene des Systems den Übergang vom Ausgangs- zum Endknoten der Verbindung. Wenn der Autor mit zeitabhängigen Medien arbeitet, wird die Situation etwas komplexer. Im einfachsten

Fall wird der Ausgangsknoten vom Bildschirm entfernt, und Filme, Tonsequenzen, usw. werden gestoppt. Der Autor muß auch im einfachsten Fall angeben, was im Endknoten geschieht, wenn der Benutzer dort ankommt. Zum Beispiel soll das System einen Videoclip automatisch anfahren, oder soll der Benutzer sich zuerst umsehen und dann durch Drücken eines *Start*-Knopfes die Multimediakomponenten aktivieren?

Bild 11.3 *Sicht auf den Hypertextknoten, der durch die Strukturen in Bild 11.1 erzeugt wurde. Dieser Bildschirmabzug wurde produziert, während der „Giebel"-Subknoten abgespielt wurde. Die Spezifikation in Bild 11.1 sorgt dafür, daß die meisten Bildschirmkomponenten identisch zu denen in Bild 11.2 sind (© 1994, CWI, mit Erlaubnis abgedruckt).*

In komplexen Hypermediaumgebungen können Knoten mehrere Komponenten enthalten, und die Verbindungen beeinflußen möglicherweise nur einen Teil der Komponenten. Die Bilder 11.1, 11.2 und 11.3 zeigen verschiedene Ansichten desselben komplexen Knotens, der aus verschiedenen Multimediakomponenten besteht [Hardman et al. 1993]. Der Titel, das Logo und der „Inhalt"-Knopf (engl.: contents) bleiben erhalten. Dies wird in der Autorenumgebung in Bild 11.1 dadurch ausgedrückt, daß die drei Kästen (*Titel des Spaziergangs* (engl.: walking heading), *CWI Logo* und *Inhalts-Knopf* (engl.: contents button)) die ganze Länge des Spaziergangs (engl.: walking route) einnehmen. Der Kasten *Sehenswürdigkeiten* (engl.: places of interest) hingegen besteht aus drei Komponenten, die sich ablösen. Wenn der Benutzer in Bild 11.2 auf den Knopf „Giebel" (engl.: gables) klickt, erscheint Bild 11.3. Der Knopf „Giebel" wird durch einen Knopf mit dem Titel „Musiker" (engl.: musicians) ersetzt, und die Untertitel sowie der Hintergrundton verändern sich. Diese Übergänge werden in den entsprechenden Kästen in Bild 11.1 spezifiziert (der Autor vergrößert die Kästen, um die Information sehen (und verändern) zu können).

Hardman et al. [1993] führen den Begriff des *Kontextes* ein, um zu beschreiben, welcher Teil einer Hypermediapräsentation beeinflußt wird, wenn man einer Verbindung folgt. In unserem Beispiel (der „Giebel"-Verbindung) stellt der Knopf, die Untertitel, die Tonspur und das Bild der Boote auf dem Kanal den Ausgangskontext der Verbindung dar. Der Ausgangskontext wird entfernt, wenn der Benutzer der Verbindung folgt und der Zielkontext dargestellt wird. Der Zielkontext dieser Verbindung besteht aus dem Videoclip der Giebel von Amsterdam. Beim Erreichen des Knotens wird ein Standbild dieses Videos gezeigt. Man hätte das Video genausogut automatisch ablaufen lassen können. Die Werkzeuge in Bild 11.1 ermöglichen dem Autor, diese Entscheidungen im Kontext der Hypermediapräsentation zu treffen.

Hierarchische Überblicke über Kontrollstrukturen, wie sie in Bild 11.1 gezeigt werden, geben dem Autor die Möglichkeit, mit zeitabhängigen Medien zu arbeiten und Hypermediastrukturen zu erstellen. Dem Leser möchte man solche Strukturen selbstverständlich nicht zeigen, da er die Verbindungen und Zusammenhänge zwischen den Medienkomponenten nicht verändern darf.

11.2.1   Concordia

Auf Rechnern der Firma Symbolics stand dem Autor *Concordia* als eine besondere Arbeitsumgebung zur Verfügung [Walker 1988a]. Concordia basierte auf der Prämisse, daß Autoren andere Bedürfnisse haben als Leser. Außerdem ging man davon aus, daß Autoren eher dazu motiviert sind, die Benutzung des Hypertextwerkzeuges zu erlernen, und daß man sie daher mit wesentlich komplexeren Werkzeugen und Funktionalitäten ausstatten kann.

Concordia war ein strukturorientierter Editor, der dem Autor Schablonen für die Knoten zur Verfügung stellte [Catlin et al. 1991]. Die Schablonen enthielten standardisierte Informationen, wie z.B. Schlüsselwörter und Kapitelüberschriften.

Zusätzlich zu dem Text, der dem Leser gezeigt wurde, verwaltete Concordia auch Metainformation. Die Metainformation enthielt Daten darüber, wer den Text geschrieben, wer ihn korrekturgelesen hatte, Vermerke des Autors usw. Der *Symbolics Document Examiner* bot dem Leser nur unidirektionale Verbindungen, Concordia hingegen stellte dem Autor bidirektionale Verbindungsinformationen in Form von Verbindungslisten zur Verfügung, um ihm mitzuteilen, welche Knoten auf die Information verwiesen, die er gerade bearbeitete. So kann er dafür sorgen, daß diese Information im Rahmen der möglichen Navigationspfade sinnvoll und für den Leser verständlich ist.

Concordia benutzte eine generische Formatierungssprache, um Form und Inhalt zu trennen. Eine spezielle Datenbank definierte die Darstellung der verschiedenen textuellen Elemente auf dem Bildschirm und erlaubte somit globale Formatierungsänderungen, z.B. beim Übergang von einem Schwarzweißbildschirm zu einem Farbbildschirm. Der Struktureditor fügte die entsprechenden Formatierungshinweise in den Text ein, und der Autor konnte sich die Darstellung des Textes ansehen, indem er vom Autor- in den Lesermodus umschaltete.

11.2.2   Arbeitsumgebungen für Autoren

Ein Werkzeugkasten für Hypertextautoren muß natürlich erst einmal die grundlegenden Basiswerkzeuge enthalten, wie z.B. Thesauri und Zeichenprogramme. Leider sind die meisten Hypertextsysteme heutzutage monolithische Programme, die nur schwer mit dem Rest der rechnergestützten Arbeitsumgebung zusammen arbeiten. Dies bedeutet z.B., daß der Benutzer Bilder und Grafiken außerhalb der Hypertextumgebung erstellt, um sie dann in die Hypertextumgebung zu importieren, wo sie als statische Bilder dargestellt werden. Wenn ein Bild geändert werden muß, exportiert der Benutzer es zuerst wieder in das Grafikprogramm, bevor es dort bearbeitet wird.

Der Mangel an Integration zwischen dem Hypertextprogramm und dem Rest der rechnergestützten Arbeitsumgebung stellt für Endbenutzer laut einer Umfrage, die von Leggett et al. [1990] durchgeführt wurde, eines der größten Probleme dar. In einer Reihe von Projekten, wie z.B. den Arbeiten von Pearl [1989] versucht man, dieses Problem zu lösen. Pearl arbeitet an Verbindungsdiensten, die alle Anwendungen auf einem Rechner miteinander verknüpfen sollen. Der *Internet Assistant* von Microsoft zeigt einen anderen Weg: Er erweitert eine Textverarbeitungsumgebung mit den Hypertextwerkzeugen, die der Autor braucht, um HTML-Dateien zu erstellen.

Die Integration traditioneller Textverarbeitungsumgebungen mit Hypertext-Entwicklungsumgebungen ist technisch aufwendig, aber man weiß zumindest, welche Ziele man erreichen möchte. Es ist viel schwieriger, spezialisierte Werkzeuge für den Hypertextentwurf zu erstellen, da man nicht genau weiß, wie man diese Tätigkeit am besten unterstützt.

Offensichtlich muß eine Hypertext-Entwicklungsumgebung Texte aus anderen Umgebungen importieren können, wie z.B. aus Textverarbeitungsprogrammen oder anderen Hypertextumgebungen. In Kapitel 5 werden Formate für den Austausch der Daten zwischen Hypertextumgebungen beschrieben. Kapitel 12 beschreibt die Umwandlung von ganz normalem Text in einen Hypertext.

Eine Entwicklungs- und Arbeitsumgebung für Hypertextautoren würde dem Autor wahrscheinlich empfehlen, genau wie bei einem normalen Text mit einem Überblick anzufangen und die Information hierarchisch zu gliedern. In Wirklichkeit aber fangen viele Hypertextautoren mit den Details an und bauen die Informationsstruktur von unten her auf, anstatt sie hierarchisch zu gliedern. Eine Studie, bei der man HyperCard-Autoren bei der Arbeit beobachtete [Nicol 1988], bestätigt, daß die meisten Autoren die Struktur von unten her aufbauen, indem sie zu den Karten neue Knöpfe hinzufügen.

Aus diesem Grund muß eine gute Arbeitsumgebung den Autor bei der nachträglichen Strukturierung unterstützen. *Hyperties* hat z.B. ein Werkzeug, das den Autor auf offene Verbindungen in seinem Hypertext hinweist. Übersichtsdiagramme (siehe Kapitel 9) helfen dem Autor, das sich entwickelnde Netzwerk zu verstehen; idealerweise sollte er das Übersichtsdiagramm auch unmittelbar benutzen können, um die Information zu (re)strukturieren.

Das System könnte dem Autor hilfreiche Statistiken zur Verfügung stellen, die das Informationsnetzwerk beschreiben. Gruppierungsmethoden zeigen sich entwickelnde Strukturen; ein Konnektivitätsmaß kann zur Definition von zentralen Konzepten benutzt werden.

Die Tabelle 11.1 zeigt die Resultate zweier Algorithmen zur Berechnung des Konnektivitätsmaßes. Beide Verfahren wurden auf den Hypertext *Hypertext Hands-On* angewandt, der von Ben Shneiderman und Greg Kearsley entwickelt wurde. Beide Berechnungen benutzten die transitive Hülle der Verbindungen; Verbindungen, die weiter entfernt lagen, beeinflußten das Resultat weniger. Das Konnektivitätsmaß eines jeden Knotens wurde aus der gewichteten Summe der Knoten berechnet, die direkt oder indirekt mit ihm in Verbindung stehen. Weiter entfernte Knoten fielen geringer ins Gewicht. Die linke Spalte wurde berechnet, indem man eingehende Verbindungen am höchsten bewertete; die rechte Spalte bewertete ausgehende Verbindungen höher.

Eingehende Verbindungen hoch bewertet; niedrige Bewertung für ausgehende Verbindungen, d.h. Knoten die oft referenziert werden haben ein hohes Konnektionsmaß		*Ausgehende Verbindungen hoch bewertet; eingehende niedrig bewertet, d.h. Knoten von denen aus man viele andere erreichen kann, sind hoch bewertet*	
74	Bibliographie: Referenzen	77	Einleitung
73	Blättern	58	Überblick über verschiedene Systeme
59	Hyperties	49	Guide
54	HyperCard	49	Werkzeuge für Autoren
53	Windows	48	Bibliographie: Referenzen
52	Verbindungen	48	Aller Anfang ist leicht
51	Werkzeuge für Autoren	48	Hyperties
50	Grafiken	48	Verbindungen
50	Shneiderman	43	Wörterbücher
50	Guide	41	Was soll die Aufregung über Hypertext?

Tabelle 11.1 *Konnektivitätsmaß der Knoten im Hypertext Hypertext Hands-On von Ben Shneiderman und Greg Kearsley. Es wurden zwei verschiedene Berechnungsverfahren angewandt. Nur die zehn höchsten Werte wurden aufgelistet. Die Werte wurden von Michael H. Andersen und Henrik Rasmussen mit Hilfe des HyperBookSystems der Technischen Universität Dänemark berechnet.*

Fünf verschiedene Knoten tauchen in beiden Listen auf. Das deutet darauf hin, daß sie im Informationsraum eine zentrale Rolle spielen. Die Berechnungen in Tabelle 11.1 gehen davon aus, daß alle Verbindungen gleich wichtig sind; man könnte sich aber vorstellen, daß ein Autor einzelnen Verbindungen und Knoten andere Gewichte zuweist, um ihre Aussagekraft im Informationsraum besser zu beschreiben. Ein Knoten würde dann ein höheres Konnektivitätsmaß erhalten, wenn er an wichtigen Verbindungen teilnimmt oder mit anderen wichtigen Knoten transitiv in Verbindung steht.

11.3 Kooperierende Autoren

Ein großer Teil der Arbeit, die an Rechnern durchgeführt wird, ist kooperativer Natur, d.h. sie spielt sich in der Zusammenarbeit mehrerer Personen ab. Die Entwicklung umfangreicher Dokumente, wie z.B. das Online-Handbuch für den *Symbolics Document Examiner*, ist meistens ein Prozeß, der mehrere Autoren einbezieht. Die Hypertextstruktur aus Knoten und Verbindungen eignet sich sehr für den kooperativen Entwurf, bei dem einzelne Autoren an bestimmten Knoten arbeiten, und das Gesamtwerk durch die Verbindungen entsteht. Die Knoten können auf mehrere vernetzte Rechner verteilt werden, um die Arbeit in Gruppen zu unterstützen. Systeme wie z.B. gIBIS (siehe Bild 4.2) sind speziell für diesen Zweck entwickelt worden.

Wenn mehrere Benutzer gleichzeitig an einem Hypertext arbeiten, entstehen zusätzliche Probleme. Zum Beispiel kann das Orientierungsproblem (siehe Kapitel 9) größer werden. Man kann sich vorstellen, daß sich der Hypertext „hinter dem Rücken" eines Benutzers verändert, wenn andere zur gleichen Zeit in die Struktur oder die Inhalte eingreifen. [Trigg et al. 1986] beschreiben die kooperative Benutzung des Hypertextsystems NoteCards, bei dem jeder Autor einen anderen Schriftsatz verwendet, und ein besonderer Teil des Hypertextes für die Kommunikation zwischen Autoren reserviert ist.

Ein Hypertextsystem könnte Buch darüber führen, welcher Autor einen Knoten oder eine Verbindung erzeugt hat. Mit dieser Information kann festgestellt werden, wer einen Knoten oder eine Verbindung löschen oder verändern darf. Dieselbe Information kann auch dazu dienen, die Knoten eines Hypertextes nach ihren Erzeugern zu ordnen und die eigenen Knoten besonders hervorzuheben.

Häufig fallen die Benutzer in zwei oder mehrere Kategorien verschiedener Zugriffsrechte. Wenn z.B. das Hypertextsystem *Intermedia* im Klassenzimmer benutzt wird, hat lediglich der Lehrer das Recht zum Erstellen der kanonischen Hypertextstruktur, und die Schüler müssen sich darauf beschränken, innerhalb der Struktur Information einzufügen.

Die Versionskontrolle [Delisle und Schwartz 1986] in Mehrbenutzer-Hypertextsystemen stellt ein weiteres Problem dar, das zwar auch bei Einbenutzersystemen besteht, aber wesentlich einfacher zu lösen ist. Was geschieht mit der Verbindung, wenn z.B. zwei Knoten **A** und **B** miteinander verbunden sind und ein Autor den Inhalt des Knotens **B** verändert ? Im schlimmsten Fall wird der Inhalt von **B** auf zwei andere Knoten verteilt, und die Verbindung muß dann auf den geeigneten neuen Knoten verweisen. Das Hypertextsystem kann nicht automatisch entscheiden, wo die Verbindung hingehört; es muß sich darauf beschränken, den Benutzer darauf hinzuweisen, daß er die Verbindung zu aktualisieren hat.

Das System *SEPIA* [Streitz et al. 1989, 1992] stellt „Aktivitätsräume" (engl.: activity spaces) zur Verfügung, in denen Autoren während verschiedener Phasen des Textentwurfes zusammenarbeiten. Das System beruht auf kognitionspsychologischen Grundlagen und unterstützt Autoren aus einer rhetorischen Perspektive durch Aktivitätsräume für die Planung, die Strukturierung der Anwendungsdomäne und des Hintergrundwissens, Aufbau der Argumentationsstruktur, Formatierung und Überarbeitung des Endproduktes. Für jede Aktivität stellt SEPIA besondere Klassen von Knoten und Verbindungen zur Verfügung, die es den einzelnen Autoren erlauben, ihre Arbeit klarer zu strukturieren und sie für ihre Kollegen verständlicher zu machen.

11.4 Die Autorität des Autors

Die Hypertexttechnologie untergräbt die Autorität des Autors insofern, als er nicht mehr entscheiden kann, wie der Leser in ein bestimmtes Thema eingeführt wird. Der Leser kann sich im Informationsraum frei bewegen und das Thema von vielen verschiedenen Seiten her angehen. Die *SuperBook*-Studie (Kapitel 9) zeigte, daß Leser genausogut auf einen Text zugreifen können, wenn sie Antworten auf Fragen suchen, die der Autor in der ursprünglichen Strukturierung des Textes nicht vorhergesehen hatte.

Hypertexttechnologie kann aber auch positive Auswirkungen für den Autor haben. Dem Autor werden neue Möglichkeiten angeboten; sein Ziel ist es, Information im Hypertext für den Benutzer bereitzustellen, anstatt den Leser wie gehabt schrittweise durch die Materie zu führen. Man muß allerdings klar sagen, daß der Autor weiter dafür verantwortlich ist, Prioritäten für den Leser zu setzen und ihm einschlägige Navigationshinweise zu geben.

Der Spruch „Zuviel des Guten" trifft auch auf Hypertexte zu: Es ist für den Leser wichtiger, im Hypertext nur die wichtigsten und relevantesten und nicht alle denkbaren Verbindungen zu finden. Jede zusätzliche Verbindung stellt den Benutzer vor die erneute Frage, ob er ihr folgen soll oder nicht. Wenn zu viele Verbindungen zu unwichtigen Knoten führen („sie könnte ja vielleicht für jemanden interessant sein"), wird der Leser enttäuscht sein und den Vorschlägen des Autors nicht weiter folgen.

Romane, die auf Hypertextstrukturen aufbauen [Howell 1990], sind völlig frei von der traditionellen Autorität des Autors, die den Leser sequentiell durch die Handlung führt. Der Autor verläßt die traditionelle westliche Erzählerrolle und baut Welten auf, die der Leser, wie in einem Science-Fiction-Roman, erkunden kann.

Der ideale Hypertext wird, Knoten für Knoten und Verbindung für Verbindung, von Grund auf neu geschrieben. Die Information wird gezielt für das Medium aufbereitet. So, wie gute Verfilmungen bekannter Theaterstücke nicht dadurch entstehen, daß man im Theater eine Kamera aufstellt, so werden auch gute Hypertexte nicht aus textueller Information erstellt, die ursprünglich für lineare Medien, wie z.B. Bücher, geschrieben wurde. In der realen Welt müssen wir allerdings Abstriche vom Idealbild machen. Große Informationsbestände, die für andere Zwecke geschrieben und gesammelt wurden, stehen uns zur Verfügung. Wir möchten diese Information in die Hypertextwelt aufnehmen, ohne sie zuerst mit großem Kostenaufwand neu zu verfassen. Dieses Kapitel beschreibt zuerst, wie bestehende Informationen in einen Hypertext aufgenommen werden können. Anschließend werden zwei Projekte, die sich mit der Übertragung von Information befassen, genauer beschrieben: ein medizinisches Handbuch und ein großes Wörterbuch.

Die schlechteste Art der Wiederverwendung besteht darin, Information, die in der Zeit vor Hypertext verfaßt wurde, ohne weitere Bearbeitung in einen Hypertext „hineinzuschaufeln", indem man sie z.B. auf eine CD-ROM kopiert, ohne sie an das neue Medium anzupassen. Man vergißt dabei, daß die Information ursprünglich für ein lineares Medium, wie z.B. ein Buch, ein Hörspiel oder einen Film geschaffen wurde.

Auch ich muß gestehen, daß ich schon derartige „Schaufelware" hergestellt habe, indem ich bestehende Information ohne weitere Aufbereitung in einen Hypertext hineinkippte. Darrell Sano und ich schrieben einen Artikel über die *SunWeb*-Schnittstelle; der Artikel erschien anläßlich der Zweiten Internationalen WWW-Konferenz. Ursprünglich war der Artikel für zwei lineare Medien verfaßt worden: den Tagungsbericht und den Vortrag. Nach der Tagung wurde der Artikel aufgrund reger Nachfrage — ohne weitere Aufbereitung — auf internen und externen WWW-Diensten von Sun veröffentlicht. Der Artikel wurde einfach von FrameMaker in das HTML-Format übertragen. Einige Monate später führte ich eine Studie durch, in der Testpersonen den externen WWW-Dienst der Firma Sun ausprobierten. Zufällig stieß eine der Testpersonen auf meinen Artikel und war zu Recht darüber verärgert, daß die Ikone im Artikel keine Hypertextsprünge auslösten. Der Text war nicht mit anderen Informationen vernetzt, und dem Leser blieb nichts anderes übrig, als durch die Massen an Text und Bildern hindurchzublättern. Das war wohl kein Erfolg, Dr. Nielsen!

12.1 Umwandlung von Information

Um zu verhindern, daß bestehende Information ohne weiteres in einen Hypertext „hineingeschaufelt" wird, muß man sich überlegen, wie man mit der Übertragung vom linearen Medium zum Hypertext einen Mehrwert schaffen kann. Bild 12.1 zeigt ein gutes Beispiel für eine solche erfolgreiche Übertragung: die Umwandlung von Art Spiegelmans Komikheft *Maus* in den Hypertext *The Complete Maus*.

Das Fenster zeigt ein eingescanntes Bild aus dem Komikheft; Ikone am linken Rand verbinden die Seite mit weiteren Audio- und Videoinformationen, die unmöglich in dem Heft gezeigt werden konnten. Das oberste Ikon in Bild 12.1 führt zu einer Tonaufnahme, in der der Protagonist (der Vater des Künstlers) das Geschehen auf der Seite kommentiert; das zweite Ikon führt zu einer ähnlichen Aussage aus der Perspektive des Künstlers. Die meisten Hypertextseiten sind mit einer Serie von Skizzen verbunden, die darstellen, wie sich die Inhalte und Entwürfe der Seiten entwickelt haben. Von der Zeichnung in Bild 12.1, die zeigt wie der Protagonist seine Verlobung ankündigt, stehen vier verschiedene Versionen zur Verfügung. Diese früheren Versionen ermöglichen „ein Blättern durch die Zeit", so wie es sich Ted Nelson vorgestellt hatte, sowie interessante Einblicke in den kreativen Prozess des Künstlers.

Bei der Umwandlung von textuellen Informationen in ein Hypertextformat muß der Text in Knoten eingeteilt werden, und man muß Ankerpunkte und Verbindungen definieren. Die Hypertextstrukturen können automatisch erzeugt werden, wenn der Text eine Struktur aufweist, die entweder unmittelbar zu nutzen ist, um die Knoten und Verbindungen zu definieren, oder als Ausgangspunkt für ein einfaches Mustererkennungsverfahren dienen kann. Meistens muß zumindest ein Teil der Umwandlung von Hand durchgeführt werden. Knoten entsprechen den kleinsten Texteinheiten, die benannt werden können, z.B. einem Paragraphen mit Überschrift; Stichwortsammlungen oder Inhaltsverzeichnisse bilden die Grundlage für Verbindungen.

In vielen Fällen kann die Übertragung durch kleine Programme weitgehend automatisiert werden. Das Versandhaus *The Savings Zone* verschickt seine Preisliste als Hypertext. Die ersten Versionen wurden manuell erstellt; es zeigte sich aber sehr schnell, daß der Aufwand (30 — 40 Stunden für jede neu erstellte Ausgabe) nicht tragbar war. Das Problem wurde dadurch gelöst, daß man mit HyperCard ein einfaches Programm schrieb, das die Information unmittelbar aus der Produktdatenbank las und den Hypertextkatalog erzeugte. Die Tatsache, daß die Produktinformation in einer Datenbank verwaltet wurde und somit eine bekannte Struktur hatte, hat wesentlich zur Erstellung dieser einfachen Lösung beigetragen.

Bild 12.1 *Eine Seite aus dem Hypertext „The Complete Maus" (© 1994, Art Spiegelman und The Voyager Company, mit Erlaubnis abgedruckt).*

Wenn die Übertragung nicht vollautomatisch geschieht, hat der Übertragende die Möglichkeit, zusätzliche Verbindungen hinzuzufügen. Kahn [1989b] unterscheidet zwischen *objektiven Verbindungen*, die unmittelbar aus dem Ursprungstext abgeleitet, und *subjektiven Verbindungen*, die manuell vom Übersetzer hinzugefügt werden, weil er sie für relevant hält. Als objektive Verbindungen bezeichnet man z.B. Definitionen, technische Begriffe, die Verbindung eines Stadtnamens mit der

Position auf der Landkarte, usw. Subjektive Verbindungen dokumentieren Assoziationen, die der Übertragende für wichtig befindet.

Objektive Verbindungen sind oft nur in den Augen des Übersetzers objektiv. In den Augen des ursprünglichen Autors sind sie subjektiv. Der Autor hat subjektiv entschieden, welche Referenzen er für wichtig befindet, und was in den Index und ins Inhaltsverzeichnis aufgenommen wird. Texte, die von Anfang an für das Hypertextformat geschrieben werden, enthalten wahrscheinlich mehr subjektive als objektive Verbindungen. Es wird jedoch auch noch objektive Verbindungen geben, z.B. vom Namen eines Autors zu seiner Biographie. Viele dieser objektiven Verbindungen aber werden implizit realisiert werden.

Werden Hypertextverbindungen nachträglich in einen ursprünglich linearen Text eingefügt, so entsteht eine Problem, das mit dem Einfärben von Schwarzweißfilmen vergleichbar ist. Die zusätzlichen Verbindungen können die Information und somit die Aussage des Textes verändern, und zwar derart, daß der eigentliche Vorsatz des Autors teilweise oder sogar ganz verfälscht wird. Als eine Ausgabe der Zeitschrift *Communications of the ACM* in einen Hypertext verwandelt werden sollte, stand man plötzlich vor dem gleichen Problem. Der KMS-Ausgabe mußten zusätzliche Verbindungen beigefügt werden, da die Frames in KMS keinen ganzen Zeitschriftenartikel aufnehmen konnten. In diesem Fall scheint die Erweiterung der Informationsstruktur unproblematisch gewesen zu sein. Ganz allgemein muß man sich dieses Problems bewußt sein, wenn man textuelle Information in einem Hypertext wiederverwenden will.

In vielen Fällen muß die Information im Hypertext anders strukturiert werden als im linearen Medium. Auch wenn das Dokument automatisch übertragen wird, sollte man doch darauf achten, daß der Leser der Hypertextversion größere Bewegungsfreiheit hat als der Leser der Textversion, und daß die Hypertextversion es dem Leser erlaubt, eigene Verbindungen und Annotationen hinzuzufügen, um den Hypertext seinen besonderen Bedürfnissen anzupassen.

Das umgekehrte Problem stellt sich, wenn Hypertext linearisiert werden soll, z.B. beim Ausdruck eines Hypertextdokumentes. Auch in Zukunft wird man Hypertexte linearisieren müssen — sogar wenn das papierlose Büro Wirklichkeit geworden ist — z.B. für einen Vortrag. Vorträge sind lineare Vorgänge, die lineare Informationsstrukturen benutzen.

Ein hierarchischer Hypertext kann problemlos linearisiert werden, indem man ihn z.B. von oben nach unten (engl.: depth-first) durchwandert: Man druckt das erste Kapitel mit allen Abschnitten und Unterabschnitten, bevor man das gleiche mit dem zweiten Kapitel tut. Wenn der Autor Führungen durch den Hypertext angelegt hat, kann man ihnen beim Ausdruck folgen. Falls der Hypertext hochgradig vernetzt ist, ist es im allgemeinen sehr schwierig, eine Linearisierung zu erstellen. Studien [Trigg und Irish 1987], bei denen NoteCards benutzt wurden, um Berichte zu schreiben, zeigten, daß die meisten Autoren das linearisierte Dokument, das aus der NoteCard-Hypertextstruktur erstellt worden war, noch einmal überarbeiten mußten.

Da sehr viel Information, die in linearer, textueller Form vorliegt, in Hypertext umgewandelt werden muß, gibt es auch eine Reihe von Werkzeugen, die bei dieser Umwandlung behilflich sind. Einfache Werkzeuge zerlegen den Text in Seiten, zwischen denen der Leser blättern kann. Man sollte diese Werkzeuge aus Benutzbarkeitsgründen vermeiden, da sie die schlechten Eigenschaften sowohl des gedruckten als auch des rechnergestützten Mediums miteinander verbinden. Die Version am Bildschirm liest sich, im Vergleich zur gedruckten Version, schlechter und langsamer. Trotzdem bietet sie keine der üblichen Navigationsvorteile an, wie man sie von einem Hypertext erwarten würde.

Glücklicherweise gibt es auch Werkzeuge, die richtigen Hypertext, und nicht nur eine Folge von Seiten produzieren. Microsoft bietet eine Erweiterung des Programms MSWord an, die Word-Dokumente in HTML-Dateien umwandelt, die auf dem WWW veröffentlicht werden können. Es gibt eine Reihe von Shareware-Programmen, die andere Formate wie z.B. FrameMaker lesen, und daraus HTML-Dokumente erstellen. Bild 12.2 zeigt einen Bildschirmabzug des Programms *SmarText* der Firma Lotus, das unter MSWindows lineare Informationen in Hypertexte umwandelt [Rearick 1991].

SmarText versteht die Dateiformate vieler bekannter Textverarbeitungssysteme, wie z.B. *Microsoft Word*, *Lotus Ami Pro* und *WordPerfect*. SmarText erstellt ein Inhaltsverzeichnis aus den Paragraphen, die als Überschriften formatiert sind. Diese Information wird dann in eine Übersichtsstruktur integriert, die als Basis für die hierarchische Navigation im Hypertext dient. SmarText konstruiert ein kontextabhängiges Sachwortverzeichnis (engl.: keyword-in-context index, KWIC), indem es alle Sachwörter sucht, und die Füllwörter und andere irrelevante Begriffe herausfiltert. Die Übersichtsstruktur und das Sachwortverzeichnis sind durch Hyperlinks mit dem Hauptdokument verbunden. Bild 12.2 zeigt eine Übersichtsstruktur und das zugehörige Sachwortverzeichnis.

SmarText versucht auch Hypertextverbindungen zwischen verwandten Textteilen aufzubauen. Es geht davon aus, daß Textteile miteinander verwandt sind, wenn sie dieselben Gruppen von Sachwörtern enthalten. Zuerst sucht das System nach Gruppen von Sachwörtern, die im Text nahe beieinanderliegen. Anschließend baut es Verbindungen zwischen diesen Gruppen und anderen Knoten auf, die die gleichen Sachwörter enthalten.

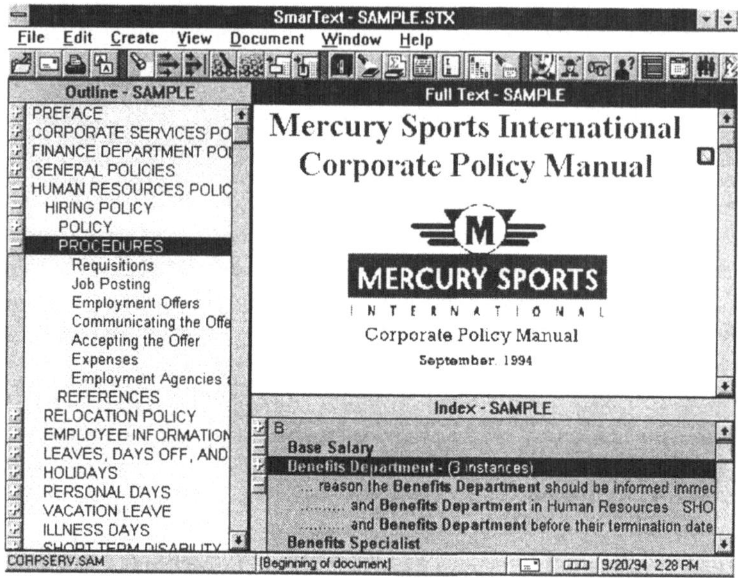

Bild 12.2 *Bildschirmabzug von „Lotus SmarText" (© 1994, Lotus Development Corporation, mit Erlaubnis abgedruckt).*

12.2 Das Handbuch für medizinische Therapeutik

Das Handbuch für medizinische Therapeutik der Universität Washington besteht aus über 500 Seiten und beschreibt diagnostische und therapeutische Verfahren. Das Buch ist mehrmals in einen Hypertext umgewandelt worden [Frisse 1988], unter anderem unter Benutzung von NoteCards, HyperCards und Rechnern der Firma NeXT. Die gedruckte Ausgangsversion des Handbuches hat eine streng hierarchische Struktur, die Titel und Untertitel des Kapitels 6 sehen folgendermaßen aus:

> *Kapitel 6: Herzversagen*
> > *V. Digitalis*
> > > *D. Toxikologie von Digitalis*
> > > > *3. Behandlung*
> > > > > *c. Ventrikuläre Arrhythmien*

Diese durchgehende Struktur ermöglichte die automatische Umwandlung des Buches in eine Hypertextstruktur. Jeder Abschnitt wurde zu einem Knoten; die Abschnittsnumerierung (z.B. 6.V.D.3.c) wurde zur internen Identifizierung des Knotens benutzt. Diese Kodierung ist absolut unverständlich für jemanden, der sich mit diesem Handbuch nicht besonders gut auskennt. Aus diesem Grund erhielt jeder Knoten einen Titel, der aus den ersten sechs Worten des Knotentextes besteht. Diese Regelung führt nicht immer zu optimalen Titeln, aber in diesem speziellen Anwendungsgebiet, mit seiner sehr ausgeprägten Fachterminologie, waren die Knotentitel für Ärzte dennoch verständlich. Die Titel wurden als Beschriftungen für Hypertextverbindungen und in den Resultaten von Suchanfragen verwendet.

Das System kann außerdem automatisch Verbindungen aufbauen, die einen Abschnitt mit seinen Unterabschnitten, und andere, die Unterabschnitte mit den übergeordneten Strukturen verbinden. Der Leser kann diese Verbindungen zur Navigation oder in Suchanfragen verwenden, indem er in derselben Anfrage Schlüsselworte und Hypertext-Navigationsinformationen benutzt.

Nehmen wir einmal an, wir suchen Information, um einem Patienten zu helfen, der gewisse Herzrythmusstörungen aufzeigt. Ein Arzt, der die richtige Terminologie kennt, könnte folgende Anfrage an den Rechner richten: *finde „Behandlung von Digitalis-induzierter, ventrikulärer Arrhythmie "*.

Obwohl die Antwort im Abschnitt 6.V.D.3.c des Handbuches enthalten ist (siehe die hierarchische Kapitelstruktur weiter oben), könnte das System die Information nicht finden, da der Knoten nicht alle Schlüsselwörter enthält. Eine Reihe der Begriffe erscheinen in den übergeordneten Abschnitten und werden im Abschnitt selbst nicht erwähnt. Diese Strukturierung der Information ist bei gedruckten Medien höchst sinnvoll, da der Leser zu jeder Zeit den Zusammenhang kennt, in dem ihm die Information präsentiert wird, d.h. er weiß welches Kapitel, mit welchem Abschnitt und Unterabschnitt er gerade liest.

Die Hypertextversion muß deshalb einen kontextabhängigen Suchmechanismus zur Verfügung stellen, wenn die Information aus der gedruckten Version sinnvoll genutzt werden soll. Der Suchmechanismus verbindet *intrinsische* und *extrinsische* Trefferraten (siehe Kapitel 8), um das Suchresultat zu bestimmen. Mit anderen Worten: wenn der Suchmechanismus bestimmen soll, wie gut ein Knoten auf eine Anfrage zutrifft, so zieht er in Betracht, wie gut die über- und untergeordneten Knoten auf die Anfrage passen. In unserem Beispiel würde der Knoten 6.V.D den „Digitalis"-Teil der Anfrage beantworten; 6.V.D.3 würde den „Behandlungs"-Teil beantworten und 6.V.D.3.c paßt zu „ventrikuläre Arrhythmie". Geordnet nach den Kriterien, die beschreiben, wie gut sie zur Anfrage passen, würden diese drei Knoten als Resultat der Suchanfrage aufgelistet werden. Der Benutzer würde sie als

Navigationsausgangspunkte benutzen und mit Hilfe der Hypertextverbindungen die benötigte Information zusammenstellen.

12.3 Oxford English Dictionary

Das *Oxford English Dictionary (OED)* ist der vielleicht umfangreichste Text, der bisher in einen Hypertext umgewandelt wurde [Raymond und Tompa 1988]. Die gedruckte Version wurde ursprünglich von 1884 bis 1928 in zwölf Bänden veröffentlicht; 1972 bis 1986 erschienen vier zusätzliche Bände. Das OED lag nicht in einer maschinenlesbaren Form vor und mußte deshalb von Hand eingegeben werden. Dieser Vorgang nahm 18 Monate in Anspruch.

Man hätte den Text aus einer gedruckten Kopie des OED einscannen und mit Hilfe maschineller Schrifterkennung in computer-lesbaren Text umwandeln können. Dieses Verfahren hätte aber einen recht unattraktiven Hypertext produziert. Bei der manuellen Eingabe des Textes kann man zusätzliche Metainformation über den Text mit eingeben, z.B. indem man zwischen den eigentlichen Einträgen, den Definitionen, der etymologischen Information und den Zitaten aus anderen Quellen unterscheidet.

Die Daten werden in einer großen Textdatei (570 MB) abgespeichert. Zur Formatierung werden SGML-Anweisungen benutzt. Es gibt keine explizite Knoten- oder Verbindungsstruktur. Der Zugriff auf die Daten geschieht mittels extern abgespeicherter Inhaltsverzeichnisse. Die Textdatei wird bei jedem Zugriff dynamisch in einen Hypertext umgewandelt.

Der ursprüngliche Teil des OED enthält 252.259 Einträge (Wörter, die man nachschlagen kann); die Ergänzungsbände enthalten 69.372 Einträge. Die Tatsache, daß die Ergänzungsbände und die ursprünglichen zwölf Bände sich zum Teil überlappen, da bestimmte Wörter neue Bedeutungen angenommen haben, macht das ganze nicht einfacher. Allein die Verschmelzung dieser beiden Bände stellt schon einen großen Dienst für den Leser dar; es wurden aber zusätzlich noch 5.000 neue oder überarbeitete Einträge aufgenommen.

Die Tatsache, daß die Hypertextversion 569.000 Querverweise innerhalb des OED enthält, deutet darauf hin, daß die Hypertexttechnologie ein interessanter Zugriffsmechanismus für enzyklopädische Information ist. Viele dieser Verweise zeigen auf Varianten desselben Wortes, Wörter, die ähnlich buchstabiert werden, oder Wörter, die ähnliche Bedeutung haben. Da das OED Definitionen fast aller Wörter der englischen Sprache enthält, umfaßt es gleichzeitig eine astronomische Zahl impliziter Verbindungen, weil der Leser zu jeder Zeit von jedem Wort aus zu den Definitionen springen kann.

Das OED enthält 2,4 Millionen Zitate, die erklären, wie verschiedene Autoren ein Wort in der Entwicklungsgeschichte der englischen Sprache benutzt haben. Diese Zitate stellen in Wirklichkeit Referenzen auf literarische Werke dar. In einem universellen Hypertext, wie z.B. Xanadu von Ted Nelson, würden diese Zitate durch Verbindungen zu den Originalquellen ersetzt werden, so daß der Leser nicht nur den Satz, sondern den ganzen Kontext, in dem das Wort benutzt wurde, sehen würde.

Leider war es nicht möglich, eine einzelne, einfache Schnittstelle zu dem OED-Hypertext zu entwickeln. Die unterschiedlich langen Einträge und die verschiedenen Benutzungsmodi stellten das größte Problem dar. Nur 5% der OED-Einträge haben mehr als 4.000 Buchstaben; diese 5% stellen jedoch 48% des Gesamttextes dar. Der Eintrag für das Verb „to set" ist fast ein Megabyte groß. 20% der Einträge bestehen aus weniger als 50 Buchstaben. Offensichtlich kann man nicht die gleichen Schnittstellenprinzipien verwenden, um Einträge zu lesen, die 50 oder 500.000 Buchstaben groß sind.

Die großen Einträge im OED können meistens anhand der Bedeutungskategorien strukturiert werden. Die hierarchischen Bedeutungskategorien eignen sich hervorragend für die Darstellung in Hypertext, da die meisten Benutzer sich nur die Hauptkategorien ansehen. Die Hypertextversion des OED konstruiert die Hypertexthierarchie automatisch aus der SGML-Codierung des Textes. Andere Informationstypen sind oft nicht hierarchischer Natur, wie z.B. Zitate mit ihren Jahresangaben, die in einer linearen Zeitspanne dargestellt werden konnten.

Schließlich muß die OED-Schnittstelle die Informationselemente, unter Berücksichtigung der Benutzerinteressen, verschieden darstellen. Wenn ein Benutzer sich z.B. für die linguistische Entwicklung eines Wortes und seine Verwendung interessiert, kann ein anderer eher die Wortdefinitionen interessant finden. Die Hypertextschnittstelle unterstützt diese Darstellungsvarianten, indem sie den Text dynamisch restrukturiert und an die Benutzerpräferenzen anpaßt.

Zu guter Letzt sollte man noch erwähnen, daß das OED eines der wenigen Beispiele darstellt, in denen der Hypertext besser lesbar ist als die gedruckte Version. Die meisten Leute, die das OED in gedruckter Fassung haben, sind nicht im Besitz der zwanzigbändigen, sondern der dreibändigen Ausgabe, die mikroskopisch kleine Schrift benutzt.[1] In der Hypertextversion kann der Benutzer die Buchstabengröße frei wählen und somit seine Augen schonen, was einen besonderen Vorteil für behinderte Leser darstellt.

---

[1] In dieser Ausgabe entsprechen zwei Bände den ursprünglichen sechzehn Bänden; die vier Ergänzungsbände werden in einem Band zusammengefaßt.

13 Zukünftige Entwicklungen im Hypertext- und Multimediabereich

Die Voraussage technologischer Entwicklungen und Tendenzen ist immer mit Ungewißheit verbunden, insbesondere wenn, wie im Fall von Hypertext, es um Entwicklungen geht, die bis jetzt nur wenig Anwendung gefunden haben. In einem solchen Fall fehlt ganz einfach die empirische Basis für eine gesicherte Aussage. Man kann aber mit ziemlich großer Sicherheit davon ausgehen, daß neue Anwendungen in Zukunft vermehrt auf Hypertexttechnologien aufbauen werden und somit werden weitere Märkte für die Technologie erschlossen.

Die Einführung neuer Technologien und ihre Marktdurchdringung wurde extensiv untersucht und in mehreren mathematischen Modellen beschrieben, von denen wir einige anwenden werden um die Entwicklung im Hypertextbereich vorauszusagen [Kain und Nielsen 1991]. Das einfachste Modell beruht auf dem Bass-Diagramm der Verbreitung neuer Technologien. Es wurde erfolgreich eingesetzt für Vorhersagen über die Verbreitung anderer Produkte. Mahajan et al. [1990] geben einen guten Überblick über das Bass-Modell und seine Anwendungen.

Das Bass-Modell benutzt die folgende Gleichung, um kumulativ die Zahl der Anwender N_t einer neuen Technologie zum Zeitpunkt t, zu bestimmen:

$$N_t = N_{t\text{-}1} + p\left(m - N_{t\text{-}1}\right) + q\frac{N_{t\text{-}1}}{m}\left(m - N_{t\text{-}1}\right)$$

Das Modell verwendet folgende drei Parameter:

- m beschreibt das Marktpotential; die Zahl der Personen, die möglicherweise das Produkt benutzen werden

- p ist der Koeffizient, der den äußeren Einfluß beschreibt; die Wahrscheinlichkeit, daß jemand, der das Produkt noch nicht benutzt, unter dem Einfluß der Massenmedien oder anderer externer Faktoren beginnt, davon Gebrauch zu machen

- q ist der Koeffizient, der den internen Einfluß beziffert; d.h. die Wahrscheinlichkeit, daß jemand, der das Produkt noch nicht benutzt, unter dem Einfluß anderer Benutzer oder durch Mund-zu-Mund Propaganda zu seiner Anwendung übergeht.

Die Zahl der neuen Anwender, die die neue Technologie zwischen den Zeitpunkten *t-1* und *t* aufgrund externer Einflüsse annehmen, ist proportional zu *p* und zur Zahl der potentiellen Anwender, die die Technologie noch nicht aufgegriffen haben. Die Zahl der Anwender, die aufgrund interner Einflüsse angefangen haben, die Technologie zu benutzen, ist proportional zu *q* und zur Zahl der Nicht-Anwender, aber auch zur Zahl der Technologiebenutzer (die Technologiebenutzer sind die Quelle des internen Einflusses).

Wenn man die Marktdurchdringung traditioneller Produkte analysiert, interessiert man sich meist für konkrete Verkaufszahlen. In unserem Fall handelt es sich eher um die Verbreitung eines Konzeptes als um den Verkauf eines Produktes. Wir interessieren uns nicht für Käufer, sondern für Anwender von Hyperytext-Technologien. Es kann jemand als Benutzer bezeichnet werden, wenn er einen Hypertext gekauft hat, oder wenn er über das Internet auf einen Hypertext zugegriffen hat. Im Rahmen unserer Analyse interessieren wir uns nur für regelmäßige Anwender — wenn jemand im Museum an einem Hypertextrechner vorbeikommt, und sich ein paar Hypertextknoten ansieht, reicht das nicht aus, um als Hypertextanwender eingestuft zu werden. Im Bass-Modell würde man sagen, daß diese Person externen Einflüssen ausgesetzt ist.

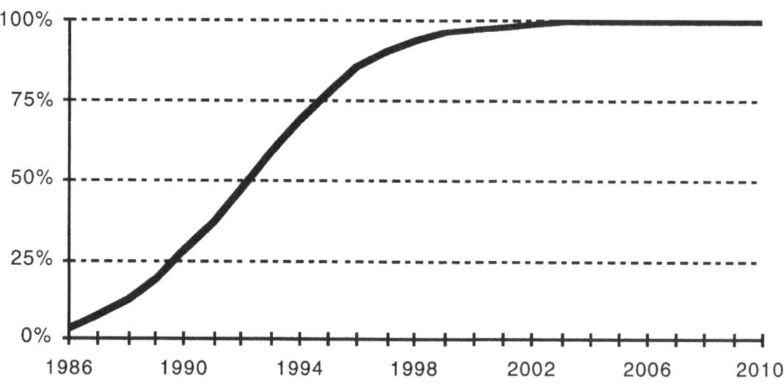

Bild 13.1 *Das Bass-Diagramm der Hypertextmarktdurchdringung, wenn man den Koeffizienten den Wert p=0,03 und q=0,38 zuordnet. Das Diagramm zeigt, in welchem Jahr welcher Prozentsatz des erreichbaren Marktes (100%) durchdrungen sein wird, angefangen mit der Einführung des Systems „Guide" im Jahr 1986.*

Sultan et al. [1990] untersuchten 213 Anwendungen des Bass-Modells und fanden heraus, daß die Koeffizienten *p* und *q* durchschnittlich die Werte 0,03 resp. 0,38 haben. Wenn man davon ausgeht, daß der Hypertextmarkt im Jahr 1986 angefangen hat, sich zu entwickeln (1986 erschien das erste richtige Hypertextprodukt *Guide*), und die Koeffizienten p und q durchschnittliche Werte darstellen, dann zeigt Bild 13.1 die Bass-Kurve der Marktdurchdringung für Hypertext.

Wenn man die Marktdurchdringung für Produkte, z.B. für ein neues Computermodell voraussagen will, kann man normalerweise davon ausgehen, daß p eine Konstante ist (obgleich p variiert, wenn sich der Werbeetat ändert). Hypertext hingegen ist eher ein Konzept und kein Produkt; es gibt keine zentrale Werbeagentur und keine Werbung in den Massenmedien, die den potentiellen Benutzer von außen beeinflussen. Hypertext hat in den letzten Jahren viel Medienaufmerksamkeit gefunden. Das kann man z.B. daraus ersehen, daß das Programm *Mosaic* auf der ersten Seite des Wirtschaftsteils der *New York Times*, zusammen mit anderen Berichten über neue CD-ROM-Titel und das Internet erschien.

Easingwood et al. [1983] sind der Meinung, daß der interne Einfluß nicht notwendigerweise linear ist, und schlagen deshalb das *nicht uniforme Einfluß-Modell* (engl: non-uniform influence model NUI) vor, das durch folgende Gleichung beschrieben wird:

$$N_t = N_{t-1} + p\left(m - N_{t-1}\right) + q \frac{N_{t-1}^{\delta}}{m}\left(m - N_{t-1}\right)$$

Dieses Modell ähnelt der Bass-Gleichung, außer daß der interne Einfluß nicht direkt proportional zur Zahl der Benutzer ist. Ist der Koeffiziient $\delta < 1$, dann wächst der Einfluß langsamer als die Zahl der Benutzer; ist er $\delta > 1$, dann wächst der Einfluß schneller als die Zahl der Benutzer. Easingwood et al. [1983] schätzen, daß δ für eine Reihe von Innovationen Werte zwischen 0,3 und 1,5 angenommen hat. Wir werden von $\delta = 1,5$ ausgehen, da Hypertext oft von vielen Benutzern gleichzeitig verwendet wird. In dieser Hinsicht sind sich Hypertexte und CDs sehr ähnlich [Bayus 1987]: Der Verkauf von Plattenspielern und Schallplatten ist voneinander abhängig; genauso warten Informationsanbieter, bis es genügend potentielle Kunden gibt, bevor sie neue Hypertexte veröffentlichen, und die potentiellen Kunden schrecken vor der Investition zurück, wenn nicht genügend interessante Informationen als Hypertexte angeboten werden. Eine Reihe sehr mächtiger Hypertextkonzepte entwickeln ihre volle Wirkung erst, wenn die einzelnen Hypertexte vieler verschiedener Benutzer miteinander verbunden werden und ein großes Hypertextnetzwerk bilden. Die positive Auswirkung dieser Konzepte wächst schneller als die Zahl der Benutzer, da die Zahl der möglichen Verbindungen quadratisch mit der Zahl der Knoten wächst.

Bild 13.2 zeigt das Diagramm, das der abgeänderten Gleichung entspricht. Am Anfang steigt der Marktdurchdringungswert langsamer an, aber sobald eine kritische Masse erreicht wird, entwickeln sich Synergie-Effekte und das Wachstum steigt rapide.

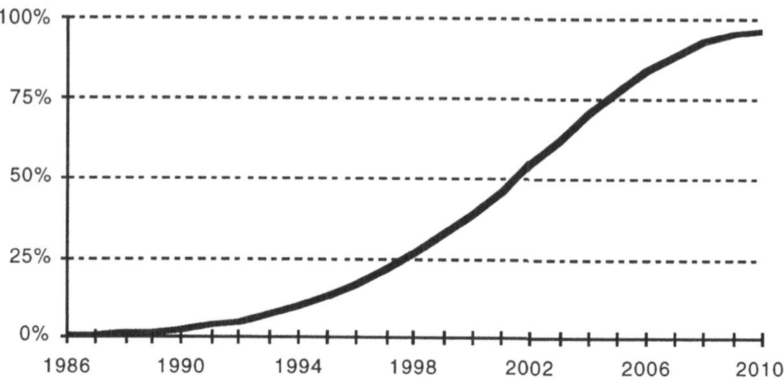

Bild 13.2 *Die Hypertextmarktdurchdringung unter der Annahme, daß der externe Einflußkoeffizient p mit der Zeit zunimmt, und daß der interne Einflußkoeffizient q un-gleichmäßig durch δ = 1,5 beeinflußt wird. Alle anderen Parameter haben die gleichen Werte wie in Bild 13.1.*

Das Wachstum des WWW ist wesentlich schneller (siehe Bild 7.1) als das Wachstum in den Bass-Diagrammen von Bild 13.1 oder Bild 13.2. Das WWW stellt allerdings nur eine Art von Hypertext dar. Wenn man alle Hypertextarten zusammen-rechnet, dann ähnelt das Wachstum den Diagrammen in den Bildern 13.1 und 13.2. Die Tatsache, daß die meisten potentiellen Benutzer noch nicht im Besitz multi-mediafähiger PCs sind, verleitet zur Annahme, daß der Markt stetig weiter wachsen wird, wenn auch etwas langsamer als das Internet. Die neuen 64-Bit-Spielcomputer tragen wesentlich zur Verbreitung multimediafähiger PCs bei. Sie sind aber erst seit kurzer Zeit auf dem Markt. Im Geschäftsbereich geht man allmählich zu SGML-ähnlichen Technologien über, doch wird es noch eine Zeit dauern, bis die Unternehmen substantielle Wachstumsraten in der Benutzung von Online-Dokumenten und Hypermedien sehen.

Diese Überlegungen führen zu der Schlußfolgerung, daß wir uns in einer frühen Phase der Marktdurchdringung befinden und die Phase des beschleunigten Wachstums schon sehr bald erreichen werden. Die Hypertextanwender vor 1995 waren wahrscheinlich technologiefreundliche Benutzer, die Hypertext der Technik wegen ausprobierten. Bis zum Jahr 2002 werden die meisten potentiellen Anwender auf Hypertextlösungen umgestiegen sein. „Bummler" werden die neue Technologie erst später aufgreifen.

13.1 Wie haben sich frühere Vorhersagen entwickelt?

Mein Buch *Hypertext und Hypermedia* erschien 1990; es ist angebracht zu untersuchen, wie zutreffend die damaligen Vorhersagen waren. Im Jahre 1990 habe ich vorausgesagt, daß sich „in drei bis fünf Jahren" ein Massenmarkt für Hypertext entwickeln würde. In der Tat ist ein großer Markt für CD-ROM-Wörterbücher entstanden, und es sind mehr CD-Wörterbücher als gedruckte Wörterbücher verkauft worden. Außerdem hat sich in den Computerläden ein reger Markt für Hypermediaproduktionen entwickelt. Der vorhergesagte „Massenmarkt" ist zwar noch recht bescheiden, wenn man ihn mit dem Markt für Druckerzeugnisse (Bücher, Zeitschriften, Zeitungen usw.) vergleicht, er wächst aber rapide.

Im Jahre 1990 liefen die meisten Hypertextprodukte auf dem Macintosh. Aufgrund des wachsenden Massenmarktes sagte ich einen Wechsel zum IBM-PC voraus. Diese Verschiebung ist eingetreten. Eine Reihe attraktiver Hypermediaprodukte waren schon lange für den PC[1] erhältlich, bevor sie für den Macintosh verfügbar waren (manche werden vielleicht nie auf dem Macintosh erscheinen).

Meine zweite wichtige Vorhersage beschäftigte sich mit der Integration von Hypertext und anderen Informationstechnologien. Diese Vorhersage ist größtenteils nicht eingetroffen. Das PenPoint-Betriebssystem enthält zwar Hypertextelemente, doch die meisten anderen Betriebssysteme haben nur sehr rudimentäre Verknüpfungsmöglichkeiten und benutzen hypertextartige Mechanismen, z.B. die interaktive Hilfsfunktion des Macintosh, die zu jedem Bildschirmelement, auf das der Benutzer zeigt, ein kleines Informationsfenster öffnet und dem Benutzer erklärt, worum es sich handelt.

Die objektorientierten Betriebssysteme, die zur Zeit entwickelt werden, bieten eine bessere Basis für allgemeine Hypertextfunktionen. Es stellte sich als unmöglich heraus, Hypertextfunktionalität für die heute verfügbaren Softwarepakete zu definieren. Wir erleben zur Zeit das Ende der Ära der großen, monolythischen Softwarepakete mit Hunderten von verschiedenen Befehlen und komplexen

---

[1] Heutzutage werden diese Rechner meist als *Windows-Rechner* und nicht als *IBM-PCs* bezeichnet, da IBM nur einen sehr kleinen Marktanteil hat.

Eigenschaften. Diese Dinosaurier eignen sich kaum für die Integration von Hypertexttechnologien und haben auch ein zu hohes Entwicklungsmomentum, um sich an fundamental neue Konzepte, wie z.B. universelle Hypertextverbindungen, anzupassen. Ich bin der Meinung, daß wir in den nächsten fünf oder zehn Jahren fundamentale Veränderungen in der Softwarewelt erleben werden und daß objektorientierte Systeme eine dominante Rolle übernehmen werden. Diese Veränderung wird nicht von heute auf morgen stattfinden, da die heute vorherrschenden großen, monolythischen Softwarepakete nur sehr langsam verdrängt werden können. Es wird etwas dauern, bis die neuen, kleineren und flexibleren Module den Markt beherrschen.

Eine weitere Vohersage erwies sich schon nach sehr kurzer Zeit als ein kläglicher Fehlschluß. Ich hatte vorhergesagt, daß Universitäten immer mehr Intermedia-Netze untereinander austauschen würden, um so bessere und extensivere Lehrangebote zu entwicklen. Leider wurden die Mittel für das Intermedia-Projekt gestrichen, infolgedessen konnte das System nicht weiter entwickelt, gewartet oder auf neue Rechnertypen übertragen werden. Ich bin noch immer der Überzeugung, daß Intermedia (zumindest im Jahre 1990) eines der besten Hypertextsysteme war. Intermedia hätte den Erfolg, der ihm durch kurzsichtige Forschungspolitik verwehrt wurde, verdient.

13.2 Kurzfristige Entwicklungen: die nächsten drei bis fünf Jahre

Ich glaube nicht, daß im Hypertextbereich in den nächsten drei bis fünf Jahren große Veränderungen stattfinden werden. Es werden wohl immer wieder neue Elemente dazukommen; doch bin ich der Meinung, daß wir uns in den nächsten Jahren hauptsächlich damit befassen werden, die im Labor entwickelten Technologien im großen Stile anzuwenden. Die wichtigsten Entwicklungen werden sich in folgenden Bereichen abspielen:

- Stabilisierung des Massenmarktes für Hypertexttechnologie

- Kommerzieller Hypertext auf dem Internet

- Integration von Hypertext mit anderen Computertechnologien.

13.2.1 Stabilisierung des Massenmarktes für Hypertexttechnologie

Es gibt zwar schon eine Reihe von Hypermediaprodukten, die sich recht gut verkaufen, aber der Anteil der hypermediafähigen PCs ist noch zu klein. Ich gehe davon aus, daß in den industrialisierten Ländern zukünftig kaum noch PCs verkauft werden, die nicht hypermediafähig sind. Deshalb wird der Hypermediamarkt in den nächsten Jahren kräftig wachsen.

Es gibt schon heute eine Produktkategorie, in der die Hypermediaversion höhere Verkaufszahlen aufweist als die traditionelle gedruckte Version: die Enzyklopädien. Ich gehe davon aus, daß es in naher Zukunft noch weitere derartige Produktkategorien geben wird, daß aber in den meisten Kategorien die konventionellen Medien dominieren werden. Kino- und Filmratgeber stellen meiner Meinung nach eine Produktkategorie dar, die sich für Hypertextanwendungen besonders gut eignet und in der wir in kurzer Zeit eine recht große Hypertextpräsenz erwarten können. Kinofilm-Ausschnitte können sehr einfach auf CDs oder Online-Diensten veröffentlicht werden. Einige der großen Hollywood-Studios haben schon damit begonnen, die Vorspanne ihrer Filme auf dem Internet, America Online und anderen Diensten anzubieten. Microsofts *Cinemania* war der erste Hypertextfilmführer, und ich gehe davon aus, daß deren noch mehr erscheinen werden. Fernsehzeitschriften werden sich wahrscheinlich auch in Richtung Hypertext bewegen. Sobald das Kabelfernsehen 500 oder mehr Kanäle anbietet, werden die Grenzen konventioneller Fernsehzeitschriften überschritten, und man muß zu anderen Technologien greifen, um die Information in einem benutzbaren Format darzustellen. Bisher konnte sich der Leser das gesamte Fernsehangebot in der Zeitschrift ansehen und sich Sendungen aussuchen; in Zukunft wird er immer mehr dazu übergehen, sich Programmempfehlungen von Suchanfragen und automatisierten Agenten erstellen zu lassen [Isbister und Layton 1995]. Wenn mein Fernsehführer z.B. weiß, daß mir die Serie *Raumschiff Enterprise* gefällt und daß sich die meisten anderen *Enterprise*-Fans eine bestimmte neue Sendung auf Kanal 329 ansehen, dann wird mir mein Fernsehführer diese neue Sendung vorschlagen.

Ich nehme an, daß viele neue, interaktive Multimediaspiele auf den Markt kommen, insbesondere wenn Hollywood und Sillicon Valley näher aneinanderrücken. Die meisten Video- und Computerspiele haben nur eine sehr oberflächliche Handlung und kaum nennenswerte Inhalte. Sie versuchen diese Mängel wettzumachen, indem sie dem Spieler immer neue Steine in den Weg werfen, damit er möglichst lange braucht, bevor er alle Inhalte kennengelernt hat. Wenn mehr Rechnerleistung, bessere Dramaturgie und bessere Drehbücher zur Verfügung stehen, ist es vorstellbar, daß die Welten in den Spielen komplexer und interessanter werden. Der Spieler kann die Welten erforschen und kennenlernen, ohne an jeder Ecke von Monstern bedroht zu werden. Wahrhaft neue Unterhaltungskonzepte werden wahrscheinlich erst im nächsten Jahrhundert verfügbar sein; ich gehe nicht davon aus, daß intelligente Spiele, die ihre Welt und die Geschichte an den Spieler anpassen, vor dem Jahr 2000 verfügbar sind.

13.2.2 Kommerzieller Hypertext auf dem Internet

Das Internet wird Techniken einführen, um Dienstleistungen und Informationen in Rechnung zu stellen. Der Benutzer wird für diese Informationsdienste bezahlen müssen. Es wird nicht lange dauern und ein *Netzgeld* (engl.: NetCash)-System wird ermöglichen, daß mittels des Internets für Informationen und Dienstleistungen, die auf dem Internet angeboten werden, gezahlt wird.

13.2.3 Integration von Hypertext mit anderen Computertechnologien

Dem Leser wird aufgefallen sein, daß ich von den Möglichkeiten, die Hypertext bietet, begeistert bin. Trotz allem muß ich zugeben, daß viele der qualitativ hochwertigen Hypertextanwendungen nicht mit den Bordmitteln von Hypertext allein auskommen.

Die Integration von Hypertext mit anderen Computertechnologien, z.B. die Integration von Hypertext und *Künstlicher Intelligenz* (KI), stellt einen interessanten Trend dar. Ein solches System, das die Inspektion von Programmcode unterstützt, wurde von Scott M. Stevens [Stevens 1989] am Software Engineering Institut der Carnegie Mellon University erstellt. Während einer Inspektionssitzung diskutieren die Teilnehmer die Eigenschaften und Strukturen eines Programmteils. Jeder Teilnehmer hat eine besondere Rolle, z.B als Gutachter, Moderator oder Programmentwickler. Die Erfahrung hat gezeigt, daß man die Rollentechnik nur erlernen kann, wenn man an einigen Sitzungen in verschiedenen Rollen teilgenommen hat. Das Trainieren eines Neulings ist recht aufwendig, da die anderen Teilnehmer erfahrene Programminspektoren sein müssen. Man kann die Kosten erheblich reduzieren, indem man Techniken aus der künstlichen Intelligenz benutzt, um die Interaktion mit den anderen Teilnehmern zu simulieren. So kann der Neuling an beliebig vielen Trainingssitzungen teilnehmen und besonders interessante Sitzungen wiederholen. Das Kernstück des Trainingsprogramms ist ein KI-System, das die Handlungen analysiert und die Reaktion der anderen Teilnehmer simuliert. Die Interaktion mit dem System geschieht auf der Grundlage von Texten, Entwurfsspezifikationen, Programmbeispielen, Auszügen aus Lehrbüchern und Programmcode-Analysen. Diese Materialien werden in Form von Hypertexten dargestellt.

Das kommerzielle System *The Election of 1912* (Die Wahl im Jahr 1912) der Firma Eastgate Systems stellt ein weiteres Beispiel gelungener Integration von Hypertext mit konventioneller Computertechnik dar. Während das Codeinspektionssystem Hypertext- und KI-Technologien integriert, ist *The Election of 1912* ein Hypertextsystem auf dem Macintosh, das auch Simulationstechniken benutzt.

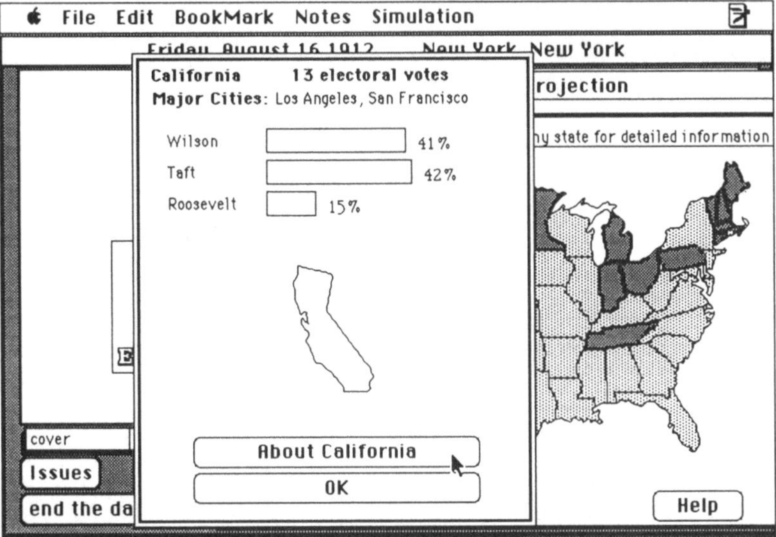

Bild 13.3 *Bildschirmabzug des Systems „The Election of 1912." Der Benutzer hat die Resultate einer simulierten Meinungsumfrage angefordert. Die Resultate werden grafisch auf der Landkarte dargestellt. Zusätzlich hat der Benutzer genauere Informationen über die Resultate im Staat Kalifornien angefragt (© 1987, Eastgate Systems Inc., mit Erlaubnis abgedruckt).*

Der größte Teil des Systems beschäftigt sich mit den politischen Ereignissen in den USA im Jahre 1912 und ganz besonders mit der Präsidentschaftswahl. Man kann den Hypertext entweder einfach nur lesen, oder man kann die Simulationskomponente benutzen, um sich in die Information zu vertiefen. Die Simulation erlaubt es dem Benutzer, in der Wahlkampagne mitzumachen und die Rolle des Wahlkampfmanagers von Teddy Roosevelt anzunehmen. Der Wahlkampfmanager organisiert die Kampagne, legt den Reiseplan fest, bestimmt, mit wem sich der Kandidat trifft und welche Themen und Probleme in welcher Stadt angesprochen werden sollen. Während der Simulation kann der Benutzer/Wahlkampfmanager die Resultate simulierter Meinungsumfragen anfordern (Bild 13.3).

Die Simulation ist Teil des Hypertextes; der Benutzer kann zu jeder Zeit vom Simulationsteil zum Dokumentationsteil überwechseln und sich die richtigen historischen Daten aus dem Jahr 1912 ansehen (Bild 13.4). Auf diese Art kann der Benutzer das historische Wählerverhalten verstehen lernen. Andere Hypertextelemente verbinden die simulierten Gesprächspartner mit ihren eigenen historischen Daten, und die politischen Themen mit Hintergrundinformation aus der damaligen Wahl.

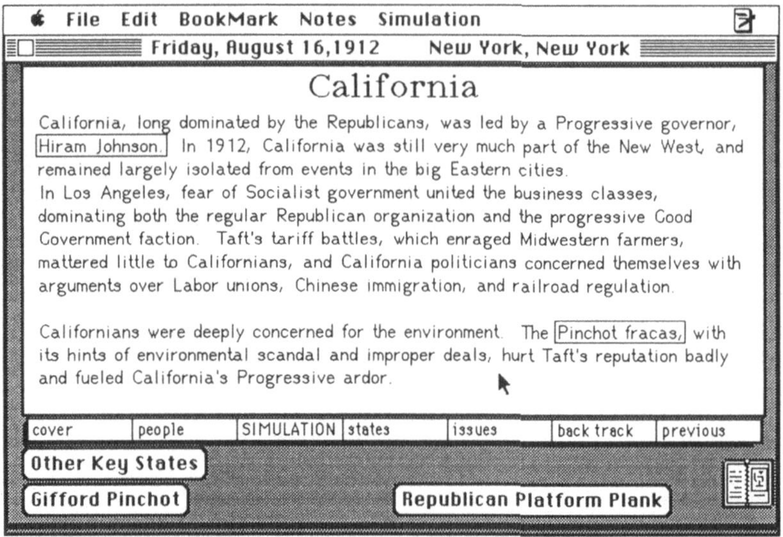

Bild 13.4 *Bildschirmabzug des Systems „The Election of 1912". Der Benutzer klickte in Bild 13.3 auf den Knopf „Mehr Information über Kalifornien" (engl.: More about California) (© 1987, Eastgate Systems Inc., mit Erlaubnis abgedruckt).*

13.3 Mittelfristige Entwicklungen: fünf bis zehn Jahre

In den nächsten fünf bis zehn Jahren werden erheblich mehr Hypermediadokumente veröffentlicht werden als bisher. Video wird zur Standardausrüstung eines Heimcomputers gehören, und wir können annehmen, daß Hypermediadokumente vermehrt auf den Massenmarkt zugeschnitten werden.

In diesem mittelfristigen Zeitrahmen wird auch das Kompatibilitätsproblem gelöst werden. Heutzutage ist es für einen IBM-OS/2-Benutzer nicht möglich, einen Hypertext zu lesen, der für UNIX und KMS geschrieben wurde. Das Kompatibilitätsproblem kann für konventionelle, lineare Medien mehr oder weniger als gelöst betrachtet werden: Ein Macintosh-Benutzer kann ohne Probleme ein Textdokument lesen, das auf dem PC erstellt wurde.

Die Arbeit an verschiedenen Hypertext-Austauschformaten und der *Abstrakten Hypertextmaschine HAM* (siehe Kapitel 5) wird sicherlich erfolgreich sein. Dadurch wird es möglich den gleichen Hypertext für verschiedene Betriebssysteme und Rechnerarchitekturen zu entwickeln. Austauschformate werden erheblich zur Vergrößerung des Marktes beitragen, da ein austauschbarer Hypertext auf einer größeren Anzahl von Rechnern abgespielt werden kann. Es wird aber auch dann noch Hypertexte geben, die von den speziellen Eigenschaften einer Rechnerplattform, wie z.B. dem Macintosh, Gebrauch machen. Es ist offensichtlich, daß diese Hypertexte dann nicht universell austauschbar sein werden.

Der freie Austausch von Hypertexten auf einer Vielzahl von Plattformen ist nicht nur von kommerziellem Interesse, sondern er ist auch eine soziale Anforderung aus der Sicht des Lesers. Man stelle sich vor, Bücher wären unlesbar, wenn sie nicht in einem bestimmten Schriftsatz, z.B. Times Roman 12, gesetzt sind. Dies ist heute haargenau die Situation auf dem Hypertextmarkt: Wenn ein Leser im Besitz des Systems Hyperties ist, kann er Hypertexte, die mit Hyperties, nicht aber diejenigen, die in KMS, HyperCard, Guide, usw. geschrieben wurden, lesen.

Ein Austauschformat würde dieses Problem nur zum Teil lösen, da Hypertexte Verbindungen zu anderen Dokumenten außerhalb des Hypertextes enthalten können. Es ist höchst unwahrscheinlich, daß Ted Nelsons *Xanadu*-Vision eines einzigen, weltumfassenden Hypertextsystems, das alle Literatur dieser Welt enthält, mittelfristig wahr wird. Hypertexte verlieren ihre Austauschbarkeit, sobald sie auf externe Dokumente verweisen: manche Leser werden Zugang zu diesen Dokumenten haben, andere nicht. Mittelfristig werden die meisten Hypertexte wahrscheinlich weiterhin isolierte Einheiten bleiben, die kaum Verbindungen nach außen haben.

Dokumente, die auf dem WWW zur Verfügung stehen, lassen noch viel zu wünschen übrig. Innerhalb der lokalen Dateien eines Servers besteht ein recht hoher Grad an Vernetzung; ortsübergreifend werden kaum Verbindungen aufgebaut, da diese auf Dokumente verweisen, die nicht unter der Kontrolle des Verbindungsautors stehen und ohne Warnung gelöscht oder verändert werden können. Die Verbindung würde dann — ohne das Wissen des Autors — ins Leere verweisen.

Andere Hypertextprobleme werden wahrscheinlich mittelfristig gelöst werden. Zum Beispiel wird es ein standardisiertes System geben, um auf Hypertextdokumente zu verweisen, ähnlich den ISBN-Kodierungen für Bücher. Jeder Verkäufer in einer Buchhandlung weiß, wie man bei den bekannten Verlagshäusern ein Buch bestellt, oder wie man ein Exemplar aufgrund der ISBN-Numerierung auftreiben kann. Im Fall von Hypertext fehlen diese Standardmechanismen.

Hypertexte werden von einer Vielzahl von mehr oder weniger bekannten Firmen erstellt und auf den verschiedensten Wegen veröffentlicht. Manche Hypertexte können nur direkt beim Autor oder bei einer Universität angefordert werden. Der Hypertextmarkt hat keine Einzelhändlerstruktur wie der Buchhandel. Manche Hypertexte werden in Computerläden verkauft, andere sind nur über Versandhäuser zugänglich.

Gewöhnliche Büchereien führen kaum jemals Hypertexte und sind von ihrer Struktur her auch nicht für den Vertrieb elektronischer Dokumente ausgelegt. Einige Online-Dienste führen Listen von elektronischen Dokumenten, doch gibt es keine systematische Methode um herauszufinden, ob und wo ein Dokument zur Verfügung steht. Da die meisten Hypertexte sowieso nicht online zur Verfügung stehen, führt kein Weg um den traditionellen Buchhandel herum.

Mittelfristig werden sich Hypertextpublikationshäuser und Verkaufsstrukturen etablieren. Ob es sich dabei um die gleichen Strukturen handelt, die der Buchmarkt benutzt, hängt wesentlich davon ab, wie flexibel und fortschrittlich sich der Buchmarkt und die großen Publikationshäuser verhalten werden. Büchereien und Bibliotheken werden sicherlich elektronische Dokumente in ihr Angebot aufnehmen. Viele hervorragende Bibiliotheken arbeiten jetzt schon mit Hypertextspezialisten zusammen, um dieser Herausforderung zu begegnen.

13.3.1 Geistiges Eigentum und Urheberrecht

Ich rechne damit, daß sich in den Bereichen des Schutzes des geistigen Eigentums und des Urheberrechtes (engl.: copyright) vieles ändern wird. Es wäre gut, wenn das kurzfristig geschähe, doch hinken im allgemeinen juristische Veränderungen hinter den technologischen Veränderungen her. Darum gehe ich davon aus, daß wir diese Änderungen erst nach dem Jahrtausendwechsel erleben werden.

Das zur Zeit gültige Urheberrecht wirft zwei Probleme auf: „Information will frei sein" (das Kredo des Hackers) und die Verwaltung der Rechte und der Tantiemen ist allzu aufwendig. Unter geltendem Recht[2] muß ein Hypermediaautor zuerst eine Erlaubnis einholen, bevor er Materialien anderer Autoren in seinem eigenen Hypertext verwenden darf. Das Einholen dieser Erlaubnis kostet durchschnittlich 220 $ an Verwaltungskosten — um den Urheber zu finden, ihn anzuschreiben und ihm, falls nötig, einen Scheck zur Entschädigung auszuhändigen. 220 $ sind ein kleiner Betrag und spielen keine große Rolle, wenn man die Rechte an einem Buch oder einem einzelnen Ausstellungsstück erwerben will. Wenn man aber eine große Sammlung einzelner Informationen erstellen möchte, können die Verwaltungskosten erheblich sein.

Um sie zu reduzieren, könnte man die einzelnen Informationselemente mit einem eigenen Mechnismus ausrüsten, der dafür sorgt, daß der Urheber zu seinem Recht kommt und für seine Mühen bezahlt wird. Jedes dieser Elemente enthält Information über seinen rechtmäßigen Besitzer, dessen Netzgeld-Konto und die Gebühren, die für

---

[2] Anmerkung des Übersetzers: Der Autor beschreibt die amerikanische Rechtslage.

die verschiedenen Benutzungsarten zu zahlen sind. Dieser Ansatz ähnelt der Methode, die in vielen wissenschaftlichen Zeitschriften für konventionelle, gedruckte Beiträge verwendet wird: Der Beitrag enthält eine Kodierung des *Copyright Clearance Center* (urheberrechtliche Abfertigungszentrale). Fertigt man eine Fotokopie des Artikels an, überweist man dem *Copyright Clearance Center* einen Schutzbetrag, der an den Urheber weitergereicht wird. Dieser Prozeß wird von Hand durchgeführt und kann nicht auf Informationselemente ausgeweitet werden, für deren Benutzung nur Pfennigbeträge anfallen. Wäre die Information über den Inhaber des Urheberrechtes und die Gebühren in dem Informationsobjekt selbst enthalten, dann könnte man die Gebührenverwaltung automatisieren. In diesem Fall wäre der Inhaber der Rechte an einer weiten Verbreitung des Informationsobjektes interessiert, da er bei jeder Benutzung der Information bezahlt wird.

Die Tatsache, daß „Information frei sein möchte" ist ein viel grundlegenderes Problem. Information erwirbt man nur einmal, danach hat man sie. Aus diesem Grund ist es schwierig, den Benutzer wiederholt für dieselbe Information zur Kasse zu bitten. Des weiteren wird Information durch wiederholte Benutzung oder Kopierung nicht abgenutzt oder minderwertig. Traditionelle Waren verhalten sich anders: Wenn man einen Kuchen kauft und ein Stück davon abbeißt, reduziert sich der Wert des Kuchens. Doch wenn sich jemand die Titelseite meiner Zeitung ansieht, erleide ich dadurch keinen Schaden.

Man kann die Verbreitung von Information gesetzlich und moralisch einschränken („Das Kopieren dieser Diskette ist strafrechtlich verboten") oder durch technischen Kopierschutz unterbinden. Die Erfahrung zeigt, daß Benutzer Informationsanbieter boykottieren, die diese Methoden zu weit treiben. Als Alternative könnte man den Informationsanbietern empfehlen, von Kopier- und Verbreitungsschutzmechanismen Abstand zu nehmen und sich nach anderen Mittel umzusehen, um für ihre Arbeit entschädigt zu werden. Sie könnten ihre Einnahmen durch den Vertrieb von Erweiterungen, Verbesserungen und neuen Versionen erzielen. Durch ein Abonnementsystem, anstelle eines Einzelverkaufsmodelles, könnten Informationsanbieter denselben Marktmechanismus nutzen wie Zeitungsanbieter. Zeitungsabonnenten bezahlen viel Geld, um schnellstens die neueste Ausgabe ihrer Zeitschrift zu erhalten.

Die Inhaber der Urheberrechte könnten auch auf andere Weise entschädigt werden. Sie könnten sich auf Einnahmen konzentrieren, die indirekt mit der Information selbst zu tun haben, aber auf einem Vorgang beruhen, der einmalig oder schwerer zu kopieren ist. So machen es Universitätsprofessoren. Sie verteilen ihre Artikel und Publikationen (die Informationsobjekte) gratis und werden durch Forschungsgelder,

Gehälter und Berufungen an renommiertere Universitäten belohnt. Ähnlich funktionieren andere Modelle, z.B. besuchen Leute den Louvre in Paris, um das Original der Mona Lisa zu sehen, obgleich sie mit Kopien des Bildes vertraut sind. Man kann davon ausgehen, daß das Museum um so mehr Besucher anzieht, je mehr Kopien des Bildes im Umlauf sind. Aus diesem Grund sollte der Louvre die uneingeschränkte Verbreitung von Drucken dieses Bildes erlauben. Vergleichsweise könnte sich eine Rockgruppe auf Konzerteinnahmen konzentrieren und ihre CD-Platten verschenken (oder zumindest anstandslos auf einen DAT-Rekorder kopieren lassen). Die Platten wären Werbung für die Konzerte. Ein Fachverband würde sich nicht mehr durch die Einkünfte aus den Zeitschriftenabonnements finanzieren, sondern von den Einnahmen aus den Fachtagungen. Die Information (z.B. Musik-CDs) soll benutzt werden, um den Wert des einmaligen Ereignisses zu erhöhen und dort die Einkünfte zu maximieren.

13.4 Langfristige Entwicklungen: zehn bis zwanzig Jahre

Entwicklungen, die in ferner Zukunft liegen, gehören in den Bereich der Science-Fiction-Romane. In der Bibliographie werden unter dem Titel „In ferner Zukunft" eine Reihe bibliographischer Referenzen aufgeführt, die sich mit Entwicklungen beschäftigen, die erst in zwanzig Jahren oder noch viel später stattfinden. Der Fortschritt der Computertechnologie ist derart rapide, daß eine Entwicklungsvoraussage für die nächsten zehn bis zwanzig Jahre schon eine langfristige Vorhersage darstellt.

Manche Leute, wie z. B. Ted Nelson gehen davon aus, daß globale Hypertextstrukturen und Konzepte wie *Xanadu* oder *Dokuverse* (Universum der Dokumente) Realität werden. Ich glaube nicht, daß diese Konzepte in den nächsten zehn bis zwanzig Jahren vollständig implementiert sein werden. Sehr große Hypertexte und Informationsstrukturen innerhalb von Universitäten und großen Unternehmen werden allerdings bestimmt zustande kommen.

Im pädagogischen Bereich gibt es schon kleine Informationsräume, an denen mehrere Benutzer gleichzeitig arbeiten. Üblicherweise beschränken sie sich auf die Studenten eines Kurses. Zukünftig wird es Informationsräume geben, die die Kurse mehrerer Universitäten zusammenbringen. In einem anderen Beispiel für derartige Informationsräume werden die Sachbearbeiter in den Filialen einer großen Firma mit den Spezialisten in der Zentrale verbunden. Die Sachbearbeiter in den Filialen können nicht alle Feinheiten ihres Arbeitsbereiches kennen, da sie sich mit vielen verschiedenen Aspekten auseinandersetzen müssen. Die Spezialisten in der Zentrale erstellen und verwalten einen Hypertext, der alle Gesetze, Vorschriften, Präzedenzfälle und prozeduralen Aspekte klar darstellt. Die Sachbearbeiter benutzen diesen Hypertext, um komplizierte Fälle zu dokumentieren, indem sie die Aspekte eines bestimmten Falles mit dem Hypertext in Verbindung setzen. Die Spezialisten wiederum können die Fälle benutzen, um ein verbessertes Verständnis für die tagtäglichen Probleme der Sachbearbeiter aufzubauen. Der dadurch entstehende Kreislauf führt zu einem sich stetig verbessernden Hypertext.

Daß schon heute erfolgreich Informationsräume implementiert werden, an denen mehrere Benutzer mitarbeiten, deutet darauf hin, daß sie in Zukunft zunehmen werden. Informationsräume, in denen viele Benutzer zusammenarbeiten, sind aber nicht frei von sozialen Problemen. Wenn Tausende oder sogar Millionen von Benutzern in einem Informationsraum arbeiten, dann ist es wahrscheinlich, daß Verbindungen „verdreht" und für andere Benutzer unnütz, schwer verständlich oder sogar irreführend werden. Nachfolgendes Beispiel illustriert dieses Problem: Man stelle sich vor, ein Benutzer erstellt eine Hypertextverbindung zwischen dem Logo der Deutschen Bank und einem Bild des Geldspeichers von Dagobert Duck. Beim ersten Mal ist diese Verbindung vielleicht amüsant und unterhaltend; auf die Dauer führt sie aber dazu, daß der Informationswert des Hypertextes sinkt und der gesamte Hypertext schließlich links liegengelassen wird, da das Verhältnis zwischen relevanter und irrelevanter Information zu schlecht ist. Derartige Verbindungen werden meist aus Witz und manchmal aus Bosheit eingetragen. Auf jeden Fall tragen sie dazu bei, daß die Struktur des Hypertextes schon nach sehr kurzer Zeit einem U-Bahnwagen aus New York ähnlich sieht: über und über mit Graffiti beschmiert.[3] Sogar wenn man bewußte Verfälschungen oder Änderungen außer acht läßt, führt die schiere Anzahl von Autoren dazu, daß der Hypertext schon nach kurzer Zeit mit nutz- und wertloser Information überschwemmt wird. Die Tatsache, daß, was für den einen Leser wertlos ist, für einen anderen wertvoll sein kann, führt dazu, daß man nicht ganz einfach alles aufs Geratewohl löschen kann.

Wahrscheinlich werden sich mit der Zeit Hypertext*zeitschriften* etablieren, die aus „offiziell" zugelassenen Knoten und Verbindungen bestehen. Herausgeber- und Gutachtergremien werden die Qualität der sanktionierten Knoten und Verbindungen überwachen — eine Methode, die sich bei der Herausgabe traditioneller Zeitschriften bewährt hat. An der Carnegie Mellon University haben sich elektronische Zeitschriften etabliert. Die meisten Netzteilnehmer haben nicht genügend Zeit, um

---

[3] In den letzten Jahren hat die U-Bahngesellschaft der Stadt New York die meisten Graffitis entfernt. Wir hoffen, daß das ein gutes Zeichen für die zukünftige Hypertextentwicklung darstellt.

alle Nachrichten zu lesen, und verlassen sich darauf, daß die Herausgeber der elektronischen Zeitschriften, die wertvollsten Beiträge aus dem Informationsstrom herauszufischen.

Man könnte sich auch vorstellen, Hypertextmechanismen für die Feststellung zu benutzen, wie wichtig individuelle Hypertextknoten oder -verbindungen sind: Wenn ein Benutzer einer Hypertextverbindung folgt, teilt er dem System mit, ob er am anderen Ende dieser Verbindung Informationen gefunden hat, die relevant waren im Vergleich zum Ausgangspunkt der Verbindung. Die durchschnittliche Bewertung könnte von zukünftigen Lesern verwendet werden, um vielversprechende Verbindungen herauszufiltern.

Die langfristigen Auswirkungen der nicht-sequentiellen Natur der Informationen stellen möglicherweise ein weiteres soziales Problem dar. In unserer Kultur bauen wir implizit auf der Annahme auf, daß Information sequentiell gelesen wird; z.B. scheint es selbstverständlich, daß ein Lehrer seine Schüler bittet, zur Vorbereitung auf das Examen, die Seiten 100 bis 150 eines Buches zu lesen. Wenn der Lehrplan auf Hypertext aufbaut, wäre es für den Studenten schwieriger zu verstehen, welche Unterlagen er durchzuarbeiten hat. Der Lehrer könnte Dinge abfragen, die über mehrere Hypertextverbindungen mit dem Lehrplan verbunden sind, und sich nicht nur auf die Materialien in den explizit genannten Knoten beziehen.

Ein ähnliches Problem tritt auf, wenn der Student seine Arbeit einreicht — die natürlich als Hypertext erstellt wurde. Was passiert, wenn der Student durchfällt, weil der Lehrer einer Hypertextverbindung nicht gefolgt ist, und gerade diese Hypertextverbindung die Kernaussage des Aufsatzes enthält? In diesem Fall bekäme der Student eine schlechte Note, weil sein Hypertext schlecht strukturiert, und die Information unklar dargestellt ist. Zusätzlich zum Wissen über das Themengebiet müssen Studenten also fähig sein, mit den Mitteln von Hypertext vernünftig umzugehen.

Die Tatsache, daß Neulinge in einem Hypertext nicht unbedingt wissen, in welcher Reihenfolge sie die Unterlagen durcharbeiten sollen oder welchen Teil der Hypertextes sie bearbeiten müssen, stellt ein weiteres Problem für den pädagogischen Prozeß dar. Man könnte sich sehr wohl vorstellen, daß sich ein Neuling auf einen unwichtigen Teil des Hypertextes konzentriert und die eigentlichen Inhalte unbeabsichtigt übersieht. Hier könnten KITechnologien den Fortschritt des Benutzers überwachen, und ihn falls nötig, wieder auf den richtigen Weg zurückbringen.

Die nicht-lineare Struktur des Hypertextes, in der Information in Form vieler kleiner, eigenständiger Einheiten dargestellt wird, kann potentiell zu einer fragmentierten Blick auf die Welt führen. Zur Zeit wissen wir noch sehr wenig darüber, aber es könnte sein, daß ein Leser nach vielen Jahren der Hypertextbenutzung eine ganz andere Auffassung von der Bedeutung der Information entwickelt. Es könnte aber auch sein, daß die vernetzte Natur der Hypertextinformation den Leser dazu ermutigt, vermehrt Verbindungen zwischen den verschiedenen Aspekten der Information zu erforschen und auf diese Art eine weniger fragmentierte Sicht der Welt zu entwickeln. Untersuchungen, in denen das Intermedia-Hypertextsystem an der Brown University für den Unterricht der englischen Literaturgeschichte eingesetzt wurde, deuten darauf hin, daß Studenten nach der Einführung des Hypertextes wesentlich aktiver am Unterricht teilnehmen [Landow 1989b]. Außerdem entdeckten sie neue Verbindungen und warfen neue Fragestellungen auf.

13.4.1 Informationsobjekte mit vielen verschiedenen Eigenschaften

Die meisten heutigen Hypermediasysteme bauen darauf auf, daß jedes Objekt auf genau eine kanonische Art präsentiert wird, d.h. das Objekt sieht immer gleich aus. Das WYSIWYG-Prinzip ist eine fundamentale Eigenschaft der meisten modernen Computersysteme, ganz gleich ob es sich um Hypertextsysteme oder traditionelle Computersysteme handelt. Dieses Modell, in dem Informationsobjekte immer gleich aussehen, ist für den Benutzer einfach zu handhaben und besser zu verstehen als das alte Textterminalmodell, in dem alle Informationsobjekte durch gleich aussehende grüne Buchstaben dargestellt wurden, unabhängig davon, wie sie auf dem Drucker erschienen. Das WYSIWYG-Modell eignet sich für Informationsobjekte, die eine sehr einfache interne Repräsentation haben. Der Computer benutzt die vom Benutzer vorgegebene grafische Darstellung und greift nicht auf interne Eigenschaften des Objektes zurück, um die Darstellung dynamisch zu berechnen. Es wird bestimmt mehr als 10 Jahre dauern, bis der Rechner die Eigenschaften der Informationsobjekte benutzen kann, um ihre Darstellung dynamisch an die Anforderungen des Benutzers anzupassen.

Das SIROG-System (Situation Related Operation Guidance) [Simon und Erdmann 1994] der Firma Siemens berechnet die Präsentation der Information dynamisch, abhängig von der Aufgabe des Benutzers. SIROG enthält das komplette Handbuch für den Notfallbetrieb eines Atomkraftwerkes der Firma Siemens. SIROG ist direkt mit dem Prozeßleitsystem und dem internen Zustandsmodell des Kraftwerkes verbunden. Die Hypertextobjekte in SIROG sind durch SGML-Attribute beschrieben, die dem System mitteilen, welche Teile des Kraftwerkes durch das Informationsobjekt beschrieben werden und für welche Situationen das Informationsobjekt relevant ist. Wenn der Mitarbeiter in der Leitzentrale mit dem System arbeitet, werden die SGML-Attribute mit dem Zustand des Kraftwerkes verglichen, um festzustellen welche Information dargestellt werden soll. Sicherlich werden Situationen auftreten, in denen das System den Zustand des Kraftwerkes nicht interpretieren kann. In diesem Fall verläßt SIROG sich darauf, daß der Mitarbeiter im Leitstand das Handbuch lesen und benutzen kann: SIROG ist kein intelligentes diagnostisches System, sondern es ist ein Hypertextsystem, das für jede Situation die wichtigen Teile des Handbuches zuerst zeigt, statt immer die gleiche Informationsdarstellung zu wählen.

Die flexible Informationsdarstellung eignet sich auch für die Präsentation von Programmiersprachen-Konstrukten [4] [Osterbye und Normark 1994]. Manchmal will der Programmierer nur den ausführbaren Teil des Programmtextes sehen, dann wieder interessiert er sich für die Kommentare, manchmal braucht er Debugging-Information, und in anderen Fällen konzentriert er sich auf Performanzdaten. Wenn ein Programmierer existierende Codeobjekte wiederbenutzen möchte, dann interessiert er sich nur für die Programmierschnittstelle; eine detaillierte Darstellung der internen Zusammenhänge sollte in diesem Fall vermieden werden.

Das System *CastingNet* (Bilder 13.5 und 13.6) [Masuda et al. 1994] benutzt Frames und Eigenschaften, um Knoten darzustellen. Die Knoten in *CastingNet* haben eine vordefinierte Struktur; jeder Knoten besteht aus einer Liste von Eigenschaften. Abhängig vom Knotentyp wird ein bestimmter Frame ausgewählt, um den Knoten darzustellen und um die Werte der Eigenschaften auf den Dimensionen des Frames abzubilden. In Bild 13.5 z.B. haben Knoten, die eine Konferenz beschreiben, Eigenschaften, die den Ort, das Datum und das Thema der Tagung angeben. Die Eigenschaft, die den Ort der Tagung beschreibt, könnte entweder als lineare Liste (Bild 13.5) oder als Landkarte dargestellt werden. In Bild 13.6 werden verschiedene Möglichkeiten gezeigt, wie die Daten, je nach Benutzerinteresse, dargestellt werden können. Knoten, deren Eigenschaftswerte auf einer Dimension des Frames nahe beieinander liegen, können durch Hypertextverbindungen miteinander in Verbindung gebracht werden, z.B. könnte man von einem Tagungsknoten zu anderen Tagungen gelangen, die am gleichen Ort oder zur gleichen Zeit (oder eine Woche später) stattfinden. Die Abbildung der Eigenschaften auf Dimensionen ermöglicht es, auch verwandte Eigenschaften und Knoten miteinander in Verbindung zu setzen, z.B indem man die Adressen von Bekannten auf derselben Dimension wie die Tagungsorte abbildet, um herauszufinden, welche Tagung man mit einem Besuch bei Freunden

---

[4] Programmiersprachen können sehr einfach dynamisch dargestellt werden, da es eine Vielzahl von Programmanalyse-Werkzeugen gibt, die den Code jeweils anders zerteilen und interpretieren. Andere Informationsarten bedürfen besserer interner Strukturen, die für den Rechner einfacher zugreifbar sind.

verbinden kann. Die Verbindung wir dadurch ermöglicht, daß die Adressen in der privaten Adressenammlung eine Eigenschaft „Ort" haben, die auf derselben Dimension abgebildet wird wie die Eigenschaft „Ort" der Tagungsknoten.

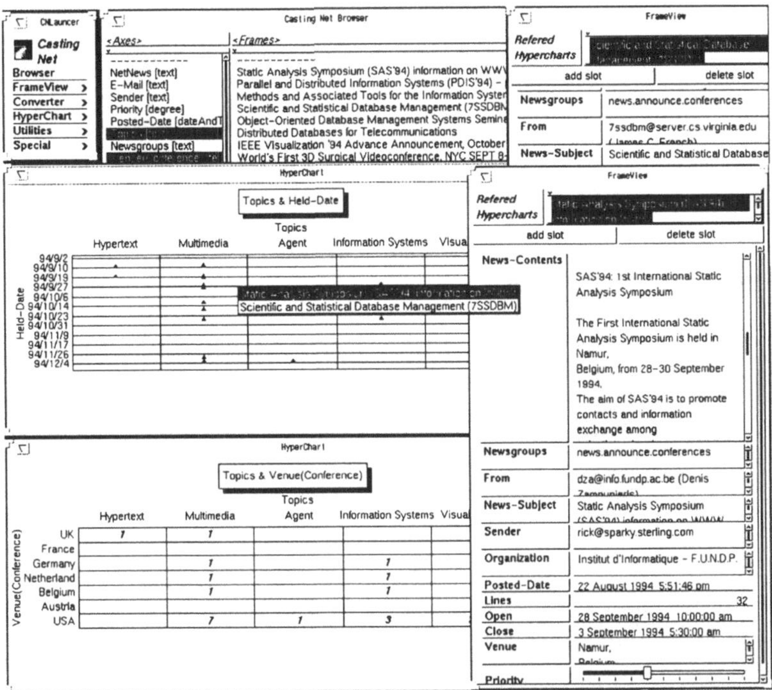

Bild 13.5 *Bildschirmabzug des Systems „CastingNet". Knoten werden als Frames und Eigenschaften dargestellt (© 1994, „Science and Technology Agency" der japanischen Regierung, mit Erlaubnis abgedruckt. Die Untersuchung wurde von der „Special Coordination Fund of the Science and Technology Agency" der japanischen Regierung gefördert).*

Das *CastingNet*-Darstellungsmodell aus Frames und Dimensionen ist sehr flexibel und erlaubt es dem Benutzer, die Datendarstellung seinen Bedürfnisse anzupassen. Gleichzeitig kann er neue Zusammenhänge zwischen den Daten ans Licht bringen. Dynamische Darstellungen, die sich den Bedürfnissen des Benutzers anpassen, werden eine große Rolle spielen, wenn die dem Benutzer zur Verfügung stehenden Datenmengen, immer größer werden.

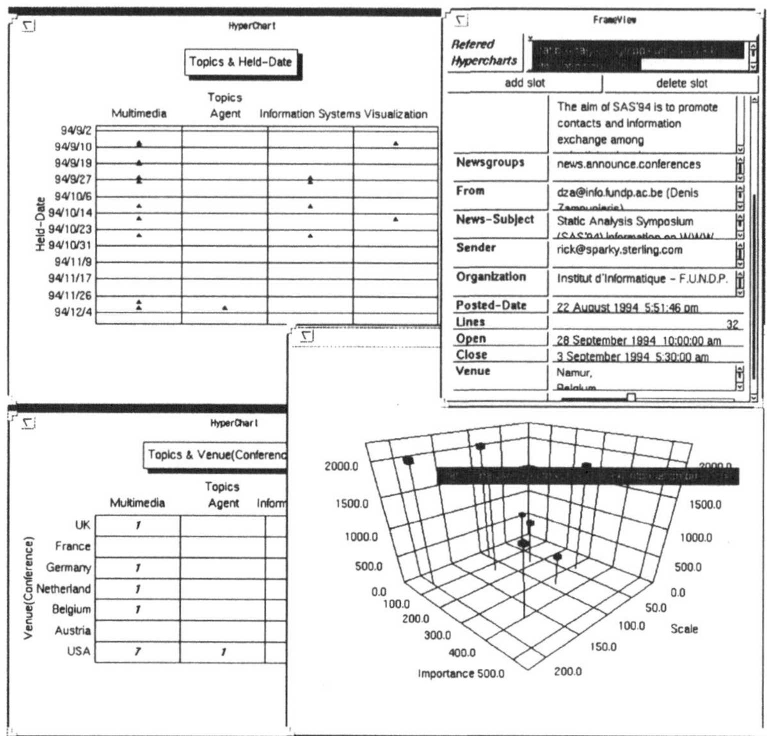

Bild 13.6 *Beispiel einer Datendarstellung auf drei Dimensionen im System „CastingNet" (© 1994, „Science and Technology Agency" der japanischen Regierung, mit Erlaubnis abgedruckt. Die Untersuchung wurde von der „Special Coordination Fund of the Science and Technology Agency" der japanischen Regierung gefördert).*

13.5 Hypermedia-Publikationswesen: Monopol oder Anarchie?

Wenn man davon ausgeht, daß immer mehr Information elektronisch veröffentlicht wird, und daß Hypertext und Hypermedia die bevorzugten Publikationsmedien werden, muß man sich fragen, wie das Verlagsgeschäft und die Informationsverbreitungskanäle darauf reagieren werden. Man kann sich zwei verschiedene Trends vorstellen: Zum einen kann es sein, daß eine kleine Zahl von Verlegern das Informationsgeschäft beherrschen wird; zum anderen ist es möglich, daß die neuen Technologien dazu beitragen, daß die Zahl der Informationsverleger wesentlich zunimmt. Hypermediatechnologie kann zu beiden Trends beitragen.

Heutzutage besteht der Publikationsprozeß aus fünf Schritten:

1. Erstellen des Inhalts

2. Aufbereitung des Inhalts

3. Produktion und Vervielfältigung

4. Verteilung durch Vertriebskanäle

5. Produktwerbung

Der dritte Schritt, die Vervielfältigung des Informationsproduktes, wird mehr oder weniger überflüssig, wenn man Informationen als Hypermedien veröffentlicht. Der Benutzer erstellt seine eigene Kopie je nach Bedarf, indem er den Hypertext vom Internet auf seinen eigenen Rechner kopiert. Sogar wenn der Hypertext nicht auf dem Internet, sondern auf einer CD oder auf Disketten veröffentlicht wird, werden die Kosten des dritten Schrittes immer geringer werden. Heutzutage ist die Vervielfältigung von Information (das Drucken der Bücher und Zeitschriften) noch aufwendig und teuer, was wesentlich dazu beiträgt, daß die Zahl der Informationsverleger beschränkt ist. Leistungsfähige Fotokopierer und Desktop-Publishing-Systeme haben dazu geführt, daß immer mehr Leute außerhalb der etablierten Verlagshäuser Information in kleinen Auflagen verbreiten können.

Auch wenn es leicht ist 100 Kopien eines Buches zu erstellen, so muß dennoch für den Vertrieb und die Produktwerbung gesorgt werden. Diese beiden letzten Schritte im Veröffentlichungsprozeß schränken die Verbreitung von Informationsprodukten, die aus Kleinstverlagen kommen, wesentlich ein. Sie sind dafür verantwortlich, daß Kleinstverlage bis jetzt nur wenig zur Informationsverbreitungs-Industrie beigetragen haben. Was macht der stolze Kleinstverleger mit den 100 Kopien des Buches, die er eben in der Copythek angefertigt hat? Um sie unter die Leute zu bringen, muß er Buchläden überreden, sein Produkt zu führen, Zeitungen müssen Buchbesprechungen drucken und der Interessent in Neuseeland muß das bestellte Exemplar zugeschickt bekommen.

Die Produktions-, Verteilungs-, und Werbungskosten haben die Zahl der Verleger, die sich auf gedruckte Veröffentlichungen konzentrieren, wesentlich kleiner gehalten als die Zahl der Autoren. Gleichzeitig sind die Kosten für die Erstellung eines Exemplars stark gefallen, und es gibt eine steigende Anzahl von neuen Verlegern, die sich auf sehr kleine Märkte konzentrieren, und trotzdem rentabel sind.

Wenn das Internet zur Informationsverbreitung benutzt wird, so fallen die Verteilungskosten als einschränkender Faktor fort, was zu einer wachsenden Zahl von Informationsverlegern führen wird. Jeder PC-Benutzer, der einen Internet-

Anschluß hat, kann sich zum Verlagshaus erklären und auf dem Internet Informationsprodukte verkaufen. Dieser Trend zeigt sich sehr klar auf dem WWW. Eine wachsende Zahl von Benutzern erstellt eigene WWW-Seiten, auf denen sie selbst erstellte Informationen und Hypertextstrukturen anbieten. Werbung und aktive Verkaufsförderung werden weiterhin die Domäne der großen Verleger bleiben; auf dem Internet wirbt man am besten für sein Produkt, indem man andere Internetverleger dazu bringt, Verweise auf das Produkt in ihre eigenen WWW-Seiten aufzunehmen. Ein WWW-Autor kann seine Werke veröffentlichen und mit Hilfe von Referenzen auf dem WWW vertreiben, ohne bei einem großen Verleger unter Vertrag zu stehen.

Diese Trends scheinen auf eine anarchische Entwicklung des Informationsmarktes hinzuweisen: die Zahl der Autoren und der Verleger wächst dramatisch über das heutige Maß hinaus. Es gibt jedoch Anzeichen für eine völlig andere Entwicklung. Wenn die Informationsmenge weiterhin anwächst, wird es immer schwieriger für die Leser, neue Quellen und Verleger zur Kenntnis zu nehmen. Möglicherweise führt die Informationsflut dazu, daß sich die meisten Informationskonsumenten auf einige wenige bekannte, vertraute und qualitativ hochwertige Informationsquellen auf dem WWW konzentrieren und den Rest ignorieren.

Informationsmonopole können aus drei Gründen entstehen: Qualität des Angebotes, Bekanntheitsgrad und kritische Masse. Im Gegensatz zu Hypertextpublikationen sind Hypermediaproduktionen aufwendiger gestaltet und haben wesentlich höhere Produktionskosten. Eine Person kann allein ein gutes Hypertextprodukt erstellen; ein ansprechendes Hypermediaprodukt, das Animations- und Videosequenzen enthält, erfordert ein ganzes Produktionsteam aus Grafikern, Bühnenbildnern, Kosmetikern und Regisseuren. Eine kleines Unternehmen, wie z.B *Knowledge Adventures* kann eine gelungene CD über Dinosaurier produzieren, die das Produkt eines großen Unternehmens, wie z.B. *Microsoft*[5] übertrifft, aber ein einzelner Dinosaurier-Enthusiast kann hier nicht mehr mithalten. Professionelle Produktionen sind wesentlich ansprechender, verlangen aber auch nach wesentlich höheren

---

[5] Aus Fairneßgründen muß ich hier erwähnen, daß ich nicht weiß, ob die CD *3-D Dinosaur Adventure* der Firma *Knowledge Adventures* wirklich besser ist als die CD *Microsoft Dinosaurs*. *3-D Dinosaur Adventure* hat wesentlich bessere Besprechungen in zwei Fachzeitschriften gehabt, und da ich mir nur eine CD zum Thema Dinosaurier zulegen wollte, habe ich mir das Produkt der Firma *Knowledge Adventures* gekauft. Dieses Verhalten ist ein gutes Beispiel für mein Argument. Wenn es zu viele Quellen für ähnliche Produkte gibt, dann sind Bekanntheitsgrad (Microsoft) oder Qualität (Knowledge Adventures) entscheidend. Ich habe nicht die Zeit, den Markt gründlich abzusuchen, um die beste CD zu finden. Ich habe mich auf die beiden Besprechungen verlassen.

Investitionen, und können aus diesem Grund nur von einer sehr kleinen Zahl von Anbietern erstellt werden. Man kann den Trend zu qualitativ höherwertigen Angeboten, mit entsprechend höheren Produktionskosten, auf dem WWW verfolgen. Immer öfters greifen große Unternehmen auf Designer und spezialisierte Teams zurück, um ihre WWW-Seiten möglichst ansprechend zu gestalten. Kleinere Unternehmen, die nicht viel in ihre WWW-Seiten investieren (oder die Seiten von Programmierern gestalten lassen), werden aufgrund mangelnder Qualität auf dem WWW den kürzeren ziehen.

Der Bekanntheitsgrad ist ein weiterer Faktor, der die Monopolbildung unterstützt. Bekannten Leuten oder Unternehmen fällt es leichter, Aufmerksamkeit auf sich zu lenken und noch bekannter zu werden. Man stelle sich vor, es kämen gleichzeitig zwei neue Spielfilme auf den Markt; in dem einen spielt Arnold Schwarzenegger die Hauptrolle, und in dem anderen ist ein unbekannter Schauspieler der Hauptdarsteller. Der unbekannte Schauspieler hat die gleichen schauspielerischen Qualitäten wie Schwarzenegger. Es ist ganz klar, daß der Schwarzenegger-Film mehr Publikum anziehen wird als der Spielfilm mit dem Unbekannten. Am Ende der Spielzeit wird Arnold Schwarzenegger noch bekannter sein, als er es schon vor dem Erscheinen dieses Filmes war; der unbekannte Schauspieler wird weiterhin unbedeutend bleiben.[6] Auf die gleiche Art wächst der Bekanntheitsgrad der Firma Microsoft, da jede neue Ausgabe von *Encarta* und anderen Hypermediatiteln sofort von allen Fachzeitschriften aufgegriffen und besprochen wird. Microsoft trägt zu den Verkaufszahlen bei, indem es allen Kunden regelmäßig Veröffentlichungen, wie z.B. das *Microsoft Magazine* zuschickt, um den Erkennungswert des Markennamens und die Identifikation des Kunden mit der Firma zu fördern. Derartig aufwendige Kampagnen sind für kleinere Unternehmen kaum möglich.[7]

Obwohl Qualität und Bekanntheitsgrad den Trend hin zu einer kleinen Zahl von Informationsanbietern fördern, wird die kritische Masse der ausschlaggebende Faktor sein. Hypertextprodukte werden um so wertvoller, je mehr Hypertextverbindungen sie aufweisen, und desto besser sie mit anderen Informationsquellen zusammen-

---

[6] Das Beispiel mit den beiden Schauspielern hat einen gewissen Bezug auf den Hypermediamarkt. Der Schauspieler Patrick Stewart ist der Erzähler in der interaktiven Enzyklopädie *Compton's Interactive Encyclopedia*. Man hofft, daß damit ein wenig vom Ruhm des Schauspielers (er spielt den Kapitän des Raumschiffes in der Fernsehserie *Star Trek — The Next Generation*) auf das Hypermediaprodukt abfärbt.

[7] Hypermediaprodukte von kleineren Firmen werden oft als generische Produkte angesehen und nicht mit einem Markennamen in Verbindung gebracht. Nur die größten Anbieter werden als Markennamen erkannt werden, und nur sie werden von diesem Status profitieren können.

arbeiten. Wenn man sich z.B. die Hypertexte *Microsoft Encarta* (eine Hypermediaenzyklopädie) und *Microsoft Dinosaurs* ansieht, dann steht fest, daß beide Hypertextverbindungen enthalten könnten, die die Inhalte von *Encarta* mit den Inhalten von *Dinosaurs* verbinden könnten. Dadurch würden die Verkaufszahlen von *Microsoft Dinosaurs* weiter wachsen, und *Encarta* würde zu einem wesentlich attraktiveren Angebot werden. Auf die gleiche Art und Weise könnte ein anderer Hypertextverleger Verbindungen zwischen dem eigenen Produkt und *3-D Dinosaur Adventure* erstellen. Doch ist dies kaum wahrscheinlich, wenn man bedenkt, daß der Vertrieb beider Produkte synchronisiert werden, und beide Unternehmen einander gewisse Rechte abtreten müßten. Softwarehäuser könnten Zusatzprodukte verkaufen, wie z.B. physikalische Simulationspakete, die zusammen mit *Microsoft Encarta* physikalische Phänomene besser erklären. Die letzten Jahre haben gezeigt, daß sich die Hersteller von Zusatzpaketen auf die bekanntesten und erfolgreichsten Anbieter konzentrieren und nur Zusatzpakete einführen, wenn das Hauptprodukt einen beachtlichen Teil des Marktes beherrscht.

Zur Zeit ist es unmöglich vorherzusagen, in welche Richtung (Monopol oder Anarchie) sich der Markt entwickeln wird. Es kann sein, daß sich eine dritte Richtung herausschält, in der der Hypermediamarkt von einigen wenigen Verlegern beherrscht wird, die die Standards und die Entwicklungsrichtungen bestimmen, und daß es eine Vielzahl von Garagen-Unternehmen geben wird, die für die Marktvielfalt sorgen und neue Entwicklungen schneller aufgreifen als die großen Verleger.

Kurzfristige Monopolstellungen sind eine weitere Entwicklungsmöglichkeit. Kurzfristige Monopole beherrschen den Markt für eine sehr kurze Zeit und verschwinden sprichwörtlich über Nacht. Das Internet ermöglicht derartige Phänomene, weil es in sehr kurzer Zeit Software-Pakete an Millionen von Teilnehmern einer Diskussionsgruppe verteilen kann. Zwei Beispiele aus Kapitel 7 beschreiben diese Möglichkeit: Der Netscape Browser erhöhte seinen Marktanteil von 0,1% auf 64% von August bis Dezember 1994, wogegen der Marktanteil des Konkurrenten Mosaic (bis dahin der Marktführer) in der gleichen Zeit von 73% auf 21% fiel; und die Benutzung des Lycos-Suchdienstes stieg im Herbst des Jahres 1994 um 130 Millionen Prozent pro Jahr (wenn man das Wachstum im Herbst auf das ganze Jahr extrapolieren würde).

13.5.1 Lokal konzentrierte Kreativität

Zeitschriften und Bücher werden in allen Ländern der Welt produziert; es hat nie ein kreatives Zentrum gegeben, das diesen Markt beherrscht hätte und für Autoren besonders attraktiv gewesen wäre. In vielen Ländern konzentrieren sich die Buch- und Zeitungsverlage in der Hauptstadt, aber fast jede Provinzstadt hat ihre eigene

Regionalzeitung. In den Vereinigten Staaten kommt New York City einem lokalen Kreativitätszentrum für Druckerzeugnisse am nächsten. Von den drei landesweiten Zeitungen werden zwei in New York verlegt (*New York Times* und *Wall Street Journal*; die dritte — *USA Today* — erscheint in Arlington, Virginia). Die Auflage der drei landesweiten Zeitungen zusammen erreicht aber nur 4,5 Millionen, ca. 7% der Gesamtauflage der Tageszeitungen in den Vereinigten Staaten. Mit anderen Worten, 93% der Auflage erscheint in regionaler Form.[8]

Im Gegensatz zur Druckindustrie sind die Computer- und Filmindustrien lokal konzentriert. Die Filmindustrie ballt sich im Großraum von Los Angeles[9], der nicht nur einen amerikanischen, sondern einen weltweiten Schwerpunkt dieser Industrie darstellt: 80% der europäischen Kinoeinnahmen stammen von amerikanischen Filmen,[10] und alle großen Kassenschlager[11] der letzten Jahre kamen aus Amerika[12]. Die Computerindustrie ist etwas weniger stark konzentriert als die

---

[8] Der Einfluß des kreativen Zentrums New York übersteigt den Marktanteil: die *New York Times* und das *Wall Street Journal* werden überdurchschnittlich oft von Entscheidungsträgern und Meinungsbildern gelesen. Die Zeitschriften, die in New York verlegt werden, stellen mehr als die Hälfte des nationalen Umsatzes auf dem Zeitschriftenmarkt dar.

[9] Nur ein großes Studio (*Paramount*) gehört zur Stadt Los Angeles, zwei (*Disney* und *Warner Bros.*) befinden sich in Burbank und drei weitere (*Universal, Columbia/Sony, 20th Century Fox*) liegen in anderen Vororten der Stadt.

[10] Im Vergleich dazu stammen nur 1% der amerikanischen Einnahmen aus europäischen Filmen.

[11] Im Jahre 1993 waren alle Spielfilme, deren Einnahmen außerhalb der Vereinigten Staaten $100 Millionen überstiegen, amerikanische Produktionen: *Jurassic Park* ($530 M.), *The Bodyguard* ($248 M.), *Aladdin* ($185 M.), *The Fugitive* ($170M.), *Indecent Proposal* ($152M.), *Cliffhanger* ($139M.), *Bram Stoker's Dracula* ($107M.) und *Home Alone 2* ($106M.). Der einzige nicht-amerikanische Film, der der $100-Millionen-Grenze nahekam, war *Les Visiteurs*. Der Film spielte außerhalb der Vereinigten Staaten $90 Millionen ein. Da *Les Visiteurs* im Jahre 1993 in den USA nicht gezeigt wurde, endete der Film als Nummer 27 der Weltrangliste der Kassenschlager — die ersten 26 waren allesamt amerikanische Spielfilme.

[12] In der Vorweihnachtswoche des Jahres 1994 waren nur 26 der 110 Spielfilme auf den Top-10-Listen in Belgien, Brasilien, Dänemark, Frankreich, Italien, den Niederlanden, Norwegen, Südafrika, Spanien, Schweden und der Schweiz nicht-amerikanische Produktionen (Variety Magazine). Der Spielfilm *Lion King* (Disney Studios) war die Nummer eins in sieben der elf Ländern und die Nummer zwei in zwei weiteren Ländern (Artikel aus *Variety Magazine*; "Lion King over Euro Holiday B.O."; 8. Januar 1995, S. 18.).

Filmindustrie[13]. Silicon Valley, mit seinen zahlreichen alteingesessenen oder eben erst gegründeten Computerunternehmen, stellt trotzdem das kreative Zentrum dieser Industrie dar. Von den 50 größten Softwareunternehmen[14], die in Europa gegründet wurden, haben mittlerweile 10 ihr Hauptquartier nach Silicon Valley verlegt, um besseren Anschluß an den Arbeitsmarkt, die Zulieferer, Kunden und Partner zu finden, die sich in dieser Gegend gruppieren.

Die Tatsache, daß es in der Computer- und Filmbranche derartige Konzentrationszentren gibt, führt dazu, daß qualifiziertes Personal verstärkt dorthin strömt, was wiederum zu erhöhter Aktivität in den Zentren führt. Durch die hohe Konzentration von Fachkräften erzeugen kreative Zentren ein sehr fruchtbares Klima, das einen idealen Nährboden für neue Ideen und Entwicklungen bildet [Saxenian 1994]. Technologietransfer durch direkten Kontakt zwischen Fachleuten ist viel effizienter als Transfer mittels Berichten. Die Tatsache, daß viele Fachkräfte innerhalb des kreativen Zentrums sehr oft den Arbeitsplatz wechseln, führt dazu, daß alle beteiligten Unternehmen ständig neuen Einflüssen und Ideen ausgesetzt sind.

Es ist noch zu früh, um zu bestimmen, ob die Multimedia- und Hypermediaindustrie dem Beispiel der Computer- und Filmindustrie folgen und von kreativen Zentren dominiert werden, oder ob ein dezentrales Modell, ähnlich dem der Druckindustrie, die Industriestruktur bestimmen wird. Theoretisch ermöglicht das Internet die Zusammenarbeit zwischen räumlich verteilten Teilnehmern. In der Praxis zeigt es sich, daß intensive, kreative Arbeit, Brainstorming und informelle Zusammenarbeit immer noch am besten funktionieren, wenn man sich von Angesicht zu Angesicht trifft. *Virtual Reality, Cyberspace* und das Internet können in dieser Hinsicht noch nicht mit einem Abendessen bei *Il Fornacio* konkurrieren.

Da die Computer- und die Filmindustrie die beiden wichtigsten Komponenten der Multimediaindustrie darstellen, ist es höchst wahrscheinlich, daß ein kreatives Zentrum für die Multimediaindustrie irgendwo zwischen Hollywood und Silicon Valley entsteht. Wo genau in Kalifornien dieses „Siliwood" liegen wird, ist zur Zeit Gegenstand heftiger Debatten. Wenn das Monopolszenario eintritt, dann wird es Multimediaunternehmen in die Nähe des Hauptquartiers von Microsoft, nach Redmond (bei Seattle) im Staate Washington, ziehen. Die Gegend um Seattle zieht jetzt schon viele, sehr kreative Multimediaunternehmen an.

---

[13] Die fünf Marktführer der Softwareindustrie stellen nur 33% des Umsatzes dar, wogegen die fünf Marktführer der Filmindustrie für 81% des Umsatzes verantwortlich sind.

[14] Die 30 europäischen Softwareunternehmen mit dem größten Umsatz sind folgendermaßen verteilt: 19 haben ihr Hauptquartier in den Vereinigten Staaten, 5 in Frankreich, 4 in Deutschland, 1 in Italien, 1 in Großbritannien.

13.6 Zusammenfassung: Hypertext im Vergleich mit konventionellen Medien

Kapitel 10 zeigt, daß es keine klare und einfache Entscheidung für oder wider Hypertext gibt. Die Benutzbarkeitsuntersuchungen in Kapitel 10 haben gezeigt, daß Hypertext für bestimmte Anwendungen das geeignete Medium ist, und daß es andere Probleme gibt, die zur Zeit besser mittels Papier gelöst werden. Neue Schnittstellen und neue Hypertexttechnologien werden wahrscheinlich dazu beitragen, das Anwendungsfeld von Hypertext zu vergrößern.

Wir haben noch sehr wenig Erfahrung mit großen Hypertexten. Die Hypertexte, die in den Untersuchungen in Kapitel 10 benutzt wurden, waren fast alle recht klein und enthielten weniger als 100 Knoten. Der *Whole Earth Catalog* ist einer der wenigen großen Hypertexte. Er enthält ca 10.000 Knoten (siehe Kapitel 4) und gehört trotzdem nicht in die Kategorie der großen oder sehr großen Hypertexte. Ein großer Hypertext würde mindestens 100.000 Knoten enthalten, und es wird wahrscheinlich Hypertexte geben, die mehrere Millionen Knoten haben. Das World Wide Web ist das einzige Beispiel eines Hypertextes, der diese Dimensionen erreicht. Es ist allerdings fraglich, ob man dieses unstrukturierte Sammelsurium an Information wirklich als *einen* Hypertext gelten lassen kann. Möglicherweise werden die wahren Vorteile der Hypertexttechnologie erst offensichtlich, wenn große Hypertexte wichtiger Wissensgebiete zur Verfügung stehen. Auf jeden Fall müssen wir darauf gefaßt sein, daß die Entwicklung großer Informationsstrukturen neue Benutzbarkeitsprobleme und technologische Herausforderungen aufwerfen wird.

Tabelle 13.1 faßt die Vor- und Nachteile von Hypertext zusammen.[15] Hypertext hat gute Zukunftsaussichten, wenn es uns gelingt, bessere Benutzerschnittstellen zu entwickeln und so einige der Nachteile zu beheben, die die Benutzer heute ertragen

---

[15] Interessanterweise konnte ich die Tabelle 13.1 fast unverändert aus meinem 1990 veröffentlichten Buch *Hypertext und Hypermedia* übernehmen. Die überarbeitete Version der Tabelle unterscheidet sich in zwei Punkten. Erstens habe ich aus der Version von 1990 die Bemerkung, daß Hypertext nicht „tragbar" sei entfernt. LapTop-Computer sind in den letzten Jahren viel tragbarer geworden und man kann sie mittlerweile wirklich überallhin mitnehmen. PDAs (Persönliche Digitale Assistenten) sind noch kleiner, handlicher und tragbarer und werden bald direkten Internetanschluß haben. Die zweite Änderung in der Tabelle besteht darin, daß das WWW, wenn verglichen mit traditionellen Computersystemen, als durchgehender, plattformübergreifender Standard für den Informationsaustausch als Vorteil für Hypertext dargestellt wird.
Der Rest der Tabelle hat sich in den letzten fünf Jahren nicht geändert. Das zeigt, daß das Gesamtpotential einer Technologie sich langsamer entwickelt als man es aufgrund der rapiden Entwicklung der technologischen Details ewarten würde.

müssen. Trotzdem muß man sich bewußt sein, daß Hypertext nicht alle Probleme dieser Welt lösen wird.

	Vergleich mit Papier	Vergleich mit traditionellen Computersystemen
Vorteile von Hypertext	Einfach auf den neuesten Stand gebracht — Änderungen können automatsich übers Netz geladen werden Kann über elektronische Netzwerke transportiert werden Man kann sehr einfach eine neue Kopie ziehen Braucht sehr wenig Speicherplatz Kann von mehreren Personen gleichzeitig benutzt werden Benutzerorientiertes Lesen Potentiell gesehen, ist die Weltliteratur nur einen Mausklick entfernt	Zeigt bewegte Bilder, Animationen, Videosequenzen Die Semantik der Datenstrukturen orientiert sich am Benutzer Eine einzige strukturierte Umgebung, in der unstrukturierte Daten (Text), semistrukturierte Daten (semantische Netzwerke) und strukturierte Daten (Tabellen, usw.) bearbeitet werden können Komplexe Strukturen können ohne Programmierkenntnisse aufgebaut werden WWW als durchgehender, plattformunabhängiger Standard
Nachteile von Hypertext	30% reduzierte Lesegeschwindigkeit auf heute verfügbaren Bildschirmen Schlechtere grafische Auflösung Zusätzlicher Aufwand, da der Benutzer das Computersystem erst aufbauen und erlernen muß Keine standardisierte Benutzerschnittstelle Kein Standard für Datenübertragung Keine etablierten Publikationsmechanismen, Büchereien, Bibliotheken, ISBN, usw. Keine „schönen"Ausgaben, kein Ledereinband, usw. Text auf dem Computer sieht immer gleich aus.	Spaghettistrukturen Keine zentralisierte Definition der Datenstrukturen; keine einfache Art und Weise, um allgemeine Operationen auf allen Daten zu definieren.

Tabelle 13.1 *Zusammenfassung der Vor- und Nachteile von Hypertext im Vergleich mit traditionellen Medien.*

Anhang: Bibliografie mit Anmerkungen

Es gibt sehr wenig Literatur zu den Themen Hypertext und Hypermedia, da in beiden Bereiche bis vor kurzem keine großen Forschungsanstrengungen unternommen wurden. Es ist daher sehr schwierig, einen vollständigen Überblick über die Fachliteratur zu erhalten. Diese Bibliografie soll sicherlich keine vollständige Aufstellung aller Veröffentlichungen zum Thema Hypertext darstellen. Sie enthält die Dokumente und Bücher die ich gelesen habe und als nützlich und informativ ansehe. Sie spiegelt mein persönliches Interesse für die Hypertextbenutzerschnittstelle wieder.

Buchbesprechungen

Das Buch „*Understanding Hypermedia: From Multimedia to Virtual Reality*" von Bob Cotton und Richard Oliver (Phaidon Press 1993) bietet dem Leser einen guten Überblick über neue Hypermediatechnologien. Das Buch besteht hauptsächlich aus gut illustrierten Beispielen, die keiner teifergehenden Analyse unterzogen werden. Das Buch eignet sich für Fachleute.

Mike und Sadie Morrisons Buch „*The Magic of Interactive Entertainment*" (zweite Auflage, Sams Publishing 1994) bietet einen umfangreichen Überblick über Videospiele und andere Arten von Unterhaltungssspielen. Das Buch enthält viele historische Beispielen. Das Buch ist gut illustriert mit vielen Bildschirmauszügen der Spiele sowie mit Fotografien verschiedener Spielcomputer aus dem persönlichen und kommerziellen Bereich. Das Buch enthält eine CD-ROM mit Demo-Versionen vieler bekannter Spielen für DOS, Windows und den Macintosh.

Die beste Einführung zum Thema Hypertext bietet aller Ansicht nach noch immer der Artikel von Jeff Conklin vom MCC: Hypertext: An introduction and survey. *IEEE Computer* **20**, 9 (September 1987), 17-41. Obwohl das Dokument schon etwas veraltet ist, stellt es doch eine gute Quelle für die grundlegenden Konzepte von Hypertext dar. Außerdemwerden viele der klassischen und bahnbrechenden Hypertextsysteme beschrieben. Die *BYTE*-Ausgabe von Oktober 1988 (hauptsächlich [Fiderio 1988]) bietet einen populärwissenschaftlichen Überblick an, zusammen weitverbreiteten Hypertextprodukten.

Das Handbuch „*Hypertext/Hypermedia Handbook*", veröffentlicht von E. Berk und J. Devlin (McGraw-Hill 1991), beschreibt viele Aspekte von Hypertext und enthält viele wichtige Studien aus der Praxis. Das von Chris Sherman veröffentlichte Handbuch „*CD-ROM Handbook*" (zweite Auflage, McGraw-Hill 1994) enthält Aufstellungen der auf dem Markt befindlichen CD-ROMs, sowie Beschreibungen der verschiedenen Veröffentlichungs- und Herstellungsverfahren für CD-ROMs und Multimedia.

„Hypertext Hands-On! An Introduction to a New Way of Organizing and Accessing Information""von Ben Shneiderman und Greg Kearsley (Addison-Wesley 1989) ist ein kurzes und schnell lesbares Buch über die Grundlagen von Hypertext. Es ist wie ein Hypertext geschrieben mit vielen Querverbindungen zwischen den Abschnitten und enthält auf zwei PC-Disketten eine richtige Hypertextversion des Textes im Hyperties-Format.

„Hypertext in Context" von Cliff McKnight und Andrew Dillon (Cambridge University Press 1991) ist auch ziemlich kurz aber viel theoretischer. Es konzentriert sich hauptsächlich auf den akademischen Gebrauch von Hypertext (im Forschungs- sowie im Erziehungsbereich) und auf Forschungsstudien über Lesegewohnheiten .

„The Way MultiMedia Works" von Simon Collin (Microsoft Press und Dorling Kindersley 1994) ist eine sehr umfassende und populärwissenscahftliche Arbeit über Multimediatechnologie. Das Buch enthält Bildschirmauszüge aus einigen aktuellen Multimediasystemen sowie ein Hardware-Einkaufsleitfaden. Das Buch *„Multimedia Interface Design Studio"* (Random House, 1995) von Aaron Marcus konzentriert sich auf das Design von Benutzerschnittstellen für Multimedia und Online-Dienste und zitiert viele Musterbeispiele.

Gesellschaften

Die einzigeBerufsgesellschaft speziell für Hypertextforscher und -entwickler ist die Gruppe SIGLINK der *Association for Computing Machinery (ACM)* Mitglieder erhalten ein Rundschreiben mit Informationen über Veranstaltungen sowie Ankündigungen der führenden jährlichen Hypertextkonferenzen (siehe unten). Nähere Informationen über eine SIGLINK-Mitgliedschaft sind erhältlich bei

> ACM Headquarters
> 1515 Broadway
> New York, NY 10036
> USA
> Tel. +1-212-869-7440, Fax +1-212-944-1318
> E-mail `acmhelp@acm.org`

Kompendium

Das *ACM Hypertext Compendium* veröffentlicht von Robert Akscyn, ist eine bedeutende Sammlung von Hypertextdokumenten (sie beinhaltet auch alle gesammelten Dokumente aus den wichtigsten Konferenzen) die in Hypertextformat zur Verfügung steht. Der Hypertext besteht aus ungefähr 4.500 Knoten und umfasst 128 Dokumente. Der Hypertext steht in drei Versionen zur Verfügung: KMS für Sun Arbeitsplatzrechner ($495 für Nicht-Mitglieder und $295 für ACM-Mitglieder), HyperCard für Macintosh ($179 für Nicht-Mitglieder und $100 für ACM-Mitglieder), und einfacher ASCII-Text mit oder ohne Hypertextverbindungshinweise (auch $179/$100). Bestellungen bitte an ACM Press, ACM Headquarters mit obiger Adresse oder nähere Informationen erhältlich unter Tel. +1-212-869-7440.

Konferenzen

Das Fachgebiet entwickelt sich mit einer derartigen Geschwindigkeit, daß man die besten und interessantesten Informationen auf den Konferenzen und nicht durch später erscheinende Publikationen, wie z.B. Zeitschriften, erhält.

Die interessantesten Referenzen für tiefschürfendere Informationen findet man in den ACM-Sitzungsberichtender Hypertextkonferenzen, die mit dem **Hypertext'87 Workshop** in Chapel Hill, NC, vom 13.–15. November, 1987, anfingen. Die Sitzungsberichte von Hypertext'87 beinhalten alle Dokumente die in den Seminaren vorgestellt wurden sowie die meisten Vorträge. Hypertext'87 war die erste Hypertextfachtagung und fast alle Leute, die auf diesem Gebiet arbeiten, nahmen an der Tagung teil.

Die Sitzungsberichte waren zeitweise vergriffen, sind aber jetzt wieder unter der ACM Bestellnr. 608892 für $35 erhältlich bei:

> ACM Order Department
> P.O. Box 64145
> Baltimore, MD 21264
> USA
> Tel. 1-800-342-6626 or +1-410-528-4261

Einige Vorträge aus dem Hypertext'87 Arbeitstreffen wurden in der Juli-Ausgabe der *Communications of the ACM* veröffentlicht. Diese Ausgabe ist auch als *Hypertext on Hypertext* in verschiedenen Hypertextformaten erhältlich, wie z.B. für den IBM-PC, Macintosh (ungefähr $30/Kopie) oder Sun-Arbeitsplatzrechner (ziemlich teuer).[1] Es lohnt sich, sich verschiedene dieser Versionen anzusehen, um festzustellen auf welch unterschiedliche Weise die Entwickler die gleichen Informationen in ver-

---

[1] Diese Dokumente sind außerdem Bestandteil des noch größeren *ACM Hypertext Compendium* (siehe oben).

schiedene Hypertextsystemen umsetzen.[2] Für Bestellungen richten sie sich bitte an:

Marketing Manager Electronics Products
Association for Computing Machinery
1515 Broadway
New York, NY 10036
USA

Es scheint selbtverständlich, daß Tagungsberichte über das Hypertext'87 Arbeitstreffen im Hypertextformat erscheinen. Mir sind drei solcher Berichten bekannt: der Bericht von Lynda Hardman vom Scottish HCI Centre in Edinburgh wurde mit Guide geschrieben; der Bericht von Mark Bernstein von Eastgate Systems wurde mit dem eigenen System Hypergate geschrieben; und mein eigener Bericht[3] wurde mit HyperCard geschrieben (siehe [Nielsen 1990b]). Die drei Berichte laufen auf Macintosh. Zur Zeit ist der Zugang zu elektronischen Veröffentlichungen schwer möglich, im Vergleich zum Zugriff auf traditionelle Büchern. Die traditionelle Version meines Berichtes finden sie in der April Ausgabe des 1988 ACM *SIGCHI Bulletin* (vol. 19, no. 4, 27–35). Ein guter Workshopbericht von Esther Dyson erschien in der Ausgabe 87-11 ihres Rundschreibens *Release 1.0*, vom 25. November 1987.

Hypertext'89 (Pittsburgh, PA, 5.–8. November, 1989) war die zweite Hypertextkonferenz der ACM. Die Sitzungsberichte dieser Konferenz kosten $36 und sind beim ACM Order Dept. (obige Adresse), Bestellnr. 608891,erhältlich. Siehe [Nielsen 1990c] und [Jacques 1990] für Konferenzberichte.

Die dritte ACM Hypertextkonferenz **Hypertext'91** fand am 15.–18. Dezember, 1991 in San Antonio, TX statt. Die Sitzungsberichte kosten $35 und sind beim ACM Order Dept. (Bestellnr. 614910) erhältlich.

---

[2] Ein Vergleich dieser drei Versionen des ACM *Hypertext on Hypertext* befindet sich auch in [Alschuler 1989]. Einige dieser Versionen wurden bis zu einem gewissen Grade "verbessert" (nachträglich verschönert, aber nicht vom Autor selbst) indem neue Informationen hinzugefügt wurden die im Original nicht vorhanden waren: Die HyperCard-Ausgabe für den Macintosh enthält eingescannte Fotografien des Autors, die HyperTies-Ausgabe für den IBM PC enthält zusätzliche Kommentarartikel und die Version für den KMS Arbeitsplatzrechner enthält neue Ebenen von hierarschichen Unterabteilungen um die Textstruktur zu verbessern.

[3] Im letzten Abschnitt von Kapitel 2 wird beschrieben wie man eine Kopie dieses Hypertextes erhalten kann.

ACM SIGLINK entschied sich 1991 offiziell dafür, seine alljährliche Konferenz jedes zweite Jahr unter dem Namen *ECHT'xx.* (European Conference on HyperText) in Europa und jedes zweite Jahr unter dem Namen *Hypertext'xx* in Nordamerika stattfinden zu lassen. Deshalb fand die vierte ACM Hypertextkonferenz **ECHT'92**, vom 30. November – 4. Dezember, 1992 in Milano, Italien statt. Die Sitzungsberichte sind für $30 beim ACM Order Dept. (Bestellnr. 614920) erhältlich.

Die fünfte ACM Hypertextkonferenz **Hypertext'93** fand vom 14. - 18. November, 1993 in Seattle, WA statt und die sechste Konferenz war die **ECHT'94** mit dem leicht veränderten Namen „European Conference on Hypermedia Technology" (Edinburgh, Schottland, 18.–23. September, 1994).

Die siebte Konferenz **Hypertext'96** findet im Frühjahr 1996 in den USA statt. Die genauen Daten der nächsten ACM Hypertextkonferenzen standen noch nicht fest als dieses Buch geschrieben wurde. Traditionsgemäß wird die Konferenz im Jahre 1997 wahrscheinlich[4] **ECHT'97** heißen und in Europa stattfinden. Weitere Informationen zu diesen Konferenzen erhalten sie per E-mail am Sitz der ACM (acmhelp@acm.org) oder per Internet (http://acm.org/siglink/conf.html).

Der Alvey[5] HCI Club war Sponsor des Hypertextarbeitstreffens vom 17.–18. März, 1988 in Aberdeen, Großbritannien. Dieser Workshop war bei weitem nicht so bekannt wie der Workshop in North Carolina und der Tagungsband ist wesentlich dünner. Er liefert aber einen guten Überblick über die Hypertextaktivitäten in Großbritannien. Der Tagungsband erschien unter dem Titel *Hypertext: Theory into Practice,* Ablex, 1989, Ray McAleese (Ed.).

Die zweite Hypertextkonferenz, **Hypertext 2**, fand vom 29.–30. Juni, 1989 an der University of York statt. Die Sitzungsberichte wurden als *Hypertext: State of the Art,* Ablex, 1990, Ray McAleese und Catherine Green (Eds.),veröffentlicht. Siehe [Nielsen 1989d] für Konferenzberichte.

Diese Konferenz war schon fast eine richtige europäische Konferenz, aber die Konferenz **ECHT'90** (European Conference on Hypertext) war die erste „offizielle" europäische Hypertextkonferenz und fand vom 28.–30. November, 1990 in Paris statt. Die Sitzungsberichte von der ECHT'90 wurden von Cambridge University

---

[4] Tatsächlich wurde die ACM-"Tradition" im Jahre 1995, als keine Konferenz stattfand, etwas verändert. Es wurde entschieden das Konferenzdatum vom Jahresende auf das kommende Frühjahr zu verlegen.

[5] Britisches Forschungsprogramm auf dem Gebiet der Informationstechnologie.

Press veröffentlicht.[6] Da die Konferenz ECHT'90, die Rolle der europäischen Haupthypertextkonferenz übernahm, wurde die Hypertext'3 (Enschede, Niederlande, 10.–12. April, 1991) als Workshop gestaltet, mit besonderem Hinblick auf den Gebrauch von Hypertext in der Ausbildung. Seit 1992, wurde der ECHT-Konferenzserie der Status „Offizielle ACM Hypertextkonferenz" (in geraden Jahren) verliehen. Die ECHT-Konferenz sollte also wirklich als internationale und nicht nur als europäische Konferenz angesehen werden. Siehe auch die Diskussion zum Thema ACM-Konferenzen.

Wegen der schnellen Änderungen durch die Entwicklung des *World Wide Web*, finden Konferenzen zweimal im Jahr statt: eine Konferenz im Frühjahr in Europa und eine Konferenz im Herbst in den USA. Die ersten zwei Konferenzen waren die **WWW'94** am CERN-Institut (Genf, Schweiz, 25.–27. Mai, 1994) und die **Second International WWW Conference Fall'94: Mosaic and the Web** (Chicago, IL, 17.–20. Oktober, 1994). Die nächsten vier WWW-Konferenzen finden planungsgemäß in Darmstadt, Deutschland (Frühjahr 1995), Boston, Massachusetts (Herbst 1995), Paris, Frankreich (Frühjahr 1996) und an einem Ort an der amerikanischen Westküste (Herbst 1996) statt.

Traditionsgemäß sind die Sitzungsberichte zu diesen Konferenzen in Hypertextformat auf dem Internet verfügbar: URL `http://www1.cern.ch/WWW94/` für *WWW'94* und URL `http://www.ncsa.uiuc.edu/SDG/IT94-/Proceedings/WWW2_Proceedings.html` für *Mosaic and the Web'94*. Informationen über zukünftige WWW-Konferenzen sind auf dem WWW verfügbar. Verbindungen zu diesen Informationen können auch über die WWW-Startseite beim CERN (`http://info.cern.ch/hypertext/WWW/TheProject.html`) und über die Seite „What's New with NCSA Mosaic" des National Center for Supercomputing Applications (`http://www.ncsa.uiuc.edu/SDG/Software/Mosaic/Docs/whats-new.html`) hergestellt werden.

Das *National Institute of Standards and Technology (NIST)* (ehemals *National Bureau of Standards*) war Sponsor der Arbeitstagung **Hypertext Standardization Workshop**. Sie fand in Gaithersburg, MD, vom 16.–18. Januar, 1990 statt und wird in dem Buch von Moline, J., Benigni, D. und Baronas, J. (Eds.) (1990). *Proceedings of the Hypertext Standardization Workshop January 16–18, 1990*, National Institute of Standards **Special Publication 500-178** beschrieben.

---

[6] Die Sitzungsberichte von der ECHT'90 sind unter Rizk, A., Streitz, N., und André, J. (Eds.) (1990), *Hypertext: Concepts, Systems and Applications.* Cambridge University Press, Cambridge, U.K., ISBN 0-521-40517-3, veröffentlicht.

Dieses Buch ist erhältlich bei:

> Superintendent of Documents
> U.S. Government Printing Office
> Washington, DC 20402
> USA
> Tel. +1-202-783-3238

und

> National Technical Information Service
> 5285 Port Royal Road
> Springfield, VA 22161
> USA
> Tel. +1-703-487-4600

Informationen über zukünftige Standardisierungsworkshops sind erhältlich bei:

> Hypermedia Standardization Workshops
> attn: Daniel R. Benigni
> National Institute of Standards and Technology
> Hypertext Competence Project
> Technology Bldg. 225, Room A-266
> Gaithersburg, MD 20899
> USA
> Fax: +1-301-590-0932
> E-mail: benigni@ise.ncsl.nist.gov

Nachfolgend eine Liste anderer Konferenzen in denen manchmal Hypertextbeiträge vorgestellt werden:

* IFIP **INTERACT** (Human-Computer Interaction) [jedes zweite oder dritte Jahr]
* ACM **CHI** (Computer-Human Interaction) [jedes Jahr]
* ACM **SIGIR** (Information Retrieval) [jedes Jahr]
* ACM **COIS** (Office Information Systems) [jedes Jahr]Office automationSIGOA
* British Computer Society **HCI** (Human-Computer Interaction); Tagungsberichte sind unter dem Titel *People and Computers* [jedes Jahr] bei Cambridge University Press erhältlich
* ACM Konferenz über **Document Processing Systems** [Dezember 1988 in Santa Fe, NM]

- ACM **CSCW** (Computer-Supported Cooperative Work) [jedes zweite gerade Jahr]
- **International Online Information Meetings** (Sitzungsberichte veröffentlicht durch Learned Information Ltd.)

Zeitschriften und Magazine

Hypermedia wurde im Jahre 1989 gegründet und ist die einzige wissenschaftliche Zeitschrift, die speziell dem Thema Hypertext gewidmet ist.

Informationen über Abonnements oder eine kostenlose Exemplare bei:
       Taylor Graham Publishing
       500 Chesham House
       150 Regent Street
       London W1R 5FA
       United Kingdom

Beiträge für *Hypermedia*, gehen an den Editor:
       Patricia M. Baird
       Scottish Daily Record & Sunday Mail
       Anderson Quay
       Glasgow, G3 8DA
       United Kingdom
       Tel. +44-41-248 3523
       Fax +44-41-242 3527
       E-mail: `100137.3304@compuserve.com`

Zuzüglich der obengenannten Konferenzen können Beiträge zu Hypertext auch in verschiedenen Zeitschriften mit dem Thema Computerwissenschaften/-Benutzerschnittstellen/Informationswiedergewinnung veröffentlicht werden. Der Wiley-Verlag veröffentlicht die Zeitschrift *Electronic Publishing—Origination, Dissemination and Design (EP-ODD),* die 1988 zum ersten Mal erschien. Hypertext ist eines ihrer Kernthemen. Informationen über Abonnements oder gratis Exemplare bei:

       Dept. AC
       John Wiley & Sons Ltd.
       Baffins Lane, Chichester
       W. Sussex PO19 1UD
       United Kingdom

oder

Subscription Dept. C
John Wiley & Sons Inc.
605 Third Avenue
New York, NY 10158
USA

Die Zeitschrift *Journal of the American Society for Information Science (JASIS)* enthält auch einiges zum Thema Hypertext, hauptsächlich Ausgaben über Suchprobleme und Informationswiedergewinnung. Die Ausgabe vom Mai 1989 war eine Spezialausgabe über Hypertext und die Ausgabe von September 1993 beschäftigte sich speziell mit elektronischen Bibliotheken.

Die Sonderausgabe der Zeitschrift *IEEE Computer* (Vol. **21**, Nr. 1, Januar 1988) über „Electronic Publishing Technologies" (Elektronische Veröffentlichungstechnologien) enthielt mehrere Beiträge zum Thema Hypertext. Im Oktober 1991 (Vol. **24**, Nr. 10) erschien eine Sonderausgabe über Multimediainformationssysteme. Außer der vorher besprochenen Sonderausgabe über die Konferenz Hypertext'87, hatte die *Communications of the ACM* noch andere erwähnenswerte Sonderausgaben: im Juli 1989 wurde das Thema „interaktive Technologie (interactive technology)" behandelt, mit Schwerpunkt auf hypertextrelevanten Themen wie interaktives Video, DVI, und optische Platten. Im Dezember 1992 erschien eine Soderausgabe über Informationseinordnung, die Spezialausgabe von Januar 1993 behandelte Multimedia am Arbeitsplatz (u.a., Desktop-Videokonferenzen), die Spezialausgabe von Februar 1994 behandelte das Thema Referenzmodellierung und formelle Spezifikation von Hypertext, die Spezialausgabe von Juli 1994 war über intelligente Werkzeuge, und die Spezialausgabe von August 1994 konzentrierte sich auf das Internet. Die Zeitschrift *ACM Transactions on Information Systems* hatte im Januar 1989 (Vol. **7**, Nr. 1) eine Spezialausgabe über Hypertext. Das Magazin *IEEE Computer Graphics & Applications* hatte im Juli 1991 eine Spezialausgabe (Vol. **11**, Nr. 4) über Multimedia mit einigen Artikeln über Hypermediasysteme mit schönen bunten Illustrationen.

Die verschiedenen PC-Magazine haben manchmal Artikel über Hypertext und mit Hypertext verwandte Themen wie z.B. Multimediaentwicklungen. Das Magazin *BYTE* hat meistens die beste allgemeine Berichterstattung über technische Perspektiven. Die *BYTE*-Ausgabe Juni '82 war eine frühe Spezialausgabe über interaktive Videoplatten, die Ausgabe von November 1986 war eine Spezialausgabe über optische Speichermedien, und die Ausgabe vom Oktober 1988 war eine Spezialausgabe über Hypertext. Magazine wie *PC World, MacWorld,* und *MacUser* konzentrieren sich eher auf plattform-orientierte Entwicklungen; Magazine wie *Internet World* behandeln das Netz. Multimediathemen werden in einer ganzen Reihe von Magazinen behandelt: *New Media* ist eines der besten. Es gibt auch einige Fachzeitschriften speziell über CD-ROM (u.a., *CD•ROM World*). Oft kann man kostenlos abonnieren wenn man ein qualifizierter Käufer ist, der Aufträge für größere Abteilungen aufgibt oder Einkäufe empfiehlt.

Das Magazin *WIRED* liefert die besten Artikel über Online-Ereignisse und interaktive Medien. Es bringt Berichte über „nerd culture" und die entstehenden Online-Gemeinschaften. *WIRED* konzentriert sich dabei auf die Leute und Anwendungsfolgen (z.B. in einem Artikel über die Arbeitsumgebung bei Microsoft wurden die Angestellten als „microserfs" (Micro-Leibeigene) bezeichnet). Das Magazin hat seinen eigenen WWW-Server HotWired, `http://www.hotwired.com/`. Informationen über Abonnements gibt es bei

> WIRED Magazine
> P.O. Box 191826
> San Francisco, CA 94119-9866
> USA
> Tel.[7] 1-800-SO-WIRED or +1-415-904-0660
> E-mail: subscriptions@wired.com or info@wired.com

Das Usenet hat auch eine Netnews-Newsgruppe für Online-Diskussionen über Hypertextthemen. Die Gruppe heißt `alt.hypertext`. Andere gute Newsgruppen sind `comp.infosystems.www.*` (einige Gruppen über das World Wide Web) `comp.multimedia, comp.internet.net-happenings` (neue Einrichtungen und Ereignisse auf dem Internet), `comp.ivideodisc` (interaktive Videoplatten), `rec.arts.int-fiction` (interaktive Romane), `alt.cd-rom`, `sci.virtual-worlds` (virtual reality), und `comp.sys.mac.hypercard`.

Videokassetten

Da Hypertextsysteme von Natur aus dynamisch sind, können sie meistens besser anhand einer Videokassette anstatt eines gedruckten Artikels erklärt werden. Das *Interactive Digital Video*(Interaktives Digitales Video) der ACM ist sehr empfehlenswert. Es kostet $50 für Mitglieder und $75 für Nichtmitglieder. Die Kassette enthält *Palenque*, die intelligente Simulation einer Sitzung an der Carnegie Mellon University, Intel DVI (Digital Video Interactive) Technology, ein System des Getty Museums das den Zugang zu mittelalterlichen Manuskripten erlaubt, und VideoWindows, Beispiele aus dem MIT Media Lab (einschließlich der *Aspen Movie*

---

[7] The 800-Nummer ist sehr charakteristisch für den Magazinstil.

Map), und Systeme verschiedener anderer Firmen und Universitäten. Bestellinformationen (Bestellnr. 217890 für VHS und 217891 für U-Matic) sind erhältlich bei

ACM Press Database and Electronic Product Series
Association for Computing Machinery
1515 Broadway
New York, NY 10036
USA

Die ACM verlegt eine Folge von Videokassetten, die *SIGGRAPH Video Review.* Wie der Name schon andeutet, handelt es sich hierbei hauptsächlich um Arbeiten auf dem Gebiet der Computergrafik und der Computeranimation. Einige Kassetten dieser Serie haben direkten Bezug zum Thema Hypermedia, wie z.B. die Ausgaben 13 (das *Movie Manual*), 19 (der *Symbolics Document Examiner*), 48 (das MIT *Illustrated Neuroanatomy Glossary* und andere Multimediaanwendungen), 58 (der *MacWorld Tradeshow Information Kiosk* von Apple, 63 (das System *Guide*, 78 (Szenarien für zukünftige Hypermedia), und 70 (zukünftige Trends von *HyperCard* und dem *Knowledge Navigator*). Die meisten dieser Kassetten sind sowohl im amerikanischen NTSC-Format als auch im europäischen PAL-Format erhältlich. Die Videokassettenserie SIGGRAPH Video Review und ein kostenloser Katalog aller Ausgaben sind erhältlich bei:

SIGGRAPH Video Review
c/o VI&A/First Priority
PO Box 576
Itasca, IL 60143-0576
USA
Tel. (24 hr.) +1-800-523-5503 or +1-708-250-0807
Fax +1-312-789-7185
E-mail: `svrorders@siggraph.org`

Bücher über das Internet

Es sind derart viel Bücher zum Thema Internet erschienen, daß ich es aufgegeben habe zu diesem Thema Literaturreferenzen anzugeben (die Zahl der Bücher über Internet steigt um ungefähr 290% pro Jahr). Jede Buchhandlung, die Computerbüchern führt, hat eine Auswahl der aktuellsten Bücher zu diesem Thema. Da das Internet sich so schnell weiterentwickelt sind neuere Ausgaben den alten vorzuziehen. Eine Liste mit mehr als 200 Büchern zum Thema Internet erscheint zweimal monatlich in den Newsgruppen alt.internet.services, alt.online-service, alt.books.technical, misc.books.technical, alt.bbs.internet, misc.answers, alt.answers, und news.answers. Die Liste ist über FTP erhältlich

ftp://rtfm.mit.edu/pub/usenet/
                news.answers/internet-services/book-list

Um die Liste über E-mail zu erhalten schickt man folgende E-mail:

```
To: mail-server@rtfm.mit.edu
Subject: <subject line is ignored>
send    usenet/news.answers/internet-
services/internet-booklist
```

Es ist klar, daß man schon am Netz angeschlossen sein muß, um diese Liste zu erhalten. Drei der angesehensten Bücher sind *„The Whole Internet User's Guide and Catalog"* von Ed Krol (2te Auflage, O'Reilly & Associates 1994), *„The Internet Unleashed"* von Kevin Kelly (Sams Publishing 1994), und *„Everybody's Guide to the Internet"* von Adam Gaffin (MIT Press 1994). Beim letzteren handelt es sich um eine gedruckte Version der bekannten Online-Datei *„The Big Dummy's Guide to the Internet"* der Electronic Frontier Foundation. Diese Datei kann man auch umsonst über das Internet erhalten. Wenn man das Buch kauft kriegt man eine Internet-Einführung ohne daß man erst einen Netzanschluß haben muß.

Nachfolgend eine Liste einiger der Stellen auf dem Internet, wo man *The Big Dummy's Guide to the Internet* erhalten kann. Meiner Erfahrung nach ist das Angeben von Internetadressen in Büchern nicht sehr keine sonderlich gute Idee, da diese Adressen sich so schnell ändern. Aus diesem Grund gebe ich hier eine größere Anzahl von möglichen Adressen an, so daß die Chance besteht, daß wenigstens eine dabei ist die man noch erreichen kann. Man sollte zuerst die Adressen ausprobieren, die geographisch am nächsten liegen.

Australien

http://www.vifp.monash.edu.au/bdgtti

Österreich

http://www.cosy.sbg.ac.at/doc/bdgtti/bdgtti-toc.html
http://info.archlab.tuwien.ac.at/doc/

Kanada

http://madhaus.utcc.utoronto.ca/bdgtti/bdgtti.html
http://www.emr.ca/big-dummys-guide/bdgtti-intro.html
http://www.mta.ca/bdgtti/bdgtti.html

Dänemark

http://www.iesd.auc.dk/system/bdgtti-2.2/bdg_toc.html

http://www.daimi.aau.dk/bdgtti-1.01_toc.html

Estland

ftp://ftp.eenet.ee/pub/guides/bdg/bdg_3.html

Frankreich

http://mistral.enst.fr/~pioch/bigdummy/

Deutschland

ftp://ftp.germany.eu.net/pub/books/big-dummys-guide/
http://www.germany.eu.net/books/bdgtti/bdgtti.html
http://www.Mathematik.Uni-Marburg.de/doc/bdg/bdg_toc.html
http://www.cs.tu-berlin.de/bigdummy/
http://dv.go.dlr.de:8081/misc/doku/bdgtti-2.0/bdg_toc.html
http://lurker.dfv.rwth-aachen.de/dummy/bdg_198.html
http://www.artcom.de/help/BDGttI/bdgtti-1.02_toc.html

Italien

http://www.pi.infn.it/bdgtti-2.2/bdg_toc.html

Japan

http://www.ntt.jp/bdgtti

Litauen

http://www.riga.lv/bdgtti/bdgtti.html

Norwegen

http://www.oslonett.no/html/bdgtti/bdg_3.html

Singapur

http://www.iss.nus.sg/public/Internet_Links/BDGNEW/bdg_toc.html

Südafrika

http://www.iaccess.za/bdgtti/index.html

Südkorea

ftp://cair.kaist.ac.kr/doc/EFF/EFF/papers/

Schweiz

http://cuisg13.unige.ch:8100/bdgtti-1.01.html

Türkei

http://www.metu.edu.tr/bdgtti/bdg_toc.html

Großbritannien

http://www.mcc.ac.uk/BigDummy/bdgtti.html
http://sg1.cc.ic.ac.uk:6680/bdg/bdgtti.html

http://agora.leeds.ac.uk/WWW/bdgtti/bdgtti-1.02_toc.html

USA

ftp://ftp.eff.org/pub/Net_info/Big_Dummy/
http://www.eff.org/papers/bdgtti/bdg_toc.html
http://soma.npa.uiuc.edu/docs/bdgtti.html
http://cdr.stanford.edu/html/bdgtti/bdgtti.html
http://rainbow.ldeo.columbia.edu/bdgtti
http://alpha.acast.nova.edu/bigdummy/bdg_toc.html
http://www.gc.cuny.edu/resourcetools/BigDummy.html
http://ageninfo.tamu.edu/bdgtti/bdgtti.html
http://www.hep.net/documents/bigdummy/bdgtti.html
http://gopher.metronet.com:70/1/bdg
http://ucunix.san.uc.edu/bdgtti/bdgtti.html
http://icicle.winternet.com/books/bdg/
http://www.iia.org/bdg-2.2/bdg_toc.html
http://www.umn.edu/bdgtti/bdgtti-1.04_toc.html
http://www.cs.yale.edu/HTML/WORLD/org/eff/bdgtti-1.04/bdgtti-1.04_toc.html
http://www.hcc.hawaii.edu/bdgtti/bdgtti-1.02_toc.html
http://www.cs.byu.edu/bdg/bdgtti-1.01_toc.html

Außerdem ist eine Hypercard-Version von *The Big Dummy's Guide to the Internet* per FTP erhältlich über *ftp.eff.org* im Verzeichnis */pub/Net_info/Big_Dummy/- Other_versions/big-dummys-guide.sea.hqx*

Klassiker

Bush, V. (1945). As we may think. Atlantic Monthly, Juli, S. 101–108. Es handelt sich hierbei um den Originalartikel, in dem Vannevar Bush sein Werkzeug „Memex" vorstellte, das heute als das erste Hypertextsystem angesehen wird (obwohl es nie implementiert wurde). Der Artikel ist sowohl im Tagungsband der ersten Microsoft CD-ROM-Konferenz (siehe Abschnitt 3) als auch im Buch von A. Goldberg (Ed.) (1988): A History of Personal Workstations, Addison-Wesley, abgedruckt. Der Artikel wurde in Hypertextform auf der Guide-Demodiskette „The Guide to Hypertext" veröffentlicht, die bei OWL erhältlich ist. Nyce und Kahn [1989] geben einen Überblick der frühen Arbeiten von Bush, in denen er die Idee zu Memex entwickelte und zeigen zwei Illustrationen wie Memex ausgesehen hätte, wenn es je implementiert worden wäre. Die Neuauflage von Nyce und Kahn [1991] enthält das Originaldokument und andere Artikeln von Bush heraus, zusammen mit Kommentaren über deren Verbindung zur modernen Hypertextforschung.

Engelbart, D. C. und English, W. K. (1968). A research center for augmenting human intellect. *AFIPS Conference Proceedings* **33**, 1, 395–410. Engelbart war einer der ersten der tatsächlich Hypertextideen implementierte.

Kay, A. und Goldberg, A. (1977). Personal dynamic media. *IEEE Computer* **10**, 3 (März), 31–41. Ein sehr einflußreicher Artikel zum Thema Multimedia für den persönlichen Bereich. Neuauflage als A. Goldberg (Ed.): *A History of Personal Workstations*, Addison-Wesley 1988, 254–263.

Lippman, A. (1980). Movie-Maps: An application of the optical videodisk to computer graphics. *Computer Graphics* **14**, 3, 32–42. Artikel über das *Aspen*-System, das warscheinlich erste Hypermediasystem.

Nelson, T. (1974).Dream Machines/Computer Lib (book)*Computer Lib/Dream Machines*. Die erste Auflage wurde im Jahre 1974 von Nelson selbst und die Neuauflage wurde 1987 von Microsoft Press veröffentlicht. Der Teil „Computer Lib" war warscheinlich das erste Buch das die Nutzung von PCs für die individuelle Informationsverarbeitung (engl.: personal computing) zum Thema hatte. Die andere Hälfte des Buches „Dream Machines", behandelt hauptsächlich das Thema Hypertext.

Nelson, T.:*Literary Machines*, Mindful Press, 3020 Bridgeway #295, Sausalito, CA 94965, USA ($25 für die USA, $30 für den Rest der Welt). Eine ungekürzte Version von *Literary Machines* in Hypertextformat (auf einer Demodiskette für das System Guide) wurde im Jahre 1987 von OWL International, Inc., veröffentlicht. Dieses Buch wurde seit 1981 in verschiedenen Versionen veröffentlicht. Es beschreibt das System Xanadu von Nelson und viele seiner anderen Ideen auf dem Hypertextgebiet.

Die Biografien einiger Hypertextpionieren erschienen in folgenden Buch: Rheingold, H. (1985). *Tools for Thought: The People and Ideas behind the* <u>*Next*</u> *Computer Revolution*, Simon & Schuster, New York.

Alphabetische Liste von Artikeln und Büchern

Ahlberg, C., und Shneiderman, B. (1994). Visual information seeking: Tight coupling of dynamic query filters with starfield displays. *Proc. ACM CHI'94*, 313–317 & 479–480.
Flexible Datenbankanfragen erlauben dem Benutzer interaktiv eine oder mehrere Attributenskalen zu verändern; die Resultate werden sofort angezeigt. DieseArtikel beschreibt zwei Anwendungen: den „HomeFinder" (Hausauffinder) (zum Verkauf stehende Häuser werden auf einer Karte mit Punkten angezeigt wenn die Häuser dem Preisrahmen des Benutzers entsprechen und sich in einer angemessenen Reichweite zu seinem Arbeitsplatz befinden) und den „FilmFinder" (Spielfilmauffinder) (Filme werden nach bestimmten Kriterien

ausgewählt wie z.B. Schauspieler, Regisseur, Filmart, Jahr indem der Film herauskam, Laufzeit und Kritikerbewertung). Beim „HomeFinder" liefert die Geographie ein räumliches Layout für die Bildschirmdaten wogegen beim „FilmFinder" ein neuer Eingabemechanismus eingeführt wurde, den man Sternenfeld (engl.: starfield) nennt. Das Sternenfeld ist eine zweidimensionale Matrix auf der die Eingabepunkte verteilt werden. Der Benutzer kann entscheiden, welche Attribute auf welchen Dimension der Matrix abgebildet werden. Ein drittes Attribut wird durch unterschiedliche Farben ausgedrückt. Weitere Eigenschaften können durch Pop-up-Fenster abgefragt werden.

Ahlberg, C., Williamson, C., und Shneiderman, B. (1992). Dynamic queries for information exploration: An implementation and evaluation. *Proc. ACM CHI'92 Conf.*, 619–626.
Benutzer können ihre Informationen in der Datenbank 119% schneller finden (d.h., in weniger als der Hälfte der Zeit) wenn sie während der Formulierung der Datenbankabfrage dynamisches Feedback erhalten und nicht erst nachdem sie eine vollständige Datenbankabfrage an das System abgeschickt haben.

Akscyn, R., und Halasz, F. (Eds.) (1991). *Topics on Hypertext.* Addison-Wesley.
Überarbeitete Fassung ausgewählter Publikationen der ACM-Konferenz Hypertext'89 sowie zusätzliches Material wie z.B. ein Bericht über bestehende Forschungs- und kommerzielle Hypertextsysteme .

Akscyn, R., McCracken, D., und Yoder, E. (1988). KMS: A distributed hypermedia system for managing knowledge in organizations. *Communications of the ACM* **31**, 7 (Juli), 820–835.
KMS ist ein kommerzielles Hypertextsystem für Unix Arbeitsplatzrechner (z.B. Sun Rechner) das als Nachfolger des Systems ZOG [Robertson et al. 1981] entworfen wurde. Seine Knoten werden als Arbeitsbereiche (engl.: workspaces) bezeichnet und sie bedecken genau die hälfte oder den ganzen Bildschirm. Da die Verbindungen jeweils auf einen ganzen Arbeitsbereich zeigen, der im Rahmen eines grafischen Fensters abgebildet wird, bezeichnet man das System als „rahmenorientiertes System" (engl.: frame based).

Akscyn, R., Yoder, E., und McCracken, D. (1988). The data model is the heart of interface design. *Proc. ACM CHI'88* (Washington, DC, 15.–19. Mai), 115–120.
Eine Diskussion darüber, wie die Wahl unveränderlicher Framegrößen als grundlegende Daten-/Knotenstruktur den Entwurf des KMS-Systems beeinflußte.

Alben, L., Faris, J., und Saddler, H. (1994). Making It Macintosh: Designing the message when the message is design. *ACM interactions* **1**, 1 (Januar), 10–20.
Making It Macintosh war eine CD-ROM-Version der Benutzerschnittstellestandards der Firma Apple. Die CD-Rom-Version benutzte Zeichentrickfilme um die dynamischen Aspekte der Schnittstelle zu veranschaulichen.

Alschuler, L. (1989). Hand-crafted hypertext: Lessons from the ACM experiment. In Barrett, E. (Ed.): *The Society of Text*, MIT Press, Cambridge, MA, 343–361. Vergleicht drei Versionen des gleichen Textes (die Sonderausgabe der *Communications of the ACM* über Hypertext) in HyperCard, Hyperties, und KMS. Der Artikel zählt hauptsächlich verschiedene Benutzerprobleme und -widersprüche aufzählt ohne zu untersuchen weshalb sie auftreten. Der Artikel zeigt, daß die gleichen Informationen sehr unterschiedlich strukturiert werden können und daß es schwierig ist lineares Material in ein Hypertextformat umzuwandeln .

Ambron, S., und Hooper, K. (Eds.) (1988). *Interactive Multimedia: Visions of Multimedia for Developers, Educators, & Information Providers.* Microsoft Press. Ein ausgezeichnetes Buch, das die Sitzungsberichte einer Konferenz zum Thema *Multimedia in Education* (Multimedia im Erziehungsbereich) enthält. Die Tagung wurde von der Firma Apple gefördert. Die meisten der in diesem Buch beschriebenen Systeme laufen auf Rechnern der Firma Apple (hauptsächlich auf dem Macintosh). Viele der Artikel in dem Buches sind sehr gut erklärt und illustriert. Sie beschreiben Benutzungsszenarien in genügend Einzelheiten, damit der Leser eine gute Vorstellung des Systems entwickeln kann – das Resultat ist fast so gut als wenn man die Systeme selbst ausprobiert.

Andersen, M. H., Nielsen, J., und Rasmussen, H. (1989). A similarity-based hypertext browser for reading the Unix network news. *Hypermedia* 1, 3, 255–265. Das System HyperNews benutzt Hypertexttechnologien für den Zugriff auf Unix Netnews.

Anderson, K. M., Taylor, R. N., und Whitehead, E. J. (1994). Chimera: Hypertext for heterogeneous software environments. *Proc. ACM ECHT'94 European Conference on Hypermedia Technology* (Edinburgh, Großbritannien, September 18.–23.), 94–107. Ein Hypertextsystem zur Unterstützung der Software-Entwicklung, muß dem Benutzer erlauben Objekte von vielen verschiedenen Standpunkten aus zu sehen und zu überprüfen. Jeder Standpunkt wird durch ein Fenster dargestellt. Knoten können gleichzeitig in mehreren Fenstern auftreten. Da jeder Standpunkt verschiedene Aufgaben unterstüzt, befürworten die Autoren das Assoziieren der Anker mit den spezifischen Knotenabbildungen und nicht mit den Knoten selbst.

Andrews K., und Kappe F. (1994). Soaring through hyperspace: A snapshot of Hyper-G and its Harmony client. *Proc. of Eurographics Symposium and Workshop on Multimedia: Multimedia/Hypermedia in Open Distributed Environments* (Graz, Österreich, Juni). Hyper-G ist ein großes und allgemein anwendbares Hypermedia-informationssystem, das auf einem Client-Server-Modell im Internet aufbaut.

Hyper-G ähnelt dem World Wide Web, mit dem Unterschied daß Hyper-G Suchverfahren unterstüzt und daß es integrierte anstatt externer Viewer für Hypermediaformate benutzt. Dieser letzte Unterschied bedeutet, daß Hyper-G Hypertextverbindungen zu und von Multimediadatentypen unterstützt, da sie ein integraler Bestandteil des Systems sind. Harmony ist ein Hyper-G-Client für X-windows auf Unix Plattformen. Dieser Artikel ist erhältlich auf dem WWW an der Adresse ftp://iicm.tu-graz.ac.at/pub/Hyper-G/papers/egmm94.ps

Andrews K., und Pichler M. (1994). Hooking up 3-space: Three-dimensional models as fully-fledged hypermedia documents. Proc. of East–West International Conference on Multimedia, Hypermedia, and Virtual Reality (Moskau, Rußland, September).
Dieser Artikel untersucht die Eingliederung dreidimensionaler Modellen in Hypermediasysteme, genau so als ob die Modelle ganz gewöhnliche Dokumente wären. Der Artikel beschäftigt sich mit einer Reihe von Hypertextaspekten, wie z.B. die Darstellung von Informationen, Verbindungen, Navigation und die Erstellen der Inhalte. Der Viewer Harmony und das Hypermediasystem Hyper-G werden als Beispiele benutzt. Dieser Artikel ist erhältlich auf dem WWW an der Adresse
ftp://iicm.tu-graz.ac.at/pub/Hyper-G/papers/mhvr94.ps

Apple Computer (1989). *HyperCard Stack Design Guidelines.* Addison-Wesley.
Benutzbarkeitsaspekte, die beim Entwurf von HyperCard-Stapeln berücksichtigt werden sollen. Der Artikel enthält eine Zusammenfassung der allgemeinen Benutzerrichtlinien von Apple und spezielle Ratschläge für den Gebrauch von Grafiken, Knöpfen und Ton in HyperCard-Schnittstellen und der Navigationsstruktur der Stapel. Der Artikel enthält eine gut kommentierte Bibliografie über Grafikentwurf, die Herstellung von Zeichentrickfilmen und verwandte Themen.

Arons, B. (1991). Hyperspeech: Navigating in speech-only hypermedia. *Proc. ACM Hypertext'91 Conf.*, 133–146.
Das System verbindet Schnipsel von Gesprächaufnahmen. Der Benutzer interagiert mit dem System durch gesprochene Befehlseingabe. Da es nicht einfach ist, die Tonaufnahmene mit eingebetteten Ankern zu versehen, navigiert der Benutzer hauptsächlich indem er vordefinierte Verbindungstypen benutzt. Nachdem der Benutzer sich z. B. die Ansicht einer Person zu einem bestimmten Thema angehört hat, kann er sich durch den Befehl „entgegengesetzt" aussprechen um eine entgegengesetzte Meinung zu dem Thema zu hören.

Baird, P. (1990). Hypertext—towards the single intellectual market. In Nielsen, J. (Ed.): *Designing User Interfaces for International Use*, Elsevier Science Publishers, Amsterdam, 111–121.
Der Artikel behandelt die Probleme, die auftreten wenn Hypertextsysteme für den internationalen Gebrauch entwickelt werden.

Baird, P., Mac Morrow, N., und Hardman, L. (1988). Cognitive aspects of constructing non-linear documents: HyperCard and Glasgow Online. *Proc. Online Information 88* (London, Großbritannien, 6.–8. Dezember), 207–218.
Eine Überblick über das *Glasgow Online* Touristeninformationsprojekt und einige Resultate von der Feldstudie dieses Systems. Ältere Leuten neigten eher dazu, sich das System anzusehen ohne es zu benutzen und falls sie es doch benutzten dann bewegten sie sich sehr vorsichtig durch den Hyperraum und lasen zuerst alles auf dem Bildschirm, bevor sie eine Wahl trafen. Kinder hingegen benutzten eine weitaus weniger konzentrierte Methode und es sah manchmal so aus als ob sie nur wahllos herumklicken würden.

Baird, P., und Percival, M. (1989). Glasgow Online: Database development using Apple's HyperCard. In McAleese, R. (Ed.): *Hypertext: Theory into Practice,* Ablex, 75–92.
Eine Einführung in das Touristeninformationssystem *Glasgow Online*und seinen Entwicklungsprozeß.

Barrett, E. (Ed.) (1988). *Text, Context, and Hypertext: Writing with and for the Computer.* The MIT Press, Cambridge, MA.
Eine überarbeitete Sammlung von Artikeln einer Konferenz zum Thema *Writing for the Computer Industry (Schreiben für die Computerindustrie)* die 1987 am MIT stattfand. Dieses Buch befaßt sich hauptsächlich mit allgemeinen Fachproblemen die für technische Autoren relevant sind nur ein paar Artikel befassen sich mit dem Thema Hypertext.

Barrett, E. (Ed.) (1989). *The Society of Text: Hypertext, Hypermedia, and the Social Construction of Information.* The MIT Press, Cambridge, MA.
Dieses Buch enthält mehr Informationen über Hypertext als Barretts Buch aus dem Jahre 1988. Es umfasst einige interessante Kapiteln über verschiedene Aspekte zum Thema Hypertext sowie einige allgemeine Kapitel über Online-Hilfe und technische Dokumente.

Barron, D. W. (1989). Why use SGML?. *Electronic Publishing—Origination, Dissemination and Design* **2**, 1 (April), 3–24.
Eine gute Einführung zum Thema SGML (Standard Generalized Markup Language), eine Sprache die zur automatischen Umwandlung von einfachen Textdateien zu Hypertextdateien benutzt wird. Dieser Artikel behandelt jedoch nicht die Hypertextaspekte der SGML-Sprache.

Bärtschi, M. (1985). An overview of information retrieval subjects. *IEEE Computer* **18**, 5 (Mai), 67–84.
Ein kurzer Einführungsartikel der die wichtigsten Konzepte und Modelle (Vektorraum, Fuzzy Sets, und Warscheinlichkeitsmodelle) zum Thema Information Retrieval einführt.

Bearman, D. (Ed.) (1991). *Hypermedia and Interactivity in Museums.* Archives and Museum Informatics Technical Report 14, Archives and Museum Informatics, Pittsburgh, PA. ISSN 1042-1459.
Sitzungsberichte einer Konferenz, die vom 14.-16. Oktober, 1991 stattfand, mit Artikeln über einige Museums-Hypertextsysteme.

Bechtel, B. (1990). Inside Macintosh as hypertext. *Proc. ECHT'90 European Conf. Hypertext* (Paris, Frankreich, 28.–30. November), Cambridge University Press, 312–323.
Die ersten fünf Bände des Handbuches *Inside Macintosh* für Macintosh-Programmierer wurden in das Hypertextsystem *SpInside Macintosh* umgewandelt. Sie wurden außerdem mit einer Hypertextversion von 265 technischen Notizen von und einer Liste von 207 Fragen undAntworten verkettet, die oft an das technische Unterstützungsteam von Apple gerichtet wurden. Der Autor behauptet, daß seine Erfahrungen mit diesem Projekt die Vorschläge von Glushko [1989b] zum Entwurf von Hypertextmultidokumenten bestätigen, obwohl das Entwicklungsteam von Apple den Artikel von Glushko nicht kannte.

Bederson, B. B., und Druin, A. (1995). Computer-augmented environments: New places to learn, work and play. In Nielsen, J. (Ed.), *Advances in Human–Computer Interaction* vol. **5**. Ablex.
Computer erweitern die Wirklichkeit (engl.: augmented reality) indem sie zu den physischen Objekten zusätzliche Informationen hinzufügen. Physischen Objekten können als Hypertextknoten und Ausgangspunkte für Verbindungen dienen, von denen aus auf zusätzliche Information verwiesen wird. Die physischen Objekte könnten auch als Zielknoten für semiaktive Verbindungen dienen, z.B. indem der Computers einen Pfeil erzeugt, der auf ein physisches Objekt zielt um dem der Benutzer anzudeuten, daß er sich in diese Richtung bewegen soll.

Beeman, W. O., Anderson, K. T., Bader, G., Larkin, J., McClard, A. P., McQuillan, P., und Shields, M. (1987). Hypertext and pluralism: From lineal to non-lineal thinking. *Proc. ACM Hypertext'87 Conf.* (Chapel Hill, NC, 13.–15. November), 67–88.
Ein Bericht über zwei Feldstudien in denen Intermedia im pädagogischen Bereich eingesetzt wurde. Die Studenten zeigten ein regeres Interesse am Fach *Englische Literatur* nachdem das Hypertextsystem eingeführt wurde (das kann aber auch auf das Hawthorne-Prinzip zurückzuführen sein, das besagt, daß Leute besser arbeiten wenn sie wissen, daß sie beobachtet werden). Unter anderem fiel es den Studenten leichte, Konzepte auf nichtlineare Art und Weise miteinander in Verbindung zu setzen.

Begeman, M. L., und Conklin, J (1988). The right tool for the job. *BYTE* **13**, 10 (Oktober), 255–266.

Das Hypertextsystem gIBIS (graphical Issue-Based Information System). Dieser Artikel ist eine überarbeitete und leichter lesbare Version der Publikation von [Conklin und Begeman 1988].

Belkin, N. J., und Croft, W. B. (1992). Information filtering and information retrieval: Two sides of the same coin? *Communications of the ACM* **35**, 12 (Dezember), 29–38.
Vergleich zwischen Informationsfilterung und Informationswiedergewinnung. Enthält auch eine Besprechung eines Warscheinlichkeitsmodelles für Informationsfilterung.

Berners-Lee, T., Cailliau, R., Groff, J-F., und Pollermann, B. (1992). World-Wide Web: The information universe. *Electronic Networking: Research, Applications and Policy* **2**, 1 (Frühjahr), 52–58.
Ein Überblick über das Datenmodell des World Wide Web.

Berners-Lee, T., Cailliau, R., Loutonen, A., Nielsen, H. F., und Secret, A. (1994). The World-Wide Web. *Communications of the ACM* **37**, 8 (August), 76–82.
Ein Überblick über die Architektur des World Wide Web.

Bernstein, M. (1988). The bookmark and the compass: Orientation tools for hypertext users. *ACM SIGOIS Bulletin* **9**, 4 (Oktober), 34–45.
Das Grundprinzip für den Entwurf der Hypergate-Benutzerschnittstelle. Sie enthält „Krümmel" (engl.: breadcrumbs) um den Weg des Benutzers zu kennzeichnen, benutzerdefinierte Lesezeichen, und autorendefinierte Daumenabdrücke (ständig sichtbare Verbindungen zu wichtigen Orientierungspunkten). Der Autor bevorzugt manuell erstellte Übersichtskarten gegenüber automatisch erstellten Karten.

Bernstein, M. (1990). An apprentice that discovers hypertext links. *Proc. ECHT'90 European Conf. Hypertext* (Paris, Frankreich, 28.–30. November), Cambridge University Press, 121–223.
Ein semiintelligentes Programm das, auf der Basis von Ähnlichkeiten zwischen den Knoteninhalten, geeignete Hypertextverbindungen vorschlägt. Der Hypertextautor entscheidet, welchen Vorschlag des Systems er annimmt. Das System liefert dem Autor eine Liste von möglichen Knoten, die er mit dem gegenwärtigen Knoten verbinden kann. Das System kann so auf mögliche Verbindungen hinweisen, die sonst übersehen worden wären.

Bieber, M., und Wan, J. (1994). Backtracking in a multiple-window hypertext environment. *Proc. ACM ECHT'94 European Conference on Hypermedia Technology* (Edinburgh, Großbritannien, September 18.–23.), 158–166.
Begriffsmodelle und Algorithmen für verschiedene Arten des Zurücksetzens (engl.: backtracking). Die Autoren nehmen besondere Rücksicht darauf, ob man das anders Navigieren soll abhängig davon ob die Navigationsbewegung durch das Aktivieren eines Hypertextankers ausgelöst wurde oder ob es über das

Fenstersystem geschah (z.B., wenn man ein Fenster nach vorne bringt indem man darauf klickt).

Bier, E. A. (1992). EmbeddedButtons: Supporting buttons in documents. *ACM Trans. Information Systems* **10**, 4 (Oktober), 381–407.
Knöpfe können nicht nur als Hypertextanker sondern auch zur Aktivierung von Dokumenten benutzt werden. Dokumenteditoren können dementsprechend verändert werden, so daß sie die in die Dokumente eingebetteten Knöpfe benutzen und dadurch zum Hypertexteditor werden.

Bigelow, J. (1988). Hypertext und CASE. *IEEE Software* **5**, 2 (März), 23–27.
Der Artikel beschreibt *Tektronix Neptune* ein CASE-System(Computer Aided Software Engineering): Das System verbindet Spezifikationen, Entwurfsdokumente, Benutzer- und Programmierdokumentation sowie Quellcode miteinander.

Bigelow, J., und Riley, V. (1987). Manipulating source code in DynamicDesign. *Proc. ACM Hypertext'87 Conf.* (Chapel Hill, NC, 13.–15. November), 397–408.
Das System DynamicDesign und das dazugehörige System GraphBuild können automatisch eine Hypertextstruktur aus einer C-Quellcodedatei erstellen. Zum Beispiel erlaubt es dem Softwareentwickler auf eine Variable zu klicken, um sich die Definition anzusehen oder aber einem bidirektionalen Pfeil zu folgen, um sich anzusehen wo die Variable benutzt wird.

Blake, G. E., Bray, T., und Tompa, F. W. (1992) Shortening the OED: Experience with a grammar-defined database. *ACM Trans. Information Systems* **10**, 3 (Juli), 213–232.
Automatische Definition eines Auszugs des *Oxford English Dictionary*, der zur Veröffentlichung einer verkürzten Version benutzt wird.

Bly, S. A., und Rosenberg, J. K. (1986). A comparison of tiled and overlapping windows. *Proc. ACM CHI'86 Conf.*, 101–106.
Bei Aufgaben mit einfacher Informationsstruktur waren die Benutzer 30% langsamer wenn sie mit sich überschneidenden anstatt mit sich überdeckenden Fenstern arbeiteten. Der zeitliche Mehraufwand kam zum großen Teil daher, daß die Benutzer die sich überschneidenden Fenster manuell bewegen und ordnen mußten. Die Autoren schloßen daraus, daß es besser wäre wenn Fenster sich automatisch dem Inhalt anpassen könnten und daß Fenstersysteme dem Benutzer die Fensterhandhabung so weit wie möglich abnehmen sollten.

Bolt, R. A. (1984). *The Human Interface: Where People and Computers Meet.* Lifetime Learning Publications, Belmont, CA. (Das Buch wird nun von Reinhold Van Nostrand vertrieben).
Ein kurzes aber sehr gutes Buch über die Arbeiten der MIT Architecture Machine Group (heute Teil des Media Lab). Vieler dieser Arbeiten fallen unter den Begriff Hypermedia.

Bolter, J. D., und Joyce, M. (1987). Hypertext and creative writing. *Proc. ACM Hypertext'87 Conf.* (Chapel Hill, NC, 13.–15. November), 41–50.
Über interaktive Romane und das System Storyspace.

Borenstein, N. S., und Thyberg, C. A. (1988). Cooperative work in the Andrew message system. *Proc. 2nd Conf. Computer-Supported Cooperative Work* (Portland, OR, 26.–28. September), 306–323.
Ein System für E-mail und Bulletin Boards mit einigen sehr interessanten Merkmalen: Benutzer können *Magazine* aus ausgewählten Artikeln von anderen Bulletin Boards zusammenstellen, sie können über Mitteilungen abstimmen, und das System kann eingehende Mitteilungen automatisch für sie filtern.

Borgman, C. L. (1987). The study of user behavior on information retrieval systems. *ACM SIGCUE Outlook* **19**, 2–3 (Frühjahr/Sommer), 35–48.
Ein Forschungsgutachten über die Probleme beim Gebrauch von traditionellen bibiliografischen Datenbanken.

Botafogo, R. A., Rivlin, E., und Shneiderman, B. (1992). Structural analysis of hypertexts: Identifying hierarchies and useful metrics. *ACM Trans. Information Systems* **10**, 2 (April), 142–180.
Werkzeuge die die Strukturierung eines Hypertextes verbessern. Eines der Werkzeuge versucht Hierarchien zu identifizieren indem es nach Knoten sucht, die mit vielen anderen Knoten in Verbindung stehen. Andere Werkzeuge berechnen z.B. die *Dichte* (die intrinsische Verbundenheit des Hypertextes) und die *Vernetzung* (in wiefern die Knoten in einer gewissen Reihenfolge gelesen werden müssen).

Bowman, C. M., Danzig, P. B., Manber, U., und Schwartz, M. F. (1994). Scalable Internet resource discovery. *Communications of the ACM* **37**, 8 (August), 98–107 & 114.
IDer Artikel beschreibt Techniken, die man benutzt um auf dem Internet Informationsquellen (z.B. Informationen, Software, Dateien, oder andere Dienstleistungen und Einrichtungen) zu finden. Der Artikel beschreibt das System *Netfind* und *WAIS* (wide-area information server). Beide Systeme dienen dazu, eine große Datenmengen zu bearbeiten. Im Artikel werden sie mit kleineren Systemen, wie z.B. Veronica und Archie verglichen.

Boy, G. A. (1991). Indexing hypertext documents in context. *Proc. ACM Hypertext'91 Conf.*, 51–61.
Das System CID (Computer Integrated Documentation) der NASA benutzt adaptive Indizierung um Indexinformation aus Benutzeranfragen aufzubauen: falls der Benutzer nach einer Information fragt und mit der Antwort zufrieden ist, dann werden die Elemente der Anfrage als Elemente des Indexes eingetragen.

Brand, S. (1987). *The Media Lab: Inventing the Future at MIT.* Viking Penguin.

Eine vielleicht etwas zu populärwissenscahftliche Beschreibung der Arbeiten des MIT Media Lab und dessen Vorgänger, der Architecture Machine Group. Das Buch enthält Interviews mit einigen tonangebenden Forschern beider Gruppen.

Brøndmo, H. P., und Davenport, G. (1990). Creating and viewing the Elastic Charles—a hypermedia journal. In McAleese, R., und Green, C. (Eds.) *Hypertext: State of the Art,* Ablex, 43–51.
Elastic Charles øist ein Hyperfilm, der aus einer Kombination von Videoaufnahmen des Flußes Charles River besteht. Die Aufnahmen wurden von 15 verschiedenen Leuten gemacht. Die Verbindungen zwischen den Filmclips sind auf dem Bildschirm mittels sogenannter *micons* (bewegte Bilder, engl.: moving icons)verankert. Es handelt sich hierbei um kleine, sich bewegende Teile des Zielfilmes.

Brothers, L., Hollan, J., Nielsen, J., Stornetta, S., Abney, S., Furnas, G., und Littman, M. (1992). Supporting informal communication via ephemeral interest groups. *Proc. ACM CSCW'92 Conf. Computer-Supported Cooperative Work* (Toronto, Kanada, 1.–4. November), 84–90.
Benutzer werden Mitglieder in kurzfristigen Interessegruppen, indem sie eine Abonnementverbindung zu den Mitteilungen auf dem schwarzen Brett erstellen. Sie werden dann entsprechend informiert, wenn aktuellere Informationen oder neue Diskussionen zu dem Thema zur Verfügung stehen.

Brown, H. (Ed.) (1990). *HyperMEDIA / HyperTEXT and Object Oriented Databases.* Unicom Seminars Ltd., Brunel Science Park, Uxbridge, Großbritannien.
Der Tagungsband eines Seminars. Die meisten Sprecher kamen aus Großbritannien.

Brown, P. J. (1987). Turning ideas into products: The Guide system. *Proc. ACM Hypertext'87 Conf.* (Chapel Hill, NC, 13.–15. November), 33–40.
Die grundlegenden Entwurfsprinzipien von Guide und ihre Beziehungen zu früheren Forschungsideen. Brown erwähnt, daß in seinem Orignalentwurf keine Goto-Verbindung vorhanden war, obschon diese Verbindung in der kommerziellen Version von Guide eingeführt wurde.

Brown, P. J. (1988). Linking and searching within hypertext. *Electronic Publishing—Origination, Dissemination and Design* **1**, 1 (April), 45–53.
Eine Diskussion zu dem Thema wie ein „Such"-Befehl (wenn man ihn als einen unstrukturierten Verbindungsmechanismus ansieht) in ein Hypertextsystem integriert werden kann.

Brown, P. J. (1989a). Do we need maps to navigate round hypertext documents?. *Electronic Publishing—Origination, Dissemination and Design* **2**, 2 (Juli), 91–100.
Eine neue Darstellung von Peter Browns Argument zu Gunsten von hierarchisch organisierten Hypertextsystemen mit sehr wenigen „Goto"-Querreferenzen.

Brown, P. J. (1989b). Hypertext: Dreams and reality. *Proc. Hypermedia / Hypertext and Object Oriented Databases Seminar* (Brunel University, London, 5.–7. Dezember). Neuauflage in [Brown, H. 1990].
Die Beschreibung einer am ICL speziell angefertigten Version von Guide für Unix-Rechner. Das System wird im Kundendienst angewandt um Hardwareprobleme vorab zu diagnostizieren und auszusortieren. Außerdem behandelt der Artikel sieben Probleme denen Hypertext gegenübersteht: Integration, Urheberschaft, Testen, große Dokumente, sich nicht mehr zurechtfinden (einschließlich dem Vermeiden von Goto-Befehlen), abstrakte Begriffe, und die Projektkosten.

Brown, P. J. (1990). Assessing the quality of hypertext documents. *Proc. ECHT'90 European Conf. Hypertext* (Paris, Frankreich, 28.–30. November), Cambridge University Press, 1–12.
Begutachtungsrichtlinien für Hypertext, die hauptsächlich zur Bewertung von Studienarbeiten in Hypertextform benutzt werden.

Brown, P. J. (1991). Higher level hypertext facilities: Procedures with arguments. *Hypermedia* **3**, 2, 91–100.
Eine Idee wie man Argumenten für Verbindung definieren könnte, sodaß der Zielknoten von den Argumentwerten abhängt, ähnlich wie beim Aufruf von Prozeduren in konventionellen Programmiersprachen.

Brown, P. J. (1992). Unix Guide: Lessons from ten years' development. *Proc. ECHT'92 Fourth ACM Hypertext Conf.*, 63–70.

Brown, P. J. (1994). Adding value to network hypertext: Can it be done transparently? *Proc. ACM ECHT'94 European Conference on Hypermedia Technology* (Edinburgh, Großbritannien, 18.–23. September), 51–58.
Der Autor definiert zwei Arten, auf denen ein Hypertextnetzwerk transparent sein muß: Transparenz für den Autor und Transparenz für den Leser. Der Artikel illustriert die Konzepte indem er beschreibt wie die Unix-Version des Systems Guide erweitert wurde um es netzwerkfähig zu machen.

Brown, P. J., und Russell, M. T. (1988). Converting help systems to hypertext. *Software—Practice and Experience* **18**, 2 (Februar 1988), 163–165.
Die Hilfeinformation des Unix man (Handbuch) für das fs Programm wurde in ein Guide- Hypertextsystem umgewandelt, indem man die Knöpfe der nroff-Datei mit Formatierungshinweisen versah. So konnte der gleiche Hilfetext als Hypertext (mit Guide) und als traditionell formatierter linearer Text (über man und nroff - da nroff die Formatierungshinweise, die es nicht erkennt, einfach ignoriert) zugänglich gemacht werden.

Bruillard, E., und Weidenfeld, G. (1990). Some examples of hypertext's applications. In Jonassen, D. H., und Mandl, H. (Eds.), *Designing Hypertext/Hypermedia for Learning.* Springer-Verlag, Heidelberg, Deutschland, 377–386.

Einige französische Hypertextsysteme, darunter auch das System LYRE, das für den Poesieunterricht verwendet wird (von der Firma des Autors, SOFTIA).

Burger, A. M., Meyer, B. D., Jung, C. P., und Long, K. B. (1991). The virtual notebook system. *Proc. ACM Hypertext 91 Conf.*, 395–401.
Ein Hypertextsystem für Forscher, das wie ein Labornotizbuch aussieht, in das der Wissenschaftler Informationen eingeben kann, die er aus vielen verschiedenen Quellen gesammelt hat.

Bush, V. Memex revisited. In Bush, V. (Ed.) (1967), *Science is not Enough*, William Morrow und Co. Neuauflage in Nyce, J. M., und Kahn, P. (Eds.) (1991), *From Memex to Hypertext: Vannevar Bush and the Mind's Machine*. Academic Press, 197–216.

Campagnoni, F. R., und Ehrlich, K. (1989). Information retrieval using a hypertext-based help system. *ACM Trans. Information Systems* **7**, 3 (Juli), 271–291. Auch in *Proc. ACM SIGIR'89* (Cambridge, MA, 25.–28. Juni 1989), 212–220.
Der Artikel beschreibt das Online-Hilfesystem *Sun Help Viewer* für die *Sun386* und dessen Benutzbarkeitstest. Beim Testen stellte sich heraus, daß die meisten Testpersonen lieber die Blätter- und Such-Strategienals den Index benutzten. Man unterzog die Testpersonen einem standardisierten Test um ihre räumlichen Vorstellungskraft zu bewerten. Es stelle sich heraus, daß die Probanden mit besserer räumlicher Vorstellung weniger Zeit brauchten, um die Antwort auf Fragen zu finden – hauptsächlich weil sie nicht so oft zum Anfang des Inhaltsverzeichnisses zurückkehren mußten. Dieses Resultat zeigt, daß Benutzer mit guten räumliche Fähigkeiten leichter ein konzeptuelles Modell der Struktur des Informationsraumes aufbauen konnten.

Campbell, B., und Goodman, J. M. (1988). HAM: A general purpose hypertext abstract machine. *Communications of the ACM* **31**, 7 (Juli), 856–861.
Beschreibung und Diskussion eines allgemeinen Speichermodells für Hypertextnetzwerke, die aus Kontexten, Knoten, Verbindungen und Attributen bestehen. Der Artikel zeigt, wie die astrakte Hypertextmachine HAM benutzt werden kann, um Hypertextdatenstrukturen darzustellen, wie z.B. Knöpfe in Guide, Netzwerke in Intermedia oder Karteikästen in NoteCards.

Canter, D., Rivers, R., und Storrs, G. (1985). Characterizing user navigation through complex data structures. *Behaviour and Information Technology* **4**, 2 (April–Juni), 93–102.
Der Autor benutzt graphentheoretische Methoden um vier Navigationstechniken zu definieren: *Pfade* (ein Weg durch den Graph, der keinen Knoten zweimal betritt), *Ringe* (der Weg endet am Startknoten), *Schleifen* (ein Ring der selbst keinen Ring enthält, d.h. bis zuletzt war der Weg ein Pfad), *Haken* (der Rückweg verläuft über genau die gleichen Knoten wie der Hinweg). Auf diesen Wegklassen aufbauend, entwickelt der Autor fünf Strategien, nach denen man einen Hypertext durchlaufen kann: Scannen (eine Mischung aus Haken und kurzen Schleifen),

Browsen (große Schleifen und einige große Ringe), Suchen (immer größer werdende Schleifen und einige Ringe), Erforschen (viele verschiedene Pfade) und Wandern (viele mittelgroße Ringe). Der Autor vergleicht die Bewegungen von Testpersonen, die Hypertexte benutzen, mit Testpersonen, die direkte Zugriffstechniken benutzten. Er findet heraus, daß Hypertextbenutzer eine größere Anzahl von Ringen und Haken durchliefen und daß beide Benutzergruppen ungefähr die gleiche Zahl an Pfaden und Schleifen durchliefen.
Desweiteren beschreibt er einen Vergleich zwischen richtigen Benutzern und sogenannten „Zufallsbenutzern", die in Wirklichkeit Computersimulatoren sind, die das Netz auf einem stochastischen Pfad durchwandern.

Canter, D., Powell, J., Wishart, J., und Roderick, C. (1986). User navigation in complex database systems. *Behaviour and Information Technology* **5**, 3 (Juli–September), 249–257.
Der Artikel beschreibt drei Zugriffsmethoden für Videotexsysteme: direkter Zugriff (Befehlsmodus), Zugriff über Verbindungen (Hypertextähnliche Verbindungen zwischen Seiten die ähnliche Informationen enthalten) und natürlichsprachliche Suche. Anfänger kamen am besten mit dem Zugriff über Verbindungen zurecht (Es wurden keine Untersuchungen mit Experten durchgeführt).

Caplinger, M. (1986). Graphical database browsing. *Proc. 3rd ACM SIGOIS Conf. Office Information Systems* (Providence, RI, 6.–8. Oktober), 113–121.
Der Artikel beschreibt einen grafischen Browser für einen Informationsraum mit 45.000 Elementen. Ein dreidimensionaler Browser, der den Benutzer durch den Informationsraum fliegen läßt, scheint wenig sinnvoll, solange die Hardware keine Unterstützung für räumliche Informationen anbietet.

Carey, T. T., Hunt, W. T., und Lopez-Suarez, A. (1990). Roles for tables of contents as hypertext overviews. *Proc. INTERACT'90 Third IFIP Conf. Human–Computer Interaction* (Cambridge, Großbritannien, 27.–31. August), 581-586.

Carroll, J. (1994). Guerrillas in the Myst. *WIRED* **2**, 8 (August), 69–73.
Interview mit Rand Miller und Robyn Miller, den Erfindern des Abenteuerspiels *Myst*.

Carroll, J. M. (1990). *The Nurnberg Funnel: Designing Minimalist Instruction for Practical Computer Skill*. The MIT Press.
Das Buch erklärt, wie man mit Computern arbeiten kann ohne sie mit Information zu überladen. Das Buch beschreibt eine Reihe von Alternativen, vom minimalistischen Ansatz bis hin zur systematischen Erforschung des Informationsraumes. Der minimalistische Ansatz ist besonders wichtig für Hypertextautoren, da die Lesegeschwindigkeit am Bildschirm niedriger ist.

Catano, J. V. (1979). Poetry and computers: Experimenting with the communal text. *Computers and the Humanities* **13** , 269–275.

Ein frühes Experiment, das sich mit Online-Dichtung befaßt. Studenten in einem Literaturkurs arbeiten gemeinsam an einem Hypertext.

Catlin, K. S., Garrett, L. N., und Launhardt, J. A. (1991). Hypermedia templates: An author's tool. *Proc. ACM Hypertext'91 Conf.*, 147–160.
Die Autoren beschreiben eine Reihe von Knoten- und Verbindungsschablonen, die mittels einer einzigen Operation instantiiert werden können. Die Schablonen vereinfachen die Entwicklung des Hypertextes und sorgen für größere Konsistenz.

Catlin, T. J. O., und Smith, K. E. (1988). Anchors for shifting tides: Designing a 'seaworthy' hypermedia system. *Proc. Online Information 88* (London, Großbritannien, 6.–8. Dezember), 15–25.
Intermedia [Yankelovich et al. 1988] wurde um zwei weitere Hypermediatypen erweitert: *InterAudio* für den Zugriff auf CD-Audio-Informationen und *InterBrowse* für den Zugriff auf externe heterogene Daten und Datenbanken. Die Erweiterung von zusätzlichen Medientypen stellte das Intermedia-Hypertext-Ausgangspunktmodell vor Probleme, z.B., wie selektiert man grafisch einen Ausschnitt aus einer Audioinformation und wie hebt der Computer die Selektion hervor? (Eine Möglichkeit wäre es, den ausgewählten Audioteil lauter abzuspielen; in Wirklichkeit entschied man sich dafür, nur den hervorgehobenen Teil abzuspielen und einen neuen Befehl zu definieren, der dem Benutzer die Möglichkeit gab, den Rest abzuspielen.) Für diese neuen Hypermediatypen mußte das Intermedia-Konzept erweitert werden. Man führte Stellvertreter (engl.: proxy) ein, um normalerweise nicht-grafischen Informationen (wie z.B. Tönen) grafische Darstellungen beizugliedern.

Catlin, T., Bush, P., und Yankelovich, N. (1989). InterNote: Extending a hypermedia framework to support annotative collaboration. *Proc. ACM Hypertext'89 Conf.* (Pittsburgh, PA, 5.–8. November), 365–378.
InterNote ermöglicht dem Benutzer in Intermedia Annotationen zu definieren.

Cavallaro, U., Garzotto, F., Paolini, P., und Totaro, D. (1993). HIFI: Hypertext interface for information systems. *IEEE Software* **10**, 5 (November), 48–51.
Die Hypertexttechnologie kann als Schnittstelle für ein Datenbankverwaltungssystem benutzt werden, indem man das Datenbankmodell auf die Hypertextstruktur abbildet.

Charnock, E., Rada, R., Stichler, S., und Weygant, P. (1994). Task-based method for creating usable hypertext. *Interacting with Computers* **6**, 3, 275–287.
Richtlinien die die Benutzbarkeit eines Hypertextes verbessern. Die Autoren befürworten die Benutzung von „Zugangstoren" (engl. gateways), wenn eine Verbindung den Benutzer von einem Kontext in den nächsten führt, in dem vielleicht andere Konventionen gültig sind, z.B. beim Hypertextsprung zu einem anderen WWW-Dienst. Die Zugangsverbindung würde den Benutzer auf den Wechsel hinweisen, bevor der Sprung ausgeführt wird.

Chen, P. P-S. (1986). The compact disk ROM: how it works. *IEEE Spectrum* **23**, 4 (April), 44–49.
Eine populärwissenschaftliche Einführung in die CD-ROM-Technologie.

Chimera, R., und Shneiderman, B. (1994). An exploratory evaluation of three interfaces for browsing large hierarchical tables of contents. *ACM Trans. Information Systems* **12**, 4 (Oktober), 383–406.
Drei Schnittstellentypen werden miteinander verglichen: statischer Text in einem Fenster mit Rollbalken (der Text verändert sich nicht und der Benutzer muß weiterblättern wenn er neue Inhalte sehen will), expandierender Text (der Benutzer expandiert eine Überschrift um den Abschnitt zu sehen, der zu der Überschrift gehört), und Text in mehreren Fenstern (jede Ebene des Inhaltsverzeichnisses wird in einem neuen Fenster gezeigt). Die Testpersonen führten ihre Aufgaben in 63 Sekunden durch, wenn sie die Fenster mit Rollbalken benutzten; in 43 Sekunden wenn sie Fenster mit expandierendem Text benutzten, und in 41 Sekunden wenn der Text in mehreren Fenstern angezeigt wurde.

Christel, M. G. (1994). The role of visual fidelity in computer-based instruction. *Human–Computer Interaction* **9**, 2, 183–223.
Hypermediakursmaterialien zum gleichen Kursus (Programmkodeinspektion) wurden in zwei Versionen miteinander verglichen: die eine Version benutzte normale Videoaufnahmen (30 Bilder pro Sekunde); die andere benutzte Standbilder (1 neues Bild alle 4 Sekunden), die mit der gleichen Tonspur unterlegt waren. Testpersonen konnten sich an 89% der Inhalte erinnern wenn sie das normale Video gesehen hatten. Wenn sie die Version mit den Standbildern benutzten, konnten sie sich nur an 71% erinnern.

Claffy, K. C., Braun, H. W., und Polyzos, G. C. (1994). Tracking the long-term growth of the NSFnet. *Communications of the ACM* **37**, 8 (August), 34–45.
Der Artikel erläutert die Methoden, die benutzt werden um Nutzungsdaten am NSFnet (Rückgrat des Internet) zu messen.

Coffman, D. R. (Ed.) (1987). *The Guide to Hypertext.* Macintosh-Diskette, OWL International.
Eine Demo-Version des Systems *Guide.* Sie enthält mehrere Artikel von verschiedenen Autoren zum Thema Hypertext. Die Artikel sind untereinander mit Hypertextverbindungen verknüpft.

Collier, G. H. (1987). Thoth-II: Hypertext with explicit semantics. *Proc. ACM Hypertext'87 Conf.* (Chapel Hill, NC, 13.–15. November), 269–289.
Das System bietet einen grafischen Browser für semantische Netzwerke an. Im Graph kann der Benutzer einen Knoten auswählen und mittles eines besonderen Modus den Inhalt des Knotens lesen.

Conklin, J., und Begeman, M. L. (1988). gIBIS: A hypertext tool for exploratory policy discussion. *ACM Trans. Office Information Systems* **6**, 4 (Oktober

1988), 303–331. Auch in *Proc. 2nd Conf. Computer-Supported Cooperative Work* (Portland, OR, 26.–28. September), 140–152.
Beschreibung des Systems gIBIS (graphical Issue-Based Information System – grafisches themen-basiertes Informationssystem). Das System gIBIS wird am MCC im Projekt *Design Journal* benutzt, um ein Logbuch eines Entwurfsprozesses zu führen. Die Buchführung konzentriert sich auf die Entscheidungen und die Begründungen die den Verlauf des Entwurfsprozesses bestimmen. gIBIS baut Hypertextstrukturen aus Argumenten, Entscheidungen, Positionen und Meinungen auf. Die Schnittstelle benutzt einen Farbbildschirm; ein bunter Bildschirmabzug wird in [Begeman und Conklin 1988] gezeigt. Erste empirische Untersuchungen zeigen, daß Benutzer eher dazu neigen, positiv Stellung zu beziehen, als etwas negatives zu sagen. Einige Benutzer befürchteten, daß das System sie in einer frühen Phase dazu zwingt, ihre Ideen zu strukturieren. Sie würden es vorziehen, die Ideen zuerst in einem „Proto-Knoten" zu entwickeln, und sie erst später in die Strukturen von g-IBIS einzufügen. Die erste Hälfte des Artikels beschreibt das System gIBIS und wurde auch unter [Begeman und Conklin 1988] veröffentlicht.

Conklin, E. J., und Yakemovic, K. C. B. (1991). A process-oriented approach to design rationale. *Human–Computer Interaction* **6**, 2&3, 357–391.
Bericht über einen Feldversuch mit gIBIS bei der Firma NCR. Da den Anwendern keine Grafikbildschirme zur Verfügung standen, wurde eine besondere Version von gIBIS, nämlich itIBIS (indented text IBIS – IBIS mit geschachteltem Text), benutzt. Der Artikel beschreibt die Probleme, die aufgrund der Textbildschirme entstanden.

Consens, M. P., und Mendelzon, A. O. (1989). Expressing structural hypertext queries in GraphLog. *Proc. ACM Hypertext'89 Conf.* (Pittsburgh, PA, 5.–8. November), 269–292.
GraphLog ist eine visuelle Anfragesprache, die Hypertextnetzwerke aufgrund ihrer strukturellen Eigenschaften findet.

Cook, P. (1988). Multimedia technology: An encyclopedia publisher's perspective. In Ambron, S., und Hooper, K. (Eds.), *Interactive Multimedia: Visions of Multimedia for Developers, Educators, & Information Providers*. Microsoft Press, 1988, 217–240.
Eine Diskussion verschiedener Ideen, wie man die elektronische Version der Enzyklopädie *Grolier's Academic American Encyclopedia* verbessern könnte. Die Version von 1986 (textbasierte CD) sollte zu einem vollständigen Multimediasystem weiterentwickelt werden.

Cooke, P., und Williams, I. (1989). Design issues in large hypertext systems for technical documentation. In McAleese, R. (Ed.): *Hypertext: Theory into Practice*, Ablex, 93–104.

Beschreibt das System IDEX der Firma OWL. Das System dient zur Darstellung großer SGML-Dateien in einem Hypertextformat. Das System benutzt SGML zur Strukturierung der Texte; SQL für die Datenbank; Ethernet für das LAN und den Microsoft Presentation Manager für die grafische Benutzerschnittstelle.

Coover, R. (1992). The end of books. *The New York Times Book Review* Juni 21, S. 1 & 23–24.
Die erste Besprechung eines Hypertextromans in einer der führenden Literaturzeitschriften.

Coover, R. (1993). Hyperfiction: Novels for the computer. *The New York Times Book Review* August 29, S. 1 & 8–12.
Eine ausführliche Liste von Besprechungen von Hypertextromanen.

Crain, J. C. (1993). Storyspace: Hypertext writing environment. *Computers and the Humanities* **27**, 2, 137–141.
Der Artikel beschreibt, wie das Hypertextsystem *Storyspace* benutzt wurde, um Schülern kreatives Schreiben beizubringen. Der Artikel enthält sehr viele Bildschirmabzüge.

Crane, G. (1987). From the old to the new: Integrating hypertext into traditional scholarship. *Proc. ACM Hypertext'87 Conf.* (Chapel Hill, NC, 13.–15. November), 51–55.
Die Umwandlung klassischer, griechischer Literatur in einen Hypertext im Rahmen des Perseus-Projektes.

Crane, G. (1988). Redefining the book: Some preliminary problems. *Academic Computing* (Februar), 6–11 und 36–41.
Eine Beschreibung des Perseus-Projektes in dessen Rahmen klassische, griechische Werke in einen Hypertext übertragen wurden. Der Artikel beschreibt die besonderen Probleme die auftreten, wenn man griechische Sprache und griechische Wörterbücher online darstellen möchte. Unter anderem stellt der Autor die Frage, ob Studenten, die griechische Sprache wirklich lernen, wenn ihnen Online-Wörterbücher zur Verfügung stehen. Andere Aspekte, wie z.B. der Bedarf an erschwinglicher Infrastruktur für die dezentrale Entwicklung der Hypertexte, werden denjenigen, die an ähnlichen Fragestellungen arbeiten allzu vertraut klingen.

Crane, G. (1990). Standards for a hypermedia database: Diachronic vs. synchronic concerns. *Proc. NIST Hypertext Standardization Workshop* (Gaithersburg, MD, 16.-18. Januar), 71–81.
Synchrone Austauschstandards ermöglichen den gleichzeitigen Datenaustausch zwischen mehreren Hypertextsystemen. Diachronische Standards sorgen dafür, daß Dokumente mit heutigen und mit zukünftigen Systemen gelesen werden können. Der Autor ist der Ansicht, daß diachronische Standards sehr wirchtig sind, insbesondere für Projekte wie *Perseus*. Er ist der Meinung, daß Systeme mit kurzer Lebensdauer zerstörerische Auswirkungen haben, wenn sie in

wissenschaftlichen Disziplinen angewandt werden, in denen man an sich an Dokumenten arrbeiten sollte die mindestens dreißig Jahre überdauern.

Creech, M. L., Freeze, D. F., und Griss, M. L. (1991). Using hypertext in selecting reusable software components. *Proc. ACM Hypertext'91 Conf.*, 25–38.
Das System Kiosk verwaltet eine Software-Bibliothek in Form eines Hypertextes.

Cutting, D. R., Karger, D. R., Pedersen, J. O., und Tukey, J. W. (1992). Scatter/gather: A cluster-based approach to browsing large document collections. *Proc. ACM SIGIR'92 Conf. on Research and Development in Information Retrieval*, 318–329.
Eine Schnittstelle, die die Arbeit mit großen Informationsmengen erleichtert, indem sie den Benutzer durch zwei Schritte führt: zuerst verteilt das System die Informationselemente in kleine Gruppen; jeder Gruppe wir ein Name zugewiesen; anschließend sammelt der Benutzer die Gruppen auf, für die er sich interessiert. Dieser Prozeß wird rekursiv aufgerufen, und das System erzeugt immer kleinere Gruppen, bis daß die Gruppen zu den Interessen des Benutzers passen.

Cybulski, J. L., und Reed, K. (1992). A hypertext based software engineering environment. *IEEE Software* **9**, 2 (März), 62–68.
Ein Hypertextsystem wird benutzt, um die Werkzeuge eines CASE-Systems (computer-aided software engineering) zu integrieren.

Davenport, E., und Baird, P. (1992). Hypertext—A bibliometric briefing. *Hypermedia* **4**,2, 123–134.
Die Studie untersucht welche Autoren, die im Fachgebiet Hypertext veröffentlichen, am meisten zitiert werden (Halasz, Conklin, Yankelovich, Furuta, Nielsen, Trigg, Shneiderman, Schwartz, Meyrowitz, Streitz, Stotts, Salton, Frisse, Akscyn, Croft, Landow) und welche thematischen Bereiche in den meisten Artikeln vorkommen (Browsing, Entwurf, Grafik, Wissen, Verbindungen, Modelle, Navigationstechniken, Strukturen).

Davis, H., Hall, W., Heath, I., Hill, G., und Wilkins, R. (1992). Towards an integrated information environment with open hypermedia systems. *Proc. ECHT'92 Fourth ACM Hypertext Conf.*, 181–190.
Verschiedene Implementationsmethoden für anwendungsübergreifenden Hypertext. Von Anwendungen, die ein standardisiertes Hypertextprotokoll befolgen, bis hin zu Anwendungen die Datenelemente integrieren, die nur der Hypertextserver versteht.

Davis, H. C., Knight, S., und Hall, W. (1994). Light hypermedia link services: A study of third party application integration. *Proc. ACM ECHT'94 European Conference on Hypermedia Technology* (Edinburgh, Großbritannien, 18.–23. September), 41–50.

Eine Erweiterung des Systems Microcosm [Davis et al. 1992] für Anwendungen, die nicht modifiziert werden können.

Delany, P., und Landow, G. P. (1991). *Hypermedia and Literary Studies*. MIT Press.
Diese Sammlung von Artikeln beschreibt die Benutzung von Hypertext in Literatur- und Anglistikkursen. Die meisten Artikel konzentrieren sich auf Anwendungen im universitären Bereich.

Delisle, N., und Schwartz, M. (1986). Neptune: A hypertext system for CAD applications. *Proc. ACM SIGMOD'86 Conf.* (Washington, DC, 28.–30. Mai), 132–142.
Das System *Neptune* der Firma Tektronix unterstützt die Arbeit mit Programmkode.

Delisle, N., und Schwartz, M. (1987). Contexts—A partitioning concept for hypertext. *ACM Trans. Office Information Systems* **5,** 2 (April), 168–186.
Die Versionskontrolle in Hypertextumgebungen ermöglicht die kollaborative Entwicklung großer Softwaresysteme.

DeRose, S. J. (1989). Expanding the notion of links. *Proc. ACM Hypertext'89 Conf.* (Pittsburgh, PA, 5.–8. November 1989), 249–257.
Eine Taxonomie aus zwölf verschiedenen Verbindungstypen, mit Beispielen aus der CDWord-Version der Bibel.

DeRose, S., und Durand, D. (1994). *Making Hypermedia Work: A User's Guide to Hytime*. Kluwer Academic Publishers.
Hytime ist ein Standardsystem für die Darstellung zeitabhängiger Hyperttexte (z.B. Videos oder Tonsequenzen).

De Young, L. (1989). Hypertext challenges in the auditing domain. *Proc. ACM Hypertext'89 Conf.* (Pittsburgh, PA, 5.–8. November), 169–180.
Die Buch- und Rechnungsprüfung kann sehr gut durch Hypertexttechnologie unterstützt werden, da sie im Prinzip daraus besteht, Dokumente miteinander in Verbindung zu setzen. Der Prüfer, der eine Verbindungen aufbaut, unterzeichnet die Verbindung mit seinen Initialen. Der Artikel beschreibt ein prototypisches System, das bei Price Waterhouse entwickelt wurde. EWP (Electronic Working Papers – elektronische Arbeitsunterlagen) wird anhand einiger Bildschirmabzüge illustriert. Die Autoren schätzen, daß Prüfer zur Zeit ca. 30% ihrer Zeit mit der Vorbereitung, Verwaltung und Durchsicht ihrer Unterlagen verbringen.

De Young, L. (1990). Linking considered harmful. *Proc. ECHT'90 European Conf. Hypertext* (Paris, Frankreich, 28.–30. November), Cambridge University Press, 238–249.
Das System EWP (Electronic Working Papers – elektronische Arbeitsunterlagen) benutzt einen strukturierten Hypertext aus Verbindungsmengen, relationalen Verbindungen und Zustandsmengen.

Deutsch, P. (1992). Resource discovery in an Internet environment—the Archie experience. *Electronic Networking: Research, Applications and Policy* 2, 1 (Frühjahr), 45–51.
Das System Archie war ein Versuch einen Index aller Dateien aufzubauen, die auf dem Internet per FTP (file transfer protocol) zugänglich sind.

Dillon, A. (1991). Readers' models of text structures: The case of academic articles. *Intl. J. Man–Machine Studies* 35, 6 (Dezember), 913–925.
Der Autor beschreibt, wie Forscher konventionelle Zeitschriften benutzen, um herauszufinden wie eine Hypertextzeitschrift strukturiert werden sollte. Die Leser konventioneller wissenschaftlicher Zeitschriften können in 80% der Fälle Paragraphen korrekt in eine allgemeine Artikelstruktur, bestehend aus Einleitung, Methode, Resultaten und Diskussion, einordnen. Dies deutet daraufhin, daß derartige Strukturen wichtige Orientierungshilfen sind.

Dillon, A., und McKnight, C. (1990). Toward a classification of text types: A repertory grid approach. *Intl. J. Man–Machine Studies* 33, 6 (Dezember), 623–636.
Eine empirische Studie, die untersucht wie sechs Benutzer verschiedene Arten von Dokumenten (z.B. Zeitungen, Handbücher, Romane) nach Inhalt, Nutzen und Struktur einordnen. Jeder Benutzer erstellte eine Liste von Kriterien, nach denen er die verschiedenen Dokumenttypen unterscheiden würde (z.B. von einem Autor vs. von mehreren Autoren verfaßt). Die Kriterien werden zu Ähnlichkeitsmatrizen zusammengefasst und einer Cluster-Analyse unterzogen. Manche Resultate dieser Analyse sind wenig überraschend (z.B. Zeitungen und Zeitschriften sind sich ähnlich; technische Zeitschriften und Tagungsbände ebenfalls). Der Artikel beschreibt eine allgemein gültige Methode um das mentale Modell eines Benutzers ans Licht zu bringen.

Dillon, A., McKnight, C., und Richardson, J. (1990). Navigation in hypertext: A critical review of the concept. *Proc. INTERACT'90 Third IFIP Conf. Human–Computer Interaction* (Cambridge, Großbritannien, 27.–31. August), 587-592.
Der Artikel untersucht die Navigation in Hypertexten, ausgehend von Daten über die Benutzung geographischer Karten und Navigationssysteme.

Dillon, A., Richardson, J., und McKnight, C. (1989). Human factors of journal usage and design of electronic texts. *Interacting with Computers* 1, 2 (August), 183–189.
Der Artikel beschreibt wie Wissenschaftler wissenschaftliche Zeitschriften lesen und präsentiert einige Schlußfolgerungen über den Entwurf von Hypertextzeitschriften. Mit großer Regelmäßigkeit fangen die Wissenschaftler mit dem Inhaltsverzeichnis an um mit einem Blick zu sehen, ob die Zeitschrift für sie relevante Information enthält. Sie würden es vorziehen, wenn das Inhaltsverzeichnis auf der Titelseite abgedruckt wäre, damit man die Zeitschrift

erst gar nicht öffnen muß; mit anderen Worten: sie bevorzugen einen extrem einfachen und unaufwendigen Zugriff auf Überblicksinformationen.

Dixon, D. F. (1989). Life before the chips: Simulating Digital Video Interactive technology. *Communications of the ACM* **32**, 7 (Juli), 824–831.
Der Artikel beschreibt, wie man DVI-Technologie (Digitale Interaktive Videotechnologie) simulierte, als es die Hardware dazu noch nicht gab. Die Simulationen wurden dazu benutzt, die Anforderungen an die Hardware zu definieren. Der Artikel beschreibt einige Beispiele (z.B. das Spiel *Galactic Challenge*). Er bietet eine interessante historischen Perspektive und beschreibt die allgemeinen Prinzipien der Simulation interaktiver Systeme.

Dougherty, D., und Koman, R. (1994). *The Mosaic Handbook for Microsoft Windows*, *The Mosaic Handbook for the Macintosh*, and *The Mosaic Handbook for the X Window System*. O'Reilly und Associates.
Drei Bücher zum gleichen Thema: Der WWW-Browser Mosaic. Jedes Buch enthält eine Diskette der Mosaic-Version, die von der Firma *Spyglass* an die jeweilige Plattform angepasst wurde.

Dumais, S. T., und Nielsen, J. (1992). Automating the assignment of submitted manuscripts to reviewers. *Proc. ACM SIGIR'92 Conf. on Research and Development in Information Retrieval*, 233–244.
Anhand der Konferenz Hypertext'91, der eingereichten Artikel, und der Interessensgebiete der Teilnehmer, zeigen die Autoren, daß man Verbindungen zwischen Interessensgebieten und Artikeln am besten durch eine Kombination aus automatischer und manueller Bearbeitung erstellt.

Dumais, S. T., Furnas, G. W., Landauer, T. K., Deerwester, S., und Harshman, R. (1988). Using latent semantic indexing to improve access to textual information. *Proc. ACM CHI'88* (Washington, DC, 15.–19. Mai), 281–285.
Die Methode der semantischen Indizierung baut aus Textknoten semantische Strukturen auf, indem sie nach Worten sucht, die in mehreren Knoten vorkommen.

Easingwood, C. J., Mahajan, V., und Muller, E. (1983). A nonuniform influence innovation diffusion model of new product acceptance. *Marketing Science* **2**, 3 (Sommer), 273–295.
Eine Untersuchung der Marktverbreitung neuer Technologien, wenn der Impuls, die neue Technologie aufzugreifen, nicht linear von der Anzahl der bisherigen Benutzer abhängt. Die Musik-CD (wird in diesem Artikel beschrieben) und der Hypertext sind klassische Beispiele dieses Phänomens: beide Technologien werden für den einzelnen Käufer umso wertvoller, wenn mehr Leute die Technologie benutzen, da in diesem Fall mehr CDs und mehr Hypertexte verfügbar werden.

Egan, D. E., Remde, J. R., Landauer, T. K., Lochbaum, C. C., und Gomez, L. M. (1989a). Acquiring information in books and SuperBooks. *Machine–Mediated Learning* **3**, 259–277.
Eine genauere Beschreibung des *SuperBook*-Experimentes [Egan et al. 1989b]. Der Artikel enthält auch detaillierte Daten darüber, wie das SuperBook benutzt wurde und wie Leser des konventionellen Buches damit umgingen. Ein Vergleich zeigt, daß das Inhaltsverzeichnis im SuperBook wesentlich öfters benutzt wurde als im konventionellen Buch, und daß Problemstellungen mit Hilfe des SuperBooks wesentlich schneller gelöst werden konnten als mit dem konventionellen Buch, obgleich die Leser in beiden Buchversionen ungefähr die gleichen Textabschnitte lasen. Die Tatsache, daß SuperBook die Darstellung der Information an Anforderungen anpasste (z.B. indem es Suchbegriffe im Text grafisch hervorhob) und die Aufmerksamkeit des Benutzers gezielt auf die relevanten Teile lenkte, hat bestimmt dazu beigetragen, daß die Testaufgaben mit Hilfe von SuperBook schneller gelöst werden konnten.

Egan, D. E., Remde, J. R., Landauer, T. K., Lochbaum, C. C., und Gomez, L. M. (1989b). Behavioral evaluation and analysis of a hypertext browser. *Proc. ACM CHI'89 Conf. Human Factors in Computing Systems* (Austin, TX, 30. April–4. Mai), 205–210.
Die SuperBook-Version eines statistischen Handbuches wurde mit der gedruckten, 562 Seiten starken Version verglichen. Testpersonen, mit Erfahrung auf dem Gebiet der Statistik, konnten Informationen wesentlich schneller in der SuperBook-Version als in der gedruckten Version finden (4,3 vs. 7,5 Minuten), wenn die Fragen Begriffe benutzten, die im Text, nicht aber in den Überschriften vorkamen. Wenn die Fragen jedoch Begriffe aus den Überschriften verwendeten, war die gedruckte Version geringfügig schneller. Die Autoren schlußfolgern daraus, daß Hypertext sich besonders dazu eignet, Fragestellungen zu beantworten, die der Autor bei der Organisation des Manuskriptes nicht vorhergesehen hatte.

Egan, D. E., Remde, J. R., Gomez, L. M., Landauer, T. K., Eberhardt, J., und Lochbaum, C. C. (1989c). Formative design-evaluation of 'SuperBook'. *ACM Transactions on Information Systems* **7**, 1 (Januar), 30–57.
Das Hypertextsystem *SuperBook* benutzt reichhaltige Indexverfahren und „Fischaugen"-Perspektiven in denen der Benutzer sieht, wie oft welcher Suchbegriff in einem Dokument gefunden wurde. Der Artikel beschreibt zwei Etapen im Entwurf des Systems: zum einen wurde die Suchmethode effizienter und schneller gemacht und zum anderen wurde die Wort-Such-Anfrage (engl.: word lookup) attraktiver und einfacher gestaltet. Als die alte und die neue Version in einem Experiment mit gedruckten Unterlagen verglichen wurde, zeigte es sich, daß die alte SuperBook-Version langsamer und die neue Version schneller war als die Suche auf Papier.

Egan, D. E., Lesk, M. E., Ketchum, R. D., Lochbaum, C. C., Remde, J. R., Littman, M., und Landauer, T. K. (1991). Hypertext for the electronic library? CORE sample results. *Proc. ACM Hypertext'91 Conf.*, 299–312.
CORE (ChemistryOnline Retrieval Experiment) ist ein experimentelles System, das alle Ausgaben der Zeitschrift der „American Chemical Society" (Amerikanische Chemische Gesellschaft) seit 1980, online als Hypertext zur Verfügung stellen möchte. Seit 1980 sind ca. 100.000 Artikel auf 500.000 dicht bedruckten Seiten erschienen. Die Speicherung des Textes wird ca. 3 Giga Byte in Anspruch nehmen; 20% der Seiten enthalten Grafiken, wofür zusätzlich 12 Giga Byte an Speicherplatz benötigt würden. Die Autoren beschreiben zwei verschiedene Schnittstellen, die im Rahmen eines Pilotprojektes (beschränkt auf 1.068 Artikel) benutzt wurden: Pixlook benutzte eingescannte Bitmaps und SuperBook stellte Text und Grafik in getrennten Fenstern dar. Eine empirische Untersuchung mit Studenten höherer Semester, verglich beide Schnittstellen mit konventionellen Medien im Rahmen von fünf verschiedenen Aufgaben (Durchblättern verschiedener Ausgaben auf der Suche nach einem bestimmten Thema, Suche nach einem Artikel aufgrund einer Referenz, Suche nach Information um eine bestimmte Frage zu beantworten, Suche nach Information um einen Aufsatz zu einem bestimmten Thema zu verfassen und Suche nach Information über die Transformation einer Substanz in eine andere, wobei die Artikel der Zeitschrift nur ähnliche Transformationen enthalten). Die Resultate zeigen, daß beide Schnittstellen für bestimmte Aufgaben geeignet sind, und daß in jeder Aufgabe mindestens eine der Schnittstellen besser abschnitt als die gedruckte Version der Zeitschrift.

Egido, C., und Patterson, J. (1988). Pictures and category labels as navigational aids for catalog browsing. *Proc. ACM CHI'88* (Washington, DC, 15.–19. Mai), 127–132.
Bilder *plus* Bildbeschriftungen sind geeigneter als Bilder ohne Beschriftungen oder Beschriftungen ohne Bilder.

Ehrlich, K., und Rohn, J. (1994). Cost-justification of usability engineering: A vendor's perspective. In Bias, R. G., und Mayhew, D. J. (Eds.), *Cost-Justifying Usability*. Academic Press, Boston, MA.
Verständnis für Benutzbarkeitsprobleme in großen Organisationen.

Eisenhart, D. M. (1989). 1-2-3 goes TV: Interactive multimedia at Lotus. Boston Computer Society *BCS Update* (September), 14–17.
Ein Interview mit Rob Lippincott, dem Marketing-Director der Information Services Group der Firma Lotus, über die Hypertextprodukte und zukünftigen Entwicklungen der Firma Lotus.
Der Artikel zeigt Bildschirmabzüge des Produkts 1-2-3 Multimedia 3.0.

Elrod, S., Bruce, R., Gold, R., Goldberg, D., Halasz, F., Janssen, W., Lee, D., McCall, K., Pedersen, E., Pier, K., Tang, J., und Welch, B. (1992). Liveboard:

A large interactive display supporting group meetings, presentations and remote collaboration. *Proc. ACM CHI'92 Conf.* (Monterey, CA, 3.–7. Mai), 599–607.
Das *LiveBoard* der Firma Xerox ist eine großflächige, computerisierte Tafel, auf die der Benutzer mit einem Stift malt, der einem großen Filzstift ähnlich sieht.

Embley, D. W., und Nagy, G. (1981). Behavioral aspects of text editors. *ACM Computing Surveys* **13**, 1 (März), 33–70.
Überblick über ältere Forschungsarbeiten auf dem Gebiet der Mensch-Maschine-Schnittstelle und des interaktiven Textes.

Engelbart, D. (1988). The augmented knowledge workshop. In Goldberg, A. (Ed.): *A History of Personal Workstations*, Addison-Wesley, 187–236.
Historischer Überblick der Arbeiten von Doug Engelbart von 1963 bis 1976 am SRI, einschließlich einer Besprechung des Systems NLS/Augment und mehrerer Fotos aus dem Jahr 1968 von der Vorführung des FJCC Systems, das stukturierten Text online zur Verfügung stellte.

Engelbart, D. C. (1990). Knowledge-domain interoperability and an open hyperdocument system. *Proc. ACM CSCW'90 Conf. Computer-Supported Cooperative Work* (Los Angeles, CA, 7.–10. Okt.), 143–156.
Definiert drei Interaktionsebenen für offenen Hypertext: Interaktion innerhalb des Informationsraumes eines individuellen Benutzers (z.B. Verbindungen zwischen einer Adressliste und einem Notizblock), Interaktion innerhalb des Informationsraums einer Gruppe (z.B. Verbindungen zwischen den Dateien der Mitarbeiter), und Interaktion über Gruppengrenzen hinaus (z.B. Verbindungen von der Marketingorganisation hin zur Produktentwicklung). Interaktion über Gruppengrenzen hinaus, ist gleichzeitig eine Interaktion zwischen Fachgebieten, in denen üblicherweise spezialisierte Anwendungen benutzt werden. Der Artikel benutzt die Gegebenheiten bei der Firma McDonnel Douglas um zu beweisen, daß man an sich noch viel größere Interaktionsräume schaffen muß, z.B. Interaktion innerhalb der Luft- und Raumfahrtindustrie, da viele Unternehmen dieselben Zulieferer benutzen und oft gemeinsam an denselben Projekten arbeiten.

Erickson, T., und Salomon, G. (1991). Designing a desktop information system: Observations and issues. *Proc. ACM CHI'91 Conf.*, 49–54.
RückkopplungsmechanismusBeschreibt den Entwurf einer grafischen Schnittstelle für die Arbeit mit sehr großen Informationsmengen. Das System benutzt einen Rückkopplungsmechanismus, um dem Benutzer Zugriff auf ähnliche Informationselemente zu geben. Der Autor beschreibt die Arbeit mit dynamischen Informationsquellen, z.B. Nachrichtendiensten, die auf die gleiche Anfrage an verschiedenen Tagen unterschiedliche Antworten liefern. Die Benutzerschnittstelle erlaubt es Annotationen einzufügen und existierende Annotationen grafisch hevorzuheben, so daß der Benutzer sich auf Informationen

konzentrieren kann, die er zu anderer Zeit einmal als wichtig und relevant erkannt hat.

Eriksson, H. (1994). MBone: The multicast backbone. *Communications of the ACM* **37**, 8 (August), 54–60.
MBone ist eine Technik, die es erlaubt auf dem Internet Videoinformationen an viele Benutzer gleichzeitig zu versenden, ohne das Netz übermäßig zu belasten.

Evenson, S., Rheinfrank, J., und Wulff, W. (1989). Towards a design language for representing hypermedia cues. *Proc. ACM Hypertext'89 Conf.* (Pittsburgh, PA, 5.–8. November), 83–92.
Der Artikel beschreibt den grafischen Entwurf von Hypertexten und die typografischen Notationen für Verbindungen und Ausgangspunkte.

Ewing, J., Mehrabanzad, S., Sheck, S., Ostroff, D., und Shneiderman, B. (1986). An experimental comparison of a mouse and arrow-jump keys for an interactive encyclopedia. *Intl. J. Man-Machine Studies* **24**, 1 (Januar), 29–45.
Eine Untersuchung zweier Interaktionstechniken für das System *Hyperties* (damals als TIES bekannt). Es stellte sich heraus, daß die Benutzung der Pfeiltasten am besten geeignet war für die Auswahl der nächsten Hypertextverbindung.

Fairchild, K. M. (1993). Information management using virtual reality-based visualizations. In Wexelblat, A. (Ed.), *Virtual Reality: Applications and Explorations*, Academic Press. 45–74.
Ein Überblick über die Verwendung verschiedener dreidimensionaler Visualisierungstechniken um in großen Informationsräumen zu navigieren. Der Artikel beschäftigt sich zum großen Teil mit „Fischaugen"Perspektiven und zweidimensionalen Projektionen dreidimensionaler Daten. Er beinhaltet Beispiele aus den Systemen *SemNet*, *FSN*, und*VizNet*, sowie der perspektivischen Wand und konischen Baumdarstellungen.

Fairchild, K. M., und Poltrock, S. (1986). Soaring through knowledge space: SemNet 2.1 (videotape). *Technical Report* **HI-104-86**, Microelectronics and Computer Technology Corporation (MCC), Austin, TX.
Weil dreidimensionale Benutzeroberflächen extrem dynamisch sind, lohnt es sich sich dieses Video zuerst anzusehen und den wissenschaftlichen Artikel [Fairchild et al. 1988] später zu lesen.

Fairchild, K. M., Poltrock, S. E., und Furnas, G. W. (1988). SemNet: Three-dimensional graphic representations of large knowledge bases. In Guindon, R. (Ed.), *Cognitive Science and its Applications for Human-Computer Interaction*. Lawrence Erlbaum Associates. 201-233.
Eine grafische Schnittstelle, die miteinander verbundene Informationen in drei Dimensionen darstellt. Der Anwender benutzt die „Helikopter"-Metapher um sich zwischen den Knoten hin und her zu bewegen.

Feiner, S. (1988). Seeing the forest for the trees: Hierarchical display of hypertext structure. *Proc. ACM Conf. Office Information Systems* (Palo Alto, CA, 23.–25. März), 205–212.
Eine Beschreibung der hierarchischen Strukturen im System IGD (Interactive Graphical Documents). Dieser Artikel verbindet IGD mehr mit der Hypertext-tradition als frühere Publikationen, wie z.B. [Feiner, Nagy, und van Dam 1982].

Feiner, S., Nagy, S., und van Dam, A. (1982). An experimental system for creating and presenting interactive graphical documents. *ACM Trans. Graphics* **1**, 1 (Januar), 59–77.
Der Artikel beschreibt das Hypertextsystem *Electronic Document System*. Das gleiche System war auch unter den Namen *Brown Browser* und IGD (Interactive Graphical Documents– Interaktive Grafische Dokumente) bekannt.

Fenn, B., und Maurer, H. (1994). Harmony on an expanding net. *ACM Interactions* **1**, 4 (Oktober), 28–38.
Eine Beschreibung des Browsers *Harmony*, der für das Hyper-G Internet System entwickelt wurde. Die Autoren sind der Meinung, daß die Trennung von Daten und Verbindungen in Hyper-G einen besonderen Vorteil darstellt. Es ermöglicht die explizite Manipulation von Verbindungen und das dynamische Erstellen von lokaen Übersichtsdiagrammen.

Fiderio, J. (1988). A grand vision. *BYTE* **13**, 10 (Oktober), 237–244 und S. 268.
Eine kurze populärwissenschaftliche Einführung der Hypertextkonzepte. Diese Ausgabe der Zeitschrift *Byte* enthält auf Seite 268 eine Liste populärer Hypertextprodukte und -anbieter (gültig ab Mitte 1988).

Fischer, G., McCall, R., und Morch, A. (1989a). Design environments for constructive and argumentative design. *Proc. ACM CHI'89* (Austin, TX, 30. April–4. Mai), 269–275.
Vorschlag eines Systems, das aus einer KI(Künstliche Intelligenz)- und einer Hypertextkomponente besteht. Die KI-Komponente macht Entwurfsvorschläge; die Hypertextkomponente enthält die Begründungen für die Vorschläge. Das Hypertextsystem benutzt eine Variante der IBIS-Methode (Vorgänger von gIBIS [Conklin und Begeman 1988]) um die Pro- und Kontra-Argumente zu verwalten. Das KI-System bringt den Benutzer an die richtige Stelle im Entscheidungsnetz um ihm die Begründungen für die aktuelle Entscheidung zu erklären.

Fischer, G., McCall, R., und Morch, A. (1989b). JANUS: Integrating hypertext with a knowledge-based design environment. *Proc. ACM Hypertext'89 Conf.* (Pittsburgh, PA, 5.–8. November), 105–117.
Eine Folgepublikation zu [Fischer et al. 1989a].

Flores, F., Graves, M., Hartfield, B., und Winograd, T. (1988). Computer systems and the design of organizational interaction. *ACM Trans. Office Information Systems* **6,** 2 (April), 153–172.

Beschreibt das E-mail-System *The Coordinator*. Das System benutzt hypertextartige, typisierte Verbindungen, die benutzt werden um Kommunikations- und Arbeitsprozesse sowie soziale Prozesse zu strukturieren.

Florin, F. (1988). Creating interactive video programs with HyperCard. *HyperAge Magazine* (Mai–Juni), 38–43.
Beschreibt den Prototyp eines elektronischen Atlases und enthält viele praktische Details über die Produktion interaktiver CDs.

Foss, C. L. (1988). Effective browsing in hypertext systems. *Proc. RIAO'88 Conf. User-Oriented Context-Based Text and Image Handling* (MIT, Cambridge, MA, 21.–24. März), 82–98.
Eine Kritik der üblichen Browsing-Methoden. Die Autorin ist der Meinung, daß das Blättern in Hypertexten zwei Probleme mit sich bringt: zum einen schweift der Benutzer vom Weg ab, da er immer wieder neue interessante Informationen findet und zum anderen kann er, ähnlich wie in in einem Kunstmuseum, den ganzen Tag im Informationsraum verbringen, ohne sich abends genau an ein einziges Bild zu erinnern. Um diese Probleme zu meistern, hat die Autorin in NoteCards vier zusätzliche Überblicksmechanismen definiert: grafische Navigationspfade (engl.: graphic history lists), Navigationsbäume (engl.: history trees), Zusammenfassungen (engl.: summary boxes), und Zusammenfassungsbäume (engl.: summary trees).

Fox, E. A. (1988). Optical disks and CD-ROM: Publishing and access. In Williams, M. E. (Ed.): *Annual Review of Information Science and Technology (ARIST)* **23**, Elsevier Science Publishers, 85–124.
Ein allgemeiner Überblick über die CD-ROM-Technologie: Harware, Datenspeicherung, Entwicklungsumgebungen, Zugriffsmechanismen und Anwendungen. Enthält eine umfangreiche Bibliografie. Empfehlenswert für den Leser, der sich einen Überblick verschaffen will.

Fox, J. A. (1992). The effects of using a hypertext tool for selecting design guidelines. *Proc. Human Factors Society 36th Annual Meeting*, 428–432.
Testpersonen wurden aufgefordert, diejenigen Entwurfsregeln aus einem Entwurfshandbuch auszuwählen, die auf ein besonderes Problem zutreffen. Wenn die Testpersonen eine gedruckte Version des Handbuches benutzten, wählten sie 91% der zutreffenden Regeln aus. Mit der Hypertextversion wählten sie nur 81% aus. Das schlechte Abschneiden der Hypertextversion kann vielleicht dadurch erklärt werden, daß die Testpersonen nur ungern den ganzen Text gelesen haben, und sich auf die Regeln beschränkten, die in den Titeln der Abschnitte erwähnt wurden. Das Resultat dieser Studie deutet daraufhin, daß man Information anders strukturieren muß, wenn sie als Hypertext präsentiert wird.

France, M. (1994). Smart contracts. *Forbes ASAP* (29. August), 117–118.

Vergleichende Fallstudie verschiedener Unternehmen, die Rechner benutzen um ohne die Hilfe von Rechtsanwälten Verträge und andere Dokumente zusammenzustellen.

Franklin, C. (1989). Mapping hypertext structures with ArchiText. *DATABASE The Magazine of Database Reference and Review* **12**, 4 (August), 50–61.
Eine Besprechung des Hypertextprogrammes *ArchiText* der Firma BrainPower Inc.

Frenkel, K. A. (1989). The next generation of interactive technologies. *Communications of the ACM* **32**, 7 (Juli), 872–881.
Diskussion über das Potential des interaktiven Unterhaltungsmarktes und ein Überblick über verschiedene heute verfügbar CD-Produkte, wie z.B. die Getty-Museum-Diskette und die CD *The '88 Vote* der Firma ABC. Enthält unter anderem einen Vergleich der CD-ROM-Formate DVI, CD-I, und CD-ROM XA (Extended Architecture). Man beachte, daß die Vergleiche auf den ursprünglichen CD-I Spezifikationen für Videobilder aufbauen, und neuere, wesentlich verbesserte Algorithmen außer acht lassen.

Friedlander, L. (1988). The Shakespeare project. In Ambron, S., und Hooper, K. (Eds.), *Interactive Multimedia: Visions of Multimedia for Developers, Educators, & Information Providers*. Microsoft Press, 115–141.
Ein Prototyp eines pädagogischen Hypertextes, der den Unterricht in Dramaturgie (insb. Shakespeare) mit Filmausschnitten realer Bühnenaufführungen unterstützt. Studenten können mit Hilfe des Prototypen simulieren, wie ihre Bühnenbilder und Entwürfe aussehen würden.

Frisse, M. E. (1988a). Searching for information in a hypertext medical handbook. *Communications of the ACM* **31**, 7 (Juli), 880–886.
Beschreibt wie man automatisch einen Hypertext aus einem bekannten medizinischen Handbuch erzeugen kann. Enthält auch Besprechungen über Retrieval-Techniken, die den Medizinern helfen könnten, wichtige Informationsknoten besser zu finden.

Frisse, M. (1988b). From text to hypertext. *BYTE* **13**, 10 (Oktober 1988), 247–253.
Verschiedene Probleme, die bei der automatischen Übertragung maschinenlesbarer Texte in Hypertextformate auftreten können.

Frisse, M. E., und Cousins, S. B. (1989). Information retrieval from hypertext: Update on the dynamic medical handbook project. *Proc. ACM Hypertext'89 Conf.* (Pittsburgh, PA, 5.–8. November), 199–212.
Beschreibt wie man verschiedene Indizierungstechniken, zusammen mit Argumentationsnetzen (engl.: belief networks), benutzt um in Hypertexten nach Information zu suchen.

Frisse, M. E. , und Cousins, S. B. (1992). Models for hypertext. *J. of the American Society for Information Science* **43**, 2 (März), 183–191.
Ein Vergleich dreier grundsätzlich verschiedener Architekturen in Hypertextsystemen: das Dexter-Modell, das rhetorische Modell (gIBIS) und das Trellis-Modell, das auf Petri-Netzen aufbaut. Der Artikel beschreibt auch, wie man Hypertexteigenschaften mit anderen Anwendungen integriert oder sie in Betriebssysteme einbaut (wie z.B. die automatischen Informationsfenster, die Bausteine von grafischen Benutzerschnittstellen mit Informationen aus der Benutzeranleitung verbinden).

Furnas, G. W. (1986). Generalized fisheye views. *Proc. ACM CHI'86 Conf.* (Boston, MA, 13.–17. April), 16–23.
Die „Fischaugen"-Perspektive (engl.: fisheye view) zeigt Informationen, die in unmittelbarer Nähe liegen, ausführlicher und größer, als solche, die weiter entfernt sind. Das Resultat ähnelt dem Plakat aus der Zeitschrift *The New Yorker*, das die Weltanschauung des New Yorkers darstellt: Manhattan liegt in der Mitte und nimmt den größten Teil ein; der Rest der USA ist verschwindend klein, und irgendwo am Rand liegt Japan.

Furuta, R., Plaisant, C., und Shneiderman, B. (1989). A spectrum of automatic hypertext constructions. *Hypermedia* **1**, 2, 179–195.
Ein Vergleich von vier Projekten, in denen schon bestehender Text in Hypertext umgewandelt wird: die Hyperties-Version der ACM-Ausgabe *Hypertext on Hypertext*, ein Vorlesungskatalog und zwei Bibliografien technischer Berichte. Die Autoren zeigen, daß manche Umwandlungen automatisch durchgeführt werden können, wogegen andere manueller Intervention bedürfen. Auch wenn die Information schon stark strukturiert ist, wie z.B. im Vorlesungskatalog, sind die Autoren der Meinung, daß eine manuelle Bearbeitung nützlich ist.

Gaffin, A. (1993). *Big Dummy's Guide to the Internet.* Electronic Frontier Foundation, Washington, D.C.
Einführung in das Internet einschließlich FTP, E-mail, NetNews, MUDs-Spiele und Hypertextdienste wie z.B. Gopher und WWW. Der Text des Buches ist auf dem Internet unter der Adresse ftp://ftp.eff.org./pub/EFF/papers/big-dummys-guide.txt.

Garg, P. K., und Scacchi, W. (1990). A hypertext system to manage software life-cycle documents. *IEEE Software* **7**, 3 (Mai), 90–98.
DIF (Documents Integration Facility) ist ein Hypertextsystem, das im Rahmen des Forschungsprojektes *Software Factory* verschiedene Dokumenttypen miteinander verbindet.

Garrett, L. N., und Smith K. E. (1986). Building a timeline editor from prefab parts: The architecture of an object-oriented application. *Proc. OOPSLA'86 Conf. Object-Oriented Programming Systems, Languages, and Applications* (Portland, OR, 29. September–2. Oktober), 202–213.

Der Editor *InterVal* ist ein Bestandteil der Systems Intermedia. Er wurde entworfen um dynamische, zeitabhängige Hypertextstrukturen zu verwalten.

Garrett, L. N., Smith, K. E., und Meyrowitz, N. (1986). Intermedia: Issues, strategies, and tactics in the design of a hypermedia document system. *Proc. 1st Conf. Computer-Supported Cooperative Work* (Austin, TX, 3.–5. Dezember), 163–174.
Ausgewogene Diskussion verschiedener Schnittstellenprobleme im Hypertextbereich, wie z.B. überlappende oder veränderliche Ausgangspunkte von Verbindungen. Enthält auch Beschreibungen anderer Probleme, die hauptsächlich im Mehrbenutzerbereich auftreten. Einige Abschnitte sind aus [Yankelovich et al. 1988] übernommen worden. [Yankelovich et al. 1988] hat mehr und bessere Illustrationen.

Garzotto, F., Mainetti, L., und Paolini, P. (1995). Navigation in hypermedia applications: Modelling and semantics. *International Journal of Organizational Computing*.
Die Autoren unterscheiden zwischen drei Navigationsarten: freie Navigation, geführte Touren und pfadbasierte Navigation. Es werden unter anderem Techniken besprochen, die traditionelle Navigation und anfrage-basierte Navigation verknüpfen.

Giguere, E. (1989). Electronic Oxford. *BYTE* **14**, 13 (Dezember), 371–374.
Eine kurze Beschreibung von der Umwandlung des *Oxford English Dictionary* in ein Online-Format.

Gilder, G. (1994). *Life After Television: The Coming Transformation of Media and American Life*, Neuauflage. W. W. Norton.
Zukunftsvision über die Aufgabe des PCs im Haushalt, sowohl in seiner Rolle als Unterhalter als auch als Erzieher. Der Artikel beschreibt den PC, im Gegensatz zum traditionellen Fernseher, als ein wesentlich vielfältigeres Werkzeug.

Girill, T. R., und Luk, C. H. (1992). Hierarchical search support for hypertext on-line documentation. *Intl. J. Man–Machine Studies* **36**, 4 (April), 571–585.
Ein hybrides Schnittstellenmodell, in dem Hypertexttechnologien zur globalen Navigation und Baumstrukturen zur lokalen Navigation verwendet werden.

Gloor, P. A. (1991). CYBERMAP: Yet another way of navigating in hyperspace. *Proc. ACM Hypertext'91 Conf.*, 107–121.
Ähnlichkeitsverfahren werden benutzt um automatisch Überblicksdiagramme zu erzeugen.

Gloor, P., und Norbert Streitz, N. (Eds.) (1990). *Hypertext und Hypermedia: Von theoretischen Konzepten zu praktischen Anwendungen*. Springer-Verlag, Heidelberg, Deutschland.
Der Tagungsband der ersten deutschen Konferenz zum Thema Hypertext.

Glushko, R. J. (1989a). Transforming text into hypertext for a compact disc encyclopedia. *Proc. ACM CHI'89* (Austin, TX, 30. April–4. Mai), 293–298.
Ein weiterer Artikel zu dem in [Glushko et al. 1988] besprochenen Thema.

Glushko, R. J. (1989b). Design issues for multi-document hypertexts. *Proc. ACM Hypertext'89 Conf.* (Pittsburgh, PA, 5.–8. November), 51–60.
Probleme, die bei der Umwandlung mehrerer existierender Dokumente ins Hypertextformat aufgetreten sind.

Glushko, R. J., Weaver, M. D., Coonan, T. A., und Lincoln, J. E. (1988). Hypertext engineering: Practical methods for creating a compact disc encyclopedia. *Proc. ACM Conf. Document Processing Systems* (Santa Fe, NM, 5.–9. Dezember), 11–19.
Entwurfsentscheidungen und -abwägungen, die bei der Umwandlung eines mehrbändigen Ingenieurhandbuches ins Hypertextformat auftreten. Die Autoren sind der Meinung, daß der Index per Hand konstruiert werden sollte, anstatt ihn automatisch erzeugen zu lassen.

Gonzalez, S. (1988). *Hypertext for Beginners.* Disk with HyperCard stacks, InteliBooks, San Francisco, CA. ISBN 0-932367-10-0.
Ein weiterer „Hypertext über Hypertext" und gleichzeitig ein gutes Beispiel für ungezügelte Kreativität im Benutzerschnittstellenentwurf. Die Schnittstelle und die Verbindungen stellen eine etwas unübersichtliche Informationsbasis dar (in etwa vergleichbar mit *Computer Lib/Dream Machines* von Ted Nelson), die viele Literaturverweise und Pro- und Kontra-Argumente enthält. Desweiteren wird ein Überblick, zusammen mit den Vertriebsadressen der Hersteller, über ca. 50 andere Hypertextsysteme geben.

Gordon, S., Gustavel, J., Moore, J., und Hankey, J. (1988). The effects of hypertext on reader knowledge representation. *Proc. Human Factors Society 32nd Annual Meeting,* 296–300.
Eine Gruppe von Testpersonen, die einen 1.000 Worte langen Hypertextartikel gelesen hatten, konnten sich an weniger Inhalte erinnern als eine Vergleichsgruppe, die die gedruckte Version des gleichen Artikels gelesen hatte. Außerdem bevorzugten die Testpersonen die gedruckte Version. Testpersonen, die einen nicht-technischen Hypertextartikel lasen, konnten sich nur an 80% der Begriffe erinnern, an die sich die Leser der gedruckten Version erinnerten. Wenn die Testpersonen technische Unterlagen lasen, verschwand dieser Unterschied. Die Resultate können vielleicht zum Teil dadurch erklärt werden, daß die erste Testgruppe noch nicht genügend mit der Hypertexttechnologie vertraut war. Zum anderen mag es sein, daß Hypertext sich nicht für kurze Artikel eignet, die integral gelesen werden müssen.

Gould, J. D. (1988). How to design usable systems. In Helander, M. (Ed.): *Handbook of Human-Computer Interaction,* Elsevier Science Publishers, 757–789.

Nüzliche Verfahren zur Verbesserung der Benutzbarkeit einer Schnittstelle.

Gould, J. D., und Grischkowsky, N. (1984). Doing the same work with hard copy and with cathode ray tube (CRT) computer terminals. *Human Factors* **26**, 323–337.
Die Testpersonen lasen im Durchschnitt 22% langsamer vom Bildschirm als vom Papier.

Gould, J. D., Alfaro, L., Finn, R., Haupt, B., Minuto, A., und Salaun, J. (1987). Why reading was slower from CRT displays than from paper. *Proc. ACM CHI+GI'87* (Toronto, Kanada, 5.–9. April), 7–11.
Die meisten Untersuchungen ergeben, daß man ca. 30% langsamer vom Bildschirm als vom Papier liest. Dieser Artikel beschreibt Bedingungen, unter denen die Lesegeschwindigkeit von beiden Medien identisch ist: hochauflösender Bildschirm, dunkle Buchstaben auf hellem Hintergrund und Schriftsätze die die „Anti-Aliasing"-Technik benutzen.

Graham, I. (1995). *The HTML Sourcebook*. John Wiley & Sons. Große Teile dieses Buch befinden sich auf dem WWW unter der Adresse http://www.utirc.utoronto.ca/HTMLdocs/NewHTML/htmlindex.html. HTML-Lehrbuch.

Gray, S. H. (1990). Using protocol analyses and drawings to study mental model construction during hypertext navigation. *Intl.J. Human–Computer Interaction* **2**, 4, 359–377.
Das Navigationsverhalten der Benutzer wurde mit Hilfe von „Protokollen Lauten Denkens" untersucht, d.h. sie wurden angehalten, laut zu denken während sie sich im Informationsraum bewegten. Anschließend wurden die Benutzer gebeten, Diagramme der Informationsstrukturen aufzumalen. Auf diese Weise wollte man die konzeptuellen Modelle der Benutzer untersuchen. Man fand heraus, daß Anfänger ein streng lineares Modell aufbauten, was sich aber sehr schnell änderte, sobald sie mehr Erfahrung entwickelten.

Green, J. L. (1992). The evolution of DVI system software. *Communications of the ACM* **35**, 1 (Januar), 52–67.
Eine strukturelle Beschreibung der Software, die zur Implementierung von DVI (Digital Video Interactive) benutzt wurde.

Grønbæk, K., und Trigg, R. (1992). Design issues for a Dexter-based hypermedia system. *Proc. ECHT'92 Fourth ACM Hypertext Conf.,* 191–200.ø

Grønbæk, K., und Trigg, R. H. (1994). Design issues for a Dexter-based hypermedia system. *Communications of the ACM* **37**, 2 (Februar), 40–49.
Erfahrungsbericht aus einem Projekt, in dem ein offenes Hypermediasystem entwickelt wurde, das mittels einer Datenbank Daten mit anderen Anwendungen austauschen konnte.

Guillemette, R. A. (1989). Development and validation of a reader-based documentation measure. *Intl.J. Man-Machine Studies* **30**, 5 (Mai), 551–574.
Eine Analyse der Faktoren, die bestimmen wie Leser den Wert eines Dokumentes bestimmen. Die Analyse fand heraus, daß sieben Faktoren für 65% der Unterscheidungen verantwortlich sind: *Glaubwürdigkeit* (Korrektheit, Verläßlichkeit), *Anschaulichkeit* (Präzision, Schlüssigkeit, Vollständigkeit), *Angemessenheit* (Relevanz, Bedeutung), *persönliche Einwirkung* (Interesse, Abwechslung), *systematische Organisation* (Organisation, Ordnung, Struktur), *Problembezogenheit* (Nützlichkeit, Informationsgehalt, Wert), *Verständlichkeit* (Klarheit, Lesbarkeit).

Guinan, C., und Smeaton, A. F. (1992). Information retrieval from hypertext using dynamically planned guided tours. *Proc. ECHT'92 Fourth ACM Hypertext Conf.*, 123–130.
Führungen durch den Informationsraum, werden dynamisch auf die Bedürfnisse des jeweiligen Benutzers zugeschnitten.

Haake, A., Hüser, C., und Reichenberger, K. (1994). The individualized electronic newspaper: An example of an active publication. *Electronic Publishing: Origination, Dissemination and Design* (EP-ODD), Sonderausgabe mit dem Thema *Aktive Dokumente*.
Die individualisierte elektronische Zeitung erlaubt jedem Leser, in Abhängigkeit seiner Interessen, eine eigene Sicht auf die Nachrichten-Datenbank. Die Inhalte der „Zeitung" sind mit den Inhalten anderer Hypertexte verknüpft, wie z.B. mit Online-Wörterbüchern.

Haake, J. M., und Wilson, B. (1992). Supporting collaborative writing of hyperdocuments in SEPIA. *Proc. ACM CSCW'92 Conf.* (Toronto, Kanada, 31. Oktober–4. November), 138–146.
Das System SEPIA unterstützt die Arbeit mit strukturierten Dokumenten und erlaubt synchrone und asynchrone Zusammenarbeit. Autoren können allein an einem Knoten arbeiten oder mehrere Autoren können gleichzeitig oder zeitverschoben an demselben Knoten arbeiten. Man spricht von loser Zusammenarbeit, wenn mehrere Autoren an den Knoten eines Kontextes arbeiten; man spricht von enger Zusammenarbeit wenn alle Autoren gleichzeitig die Inhalte der Knoten des Kontextes sehen.

Haake, J., Neuwirth, C., Streitz, N. (1994). Coexistence and transformation of informal and formal structures: Requirements for more flexible hypermedia systems. *Proceedings ECHT'94 ACM European Conference on Hypermedia Technology.* (Edinburgh, Großbritannien, 18.–23. September, 1994), 1–12.
Eine Gegenüberstellung verschiedener Arten der Formalisierung in Hypertexten: erstens können die Inhalte formal dargestellt werden, damit das System mit ihnen arbeiten kann; und zweitens kann dem Benutzer die Möglichkeit gegeben werden, Datentypen zu definieren und auf Informationsobjekte anzuwenden. Sehr

informelle Hypertextsysteme benutzen keine Datentypen, sondern erlauben dem Benutzer die Information nach Lust und Laune zu formulieren. Ein System, das formale Strukturen benutzt, kann über jedes Objekt Schlußfolgerungen ziehen. Der Vorteil der formalen Systeme besteht darin, daß Daten in erhöhtem Maße automatisch verarbeitet werden können; der Nachteil besteht darin, daß der Benutzer viel Zeit damit verbringt, die Information in die richtigen Typen einzuordnen. Der Artikel beschreibt eine dritte Variante, bei der das System intern Typen benutzt ohne vom Benutzer zu verlangen, daß er die Information in Typen einteilt oder andere Strukturen benutzt. Diese Variante wird möglich, wenn der Rechner die Information parsen kann.

Haan, B. J., Kahn, P., Riley, V. A., Coombs, J. H., und Meyrowitz, N. K. (1992). IRIS hypermedia services. *Communications of the ACM* **35**, 1 (Januar), 36–51. Ein guter Überblick über das System *Intermedia*. Der Artikel betont, daß Intermedia weniger ein einzelner Hypertext als vielmehr eine Umgebung für Hypertextfunktionalität ist, in der verschiedene spezialisierte Programme ablaufen, wie z.B. traditionelle Hypertextdokumente, E-mail, Zeitverläufe und bewegte Bilder. Am Schluß des Artikels werden Eigenschaften besprochen, die zukünftige Hypertextumgebungen auszeichnen könnten, wie z.B. die Integration von Hypertexteigenschaften mit der Arbeitsumgebung des Benutzers, die Integration mehrerer Hypertextnetze in einer Datenbank, Filter-Werkzeuge und Hypertexte die über ein WAN (Wide Area Network) verteilt sind.

Haas, C. (1989). Does the medium make a difference? Two studies of writing with pen and paper and with computers. *Human-Computer Interaction* **4**, 2, 149–169. Ein Vergleich zwischen der papier-orientierten Bearbeitung von Texten und computerisierten Texteditoren. Die Testpersonen schrieben längere Texte wenn sie einen grafischen Bildschirm und eine Maus benutzten, als wenn sie mit einem einfachen Textbildschirm oder mit Papier und Bleistift arbeiteten. Die Qualität der Texte war in etwa vergleichbar, ob die Testpersonen mit dem grafischen Bildschirm oder mit Papier und Bleistift arbeiteten; am Textbildschirm war die Qualität wesentlich schlechter. Als die Testpersonen gebeten wurden, ihre Texte zu überarbeiten und dabei laut zu denken, stellte sich heraus, daß sich bei den Testpersonen, die mit Papier und Bleistift arbeiteten, 3% der Äußerungen auf das Arbeitsmedium bezogen. Bei den Testpersonen, die mit grafischen Arbeitsstationen arbeiteten, bezogen sich 8% der Äußerungen auf das Arbeitsmedium. Bei den Textbildschirmbenutzern bezogen sich 21% der Äußerungen auf das Arbeitsmedium. Man kann daraus schließen, daß die Arbeit mit Papier und Bleistift wesentlich transparenter ist (obwohl alle Testpersonen mindestens vier Jahre Erfahrung mit Computern hatten).

Hahn, U., und Reimer, U. (1988). Automatic generation of hypertext knowledge bases. *Proc. ACM Conf. Office Information Systems* (Palo Alto, CA, 23.–25. März), 182–188.

Textdatenbanken werden mit Konzepthierarchien und Hypertextverbindungen angereichert indem man Sprachverarbeitungstechniken einsetzt.

Halasz, F. G. (1988). Reflections on NoteCards: Seven issues for the next generation of hypermedia systems. *Communications of the ACM* **31**, 7 (Juli), 836–852.
Ein sehr wichtiger Artikel über die zukünftigen Herausforderungen, denen Hypertextentwickler sowohl auf dem Gebiet der Schnittstellen als auch im konzeptuellen Bereich gegenüberstehen werden.

Halasz, F. G., und Schwartz, M. (1990). The Dexter hypertext reference model. *Proc. NIST Hypertext Standardization Workshop* (Gaithersburg, MD, 16.-18. Januar), 95–133.
Die Architektur eines allgemeinen Hypertextsystems wird im Rahmen des 3-Ebenen-Modells beschrieben. Das Referenzmodell wird in der Spezifikationssprache Z dargestellt, um eine universelle Beschreibung von Hypertextsystemen und ein universelles Hypertextaustauschformat zu erstellen. Der Artikel unterbreitet einen Vorschlag für ein Austauschformat.

Halasz, F., und Schwartz, M. (1994). The Dexter hypertext reference model. *Communications of the ACM* **37**, 2 (Februar), 30–39.
Eine überarbeitete Version von [Halasz und Schwartz 1990] ohne die formale Spezifikation in der Sprache Z.

Halasz, F. G., Moran, T. P., und Trigg, R. H. (1987). NoteCards in a nutshell. *Proc. ACM CHI+GI'87* (Toronto, Kanada, 5.-9. April), 45–52.
Beschreibt die Architektur von NoteCards und erklärt wie NoteCards benutzt werden kann, um Ideen und Konzepte zu organisieren.

Hammond, N., und Allinson, L. (1988). Travels around a learning support environment: Rambling, orienteering or touring? *Proc. ACM CHI'88* (Washington, DC, 15.–19. Mai), 269–273.
Diskussion verschiedener Metapher als Navigations–hilfen.

Hammond, N., und Allinson, L. (1989). Extending hypertext for learning: An investigation of access and guidance tools. In Sutcliffe, A. und Macaulay, L. (Eds.): *People and Computers V*, Cambridge University Press, 293–304.
Ein Informationssystem, das den Informationszugriff auf verschiedene Arten erlaubt, wurde sowohl für *erkundende* (die Testperson soll sich auf eine unbekannte Aufgabe vorbereiten) als auch für *gezielte* Aufgabenstellungen (die Testperson soll die Antwort auf eine präzise Frage finden) verwendet. Es stellte sich heraus, daß in beiden Aufgabenstellungen in mehr als der Hälfte der Fälle Hypertextverbindungen benutzt wurden, um zwischen Bildschirmen zu navigieren, und in 12-16% der Fälle wurde das Überblickdiagramm verwendet. Der Index wurde vermehrt gebraucht, wenn die Testperson gezielt nach Information suchte (17% vs. 6% wenn es sich um *erkundende* Aufgabenstellungen handelte). Die geführte Hypertexttour wurde öfter für

erkundende Aufgabenstellungen benutzt (28% vs. 8% für gezielte Aufgabenstellungen). Einer Kontrollgruppe wurde eine andere Version des Hypertextes vorgesetzt, die nur Hypertextverbindungen als Navigationsmittel enthielt. Die Kontrollgruppe besuchte im Verhältnis weniger verschiedene Seiten, woraus man schließen kann, daß die anderen Navigationstechniken dafür sorgen, daß der Benutzer den Informationsraum besser erforscht und effizienter auf neue Information zugreift.

Hansen, W. J., und Haas, C. (1988). Reading and writing with computers: A framework for explaining differences in performance. *Communications of the ACM* **31**, 9 (September), 1080–1089.
Beschreibung der Faktoren, die bestimmen, wieviel und wie gut Text online gelesen und geschrieben wird. Der Artikel enthält auch Berichte über Untersuchungen, die zeigen wie wichtig große Bildschirme sind.

Hapeshi, K., und Jones, D. (1992). Interactive multimedia for instruction: A cognitive analysis of the role of audition and vision. *Intl. J. Human–Computer Interaction* **4**, 1, 79–99.
Überblick über Benutzbarkeitsprobleme, die auftreten wenn man pädagogische Hypertexte durch Multimediainformationen erweitert.

Happ, A. J., und Stanners, S. L. (1991). Effect of hypertext cue presentation on knowledge representation. *Proc. Human Factors Society 35th Annual Meeting*, 305–309.
Diese Studie vergleicht verschiedene Darstellungen der Hypertextankerpunkte: im Text eingebettet oder als separates Ikon am Textrand. In beiden Fällen erlangten die Benutzer ein besseres Verständnis für die Informationsstrukturen als eine Vergleichsruppe, die den Text in gedruckter Form gelesen hatte. Man konnte keinen messbaren Unterschied zwischen beiden Darstellungsformaten feststellen.

Hardman, L. (1988). Hypertext tips: Experiences in developing a hypertext tutorial. In Jones, D. M., und Winder R. (Eds.): *People and Computers IV*, Cambridge University Press, 437–451.
Erfahrungen über die Entwicklung eines tutoriellen Systems, das den Studenten der Physiologie die Struktur des Gehirns näherbringen sollte. Enthält auch Kommentare zum Entwurfsstil von Hypertexten. Der Leser sollte wissen, daß die ersten beiden Bilder im Artikel irrtümlicherweise vertauscht wurden.

Hardman, L. (1989a). Transcripts of observations of readers using the Glasgow Online hypertext. *Technical Report AMU8835/01H*, Scottish HCI Centre, Edinburgh, Februar.
Detaillierte Unterlagen zu einer Serie von Experimenten, die mit Benutzern des Systems *Glasgow Online* durchgeführt wurden. Die Resultate dieser Untersuchungen werden in [Hardman 1989b] besprochen.

Hardman, L. (1989b). Evaluating the usability of the Glasgow Online hypertext. *Hypermedia* **1**, 1, 34–63.

Resultate eines Laborversuches, in dem Anfänger ein Hypertext-Touristeninformationssystem benutzten. Die meisten Benutzbarkeitsprobleme schienen eher mit dem Bildschirmentwurf zu tun zu haben, als mit den Hypertextverbindungen oder der Navigation in Netzwerken. Der sehr verwirrende „Next"-Knopf und das Fehlen einer durchgängig implementierten Zurücksetzoperation stellten eine Ausnahme dar.

Hardman, L., und Sharratt, B. (1990). User-centred hypertext design: The application of HCI design principles and guidelines. In McAleese, R., und Green, C. (Eds.) *Hypertext: State of the Art,* Ablex, 252–259.
Die Autoren leiten die Richtlinien für Benutzerschnittstellen aus fünf allgemeinen Benutzbarkeitsprinzipien ab: Handlungen des Benutzers (2 Richtlinien); Informationsdarstellung (6 Richtlinien); Dialog (5 Richtlinien); Online-Hilfsfunktionen (2 Richtlinien). Manche der Richtlinien sind sehr allgemein gehalten (z.B. „Listen sollten so organisiert sein, daß sie die Aufgabe des Benutzers unterstützen") und können erst nach weiteren Analysen implementiert werden. Die Richtlinien geben Einblick in die speziellen Probleme und Herausforderungen des Hypertextschnittstellenentwurfs (z.B. die Organisation der Listen kann optimiert werden, indem man mehrere Sortierungen zur Verfügung stellt, aus denen der Benutzer die geeignete auswählt).

Hardman, L., Bulterman, D. C. A., und van Rossum, G. (1993). Links in hypermedia: The requirement for context. *Proc. ACM Hypertext'93 Conf.*, 183–191.
Es ist nicht immer sehr einfach zu wissen, wo eine Verbindung hinführen soll, wenn man zeitabhängige Hypermediapräsentationen entwickelt. Der Artikel definiert den Begriff des *Konzeptes,* um zu beschreiben, welcher Teil einer Hypermediapräsentation durch einen Sprung beeinflusst wird. Der Ausgangskontext einer Verbindung kann z.B. ein Video sein, das angehalten und durch ein Standbild eines anderen Videos ersetzt wird. Der Zielkontext der Verbindung kann angeben, welches Bild des Zielvideos gezeigt werden soll oder ob das Zielvideo automatisch angefahren werden soll. Die genaue Entscheidung bleibt dem Systemarchitekten überlassen; der Begriff des Kontextes definiert den konzeptuellen Rahmen um über dieses Problem diskutieren zu können.

Harmon, J. E. (1989). The structure of scientific and engineering papers: A historical perspective. *IEEE Trans. Professional Communication* **32**, 3 (September), 132–138.
Ein kurzer Überblick beschreibt die historischen Entwicklungen, die zur heute üblichen Form von wissenschaftlichen Publikationen beigetragen haben. Publikationen aus dem 17ten Jahrhundert waren meist sehr kurz (nur wenige Abschnitte), hatten keine klare Unterteilung (z.B. Einleitung, Methode, Schlußfolgerung usw.) und waren in der Ich-Form gehalten.

Hewett, T. T. (1987). The Drexel Disk: An electronic 'guidebook'. In Diaper, D., und Winder, R. (Eds.): *People and Computers III*, Cambridge University Press, 115–129.
Ein Hypertextprogramm, das neuen Studenten die Organisation der Universität und des Campus näher bringt. Enthält unter anderem eine aktive Landkarte, die den Ausgangspunkt für Hypertextverbindungen bildet.

Hill, G., und Hall, W. (1994). Extending the Microcosm model to a distributed environment. *Proc. ACM ECHT'94 European Conference on Hypermedia Technology* (Edinburgh, Großbritannien, September 18.–23.), 32–40.
Diskussion eines offenen Hypertextmodelles, das mehrere Rechner in einem Computer-Netzwerk miteinander verbindet. Auf jedem Rechner können mehrere Anwendungen gleichzeitig ablaufen und jede Anwendung kann Verbindungen zu Objekten in anderen Anwendungen unterhalten, die sowohl auf dem eigenen als auch auf einem anderen Rechner ablaufen können. Dieses Modell ist wesentlich flexibler als das Client-Server-Modell, das üblicherweise auf dem Internet verwendet wird.

Hill, W. C., Hollan, J. D., Wroblewski, D., und McCandless, T. (1992). Edit wear and read wear. *Proc. ACM CHI'92 Conf.*, 3–9.
Die Autoren führen den Begriff der Lese-Nutzung (engl.: read wear) ein, um zu beschreiben wie der Rechner darüber Buch führen kann wie oft auf ein bestimmtes Dokument zugegriffen wird. In Analogie mit richtigen Dokumenten werden elektronische Dokumente durch wiederholtes Lesen abgenutzt und zeigen auf diese Art an, daß sie sehr viel Zuspruch finden.

Hill, W., Rosenstein, M., und Stead, L. (1994). Community and history-of-use navigation. *Proc. Second Intl. WWW Conf. '94: Mosaic and the Web* (Chicago, Okt. 17.–20.), stehen auf dem Internet unter http://www.ncsa.uiuc.edu/SDG/IT94/Proceedings/HCI/hill/home-page.html zur Verfügung.
Der Artikel beschreibt eine Erweiterung des Systems Mosaic, die es dem Leser erlaubt eine qualitative Bewertung individueller Hypertextknoten abzugeben. Die Bewertungen aller bisherigen Leser wurden benutzt, um die Qualität der Information am anderen Ende einer Hypertextverbindung zu beschreiben. Die Qualität einer Verbindung wird durch Sternchen am Ausgangspunkt angezeigt.

Hill, W., Stead, L., und Rosenstein, M. (1995). Recommending and evaluating choices in a virtual community of use. *Proc. ACM CHI'95 Conf.*
Ein Spielfilm-Ratgeber wurde auf dem Internet zur Verfügung gestellt. Den Benutzern wurde eine Liste mit 500 Filmtiteln zugeschickt, die aus einer Datenbank von 1.750 Filmen ausgewählt wurde. Die Teilnehmer sollten die Filme, die sie gesehen haben bewerten und ihr Urteil an die Adresse videos@bellcore.com zurückschicken. 291 Leute schickten insgesamt 55.000 Bewertungen ein. Das System berechnete die Korrelation zwischen den

Bewertungen verschiedener Benutzer und erarbeitete ein Modell, das beschrieb welche Benutzer die gleichen Filme mochten.

Hirata, K., Hara, Y., Shibata, N., und Hirabayashi, F. (1993). Media-based navigation for hypermedia systems. *Proc. ACM Hypertext'93 Conf.*, 159–173.
Mustererkennungs-Technologien werden benutzt um Hypertextverbindungen zwischen Bildern zu erstellen, die ungefähr gleich aussehen: z.B. Bilder von Hochhäusern.

Hitch, G. J., Sutcliffe, A. G., Bowers, J. M., und Eccles, L. M. (1986). Empirical evaluation of map interfaces: A preliminary study. In Harrison, M. D., und Monk, A. F. (Eds.): *People and Computers: Designing for Usability*, Cambridge University Press, 565–585.
Räumliche Pläne als Menüs für Benutzerschnittstellen.

Hodges, M. E., Sasnett, R. M., und Ackerman, M. S. (1989). A construction set for multimedia applications. *IEEE Software* **6**, 1 (Januar), 37–43.
Beschreibt die Software-Plattform, die im Projekt *Athena Muse* benutzt wurde. Enthält auch einige Bildschirmabzüge des Systems *Philippe*, das für den Französisch-Unterricht entwickelt wurde.

Hoekema, J. (1990). HyperCard as a development tool for CD-I. *Boston Computer Society New Media News* **4**, 2 (Frühjahr), S. 1 & S. 14–20.
Das System HyperCard wurde benutz, um eine Sequenz von Skizzen zu entwickeln, die die Grundlage des CD-I-Produktes *Treasures of the Smithsonian* bildeten. Der Autor zeigt einige Beispiele solcher Skizzen und beschreibt die Vor- und Nachteile, die aufgrund der verschiedenen Benutzerschnittstellen in beiden Systemen durch die Benutzung von HyperCard entstanden.

Houghton, R. C. (1984). Online help systems: A conspectus. *Communications of the ACM* **27**, 2 (Februar), 126–133.
Ein Überblick der Online-Hilfsysteme von traditionellen Mainframe-Rechnern.

Howell, G. (1990). Hypertext meets interactive fiction: New vistas in creative writing. In McAleese, R., und Green, C. (Eds.) *Hypertext: State of the Art*, Ablex, 136–141.
Eine Einführung in das Gebiet der interaktiven Märchen. Enthält einige Referenzen auf traditionelle gedruckte Werke mit hypertextähnlichen Merkmalen.

Hubert, L. J. (1978). Generalized proximity function comparisons. *British J. Mathematical and Statistical Psychology* **31**, 179–192.

Hubert, L. J. (1979). Generalized concordance. *Psychometrika* **44**, 135–142.
Verschiedene Methoden, die benutzt werden können um die konzeptuelle Nähe zweier hierarchischer Strukturen zu bestimmen. Diese Methoden können angewendet werden, um zu messen wieweit das konzeptuelle Modell des Benutzers von der konzeptuellen Struktur des Hypertextes entfernt ist (siehe [Gordon et al. 1988]).

Instone, K., Teasley, B. M., und Leventhal, L. M. (1993). Empirically-based re-design of a hypertext encyclopedia. *Proc. ACM INTERCHI'93 Conf.* (Amsterdam, Niederlande, 29.–29. April), 500–506.
Die Enzyklopädie *HyperHolmes* (siehe [Mynatt 1992]) wurde iterativ weiterentwickelt, um Benutzbarkeitsprobleme zu beheben, die bei früheren Versionen aufgetaucht waren. Der Inhalt war der gleiche wie in den ersten beiden Versionen, aber die Benutzeroberfläche veränderte sich: Fenster wurden anders organisiert, eine an sich redundante Liste der weiterführenden Verbindungen wurde aus dem Knoten entfernt, die Liste der beim Knoten ankommenden Verbindungen wurde vereinfacht, das Suchwerkzeug wurde vereinfacht indem fortgeschrittenen Funktionen, wie z.B. die Suche nach Wortsequenzen entfernt wurden und dem Überblicksknoten wurde ein besonderer Status gegeben. Aufgrund dieser Änderungen verbesserte sich die Antwortgenauigkeit der Benutzer von einem Wert von 1,4 auf 1,7 (auf einer Skala von 0 bis 2). Benutzer der gedruckten Version erzielten die Note 1,2. Die Fragen konnten jetzt in 178 anstatt 236 Sekunden beantwortet werden (Benutzer der gedruckten Version brauchten 201 Sekunden).

Irler, W. J., und Barbieri, G. (1990). Non-intrusive hypertext anchors and individual colour markings. *Proc. ECHT'90 European Conf. Hypertext* (Paris, Frankreich, 28.–30. November), Cambridge University Press, 261–273.
Die Autoren sind der Meinung, daß man in Hypertextverbindungen keine Knöpfe als Ausgangspunkte benutzen sollte, da sie zu aufdringlich sind. Stattdessen schlagen die Autoren in ihrem System (das in ToolBook unter Microsoft Windows geschrieben wurde) eine alternative Methode vor. Sie erlaubt es Benutzern irgendwo auf dem Fenster zu klicken wodurch ein Pop-up-Fenster gezeigt wird, das die möglichen Pfade auflistet. Desweiteren kann der Benutzer, ähnlich wie in gedruckten Büchern, Textteile mit Farbstiften hervorheben [Nielsen 1986].

Irven, J. H., Nilson, M. E., Judd, T. H., Patterson, J. F., und Shibata, Y. (1988). Multi-media information services: A laboratory study. *IEEE Communications Magazine* **26**, 6 (Juni), 27–44.
Übersichtsartikel, der eine Reihe von Forschungsprojekten am Bellcore Labor beschreibt: ein Browser, der Videobilder auf mehrere Weisen organisieren kann; ein Browser für Spielfilme, der aus einer konventionellen Datenbank von Filmtiteln automatisch einen Hypertext erstellt und ein System das den automatischen Zugriff auf viele verschiedene Informationsquellen erlaubt (zur Zeit 250.000 Knoten, die von verschiedenen Nachrichtendiensten stammen). Die „Laborstudie", die im Titel angeführt wird, wird nur in einem sehr kleinen Teil des Artikels beschrieben und beschäftigt sich hauptsächlich mit Netzwerkproblemen und Übertragungsraten.

Isbister, K., und Layton, T. (1995). Agents: What (or who) are they? In Nielsen, J. (Ed.), *Advances in Human–Computer Interaction* vol. **5**. Ablex.
Überblick über verschiedene Benutzerschnittstellenprobleme, die auftreten wenn man Software-Agenten implementiert. Die Beispiele beschreiben verschiedene Produkte der Firmen Microsoft, Apple und Hewlett Packard sowie eine Reihe von Forschungssystemen.

Jackson, S., und Yankelovich, N. (1991). InterMail: A prototype hypermedia mail system.
Ein E-mail-System, das speziell für Intermedia entwickelt wurde. Das System kann Nachrichten verschicken, die Verbindungen zu anderen Hypertexten enthalten.

Jacques, W. (1990). The ACM Hypertext'89 conference. *Boston Computer Society New Media News* **4**, 1 (Winter), S. 1 und S. 17-20.
Konferenzbericht der **Hypertext'89**.
Der Bericht enthält eine ausführliche Zusammenfassung der Diskussionen über Verbindungen und Verbindungsausgangspunkte für zeitabhängige Daten.

Jarvenpaa, S., und Ives, B. (1994). *Digital Equipment Corporation: The Internet Company*. Die Fallstudie ist auf dem WWW unter der Adresse http://www.cox.smu.edu/mis/cases/dec/internet.html erhältlich oder indem man eine E-mail-Nachricht ohne Titel und mit der Zeile SEND CASES.DIGITALWWW an die Adresse cis-fserv@ube.ubalt.edu schickt.
Fallstudie, die das anfängliche Wachstum des WWW innerhalb von DEC bechreibt. Viele der frühen Arbeiten waren inoffizielle Projekte.

Jennings, E. M. (1990). Paperless writing revisited. *Computers and the Humanities* **24**, 43–48.
Universitätskurse über das Erstellen von Online-Dokumenten.

Jonassen, D. H., und Mandl, H. (Eds.) (1990). *Designing Hypertext / Hypermedia for Learning*. Springer-Verlag, Heidelberg, Deutschland.
Der Tagungsband der NATO-Forschungstagung, die vom 3. - 7. Juli 1989 in Rottenburg stattfand. Enthält Kapitel über Benutzbarkeit und viele europäische Projekte. Andere Kapitel untersuchen den Einfluß von Hypertext auf das menschliche Lernverhalten.

Jones, H. W., III (1987a). Developing and distributing hypertext tools: Legal inputs and parameters. *Proc. ACM Hypertext'87 Conf.* (Chapel Hill, NC, 13.–15. November), 367–374.
Behandelt zum größten Teil urheberrechtliche Aspekte. Enthält auch Diskussionen zu den Themen Haftpflicht, Tantiemen, Lizenzgebühren, Kartellrecht, internationales Recht und besondere Aspekte, die in lateinamerikanischen Ländern beachtet werden müssen.

Jones, W. P. (1987b). How do we distinguish the hyper from the hype in non-linear text? *Proc. IFIP INTERACT'87* (Stuttgart, Deutschland, 1.–4. September), 1107–1113.
Der selektive Informationszugriff wird als der wichtigste Vorteil von Hypertext dargestellt. Der Autor stellt verschiedene Ansätze vor, die den selektiven Zugriff auf Information in Hypertexten erlaubt.

Jones, W. P., und Dumais, S. T. (1986). The spatial metaphor for user interfaces: Experimental tests of reference by location versus name. *ACM Trans. Office Inf. Syst.* **4**, 1 (Januar), 42–63.
Der Zugriff auf Informationsobjekte ist genauer über den Namen als über den Ort der Objekte, wenn sehr viele dieser Objekte zur Verfügung stehen. Der Zugriff über den Name zusammen mit dem Ort funktioniert jedoch besser als der Zugriff über nur eines dieser beiden Begriffe. Die Autoren schlußfolgern hieraus, daß der räumliche Zugriff am besten geeignet ist, wenn man eine kleine Anzahl von Informationsobjekten kurzfristig speichert.

Jordan, D. S., Russell, D. M., Jensen, A-M. S., und Rogers, R. A. (1989). Facilitating the development of representations in hypertext with IDE. *Proc. ACM Hypertext'89 Conf.* (Pittsburgh, PA, 5.–8. November), 93–104.
Die Entwurfsumgebung IDE (*Instructional Design Environment*) enthält mehrere Editoren und Werkzeuge, unter anderem einen *Strukturbeschleuniger* (engl.: structure accelerator), die den Entwurf ganzer Hypertextstrukturen aufgrund vordefinierter Schablonen ermöglichen.

Joseph, B., Steinberg, E. R., und Jones, A. R. (1989). User perceptions and expectations of an information retrieval system. *Behaviour and Information Technology* **8**, 2 (März–April), 77–88.
Eine hypertextorientierte Implementierung eines Handbuchs für Brückenbauingenieure. Das Handbuch wurde mit Hilfe des Systems PLATO implementiert. Benutzer, die Inhalte über das Inhaltsverzeichnis finden wollten, irrten sich in 80% der Fälle, da das Inhaltsverzeichnis nur Kapitelüberschriften und keine Abschnittsüberschriften enthielt. Außerdem waren die Kapitel nach den Tätigkeitsbereichen der Ingenieure gegliedert, und nicht nach Brückentypen. Aus diesem Grund konnte man Information über Bogenbrücken in mindestens drei Kapitel finden. Im Verlauf des Experiments veränderte sich die Benutzung des Inhaltsverzeichnisses drastisch: am ersten Tag passierte 20% des Informationszugriffs über das Inhaltsverzeichnis; am dritten Tag waren es nur noch 5%.

Jurgen, R. K. (1992). Digital video. *IEEE Spectrum* **29**, 3 (März), 24–30.
Zusammenfassung der rezenten Entwicklungen im Bereich der digitalen Videotechnologie. Enthält unter anderem Beschreibungen der verschiedenen CD-ROM-Formate.

Kacmar, C. J., und Leggett, J. J. (1991). PROXHY: A process-oriented extensible hypertext architecture. *ACM Trans. Information Systems* **9**, 4 (Oktober), 399–419.
Der Artikel beschreibt, wie man Hypertext in das Betriebssystem einbinden kann und anderen Anwendungen Hypertextdienste zur Verfügung stellt. Verschiedene Anwendungen kommunizieren durch Interprozeß–Kommunikationsdienste mit der Hypertextkomponente. So können anwendungsübergreifende Hypertexte aufgebaut werden.

Kacmar, C., Leggett, J., Schnase, J. L., und Boyle, C. (1988). Data management facilities of existing hypertext systems. *Technical Report* **TAMU 88-018**, Texas A&M University, September.
Ein Vergleich der Datenmodelle und Funktionen von 11 verschiedenen Hypertextsystemen. Die Hypertextsysteme boten nur 60 - 70% der Funktionen an, die man in Datenbankumgebungen erwartet. Der Bericht konzentriert sich auf die Funktionalität hinter den Kulissen, und nicht auf die Benutzerschnittstelle.

Kaehler, C. (1988). Authoring with hypermedia. In Ambron S., und Hooper K. (Eds.), *Interactive Multimedia: Visions of Multimedia for Developers, Educators, & Information Providers*. Microsoft Press, 307–311.
Ein sehr kurzer Artikel (eine Textseite), der die unterliegenden Konzepte der Online-Hilfsfunktionen von HyperCard beschreibt.

Kahn, P. (1989a). Webs, trees, and stacks: How hypermedia system design effect hypermedia content. In Salvendy, G., und Smith, M. J. (Eds.): *Designing and Using Human-Computer Interfaces and Knowledge Based Systems*, Elsevier Science Publishers, 443–449.
Ein Vergleich der Systeme Guide, HyperCard, KMS, und Intermedia aus der Sicht des Hypertextautors. Der Bericht konzentriert sich auf die folgenden Aspekte: Sind es die Knoten oder die Verbindungen, die die Bedeutung bestimmen? Wie hängen Dokumente, Knoten und andere sichtbare Elemente zusammen? Wenn man einer Verbindung folgt, wird dann der momentane Knoten ersetzt oder vervollständigt? Wie unterscheiden sich Autoren und Leser? Kahn benutzt als Beispiel einen Intermedia-Hypertext über die Erforschung des Mondes.

Kahn, P. (1989b). Linking together books: Experiments in adapting published material into hypertext. *Hypermedia* **1**, 2, 111–145.
Beschreibt die Umwandlung chinesischer Gedichte in ein Intermedia Hypertextformat indem er viele Bildschirmabzüge als Beispiele benutzt. Eines der interessantesten Beispiele ist das Überblicksdiagramm der verschiedenen Übersetzer, die die Gedichte des Poeten Tu Fu übersetzt haben. Auf der Y-Achse werden die Übersetzer aufgrund ihres poetischen oder sinologischen Hintergrundes geordnet; auf der X-Achse werden sie chronologisch dargestellt. Der Autor unterscheidet zwischen *objektiven Verbindungen* (z.B. explizite

Literaturreferenzen) und *subjektiven Verbindungen* (sie wurden eingefügt weil derjenige, der das Gedicht in einen Hypertext verwandelte, eine Verbindung zwischen den Informationselementen sah).

Kahn, P., und Landow, G. P. (1992). Where's the hypertext? The Dickens Web as a system-independent hypertext. *Proc. ECHT'92 Fourth ACM Hypertext Conf.*, 149–160.
Beschreibt die Übertragung eines Intermedia-Hypertextes über Charles Dickens in einen Storyspace-Hypertext. Der Intermedia-Hypertext wurde an der Brown University in Literaturkursen benutzt.

Kahn, P., Launhardt, J., Lenk, K., und Peters, R. (1990). Design of hypermedia publications: Issues and solutions. *Proc. Electronic Publishing'90* (Gaithersburg, MD, 18.–20. September), Cambridge University Press.

Kain, H., und Nielsen, J. (1991). Estimating the market diffusion curve for hypertext. *Impact Assessment Bulletin* **9**, 1–2 (Frühjahr), 145–157.
Der Artikel benutzt das Bass-Diagramm um die Marktverbreitung von Hypertext vorherzusagen. Laut diesem Artikel wird der Marktanteil in den Jahren zwischen 1990 und 2000 langsam aber stetig wachsen. Nach dem Jahr 2000 ist ein rapides Wachstum zu erwarten.

Kaltenbach, M., Robillard, F., und Frasson, C. (1991). Screen management in hypertext systems with rubber sheet layouts. *Proc. ACM Hypertext'91 Conf.*, 91–105.
Vorschlag wie man Hypertextbildschirme automatisch organisieren könnte. Enthält Regeln, die existierende Bildschirmelemente aus dem Weg räumen, um Platz für neue Fenster zu schaffen.

Kellogg, W. A., und Richards, J. T. (1995). The human factors of information on the Internet. In Nielsen, J. (Ed.), *Advances in Human–Computer Interaction* Vol. **5**, Ablex.
Der Artikel beschreibt, wieso es so schwierig ist auf dem Internet Information zu finden. Die Autoren betonen, daß wesentliche Benutzbarkeitsprobleme noch immer nicht gelöst wurden, obwohl die neuen grafischen Schnittstellen wesentlich benutzerfreundlicher sind als die alten Unix-Schnittstellen.

Kerr, S. T. (1989). Efficiency and satisfaction in videotex database production. *Behaviour and Information Technology* **8**, 1 (Januar–Februar), 57–63.
Feldstudie, die den Arbeitsstil von Entwicklern beschreibt, die Videotex-Informationen produzieren. Nach einiger Zeit langweilen sich die meisten Entwickler, da der Entwurf von Videotex-Informationen nicht sehr interessant ist. Die Studie beschreibt den permanenten Konflikt zwischen dem Entwickler, der die Hard- und Software auf innovative Art und Weise verwenden will und dem Manager, der strikte Enwurfsrichtlinien festlegt.

Kibby, M. R., und Mayes, J. T. (1989). Towards intelligent hypertext. In McAleese, R. (Ed.): *Hypertext Theory into Practice*, Ablex, 164–172.
Das Hypertextsystem *StrathTutor* versucht ohne manuell erzeugte Hypertextverbindungen auszukommen. Die Verbindungen werden aufgrund seines Wissens über die Knoteninhalte dynamisch erzeugt, während der Benutzer im Hypertext blättert.

Knaster, K. (1994). *Presenting Magic Cap: A Guide to General Magic's Revolutionary Communicator Software*; Addison-Wesley.
Überblick über das Programm, *Magic Cap*, eine Benutzerschnittstelle für „Persönliche Digitale Assistenten" (engl.: Personal Digital Assistants).

Knuth, D. E. (1984). Literate programming. *Computer Journal* **27**, 2 (Mai), 97–111.
Ein Vorschlag für eine Verflechtung der Darstellung von Programmkode und erklärendem Text.

Koons, W. R., O'Dell, A. M., Frishberg, N. J., und Laff, M. R. (1992). The computer sciences electronic magazine: Translating from paper to multimedia. *Proc. ACM CHI'92 Conf.*, 11–18.
Entscheidungen und Probleme die auftraten, als man bei IBM eine hausinterne elektronische Zeitschrift entwickelte.

Koved, L., und Shneiderman, B. (1986). Embedded menus: Selecting items in context. *Communications of the ACM* **29**, 4 (April), 312–318.
Der Artikel beweist, daß Benutzer schneller zurecht kommen, wenn sie mit Informationselementen arbeiten, die nicht isoliert da stehen, sondern in einen Kontext eingebettet sind.

Krauss, F. S. H., Middendorf, K. A., und Willits, L. S. (1991). A comparative investigation of hardcopy vs. online documentation. *Proc. Human Factors Society 35th Annual Meeting*, 350–353.
Die Testpersonen schnitten schlechter ab, wenn sie die Online-Version anstatt der gedruckten Version des Handbuches benutzten. Der Zeitunterschied kann auf das Verschieben und Anpassen von Fenstern, sowie auf die Zeit, die die Testpersonen brauchten um sich zu orientieren, nachdem sie sich im Hypertext verlaufen hatten, zurückgeführt werden. Viele Testpersonen wußten nicht, wie sie zum Ausgangspunkt zurückkehren konnten. Dies unterstreicht den Bedarf nach einer transparenten Zurücksetzfunktion.

Kreitzberg, C. B. (1989). Designing the electronic book: Human psychology and information structures for hypermedia. *Proc. 3rd Intl. Conf. on Human-Computer Interaction* (Boston, MA, 18.–22. September).

Kreitzberg, C. B., und Shneiderman, B. (1988). Restructuring knowledge for an electronic encyclopedia. *Proc. Intl. Ergonomics Association 10th Congress* (Sydney, Australien, 1.–5. August), 615–620.

Entwurfsprobleme, die sich auf das Erstellen der Inhalte einer Hypertextstruktur beziehen.

Lai, K.-Y., Malone, T. W., und Yu, K.-C. (1988). Object Lens: A 'spreadsheet' for cooperative work. *ACM Trans. Office Information Systems* **6**, 4 (Oktober), 332–353.
ObjectLens ist eine Weiterentwicklung des Systems *Information Lens*, einem Filter für elektronische Post und andere Online-Kommunikationen. *ObjectLens* integriert Hypertexttechnologien, objektorientierte Datenbanken und regelbasierte Agenten, um neue Nachrichten automatisch einordnen zu können.

Lai, P., und Manber, U. (1991). Flying through hypertext. *Proc. ACM Hypertext'91 Conf.*, 123–132.
Ein Versuchssystem, das dem Benutzer einen Überblick über Hypertext verschaffen möchte indem es ihm jeden Knoten für sehr kurze Zeit zeigt, ähnlich dem schnellen Durchblättern eines Buches.

Landauer, T. K. (1988). Research methods in human-computer interaction. In Helander, M. (Ed.): *Handbook of Human-Computer Interaction,* Elsevier Science Publishers, 905–928.
Eine gelungene Einführung in die quantitativen und statistischen Methoden, die benutzt werden um das Problem der Benutzbarkeit zu untersuchen.

Landow, G. P. (1987). Relationally encoded links and the rhetoric of hypertext. *Proc. ACM Hypertext'87 Conf.* (Chapel Hill, NC, 13.–15. November), 331–343.
Erschaffung eines rhetorischen Rahmens für Hypertexte besteht darin, daß man Konventionen für die Benutzung der Knoten und Verbindungen definiert. Dadurch kann der Benutzer Erwartungen entwickeln, die es ihm erlauben einzuschätzen, ob er einer Verbindung folgen soll.

Landow, G. P. (1989a). The rhetoric of hypertext: Some rules for authors. *Journal of Computing in Higher Education* **1**, 1 (Frühjahr), 39–64.
19 Regeln für den Entwurf eines zusammenhängenden, zweckmäßigen und nützlichen Hypertextes. Die Regeln werden als die *Rhetorik* von Hypertext bezeichnet und stellen Konventionen für Autoren und Leser dar, die definieren was man bei einer Verbindung oder einem Knoten zu erwarten hat. Die Rhetorik definiert unter anderem, wie ausgehende und eingehende Verbindungen dargestellt werden und wie man den Leser orientieren soll, wenn er an einem neuen Knoten eintrifft.

Landow, G. P. (1989b). Hypertext in literary education, criticism, and scholarship. *Computers and the Humanities* **23**, 173–198.
Der Artikel beschreibt die Benutzung des Systems Intermedia im englischen Literaturunterricht an der Brown University. Es ist der vollständigste Artikel über diese Arbeiten. Die Informationsbasis heißt *Context32* und enthielt ursprünglich 1.000 Dokumente und 1.300 Verbindungen. Sie wächst kontinuierlich. In einem

Einführungskurs wurde Intermedia erfolgreich benutzt auch während den Kursstunden, in denen nicht am Computer gearbeitet wurde. Ein Ethnograph beobachtete die Vorlesungen sowohl vor der Einführung des Systems als auch danach und stellte fest, daß die Anzahl der Studenten die aktiv am Kurs teilnahmen sowie die Zahl der Wortmeldungen um 300% gestiegen war. Der Artikel enthält auch die Liste der Materialien, die Studenten in Vorbereitung auf diesen Kurs lesen sollen, sowie eine detaillierte Beschreibung der ersten Übungsaufgaben für die Studenten, wenn sie anfangen Intermedia im Literaturkursus zu benutzen.

Landow, G. P. (1990). Popular fallacies about hypertext. In Jonassen, D. H., und Mandl, H. (Eds.), *Designing Hypertext/Hypermedia for Learning*. Springer-Verlag, Heidelberg, Deutschland, 39–59.
Der Autor argumentiert, daß man die Natur und den Einfluß von Hypertext nicht anhand kleiner Informationsbasen untersuchen kann – viele der Probleme in seinen eigenen Arbeiten traten erst auf, als der Hypertext *Context32* sehr groß wurde. Der Autor ist der Meinung, daß Navigationsanalogien oder räumliche Analogien hilfreich sind, um über die Probleme von Hypertext nachzudenken (weder zeitliche noch räumliche Metaphern geben jedoch ein korrektes Bild ab). Desweiteren ist der Autor der Meinung, daß Navigation und Orientierung keine entscheidenden Probleme sind. Schlußendlich präsentiert Landow eine interessante Kritik der Analogie zwischen hypertextbasierter Informationsveröffentlichung und konventioneller Veröffentlichung.

Landow, G. P. (1992). *Hypertext: The Convergence of Contemporary Critical Theory and Technology*. Johns Hopkins University Press, Baltimore, MD.
Hypertext als literarisches Medium aus der Sicht eines Englischlehrers. Der Verlag Johns Hopkins University Press hat dieses Buch auch als Hypertext im Macintosh- und im Windows-Format herausgegeben.

Landow, G. P. (Ed.) (1994). *Hyper/Text/Theory*. Johns Hopkins University Press, Baltimore, MD.
lDas Buch untersucht den literaturtheoretischen Hintergrund von Hypertext. Kapitelüberschriften wie z.B. „Wittgenstein, Genette und die Erzählungen des Lesers im Hypertext" (engl.: „Wittgenstein, Genette, and the reader's narrative in hypertext") oder „Physik und Hypertext: Freiheit und Mittäterschaft in der Kunst und der Pädagogik" (engl.: „Physics and hypertext: Liberation and complicity in art and pedagogy") geben einen Eindruck der Themen, die in diesem Buch behandelt werden.

Landow, G. P., und Kahn, P. (1992). Where's the hypertext? The Dickens Web as a system-independent hypertext. *Proc. ACM ECHT'92* Conf. (Milano, Italien, November 30. – Dezember 4.), 149–160.
Das System *Dickens Web* ist ein Hypertext, der das Leben und das Werk von Charles Dickens beschreibt. Das System war ursprünglich auf der Basis von

Intermedia entwickelt worden. Nach dem vorzeitigen Ende von Intermedia wurde *Dickens Web* auf zwei andere Systeme übertragen: das System *Storyspace* der Firma Eastgate System und das System *WorldView* der Firma Interleaf. Die Autoren beschreiben die Probleme, die bei der Übertragung aufgrund der verschiedenen konzeptuellen Modelle der Hypertextsysteme auftraten, zB. hat WorldView keine Mehrfachverbindungen. Nach der Übertragung wurden die verschiedenen Versionen miteinander verglichen, indem man 15 Studenten bat, eine der Versionen für ihre Hausaufgaben zu benutzen. Die Testpersonen konnten die Aufgaben mit allen Versionen erfolgreich lösen und hatten positive sowie negative Kommentare über die drei Systeme. Es wurden keine quantitativen Messungen durchgeführt. In ihren Bemerkungen drückten die Testpersonen aus, daß sie viele der Funktionalitäten der Intermedia-Version in den anderen Versionen vermißten. Es ist nicht klar, inwiefern dies darauf zurückgeführt werden kann, daß sie ein System benutzten, das ursprünglich für Intermedia entwickelt worden war und das diese Funktionalitäten optimal ausnutzte.

Lansdale, M. W., Young, D. R., und Bass, C. A. (1989). MEMOIRS: A personal multimedia information system. In Sutcliffe, A. und Macaulay, L. (Eds.): *People and Computers V*, Cambridge University Press, 315–327.
MEMOIRS (Memory Enhanced Management for Office Information Systems) ist ein persönliches Informationssystem, das das traditionelle Dateikonzept durch ein Netz von Informationsknoten ersetzt, die mit einer Zeitachse verbunden sind.

Laurel, B. (1989). A taxonomy of interactive movies. *Boston Computer Society New Media News* **3**, 1 (Winter), 5–8.
Der Artikel gibt zuerst einen kurzen Überblick darüber, welche Rolle interaktive Medien in Science-Fiction-Filmen spielen. Anschließend werden verschiedene Dimensionen definiert, anhand derer man interaktive Medien beschreiben kann: Frequenz (wie oft kann der Benutzer eine Auswahl treffen), Bandbreite (Zahl der Möglichkeiten zwischen denen er auswählen kann), Bedeutung (wie ausschlaggebend ist die Auswahl) und Rolle (interagiert man in der ersten, zweiten oder dritten Person). Aufgrund dieser Dimensionen können interaktive Spielfilme als navigierend, erzählend oder dramatisch klassifiziert werden.

Laurel, B., Oren, T., und Don, A. (1990). Issues in multimedia interface design: Media integration and interface agents. *Proc. ACM CHI'90 Conf. Human Factors in Computing Systems* (Seattle, WA, 1.–5. April), 133–139.
Agenten stellen eine flexible Hypertextschnittstelle dar, die dem Leser empfehlen kann welchen Knoten er als nächsten besuchen soll. Agenten funktionieren ähnlich wie Hypertextführungen, außer daß sie die Empfehlungen dynamisch zur Laufzeit berechnen können. Die Autoren besprechen mögliche Probleme die auftreten, wenn man Videos und andere Multimediainformationen in Hypertexte einbindet, wie z.B. „Medien-Ghettos" die kaum Verbindung zu anderen Informationstypen haben.

Leggett, J. J., und Killough, R. J. (1991). Issues in hypertext interchange. *Hypermedia* **3**, 3, 159–186.
Benutzung des Dexter-Modells um Hypertexte zwischen den Systemen Intermedia und KMS auszutauschen. Der Artikel unterscheidet zwischen dynamischem (beide Hypertextsysteme arbeiten gleichzeitig an dem Austausch) und statischem Austausch (alle andere Fälle).

Leggett, J., Schnase, J. L., und Kacmar, C. J. (1989). A short course on hypertext. *Technical Report* **TAMU 89-004**, Computer Science Department, Texas A&M University, College Station, TX 77843-3112, Januar.
Die Overhead-Folien des wahrscheinlich ersten Universitätskurses über Hypertext.

Leggett, J., Schnase, J. L., und Kacmar, C. J. (1990). Hypertext and learning. In Jonassen, D. H., und Mandl, H. (Eds.), *Designing Hypertext / Hypermedia for Learning*. Springer-Verlag, Heidelberg, Deutschland, 2737.
Ein kurzer Bericht über die Benutzung von Hypertext in drei verschiedenen Kursen. Enthält auch Kommentare von den Studenten. Alle Kommentare drücken das Bedürfnis nach Annotationsmöglichkeiten, Lesezeichen und Integration mit den restlichen rechnergestützten Werkzeugen aus.

Lesk, M. (1989). What to do when there's too much information. *Proc. ACM Hypertext'89 Conf.* (Pittsburgh, PA, 5.–8. November), 305–318.
Verschiedene Ansätze um Überblicksdiagramme und interaktive Anfragemechanismen für einen Katalog mit 800.000 Einträgen zu realisieren.

Lesk, M. (1991). The CORE electronic chemistry library. *Proc. ACM SIGIR'91 Conf.*, 93–112.
Beschreibung mehrerer Alternativen für die Benutzerschnittstelle eines Systems, das die Ausgaben der letzten zehn Jahre der Zeitschrift der „American Chemical Society" (Amerikanische chemische Gesellschaft) online zur Verfügung stellt: *Pixlook* zeigt eingescannte Bilder der Zeitschriftseiten; *SuperBook* benutzt einen traditionellen Hypertextansatz; und die Komikheft-Schnittstelle, die die Illustrationen jedes Artikels in einem Bildstreifen zusammenfasst und darstellt (Illustrationen sind wichtige Informationen für Chemiker und reichen sehr oft aus um einen Artikel wiederzuerkennen).

Leung, Y. K., und Apperley, M. D. (1994). A review and taxonomy of distortion-oriented presentation techniques. *ACM Transactions on Computer–Human Interaction* **1**, 2 (Juni), 126–160.
Verzerrende Darstellungstechniken, wie z.B die „Fischaugen"-Perspektive, verändern die Datendarstellung, anstatt nur einen Teil wegzulassen, wie es oft in anderen Darstellungstechniken getan wird. Verzerrungsfreie Darstellungen zeigen die Daten in allen Details und benutzen eine vertraute Datenorganisation. Verzerrende Darstellungstechniken sind anfänglich schwerer zu verstehen, und

lassen manchmal Einzelheiten weg, aber sie können die Information in einem reichhaltigeren Kontext zeigen.

Levy, D. M. (1994) Fixed or fluid? Document stability and new media. *Proc. ACM ECHT'94 European Conference on Hypermedia Technology* (Edinburgh, Großbritannien, 18.–23. September), 24–31.
Der Autor ist der Meinung, daß alle Dokumente einen statischen und einen veränderlichen Aspekt haben. Dies trifft sogar auf Papierdokumente zu (die ja normalerweise als statisch angesehen werden). Der Empfänger eines gedruckten Berichts kann z.B. handschriftliche Bemerkungen hinzufügen; wenn der Bericht kopiert wird, erhält der nächste Empfänger veränderte Information, abhängig davon, welches Exemplar des Berichts kopiert worden war. Außerdem unterscheidet der Autor zwischen der Dauer und der Stabilität eines Dokumentes: ein Dokument, wie z.B. die Verfassung der Vereinigten Staaten, ist von Dauer, wird aber mehrfach verändert. Andere Dokumente, wie z.B. ein Patsch-Zettel überdauern nur sehr kurze Zeit, sie werden aber wahrscheinlich nie verändert.

Levy, S. (1994). E-money, that's what I want. *WIRED* **2**, 12 (Dezember), 174–179 & 213–215 & 218–219.
Beschreibung mehrerer Projekte die digitale Geldüberweisungsmethoden entwickeln. Das Projekt *DigiCash* von David Chaum wird hervorgehoben.

Liestøl, G. (1994). Aesthetic and rhetorical aspects of linking video in hypermedia. *Proc. ACM ECHT'94 European Conference on Hypermedia Technology* (Edinburgh, Großbritannien, 18.–23.) September, 217–223.
iVideo-Fußnoten stellen die Ausgangspunkte für Hypertextverbindungen in Videoaufnahmen dar.

Lippman, A., Bender, W., Salomon, G., und Saito, M. (1985). Color word processing. *IEEE Computer Graphics and Applications* **5**, 6 (Juni), 41–46.
Ein Prototyp einer Textverarbeitungsumgebung, in der Textänderungen in unterschiedlichen Farben gezeigt werden, abhängig davon, wann der Benutzer die Änderungen eingefügt hat.

Lucas, P., und Schneider, L. (1994). Workscape: A scriptable document management environment. *ACM CHI'94 Conference Companion* 9–10.
Ein Prototyp eines Büroautomatisierungssystems, das die Arbeit am Computer so organisiert wie die Arbeit mit Papier und Bleistift. Objekte können räumlich angeordnet und mit Patsch-Zetteln versehen werden.

Luther, A. C. (1988). You are there... and in control. *IEEE Spectrum* **25**, 9 (September), 45–50.
Eine populärwissenschaftliche Beschreibung der technologischen Basis von DVI (Digital Video Interactive). Liefert eine kurze Beschreibung möglicher Hypermediaanwendungen. Der Artikel enthält sehenswerte bunte Abzüge von DVI-Bildsequenzen, unter anderem eine Sequenz aus vier Bildschirmen des Systems *Palenque* (ein virtueller Reiseführer, siehe auch [Wilson 1988]).

Macedonia, M. R., und Brutzman, D. P. (1994). MBone provides audio and video across the Internet. *IEEE Computer* **27**, 4 (April), 30–36.
Der *MBone* (Multicast Backbone) ermöglicht die breite Verteilung von Video-Informationen auf dem Internet. Der MBone benutzt dazu einen Mechanismus, der so ähnlich wie bei den Rundfunksendern, keiner individuelle Verbindung zwischen Sender und Empfängern bedarf.

Mackay, W. E., und Davenport, G. (1989). Virtual video editing in interactive multimedia applications. *Communications of the ACM* **32**, 7 (Juli), 802–810.
Der Artikel beschreibt mehrere Multimediaprojekte am MIT (das Media Lab und das Projekt Athena). Enthält unter anderem Beschreibungen der Systeme *Athena Muse* und *Pygmalion* (ein Multimedianachrichtensystem). Der Artikel konzentriert sich besonders auf die Werkzeuge, die für den Entwurf der Systeme benutzt wurden.

Mackinlay, J. D., Card, S. K., und Robertson, G. G. (1990). Rapid controlled movement through a virtual 3D workspace. *Proc. ACM SIGGRAPH'90 Conf.*, 171–176.
Verschiedene Methoden, die benutzt werden können, um das Aussehen von Objekten in dreidimensionalen Benutzerschnittstellen zu verändern, ohne den Benutzer zu verwirren. Man bewegt sich sehr schnell im dreidimensionalen Raum, wenn man weit vom Ziel entfernt ist; je näher man an das Zielobjekt herankommt, desto langsamer bewegt man sich.

Mackinlay, J. D., Robertson, G. G., und Card, S. K. (1991). The perspective wall: Detail and context smoothly integrated. *Proc. ACM CHI'91 Conf.*, 173–179.
Die *perspektivische Mauer* (engl.: perspective wall) präsentiert Datenobjekte in zwei Dimensionen. Die X-Achse wird üblicherweise benutzt um die Zeit darzustellen. Die X-Achse erzeugt einen perspektivischen Eindruck, indem sie sich rechts und links vom Zentrum in Richtung des Bildhintergrundes verliert. Dies erzeugt den Eindruck, daß die Mauer unendlich lang ist.

MacTech Quarterly **1**, 4 (Winter 1990), 8–26 and 112–124.
Ein Serie technischer Artikel, die das Hypertextsystem *SuperCard* beschreiben. Die Artikel sind von Andrew Himes, Chris Van Hamersveld und Tony Myles. Sie beschreiben SuperCard, wie man es für die Entwicklung von Anwendungen benutzt und wie der Editor von SuperCard funktioniert.

Mahajan, V., Muller, E., und Bass, F. M. (1990). New product diffusion models in marketing: A review and directions for research. *Journal of Marketing* **54**, 1 (Januar), 1–26.
Dieser Artikel hat keinen besonderen Bezug auf Hypertext, sondern er beschreibt Marktverbreitungsmodelle für innovative Produkte. Der Artikel enthält wichtige Hintergrundinformationen, die es erlauben, die Verbreitung der Hypertext-konzepte, Ideen und Produkte vorherzusagen.

Malcolm, K. C., Poltrock, S. E., und Schuler, D. (1991). Industrial strength hypertext: Requirements for a large engineering enterprise. *Proc. ACM Hypertext'91 Conf.*, 13–24.
Vorschau auf die Benutzung von Hypertexttechnologien in der Flugzeugindustrie, mit dem Ziel große Mengen an Daten, Handbüchern, technischen Zeichnungen, usw. miteinander zu verbinden. Die Anforderungen, die die Firma Boeing an Hypertext stellt, sind: Kompatibilität mit verschiedenen Rechnertypen; geteilte Informationsräume, die die Zusammenarbeit innerhalb der Entwicklungsgruppen unterstützen; Hypertextautoren und -leser müssen neue Verbindungen einfügen können; Verbindungen müssen durch Eigenschaften beschrieben werden können; Mehrfachverbindungen; typisierte Verbindungen; private (nur einem Benutzer zugänglich) und öffentliche Verbindungen (alle Benutzer können darauf zugreifen); Schablonen, die es ermöglichen vordefinierte Strukturen zu benutzen wenn man Hypertexte erstellt; automatisch erzeugte Überblicksdiagramme, Anfragemechanismen, Konfigurations-kontrolle und Programmierbarkeit.

Malone, T. W., Lai, K. Y., und Fry, C. (1992). Experiments with Oval: A radically tailorable tool for cooperative work. *Proc. ACM CSCW'92 Conf.* (Toronto, Kanada, 31. Oktober–4. November), 289–297.
Ein objekt-orientiertes System, in dem man E-mail-Schnittstellen mit Hypertextverbindungen erstellen kann. Das Projekt *Oval* ist der Nachfolger von *Object Lens* und *Information Lens*. Oval ist sehr anpassungsfähig und kann die Funktionalität der verschiedensten Systeme nachahmen, z.B. gIBIS, Coordinator, Lotus Notes und Information Lens.

Maltz, D., und Ehrlich, K. (1995). Pointing the way: Active collaborative filtering. *Proc. ACM CHI'95 Conf.*
Mitglieder großer Organisationen können einander helfen geeignete Informationen zu finden, indem sie Zusammenfassungen veröffentlichen. Die Zusammenfassungen enthalten Verweise auf und kurze Beschreibungen von Informationen, die zumindest ein Mitglied der Organisation als nützlich empfunden hat. Andere Leser können auf die Zusammenfassungen zugreifen und der Verbindung folgen, wenn die Kurzbeschreibung ihr Interesse weckt.

Mander, R., Salomon, G., und Wong, Y. Y. (1992). A 'pile' metaphor for supporting casual organization of information. *Proc. ACM CHI'92 Conf.*, 627–634.
Die Autoren untersuchten, wie Leute am Arbeitsplatz mit Papier umgehen. Sie fanden heraus, daß sehr viel Information in lose organisierten Stapeln gespeichert und geordnet wurde (wahrscheinlich um dem Problem der verfrühten Klassifizierung zuvorzukommen, wie man es z.B. in NoteCards [Monty 1986] findet). Die Autoren entwarfen eine Computerschnittstelle, die es dem Benutzer erlaubt, Information in Stapeln zu organisieren und die automatisch Stapel zur

Verfügung stellt, die vom Rechner aufgrund vordefinierter Regeln verwaltet werden.

Mantei, M (1982). *A Study of Disoriention in ZOG*, Ph.D. Thesis, University of Southern California.
Diese Studie untersucht das Navigationsverhalten im System ZOG (dem Vorgänger von KMS). Es handelt sich hier wahrscheinlich um die erste Doktorarbeit über Hypertext.

Marchionini, G. (1989). Making the transition from print to electronic encyclopedia: Adaptation of mental models. *Intl.J. Man-Machine Studies* **30**, 6 (Juni), 591–618.
Sechzehn Schüler benutzten die Enzyklopädie *Grolier's Academic American Encyclopedia* in der gedruckten und der elektronischen Form. Beide Versionen wurden auf ungefähr die gleiche Weise benutzt. Das Resultat dieser Studie sollte uns allerdings nicht dazu verleiten, zu glauben, daß alle Benutzer Hypertext so anwenden wie gedruckte Unterlagen, da die Hypertextversion der Enzyklopädie den Testpersonen nur für sehr kurze Zeit zur Verfügung stand und sehr beschränkte Funktionalität anbot. Ein weiteres interessantes Resultat dieser Untersuchung zeigt sich in den Antworten, die die Schüler gaben, als sie die gedruckte und die elektronische Version miteinander vergleichen sollten: die Hälfte der Schüler meinte, die elektronische Version sei schneller, drei waren der Meinung sie enthalte mehr Information, und einer behauptete sie sei aktueller. In Wirklichkeit arbeiteten die Studenten *langsamer,* wenn sie die elektronische Version benutzten und beide Versionen enthielten genau den gleichen Text. Diese Beobachtungen bringen einige der Probleme ans Licht, die bei subjektiven Auswertungen auftreten. Sie zeigen auch, wie verführerisch neue Technologien sein können.

Marchionini, G. (1990). Evaluating hypermedia-based learning. In Jonassen, D. H., und Mandl, H. (Eds.), *Designing Hypertext/Hypermedia for Learning.* Springer-Verlag, Heidelberg, Deutschland, 355–373.
Eine Diskussion verschiedener Methoden zur Bewertung der Benutzbarkeit einer Schnittstelle. Der Autor bevorzugt sehr umsichtige (aber auch sehr schwierige) Verfahren.

Marchionini, G., und Crane, G. (1994). Evaluating hypermedia and learning: Methods and results from the Perseus Project. *ACM Trans. Information Systems* **12**, 1 (Januar), 5–34.
Bericht über verschiedene Studien, die die Benutzung des Systems*Perseus* im Schulbereich untersuchten. Die meisten Studenten und Lehrer waren davon begeistert, daß Perseus ihnen erlaubte während des Unterrichts auf Hypermediamaterialien zu verweisen. Einige Benutzer fanden dies verwirrend. Aufsätze enthielten mehr Zitate, wenn der Hypertext benutzt wurde. Bewertung

der Aufsätze durch unabhängige Professoren, zeigte allerdings keine qualitativen Verbesserungen auf Seiten der Hypertextbenutzer.

Marchionini, G., und Shneiderman, B. (1988). Finding facts vs. browsing knowledge in hypertext systems. *IEEE Computer* **21**, 1 (Januar), 70–80.
Die Autoren führen ein neues Informationssuchverfahren ein. Um zu zeigen wie ihr Verfahren mit existierenden Hypertextmodellen zusammenarbeitet, benutzen sie eine Hyperties-basierte Implementierung der Enzyklopädie *Grolier's Electronic Encyclopedia*.

Mark, G., Haake, J., Streitz, N. (1995). The use of hypermedia in group problem solving: An evaluation of the Dolphin electronic meeting room environment. *Proc. European Conference on Computer-Supported Cooperative Work (E-CSCW'95)* (Stockholm, Schweden, 10. - 15. September, 1995), 197 - 213.
Eine empirische Untersuchung des Systems DOLPHIN.

Marshall, C. C., und Irish, P. M. (1989). Guided tours and on-line presentations: How authors make existing hypertext intelligible for readers. *Proc. ACM Hypertext'89 Conf.* (Pittsburgh, PA, 5.–8. November), 15–26.
Der Artikel beschreibt, wie man geführte Touren und Handlungsstrukturen als Metainformation benutzt um die eigentliche Information in einem Hypertext verständlicher zu gestalten.

Marshall, C. C., und Rogers, R. A. (1992). Two years before the mist: Experiences with Aquanet. *Proc. ACM ECHT'92 Conf.*, 53–62.
In dieser Fallstudie wurde das System *Aquanet* benutzt, um über einen Zeitraum von 2 Jahren hinaus eine Hypertextstruktur mit ca. 2.000 Knoten zu entwickeln (durchschnittlich 5 Knoten pro Arbeitstag).

Marshall, C. C., und Shipman, F. M., III (1993). Searching for the missing link: Discovering implicit structure in spatial hypertext. *Proc. ACM Hypertext'93 Conf.*, 217–230.
Das Hypertextsystem *Aquanet* erlaubt es dem Autor Knoten räumlich zu organisieren. Das System benutzt die räumliche Organisation um automatisch Strukturen zu erkennen. Es geht hierbei von der Annahme aus, daß Knoten die eng zusammen liegen auch miteinander verwandt sind. Das System versucht auch mehrfach vorkommende Gruppierungen zu entdecken, da diese möglicherweise implizite Strukturen darstellen.

Marshall, C. C., Halasz, F. G., Rogers, R. A., und Janssen, W. C. (1991). Aquanet: A hypertext tool to hold your knowledge in place. *Proc. ACM Hypertext'91 Conf.*, 261–275.
Das Hypertextsystem *Aquanet* hilft bei der Strukturierung von Wissen, z.B. bei der Darstellung komplexer Argumentationen. Knoten in Aquanet sind komplexe Gebilde, die durch typisierte Eigenschaften beschrieben werden.

Marshall, C. C., Shipman, F. M., und Coombs, J. H. (1994). VIKI: Spatial hypertext supporting emerging structure. *Proc. ACM ECHT'94 European Conference on Hypermedia Technology* (Edinburgh, Großbritannien, 18.–23. September), 13–23.
Im System VIKI werden Knoten miteinander verknüpft, indem sie auf dem Bildschirm nahe beieinander darstellt werden. Auf diese Art wird die Hypertextstruktur stufenweise verfeinert und der Benutzer kann sich die Information in einer Reihe von Strukturierungszuständen ansehen.

Masuda, Y., Ishitoba, Y., und Ueda, M. (1994). Frame-axis model for automatic information organizing and spatial navigation. *Proc. ACM ECHT'94 European Conference on Hypermedia Technology* (Edinburgh, Großbritannien, 18.–23. September), 146–157.
Hypertextknoten werden durch Eigenschaften mit Werten dargestellt. Die Werte der Eigenschaften können auf Achsen grafisch dargestellt werden. Die Navigation zwischen Knoten mit vergleichbaren Werten entspricht einer Bewegung entlang der Achse.

Maunder, C. (1994). Documentation on tap. *IEEE Spectrum* **31**, 9 (September), 52–56.
Kurzer Artikel, der die Entwicklung einer Online-Dokumentation in SGML beschreibt. Der Artikel benutzt als Beispiel Anwendungen bei British Telecom.

Mayes, T., Kibby, M., und Anderson, T. (1990). Learning about learning from hypertext. In Jonassen, D. H., und Mandl, H. (Eds.), *Designing Hypertext/Hypermedia for Learning.* Springer-Verlag, Heidelberg, Deutschland, 227–250.
Ein Bericht darüber, wie Studenten mit dem System *StrathTutor* arbeiten. Die interessantesten Resultate stammen von sogenannten *konstruktiven Interaktionsstudien.* Hier werden zwei Studenten dabei beobachtet, wie sie einander helfen das System zu verstehen.

McCracken, D., und Akscyn, R. M. (1984). Experience with the ZOG human-computer interface system. *Intl.J. Man-Machine Studies* **21**, 293–310.
ZOG ist ein frame-basiertes Hypertextsystem und wurde an der Carnegie-Mellon University entwickelt.

McKnight, C., Dillon, A., und Richardson, J. (1989). Problems in hyperland? A human factors perspective. *Hypermedia* **1**, 2, 167–178.
Ein Artikel, der die Studien aus dem Mensch-Maschine-Bereich zusammenfaßt, die für Hypertextbenutzerschnittstellen relevant sind.

McKnight, C., Richardson, J., und Dillon, A. (1990). Journal articles as learning resource: What can hypertext offer?. In Jonassen, D. ., und Mandl, H. (Eds.), *Designing Hypertext/Hypermedia for Learning.* Springer-Verlag, Heidelberg, Deutschland, 277–290.

Der Artikel beschreibt ein Projekt, in dem acht Bände der Zeitschrift *Behaviour and Information Technology* in einen Hypertext umgewandelt wurden.

Merwin, D. H., Dyre, B. P., Humphrey, D. G., Grimes, J., und Larish, J. F. (1990). The impact of icons and visual effects on learning computer databases. *Proc. Human Factors Society 34th Annual Meeting* (Orlando, FL, 8.–12. Oktober), 424–428.
Animationen und andere sichtbare Effekte helfen dem Benutzer, die Navigation im Hypertext zu verstehen.

Metros, S. E. (1994). Investigating Lake Iluka: Graphic design for the interface. *ACM interactions* **1**, 3 (Juli), 26–40.
Diese Fallstudie beschreibt die Entwicklung eines pädagogischen Hypertexts im Umweltbereich. Der Artikel konzentriert sich besonders auf den grafischen Entwurf und benutzt mehrere Beispiele. Der Autor betont die Rolle einer durchgängigen Metapher, wenn man dem Benutzer die Navigation im Informationsraum erleichtern möchte. In diesem Beispiel wurde das Notizbuch als Metapher für das System ausgewählt.

Meyrowitz, N. (1986). Intermedia: The architecture and construction of an object-oriented hypermedia system and applications framework. *Proc. OOPSLA'86 Conf. Object-Oriented Programming Systems, Languages, and Applications* (Portland, OR, 29. September–2. Oktober), 186–201.
Der Artikel beschreibt die Problematik, die auftritt wenn man die objektorientierte Entwicklungsumgebung *MacApp* zur Entwicklung eines Hypermediasystems benutzen möchte.

Meyrowitz, N. (1989a). The missing link: Why we're all doing hypertext wrong. In Barrett, E. (Ed.): *The Society of Text*, MIT Press, Cambridge, MA, 107–114.
Der Autor ist der Meinung, daß Hypertext noch keine größere Verbreitung gefunden hat, weil es nicht mit dem Rest der Arbeitsumgebung integriert ist. Intermedia beinhaltet ein Integrationsprotokoll, das es erlauben würde andere Anwendungen einzubetten, falls diese Anwendungen das Integrationsprotokoll implementieren würden. Die Benutzung von Hypertext würde sich ausbreiten, wenn das Integrationsprotokoll ein integraler Bestandteil des Betriebssytems wäre, z.B. durch Einbettung in die Macintosh Toolbox oder den IBM Presentation Manager.

Meyrowitz, N. (1989b). Hypertext—does it reduce cholesterol, too? *Technical Report* **89-9**, Institute for Research in Information and Scholarship (IRIS), Brown University, Providence, RI, November. Neuauflage in Nyce, J. M., und Kahn, P. (Eds.) (1991). *From Memex to Hypertext: Vannevar Bush and the Mind's Machine*. Academic Press, 287–318.
Die programmatische Rede anläßlich der Tagung *Hypertext'89*. Meyrowitz stellt seine Ansichten über verschiedene Hypertextentwurfsprobleme dar und vergleicht

Vannevar Bushs Vision des Systems Memex mit der heute verfügbaren Technologie.

Meyrowitz, N. (1991). Hypertext and pen computing. *Proc. ACM Hypertext'91 Conf.*, 379.
Beschreibung der Hypertextfähigkeiten des Betriebssystems Penpoint der Firma GO.

Meyrowitz, N., und van Dam, A. (1982). Interactive editing systems, parts I and II. *ACM Computing Surveys* **14**, 3 (September), 321–352 und 353–415.
Nur ein Teil der Artikel befaßt sich mit Hypertext. Sie bieten aber einen sehr guten Überblick über die Verfahren, die üblicherweise benutzt werden um auf dem Rechner mit großen Textstrukturen umzugehen. Unter anderem werden auch einige Grundlagen für den Umgang mit Strukturen eingeführt.

Mills, C. B., und Weldon, L. J. (1987). Reading text from computer screens. *Computing Surveys* **19**, 4 (Dezember), 329–358.
Ein Überblick über die empirischen Untersuchungen im Hinblick auf die Rolle der physikalischen Repräsentation von Texten auf Computerbildschirmen (z.B. Kleinbuchstaben vs. Großbuchstaben, Zeilenabstand, Farbe, usw.)

Monk, A. (1989). The personal browser: A tool for directed navigation in hypertext systems. *Interacting with Computers* **1**, 2 (August), 190–196.
Der Autor schlägt eine Alternative zu den üblichen Navigationsmitteln vor. Der *Persönliche Browser* zeigt nur die Knoten an, die der Benutzer explizit in den Browser eingefügt hat. Der Browser beobachtet das Verhalten des Benutzers, und wenn dieser einen Knoten mehrmals besucht hat, fragt er ihn, ob er den Knoten einfügen möchte.

Monk, A. F., Walsh, P., und Dix, A. J. (1988). A comparison of hypertext, scrolling and folding mechanisms for program browsing. In Jones D. M., and Winder, R. (Eds.): *People and Computers IV*, Cambridge University Press, 421–435.
Eine Studie über das Browsing-Verhaltens in einem kleinen Hypertext, der aus Programmierkode mit ausführlichen Kommentaren besteht. Die Testpersonen schnitten beim Gebrauch einer Schnittstelle ohne strukturelles Überblicksdiagramm wesentlich schlechter ab, als wenn eine Schnittstelle mit Strukturüberblicksdiagramm, Rollbalken oder anderen traditionellen Navigationshilfen benutzt wurde.

Monty, M. L. (1986). Temporal context and memory for notes stored in the computer. *ACM SIGCHI Bulletin* **18**, 2 (Oktober), 50–51.
Die Benutzer des Systems NoteCards schnitten schlecht ab, da die Information zu früh strukturiert und am Bildschirm zu homogen dargestellt wurde.

Monty, M. L., und Moran, T. P. (1986). A longitudinal study of authoring using NoteCards. *ACM SIGCHI Bulletin* **18**, 2 (Oktober), 59–60.

Eine Studie über einen Universitätsstudenten, der das System NoteCards sieben Monaten lang benutzte um ein Forschungspapier zu schreiben.

Morita, M., und Shinoda, Y. (1994). Information filtering based on user behavior analysis and best match text retrieval. *Proc. 17th Annual ACM SIGIR Conf.*, 272–281.
Eine Untersuchung über das Leseverhalten von acht Benutzern die 8.000 NetNews-Artikel lasen, zeigt, daß es eine eindeutige Korrelation gibt zwischen der Zeit, die ein Leser mit einem Artikel verbringt, und seiner subjektiven Bewertung des Artikels. Die „Lese-Nutzung" (engl.: read wear), bei der die Zeit gemessen wird, die ein Leser mit einem Artikel verbringt, ist ein guter Ansatz um den Interessantheitsgrad automatisch daraus abzuleiten.

Moulthrop, S. (1989). Hypertext and 'the hyperreal'. *Proc. ACM Hypertext'89 Conf.* (Pittsburgh, PA, 5.–8. November), 259–267.
Eine literarische Analyse interaktiver Märchen, mit der besonderen Hervorhebung der Systems *Afternoon* von Michael Joyce und des Systems *Storyspace*.

Mountford, S. J., Mitchell, P., O'Hara, P., Sparks, J., und Whitby, M. (1992). When TVs are computers are TVs. *Proc. ACM CHI'92 Conf.*, 227–230.
Aussichten über das interaktive Fernsehen und anderer Methoden, wie man Rechner und Fernseher miteinander kombinieren könnte.

Mukherjea, S., Foley, J. D., und Hudson, S. E. (1994). Interactive clustering for navigating in hypermedia systems. *Proc. ACM ECHT'94 European Conference on Hypermedia Technology* (Edinburgh, Großbritannien, 18.–23. September), 136–145.
Gruppierungsverfahren erzeugen hierarchische Strukturen für Überblicksdiagramme.

Mylonas, E. (1992). An interface to classical Greek civilization. *J. of the American Society for Information Science* **43**, 2 (März), 192–201.
Überblick über die Entwicklung des Projektes *Perseus* bis hin zu seiner ersten Veröffentlichung als CD-ROM durch den Verlag Yale University Press.

Mylonas, E., und Heath, S. (1990). Hypertext from the data point of view: Paths and links in the Perseus project. *Proc. ECHT'90 European Conf. Hypertext* (Paris, Frankreich, 28.–30. November), Cambridge University Press, 324–336.
Text- und Datenelemente im System Perseus sind mit zusätzlichen Information versehen, die die Bedeutung der Elemente beschreiben. Diese Informationen werden benutzt um automatisch weitere Verbindungen zwischen verwandten Objekten zu erzeugen. Spezielle Objekttypen, wie z.B. der Münz- oder Vasenkatalog sind anwendungsspezifisch.

Mynatt, B. T., Leventhal, L. M., Instone, K., Farhat, J., und Rohlman, D. S. (1992). Hypertext or book: Which is better for answering questions? *Proc. ACM CHI'92 Conf.* (Monterey, CA, 3.–7. Mai), 19–25.

Die Hypertextenzyklopädie *HyperHolmes* wurde mit einer gedruckten Version des gleichen Textes verglichen. Benutzer beider Versionen schnitten ungefähr gleich gut ab. Die Hypertextbenutzer konnten die Fragen besser beantworten, deren Antworten im Fließtext enthalten waren; die Leser der gedruckten Version schnitten besser ab, wenn es sich um Informationen handelte, die auf Landkarten zu finden waren.

Nabkel, J., und Shafrir, E. (1995). Blazing the trail: Design considerations for interactive information pioneers. *ACM SIGCHI Bulletin* **27**, 1 (Januar), 45–54.
Der Artikel beschreibt die Entwurfsentscheidungen, die bei der Entwicklung von dem Online-Hilfesystem *SynerVision* und dem WWW-Service *Access HP* eine Rolle gespielt haben. Die geographische Navigationsmetapher wird genauer beschrieben.

Nanard, J., Richy, H., und Nanard, M. (1988). Conceptual documents: A mechanism for specifying active views in hypertext. *Proc. ACM Conf. Document Processing Systems* (Santa Fe, NM, 5.–9. Dezember), 37–42.
Wie man automatisch ein Dokument aus einer Informationsbasis zusammenstellt.

Negroponte, N. (1995). *Being Digital*, Knopf.
Erweiterung von Negropontes Kolumne in der Zeitschrift *WIRED*. Vermittelt einen guten Einblick in die Verschmelzung von Fernseh- und Computertechnologien. Beschreibt die „Negroponte-Verschiebung" (engl.: Negroponte switch) (Negropontes Voraussage, daß in Zukunft die Massenmedien, wie z.B. das Fernsehen, per Kabel verbreitet werden, und daß persönliche Kommunikation, wie z.B. das Telefon, drahtlos übertragen werden wird).

Nelson, T. (1980). Replacing the printed word: A complete literary system. In Lavington, S. H. (Ed.): *Proc. IFIP Congress 1980*, Niederlande, 1013–1023.
Dieser Artikel ist wesentlich einfacher zu finden als andere Publikationen, die Ted Nelson selbst verlegt hat (man bestellt ihn bei der *World Computer Conference*). Der Artikel beschreibt Nelsons Entwurf eines universellen Hypertextes, der alles enthält was jemals niedergeschrieben wurde.

Nelson, T. (1988). Unifying tomorrow's hypermedia. *Proc. Online Information 88* (London, Großbritannien, 6.–8. Dezember), 1–7.
Der Artikel warnt vor einer „Balkanisierung" der Hypertextentwicklung. Sie würde mit einer großen Anzahl unverträglicher Hypertextformate enden. Nelson bevorzugt offene Hypertextarchitekturen gegenüber geschlossener Systeme.

Newcomb, S. R., Kipp, N. A., und Newcomb, V. T. (1991). The HyTime hypermedia/time-based document structuring language. *Communications of the ACM* **34**, 11 (November), 67–83.
HyTime ist ein ISO Standard (10744), der auf SGML aufbaut. Der Standard konzentriert sich auf die Formatierung der Information auf dem Bildschirm

(anstatt auf die gedruckte Darstellung). HyTime kann Hypertexte und zeitabhängige Medien, wie z.B. Videos, darstellen. Weitere Informationen über HyTime sind per FTP (anonymous ftp) über folgende Adressen erhältlich: ftp.ifi.uio.no [129.240.88.1], Verzeichnis SIGhyper; oder mailer.cc.fsu.edu [128.186.6.103], Verzeichnis /pub/sgml.

Nicol, A. (1988). Interface design for hyperdata: Models, maps and cues. *Proc. Human Factors Society 32nd Annual Meeting*, 308–312.
Der Artikel untersucht die Vorgehensweise von HyperCard-Entwicklern. Die meisten verbringen wenig Zeit mit systematischem Entwurf, sondern fangen von unten an den Hypertext „Knopf-für-Knopf" zu entwickeln. Der Artikel enthält mehrere Richtlinien, die zum systematischen Entwurf beitragen. Die Richtlinien bauen auf Metaphern und Navigationskonventionen auf.

Nielsen, J. (1986). Online documentation and reader annotation. *Proc. 1st Conf. Work With Display Units* (Stockholm, Schweden, 12.–15. Mai), 526–529.
Eine empirische Untersuchung der Annotationen, die in gedruckten Büchern verwendet werden, wie z.B. das Unterstreichen von Textpassagen und das Hinzufügen handschriftlicher Kommentare.

Nielsen, J. (1988). Trip report: Hypertext'87. *ACM SIGCHI Bulletin* **19**, 4 (April), 27–35.
Tagungsbericht von der ersten wissenschaftlichen Tagung zum Thema Hypertext in Chapel Hill, North Carolina, vom 13.–15. November 1987. Der Tagungsbericht existiert auch in Hypertextform (siehe Kapitel 2).

Nielsen, J. (1989a). Prototyping user interfaces using an object-oriented hypertext programming system. *Proc. NordDATA'89 Joint Scandinavian Computer Conference* (Copenhagen, Dänemark, 19.–22. Juni), 485–490.
Technische Probleme, die auftreten, wenn man HyperCard benutzt um Benutzerschnittstellen zu entwickeln. Der Artikel beschreibt zwei Beispiele: ein Videotex-System und eine Hypertextschnittstelle, die frühere Benutzerinteraktionen in Betracht zieht.

Nielsen, J. (1989b). Mini trip report: HyperHyper: Developments across the field of hypermedia. *ACM SIGCHI Bulletin* **21**, 1 (Juli), 65–67.
Tagungsbericht von der Sitzung der Gesellschaft *British Computer Society* am 23. Februar 1989 in London. Enthält Berichte über die Diskussionen zu ergonomischen Aspekten von Hypertext und des Systems *Glasgow Online*.

Nielsen, J. (1989c). Usability engineering at a discount. In Salvendy, G. and Smith, M. J. (Eds.): *Designing and Using Human-Computer Interfaces and Knowledge Based Systems*, Elsevier Science Publishers, Amsterdam, 394–401.
Einfache und leicht anwendbare Entwurfsmethoden für benutzerfreundliche Systeme.

Nielsen, J. (1989d). Trip Report: Hypertext II. *ACM SIGCHI Bulletin* **21**, 2 (Oktober), 41–47.
Tagungsbericht von der zweiten britischen Tagung über Hypertext, die vom 29. - 30. Juni 1989 in York, Großbritannien, stattfand.

Nielsen, J. (1989e). The matters that really matter for hypertext usability. *Proc. ACM Hypertext'89 Conf.* (Pittsburgh, PA, 5.–8. November), 239–248.
Ein Überblick über 92 quantitative Resultate, die in 30 verschiedenen wissenschaftlichen Publikationen veröffentlicht wurden. Sie behandeln allesamt verschiedene Online-Text- und Hypertextansätze. Der Artikel schlußfolgert, daß drei Faktoren die Benutzbarkeit am stärksten beeinflußen: individuelle Unterschiede zwischen den Benutzern; Verschiedenheit der Aufgaben; und ob ein Benutzer den Hypertext anders benutzt als konventionellen Text (gedruckt oder online). Die ersten beiden Faktoren führen zu der Schlußfolgerung, daß es wahrscheinlich kein universell benutzbares Hypertextsystem geben kann.

Nielsen, J. (1990a). Three medium sized hypertexts on CD-ROM. *ACM SIGIR Forum* **24**, 1–2, 2–10.
Eine Besprechung zu verschiedenen Hypertextsystemen, die in HyperCard geschrieben und wegen ihrer Größe auf CD vertrieben wurden: *The Manhole* (ein interaktives Märchen), *Time Table of History*, und *The Electronic Whole Earth Catalog*. Der Artikel bewertet die Benutzbarkeit der Systeme im Bezug auf verschiedene Grundregeln, wie z.B. durchgängiges konsistentes Zurücksetzverfahren, Werdegang-Funktionalität und mehrdimensionale Navigationsverfahren.

Nielsen, J. (1990b). The art of navigating through hypertext. *Communications of the ACM* **33**, 3 (März), 296–310.
Architektur eines Hypertextsystems, das die rezenten Handlungen des Anwenders benutzt um einen verbesserten Navigationskontext zu schaffen. Der Artikel erläutert Benutzbarkeits-probleme, die beim Test der ersten Versionen dieses Systems auftraten. Der Artikel enthält viele Illustrationen und Bildschirmabzüge, die dem Leser einen guten Eindruck über das System vermitteln.

Nielsen, J. (1990c). Trip report: Hypertext'89. *ACM SIGCHI Bulletin* **21**, 4 (April), 52–61.
Tagungsbericht von der zweiten ACM-Tagung zum Thema Hypertext, die vom 5. - 8. November 1989 in Pittsburgh, Pennsylvania, stattfand.

Nielsen, J. (1990d). Evaluating hypertext usability. In Jonassen, D. H., und Mandl, H. (Eds.), *Designing Hypertext/Hypermedia for Learning*. Springer-Verlag, Heidelberg, Deutschland, 147–168.
Methoden, die die Benutzbarkeit eines Hypertextes messen und bewerten. Enthält eine Besprechung über die Benutzbarkeitsparameter und Testpläne.

Nielsen, J. (1990e). Review of BBC Interactive Television Unit's Ecodisc. *Hypermedia* **2**, 2, 176–182.

Ecodisc ist eine interaktive CD-ROM, die durch die Simulation eines Naturschutzgebietes ökologisches Wissen vermittelt. Aus der Sicht von Hypertext ist das System besonders wegen seiner Reisesimulation interessant, die den Benutzer durch das Naturschutzgebiet führt. Ähnlich wie im System *Aspen Movie Map* des MIT (Massachusetts Institute for Technology) ermöglicht ein „Jahreszeiten-Knopf" den dynamischen Saisonwechsel. Die CD enthält Benutzerschnittstellen in neun verschiedenen Sprachen (Englisch, Französisch, Deutsch, Spanisch, Italienisch, Dänisch, Schwedisch und Holländisch).

Nielsen, J. (1990f). Miniatures versus icons as a visual cache for videotex browsing. *Behaviour & Information Technology* **9**, 6, 441–449.
Miniaturen (verkleinerte Abbildungen der Knoten) und Ikone werden zu einer Werdegangsliste zusammengestellt, damit der Benutzer ohne Umstände zu seinem zuletzt besuchten Knoten zurückkehren kann.

Nielsen, J. (Ed.) (1990g). *Designing User Interfaces for International Use.* Elsevier Science Publishers, Amsterdam, Niederlande.
Der Artikel erläutert die Probleme, die auftreten wenn eine Benutzerschnittstelle in einem anderen Land benutzt wird, wie z.B. Übersetzungsprobleme, Softwareunterstützung für die Lokalisierung, internationale Richtlinien, besondere Probleme, die bei asiatischen Versionen auftreten. Der Artikel erläutert diese Probleme anhand mehrerer Fallstudien, unter anderem einem Hypertextsystem.

Nielsen, J. (1993a). *Usability Engineering.* Academic Press, San Diego, CA.
Ein Lehrbuch für den Entwurf einfach zu benutzender Schnittstellen mit vielen Beispielen aus dem Hypertextbereich. Eine überarbeitete Version erschien 1994 als Taschenbuch.

Nielsen, J. (1993b). Noncommand user interfaces. *Communications of the ACM* **36**, 4 (April), 83–99.
Der Artikel behandelt Benutzerschnittstellen der nächsten Generation, wie z.B. verallgemeinerte Hypertextansätze, die den expliziten Zugriff auf Dateien überflüssig machen, da alle Informationselemente miteinander verbunden sind. Der Artikel geht dabei davon aus, daß die persönlichen Informationsräume so groß werden, daß man in ihnen nicht mehr mit Dateisystemen arbeiten kann.

Nielsen, J. (1993c). Iterative user interface design. *IEEE Computer* **26**, 12 (Dezember), 32–41.
Iterative Entwurfsmethoden können wesentlich zu verbesserten Schnittstellen beitragen. Vier Fallstudien werden aufgeführt (eine davon ist ein Hypertextsystem). Durchschnittlich wurden die messbaren Benutzbarkeitsaspekte pro Iteration um 38% verbessert.

Nielsen, J. (1995a). Applying discount usability engineering. *IEEE Software* **12**, 1 (Januar).

Der Artikel beschreibt die einfachen Methoden, die dafür sorgten, daß das System *SunWeb* benutzbarer wurde.

Nielsen, J. (1995b). The electronic business card: An experiment in half-dead hypertext. *Hypermedia* **7**, 1.
Semiaktive Verbindungen (engl.: half-dead links) verlangen mehr, als nur die bloße Aktivierung des Hypertextausgangspunktes. Semiaktive Verbindungen werden benutzt, wenn technische Gründe den automatischen Hypertextsprung verhindern. Die elektronische Visitenkarte ist ein Beispiel für eine semiaktive Verbindung, die indirekt benutzt werden kann um auf weitere Informationen über ihren Besitzer zuzugreifen. Die Visitenkarte kann zwischen PDAs (Persönlichen Digitalen Assistenten) ausgetauscht werden, oder als Verweis in Broschüren, Forschungspublikationen oder anderen gedruckten Medien verwendet werden.

Nielsen, J., und Lyngbæk, U. (1990). Two field studies of hypermedia usability. In McAleese, R., und Green, C. (Eds.) *Hypertext: State of the Art,* Ablex, 64– 72.
Ein allgemeiner Überblick über die Benutzung von Feldstudien in der Einschätzung der Benutzbarkeit von Hypermediasystemen. Der Artikel stellt die Resultate aus zwei Studien vor: Akademiker, die einen Forschungsbericht lesen, der im System *Guide* geschrieben wurde und Schulkinder aus einem Kindergarten, die das nicht-verbale interaktive Märchen über die Abenteuer der Katze Inigo „lesen".

Nielsen, J., Frehr, I., und Nymand, H. O. (1991a). The learnability of HyperCard as an object-oriented programming system. *Behaviour & Information Technology* **10**, 2 (März–April), 111–120.
Studenten konnten das Programmieren in HyperCard in etwa zwei Tagen erlernen. Sie hatten aber danach immer noch Probleme, die objektorientierten Konzepte des Systems zu verstehen.

Nielsen, J., Hardman, L., Nicol, A., und Yankelovich, N. (1991b). The Nielsen ratings: Hypertext reviews. *Proc. ACM Hypertext'91 Conf.* (San Antonio, TX, 15.–18. Dezember), 359–360.
Prinzipien für die Begutachtung von Hypertextdokumenten im Hinblick auf ihre Nützlichkeit, Integrität, Benutzbarkeit und allgemeine Ästhetik. Hypertext ist ein ausdrucksvolles Medium und Hypertextdokumente sollten von Kritikern genauso begutachtet werden, wie literarische Werke, Filme oder neue Kompositionen.

Nielsen, J., und Sano, D. (1994). SunWeb: User interface design for Sun Microsystem's internal web. *Proc. Second Intl. WWW Conf. '94: Mosaic and the Web* (Chicago, 17.–20. Okt.), 547–557 (verfügbar auf dem WWW über die Addressen
http://www.ncsa.uiuc.edu/SDG/IT94/Proceedings/HCI/nielsen/sunweb.html und as http://www.sun.com/technology-research/sun.design/sunweb.html).
Diese Fallstudie beschreibt die Entwicklung eines Informationssystems, das innerhalb eines Unternehmens über das WWW implementiert wurde. Der Artikel

enthält mehrere Illustrationen der Schnittstelle und zeigt die verschiedenen Entwicklungsstufen vieler Ikone. Er beschreibt die Benutzbarkeitsaspekte des Entwicklungsprozesses.

Nievergelt, J., und Weydert, J. (1980). Sites, modes and trails: Telling the user of an interactive system where he is, what he can do, and how to get to places. In Guedj, R. A., ten Hagen, P. J. W., Hopgood, F. R. A., Tucker, H. A., und Duce, D. A. (Eds.), *Methodology of Interaction,* North Holland Publishing Company, 327–338.
Ein frühes Werk über Benutzbarkeit und Navigation.

Noik, E. G. (1993). Exploring large hyperdocuments: Fisheye views of nested networks. *Proc. ACM Hypertext'93* (Seattle, WA, 14.–18. November), 192–205.
Organisationsprinzipien für „Fischaugen"-Perspektiven, die sich besonders damit beschäftigen, wie man verschachtelte Hypertextnetzwerke so darstellen kann, daß der Benutzer die Elemente möglichst einfach erkennt, auch wenn sie vergrößert oder verkleinert wurden.

Nordhausen, B., Chignell, M. H., und Waterworth, J. (1991). The missing link? Comparison of manual and automated linking in hypertext engineering. *Proc. Human Factors Society 35th Annual Meeting,* 310–314.
Die Autoren schlagen vor, den Wert und die Benutzbarkeit von Verbindungen zu messen indem Testpersonen den subjektiven Wert einer Verbindung angeben sollen, bevor sie den Hypertextsprung ausführen und nachdem sie am Ziel angekommen sind.

Nyce, J. M., und Kahn, P. (1989). Innovation, pragmaticism, and technological continuity: Vannevar Bush's Memex. *Journal of the American Society for Information Science* **40**, 3 (Mai), 214–221.
Ein historischer Bericht über die Entwicklungen, die zu Vannevar Bushs Konzeption von *Memex* geführt haben. Der Artikel enthält Auszüge aus frühen Publikationen von Vannevar Bush, aus der Zeit in der er Memex entwickelte, sowie eine kurze Beschreibung späterer Arbeiten. Der Artikel enthält zwei Originalbilder des Memex.

Nyce, J. M., und Kahn, P. (Eds.) (1991). *From Memex to Hypertext: Vannevar Bush and the Mind's Machine.* Academic Press.
Nachdrucke der Originalarbeiten von Vannevar Bush. Enthält unter anderem den Artikel über Memex, „Memex II" und „Memex Revisited". Das Buch enthält auch Arbeiten anderer Autoren, in denen sie berichten wie Bush und seine Arbeiten sie beeinflußten. Das Buch dokumentiert wie wegweisend die Arbeiten von Bush waren.

Oberlin, S., und Cox, J. (Eds.) (1989). *Microsoft CD-ROM Yearbook 1989–1990.* Microsoft Press.

Ein Buch bestehend aus 935 Seiten; es enthält ein vollständiges Verzeichnis aller verfügbaren CD-ROM-Titel, CD-Verlagshäuser und anderer Dienstleistungsanbieter. Ein Großteil des Buches (650 Seiten) besteht aus kurzen, fünfseitigen Artikeln über alle möglichen CD-ROM- Aspekte, elektronisches Veröffentlichen und Hypertext. Die meisten Autoren sind uns aus den verschiedenen Themenbereichen bekannt und viele der Artikel sind Nachdrucke. Da die Originalquellen nur schwer erhältlich sind, stellt das Buch einen wichtigen Beitrag dar.

Obraczka, K., Danzig, P. B., und Li, S. (1993). Internet resource discovery systems. *IEEE Computer* **26**, 9 (September), 8–22.
Ein Überblick über Such- und Entdeckungswerkzeuge, wie z.B. Veronica oder Archie, die Informationen auf dem Internet finden.

Odlyzko, A. M. (1995). Tragic loss or good riddance? The impending demise of traditional scholarly journals. *Intl. J. Human–Computer Studies* **in press**. (Neuauflage in Peek, R. P., und Newby, G. B. (Eds.), Electronic Publishing Confronts Academia: The Agenda for the Year 2000, MIT Press 1995). Kürzere Version wurde im Januar 1995 von Notices Amer. Math. Soc. veröffentlicht. Auch verfügbar auf dem Internet unter der Adresse ftp://netlib.att.com/netlib/att/math/odlyzko/tracig.loss.Z
Der Autor, ein Mathematiker der Bell Laboratories, ist der Meinung, daß elektronische Veröffentlichung und Dokumentation die einzige Möglichkeit ist, der Flut wissenschaftlicher Literatur Herr zu werden. Traditionelle Zeitschriften sind zu langsam und schwerfällig. Odlyzko schätzt, daß die durchschnittlichen Forschungskosten für einen Artikel bei 20.000 Dollar liegen, daß der Begutachtungsprozeß 4.000 Dollar kostet und daß Besprechungen in anderen Publikationen noch einmal 1.000 Dollar kosten. Insgesamt kostet der intellektuelle Anteil der Publikation des Artikels ca. 25.000 Dollar; die Druckkosten liegen durchschnittlich bei 4.000 Dollar und stellen 14% der Gesamtkosten dar.

Olsen, D. R. (1992). Bookmarks: An enhanced scroll bar. *ACM Trans. Graphics* **11**, 3 (Juli), 291–295.
Entwurf eines Rollbalkens, der mehrere benutzer-definierte Lesezeichen enthalten kann.

Oren, T. (1987). The architectures of static hypertexts. *Proc. ACM Hypertext'87 Conf.* (Chapel Hill, NC, 13.–15. November), 291–306.
Der Artikel behandelt die besonderen Entwurfsprobleme, die auftreten wenn man einen Hypertext auf einer CD-ROM oder auf anderen nicht-veränderlichen Medien speichert. Die Unveränderbarkeit des Speichermediums kann als Vorteil gewertet werden, da sie die Integrität des Hypertextes sicherstellt. Veränderliche Komponenten, z.B. Annotationen, können auf der Festplatte gespeichert werden. Sie werden dann dynamisch dem statisch gespeicherten Hypertext beigegeben.

Der größte Teil des Artikels konzentriert sich auf allgemeine Hypertextschnittstellenprobleme, wie z.B. Überblicksdiagramme und die Beschränkung der Verbindungen auf 7 ± 2 Verbindungen pro Knoten, und nicht so sehr auf CD-ROM-spezifische Aspekte.

Oren, T. (1988). The CD-ROM connection. *BYTE* **13,** 13 (Dezember), 315–320.
Eine etwas gekürzte Version des Artikels [Oren 1987].

Oren, T., Salomon, G., Kreitman, K., und Don, A. (1990). Guides: Characterizing the interface. In Laurel, B. (Ed.): *The Art of Human-Computer Interface Design*, Addison-Wesley, 367–381.
Der Artikel beschreibt wie antropomorphische oder gefilmte menschliche Führer den Benutzer durch einen Hypertext führen können. Diese Führer funktionieren ähnlich wie Agenten; die beschriebenen Führer sind allerdings nicht intelligent. Trotzdem schreiben Testpersonen ihnen größere Fähigkeiten zu, als ihre technische Realisierung erwarten ließe.

Østerbye, K. (1992). Structural and cognitive problems in providing version control for hypertext. *Proc. ECHT'92 Fourth ACM Hypertext Conf.*, 33–42.Ø
Der Autor diskutiert die Probleme, die auftreten wenn man mehrere Versionen von Knoten und Verbindungen in einem Hypertext verwalten möchte. Als Beispiel wird das Gebiet der Softwareentwicklung benutzt. Das Einfrieren der alten Version, und die Beschränkung der Annotationsfähigkeit auf die neue Version, stellt die technisch einfachste Lösung dar. Der Autor ist allerdings der Meinung, daß man die Annotation alter Versionen zulassen sollte (z.B. wenn man ausdrücken möchte, daß eine früher gültige Annahme ungültig geworden ist). Sogenannte „substantielle Verbindungen" sollten zusammen mit den Knoten eingefroren werden, da sie ein wichtiger Bestandteil für die Bedeutung des Knotens sind, und für ein späteres Verständnis erhalten werden müssen. Versionen einer Verbindung können dadurch charakterisiert werden, indem man sich merkt, auf welche Knoten die verschiedenen Verbindungen deuteten.

Østerbye, K., und Nørmark, K. (1994). An interaction engine for rich hypertext. *Proc. ACM ECHT'94 European Conference on Hypermedia Technology* (Edinburgh, Großbritannien, 18.–23. September), 167–176.
Die Autoren prägen den Begriff „reichhaltiger Hypertext" um Informationsbasen zu beschreiben, die zusätzliche semantische Informationen enthalten. Die semantischen Informationen können Attribute oder interne Strukturen der Knoten sein. Die Autoren führen den Programmkode als Beispiel für reichhaltigen Hypertext ein; das Hypertextsystem kann sein Verständnis des Programmkodes benutzen, um die Präsentation der Inhalte optimal an die Aufgabe des Benutzers anzupassen. Man beachte, daß in unserem Buch der Begriff „reichhaltiger Hypertext" benutzt wird für Hypertexte, die viele Verbindungen per Knoten haben.

Palaniappan, M., Yankelovich, N., und Sawtelle, M. (1990). Linking active anchors: A stage in the evolution of hypermedia. *Hypermedia* 2, 1, 47–66.
Der Artikel behandelt die Probleme, die auftreten wenn man Hypertextverbindungen mit aktiven Objekten definieren möchte, wie z.B. mit Video-Sequenzen oder Tonaufnahmen. Aktive Objekte (oder Dokumente) fallen in drei Kategorien: Abspielen (dynamische Sicht auf gespeicherte sequentielle Daten), Aufname (Daten strömen in den Hypertext), Anfragen (Teilmengen werden aufgrund von benutzerdefinierten Kriterien ausgewählt). Besondere Synchronisationsmechanismen werden benutzt, wenn die Hypertextverbindung auf mehrere aktive Objekte zeigen, die gleichzeitig abgespielt werden sollen.

Patterson, J. F., und Egido, C. (1987). Video browsing and system response time. In Diaper, D., und Winder, R. (Eds.): *People and Computers III,* Cambridge University Press, Großbritannien, 189–198.
Benutzer stellten 50% mehr Anfragen an das System, wenn die Antwortzeiten kurz waren (3 Sekunden) als wenn das System langsam reagierte (Antwortzeit von 11 Sekunden).

Pausch, R., Robertson, G. G., Card, S. K., Mackinlay, J. D., und Moshell, M. (1993). Three views of virtual reality. *IEEE Computer* 26, 2 (Februar), 79–83.
Überblick verschiedener Virtual-Reality-Ansätze. Beschreibt auch nicht-immersive Oberflächen, militärische Anwendungen und die Reaktion der Presse.

Pearl, A. (1989). Sun's link service: A protocol for open linking. *Proc. ACM Hypertext'89 Conf.* (Pittsburgh, PA, 5.–8. November), 137–146.
Hypertext als Teil des Betriebssystems ermöglicht Verbindungen zwischen Anwendungen.

Pejtersen, A. M. (1989). A library system for information retrieval based on a cognitive task analysis and supported by an icon-based interface. *Proc. SIGIR'89 Twelfth Annual Intl. ACM SIGIR Conf. Research and Development in Information Retrieval* (Cambridge, MA, 25.–28. Juni), 40–47.
Der Entwurf des Systems *BookHouse*, das bei der Suche nach Romanen in einer Bibliothek behilflich ist.

Peper, G. (1991). Hypertext: Its relationship to, and potential impact on, knowledge-based systems. *Impact Assessment Bulletin* 9, 1–2, 53–71.
Ähnlichkeiten und Unterschiede zwischen Hypertexten und wissensbasierten Systemen. Der wichtigste Unterschied liegt in der flexibleren Wissensrepräsentation der Hypertextsysteme, ihrer besseren Benutzerschnittstellen und der Tatsache, daß der Benutzer in der Interaktion mit dem Hypertextsystem die Kontrolle hat.

Peper, G. L., MacIntyre, C., und Keenan, J. (1989). Hypertext: A new approach for implementing an expert system. *IBM Expert Systems Interdivisional Technical Liason,* November, 305–309. Erhältlich von Gerri Peper, IBM, Dept. 77K, Building 026, 5600 North 63rd Street, Boulder, CO 80314, USA.

Vergleich zwischen Expertensystemen und Hypertextsystemen als Wissenrepräsentations-mechanismen.

Perkins, R. (1995). The Interchange Online Network: Simplifying information access. *Proc. ACM CHI'95 Conf.*
Interchange ist ein Online-Dienst, den man benutzen kann um Artikel verschiedener Computer-Magazine zu lesen und an Diskussionsrunden teilzunehmen.

Perkins, R., und Rollert, D. (1994). Interchange, an online service for people with special interests. In Wiklund, M. E. (Ed.), Usability in Practice, Academic Press, 427–456.
Gute Beschreibung der Arbeiten, die dafür gesorgt haben, daß der Online-Dienst der Firma Ziff-Davis einfach zu benutzen ist. Die Firma Ziff-Davis stellt Online-Versionen von Zeitschriftenartikeln auf dem Netz zur Verfügung. Versuche mit Benutzern und iterative Entwurfsmethoden werden besonders hervorgehoben.

Perlman, G. (1989). System design and evaluation with hypertext checklists. *Proc. 1989 IEEE Conf. Systems, Man, and Cybernetics* (Cambridge, MA, November).
Das System *NaviText SAM* ist die Hypertextschnittstelle für eine umfangreiche Sammlung von Schnittstellenentwurfsrichtlinien.

Perlman, G., Egan, D., Ehrlich, S., Marchionini, G., Nielsen, J., und Shneiderman, B. (1990). Evaluating hypermedia systems. *Proc. ACM CHI'90 Conf. Human Factors in Computing Systems* (Seattle, WA, 1.–5. April), 387–390.
Gegenüberstellung mehrerer Verfahren zur Bewertung der Benutzbarkeit eines Systems.

Potter, R. L., Weldon, L. J., und Shneiderman, B. (1988). Improving the accuracy of touch screens: An experimental evaluation of three strategies. *Proc. ACM CHI'88* (Washington, DC, 15.–19. Mai), 27–32.

Potter, R., Berman, M., und Shneiderman, B. (1989). An experimental evaluation of three touch screen strategies within a hypertext database. *Intl. J. Human-Computer Interaction* **1**, 1, 41–52.
Berührungsempfindliche Bildschirme waren am einfachsten zu benutzen, wenn die Abhebe-Strategie anstatt der Aufsetz-Strategie verwendet wurde um die Benutzerauswahlen am Bildschirm zu registrieren.

Potter, W. D., und Trueblood, R. P. (1988). Traditional, semantic, and hyper-semantic approaches to data modeling. *IEEE Computer* **21**, 6 (Juni 1988), 53–63.
Besprechung über die Unterschiede zwischen traditionellen Datenmodellen, die sich eher nach den Bedürfnissen des Computers richten, und neueren Hypertextansätzen, die ihre Datenmodelle eher nach den Konzepten der realen Welt richten.

Price, D. J. (1956). The exponential curve of science. *Discovery* **17**, 240–243.

Die Zahl der wissenschaftlichen Veröffentlichungen ist in den letzten Jahren exponentiell gestiegen und verdoppelt sich scheinbar alle zehn bis fünfzehn Jahre.

Pullinger, D. J., Maude, T. I., und Parker, J. (1987). Software for reading text on screen. *Proc. IFIP INTERACT'87* (Stuttgart, Deutschland, 1.–4. September), 899–904.

Texte wurden bedeutend schneller gelesen, wenn der Leser zwischen Textstellen hin und her springen konnte, anstatt nur weiterzublättern oder zur nächsten Zeile überzugehen.

Quick, W. T. (1989). Bank robbery. *Analog Science Fiction* **109**, 5 (Mai), 128–143.

Ein Science-Fiction-Roman der zeigt, wie wichtig es ist, daß Menschen (oder vielleicht auch KI-Assistenzprogramme) an der Redaktion von Informationsräumen mitarbeiten. Der Held des Romans ist der Herausgeber einer Sammlung von Hypertextverbindungen, dessen persönliche Such-Software gestohlen wird. Die Software wird benutzt um im Informationsraum automatisch nach Materialien zu suchen, die in die Sammlung von Verbindungen aufgenommen werden sollen.

Rada, R. (1991). *Hypertext: From Text to Expertext*. McGraw-Hill, London, Großbritannien

Allgemeine Einführung in das Hypertextgebiet. Die Benutzung von Hypertext als Wissensrepräsentationsmedium und als integraler Teil von Expertensystemen, steht im Vordergrund des Artikels (der etwas ausgefallene Begriff „Expertext" bezeichnet die Kombination von Expertensystem und Hypertext).

Rada, R. (1992). Converting a textbook to hypertext. *ACM Trans. Information Systems* **10**, 3 (Juli), 294–315.

Erfahrungen aus der Übertragung des Artikels [Rada 1991] in vier verschiedene Hypertextformate: Emacs-Info, Guide, Hyperties und SuperBook. Der Text wurde zuerst in ein semantisches Netz umgewandelt, das manuell mit zusätzlichen Informationen angereichert wurde, bevor es mittels spezieller Transformationsprogramme in die internen Formate der verschiedenen Hypertexsysteme umgewandelt wurde.

Rada, R., und Murphy, C. (1992). Searching versus browsing in hypertext. *Hypermedia* **4**, 1, 1–30.

Vergleich zwischen der gedruckten Version und mehrerer Hypertextformate des gleichen Buches. Der Vergleich zeigt, daß das Blättern in Büchern effizienter ist als das Blättern in Hypertextsystemen. Die letzteren schneiden aber besser ab, wenn man nach Infomationen sucht. Ausgefallene Hypertextfunktionalitäten, wie z.B. mehrere Inhaltsverzeichnisse, erwiesen sich als wenig hilfreich.

Rafeld, M. (1988). The LaserROM project: A case study in document processing systems. *Proc. ACM Conf. Document Processing Systems* (Santa Fe, NM, 5.–9. Dezember 1988), 21–29.
Die Firma Hewlett-Packard verschickt jedes Jahr mehr als 8.000 verschiedene Publikationen. Um die Kosten zu senken, möchte man die Veröffentlichungen auf CD-ROM speichern. Der Artikel beschreibt Probleme, die auftreten wenn man existierende Dokumente in ein Hypertextformat überträgt oder wenn man Bilder einbinden möchte.

Ragland, C. (1988). Guide 2.0 and HyperCard 1.1: Choices for hypermedia developers. *HyperAge Magazine* (Mai–Juni), 49–56.
Eine guter Vergleich zwischen den führenden Hypertextprodukten im Jahr 1988.

Rao, R., Card, S., Jellinek, H., Mackinlay, J., und Robertson, G. (1992). The information grid: A retrieval-top-level extension to the desktop user interface metaphor. In *Proc. ACM UIST'92 User Interface Software and Technology* (Monterey, CA, 15.–18. November), 23–32.
Konzeptuell wichtiger Artikel, der davon ausgeht, daß die Suche nach Information eine strukturell grundlegende Funktion des Computers ist. Dies könnte ein wichtiger Beitrag zu Betriebssystemen sein, die auf Hypertext aufbauen.

Rao, U., und Turoff, M. (1990). Hypertext functionality: A theoretical framework. *Intl.J. Human–Computer Interaction* **2**, 4, 333–357.
Eine komplexe Hypertexttaxonomie, die auf den Prinzipien eines psychologischen Modells aufbaut (Guilford Theorie der Struktur des Intellekts).

Raskin, J. (1987). The hype in hypertext: A critique. *Proc. ACM Hypertext'87 Conf.* (Chapel Hill, NC, 13.–15. November), 325–330.
Der Autor ist der Meinung, daß Hypertextschnittstellen ernsthafte Benutzungsprobleme haben, wogegen Schnittstellen mit linearen Textsystemen hervorragend und sehr einfach sein können.

Raymond, D. R., und Tompa, F. W. (1988). Hypertext and the Oxford English Dictionary. *Communications of the ACM* **31**, 7 (Juli), 871–879.
Der Artikel beschreibt, wie vorhandene Dokumente in ein Hypertextformat umgewandelt werden können.

Rearick, T. C. (1991). Automating the conversion of text into hypertext. In Berk, E., und Devlin, J. (Eds.), *Hypertext/Hypermedia Handbook*, McGraw-Hill.
Diskussion über die verschiedenen Etappen bei der Umwandlung linearer Textdateien in einen Hypertext, von den Vorbereitungsarbeiten bis hin zur rechnergestützten Aufbereitung der Verbindungen. Der Artikel hebt die Methoden hervor, die in Lotus SmarText benutzt werden.

Rein, G. L., und Ellis, C. A. (1991). rIBIS: A real-time group hypertext system. *Intl. J. Man–Machine Studies* **34**, 3 (März), 349–367.

gIBISEine Weiterentwicklung des Systems gIBIS, die es mehreren Benutzern erlaubt, gleichzeitig an demselben Hypertext zu arbeiten.

Reinhardt, A. (1994). Managing the new document. *BYTE* **19**, 8 (August), 90–104.
Überblick über das Gebiet der Dokumentverwaltung, mit besonderer Betonung auf objekt-orientierten und zusammengesetzten Dokumenten. Der Artikel behandelt verschiedene Aspekte, wie z.B. die Dokumentspeicherung (z.B. der Shamrock-Standard), Integrationssoftware (z.B. Lotus Notes) bis hin zu den Anwendungen. Die Tatsache, daß Anwendungen, die auf einem Dokumentverwaltungssystem aufbauen, nicht direkt auf das Dateisystem zugreifen können, sondern die Dokumentteile aus einer Datenbank anfragen müssen, ist ein wichtiger Punkt in diesem Artikel.

Reisel, J. F., und Shneiderman, B. (1987). Is bigger better? The effects of display size on program reading. In Salvendy, G. (Ed.): *Social, Ergonomic and Stress Aspects of Work with Computers,* Elsevier Science Publishers, 113–122.
Je Größer, desto Besser!

Remde, J. R., Gomez, L. M., und Landauer, T. K. (1987). SuperBook: An automatic tool for information exploration—hypertext? *Proc. ACM Hypertext'87 Conf.* (Chapel Hill, NC, 13.–15. November), 175–188.
Der Entwurf für das Hypertextsystem *SuperBook* baute auf den Prinzipien der Mensch-Maschine-Interaktionsforschung auf. *SuperBook* umfasste unter anderem Textindizierung, Definition von mehreren Synonymen für das gleiche Konzept, und dynamische hierarchische Darstellung der Daten.

Resnick, P., Iacovou, N., Suchak, M., Bergstrom, P., Riedl, J. (1994). GroupLens: An open architecture for collaborative filtering of netnews. *Proc. ACM CSCW'94 Conf.*
Der Leser kann über die Qualität eines Netnews-Artikels abstimmen, während er den Artikel liest. Die Meinungsäußerungen werden zusammengefaßt und dienen anderen Lesern als Entscheidungshilfen.

Rheingold, H. (1993). *The Virtual Community: Homesteading on the Electronic Frontier,* Addison-Wesley.
Sehr populäres Buch, das die Mehrbenutzeraspekte der Computer-Netzwerke untersucht. Besprochen werden unter anderem MUDs (multi-user dungeons - Rollenspiele für mehrere Benutzer), IRL (Internet Relay Chat) und Online-Diskussionsgruppen auf dem Internet und auf privaten Netzwerken.

Riley, V. A. (1990). An interchange format for hypertext systems: The Intermedia model. *Proc. NIST Hypertext Standardization Workshop* (Gaithersburg, MD, 16.-18. Januar), 213–222.
Ein Austauschformat für Intermedia-Verbindungsinformation.

Ripley, G. D. (1989). DVI: A digital multimedia technology. *Communications of the ACM* **32**, 7 (Juli), 811–822.

Ein Artikel über DVI mit ausführlichen Beispielen. Er enthält sowohl technische Informationen über Hardware-Architekturen und Speicherkapazitäten verschiedener Medien als auch zahlreiche Anwendungsbeispiele, z.B. aus Palenque und dem WWII Spitfire Flugsimulator.

Robertson, C. K., McCracken, D., und Newell, A. (1981). The ZOG approach to man-machine communication. *Intl. J. Man-Machine Studies* **14**, 461–488.
ZOG war eines der ersten Hypertextsysteme, das spätere Entwicklungen maßgeblich beeinflußte. ZOG benutzte Frames, Verbindungen und Online-Text.

Robertson, G. G., Mackinlay, J. D., und Card, S. K. (1991). Cone trees: Animated 3D visualizations of hierarchical information. *Proc. ACM CHI'91 Conf.*, 189–194.
Konische Bäume (engl.: cone trees) stellen die Ebenen eines hierarchischen Graphs als Kreise dar, die unter der Wurzel angeordnet sind. Aus diesem Grund sind einige Knoten (mit all ihren untergeordneten Knoten) im Vordergrund dargestellt und andere sind in den Hintergrund gerückt. Diese Anordnung erzeugt automatisch eine „Fischaugen"-Perspektive, in der die interessanten Dinge im Vordergrund stehen. Der Benutzer verändert seinen Aufmerksamkeitsschwerpunkt indem er den Baum (oder Teile davon) dreht.

Robertson, G. G., Card, S. K., und Mackinlay, J. D. (1993). Information visualization using 3D interactive animation. *Communications of the ACM* **36**, 4 (April), 57–71.
Dreidimensionale Darstellungen können mehr Elemente gleichzeitig in einem Fenster zeigen, als dies bei zweidimensionalen Darstellungen möglich ist. Nicht alle Elemente können gleichzeitig im Vordergrund gezeigt werden. Aus diesem Grund müssen die grafischen Operationen, die Elemente im Raum bewegen, das Wahrnehmungssystem des Benutzers ansprechen, damit er sich auf seine Aufgabe konzentrieren kann, während er die Darstellung verändert.

Russell, D. M. (1990). Alexandria: A learning resources management architecture. In Jonassen, D. H., und Mandl, H. (Eds.), *Designing Hypertext/Hypermedia for Learning*. Springer-Verlag, Heidelberg, Deutschland, 439–457.
Beschreibung eines Projektes im Forschungsinstitut Xerox PARC. In dem Projekt wird eine integrierte Lernumgebung entwickelt, die unter anderem Simulationen, Prüfungen, Videotheken und linguistische Hilfsmittel wie Wörterbücher enthalten soll. Die Architektur baut auf einem Kern (engl.: kernel) auf, der verschiedene Informationsarten und Anwendungen miteinander verbinden kann. Der Kern definiert das Hypermediaprotokoll. Russel beschreibt wie IDE [Jordan et al. 1989] in das Alexandria-Modell eingepaßt werden könnte.

Salomon, G. B. (1990). Designing casual-use hypertext: The CHI'89 InfoBooth. *Proc. ACM CHI'90 Conf. Human Factors in Computing Systems* (Seattle, WA, 1.–5. April), 451–458.

Eine Beschreibung des Informationskiosks der Firma Apple anläßlich der Tagung ACM CHI'89. Sie enthält unter anderem Bildschirmauszüge aus den verschiedenen iterativen Entwurfsphasen. Während der Tagung konnten Teilnehmer personenbezogene Daten eingeben und Bilder einscannen. Am Ende der Tagung wurde das gesammelte Werk als Jahrbuch auf CD herausgegeben.

Salomon, G., Oren, T., und Kreitman, K. (1989). Using guides to explore multimedia databases. *Proc. 22nd Hawaii International Conference on System Sciences* (Kailua-Kona, HI, 3.–6. Januar), 3–12.
lAntropomorphische Führer leiten den Benutzer durch einen Hypertext. Siehe auch [Oren et al. 1990].

Salton, G. (1989). *Automatic Text Processing: The Transformation, Analysis, and Retrieval of Information by Computer.* Addison-Wesley.
Das Buch enthält zwar nur drei hypertextspezifische Seiten, stellt aber eine gelungene Einführung in das Gebiet des Information Retrieval dar. Bespricht auch ähnliche Fragestellungen, die besonders für Hypertext interessant sind.

Samuelson, P., und Glushko, R. J. (1991). Intellectual property rights for digital library and hypertext publishing systems: An analysis of Xanadu. *Proc. ACM Hypertext'91 Conf.*, 39–50.
Eine Analyse über die Unterschiede zwischen dem bestehendem Urheberrecht und der in Xanadu vorgeschlagenen Tantiemenstruktur. Der wichtigste Unterschied besteht darin, daß bestehendes Urheberrecht auf der einzelnen Kopie des Werkes aufbaut, unabhängig davon wie oft oder wieviel die Kopie benutzt wird. Das Xanadu-Modell hingegen berechnet jede einzelne Nutzung und jeden Zugriff auf das Werk. Der Artikel erklärt auch wie die Gebühren in Rechnung gestellt werden könnten, und zu welcher Lösung große Anbieter von Online-Diensten tendieren. Zum Schluß spekulieren die Autoren darüber, wie das Xanadu-Tantiemenmodell das Verhalten der Autoren und der Leser beeinflussen könnte.

Sarkar, M., und Brown, M. H. (1992). Graphical fisheye views of graphs. *Proc. ACM CHI'92 Conf.*, 83–91.
Grafische Transformationen die aus zweidimensionalen Strukturen „Fischaugen"-Perspektiven aufbauen, die im Zentrum des Bildes mehr Einzelheiten zeigen.

Savoy, J. (1989). The electronic book Ebook3. *Intl. J. Man-Machine Studies* **30**, 5 (Mai), 505–523.
Das Hypertextsystem Ebook3 strukturiert Dokumente hierarchisch. Ebook3-Dokumente können ausgedruckt werden. Es handelt sich um ein offenes System, das jede externe Anwendung in den Text integrieren kann. Üblicherweise werden Anwendungen integriert, die das Verständnis des Schülers überprüfen sollen oder die Konzepte simulieren, die im Text eingeführt wurden. Erfahrungen mit dem System Ebook3 in der Schweiz zeigen, daß Studenten am Anfang die Texte ausdrucken, und später anfangen dynamischeres Leseverhalten zu entwickeln, z.B.

indem sie ihre eigenen Modelle aufbauen. Leider werden die Erfahrungen erst am Ende des Artikels, und auch dort nur sporadisch, beschrieben.

Sawhill, R. (1994). A crazy shade of Winter. *WIRED* **2**, 12 (Dezember), 168–171 & 220.
Ein Portrait des Autors Robert Winter, der CD-ROMs mit „Beethoven's *Ninth Symphony*, Stravinsky's *The Rite of Spring*, und Dvoráck's From the New World" geschrieben hat.

Saxenian, A. (1994). *Regional Advantage: Cultural and Competition in Silicon Valley and Route 128*. Harvard University Press.
Silicon Valley (das Gebiet rundum die Stadt Palo Alto in Kalifornien) hat der Route 128 (das Gebiet rundum die Stadt Boston in Massachusetts) den Rang als Zentrum der Computer-Industrie abgelaufen, da der Technologie- und Personaltransfer zwischen Unternehmen in Silicon Valley besser funktioniert.

Schnase, J. L., und Leggett, J. J. (1989). Computational hypertext in biological modeling. *Proc. ACM Hypertext'89 Conf.* (Pittsburgh, PA, 5.–8. November), 181–197.
Hypertext wird eingesetzt um Forschungsarbeiten im Bereich der Biologie zu unterstützen. Die Hypertextstruktur wird mit den Daten und Analyseprogrammen integriert.

Schnase, J. L., Leggett, J., Kacmar, C., und Boyle, C. (1988). A comparison of hypertext systems. *Technical Report* **TAMU 88-017,** Hypertext Research Lab, Texas A&M University, September.
Der Artikel definiert ein Drei-Ebenenmodell für Hypertextarchitekturen (Schnittstelle, Hypertext, Hintergrundprozesse) und andere Hypertext-terminologie. Die Begriffe und das Architekturmodell werden benutzt um zehn bekannte Hypertextsysteme zu analysieren.

Schuler, W., Hannemann, J., und Streitz, N. (Eds.) (1995). *Designing User Interfaces for Hypermedia*. Springer Verlag, Heidelberg, Deutschland.
Artikelsammlung, die anläßlich einer Arbeitstagung bei der Gesellschaft für Mathematik und Datenverarbeitung (Institut IPSI) in Darmstadt zusammengestellt wurde. Die Tagung konzentrierte sich auf das Erstellen von Hypermediadokumenten und die Entwicklung von Schnittstellen, sowie die Metaphern, die in beiden Gebieten eine Rolle spielen.

Schwabe, D., Caloini, A., Garzotto, F., und Paolini, P. (1992). Hypertext development using a model-based approach. *Software—Practice and Experience* **22**, 11 (November), 937–962.
Wie man automatisch einen HyperCard-Stapel aus dem relationalen Datenmodell eines Hypertextdokumentes aufbaut. Das Verfahren beruht auf HDM (hypertext design model).

Scott, J. R. (1994). Library information access client. *ACM CHI'94 Conference Companion* 143–144.

Das Bibliotheksinformations- und Zugriffssystem (engl.: Library Information Access Client) der Firma Digital Equipment Corporation benutzt eine Schnittstellenmetapher, die sich am Kartenkatalog orientiert. Suchanfragen werden als Objekte gespeichert; die Resultate werden im Katalog mit Farbkodierungen dargestellt, damit der Benutzer weiß, welche Anfrage zu welchen Resultaten paßt.

Scragg, G. W. (1985). Some thoughts on paper notes and electronic messages. *ACM SIGCHI Bulletin* **16**, 3 (Januar), 41– 44.

Patsch-Zettel habe viele Vorteile, wenn man sie mit herkömmlichen Computersystemen vergleicht: sie können in sehr vielen Situationen benutzt werden; sie werden immer auf die gleiche Art benutzt; sie sind frei von Verwaltungsaufwand und können zusammen mit anderen Informationssystemen benutzt werden, auch wenn man bei der Entwicklung dieser Systeme nicht an Annotationen gedacht hatte.

Sculley, J. (1989). The relationship between business and higher education: A perspective on the 21st century. *Communications of the ACM* **32**, 9 (September), 1056–1061.

Der CEO (Chief Executive Officer) der Firma Apple diskutiert mögliche (und notwendige) Änderungen im Erziehungsprozeß, die durch den technologischen Fortschritt erforderlich werden. Sculley identifiziert zwei Technologien, die im pädagogischen Bereich tonangebend sein werden: Hypermedia und Simulation. Künstliche Intelligenz und Agententechnologie stellen eine mögliche dritte, zukünftige Kategorie dar. Der Artikel benutzt mehrere Farbbilder aus den Videos von *Knowledge Navigator* um die Konzepte zu illustrieren. Der Artikel enthält auch ein Beispiel der Hypertextentwurfsumgebung ALIAS aus Stanford, die für historische Simulationen verwendet wird.

Seabrook, R. H. C., und Shneiderman, B. (1989). The user interface in a hypertext, multiwindow program browser. *Interacting with Computers* **1**, 3 (Dezember), 299–337.

Das Hypertextsystem HYBROW erleichtert die Arbeit mit Programmkode. Der Artikel erklärt verschiedene Verfahren, die man benutzen kann um mit Fenstern zu arbeiten, z.B. wie man bestehende Fenster durch neue ersetzt. Der Benutzer kann Fenster „einfrieren", was dazu führt, daß sie nie durch neue Fenster überdeckt werden können.

Shafrir, E., und Nabkel, J. (1994). Visual access to hyper-information: Using multiple metaphors with graphical affordances. *ACM CHI'94 Conference Companion* 142 & 483.

Der Gebrauch von Metaphern in der grafischen Schnittstelle des Systems SynerVision der Firma HP. Die ersten Versuche benutzten eine Buchmetapher, was allerdings zu Verwirrung auf Seiten der Benutzer führte. Schlußendlich wurden mehrere Metaphern benutzt, die jeweils für verschiedenen Aspekte der Schnittstelle verantwortlich waren.

Sherman, C. (1994). *The CD-ROM Handbook*, zweite Auflage. Intertext Publications/McGraw-Hill.
Ein Handbuch über CD-ROM-Technologie (Hardware und Software).

Sherman, M., Hansen, W. J., McInerny, M., und Neuendorffer, T. (1990). Building hypertext on a multimedia toolkit: An overview of Andrew toolkit hypermedia facilities. *Proc. ECHT'90 European Conf. Hypertext* (Paris, Frankreich, 28.–30. November), Cambridge University Press, 13–37.
Ein Hypertext, der auf einer Multimediaplattform aufbaut.

Shneiderman, B. (1987a). User interface design and evaluation for an electronic encyclopedia. In Salvendy, G. (Ed.): *Cognitive Engineering in the Design of Human-Computer Interaction and Expert Systems,* Elsevier Science Publishers, 207–223.
Der Artikel behandelt das System TIES (der Vorgänger des Systems Hyperties) und faßt eine Vielzahl empirischer Studien zusammen, die Einzelheiten des Entwurfs untersuchten: Auswirkung der Bildschirmgröße, explizite vs. eingebettete Menüs, sowie ein Vergleich zwischen der elektronischen und der papier-basierten Version der gleichen Information.

Shneiderman, B. (1987b). User interface design for the Hyperties electronic encyclopedia. *Proc. ACM Hypertext'87 Conf.* (Chapel Hill, NC, 13.–15. November), 189–194.
Der grundlegende Artikel zum System Hyperties.

Shneiderman, B. (1989). Reflections on authoring, editing, and managing hypertext. In Barrett, E. (Ed.): *The Society of Text,* MIT Press, Cambridge, MA, 115–131.
Überblick über verschiedene Anwendungen des Systems Hyperties, unter anderem im Bereich des Hubble Space Teleskops (auf Sun Workstation; benutzt 2 Frames). Der Artikel beschreibt auch die Hilfsfunktionen für Autoren. Ein großer Teil fasst die Erfahrungen aus über 30 verschiedenen Hypertextstrukturentwürfen zusammen. Eine Schlüsselerkenntnis besagt, daß jedes Projekt verschieden verläuft und daß die Information anhand von domänenspezifischen Prinzipien strukturiert werden muß. Die Erfahrung zeigt, daß man einen verantwortlichen Herausgeber für die Koordination der Informationsstruktur und die Überprüfung der Endfassung der Information braucht.

Shneiderman, B., Brethauer, D., Plaisant, C., und Potter, R. (1989). The Hyperties electronic encyclopedia: An evaluation based on three museum installations. *J. American Society for Information Science* **40**, 3 (Mai), 172–182.
Auswertungen von mehr als 5.000 Sitzungen zeigen, daß Museumsbesucher, die das System Hyperties benutzen, wesentlich öfter auf die Hypertextmenüs zugreifen, als auf den eher traditionell aufgebauten Index. Die Autoren

beschreiben, daß die iterative Verfeinerung und Weiterentwicklung der Schnittstelle wesentlich mehr zur Qualität der Schnittstelle beigetragen hat, als die Beobachtung des Verhaltens der Endbenutzer. Benutzerschnittstellen, die in Laborsituationen von Testpersonen nach einer 15 Sekunden langen Einführung problemlos benutzt werden konnten, führten in Museumsumgebungen, in denen die Benutzer auf sich gestellt waren, zu Verständnisproblemen. Um diesen Problemen zu begegnen, wurde die Schnittstelle verändert; unter anderem wurden die Berührungszonen für das Auswählen auf dem Bildschirm vergrößert.

Shneiderman, B., Plaisant, C., Botafogo, R., Hopkins, D., und Weiland, W. (1991). Designing to facilitate browsing: A look back at the Hyperties workstation browser. *Hypermedia* 3, 2, 101–117.
Eine Beschreibung der Unix-Version des Systems Hyperties. Verbindungsanker werden in Grafiken hervorgehoben, Tortendiagramme werden zur Navigation benutzt und Fenster können einander teilweise überlappen.

Simon, L., und Erdmann, J. (1994). SIROG—A responsive hypertext manual. *Proc. ACM ECHT'94 European Conference on Hypermedia Technology* (Edinburgh, Großbritannien, 18.–23. September), 108–116.
Das System SIROG ist ein Handbuch über den Betrieb von Kernkraftwerken. Der Inhalt des Handbuches wird automatisch mit dem Zustand der Anlage verglichen, und dem Leser werden die momentan relevanten Teile gezeigt. Das Handbuch benutzt typisierte Verbindungen (z.B. „ist ein Teil von", „benutzt") .

Slaney, M. (1990). Interactive signal processing documents. *IEEE Acoustics, Speech, and Signal Processing Magazine* (April).
Die Beschreibung eines Mathematica-Modells für Signalverarbeitung und eine Diskussion der Vor- und Nachteile interaktiver wissenschaftlicher Dokumente.

Starker, I., und Bolt, R. A. (1990). A gaze-responsive self-disclosing display. *Proc. ACM CHI'90 Conf. Human Factors in Computing Systems* (Seattle, WA, 1.–5. April), 3–9.
Die Beschreibung eines interaktiven Märchens, das darauf aufbaut, daß man die Blickrichtung des Benutzers ausnutzen kann. Die Anwendung baut auf dem Märchen „Der kleine Prinz" auf. Der Bildschirm zeigt ein dreidimensionales Modell des Planeten auf dem der kleine Prinz lebt; ein Sprachmodul erzählt kontinuierlich über den Planeten. Solange die Blicke des Benutzers über die Planetoberfläche schweifen, erzählt das System allgemeines über den Planeten; sobald der Blick auf etwas speziellem verharrt, fängt das System an Einzelheiten darüber zu erzählen. Wenn der Benutzer zwischen verschiedenen Treppenhäusern hin und her blickt, dann nimmt das System an, daß der Benutzer im allgemeinen an Treppenhäusern interessiert ist und fängt an etwas zu diesem Thema zu erzählen. Der Benutzer sagt nie zu welchem Thema er etwas hören möchte, sondern das System beobachtet den Benutzer und schlußfolgert daraus woran er interessiert ist.

Stein, M. J., und Sheridan, C. R. (1990). Hypertext and the identity link. *Online Review* **14**, 3, 188–196.
Ein Projekt in dem Verbindungen zwischen Bibliografien und Textdatenbanken aufgebaut wurden. MEDLINE und CCAL dienen als Beispiele. Die wichtigste Schlußfolgerung aus diesen Arbeiten besagt, daß die Identitätsverbindung nicht funktioniert, da in den Daten Fehler enthalten und die Dokumente verschieden aufgebaut sind.

Stevens, S. M. (1989). Intelligent interactive video simulation of a code inspection. *Communications of the ACM* **32**, 7 (Juli), 832–843.
KI- und Hypermediatechniken werden integriert um eine Gruppen-Arbeitsumgebung zu simulieren, in der ein Benutzer mit dem System arbeitet um Programm-Inspektionstechniken zu erlernen. Die Techniken erlernt man am einfachsten, indem man aktiv an Inspektionssitzungen teilnimmt. Die Simulationsumgebung erlaubt dem Benutzer an einer Sitzung teilzunehmen, indem er aus vorgefertigten Bauteilen vollständige Sätze zusammen-baut. Zusätzlich dazu enthält die interaktive CD instruktive Videos, über die Rolle der Software-Qualitätsinspektion, eine Hypertextbibliothek mit den ADA-Richtlinien der NASA, ca. 1.000 Folien aus Kursen zum Thema Kodeinspektion und zwölf wichtige Publikationen zu diesem Thema. Außerdem enthält die CD zwei Werkzeuge, die der Student während der Simulation benutzt, um sich den Kode anzusehen und ihn mit den relevanten Teilen der Spezifikation in Verbindung zu setzen. Alle Werkzeuge und technischen Unterlagen sind in einer pädagogischen Umgebung zusammengefaßt.

Stiegler, M. (1989). Hypermedia and the singularity. *Analog Science Fiction* **109**, 1 (Januar), 52–71.
Diskutiert stylistische Aspekte, die den Entwurf eines Hypertextromans beeinflußen. Enthält Beispiele aus dem hypertextbasierten Science-Fiction-Roman *David's Sling* von M. Stiegler.

Stotts, P. D., und Furuta, R. (1988). Adding browsing semantics to the hypertext model. *Proc. ACM Conf. Document Processing Systems* (Santa Fe, NM, 5.–9. Dezember), 43–50.
Beschreibt ein Hypertextmodell, das auf Petri-Netzen aufbaut. Das Modell kann automatische Beschränkungen in Kraft setzen: Verbindungen werden aktiviert, wenn der Hypertext einen bestimmten Zustand erreicht, z.B. in Abhängigkeit der Benutzerprivilegien und rezenter Interaktionen.

Streitz, N. (1994). Putting objects to work: Hypermedia as the subject matter and the medium for computer-supported cooperative work. Eingeladener Vortrag anläßlich der 8. Europäischen Konferenz über objekt-orientierte Programmierung (ECOOP'94), Bologna, Italien, (4.-8. Juli, 1994). In Tokoro, M., und Pareschi, R. (Eds.), *Object-Oriented Programming*. Lecture Notes in Computer Science, Springer, Berlin, Deutschland, 183–193.

Objekte und Hypertextkonzepte passen gut zueinander.

Streitz, N. A., Hannemann, J., und Thüring, M. (1989). From ideas and arguments to hyperdocuments: Traveling through activity spaces. *Proc. ACM Hypertext'89 Conf.* (Pittsburgh, PA, 5.–8. November), 343–364.
Hypertextentwicklungsumgebungen für Autoren sollten deren kognitive Problemlösungs-Methoden optimal unterstützen. Der Autor beschreibt ein System, das der Argumentationsschemata von Toulmin aufbaut.

Streitz, N., Haake, J., Hannemann, J., Lemke, A., Schuler, W., Schütt, H., und Thüring, M. (1992). SEPIA: A cooperative hypermedia authoring environment. *Proceedings ECHT'92 4th ACM European Conference on Hypertext* (Milano, Italien, November 30. – Dezember 4.), 11–22.
Eine Hypertextumgebung für einen stark strukturierten kooperativen Prozess, in dem mehrere Autoren in einer Reihe von Aktivitätsräumen (engl.: activity spaces) zusammenarbeiten: im *Planungsraum* entwickelt der Autor den Grobentwurf und definiert einen Zeitplan; der *Argumentationsraum* unterstützt die Entwicklung von Argumentationsstrukturen, indem er dem Autor hilft Toulmin-Strukturen aus Pro- und Contra-Argumenten aufzubauen; der *Inhaltsraum* dient dazu thematische Informationen, Notizen und die Resultate aus Brainstorming-Sitzungen zu sammeln; im *rhetorischen Raum* entwickelt der Autor das eigentliche Manuskript für den Leser.

Streitz, N., Geissler, J. Haake, J., und Hol, J. (1994). DOLPHIN: Integrated meeting support across LiveBoards, local and remote desktop environments. *Proceedings CSCW'94 ACM Conference on Computer-Supported Cooperative Work* (Chapel Hill, NC, 22.–26. Oktober), 345–358..
Ein Sitzungssaal wird mit elektronischen Tafeln ausgerüstet, auf denen Hypertextknoten dargestellt werden, die von den Sitzungsteilnehmern mit ihren Rechnern bearbeitet werden.

Sultan, F., Farley, J. U., und Lehmann, D. R. (1990). A meta-analysis of diffusion models. *Journal of Marketing Research* **27**, 1 (Februar), 70–77.
Zusammenfassung von 213 Studien zum Thema Verbreitung von Innovationen und Technologietransfer.

Talbert, M. L., und Umphress, D. A. (1989). Object-oriented text decomposition: A methodology for creating CAI using hypertext. In Maurer, H. (Ed.): *Computer Assisted Learning*, Lecture Notes in Computer Science **vol. 360**, Springer-Verlag, Berlin, Deutschland, 560–578.
Prinzipien, nach denen man Wissen in Hypertextknoten aufteilt. Man geht davon aus, daß Objekte, die miteinander in Verbindung stehen, die Schlüsselbegriffe eines Anwendungsgebietes sind. Die Autoren benutzten dieses Verfahren, um einen Artikel über die Programmiersprache ADA in einen Hypertext für das System *Knowledge Pro* umzuwandeln. Anschließend wurde ein Versuch durchgeführt, in dem Studenten den Artikel entweder im Hypertext oder im

gedruckten Format lasen. Die Auswertung des Versuches zeigte, daß die Leser der Hypertextversion ein besseres Verständnis für die begriffliche Struktur des Artikels entwickelt hatten. Leider beschreibt der Artikel die Versuchsmethoden, Resultate und die Auswertungsprozeduren nur sehr oberflächlich. Es ist daher unmöglich, die Schlußfolgerungen zu überprüfen. Die Autoren berichten über Probleme, die einige der Benutzer mit dem System Knowledge Pro hatten, z.B. wie das System Hypertextstrukturen darstellt.

Tang, J. C., und Rua, M. (1994). Montage: Providing teleproximity for distributed groups. Proc. ACM CHI'94 Conf. (Boston, MA, April 24.–28.), 37–43.
Der Artikel beschreibt ein Video-Telefonsystem, das auf dem PC des Benutzers aufbaut. Wenn man jemanden anruft, der gerade nicht da ist, hinterläßt das System einen grafischen Patschzettel auf dem Bildschirm, der den Namen des Anrufers und einen Knopf für den Rückruf enthält.

Teshiba, K., und Chignell, M. (1988). Development of a user model evaluation technique for hypermedia based interfaces. *Proc. Human Factors Society 32nd Annual Meeting*, 323–327.
Der Benutzer wird gebeten Karten, die Begriffe aus dem Arbeitsgebiet enthalten, in Stapeln zu organisieren. Die Stapel wiederum werden in hierarchischen Strukturen zusammengefaßt. Diese Methode erlaubte es, das konzeptuelle Modell des Benutzers mit dem konzeptuellen Modell des Hypertextes zu vergleichen und die Unterschiede zwischen beiden Strukturen zu definieren. Die Autoren messen die Nähe der beiden hierarchischen Strukturen mittels der Hubert-Gamma-Methode. Sie schlußfolgern, daß die Strukturen sich einander nähern, wenn der Hypertext öfters benutzt wird.

Thüring, M., Haake, J. M., und Hannemann, J. (1991). What's Eliza doing in the Chinese room? Incoherent hyperdocuments—and how to avoid them. *Proc. ACM Hypertext'91 Conf.*, 161–177.
Es tut mir leid, aber ich werde nicht verraten was Eliza im chinesischen Zimmer tut. Der Artikel beschreibt hauptsächlich, wie man die Struktur eines Hypertextes für den Leser einfacher zugänglich machen kann.

Timpka, T., Padgham, L., Hedblom, P., Wallin, S., und Tibblin, G. (1989). A hypertext knowledge base for primary care—LIMEDS in LINCKS. *Proc. ACM SIGIR'89* (Cambridge, MA, 25.–28. Juni), 221–228.
Eine Hypertextstruktur, die sich an den allgemeinen Mediziner richtet. Die Datenbank läuft auf einer Sun; die Benutzerschnittstelle läuft auf dem Macintosh.

Tognazzini, B. (1994). The „Starfire" video prototype project: A case history. *Proc. ACM CHI'94 Conf.*, 99–105.
Starfire ist ein 18-minütiger Videofilm, der im Jahr 2004 spielt. Er zeigt Benutzer, die mit futuristischen Sun-Rechnern arbeiten. Diese Rechner haben tischgroße Bildschirme; Eingabemechanismen die Saiten benutzen; Multimediatechnologien, die in Sitzungen eingesetzt werden um Entscheidungen

zu treffen; und Zugriff auf Zeitschriftenarchive, die per Hypertext miteinander vernetzt sind. Die Vorhersagen wurden bewußt auf Technologien beschränkt, die im Labor schon zur Verfügung stehen. Man kann kaum davon ausgehen, daß Innovationen in weniger als zehn Jahren Produktreife erlangen.

Tombaugh, J., Lickorish, A., und Wright, P. (1987). Multi-window displays for readers of lengthy texts. *Intl. J. Man-Machine Studies* **26**, 5 (Mai), 597–615.
Zwei Studien verglichen Einfenster-Systeme (der ganze Text ist in einer großen Datei) mit Mehrfenster-Systemen (der Text ist auf verschiedene Fenster verteilt). Die erste Untersuchung benutzte Anfänger und kam zu der Schlußfolgerung, daß das Einfenster-System von Vorteil sei. Die zweite Studie benutzte Testpersonen, die mit Mehrfenster-Systemen vertraut waren; sie kam zum Schluß, daß Mehrfenster-Systeme von Vorteil seien. Außerdem muß man berücksichtigen, daß einige Testpersonen in der ersten Studie Probleme mit der Maus hatten. (Dies könnte ein Problem darstellen und muß bei Hypertextsystemen berücksichtigt werden, in Situationen bei denen der Benutzer das System spontan und ohne Vorbereitung benutzt. In diesem Fall lohnt es sich vielleicht berührungssensitive Bildschirme einzusetzen.

Trigg, R. H. (1983). A Network-Based Approach to Text Handling for the Online Scientific Community. *Ph.D. thesis,* Department of Computer Science, University of Maryland (University Microfilms **#8429934**).
Eine der ersten Doktorarbeiten zum Thema Hypertext. Die Arbeit beschreibt das System TEXTNET, das auf einer Taxonomie von Hypertextverbindungstypen aufbaute.

Trigg, R. H. (1988). Guided tours and tabletops: Tools for communicating in a hypertext environment. *ACM Trans. Office Information Systems* **6**, 4 (Oktober), 398–414.
Zwei verschiedene Methoden, mit denen der Autor Benutzern die Inhalte und Bedeutungen eines Hypertextes näherbringen kann. Führungen (engl.: guided tours) stellen dem Benutzer vordefinierte Pfade (so ähnlich wie die „trails", die Vannevar Bush entwickelt hatte) zur Verfügung. Jeder Haltepunkt entlang der Führung, besteht aus einem ganzen Satz von NoteCard-Elementen (und nicht nur einer einzelnen Karte). Die Organisation der Karten kann durch das Schreibtisch-Werkzeug (engl.: tabletop tool) bestimmt werden. Es erlaubt dem Autor einen ganzen Bildschirm voller geöffneter Fenster resp. Karten als Zielpunkt eines Hypertextsprungs zu definieren. Der Artikel erschien außerdem in *Proc. 2nd Conf. Computer-Supported Cooperative Work* (Portland, OR, 26. – 28. September 1988), 216–226.

Trigg, R. H., und Irish, P. M. (1987). Hypertext habitats: Experiences of writers in NoteCards. *Proc. ACM Hypertext'87 Conf.* (Chapel Hill, NC, 13.–15. November), 89–108.

Erfahrungsberichte von über zwanzig verschiedenen Autoren, die das System NoteCards benutzten um Texte zu entwickeln, die später linearisiert werden sollten. Der Artikel beschreibt, wie die Autoren Notizen sammeln, die Notizen strukturieren und wie sie Verweise und bibliografische Informationen verarbeiten.

Trigg, R. H., und Weiser, M. (1986). TEXTNET: A network based approach to text handling. *ACM Trans. Office Inf.Syst.* **4**, 1 (Januar), 1–23.

Trigg, R. H., Suchman, L. A., und Halasz, F. G. (1986). Supporting collaboration in NoteCards. *Proc. 1st Conf. Computer-Supported Cooperative Work* (Austin, TX, 3.–5. Dezember), 153–162.
Eine Besprechung der Probleme, die entstehen, wenn mehrere Leute ein Hypertextsystem benutzen wollen um gemeinsam an etwas zu arbeiten.

Trigg, R. H., Moran, T. P., und Halasz, F. G. (1987). Adaptability and tailorability in NoteCards. *Proc. IFIP INTERACT'87* (Stuttgart, Deutschland, 1.–4. September), 723–728.
Verschiedene Beispiele zeigen, wie NoteCards durch Parametrisierung an die Bedürfnisse verschiedener Benutzer angepaßt wurde, wie es mit anderen Produkten integriert wurde, wie die Programmierschnittstelle benutzt wurde um es an neue Bedürfnisse anzupassen, und wie man mit Hilfe objekt-orientierter Verfeinerungstechniken neue Kartentypen definierte.

Utting, K., und Yankelovich, N. (1989). Context and orientation in hypermedia networks. *ACM Transactions on Information Systems* **7**, 1 (Januar), 58–84.
Eine ausgezeichnete Zusammenfassung der verschiedenen Techniken für Übersichtsdiagramme. Sie enthält Beispiele aus mehreren Hypertextsystemen und eine detaillierte Beschreibung des Überblicksmechanismus, der in Intermedia verwendet wird.

Valdez, F., Chignell, M., und Glenn, B. (1988). Browsing models for hypermedia databases. *Proc. Human Factors Society 32nd Annual Meeting*, 318–322.
Empirische Methoden, die zur Bestimmung der Entfernungsmetriken und der Auswahl der Orientierungspunkte benutzt werden, wenn man „Fischaugen"-Perspektiven konstruiert. Die Entfernungsmetriken werden definiert, indem man Testpersonen bittet, Karten mit Begriffen nach ihrer Ähnlichkeit zu sortieren. Orientierungspunkte werden ausgewählt, indem man Testpersonen fragt, ob ein Begriff auf dem Pfad zwischen zwei anderen zufällig ausgewählten Begriffen auftreten würde. Je öfter derselbe Begriff auf verschiedenen Pfaden auftritt, desto wahrscheinlicher ist es, daß es sich hierbei um einen Orientierungspunkt handelt. Das einzige andere Verfahren, das nicht auf empirischen Untersuchungen beruht, und das der empirischen Auswahl der Orientierungspunkte am nächsten kam, ist die Konnektivität zweiter Ordnung, d.h. die Zahl der Knoten, die man in zwei Schritten vom Orientierungspunkt aus erreichen kann. Die Korrelation zwischen beiden Verfahren hatte einen Wert von r=0,62.

van Herwijnen, E. (1994). *Practical SGML*, Second Edition. Kluwer Academic Publishers.
Lehrbuch über SGML (Standard Generalized Markup Language).

van Dam, A. (1988). Hypertext'87 keynote address. *Communications of the ACM* **31**, 7 (Juli), 887–895.
Ein historischer Überblick über die Entwicklung von Hypertext (insbesondere an der Brown University) und eine Diskussion der Probleme, mit denen die Entwickler zukünftiger Hypertextsysteme zu rechnen haben. Enthält Beschreibungen des Systems *Hypertext Editing System* aus dem Jahr 1967 und des Systems *FRESS* aus dem Jahr 1968.

Vargo, C. G., Brown, C. E., und Swierenga, S. J. (1992). An evaluation of computer-supported backtracking in a hierarchical database. *Proc. Human Factors Society 36th Annual Meeting*, 356–360.
Testpersonen, denen eine Zurücksetzfunktion zur Verfügung stand, konnten die Aufgaben fast doppelt so schnell lösen, wie die Teilnehmer aus der Vergleichgruppe, die anstatt schrittweise zurückzusetzen, den gewünschten Vorgängerzustand aus einer Liste aussuchen mußten.

Ventura, C. A. (1988). Why switch from paper to electronic manuals? *Proc. ACM Conf. Document Processing Systems* (Santa Fe, NM, 5.–9. Dezember), 111–116.
Das Dokumentationsproblem aus der Sicht der Streitkräfte. Kampfflugzeuge kommen mit 300.000 bis 500.000 Seiten starken Dokumentationen – eine Anzahl, die kaum noch zu handhaben ist. Der Autor beschreibt die tagtäglichen Probleme, die während der Handhabung dieser Papierberge entstehen. Er hofft, daß elektronische Versionen dieses Problem lösen werden (allerdings ohne zu sagen wie das passieren soll).

Vertelney, L., Arent, M., und Lieberman, H. (1990). Two disciplines in search of an interface: Reflections on a design problem. In Laurel, B. (Ed.), *The Art of Human-Computer Interface Design*, Addison-Wesley, 45–55.
Zwei verschiedene Neuentwürfe für eine Kontrollfunktion des Macintosh.

Vora, P. R., Helander, M. G., und Shalin, V. L. (1994). Evaluating the influence of interface styles and multiple access paths in hypertext. *Proc. ACM CHI'94 Conf.*, 323–329.
Testpersonen konnten Aufgaben um 42% schneller lösen, wenn die Linien in den Überblickdiagrammen beschriftet waren. Sie waren um 26% schneller, wenn die Ankerpunkte im Text anstatt separat aufgelistet waren. Beide Resultate beweisen, daß es sich lohnt die Struktur mit der Information in einer einheitlichen Schnittstelle zu integrieren. Bei diesen Experimenten handelte es sich um einen Hypertext zum Thema Ernährung, in dem die Information auf drei verschiedene Arten strukturiert war: Vitamine, Nahrungsquellen, und gesundheitliche Probleme. Ein anderes Experiment zeigte, daß die Testpersonen um 21%

schneller arbeiteten, wenn ihnen drei verschiedene Übersichtsdiagramme zur Verfügung standen (je ein Übersichtsdiagramm für jede Strukturierung), und nicht nur ein einziges Diagramm, das die Information nur nach Vitamingehalt strukturierte.

Walker, J. H. (1987). Document Examiner: Delivery interface for hypertext documents. *Proc. ACM Hypertext'87 Conf.* (Chapel Hill, NC, 13.–15. November), 307–323.
Der *Document Examiner* der Firma Symbolics ist ein Online-Handbuch. Es handelte sich um das erste größere Hypertextsystem das auch wirklich benutzt wurde.

Walker, J. H. (1988a). Supporting document development with Concordia. *IEEE Computer* **21**, 1 (Januar), 48–59.
Beschreibung der Dokument-Entwicklungsschnittstelle des Systems *Document Examiner* der Firma Symbolics.

Walker, J. H. (1988b). The role of modularity in document authoring systems. *Proc. ACM Conf. Document Processing Systems* (Santa Fe, NM, 5.–9. Dezember), 117–124.
Arbeitsumgebungen für Autoren werden mit Software-Entwicklungsumgebungen verglichen: beide Umgebungen müssen die Bildung von Modulstrukturen unterstützen. Passende und leicht zu erkennende Knotennamen stellten sich als sehr wichtig heraus, obgleich die Autoren am Anfang Probleme hatten, spezifische Namen zu definieren. Standardbenennungen, wie z.B. „Einleitung" fielen ihnen – zumindest am Anfang – am leichtesten. Später gewöhnten sich sich an die Benutzung spezifischer Namen und fanden heraus, daß dies durchaus sehr hilfreich sein kann.

Walker, J. H., Young, E., und Mannes, S. (1989). A case study of using a manual online. *Machine-Mediated Learning* **3**, 3, 227–241.
34.700 Interaktionen zwischen Benutzern und dem *Symbolics Document Examiner* wurden ausgewertet: 40% waren Anfragen nach Information (20% waren Anfragen, die nach einem Schlüsselwort suchten, 19% waren Hypertextsprünge aus dem Übersichtsdiagramm, 1% waren Hypertextsprünge aus dem Inhaltsverzeichnis); 60% der Interaktionen befassten sich mit der Darstellung der Information.

Wanning, T. (1993). Ethnographic treasuries in the computer: Electronic access to a total museum collection. *Proc. ICHIM'93 Second Intl. Conf. Hypermedia and Interactivity in Museums* (Cambridge, Großbritannien, 20. – 24. Sept.), 26–31.
Das dänische Nationalmuseum entwickelt ein System, das den Besuchern Zugriff auf Informationen über alle 80.000 Exponate aus der ethnographischen Sammlung gibt.

Watters, C., und Shepherd, M. A. (1991). Hypertext access and the New Oxford English Dictionary. *Hypermedia* **3**, 1, 59–79.

tDie Schnittstelle baut auf flüchtigen Verbindungen auf, die je nach Bedarf dynamisch aufgebaut werden und daher keinen Speicherplatz einnehmen. Die Enzyklopädie enthält zwei verschiedene Verbindungstypen: „Vorkommen"-Verbindungen, stellen jedes Wort mit jedem anderen Vorkommen dieses Wortes in Verbindung; „Definitorische"-Verbindungen verweisen auf die Einträge, in denen das Wort in der Titelzeile vorkommt.

Weyer, S. A. (1982). The design of a dynamic book for information search. *Intl.J. Man-Machine Studies* **17**, 1 (Juli), 87–107.

Weyer, S. A. (1988). As we may learn. In Ambron, S., und Hooper, K. (Eds.): *Interactive Multimedia: Visions of Multimedia for Developers, Educators, & Information Providers*, Microsoft Press, 87–103.
Der Artikel befürwortet eine eher wissensorientierte Perspektive auf Hypertext, anstatt der sonst weitverbreiteten Buchmetaphern. Der Autor ist der Meinung, daß die traditionellen Metaphern die dynamischen Aspekte der Information und ihrer Benutzung nicht genügend betonen. Information sollte sich dynamisch an die Vorlieben, Ziele und Handlungen des Benutzers anpassen.

Weyer, S. A., und Borning, A. H. (1985). A prototype electronic encyclopedia. *ACM Trans. Office Information Systems* **3**, 1 (Januar), 63–88.
Ein wissensbasiertes System, das den Text als konzeptuelles Netz darstellt und die Ausgaben an den Benutzer dynamisch aufgrund verschiedener Benutzereigenschaften bestimmt. Der Benutzer navigiert durch den Informationsraum; automatische Filter entscheiden, welche Elemente dargestellt werden, z.B. ob metrische oder englische Maßeinheiten benutzt werden sollen. Die Arbeiten wurden bei der Firma Atari durchgeführt; sie wurden eingestellt bevor das Projekt über das Prototyp-Stadium hinauskam.

Whalen, T., und Patrick, A. (1989). Conversational hypertext: Information access through natural language dialogues with computers. *Proc. ACM CHI'89* (Austin, TX, 30. April–4. Mai), 289–292.
Eine zeilenorientierte Schnittstelle für eine Hypertextdatenbank. Der Benutzer navigiert durch natürlichsprachliche Anfragen, die vom System interpretiert werden. Das System versucht zu bestimmen, welche Interpretation der Eingabe in der momentanen Situation sinnvoll wäre.

Whiteside, J., Bennett, J., und Holtzblatt, K. (1988). Usability engineering: Our experience and evolution. In Helander, M. (Ed.): *Handbook of Human-Computer Interaction*, Elsevier Science Publishers, 757–789.
Eine gelungene Einführung in allgemein anwendbare Verfahren zur Bestimmung des Lebenszykluses von neuen Produkten.

Wilkinson, R. T., und Robinshaw, H. M. (1987). Proof-reading: VDU and paper text compared for speed, accuracy and fatigue. *Behaviour and Information Technology* **6**, 2 (April–Juni), 125–133.

Der Einfluß der Ermüdung auf die Lesegeschwindigkeit und die Qualität des Korrekturlesens: im Zeitraum einer Stunde verschlechterte sich die Leistung der Bildschirmbenutzer wesentlich mehr als die Leistung der Testpersonen, die mit Papier arbeiteten.

Wilson, E. (1990). Links and structure in hypertext database for law. *Proc. ECHT'90 European Conf. Hypertext* (Paris, Frankreich, 28.–30. November), Cambridge University Press.
Das System *Justus* wurde an der University of Kent entwickelt. Justus baut auf der Unix-Version des Systems *Guide* auf. Der Artikel beschreibt die automatische Übertragung von Gesetzestexten in das System Justus. Das System vernetzt Gesetzestexte mit anderen Quellen juristischen Wissens, z.B. juristischen Wörterbüchern. Leider stellte es ich heraus, daß bestimmte Gesetze andere Definitionen benutzen, als diejenigen, die in den Wörterbüchern zu finden sind. Aus diesem Grund, muß man die automatisch erzeugten Verbindungen mit Vorsicht genießen.

Wilson, K. S. (1988). Palenque: An interactive multimedia digital video interactive prototype for children. *Proc. ACM CHI'88* (Washington, DC, 15.–19. Mai), 275–279.
Ein interaktives digitales Videosystem, das am Bank Street College of Education entwickelt wurde, um mexikanische Archeologie zu unterrichten. Der Benutzer navigiert zwischen Bildern und Videofilmen verschiedener Maya-Ruinen und kann dabei ein persönliches Album aufbauen, dessen Schnappschüsse er mit seinen eigenen Kommentaren versehen kann. Leider enthält der Artikel keine Abbildungen des Systems (anläßlich des Vortrages auf der Konferenz, zu der der Artikel eingereicht war, wurde ein sehr interessanter Videofilm gezeigt). [Luther 1988] enthält vier Farbabbildungen des Systems Palenque.

Wolf, G. (1994). The (second phase of the) revolution has begun. *WIRED* **2**, 10 (Oktober), 116–121 & 150–156.
Der Hintergrund zu der Entwicklung des Systems *Mosaic* und die Anfänge der Firma *Mosaic Communications Corporation*. Enthält auch Interviews mit Jim Clark (Gründer der Firmen *Silicon Graphics* und *Mosaic Communications Corporation*) und Marc Andreessen (der tonangebende Programmierer der ersten Version von Mosaic).

Wright, P. (1989). Interface alternatives for hypertext. *Hypermedia* **1**, 2, 146–166.
Hypertextentwurfsentscheidungen werden in fünf Kategorien unterteilt: Verbindungen, Sprünge, grafische Gestaltung des Sprungziels, Navigation und Handlungen des Benutzers. In jeder Kategorie werden die möglichen Entwurfsentscheidungen, je nachdem wie sehr sie den Leser in seiner Bewegungsfreiheit einschränken, geordnet. So findet man heraus, welche Entscheidungen zu welcher Benutzergruppe paßt.

Wright, P. (1991). Cognitive overheads and prostheses: Some issues in evaluating hypertexts. *Proc. ACM Hypertext'91 Conf.*, 1–12.
Bei der Benutzung eines Hypertextes entsteht für den Leser zusätzlicher Aufwand, da er entscheiden muß, welcher Verbindung er folgen soll, und er muß sich daran erinnern welche Navigationsmittel ihm zur Verfügung stehen. Studien haben gezeigt, daß Benutzer in 61% der Fälle unbekannte Begriffe im Hypertext nachschlagen, wenn die Begriffe vertraut klingen. Wenn die Begriffe im Hypertext mit einem klar erkennbaren Verbindungsanker versehen waren, stieg die Nachschlagrate auf 93%.

Wright, P., und Lickorish, A. (1983). Proof-reading texts on screen and paper. *Behaviour and Information Technology* **2**, 3 (Juli–September), 227–235.
Geschwindigkeit, mit der vom Bildschirm gelesen wurde war 27% niedriger als die Lesegeschwindigkeit von Papier.

Wright, P., und Lickorish, A. (1984). Ease of annotation in proof-reading tasks. *Behaviour and Information Technology* **3**, 3 (Juli–September), 185–194.
Korrekturleser arbeiteten schneller, wenn ihre Bemerkungen in den eigentlichen Text integriert wurden.

Wright, P., und Lickorish, A. (1988). Colour cues as location aids in lengthy texts on screen and paper. *Behaviour and Information Technology* **7**, 1 (Januar–März), 11–30.
Möglicherweise stellen Farbkodierungen eine Möglichkeit dar, anhand derer Leser sich besser an Textstellen erinnern können. Ein Versuch zeigte in der Tat, daß Farbkodierungen auf Papier dem Leser halfen sich an Textstellen zu erinnern. Allerdings führten drei andere Untersuchungen, die Farbkodierungen in Bildschirmumgebungen verwendeten, zu keinen messbaren Erfolgen. Die Autoren sind der Meinung, daß Farbkodierungen besser funktionieren könnten, wenn der Leser die Textteile farbkodiert (siehe auch [Nielsen 1986]) oder wenn die Farbe auf den Textrand beschränkt ist.

Wright, P., und Lickorish, A. (1990). An empirical comparison of two navigation systems for two hypertexts. In McAleese, R., und Green, C. (Eds.) *Hypertext: State of the Art,* Ablex, 84–93.
Ein Vergleich von zwei Hypertextnavigationsverfahren: die *Seiten*-Navigation (die Verbindungsanker werden im Text dargestellt) und die *Index*-Navigation (der Benutzer kann nur von einem Überblicksdiagramm aus Navigieren und muß vor jedem Sprung zuerst dorthin zurückkehren). Beide Verfahren wurden mit zwei verschiedenen Hypertexten getestet. Das Resultat war, daß *Index*-Navigation für den ersten Text geeignet war, und *Seiten*-Navigation sich besser für den zweiten Text eignete. Im allgemeinen kann man daraus schließen, daß die Navigationsmechanismen, je nach Textstruktur und Aufgabe des Benutzers, verschieden sind.

Wurman, R. S. (1989). *Information Anxiety.* Doubleday.

Ein sehr bekannter Buchgestalter (Herausgeber der ACCESS-Reiseführer) präsentiert seine Informationsstrukturierungs-Philosophie. Dieses Buch eignet sich sehr, um als Hypertext veröffentlicht zu werden. Es enthält sehr viele Marginalien, Zitate und Referenzen. Das Inhaltsverzeichnis enthält eine Zusammenfassung jedes Kapitels. Ein sehr gelungenes Buch, auch wenn der Autor keine Referenz zu Benutzbarkeitsuntersuchungen macht (Hat ein guter Entwickler immer Recht?).

Yankelovich, N., Meyrowitz, N., und van Dam, A. (1985). Reading and writing the electronic book. *IEEE Computer* **18**, 10 (Oktober), 15–30.
Eine Besprechung der Systeme FRESS, Intermedia sowie anderer Entwicklungen an der Brown University. Enthält auch einen guten Überblick über die Probleme, zu der Zeit als Hypertext gerade marktreif wurde.

Yankelovich, N., Landow, G. P., und Cody, D. (1987). Creating hypermedia materials for English literature students. *ACM SIGCUE Outlook* **19**, 3–4 (Frühjahr/Sommer), 12–25.
Der Artikel beschreibt die Ziele, die in einem Kurs über englische Literatur (ausgehend vom Jahr 1700 bis zur Gegenwart) verfolgt wurden, in dem das Hypertextsystem Intermedia als Hifsmittel benutzt wurde: eine gründlichere Erforschung des historischen und kulturellen Kontextes als dies in üblichen Literaturkursen möglich ist und die Erziehung der Studenten hin zum kritischen Denken, damit sie erkennen, daß Ereignisse nicht monokausal voneinander abhängig sind und daß sehr oft verschiedene Einflüsse zusammenwirken. In der Schlußphase des Kurses werden die Studenten Information über einen weiteren Autor in das Hypertextsystem einfügen und mit der Hintergrundinformation verbinden.

Yankelovich, N., Haan, B. J., Meyrowitz, N. K., und Drucker, S. M. (1988a). Intermedia: The concept and the construction of a seamless information environment. *IEEE Computer* **21**, 1 (Januar), 81–96.
Ein guter Überblickartikel über die wichtigsten Eigenschaften von Intermedia, zusammen mit einer Beispielsitzung mit zwölf Bildschirmen und beträchtlichen Entwurfseinzelheiten.

Yankelovich, N., Smith, K. E., Garrett, N., und Meyrowitz, N. (1988b). Issues in designing a hypermedia document system: The Intermedia case study. In Ambron, S., und Hooper, K. (Eds.): *Interactive Multimedia: Visions of Multimedia for Developers, Educators, & Information Providers,* Microsoft Press, 33–85.
Das Kapitel fängt an mit einer reichhaltig illustrierten Beispielsitzung mit dem System Intermedia. Anschließend folgt eine gründliche und gut illustrierte Diskussion verschiedener Schnittstellenprobleme, wie z.B. überlappenden Ankerpunkten, veränderlichen Ausgangs- und Zielpunkten. Außerdem werden

Mehrbenutzer-Aspekte diskutiert. Der größte Teil des Kapitels besteht aus einer überarbeiteten Version von [Garrett et al. 1986].

Yoder, E., und Wettach, T. C. (1989). Using hypertext in a law firm. *Proc. ACM Hypertext'89 Conf.* (Pittsburgh, PA, 5.–8. November), 159–167.
Das System HyperLex wurde von Pittsburghs größter Anwaltskanzelei Reed Smith (385 Anwälte) für die Arbeit im Patent- und Urheberrechtsbereich benutzt.

Yoder, E., McCracken, D., und Akscyn, R. (1984). Instrumenting a human-computer interface for development and evaluation. *Proc. IFIP INTERACT'84* (London, Großbritannien, 4.–7. September).
Das frame-basierte System ZOG wurde erweitert, um über das Benutzerverhalten Buch zu führen.

Yoder, E., Akscyn, R., und McCracken, D. (1989). Collaboration in KMS: A shared hypermedia system. *Proc. ACM CHI'89* (Austin, TX, 30. April–4. Mai), 37–42.
Die Autoren befürworten die Benutzung eines Systems für individuelle und kollaborative Aufgaben. Sie sind der Ansicht, daß KMS beiden Aufgaben gewachsen ist. KMS stellt einen besonderen Verbindungstyp für Annotationen zur Verfügung (die Ausgangspunkte werden mit dem Zeichen „@" eingeleitet), der vom Textformatierungs-Programm nicht beachtet wird.

Zellweger, P. T. (1988). Active paths through multimedia documents. In van Vliet, J. C. (Ed.): *Document Manipulation and Typography,* Cambridge University Press, Großbritannien, 19–34.
Drehbücher (engl.: scripts) werden als Mittel benutzt, um Führungen und andere vordefinierte (aber nicht unbedingt lineare) Wege (Folgen von Verbindungen) durch Dokumentsammlungen zu definieren.

Zellweger, P. T. (1989). Scripted documents: A hypermedia path mechanism. *Proc. ACM Hypertext'89 Conf.*, 1–14.
Der Autor ist der Meinung, daß Pfade zu einem integralen Bestandteil von Hypertextsystemen werden sollen. Er definiert mehrere verschiedene Typen: sequentielle Pfade (vordefinierte Folgen von Knoten), verzweigende Pfade (enthalten Entscheidungspunkte und stellen einen Teilgraphen des gesamten Hypertextes dar), bedingte Pfade (Entscheidungen an den Verzweigungspunkten werden vom Rechner getroffen). Der Artikel stellt verschiedene Abspielmechanismen vor, wie z.B. schrittweises Vorgehen (der Benutzer entscheidet, wann das System zum nächsten Knoten vorrückt), automatische Kontrolle (das System rückt nach einem bestimmten Zeitraum zum nächsten Knoten vor) und Überblickskontrolle (der Pfad wird dem Benutzer in einem Überblicksdiagramm angezeigt).

Zizi, M., und Beaudouin-Lafon, M. (1994). Accessing hyperdocuments through interactive dynamic maps. *Proc. ACM ECHT'94 European Conference on*

Hypermedia Technology (Edinburgh, Großbritannien, 18.–23. September), 126–135.

Das Hypertextsystem SHADOCS benutzt Übersichtsdiagramme als Kern seiner Navigationsmechanismen. Für die Gestaltung der Diagramme werden Konventionen übernommen, die für den Enwurf von Landkarten entwickelt wurden, z.B. die Größe einer Region im Übersichtsdiagramm entspricht der Zahl der Dokumente in dieser Region.

In ferner Zukunft

Der Spielfilm *Rashomon* (1951) vom berühmten Regisseur Akiro Kurosawa ist eine bemerkenswertes Filmkunstwerk, das parallele Erzählstränge benutzt. Der Film spielt im mittelalterlichen Japan und erzählt in vier verschiedenen Versionen, wie ein Bandit einen Edelmann im Wald überfällt (eine der Versionen wird vom Geist eines Getöteten erzählt). Der Film wurde mit dem *Academy Award* (Bester ausländischer Film) ausgezeichnet. Wer den Film nie gesehen hat, sollte zumindest die englische Übersetzung des Manuskriptes lesen, die zusammen mit einigen Filmkommentaren als Buchform erschienen ist: A. Kurosawa und D. Richie: *Rashomon,* Rutgers University Press, New Brunswick, 1987.

Mehrere der Science-Fiction-Autoren, die für ihren „Cyberpunk"-Stil bekannt geworden sind, haben sich zukünftige Computersysteme ausgedacht, an denen der Benutzer mit grafischen, dreidimensionalen Datenstrukturen arbeitet. Einer der ersten, und vielleicht der bekannteste Autor dieses Genres ist Gibson, der den Roman *Neuromancer* [8] (Ace 1984) geschrieben hat. *Neuromancer* erhielt die Hugo- und die Nebula-Auszeichnung als bester Science-Fiction-Roman des Jahres 1984. *True Names* (Bluejay 1984) von Vernor Vinge und *Snow Crash* (Bantram Spectra 1992) von Neal Stephenson sind andere erwähnenswerte Romane des Genres. *Snow Crash* baut weitgehend auf Hypertextkonzepten auf, wie z.B. der elektronischen Visitenkarte (sie werden in diesem Roman als „Hypercards" bezeichnet).

Das Unternehmen Apple Computer hat eine Reihe von Videos veröffentlicht, in denen Sculley (der damalige Vorstand) in wechselnden Szenarien vorführt, wie zukünftige Versionen von HyperCard und dem *Knowledge Navigator* aussehen werden. Die Videos geben einen sehr guten Eindruck über die Fähigkeiten, die Hypermediasysteme in Zukunft entwickeln werden. Beide Videos sind Teil des *ACM SIGGRAPH Video Review* **Tape 79**. Obgleich es kein völliger Ersatz für das Video ist, kann man sich eine ungefähre Vorstellung des *Knowledge Navigator*

---

[8] *Neuromancer* ist auch als Komikheft erschienen: Tom De Haven und Bruce Jensen (Epic Comics, New York 1989, ISBN 0-87135-574-4). Ich bin allerdings der Meinung, daß Gibsons Original die Konzepte der "Cyberspace"-Idee wesentlich besser darstellen.

bilden, indem man den Artikel [Sculley 1989] liest und sich die Bilder in dem Artikel ansieht.

Tognazzini von Sun Microsystems hat einen Videofilm mit dem Titel *Starfire* gedreht, der mögliche Computernutzungen im Jahr 2004 darstellt [Tognazzini 1994]. Julie, die Hauptdarstellerin des Films, entwirft eine Multimediaproduktpräsentation für den Vorstand der Firma. Sie benutzt dafür einen Bildschirm, der so groß ist wie ihr Schreibtisch. Während der Präsentation, wird Julie von ihrem Gegenspieler mit einem Zeitungsausschnitt konfrontiert, in dem behauptet wird, daß die eben vorgestellten Produkte nicht funktionsfähig sind. Julie benutzt in der Sitzung ihren Laptop-Computer, um mit einer Verbindung, den vollständigen Zeitungsartikel sowie andere Unterlagen, die damit verbunden sind, aus einer elektronischen Bibliothek zu laden. Sie kann dadurch beweisen, daß die Produkte voll funktionsfähig sind und daß ihr Vorschlag alle Erwartungen erfüllen wird.

Online-Recherche

Neue Wege zum Wissen der Welt

von Peter Horvath, Peter
2., überarbeitete und erweiterte Auflage 1996.
XIV, 286 Seiten. Gebunden.
ISBN 3-528-15392-X

Aus dem Inhalt: Datennetz Datex-P, Internet und -Dienste, Online-Dienste (CompuServe, AOL, etc.), T-Online - Voraussetzungen für die Online-Recherche (Vom Modem bis zur Host-Anmeldung) - Recherchekosten - Nationalbibliographien - Verbund- und Bibliothekskataloge - Fachbibliographien - Nachschlagewerke - Nachrichtenagenturen und Zeitungen - Datenarchive und Statistiken - Beispiele

Online-Datenbanken stellen in wenigen Minuten Informationen zur Verfügung, für deren Beschaffung man sonst Tage in Bibliotheken und Archiven verbringen müßte. Das Buch „Online Recherche - Neue Wege zum Wissen der Welt", jetzt in überarbeiteter und erweiterter Auflage, hilft dem Online-User, dieses Potential optimal zu nutzen. Es wendet sich an Schüler, Studenten und Wissenschaftler, an Bibliothekare, Journalisten, Consultants und Praktiker gleichermaßen. Datenbanken aus unterschiedlichen Fachgebieten werden gezielt vorgestellt. Der Leser erhält einen Überblick über das bestehende Angebot. Insbesondere werden ihm die Zugangswege dargestellt, die die Nutzung des online verfügbaren Datenmaterials sicherstellen.

Über den Autor: Der Historiker und DV-Fachmann Peter Horvath arbeitet z.Zt. an einer Dissertation über den Einfluß von historischen Datenbanken auf die Geschichtsschreibung (Universität Hamburg)

Verlag Vieweg · Postfach 1547 · 65005 Wiesbaden · Fax 0611/7878-420